Eugen Schilling

Neuerungen auf dem Gebiete der Erzeugung und Verwendung des Steinkohlen-Leuchtgases

Zugleich Nachtrag zu Schillings Handbuch für Steinkohlengas-beleuchtung

Eugen Schilling

Neuerungen auf dem Gebiete der Erzeugung und Verwendung des Steinkohlen-Leuchtgases

Zugleich Nachtrag zu Schillings Handbuch für Steinkohlengas-beleuchtung

ISBN/EAN: 9783337127534

Hergestellt in Europa, USA, Kanada, Australien, Japan

Cover: Foto ©berggeist007 / pixelio.de

Weitere Bücher finden Sie auf **www.hansebooks.com**

NEUERUNGEN

AUF DEM

GEBIETE DER ERZEUGUNG UND VERWENDUNG

DES

STEINKOHLEN-LEUCHTGASES.

ZUGLEICH

NACHTRAG ZU SCHILLINGS HANDBUCH FÜR STEINKOHLENGAS-BELEUCHTUNG.

VON

Dr. EUGEN SCHILLING,
DIRECTOR DER GASBELEUCHTUNGS-GESELLSCHAFT IN MÜNCHEN.

MIT 196 IN DEN TEXT GEDRUCKTEN ABBILDUNGEN.

MÜNCHEN.
DRUCK UND VERLAG VON R. OLDENBOURG.
1892.

Vorwort.

Wenn ich es unternommen habe, die Neuerungen auf dem Gebiete der Erzeugung und Verwendung des Steinkohlenleuchtgases in einem Buche zu besprechen, so waren es hauptsächlich zwei Gesichtspunkte, welche mich dazu veranlaſsten. Einmal hat die rührige und erfolgreiche Thätigkeit auf wissenschaftlichem, wie auf praktischem Gebiete so viel Neues geschaffen und angeregt, daſs es wünschenswert erschien, diese Errungenschaften zusammenzufassen, zu ordnen und zu sichten. In zweiter Linie ist der Umstand hinzugekommen, daſs das Handbuch meines Vaters, welches sich im In- und Auslande ungeteilter Anerkennung erfreut, in seiner letzten Auflage aus dem Jahre 1879 in manchen Teilen einer Ergänzung, eines Nachtrages bedurfte.

Der nächstliegende Gedanke wäre wohl die Umarbeitung des Handbuches zu einer neuen Auflage gewesen; doch hielt ich mich dieser Aufgabe gegenüber weder gewachsen, noch für berufen. Bei der Ausdehnung des Gasfaches selbst, sowie aller einschlägigen Gebiete dürfte es für einen Verfasser heutzutage schwer sein, alles in richtiger Weise zu überblicken, jedem Teile gerecht zu werden und jeden Gegenstand mit der gleichen Sachkenntnis und Erfahrung zu behandeln. Ich hielt es daher für das Richtigste, an dem Bestehenden nicht zu rütteln, und nur das Neue, was seit dem Jahre 1879 erschienen ist, in einem Buche zu behandeln.

Zur Bearbeitung muſste ich mich vielfach auf vorhandenes Material stützen, für welches mir das Journal für Gasbeleuchtung die reichste Quelle bot. Auſserdem wurde ich auch von Fachgenossen, Vertretern der Wissenschaft und hervorragenden Firmen, welche im Gasfache thätig sind, in freundlichster Weise unterstützt, und fühle ich mich verpflichtet, denselben für ihr Entgegenkommen meinen aufrichtigen Dank zu sagen. Im übrigen war ich bemüht, den verarbeiteten Stoff durch Quellen und Litteraturangaben möglichst zu ergänzen.

Es mag auffallen, daſs der chemisch-analytische Teil vollständig auſser acht gelassen wurde. Ich habe dies deshalb gethan, weil dieses Gebiet durch neuere Arbeiten zu einem so umfangreichen geworden ist, daſs eine eingehende Behandlung dieses Stoffes über den eigentlichen Rahmen und Zweck dieses Buches hinausgegangen wäre. Auch darf ich die Hoffnung aussprechen, dafs eine Zusammenfassung des chemisch-analytischen Teiles zu einem eigenen Handbuch in nächster Zeit von bewährterer Feder erfolgen wird.

So hoffe ich, mit vorliegendem Buche nicht nur ein Bild über die ausgedehnte, schöne Entwickelung unseres Faches gegeben, sondern auch eine Ergänzung zu dem Schilling'schen Handbuch geschaffen zu haben, welche eine Lücke in der Fachlitteratur ausfüllen dürfte.

Ich hoffe, bei diesem Erstlingswerke auf die Nachsicht meiner Fachgenossen rechnen zu dürfen, und würde mich glücklich schätzen, wenn es mir vergönnt wäre, als Sohn neben dem Vater ein bescheidenes Plätzchen einzunehmen.

München 1892.

Dr. Eugen Schilling.

Inhaltsverzeichnis.

I. Kapitel.
Die Steinkohlen.

	Seite		Seite
Die Konstitution und Einteilung der Steinkohlen	1	Die Beurteilung der Analysen	10
Die Verwitterung und Selbstentzündung der Kohle	3	Vergasungsergebnisse aus verschiedenen Gaskohlen	12
Steinkohlenstatistik	4	Vergasungsergebnisse aus Zusatzkohlen	13
Die zur Gasbereitung dienenden Kohlen	6	Verwendung der Zusatzkohlen	15
Analysen von Gaskohlen und Zusatzkohlen	7		

II. Kapitel.
Die Vergasung der Steinkohle.

	Seite		Seite
Die Vergasungstemperaturen	19	Das Naphtalin	27
Die Teerverdickungen	20	Das Ammoniak	29
Die Steigrohrtemperaturen	21	Das Cyan	32
Der Druck in der Retorte	22	Die Schwefelverbindungen	33
Der Verlauf der Vergasung	23	Analysen verschiedener Gase	34
Das Benzol	25		

III. Kapitel.
Verfahren zur Aufbesserung des Leuchtgases.

	Seite		Seite
Die Aufbesserung des Gases durch Ölgas	36	Das Wassergas in England und Deutschland	44
Die Anreicherung des Gases mit Petroleumdestillaten	38	Giftigkeit des Wassergases	46
Die Teervergasung	39	Zusatz von Kalk bei der Vergasung der Steinkohlen	48
Das Wassergas	41	Die fraktionierte Entgasung	50
Der Lowe-Wassergasprozess	43		

IV. Kapitel.
Neuerungen an Apparaten zur Gasbereitung.

	Seite		Seite
Siemens' Heizverfahren mit freier Flammentfaltung	51	Die Runge'sche Lade- und Ziehvorrichtung	61
Der Münchener Ofen	52	Die Zieh- und Lademaschinen in Charlottenburg	63
Halbgasfeuerungen	55	Der Kohlentransport	65
Die Retortenverschlüsse	57	Die Absaugung des Gases aus der Retorte	68
Steigeröhren und Vorlage	57	Die Regelung der Gassauger	70
Öfen mit geneigten Retorten	59	Der Hahn'sche Regler	70
Die Lademaschinen	61	Der Dessauer Umlaufregler	72

V. Kapitel.
Die Reinigung des Gases.

	Seite		Seite
Die Kühlung des Gases	75	Die Entfernung des Ammoniaks auf trockenem Wege	85
Berechnung der Kühlflächen	76	Die Eisenreinigung	86
Die Kondensationsvorgänge	78	Die Aufnahmsfähigkeit der Massen	86
Die Waschung des Gases	79	Die Wiederbelebung der Massen	88
Die Kühler	81	Die Sauerstoffreinigung	88
Die Teerscheider	82	Die Entfernung des Schwefelkohlenstoffs	89
Die Ammoniakwascher	82	Die Reinigungskästen	90

VI. Kapitel.
Die Anwendung des Gases zur Beleuchtung.

	Seite		Seite
Das Leuchten der Flamme	92	Neuere Laternen	104
Leuchtwert von Benzol und Äthylen	93	Erhöhung der Leuchtkraft des Gases	107
Einfluß sonstiger verbrennlicher Gase auf die Leuchtkraft	95	Das Maß und die Verteilung der Beleuchtung	109
Einfluß unverbrennlicher Gase auf die Leuchtkraft	96	Beleuchtung geschlossener Räume	113
Die Fortschritte in der Beleuchtung mit Gas	97	Beispiel einer Beleuchtungsanlage	115
Die Entwickelung der Regenerativbeleuchtung	98	Reflektoren und Glasglocken	116
Die gebräuchlichsten Regenerativlampen	101	Gaszuflußregler. — Zündvorrichtungen	118
Lichtwirkung und Gasverbrauch von Regenerativlampen	103		

VII. Kapitel.
Verbrennungsprodukte des Gases und Lüftung.

	Seite		Seite
Maßstab der Luftverunreinigung	120	Lüftungsanlage für ein Verkaufslokal in Paris	126
Die Verbrennungsprodukte	121	Lüftungsanlage im kgl. Odeon zu München	128
Die Lüftung mittels Gas	122	Die Untersuchung der Anlage im kgl. Odeon	131

VIII. Kapitel.
Die Photometrie.

	Seite		Seite
Objektive Lichtmessung	135	Das Weber'sche Photometer	144
Das Bunsenphotometer	136	Die Normal- und Vergleichslichtquellen	147
Vorrichtungen zum Ersatz des Fettflecks	137	Die Platin-Einheit	148
Die Messung verschiedenfarbiger Lichtquellen	139	Die Pentan-Einheit	150
Die Kompensationsphotometer	140	Amylacetatlampe von Hefner-Alteneck	151
Die Lichtmessung unter verschiedenen Winkeln	141	Das Verhältnis verschiedener Einheiten	155
Das Elster'sche Winkelphotometer	142	Einfluß der Luftbeschaffenheit. — Glühlampen	156
Messung der Helligkeit beleuchteter Flächen	144		

IX. Kapitel.
Das Gas als Quelle für Kraft- und Wärmeerzeugung. — Die Gasmotoren.

	Seite		Seite
Die Verbreitung des Leuchtgases als Heizstoff	157	Die Wärmestrahlung	165
Verbrauch einiger Städte an Heizgas	157	Die Gasmotoren	165
Die Stellung des Leuchtgases zu anderen Heizgasen	158	Die Otto'sche Maschine	168
Die Verbrennungswärme des Gases	159	Die Körting'sche Maschine	175
Die Bestimmung des spezifischen Gewichtes des Gases.		Die Zweitaktmaschinen	179
Gaswage von Lux	161	Die Gasmaschine von Benz	179
Die Verbrennungserscheinungen	163	Gasverbrauch der Motoren	182
Die Verbrennungstemperatur	164	Anlage und Betrieb der Motoren	182

Inhaltsverzeichnis. VII

X. Kapitel.
Heizen und Kochen mit Leuchtgas.

	Seite		Seite
Vorteile und Kosten der Gasfeuerung	184	Gasheizung zu Badezwecken	192
Die Zimmeröfen	186	Die Kochapparate	196
Die Heizung von Schulen	189	Übersicht über die Verwendung des Gases zu gewerblichen Zwecken	198
Kirchenheizung	191		

XI. Kapitel.
Gasbehälter und Stadtdruckregler.

	Seite		Seite
Eiserne Gasbehälter	200	Stadtdruckregler	210
Die Betonwasserbehälter	205	Druckregler von Garcis	211
Gasbehälterführungen	207	Druckregler von Elster	213
Tassenheizung von Teleskopbehältern	208	Druckregler von Loelig	213
Reinigung der Rohre	209	Sonstige Druckregelungsvorrichtungen	215

XII. Kapitel.
Die Nebenerzeugnisse und ihre Verarbeitung.

	Seite		Seite
Die Coke	216	Gaswasser	236
Cokeanalysen	216	Die Verarbeitung des Gaswassers	237
Der Heizwert der Coke	217	Das schwefelsaure Ammoniak	238
Aschengehalt und Aschenbeschaffenheit der Coke	217	Die Darstellung des schwefelsauren Ammoniaks	240
Sonstige Eigenschaften der Coke	218	Der Apparat von Feldmann	240
Coke-Zerkleinerung	219	Der Apparat von Grüneberg-Blum	241
Dampfkesselfeuerung mit Coke	220	Der Betrieb mit obigen Apparaten	241
Die Verwendung von Kleincoke	223	Der Zusatz von Kalk	242
Der Teer	224	Die Schwefelsäure	243
Die Verwertung des Teers	225	Das Salz	243
Die Teerdestillation	225	Die Abgase	244
Einfluß der Kohle auf die Beschaffenheit des Teers	227	Das Abwasser	244
Einfluß der Vergasungstemperatur auf die Beschaffenheit des Teers	227	Die Darstellung von konzentriertem Gaswasser	245
Der Gasteer	228	Die Darstellung von Salmiakgeist	247
Die Teerprodukte	229	Der Apparat von Feldmann	248
Die Teerverbrennung	231	Der Apparat von Grüneberg-Blum	249
Heizwert des Teers	231	Die Cyangewinnung	250
Einrichtungen zur Teerverbrennung	232	Die Verarbeitung der Gasmassen	252
		Direkte Gewinnung des Cyans aus dem Gase	253

Sachregister Seite 257.

I. Kapitel.

Die Steinkohlen.

Die Konstitution und Einteilung der Steinkohlen.

Wie die Sumpfpflanzen und Algen noch heute vor unseren Augen eine stete Umbildung in Torf erfahren, so ist auch die Steinkohle durch allmähliche Vermoderung organischer, pflanzlicher Bestandteile unter Luftabschluß entstanden. Gümbel[1]) wies dadurch, daß er die Kohle mit oxydierenden Agentien und auf dem Wege langsamer und teilweiser Einäscherung behandelte, nicht nur unzweifelhafte Reste von Zellengeweben nach, sondern er zeigte auch, daß in den Kohlen Holzzellen (Parenchym) mit Blattzellen (Prosenchym) deutlich abwechseln, und so hauptsächlich das schichtenweise abwechselnde Vorkommen von Glanz- und Mattkohle bedingen.

Die Steinkohle ist ein wechselndes Gemenge verschiedenartiger kohlenstoffreicher Verbindungen, deren Isolierung und Bestimmung auf analytischem Wege ziemlich als ausgeschlossen betrachtet werden kann. Die früher gemachte Annahme, daß freier Kohlenstoff einen hauptsächlichen Bestandteil der Kohle ausmache, ist nach dem jetzigen Stand der Forschungen ebenso unzulässig, wie die, daß die Kohlen Gemenge seien von freiem Kohlenstoff mit Bitumen. Es geht dies letztere daraus hervor, daß selbst die bei hoher Temperatur erzeugten Cokes noch immer wasserstoff- und sauerstoffhaltig sind. Auch erleidet eine backende Kohle beim Erhitzen stets eine vollständige und keine nur teilweise Schmelzung, was bei der Annahme von freiem Kohlenstoff der Fall sein müßte. Man denkt sich die Struktur der die Kohle zusammensetzenden Verbindungen nach Analogie der aromatischen Verbindungen aus einem »Kern« bestehend, welcher die Kohlenstoffatome nach der dem Benzol zu Grunde liegenden Formel verkettet enthält. An diesen Kern denkt man sich den Wasserstoff und Sauerstoff direkt oder indirekt gebunden, sowie weitere Kohlenwasserstoffe angelagert. Durch Erhitzung werden diese Seitengruppen allmählich abgespalten und liefern so die verschiedensten Kohlenwasserstoffe, wie auch die sonstigen bei der Vergasung auftretenden sauerstoff- und stickstoffhaltigen Produkte. Da die Kohle kein einheitliches chemisches Individuum, sondern ein Gemenge der verschiedensten Kohlenstoffverbindungen ist, so kann die Ermittelung des Gehaltes einer Kohle an Kohlenstoff, Wasserstoff und Sauerstoff im allgemeinen noch kein sicheres Merkmal für das Wesen derselben abgeben. Wie es in der organischen Chemie eine unendliche Reihe von Körpern gibt, welche bei gleicher Elementarzusammensetzung gänzlich verschiedene Eigenschaften besitzen, so ist dies auch bei der Kohle der Fall. Muck[1]) führt als Beispiel neben den Kohlehydraten: Cellulose, Stärke und Gummi, die Zahlen für zwei westfälische Kohlen an, welche bei gleicher Elementarzusammensetzung gänzlich verschiedene Cokeausbeuten liefern.

---

[1]) Gümbel, Sitzungsbericht der b. Akad. der Wissenschaften. 1883.

Schilling, Handbuch für Gasbeleuchtung.

[1]) Muck, Die Chemie der Steinkohle, Leipzig, W. Engelmann 1891.

Bezeichnung	Cokeausbeute (aschenfrei)	Zusammensetzung der Kohlensubstanz
Cellulose	6,71 %	
Stärke	11,10 „	$C_6 H_{10} O_5$
Gummi	20,42 „	
backende westfäl. Gaskohle	—	% C % H % O+N
Pluto (Flötz Hannibal)	71,63 %	85,134 5,216 9,650
Hannibal (Flötz Mathilde)	67,89 „	85,379 5,230 9,380

Ebenso können auch zwei ganz verschiedene Kohlenarten, wie z. B. Glanzkohle und Cannelkohle unter Umständen fast die gleiche Zusammensetzung haben. Es erhellt hieraus, dafs eine Einteilung der Kohlen nach ihrer Elementarzusammensetzung keinen allgemeinen Wert haben kann.

Für eine Klassifikation der Kohlen legt man jetzt allgemein ihr Verhalten beim Erhitzen zu Grunde.

Schon die alte Einteilung der Kohlen in Sand-, Sinter- und Backkohlen beruht auf dem Verhalten derselben beim Erhitzen. Um dieses genau beobachten und vergleichen zu können, wendet man das sogenannte Verfahren der Tiegelverkokung an, welches im folgenden besteht: Man erhitzt 1 g der feingepulverten Kohle in einem nicht zu kleinen, mindestens 3 cm hohen, vorher gewogenen Platintiegel bei fest aufgelegtem Deckel über der nicht unter 18 cm hohen Flamme eines einfachen Bunsenbrenners so lange, bis keine bemerkbaren Mengen brennbarer Gase zwischen Tiegelrand und Deckel mehr entweichen, läfst erkalten und wägt. Beim Erhitzen ist zu beachten, dafs der Tiegel auf einem dünnen Drahtdreieck so aufgestellt wird, dafs sein Boden höchstens 3 cm von der Brennermündung der Lampe entfernt ist. Man erhält bei dieser Tiegelverkokung Rückstände, deren Beschaffenheit zu folgender von A. Schondorff[1]) präcisierten Klassifikation geführt hat.

Die freie Oberfläche des im Platintiegel hergestellten Cokekuchens zeigt sich

	überall od. doch bis nahe zum Rande locker . . I. Sandkohle.
rauh feinsandig schwarz	fest gesintert, nur in der Mitte locker . . II. gesinterte Sandkohle
	überall fest gesintert . III. Sinterkohle

grau und fest, knospenartig aufbrechend . . . . . . IV. backende Sinterkohle
glatt metallglänzend und fest . . . V. Backkohle.

Die Gruppen II und IV sind Mittelstufen zwischen den 3 Hauptgruppen I, III und V.

[1]) Ztschr. für d. Berg-, Hütten- u. Salinenwesen im preufs. Staate. Band 22 pag. 135 u. ff

Von den Kohlen der fünf Gruppen eignen sich diejenigen der Gruppe V vorzugsweise für die Vercokung, Gaserzeugung und Schmiedefeuerung, und zwar wird man für die Vercokung Kohlen mit möglichst hoher, für die Gasbereitung solche mit möglichst niedriger Cokeausbeute zu wählen haben. Backende Sinterkohlen können, wenn auch nicht immer mit gleichem Vorteil dieselbe Verwendung finden. Gute, an flüchtigen Bestandteilen reiche Gaskohlen sind meist wenig blähende Backkohlen oder, wie die Cannelkohlen, backende Sinterkohlen, seltener Sandkohlen. Die Kohlen der drei ersten Gruppen eignen sich zu Feuerungszwecken.

Für die Höhe der Cokeausbeute läfst sich eine bestimmte Grenze für jede der fünf Gattungen, wie dies Gruner gethan hat, nicht mit Sicherheit aufstellen, da die Kohlen je nach dem Vorkommen in verschiedenen Kohlenbecken verschiedene Cokeausbeuten liefern.

So giebt Schondorff für Saarkohlen und Muck[2]) für Ruhrkohlen folgende Grenzen an:

	Saarkohlen	Ruhrkohlen
Backkohlen	60,13 — 71,80%	70 — 87 %
Backende Sinterkohlen	60,15 — 70,66 „	um 70 „
Sinterkohlen	56,44 — 74,76 „	
Gesinterte Sandkohlen	50,89 — 71,02 „	über 87 „
Sandkohlen	50,31 — 81,95 „	

Weitergehende Klassifikationen als die Schondorff's, welch letztere nur auf das äufsere Aussehen der nach bestimmten Regeln gewonnenen Vercokungsproben basiert sind, können keinen Anspruch auf allgemeine Gültigkeit machen.

Von den obigen Kohlengattungen streng zu unterscheiden sind die Kohlenarten, welche zu den Kohlengattungen etwa in derselben Beziehung stehen wie die Mineralien zu den daraus bestehenden Felsarten, und von Schondorff und Muck in folgender Weise charakterisiert wurden:

Die Glanzkohle besitzt tiefschwarze Farbe, lebhaften Glasglanz, meist grofse Sprödigkeit und ausgezeichnete Spaltbarkeit. Sie findet sich in allen Etagen, tritt in den älteren Flötzen als Sand-, Sinter- und Backkohle auf, während sie in jüngeren Flötzen wohl nie Sand- oder Sinterkohle, sondern mehr oder weniger backend ist. Sie pflegt meist aschenärmer als die anderen Kohlenarten zu sein. Der Kohlenstoffgehalt der Glanzkohle geht selten unter 80%

[2]) Ann. d Mines 1873 p. 169.

herab, steigt zuweilen weit über 90% und erreicht bei sehr anthrazitischen Kohlen wohl 98%.

In inniger Verwachsung mit der Glanzkohle tritt die **Mattkohle** (auch Streifkohle) auf, meist in dünnen Schichten mit jener wechselnd. Die Mattkohle, welche durch allmähliches Verschwinden der Streifung in die Cannelkohle übergeht, ist nur wenig (höchstens mattfett-) glänzend, grauschwarz bis bräunlichgrau, besitzt viel größere Festigkeit wie die Glanzkohle, ist fühlbar leichter wie die Glanzkohle und gibt beim Anschlagen einen beinahe holzartigen Klang. Der Bruch ist uneben bis muschelig. Die Mattkohle hat meist einen niedrigeren Gehalt an Kohlenstoff, dafür aber einen höheren Gehalt an Wasserstoff und Sauerstoff, namentlich an disponiblem Wasserstoff. Sie liefert eine namhaft niedrigere Cokesausbeute als die Glanzkohle. Die Mattkohle ist stets Sinter-, höchstens backende Sinterkohle.

Die **Cannelkohle** steht der Mattkohle sehr nahe. Sie hat einen nahezu ebenflächigen bis flachmuscheligen Bruch, ist grau bis sammetschwarz, politurfähig und erinnert auf dem Bruch an mattgeschliffenes Ebenholz. Die mikroskopische Untersuchung läßt nur selten die organisch-zellige Struktur erkennen. Die chemische Zusammensetzung ist die einer sehr wasserstoffreichen, namentlich sehr viel disponiblen Wasserstoff und daher wenig Sauerstoff enthaltenden Mattkohle. Sie ist sehr leicht entzündlich und brennt, angezündet, mit lebhafter Flamme fort. Hinsichtlich der Backfähigkeit verhält sie sich wohl überall wie Sinter- oder backende Sinterkohle. Der Aschengehalt ist meist ein hoher.

Von der eigentlichen Cannelkohle sind wohl zu unterscheiden die in ihrem Aussehen ähnliche, jedoch nicht zu den eigentlichen Steinkohlen zählende Pseudocannelkohle[2]), die Boghead- und die böhmische Blättel- (oder Platten-) Kohle.

Die **Faserkohle** zeigt deutliche Pflanzenstruktur und bildet meist nur dünne, aus regellosen Lagen bestehende Flächen. Sie ist grauschwarz bis sammetschwarz, dabei seideglänzend und abfärbend stets vollkommene Sandkohle und gibt eine hohe Cokesausbeute.

Brandschiefer sind mit Kohlensubstanz mehr oder weniger imprägnierte Thonschiefer, welche sich durch ihren Aschenreichtum auszeichnen. Sie enthalten sehr viel disponiblen Wasserstoff und geben daher beim Erhitzen sehr viel Kohlenstoff in flüchtiger Form ab.

Aus diesen verschiedenen Kohlenarten setzen sich in sehr wechselnden Mengenverhältnissen die von Schondorff aufgestellten 5 Kohlengattungen zusammen.

Die Verwitterung und Selbstentzündung der Kohle.

Bei dem Liegen der Kohle an der Luft gehen durchgreifende Änderungen vor sich. Es läßt sich aus der obigen Annahme über die Konstitution der Kohle leicht eine Vorstellung von den vielfach schon besprochenen Verwitterungserscheinungen der Kohlen gewinnen. Diese bestehen darin, daß durch Aufnahme von Sauerstoff der in den Seitengruppen enthaltene lose gebundene Kohlenstoff zu Kohlensäure und der leicht oxydierbare disponible Wasserstoff zu Wasser oxydiert wird. Die die Verwitterung bedingenden Einzelvorgänge lassen sich in folgende Sätze zusammenfassen:[1])

I. »Die Verwitterung ist eine Folge einer Aufnahme von Sauerstoff, welcher einen Teil des Kohlenstoffs und Wasserstoffs der Steinkohlen zu Kohlensäure und Wasser oxydiert, andernteils direkt in die Zusammensetzung der Kohle eintritt.«

II. »Der Verwitterungsprozeß beginnt mit einer Absorption von Sauerstoff. Erwärmen sich infolge dieses oder eines andern Vorgangs (Oxydation von Schwefelkies) die Kohlen während der Lagerung, so tritt nach Maßgabe der Temperaturerhöhung eine mehr oder weniger energische chemische Reaktion des Sauerstoffs auf die verbrennliche Substanz der Kohlen ein, andernfalls verläuft der Oxydations- (Verwitterungs-) Prozeß so langsam, daß sich in der Mehrzahl der Fälle die innerhalb Jahresfrist eintretenden Veränderungen technisch wie analytisch kaum mit Sicherheit feststellen lassen.«

III. »Die Feuchtigkeit als solche hat direkt keinen Einfluß auf die Verwitterung. Gegenteilige Beobachtungen werden sich immer auf den Umstand zurückführen lassen, daß manche, besonders an leicht zersetzbarem Schwefelkies reiche, oder in

---

[2]) Vgl. Journ. f. Gasbel. 88 S. 280.

[1]) Richters: Dingl. polyt. J. 196 pag. 317 u. ff.

Berührung mit Wasser bald zerfallende Kohlen sich unter gleichen Verhältnissen im feuchten Zustand ausnahmsweise rascher erhitzen als im trockenen.

IV. So lange die Temperaturerhöhung gewisse Grenzen (170—190°) nicht übersteigt, treten bei der Verwitterung bemerkenswerte Gewichtsverluste nicht ein; das Verhalten der Kohle zum Sauerstoff läßt vielmehr geringe Gewichtszunahmen annehmbar erscheinen.«

V. »Für die Erklärung der Abnahme des Brennwertes, der Cokesausbeute, der Backfähigkeit und des Vergasungswertes, bedarf es nicht der von mehreren Seiten unterstellten Annahme einer »neuen Gruppierung der Atome«. Vielmehr erklären sich die angedeuteten Verschlechterungen hinreichend aus der absoluten und relativen Abnahme des Kohlenstoffs und Wasserstoffs und der absoluten Zunahme des Sauerstoffs, die infolge der Verwitterung eintritt.«

Richters zeigte, daß bei Erhitzung (also langsamer Oxydation) trockner Kohlen auf 180 bis 200° eine Gewichtszunahme eintritt, und zwar bei 6 Proben a) bis f) wie folgt.

Nach 12 stündigem Erhitzen Zunahme:
a) um 4,24 %; b) um 4,45 %; c) um 4,07 %.

Nach 20 stündigem Erhitzen Zunahme:
d) um 4,62 %; e) um 3,92 %; f) um 3,24 %.

Die prozentuale Veränderung, welche dabei stattfindet zeigt beistehende Tabelle.

Kohle	Ursprüngliche trockene Kohle				Erhitzte Kohle				Spec. Gew.	
	C.	H.	O+S	Asche	C.	H.	O+S	Asche	vor	nach
a	84,69	3,97	5,33	6,01	78,44	2,62	13,50	5,44	1,327	1,495
b	84,03	3,57	7,10	5,30	78,14	2,72	13,62	5,52	1,319	1,496
c	86,89	4,26	4,97	3,78	77,08	2,55	14,28	5,19	1,280	1,479
d	81,52	4,31	10,41	3,76	72,66	2,39	21,93	3,02	1,288	1,469
e	82,12	4,64	10,88	2,36	74,32	2,82	20,75	2,11	1,275	1,453
f	79,59	4,74	10,75	4,92	70,84	2,65	21,50	5,03	1,299	1,471

Die Ursachen der Selbstentzündung der Kohlen sind ebenfalls auf die bei verwitternden Kohlen stattfindende Oxydation infolge der Aufnahme von Sauerstoff aus der Luft zurückzuführen. Es ist ferner zu bemerken, daß außer dem Sauerstoff der Schwefelkies in Verbindung mit Feuchtigkeit, jedoch nur in geringem Maße zur Selbstentzündung beiträgt, da seine Mengen zu gering sind, um die hierzu nötigen Wärmemengen zu liefern. Die Annahme, daß in den Kohlen eingeschlossene leicht entzündliche oder gar selbstentzündliche Gase eine Entzündung bewirken könnten, ist vollkommen widerlegt. Im allgemeinen hängt die Entzündlichkeit von denselben Ursachen ab, wie die Verwitterung, nämlich von einer starken Sauerstoffabsorption durch die Kohle. Die Entzündlichkeit der Kohlen wird im allgemeinen begünstigt durch eine große Flächenanziehung, durch eine kleine Stückgröße, sowie durch hohe Lagerung der Kohlen.

Als Mittel gegen die Selbstentzündung sind daher anzuwenden: Vermeidung feuchter, viel Schwefelkies enthaltender Kohlen, Vermeidung von Ventilation durch die Kohlenlager hindurch sowie Vermeidung zu großer Schichthöhe. Die früher häufig angewendete Anbringung von Luftschächten hat sich als schädlich erwiesen, weil hierdurch nicht eine Abkühlung der Kohle im allgemeinen bewirkt, sondern nur die Erhitzung durch lokale Sauerstoffzufuhr begünstigt wird.

Steinkohlen-Statistik.

Mit dem Emporblühen der Industrie hat auch die Menge der geförderten Steinkohle von Jahr zu Jahr eine stete Zunahme erfahren.

In welcher Weise die Kohlenförderung in den letzten 19 Jahren gestiegen ist, zeigt nachstehende Tabelle. Die angeführten Zahlen sind Millionen Tonnen (je 1000 kg).

	1870	1873	1879	1883	1886	1887	1888	1889
Großbritannien	112,2	129,0	135,8	166,4	160,0	164,7	172,6	179,7
Verein. Staaten	30,7	51,3	63,8	101,5	102,3	117,9	131,8	134,4
Deutschland	34,0	46,1	53,5	70,1	73,7	76,2	81,9	81,9
Frankreich	13,1	17,5	17,1	21,3	19,9	21,3	22,6	24,6
Belgien	13,7	15,8	15,4	18,2	17,3	18,4	19,2	19,8
Österreich	8,3	11,9	14,9	19,4	20,8	21,9	23,8	25,0
	212,0	271,6	300,5	400,2	394,0	420,4	454,9	468,4

Die gesamte Kohlenförderung hat sich also im Laufe von 19 Jahren mehr als verdoppelt.

Die einzelnen Staaten Deutschlands nehmen an dessen gesamter Kohlenförderung in folgender Weise Anteil:

Steinkohlen-Statistik. 5

	1890		1889	
	Menge t	Wert M.	Menge t	Wert M.
Steinkohlen				
Preufsen				
Oberbergamtsbezirk:				
Breslau . . .	20075620	110216017	19000875	82493300
Halle	23121	236293	25469	249863
Clausthal . . .	627911	5178871	572993	4181434
Dortmund . .	35469290	282441997	33855110	184971273
Bonn . . .	8177874	81450435	7982541	60689489
Bayern . . .	790615	8274453	810658	7653133
Sachsen	3958178	39951439	4084841	36591676
Elsafs-Lothringen	774670	7694816	720607	5843365
Übrige Staaten .	141767	1321779	134043	1100469
Deutsches Reich	70069046	536706100	67187143	383769702
Braunkohlen				
Preufsen				
Oberbergamtsbezirk:				
Breslau . . .	418480	1592899	486523	1633250
Halle	11079207	36082089	12862727	31844891
Clausthal. . .	280973	1029492	226753	810866
Bonn . . .	661590	1124627	620044	1039126
Bayern . . .	10121	50308	6408	27984
Sachsen . . .	809573	2420575	821589	2423892
Hessen . . .	168749	642370	123802	615173
Braunschweig . .	567578	1752777	519743	1427677
Sachsen-Altenburg	1081116	2145586	1030249	1910288
Anhalt . . .	808054	2546962	867941	2432646
Übrige Staaten .	37031	121390	26792	94687
Deutsches Reich	19012481	49506675	17601466	44260480

Die Kohlenmengen, welche zur Gaserzeugung dienen, betragen einen verhältnismäfsig nur geringen Teil der gesamten Steinkohlenförderung. Nach einer umfassenden Statistik bestanden im Jahre 1884 in Deutschland 577 Städte mit Gaswerken, welche zusammen rund 510 Millionen Kubikmeter Gas erzeugten, was einem durchschnittlichen Kohlenverbrauch von 1700000 t entspricht. Es sind dies nur 2,3 % der in diesem Jahre in Deutschland überhaupt geförderten Kohlenmenge. Von Interesse ist es ferner, zu sehen, in welcher Weise die verschiedenen Kohlenbecken an der Lieferung dieser gesamten Kohlenmenge beteiligt sind.

Es lieferten

Schlesien . .	546500 Tonnen	32,1 %
Westfalen . .	485000 »	28,5
England . .	278500 »	16,4
Saarbrücken .	235500 »	13,8
Sachsen . .	134000 »	7,9
Böhmen . .	10500 »	0,7
Belgien . .	10000 »	0,6
	1700000 Tonnen	100 %.

Wie zu ersehen, liefert Schlesien den gröfsten Anteil an Gaskohlen. Läfst man die aufserdeutschen Kohlen aufser Betracht, so betrug der Verbrauch an deutschen Gaskohlen im Jahre 1884 sogar nur 2 % der gesamten Steinkohlenförderung in Deutschland.

Die Zahl der Steinkohlensorten, wie sie im Jahre 1886 auf 160 der gröfsten Gaswerke Deutschlands zur Verwendung kamen, gibt Bunte[1]) folgendermafsen an:

Es wurden 71 verschiedene Steinkohlensorten vergast, und zwar:

Schlesische Kohlen . 11 Sorten in 52 Werken
Westfälische Kohlen 21 » » 156 »
Englische Kohlen . 16 » » 26 »
Saarkohlen . . . . 6 » » 37 »
Sächsische Kohlen . 10 » » 36 »
Böhmische Kohlen . 4 » » 12 »

Im einzelnen stellt sich der Verbrauch an deutschen Gaskohlen (unter Ausschlufs der Zusatzkohlen zur Aufbesserung der Leuchtkraft) im Jahre 1886 wie folgt:

I. **Schlesische (mährische) Kohlen.**

Zahl der Werke Tonnen

a) Oberschlesien: Königin Louise . . . 17   263512
Florentine 2   10689
Mathilde 1   9750
Guido 3   8504
Orzesche 6   4670
Deutschland . . . 1   3838

b) Niederschlesien: Glückhilfgrube bei
Hermsdorf . . . 14   128682
Friedenshoffnung . . 1   3000
Weissenstein . . . 1   915

c) Ostrau-Karwiner Kohlen: Karwin . 2   30227
Ostrau . . 4   22338

Zusammen 487674 t.

II. **Westfälische Kohlen.**

Zahl der Werke Tonnen

1. Rhein-Elbe-Alma 15   53650
2. Consolidation 16   36948
3. Hannibal 11   27017
4. Wilhelmine Victoria . . . 9   25908
5. Pluto 8   23070
6. Zollverein 9   22941
7. Hibernia 11   20703
8. Unser Fritz 7   18720
9. Königsgrube bei Wanne . 7   15779
10. Bonifacius 5   14570
11. Holland bei Wattenscheid . 8   14413
12. Dahlbusch 9   12645
13. Hansa 8   11021
14. Hugo 5   6980

[1]) Bunte: Zur Kenntnis der deutschen Gaskohlen. Journ. f. Gasbeleuchtung 1888 S. 861.

Die Steinkohlen.

Mit geringeren Beträgen die Zechen: Friedrich der Große (6 Werke), Ewald (6 Werke), Bismark (4 Werke), Königin Elisabeth (3 Werke), Mont Cenis (3 Werke), Prosper (2 Werke), Westphalia, Nordstern, Wilhelm, Graf Moltke (je 1 Werk).

Zusammen 24 Sorten mit 330648 t.

III. Saarkohlen.

	Zahl der Werke	Tonnen
Heinitz-Dechen	29	108682
Altenwald	3	17742
Maybach	2	3750

Je 1 Werk: St. Ingbert, Sulzbach, Dudweiler.

Zusammen 134225 t.

IV. Sächsische Kohlen.

	Zahl der Werke	Tonnen
Zwickau Oberhohndorf Wilhelmsschacht	7	38884
» Vereinsglück	4	11831
Erzgebirgischer Verein, Vertrauensschacht	4	10800
Brückenbergschacht	4	9156
Vereinigt Feld Bokwa Hohndorf	6	9349
Bürgergewerkschaft	5	4600

Morgenstern (3 Werke) und Glückauf (4 Werk), Dresdener Becken, Burgk'sche Kohlen 17757 t, Döhlen-Potschappel (1 Werk).

Zusammen 10 Sorten, 113235 t.

V. Böhmische Kohlen.

	Zahl der Werke	Tonnen
Mariaschacht	6	8820
Turn und Taxis	3	4602
Sulkow	2	2187
Buschtiehrad Kladno	1	—

Zusammen 16162 t, 4 Sorten.

Den größten Anteil an obigen Gaskohlen liefern sonach in Schlesien die Gruben »Königin Louise« und die »Glückhilfgrube«. In hervorragendem Maße ist auch die Saarkohle, Grube »Heinitz-Dechen«, beteiligt.

Die zur Gasbereitung dienenden Kohlen.

Für die Zwecke der Gasbereitung teilt man die Kohlen in eigentliche »Gaskohlen« und »Zusatzkohlen« ein. Gaskohlen fallen meist in die Klasse IV der Schondorffschen Einteilung und sind backende Sinterkohlen. Sie liefern bei der Verkokung meist zwischen 60 und 70% Coke, selten weniger; der Cokekuchen ist wenig gebläht, grau und fest, knospenartig aufbrechend. Der Gehalt dieser Kohlen an Kohlenstoff schwankt (auf Kohlensubstanz bezogen) zwischen 80 und 87%; der Wasserstoff bewegt sich in sehr engen Grenzen zwischen 5,1 und 6,1%; es sind dies nicht diejenigen Kohlen, welche die größte Gasausbeute liefern, sondern es sind solche Sorten für die Gasbereitung bevorzugt, welche neben einer hohen Gasausbeute auch noch gute Coke liefern.

Die Zusatzkohlen sollen viel Gas, und momentlich Gas von hoher Leuchtkraft liefern. Es hängt diese Eigenschaft von einem hohen Gehalt der Kohle an Wasserstoff und speziell an disponiblem Wasserstoff ab, welcher meist von einem hohen Gehalt an Bitumen bedingt ist. Unter »Bitumen« versteht man im allgemeinen ölige oder harzartige Substanzen, welche mit dem Erdöl resp. Asphalt in gewissem Zusammenhang stehen. Nach den neuesten Forschungen[1]) ist die Entstehung von Erdöl wie Bitumen darauf zurückzuführen, daß tierische Reste (Saurier, Fische, Mollusken), welche sich in Massen auf dem Meeresboden ablagerten, unter Mitwirkung der Erdwärme durch allmähliche Destillation Öle gebildet haben, welche sich teils in unterirdischen Becken ansammelten, teils in die auflagernden Erdschichten eindrangen und so die »bituminösen Schiefer« erzeugten. Die momentlich an Fischen oft äußerst reichen Ablagerungen, welche sich gerade in Begleitung von bituminösen Kohlen vorfinden, sowie die Thatsache, daß auf experimentellem Wege aus tierischen Produkten Öle erhalten wurden, welche dem Rohpetroleum durchaus ähnlich sind, lassen diese Annahme als äußerst glaubwürdig erscheinen. An Bitumen besonders reich und deshalb als Zusatzmaterial sehr geschätzt sind: die Boghendkohle, die Cannelkohle, die bituminösen Schiefer und gewisse Braunkohlen.

Als Zusatzmaterialien finden in der Gasindustrie außerdem Verwendung: Petroleum und Petroleumdestillate, Asphalt, Teer, Teerdestillate, Pechrückstände, Destillate des Braunkohlenteers, Fettabfälle, Knochen und Holz, jedoch ist die Anwendung dieser letzteren Materialien eine beschränkte.

[1]) Hofer: Das Erdöl und seine Verwandten. Vieweg & Sohn, Braunschweig 1888.

Analysen von Gaskohlen und Zusatzkohlen.

Die folgende Tabelle gibt die chemische Zusammensetzung von 38 Sorten Gaskohlen, welche hauptsächlich in deutschen Gaswerken verwendet werden, und zwar geographisch geordnet nach den verschiedenen Kohlenbecken in Schlesien, Rheinland-Westphalen, Sachsen, Böhmen und der Saar. Die einzelnen Zahlenwerte der Tabelle geben in der ersten Abteilung die Elementarzusammensetzung der Rohkohle, wie sie in lufttrockenem Zustand zur Verwendung kommt; es ist angegeben der Gehalt an Kohlenstoff, Wasserstoff, Sauerstoff, Schwefel, Stickstoff, Wasser (d. i. bei 100° entweichende Feuchtigkeit) und Asche. Daneben findet sich der Gehalt der Rohkohle an Kohlensubstanz, d. h. dem eigentlich wertvollen Teil der Kohle nach Abzug der wertlosen und wechselnden Mengen Wasser und Asche in der Rohkohle. — Im nächsten Abschnitt der Tabelle ist die Zusammensetzung der Kohlensubstanz, also wasser- und aschefrei gedachter Kohle, angegeben.

Chemische Zusammensetzung der wichtigsten deutschen Gaskohlen.[1]

Kohlen-Zeche	Elementar-Zusammensetzung. 100 Teile Rohkohle enthalten:							100 Teile Kohlensubstanz enthalten:			Vercokung. 100 Teile Rohkohle geben:		100 Teile Kohlensubstanz geben:		100 Teile flüchtiger Bestandteile enthalten:		100 Teile Coke enthalten Asche
	Kohlenstoff C	H	O	S	N	H₂O	Asche	Kohlensubstanz	C	H	Coke	Flüchtige Bestandteile	Coke	Flüchtige Bestandteile	C	H	
Schlesische Kohlen.																		
Oberschlesien:																		
Guidogrube	80,37	1,86	7,12	0,94	1,32	2,75	2,64	94,61	84,95	5,14	9,91	65,25	62,66	31,95	66,23	33,77	55,43	15,21	29,36	4,04
Königin-Louisengrube	79,79	4,02	7,01	0,80	1,17	2,19	3,92	93,89	84,98	5,24	9,78	66,0	62,08	31,81	66,12	33,88	55,67	15,47	28,86	5,04
Königin-Louisengrube Pochhammer Flötz	79,72	4,89	7,26	0,71	1,38	2,88	3,16	93,96	84,85	5,20	9,95	64,8	61,04	32,32	65,60	34,40	55,94	15,13	28,93	4,88
Königin-Louisengrube Poremba Flötz	80,29	4,87	6,71	0,71	1,46	2,43	3,53	94,04	85,38	5,18	9,44	64,6	61,07	32,97	64,94	35,06	58,30	14,77	26,93	5,16
Deutschlandgrube	79,67	4,88	7,47	0,89	1,27	2,93	2,89	94,16	84,59	5,18	10,23	63,8	60,91	33,27	64,67	35,31	56,39	14,67	28,94	4,53
Florentine	77,27	4,75	8,09	0,00	1,27	4,14	2,98	92,88	83,20	5,11	11,09	62,5	59,52	33,36	64,08	35,92	53,21	14,21	32,55	4,77
Orzesche	74,04	5,20	8,85	1,15	1,33	3,55	5,88	90,57	81,75	5,74	12,51	59,7	53,82	36,75	59,42	40,58	55,02	14,15	30,83	9,85
Niederschlesien:																		
Glückhilfgrube Wrangel und v. d. Haydtschacht	79,72	4,77	4,00	1,19	1,07	2,05	6,74	91,21	87,40	5,23	7,37	68,8	62,06	29,15	68,04	31,96	60,58	16,37	23,05	9,80
Friedenshoffnungsgrube	79,88	4,98	5,58	1,25	1,14	1,35	5,82	92,83	86,05	5,36	8,59	66,0	61,04	31,75	65,80	34,20	59,21	15,69	25,10	8,70
Ostrau-Karwiner Gaskohle	76,98	4,94	6,82	0,84	1,09	1,95	7,38	90,67	84,00	5,45	9,65	65,8	58,42	32,25	64,43	35,57	57,55	15,32	27,13	11,22
Dombrauer Gaskohle	79,10	5,08	7,18	0,82	1,20	2,45	4,17	93,38	84,71	5,44	9,85	62,8	58,63	34,75	62,79	37,21	58,91	14,62	26,47	6,64

[1] Nach Bunte, Journ. f. Gasbel. 1888. S. 863 u. ff.

Die Steinkohlen.

Kohlen-Zeche	Elementar-Zusammensetzung 100 Teile Rohkohle enthalten:						Acker-	Kohlensubstanz	100 Teile Kohlensubstanz enthalten:		100 Teile Rohkohle geben:	Vercokung. 100 Teile Kohlensubstanz geben:			100 Teile flüchtiger Bestandteile enthalten:		100 Teile Coke enthalten Asche
	C	H	O	S	N	H₂O			C	H	Coke	EisenKohlenstoff	Flüchtige Bestandteile	Coke	Flüchtige Bestandteile	C	H	O+S+N
Westfälische Kohlen.																		
Rhein-Elbe-Alma	79,82	4,96	1,79	0,82	1,25	3,00	5,36	91,64	87,10	5,41	7,49	69,9	64,54	27,10	70,43	29,57	56,39	18,30	25,31	7,67
Pluto	71,93	4,51	5,30	1,56	1,32	2,42	12,96	84,62	85,00	5,33	9,67	72,1	59,14	25,48	69,89	30,11	50,20	17,70	32,10	17,98
Bonifacius	73,28	4,63	4,93	1,30	1,46	2,74	11,46	85,80	85,41	5,40	9,19	70,2	58,74	27,06	68,46	31,54	53,73	17,11	29,16	16,32
Wilhelmine Victoria	75,85	4,74	5,81	0,92	1,46	2,60	8,62	88,78	85,11	5,34	9,22	69,4	60,78	28,00	68,46	31,54	53,82	16,93	29,25	12,12
Hannibal	76,30	4,80	5,31	1,68	1,12	2,20	8,39	89,41	85,22	5,37	9,41	69,3	60,91	28,50	68,12	31,88	53,65	16,81	29,51	12,11
Consolidation	78,91	5,21	5,19	0,88	1,52	1,64	6,62	91,74	86,05	5,68	8,27	69,0	62,38	29,36	68,00	32,00	56,40	17,75	25,85	9,59
Hibernia	82,97	5,08	5,29	0,81	1,53	2,10	2,22	95,68	86,72	5,31	7,97	67,2	64,98	30,70	67,91	32,09	58,60	16,55	24,85	3,30
Zollverein	83,33	5,11	5,76	1,20	1,58	0,97	2,05	96,98	85,93	5,27	8,80	67,8	65,75	31,23	67,80	32,20	56,20	16,36	27,35	3,02
Dahlbusch	81,01	5,20	5,04	0,82	1,57	2,12	4,21	93,67	86,52	5,55	7,93	67,6	63,39	30,28	67,67	32,33	58,29	17,17	24,54	6,23
Unser Fritz	74,80	4,75	6,10	0,85	1,39	2,46	9,65	87,89	85,11	5,40	9,49	68,4	58,75	29,14	66,85	33,15	55,08	16,30	28,62	14,11
Königsgrube	78,93	5,11	5,74	0,94	1,42	2,00	5,86	92,14	85,66	5,55	8,79	66,7	60,84	31,30	66,03	33,97	57,80	16,32	25,88	8,79
Hansa	79,16	5,16	5,67	1,85	1,53	1,95	4,68	93,37	84,78	5,53	9,69	66,0	61,42	32,05	65,67	34,33	55,66	16,10	28,24	7,09
Holland	77,81	4,96	6,77	1,47	1,48	1,10	6,11	92,49	84,13	5,36	10,51	66,6	60,49	32,00	65,40	34,60	54,12	15,50	30,38	9,17
Hugo	70,75	5,22	6,75	0,88	1,43	1,65	4,34	94,01	81,81	5,55	9,64	65,7	61,26	32,65	65,27	34,73	50,26	15,99	27,75	6,61
Friedrich der Grofse	79,66	5,13	5,90	1,32	1,65	1,98	1,36	93,66	85,05	5,48	9,47	65,0	60,64	33,02	64,75	35,25	57,60	15,54	26,86	6,71
Bismarck	68,15	4,46	6,54	1,56	1,26	5,10	12,93	81,97	83,14	5,44	11,42	65,4	52,47	29,50	64,01	35,99	53,16	15,12	31,72	19,77
Ewald	77,38	5,04	5,57	0,82	1,54	2,78	6,87	90,35	85,61	5,58	8,78	63,0	56,13	34,22	62,13	37,87	62,10	14,73	23,17	10,90
Saarkohle.																		
Heinitz I.	77,29	4,97	7,18	0,72	1,06	2,00	6,48	91,52	84,45	5,43	10,12	66,4	59,92	31,60	65,47	34,53	54,97	15,73	29,30	9,76
Sächsische Kohlen.																		
Plauen'scher Grund von Burgk'sche Kohlenwerke	69,29	4,73	5,35	1,73	1,32	4,00	13,58	82,42	84,07	5,74	10,19	64,0	50,42	32,00	61,17	38,83	58,97	14,78	26,25	21,22
Hohndorf - Bokwa. Vereinigtes Feld	73,51	4,74	7,26	1,21	1,21	8,60	3,47	87,93	85,60	5,39	11,01	59,1	55,63	32,00	63,27	36,73	55,36	14,67	29,97	5,87
Erzgebirgischer Verein	67,87	4,80	7,88	1,05	1,20	6,83	10,18	82,89	81,88	5,00	12,22	58,9	18,72	31,17	58,78	41,22	56,01	14,31	29,65	17,01
Vereinsglück Zwickau	72,55	4,81	8,18	0,78	1,21	8,85	3,52	87,83	82,60	5,18	11,92	51,2	50,88	36,95	57,93	42,07	58,65	13,92	28,33	6,13
Zwickau - Brückenbergschacht	73,27	5,42	7,08	1,27	1,27	6,72	4,07	88,31	82,97	6,14	10,89	56,0	51,03	37,28	57,78	42,22	59,66	14,54	25,80	8,88
Zwickau-Oberhohndorf Wilhelmsschacht	72,70	5,03	7,92	0,89	1,27	8,15	4,04	87,81	82,79	5,73	11,48	54,4	50,36	37,45	57,35	42,65	59,65	13,43	26,92	7,43
Bürgergewerkschaft	68,75	4,91	7,70	2,13	1,22	7,79	7,50	84,71	81,16	5,80	13,04	54,9	17,40	37,31	55,96	44,04	57,22	13,16	29,62	16,66
Böhmische Kohlen.																		
Sulkow	72,59	4,92	7,81	0,73	1,35	6,80	5,80	87,40	83,06	5,63	11,31	58,6	52,80	34,60	60,41	39,59	57,20	14,22	28,58	9,90
Thurn u. Taxis	71,97	5,36	8,11	0,71	1,36	5,61	6,88	87,51	82,21	6,13	11,63	56,6	19,72	37,70	56,82	43,18	58,88	14,18	26,94	12,16

Analysen von Gaskohlen und Zusatzkohlen.

Chemische Zusammensetzung in deutschen Gasanstalten gebräuchlicher Zusatzkohlen.

Bezeichnung und Herkunft	100 Teile Rohkohle enthalten (Elementare Zusammensetzung)							100 Teile Kohlensubstanz enthalten				100 Teile Rohkohle liefern (Verkokung)		100 Teile Kohlensubstanz liefern		100 Teile Rohkohle Bestandteile enthalten		
	Kohlenstoff C	Wasserstoff H	Mineralstoff	Schwefel S	Stickstoff N	Wasser bei 110°	Aschegeh. der Rohkohle	Kohlenstoff C	Wasserstoff H	Sauerstoff O (inkl. S + N)	disponibler Wasserstoff H	Kohlenstoff Koks	flüchtige Bestandteile ohne hygroskopisches Wasser	Kohlenstoff	flüchtige Bestandteile	Kohlenstoff	Wasserstoff H	Sauerstoff O (inkl. S + N)
Deutsche Zusatzkohlen																		
Consolidation Cannel Gaswerk Karlsruhe	80,88	5,70	5,62	1,23	1,37	0	5,30	84,70	6,02	9,62	4,82	60,30	25,20	39,40	58,89	41,61	64,24	12,47	20,30
Böhm. Plattelkohle Würfel, Gaswerk München	59,96	5,36	7,93	1,08	1,00	3,21	21,24	75,30	7,36	13,26	5,70	52,13	30,89	14,64	40,90	59,10	65,11	12,45	22,44
Böhm. Plattelkohle-Stücke, Gaswerk München	60,07	5,00	7,76	1,16	1,16	3,04	21,15	75,81	7,46	13,00	5,80	51,99	30,84	44,97	40,08	59,92	65,00	12,38	22,42
Böhmische Braunkohle (Falkenau), Gaswerk Karlsruhe	63,50	6,28	8,41	3,12	0,41	10,75	7,43	81,82	7,61	14,59	6,00	31,68	24,25	57,57	29,64	70,36	68,18	11,06	20,74
Böhmische Braunkohle (Falkenau) Gaswerk München	63,51	6,80	8,13	3,19	0,51	9,40	8,74	82,96	8,77	14,10	6,47	28,77	20,03	61,30	24,34	75,66	70,01	10,93	13,06
Ausländische Zusatzkohlen																		
Tyne Boghead Cannel Gaswerk Darmstadt	73,09	5,73	5,66	0,67	1,29	0,15	13,41	86,44	6,63	8,82	5,53	60,22	46,61	39,68	34,15	45,85	66,30	14,46	19,24
Tyne Boghead Cannel Gaswerk Karlsruhe	67,35	5,35	3,79	3,27	1,01	0	19,23	90,71	6,02	10,01	5,37	61,29	41,97	38,80	51,96	48,05	65,38	13,78	20,84
Kilbride, Cannel Gaswerk Karlsruhe	74,34	6,28	9,30	0,66	1,63	4,46	3,33	92,91	6,92	12,24	5,39	16,46	43,13	53,74	46,77	53,23	64,01	13,00	22,99
Pludderie Cannel, Gaswerk Altona	76,61	6,55	7,25	0,66	1,24	1,77	5,72	92,93	7,29	9,80	6,04	46,59	41,07	53,21	44,40	55,60	68,30	13,11	17,79
Earl of Hopetown Cannel, Gaswerk Altona	74,91	6,07	7,87	1,61	1,36	4,83	3,45	91,72	6,62	11,71	5,10	43,72	40,37	50,28	49,84	56,16	67,36	11,79	20,85
Earl of Hopetown Cannel, Gaswerk Darmstadt	76,28	6,36	6,54	2,02	1,62	1,90	5,28	93,11	7,03	11,15	5,43	46,57	40,06	49,34	43,04	56,96	68,45	11,97	19,58
Schottische Woodville Boghead, Frankfurter Gaswerk	76,39	6,55	7,37	1,76	1,22	3,00	3,60	93,31	7,04	11,09	5,65	44,40	40,40	52,94	43,30	56,70	68,02	12,42	19,56
Schottische Star Boghead, Frankfurter Gaswerk	69,96	7,35	7,31	0,98	1,14	2,54	11,22	86,29	8,52	10,47	8,21	40,71	29,89	50,29	34,19	65,81	71,15	12,96	15,90
Australische Shale Boghead, Frankfurter Gaswerk	63,81	8,43	4,25	0,34	0,81	0,21	15,77	83,94	10,04	6,79	9,38	30,38	14,81	69,23	17,63	82,37	79,57	12,19	8,24

Schilling, Handbuch für Gasbeleuchtung.

Die Beurteilung der Analysen.

Fasst man die angeführten Analysen nach den einzelnen Kohlenbecken zusammen, so ergibt die durchschnittliche Zusammensetzung der Kohlensubstanz für die verschiedenen Kohlenbecken und Zusatzkohlen folgende mittlere Werte:

100 Teile Kohlensubstanz enthalten durchschnittlich:

	Kohlenstoff	Wasserstoff	Sauerstoff (+ N + S)
Westfälische Gaskohle	85,39	5,44	9,17
Schlesische Gaskohle	84,80	5,30	9,90
Saarkohle	84,45	5,43	10,12
Böhmische Kohle	82,65	5,88	11,47
Sächsische Kohle	82,38	5,74	11,88
Böhmische Plattenkohle	81,95	7,27	10,78
Falkenauer Braunkohle	78,81	8,05	13,14

Der Sauerstoff.

Sieht man zunächst von den Beimengungen der Kohle ab und betrachtet nur die Zusammensetzung der Kohlensubstanz, so zeigt dieselbe in ihrem Sauerstoffgehalt die größten Unterschiede, während der Wasserstoff auffallend gleich bleibt. Bunte hat durch eingehende Versuche, welche auch in den Versuchen von Sainte Claire Deville eine weitergehende Bestätigung fanden, auf die Beziehungen hingewiesen, in welchen der Sauerstoff zu den Eigenschaften der Gaskohlen steht. An dem Prozeß der Gasentwickelung ist der Sauerstoff nur insofern beteiligt, als er bei der trockenen Destillation Kohlensäure und Kohlenoxyd, die beiden einzigen sauerstoffhaltigen Bestandteile des Leuchtgases, bildet. Andererseits ist der Sauerstoff der Kohle auch auf die Menge der entstehenden Nebenprodukte von Einfluß, da der größte Teil des Sauerstoffs sich bei der trocknen Destillation der Kohle mit dem Wasserstoff zu Wasser verbindet. Es ist daher im allgemeinen von einer sauerstoffreichen Kohle zu erwarten, daß sie mehr Kohlenoxyd, Kohlensäure und namentlich mehr Wasser bei der Vergasung liefert, als eine an Sauerstoff arme Kohle. Aber auch das sonstige Verhalten der Kohle bei der Vergasung steht, wenn auch nicht in unmittelbarer Abhängigkeit, so doch in einem gewissen Zusammenhang mit dem Sauerstoffgehalt der Kohle. Deville ging an Hand seiner Versuche so weit, daß er die Einteilung der Gaskohlen nach ihrem Sauerstoffgehalt vornahm.

Diese Versuche ergaben in vieler Hinsicht interessante Aufschlüsse, wenn man auch mit der Einteilung in 5 streng nach dem Sauerstoffgehalt abgegrenzte »Kohlentypen«, wie sie Deville vorschlägt, nicht in jeder Hinsicht einverstanden sein kann[1]).

Der Wasserstoff liefert, zumal wenn man nur den sog. »disponiblen« Wasserstoff in Betracht zieht, gewisse Anhaltspunkte über die Menge der vergasbaren Bestandteile. Dies versteht sich leicht, wenn man erwägt, daß, um 12 Gewichtsteile Kohlenstoff als CH_4 zu verflüchtigen, nur 4 Gewichtsteile Wasserstoff erforderlich sind. Eine Kohle, welche reich an disponiblem Wasserstoff ist, wird also auch im allgemeinen viel flüchtige Bestandteile bei der Vergasung liefern, die teils in das Gas, teils aber auch in den Teer und das Gaswasser übergehen.

Nur geringe Anhaltspunkte vermag der Kohlenstoffgehalt zu geben, da es ganz von der Menge des Wasserstoffs und Sauerstoffs abhängt, wieviel von demselben verflüchtigt werden kann. Es ist jedoch bekannt, daß mit wachsendem Alter der Kohlen deren Prozentgehalt an Kohlenstoff zunimmt und gleichzeitig der der flüchtigen Bestandteile abnimmt.

Dem Stickstoffgehalt der Gaskohlen hat man, seit die Ammoniakgewinnung als Nebenbetrieb vieler Gasanstalten eingeführt ist, erhöhte Aufmerksamkeit geschenkt; obwohl derselbe keinen direkten Maßstab bildet für die zu erwartende Ammoniakausbeute, so kann man doch im allgemeinen von einer stickstoffreichen Kohle auch erwarten, daß sie mehr Stickstoff bei der Destillation als Ammoniak verflüchtigt. Der Stickstoffgehalt der Kohle rührt, wie Muck annimmt, hauptsächlich aus der Luft her, welcher die Kohle allmählich entzogen hat; zum Teil stammt derselbe jedoch auch noch aus der Bildungsperiode der Steinkohle her.

Der Stickstoffgehalt der Kohlen bewegt sich in sehr engen Grenzen, meist zwischen 1 und 1½ % der Kohle.

Wenn sonach die Elementaranalyse für die Praxis zwar nur wenig direkte Anhaltspunkte bezüglich des zu erwartenden Verhaltens der Kohle bei der

---

[1]) Die Ergebnisse Deville's, soweit sie den Zusammenhang der Vergasungsergebnisse mit dem Sauerstoffgehalt der Kohle erkennen lassen, sind im folgenden Abschnitte zusammengestellt.

Die Beurteilung der Analysen.

Vergasung bietet, so ist sie doch zur Kontrolle und zum Vergleich der Kohlen untereinander unerläfslich.

Allgemein pflegt man der Elementaranalyse die sog. Vercokungsprobe an die Seite zu stellen[1]). Diese Vercokung hat einerseits den Zweck, die Menge des nicht vergasbaren Rückstandes, sowie dessen Beschaffenheit zu prüfen, andererseits aus der Menge und Art der zwischen Tiegelrand und Deckel entweichenden Gase auf das Verhalten der Kohle beim Vergasen zu schliefsen. Die Menge des Cokerückstandes kann selbstverständlich nicht derjenigen entsprechen, welche im Betriebe der Gasanstalten erhalten wird, bietet jedoch ein wesentliches Merkmal zum Vergleiche verschiedener Kohlensorten.

Neben der eigentlichen Elementaranalyse und der dieselbe ergänzenden Vercokungsprobe bieten die Bestimmung von Wassergehalt, Asche, Schwefel und Stickstoff eine Reihe wertvoller Aufschlüsse über die Güte einer Kohle. — Im allgemeinen sind diese Faktoren bei ein und derselben Kohle weit gröfseren Schwankungen unterworfen als die Kohlensubstanz, welche, wie aus Buntes Untersuchungen[2]) über deutsche Gaskohlen hervorgeht, für eine und dieselbe Kohlensorte, auch wenn sie an verschiedenen Orten und zu verschiedenen Zeiten untersucht wurde, nahezu gleich bleibt.

Der Wassergehalt der Kohlen äufsert auf die bei der Vergasung auftretenden gasförmigen Erzeugnisse einen schädlichen Einflufs, insofern er durch seine Zersetzung an den heifsen Retortenwänden einerseits die Temperatur und damit die Gasausbeute herabdrückt, und andererseits indem er zur erhöhten Bildung von Kohlensäure im Gase Veranlassung gibt. — Die Bestimmung des Wassergehaltes ist daher von ziemlich hoher praktischer Bedeutung. Unter Wassergehalt ist hier nur derjenige Gehalt an Feuchtigkeit verstanden, welchen die lufttrockene Kohle besitzt, und ist von der sog. „Grubenfeuchtigkeit" abgesehen. Es ist also damit derjenige Wassergehalt gemeint, den die Kohle (welche gleich anderen festen Körpern auf ihrer Oberfläche Wasserdampf zu verdichten vermag) nach einigem Verweilen an der Luft noch zurückhält. Diese von der lufttrockenen Kohle zurückgehaltenen Mengen Wasser sind zwar abhängig vom Feuchtigkeitsgehalt und der Temperatur der umgebenden Luft, aber unter gleichen Bedingungen ungleich grofs bei verschiedenen Kohlen. Diese Eigenschaft der Kohlen ist bedingt durch ihre verschieden grofse Flächenanziehung. Nach Richters wird in der Regel die „Hygroskopicität" bei den wasserstoff- und sauerstoffreicheren Kohlen am gröfsten, am geringsten aber bei den anthrazitischen Kohlen sein. Sie ist auch sehr viel gröfser bei Braunkohlen, wo sie über 20% betragen kann und bei Ligniten gröfser als bei älteren Braunkohlen, während sie bei Steinkohlen zwischen 2 und 7,5 % liegt und nicht oft über 4% geht.

Die mineralischen Bestandteile der Kohle, die Asche[1]), welche teils aus dem Reste der Mineralbestandteile der Mutterpflanzen, zum gröfsten Teil aber von der die Kohle einschliefsenden Gesteinsart herrührt, ist von direktestem Einflufs auf die Gasausbeute der Kohle, indem sie deren Gehalt an eigentlicher wertvoller Kohlensubstanz bedingt. Die Erklärung für die Verschiedenartigkeit der Mineralbestandteile ergibt sich daraus, dafs die Gesteinssedimente, zwischen welchen die Kohlenflötze eingeschlossen sind, innerhalb langer und weit auseinanderliegender Zeiträume erfolgt sein müssen und gerade deshalb recht verschieden zusammengesetzt gewesen sein können.

Aufser diesen Aschebestandteilen enthält die Kohle oft eine Reihe von Substanzen, deren Vorkommen sich durch spätere Eindringen von Lösungen (Infiltration) in die Spalten erklärt; es gehört hierzu in erster Linie der für die Gasbereitung schädliche Schwefelkies, dem die Kohle hauptsächlich ihren Schwefelgehalt verdankt.

Der Schwefel[2]) in der Kohle kann aufser als Schwefelkies noch in der Form von Sulfat (Gips) oder in organischer, noch nicht näher ermittelter Verbindung enthalten sein. Zu letzterer Annahme führt die Thatsache, dafs in den Kohlen meist nicht so viel Eisen gefunden werden kann, als zur Bindung des Schwefels zu Schwefeleisen erforderlich

---

[1]) Vgl. S. 9.
[2]) Bunte, Zur Kenntnis deutscher Gaskohlen. Journ. für Gasbel. 1888, S. 863 u. ff.

[1]) Vgl. Dr. F. Muck, Über Steinkohlenasche. Ad. Stumpf, Bochum 1878.
[2]) Vgl. F. Muck, Über die Bindung des Schwefels in Steinkohle und Coke. »Stahl & Eisen«, 1886, Bd. 6 S. 468.

wäre. Die Bestimmung des Schwefels ist für die Gasbereitung deshalb von hohem Interesse, weil ein hoher Schwefelgehalt der Gas-Kohlen ihren Wert für die Gasbereitung bedeutend beeinträchtigt.

Andere Beimengungen der Kohlen, wie Chlor und Phosphor, sind für die Gasbereitung von geringerer Bedeutung.

Vergasungsergebnisse aus verschiedenen Gaskohlen.

So wertvoll die Analyse zur Kontrolle der Kohlen ist, so vermag sie doch nicht, über die wichtigsten Fragen, nämlich über die zu erwartende Gasmenge und über die Leuchtkraft des Gases zu entscheiden. Es gibt zwar die Verkokungsprobe schon einen allgemeinen Anhalt darüber, ob eine Kohle zur Gasbereitung brauchbar ist, oder nicht, allein es lassen sich doch quantitativ in dieser Hinsicht keine Schlüsse daraus ziehen. In England hat man vielfach einen Laboratoriumsapparat in Gebrauch, mit welchem in gufseiserner Retorte 1 kg der Durchschnittskohlenprobe vergast wird. Die Resultate weichen meist erheblich von der Wirklichkeit ab. So wünschenswert es ist, durch einen Laboratoriumsversuch rasch ein Urteil über das Verhalten einer Kohle gewinnen zu können, so ist es doch äufserst schwierig, auf diese Weise Resultate zu bekommen, welche mit der Praxis übereinstimmen, und ferner ist es nahezu unmöglich, genaue Zahlen über die Leuchtkraft zu erhalten. Bei der geringen Menge der zu vergasenden Kohle einerseits und den verhältnismäfsig kleinen Differenzen in der zu messenden Leuchtkraft verschiedener Gassorten anderseits wird man durch Laboratoriumsversuche schwerlich zu genauen Zahlen gelangen. Die Zuverlässigkeit von Kohlenversuchen ist um so gröfser, je gröfser die Menge der vergasten Kohlen ist. In Deutschland haben daher mehrere Gas-Anstalten einzelne Retorten oder ganze Öfen des Betriebes mit ihrer eigenen Versuchsanstalt verbunden, welche eine genaue Kontrolle der einzelnen Erzeugnisse zuläfst und speziell zu Kohlenvergasungen von mindestens 5000 kg für einen Versuch dienen. Wo eine solche Versuchsanstalt nicht eingerichtet werden kann, läfst sich während des kleinen Sommerbetriebes oft leicht ein Versuch mit einer ganzen Gasanstalt ausführen. Solche Versuche im Grofsbetrieb haben zwar, streng genommen, nur einen für die betreffende Anstalt giltigen Wert, trotzdem aber sind sie, namentlich mit einer gut eingerichteten Versuchsanstalt ausgeführt, das sicherste Mittel um genaue und brauchbare Werte über das Verhalten der Kohlen bei der Vergasung, über Gasausbeute, Leuchtkraft und Nebenerzeugnisse wenigstens für eine und dieselbe Gasanstalt, resp. für die gleichen Versuchsbedingungen zu liefern.

Die Ausbeute an Vergasungserzeugnissen hat Bunte für einige typische deutsche Gaskohlen durch Vergasungsversuche mit einer Versuchsanstalt ermittelt. Die chemische Zusammensetzung der vergasten Kohlen war folgende:

Tabelle I.
Elementarzusammensetzung.

	Westfälische Kohle Consolidation	Englische Kohle Bohlen	Saar-Kohle Heinitz	Böhmische Kohle Thurn u. Taxis	Sächs. Kohle Bürgergewerkschaft	Plattenkohle
Chemische Zusammensetzung der Gaskohlen						
Kohlenstoff % C	78,94	80,18	77,18	71,97	68,75	67,41
Wasserstoff % H	5,22	5,01	4,97	5,26	4,91	5,08
Sauerstoff % O	7,50	8,47	9,27	10,08	11,05	8,87
Wasser % H₂O	1,64	0,74	2,00	5,61	7,79	3,93
Asche % A	6,02	5,64	6,18	5,88	5,80	14,63
	100,00	100,00	100,00	100,00	100,00	100,00
Gehalt der Rohkohle an Kohlensubstanz nach Abzug von Wasser und Asche						
	91,74	93,64	91,52	87,51	84,71	82,25
Zusammensetzung der Kohlensubstanz						
Kohlenstoff % C	86,01	85,63	84,44	82,25	81,16	81,95
Wasserstoff % H	5,62	5,35	5,43	6,12	5,80	7,27
Sauerstoff % O	8,27	9,02	10,13	11,64	13,04	10,78
	100,00	100,00	100,00	100,00	100,00	100,00

Die Vergasungsergebnisse sind auf folgender Seite in Tabelle II zusammengestellt.

Saint Claire Deville stellte auf der Versuchsgasanstalt der Pariser Gasgesellschaft zu La Villette 12 Jahre hindurch Vergasungsversuche über Gaskohlen an; es wurden 1012 vollständige Versuche ausgeführt, welche sich über 59 verschiedene Kohlensorten erstreckten. Um über diese verschiedenen Kohlen eine Übersicht zu gewinnen,

Vergasungsergebnisse aus verschiedenen Gaskohlen.

Tabelle II.
Vergasungsergebnisse.

	Temperatur im Ofen	100 kg Kohle geben Gas	Leuchtkraft¹)	100 kg Kohlen gaben				
				Coke	Teer	Gaswasser	Gas	Verlust
	° C.	cbm	Kerzen	kg	kg	kg	kg	kg
Westfälische Kohle	1360 — 1385	30,33	11,15	71,4	4,09	4,44	16,95	3,12
Saarkohle	1205 — 1230	30,18	10,27	68,3	5,33	6,90	17,71	1,76
Böhmische Schwarzkohle	1210 — 1350	28,47	10,20	63,3	5,79	9,06	18,52	3,33
Zwickauer Kohle	1180 — 1240	25,46	10,59	62,7	5,22	11,89	15,81	4,38
Plattenkohle	1180 — 1350	30,38	18,17	56,3	8,84	6,45	25,72	2,72

teilte er sie je nach ihrem Sauerstoffgehalt in folgende fünf Typen ein:

I. Typus von 5,0 bis 6,5% Sauerstoff
II. " " 6,5 " 7,5% "
III. " " 7,5 " 9,0% "
IV. " " 9,0 " 11,0% "
V. " " 11,0 " 13,0% "

Diese Einteilung stimmt mit der Einteilung, welche Regnault für die Kohlen aufgestellt hat, folgendermafsen zusammen.

	Regnault	Deville
I. Anthracit		(0,62 O + N)
II. fette, harte Kohle		(1,47 O + N)
III. fette Schmiedekohle		(5,74 O + N) Typus I u. II
IV. fette Kohle mit langer Flamme, Gaskohle		(8,89 O + N) Typ. III u. IV
V. trockene Kohle mit langer Fl.		(16,39 O + N) Typ. V

Von den vielen Versuchen, welche im Laufe von 12 Jahren auf der Versuchsanstalt in La Vilette ausgeführt worden sind, sind im Folgenden nur die Mittelwerte, welche sich in den verschiedenen Richtungen für obige Kohlentypen ergeben, zusammengefafst. Die Tabellen zeigen die Variationen der Zusammensetzung der Kohle, wie der Vergasungserzeugnisse mit dem Sauerstoffgehalt derselben.

Für den Gehalt der Kohle an Schwefel und Chlor läfst sich ein Zusammenhang mit dem Sauerstoff nicht finden, vielmehr scheint derselbe durch lokale Verhältnisse bedingt und deshalb in verschiedenen Becken verschieden zu sein. Ebenso steht der Aschengehalt in keinem strengen Abhängigkeitsverhältnis von dem Sauerstoff; trotzdem sieht man, dafs im allgemeinen die sauerstoffreichen Kohlen die aschenreichsten sind.

¹) Deutsche Ver.-Kerzen bei 127½ l Gasverbrauch im Schnittbrenner.

Tabelle I.
Elementarzusammensetzung.

	Typus I	Typus II	Typus III	Typus IV	Typus V
Chemische Zusammensetzung der Steinkohlen:					
	%	%	%	%	%
Kohlenstoff	78,17	78,48	76,85	72,31	67,86
Wasserstoff	4,49	4,85	4,83	4,84	4,69
Sauerstoff u. Stickstoff	5,83	6,91	7,80	9,71	10,55
Hygroskop. Wasser	2,17	2,70	3,31	4,34	6,17
Asche	9,04	7,06	7,21	8,18	10,73
	100,00	100,00	100,00	100,00	100,00
Gehalt der Rohkohle an Kohlensubstanz (nach Abzug von Wasser und Asche):					
	%	%	%	%	%
	88,79	90,21	89,48	87,48	83,10
Zusammensetzung der Kohlensubstanz.					
	%	%	%	%	%
Kohlenstoff	88,58	86,97	85,89	83,17	81,06
Wasserstoff	5,06	5,37	5,40	5,43	5,64
Sauerstoff	5,56	6,66	7,71	10,40	11,70
Stickstoff¹)	1,00	1,00	1,00	1,00	1,00
	100,00	100,00	100,00	100,00	100,00
	%	%	%	%	%
Der Schwefelgehalt ergab sich zu	0,77	1,06	1,18	1,02	1,04
Verkokungsprobe der Rohkohle.					
	%	%	%	%	%
Flüchtige Bestandteile	26,82	31,59	33,80	37,31	39,27
Coke	73,18	68,41	66,20	62,66	60,73
	100,00	100,00	100,00	100,00	100,00

Berechnet man, wieviel Wasser dem Sauerstoffgehalt der Kohlensubstanz entspricht, so zerfallen

¹) Es wurde angenommen, dafs der Stickstoff bei den Gaskohlen sehr wenig von 1% abweicht.

die obigen flüchtigen Bestandteile, auf Kohlen-Substanz bezogen in:

	Typus I	Typus II	Typus III	Typus IV	Typus V
	%	%	%	%	%
berechnetes Wasser	6,25	7,49	8,67	11,36	13,16
flüchtige Kohlenstoffverbindungen	23,23	26,39	27,75	29,30	30,83
	29,48	33,88	36,42	40,66	43,99

Aus diesen Zahlen geht ganz deutlich hervor, wie mit dem Sauerstoff das Wasser und die Menge der flüchtigen Bestandteile zunimmt. Im folgenden sind die Resultate der Destillation obiger Kohlentypen zusammengestellt.

Tabelle II.
Gaserzeugung.

	Typus I	Typus II	Typus III	Typus IV	Typus V
Gesamte Gaserzeugung					
	cbm	cbm	cbm	cbm	cbm
Gas aus 100 kg Kohle	30,13	31,01	30,64	29,72	27,14
Gas aus 100 kg flüchtigen Bestandteilen der Kohlensubstanz	33,13	33,37	33,07	32,59	30,75
Gaserzeugung in den einzelnen Vergasungsabschnitten.					
Gasausbeute in Procenten des gesamten erzeugten Gases	%	%	%	%	%
in der 1. Stunde	24,9	25,0	24,7	24,1	23,4
» » 2. »	29,9	28,4	29,2	29,6	26,9
» » 3. »	28,8	28,6	29,8	29,4	29,0
» » 4. »	16,4	18,0	16,3	16,9	20,7
	100,0	100,0	100,0	100,0	100,0
Temperatur d. Ofens¹)	1326,7	1328,3	1312,3	1282,3	1222,6

Bezüglich dieser Zahlen ist zu bemerken: Die aus einer Kohlensorte erzeugte Gasmenge hängt viel mehr von der Vergasungstemperatur ab, als von der Zusammensetzung der Kohle. Ferner wurde der Versuchsofen stets mit der aus der untersuchten Kohle gewonnenen Coke geheizt, so daß bei den Typen IV und V, welche schlechte Coke liefern, auch die Temperatur nicht so hoch gehalten werden konnte, wie bei den andern. Es dürfen

¹) Durch Kalorimeter bestimmt.

daher obige Werte über die Gasausbeute nicht allein aus dem Sauerstoffgehalte gefolgert werden.

Tabelle III.
Zusammensetzung und Leuchtkraft des reinen Gases.

	Typus I	Typus II	Typus III	Typus IV	Typus V
	%	%	%	%	%
Kohlensäure	1,47	1,58	1,72	2,79	3,13
Kohlenoxyd	6,68	7,19	8,21	9,86	11,93
Wasserstoff	54,21	52,79	50,10	45,45	42,26
Sumpfgas und Stickstoff	34,37	34,43	35,03	36,42	37,14
Aromatische Kohlenwasserstoffe	0,79	0,99	0,96	1,01	0,88
Schwere Kohlenwasserstoffe	3,27	4,01	4,94	5,48	5,54
	2,48	3,02	3,98	4,44	4,66
	100,00	100,00	100,00	100,00	100,00
Aromatische Kohlenwasserstoffe in Gramm pro 1 cbm Gas	29,67	37,02	35,96	38,94	33,02
Spez. Gewicht des Gases	0,352	0,376	0,399	0,441	0,482
Gasverbrauch für 1 Carcel Liter	132,1	111,7	103,8	102,1	101,8
Lichtmenge (Carcel) aus 100 kg Kohle	227	278	295	291	269

Tabelle IV.
Nebenerzeugnisse.

	Typus I	Typus II	Typus III	Typus IV	Typus V
A. Feste:					
	hl	hl	hl	hl	hl
Volumen Coke aus 100 kg Kohlen	1,970	1,966	1,778	1,696	1,627
	kg	kg	kg	kg	kg
Gewicht von 1 hl Coke	36,3	34,4	36,5	35,9	35,7
Gewichtsmenge Coke aus 100 kg Kohle	71,5	67,6	64,9	60,9	57,8
Cokesstaub pro 100 kg Coke	11,09	9,71	12,64	15,94	20,0
B. Flüssige:					
	kg	kg	kg	kg	kg
Teer aus 100 kg Kohle	3,902	4,652	5,079	5,478	5,592
Gaswasser aus 100 kg Kohle	4,584	5,567	6,805	8,616	9,861
	8,486	10,219	11,884	14,094	15,453

Fafst man die Ergebnisse der Versuche Deville's kurz zusammen, so sieht man, dafs dieselben innerhalb gewisser Grenzen sich bewegen, indem sie mit dem Sauerstoffgehalt der Kohlensubstanz wachsen oder abnehmen.

Während der Sauerstoff von 5,50 auf 12 % wächst, zeigen folgende Posten

eine Zunahme:

Flüchtige Bestandteile der Kohle	von 26 bis 40 %
Spez. Gewicht des Gases	» 0,35 bis 0,49
Leuchtkraft	» 135 l » 1011 pro 1 Carcel
Kohlensäure	» 1,10 » 3,13 %
Kohlenoxyd	» 6,50 » 12 %
Sumpfgas	» 34 bis 37 %
Schwere Kohlenwasserstoffe der Fettreihe	» 2,50 bis 4,80 %
Teer	» 3,9 bis 5,6 %
Gaswasser	» 4,5 » 10 %

eine Abnahme:

Wasserstoff	von 55 bis 42 %
Cokevolumen	» 2 » 1,6 hl
Temperatur, erhalten durch Verbrennung der Coke in den Retortenöfen	» 1330° bis 1220°

Unabhängig vom Sauerstoffgehalt sind die aromatischen Kohlenwasserstoffe, der Schwefelgehalt der Kohle und der Aschengehalt der Kohle.

Die Kohlen vom Typus III sind die besten Gaskohlen. Sie liefern reichliches und gutes Gas und Coke von guter Qualität. Die Kohlen von Typus I und II geben viel Coke, dagegen ein schlechtes Gas. Typus IV und V gibt ein Gas von oft sehr grofser Leuchtkraft, jedoch wenig und schlechte Coke.

Vergasungsergebnisse aus Zusatzkohlen.

Mit Untersuchung der wichtigsten »Zusatzkohlen« beschäftigte sich Schiele[1]) in seinem Aufsatz: Die Aufbesserungsstoffe für die Leuchtgasindustrie, dem die Tabellen auf S. 16 u. 17 entnommen sind.

Die Versuche sind in gleicher Weise ausgeführt wie die im Handbuch p. 69 aufgeführten Versuche über Gaskohlen und bilden eine sehr schätzenswerte Ergänzung derselben. Die Leuchtkraft von 50 l Gas ist immer, die von 113 l, soweit dies ohne Rufsen der Flamme möglich war, direkt ermittelt worden; in den Fällen des Rufsens und überall bei 150 l stündlichem Verbrauch ist sie dagegen nur berechnet worden; die berechneten Zahlen sind fett gedruckt.

Verwendung der Zusatzkohlen.

Die Zusatzkohlen werden meistens nur in geringen Mengen der eigentlichen Gaskohle beigegeben, um die vorschriftsmäfsige Leuchtkraft des Gases zu erzielen. Gewöhnlich bewegt sich die Menge der Zusatzkohlen zwischen 10 und 20 % des gesamten Vergasungsmaterials. Das Gas der Zusatzkohlen verdankt seine Leuchtkraft hauptsächlich der gröfseren Menge an schweren Kohlenwasserstoffen; da diese teilweise im Gase nur als Dämpfe vorhanden sind, so ist klar, dafs bei Abkühlung des Gases diese wertvollen Bestandteile leicht wieder abscheiden können. Auch tritt, da das spez. Gewicht des Gases aus Zusatzkohlen meist ein viel höheres ist, in den Gasbehältern bei längerem Stehen des Gases oft eine Entmischung desselben ein, so dafs die Leuchtkraft des Gases eine sehr schwankende werden kann. Die Temperatur, bei welcher sehr schwere Gase gewonnen werden, ist im allgemeinen niedriger zu nehmen, als die, bei welcher die Gaskohlen vergast werden können. In Fällen, wo daher entweder sehr geringwertiges Gas aufgebessert, oder direkt Gas mit sehr hoher Leuchtkraft hergestellt werden mufs, empfiehlt es sich, nach Schiele, die Zusatzstoffe bei niederen Temperaturen getrennt zu vergasen, und beide Gase nachträglich zu mischen.

In den meisten Fällen genügt jedoch die gewöhnliche Art der Beimischung der Zusatzkohle und Vergasung in der gewöhnlichen Weise. Die sich ergebende Leuchtkraft kann allerdings nur sehr annähernd als proportional der Leuchtkraft der einzelnen Bestandteile und proportional ihrem Mischungsverhältnis berechnet werden. Die Berechnung geschieht in folgender Weise: Nimmt man z. B. an, es geben 100 kg einer Gaskohle 28 cbm Gas von 14,5 Kerzen bei einem gewissen Gasverbrauch, und 100 kg einer Zusatzkohle 31 cbm Gas von 24 Kerzen bei dem gleichen

(Fortsetzung Seite 18.)

---

[1]) Schiele: Die Aufbesserungsstoffe für die Leuchtgasindustrie. Journ. f. Gasbel. 1887, S. 3.

Die Steinkohlen.

Versuche von S. Schicle.

Versuchs-jahr	Namen der Roh-stoffe	1 hl wog kg	100 kg Kohlen gaben			1 hl enth. Gefr. hl	1 hl wog brl. kg	kerbn kg	Des ganzen Gewichtsverlust in Normalkörper von 111,7	von 1 zu 1	des Gewichts-verlust. Coke	Bemerkungen über Kohle und Coke
			Gas-stein kg	Coke kg	tiefen kg							
	Cannelkohlen.											
	Aus Schottland:											
1885	Abrams	62,80	36,7	46,8	5,6	0,8	37,2	43,0	9,8	37,0	36,0	0,528	Kohle: frisch. Coke: schön, fest, Stubenbrand.
1882	Airdriehill I	62,00	35,0	43,6	7,8	0,1	37,7	45,0	10,6	30,0	40,0	0,508	Kohle: frisch und 3 Monate alt, gemischt. Coke: gut für Stubenbrand.
1879	Armiston	60,50	31,3	42,1	7,3	0,3	38,2	46,6	8,1	22,7	39,0	0,534	Kohle: 3 Monate auf Lager. Coke: kleinstückig, glänzt, brennt gut.
1884	Angenhead-Main-Lesmahago	63,10	33,5	47,8	5,0	0,1	38,1	44,0	10,2	25,3	34,7	0,528	Kohle: frisch gekommen. Coke: klein, fest, brennt gut.
1883	Ballardie	63,60	35,9	48,9	6,2	0,1	39,6	55,5	6,5	21,1	28,0	0,440	Kohle: 1 Monat alt, gemischt. Coke: 1 Monat alt, nur Stücke.
1883	desgl.	64,70	38,9	48,2	5,7	0,1	39,7	51,5	6,5	21,3	28,0	0,468	Kohle leider: klein, hart gut.
1880	Bellasyke	61,80	33,1	45,3	4,3	0,8	35,0	43,7	9,8	27,0	36,0	0,543	Kohle: frisch angekommen.
1881	desgl.	56,00	37,0	46,5	0,5	0,1	34,8	42,5	9,3	21,0	28,0	0,508	Kohle: frisch angekommen, aber von einem anderen Lieferer.
1880	Bransfield	56,2	37,0	46,9	4,8	0,8	34,8	46,7	8,8	22,3	31,0	0,542	Coke: kleinstückig, fest, gut.
1878	Csirutable	55,5	37,5	53,3	9,8	0,5	35,4	47,0	9,4	26,0	35,0	0,572	Kohle: 7 Monate auf Lager. Coke: kleinstückig, gut brennend.
1880	Gartscerrool	56,0	36,6	47,1	5,7	0,1	36,0	55,3	8,0	20,0	27,0	0,514	Kohle: 5 Monate gelagert. Coke: klein-hörig, gut beizend.
1881	Glen-Lesmahago	61,6	34,8	50,9	6,2	0,1	40,5	52,0	6,5	17,0	23,0	0,524	Kohle: 6 Monate auf Lager. Coke: kleinstückig, gut brennend.
1880	Grange	65,0	34,0	40,1	5,8	0,1	42,3	64,7	7,0	17,9	24,0	0,468	Kohle: frisch. Coke: fest, sehr guter Brennstoff.
1880	Longlee	62,8	33,4	55,1	5,5	1,0	33,5	45,0	4,7	16,1	21,5	0,467	Coke: × Monat gelagert. Coke: wenig backend, brennt gut.
1879	Mill	60,4	32,6	51,2	7,8	0,8	43,7	62,0	7,9	22,0	30,5	0,504	Kohle: klein, nicht geklackt, gut. Coke: glänzend, schieferig, gut.
1886	Muirkirk I	74,5	24,8	52,4	8,2	0,8	47,4	56,7	11,3	31,6	42,0	0,558	Kohle: frisch angekommen.
1886	desgl. (andere Sendung)	71,0	25,3	50,9	9,0	0,5	47,0	59,3	12,2	28,3	38,0	0,500	Coke: klein, als Stubenbrand gut.
1884	Newbattle	59,0	34,5	42,5	6,8	0,7	35,0	37,7	10,8	25,5	34,0	0,517	Kohle: desgl. 2 Monate auf Lager. Coke: kleinstückig, gut.
1881	Rougheraig	60,2	36,6	48,8	4,9	0,6	39,1	41,5	7,5	19,3	26,0	0,508	Kohle: frisch angekommen.
	desgl.	60,2	37,0	48,8	4,5	0,5	39,1	41,5	8,0	22,0	30,0	0,489	Coke: kleinstückig, gut.
1880	Stanrigg	67,8	36,9	52,7	5,3	0,1	41,4	52,7	8,4	19,4	25,0	0,546	Kohle: frischer Lieferung. Coke: kleinstückig, guter Brennstoff.
1879	Thankbush	64,0	34,5	47,1	5,7	0,5	38,2	55,5	9,4	26,0	35,0	0,515	Kohle: frisch angekommen. Coke: glänzend, schieferig, klein sehr gut.
1878	Torrbum, frisch	61,5	31,7	40,0	7,5	0,7	31,8	57,8	9,2	26,0	34,0	0,527	Kohle: s. vorn. Coke: klein zum Brennen geeignet.
1879	desgl. (12 Monate alt)	59,3	32,6	46,3	7,8	0,1	36,3	58,0	10,0	28,0	37,0	0,508	Kohle: desgl.

Vergasungsergebnisse aus Zusatzkohlen.

Versuche von S. Schiele.

Versuchs-Jahr	Namen der Rohstoffe	1 hl wog kg	100 kg geben Gas cbm	Coke kg	Grus kg	1 hl geb Coke hl	Grus hl	1 hl wog bei Coke kg	Grus kg	Der reine Leuchtkraft in Normalkerzen von 30 l	von 113 l	von 150 l	Das Gewicht (spezifisch) der Gase	Bemerkungen über Rohstoffe und Coke
1886	Tyne	71,9	30,9	56,8	4,7	0,8	0,1	47,6	47,0	11,6	26,7	36,0	0,557	Kohle: frisch angekommen. Coke: hart, dicht, großstückig, gut.
1885	desgl. (i. heißer Retorte)	71,7	32,5	56,3	4,0	0,8	0,1	43,5	61,5	10,4	25,4	32,0	0,552	Kohle: eben angekommen.
	Wondrille	65,3	27,2	49,8	0,6	0,8	0,1	41,7	54,5	10,2	28,0	38,0	0,558	Coke mittelgroß, schieferig. Ofenbrand.
	Plattenkohlen.													
	Aus Deutschland:													
1882	Zeche Consolidation (Westfalen)	71,0	30,8	59,3	6,5	0,8	0,1	47,2	64,5	6,8	19,6	26,1	0,475	Kohle: frisch angekommen.
1885	desgl. neues Flötz	72,3	26,3	49,8	6,6	0,3	0,1	41,1	67,0	7,2	20,2	27,0	0,468	Coke: klein, hart, rein gut.
	Braunkohlen.													
	1. Aus Deutschland:														Kohle: mit 32% Feuchtigkeitsverlust, in Booten geliefert.
1880	Odenwald	?	20,3	47,4		?		?		0	4,4	6,0	0,578	Rückstände: ganz unbrauchbar.
	2. Aus Böhmen:													
1886	Grünloser	69,5	21,7	39,1		0,3		53,8		8,8	20,7	28,0	0,530	Kohle: erdpechartig, hart. Coke: priesig, unbrauchbar.
	3. Aus Brasilien:													
1882	Turfa	46,3	12,7	36,3		0,4		42,0		4,7	17,4	23,0	0,493	Kohle: weich, gelb, glaubig. Rückstände: fein, glimmen nur.
	Bituminöser Schiefer.													
	Aus Schottland:													
1885	Airdribull II	58,0	34,6	48,2	1,1	0,8	0,1	26,4	49,3	7,7	23,0	31,0	0,520	Kohle: frisch angekommen. Rückstände: 40% Asche, unbrauchbar.
1882	Gartleerol	58,7	36,8	43,0	6,3	0,8	0,1	32,1	51,5	9,3	25,0	33,0	0,512	Kohle: 3 Monate auf Lager. Rückstand: als Brennstoff unbrauchbar.
1879	Greenhill	68,7	24,7	56,5	10,6	0,8	0,1	46,9	65,5	7,6	21,3	29,0	0,538	Kohle: 4 Monate auf Lager. Rückstände: hart, schieferig, unbenutzbar.
1882	Lothian	57,8	30,5	38,1	9,7	0,7	0,1	27,6	59,0	10,5	29,0	39,0	0,546	Kohle: 3½ Monate gelagert. Rückstände: als Brennstoff unbrauchbar.
1878	Standard	74,5	26,0	54,3	11,8	0,8	0,1	50,0	67,5	4,9	17,0	22,5	0,699	Kohle: sehr hart, 12 Monate auf Lager. Rückstände: schwer, steinartig, unbrauchbar.
	Aus Australien:													
1880	Kerosene Shale	54,6	40,3	20,9	9,2	0,2	0,1	40,4	44,3	13,5	37,0	50,0	0,596	Kohle: gerade eingetroffen. Rückstände: schieferig, kein Heizstoff.
1881	(Boghead-Cannel)	54,6	41,6	21,2	12,7	0,3	0,1	38,4	15,8	13,0	36,0	48,0	0,626	desgl. mit 85 bis 87% Asche.
1882	Verschiedene Sendungen gemischt	53,9	40,3	20,9	9,2	0,3	0,1	40,4	44,3	13,1	36,7	50,0	0,601	desgl. mit 55 bis 87% Asche.
1884	Dunklore, schwarze	52,6	39,5	28,5	7,5	0,3	0,1	31,1	41,0	13,6	38,0	51,0	0,562	„ „ 14% Asche.
1884	Hellere, braune	49,5	41,5	17,7	13,6	0,2	0,2	20,7	37,8	14,9	41,0	55,0	0,560	„ „ 32% „

Schilling, Handbuch für Gasbeleuchtung.

Verbrauch, und es sei zu berechnen, wieviel Zusatzkohlen beigegeben werden müssen, um ein Gas zu erhalten, welches bei demselben Verbrauch 16 Kerzen Leuchtkraft gibt, so liefern

100 kg Gaskohle 28 cbm × 14,5 = 406 Kerzen
y , Zusatzkohle x , × 24 = 24 x
sonach geben $28 + x$ cbm = $406 + 24 x$ Kerzen.

Da die Mischung 16 Kerzen ergeben soll, so muß
$$\frac{406 + 24 x}{28 + x} = 16 \text{ sein, oder } 406 + 24 x = 16 (28 + x)$$

und hieraus berechnet sich
$24 x - 16 x = 448 - 406$ und $x = 5,25$ cbm.

Da nun 100 kg Zusatzkohlen 31 cbm geben, so geben y kg Zusatzkohlen 5,25 cbm
und $y \times 31 = 5,25 \times 100$ oder
$$y = \frac{5,25 \times 100}{31} = 16,9 \text{ kg}.$$

Es müssen also pro 100 kg Gaskohlen 16,9 kg Zusatzkohlen zugesetzt werden. Die Mischung enthält somit in Prozenten 116,9 : 16,9 = 100 : x; $x = 14,5$ % Zusatzkohle.

II. Kapitel.

Die Vergasung der Steinkohle.

Die Vergasungstemperatur.

Die Steinkohle erleidet beim Erhitzen unter Luftabschluß durchgreifende Zersetzungen, welche in einem stufenweisen Abbau der die Steinkohle bildenden kohlenstoffreichen Verbindungen bestehen. Dieser Abbau steht im Verhältnis zu der aufgewendeten Vergasungstemperatur und ist im allgemeinen um so weitgehender, je höher diese Temperatur ist. Während die außerhalb der Retorte herrschende Temperatur im Ofen während des ganzen Vergasungsvorganges unverändert bleibt, ist dieselbe im Innern der Retorte steten Schwankungen unterworfen. Einerseits wird sie durch die Menge der eingebrachten Kohlen und andererseits durch die Zeitdauer bedingt, während welcher die Temperatur auf die zu vergasenden Kohlen einwirkt. Eine hohe Außentemperatur bei starker Kohlenladung bietet deshalb die günstigsten Verhältnisse dar, weil sie den größten Temperaturunterschied zu beiden Seiten der Retortenwände und deshalb die rascheste Wärmezufuhr nach dem Innern der Retorte ermöglicht. In der Retorte selbst herrschen während der Vergasung nicht nur zu verschiedenen Zeiten, sondern auch an verschiedenen Stellen ganz verschiedene Temperaturen. Heintz[1] hat versucht, dieselben durch Schmelzung von Metalllegierungen zu bestimmen. Er fand, daß die Temperatur nach frischer Beschickung in halber Retortenlänge sehr niedrig war und erst nach einer Stunde 420° erreichte.[2]

[1]) Journ. f. Gasbel. 1886, S. 204.
[2]) Es wurden bei dem Versuche niederschlesische Kohlen in viermaliger Ladung pro 24 Stunden vergast.

Nach 3 Stunden stieg die Temperatur auf 960°, während in 5½ Stunden 1075° erreicht wurden. Die gleichzeitig gemessene äußere Ofentemperatur betrug (mit Seger'schen Kegeln gemessen) 1400°.

Mit wachsender Vergasungstemperatur nimmt die Menge des erzeugten Gases zu, während dessen Leuchtkraft abnimmt. Bildet man jedoch das Produkt aus diesen beiden Faktoren, die sogenannte Wertzahl, so nimmt dieselbe, wie aus nachstehenden Versuchen von Wright[1] hervorgeht, mit wachsender Temperatur zu.

Die Versuche, welche mit englischen Kohlen in gußeiserner Retorte vorgenommen wurden, ergaben pro 1000 kg Kohle:

	Gas cbm	Leuchtkraft engl. Kerzen	Produkt aus beiden (Wertzahl)
1. Dunkelrotglut	233,6	20,5	4789
2.) gesteigert	274,5	17,8	4886
3.) bis zur	306,4	16,8	5148
4. Hell-Orangeglut	339,5	15,6	5296

Die Zusammensetzung des bei diesen Temperaturen gewonnenen Gases war:

		1.	2.	3.
Wasserstoff	H	38,09	43,77	48,02
Kohlenoxyd	CO	8,72	12,50	13,96
Methan	CH_4	42,72	54,50	30,70
Schwere Kohlenwasserstoffe	$C_m H_n$	7,55	5,83	4,51
Stickstoff	N	2,92	3,40	2,81
		100,00	100,00	100,00

Besonders beachtenswert ist die Abnahme der schweren Kohlenwasserstoffe und die Zunahme des Wasserstoffs, Thatsachen, welche mit der Abnahme

[1]) Wright, Journ. f. Gasbel. 1884, S. 208.

der Leuchtkraft in engstem Zusammenhange stehen. Diesem Nachteil steht die erhöhte Gasmenge gegenüber. Wie die Versuche zeigen, nimmt die Leuchtkraft nicht in dem Mafse ab, wie die Gasmenge zunimmt. Dieser Vorteil geht auf Kosten des Teers. Wright fand bei seinen Versuchen, dafs mit steigender Temperatur der Gehalt an Naphta und leichten Ölen von zusammen ca. 20% auf 1,5% fiel, während der Gehalt an Teerpech von 29% auf 64% stieg. Im Interesse der Gaserzeugung mufs es gelegen sein, die in den leichten Ölen des Teers enthaltenen lichtgebenden Kohlenwasserstoffe möglichst in das Gas überzuführen, was durch Anwendung hoher Vergasungstemperaturen geschieht. Die bei der Gasbereitung heutzutage üblichen Ofentemperaturen bewegen sich meist um 1100 bis 1200° C.

Der Steigerung in den Vergasungstemperaturen, welche namentlich seit Einführung der Generatoröfen üblich wurde, ist praktisch eine Grenze gezogen in der starken Zersetzung der Dämpfe an den inneren glühenden Retortenwänden. Diese Dämpfe, welche unter Abspaltung von festem nahezu reinem Kohlenstoff (Graphit) zersetzt werden, bewirken einerseits eine bedeutende Einbufse an leuchtenden Bestandteilen des Gases, andererseits bewirken sie jene lästigen Teerverdickungen, welche dadurch entstehen, dafs sehr viel fein verteilter Kohlenstoff in den Teer übergeht.[1])

Die Teerverdickung.

Mit Einführung der Generatorfeuerung traten, namentlich bei Verwendung englischer Kohle, die Übelstände der Teerverdickungen häufig in belästigender Weise auf. Den Vorgang beschreibt Kunath[2]) in anschaulicher Weise wie folgt: Die oft binnen wenigen Stunden sich vollziehende vollständige Verdickung ganzer Vorlagen bereitet sich in der Weise vor, dafs sich in der Vorlage oberhalb der Sperrflüssigkeit Rufs als schwimmende Decke ansammelt, die unter Umständen den ganzen Gasraum erfüllt, und die dann plötzlich in die Sperrflüssigkeit herabsinkt und unter Aufsaugen derselben

[1]) Vergl. Krämer, Journ. f. Gasbel. 1887, S. 849.
[2]) Kunath, Journ. f. Gasbel. 1885, S. 910.

die ganze Vorlage mit einer zähen Masse erfüllt, die schnell erkaltend nur mechanisch entfernt werden kann. Das Gefährliche dieses Auftretens liegt in der versteckten heimtückischen Vorbereitung, die sich zunächst durch nichts weiter bemerkbar macht, als durch das Trockenwerden und häufigere Verstopfen der Steigröhren, die indessen durch Bohrungen noch frei zu halten sind, und durch ein Herabgehen der Gasausbeute, insbesondere aber der Leuchtkraft, so dafs der Ahnungslose, mit den Erscheinungen nicht bekannte, zunächst versucht wird, anzunehmen, der Gassauger ziehe zu viel Luft, bis plötzlich die Vorlage fest ist und der Betrieb unterbrochen werden mufs. Wie Kunath durch Versuche zeigte, bietet die Erhöhung des Ladungsgewichtes der Kohle das einfachste Mittel, diesen Übelständen entgegenzutreten. Es konnte hierbei unter Verwendung der gleichen Kohlensorte und der gleichen Vergasungstemperatur eine Grenze gefunden werden, bei welcher Teerverdickungen künstlich erzeugt werden konnten, während mit Zunahme des Ladungsgewichtes der Teer wieder dünnflüssiger wurde. Alle Mittel, welche aufserhalb der Retorte, etwa im Kopf derselben, in den Steigröhren oder in der Vorlage die Teerverdickung zu verhindern suchen, sind zu verwerfen, da dieselben nicht die eigentliche Ursache, nämlich die Überhitzung der Dämpfe an den Retortenwänden beseitigen.

Die wichtigsten Ergebnisse der Kunath'schen Versuche bezüglich der Entstehung und der Mittel zur Beseitigung der Teerverdickungen sind in folgende Sätze zusammengefafst:

1. Die Teerverdickung beginnt in der Retorte durch Ausscheidung festen Kohlenstoffs in Form von Rufs, durch Überhitzung und Zerstörung der Teeröldämpfe. Wird die Überhitzung durch Einführung von Wasserdampf in die Retorte, oder durch Erzeugung von solchem in der Ladung, oder durch Bedeckung der Ladung abgeschwächt, so wird die Rufsbildung in dem Mafse verringert, als die angewandten Mittel der Wärmestrahlung, als dem angewandten Mittel der Wärmestrahlung entgegenwirken.

2. Der einmal ausgeschiedene Rufs ist gleich indifferent gegen Kondensationsbestrebungen wie Lösungsmittel und keine Abkühlung oder Konstruktion der Retortendeckel, Steigröhren, Tauchröhren, Vorlagen etc. kann die sich vollziehende Teerverdickung abwenden, wenn nicht rechtzeitig

die mechanische Beseitigung des verdickten Teeres erfolgt und der Betrieb entsprechend geändert wird.

3. Die Neigung zur Ausscheidung von Rufs ist allen Kohlen gemein, sie ist das Produkt aus Temperatur, Retortenvolumen und Charge und steht quantitativ im umgekehrten Verhältnis zur Geschwindigkeit des Rohgases in der Retorte. Für verschiedene Kohlenmarken verschieden, tritt die Ausscheidung im allgemeinen bei schnell vergasenden Kohlen in geringerem Mafse als bei langsam vergasenden auf, insbesondere aber bei den bituminösen Mattkohlen.

4. Mit der Ausscheidung von Rufs tritt immer ein Verlust an Leuchtkraft ein. Die Ausscheidung ist am gröfsten im ersten Viertel der Vergasungszeit und nimmt ab in dem Mafse als die Kohle aussteht.

Das rationellste Mittel zur Verhütung der Teerverdickungen ist: die Charge so grofs als irgend möglich zu machen und die Zeitdauer derselben so zu bemessen, dass die Coke im Kopfe nicht ganz ausgestanden ist. Er wird dadurch folgendes erreicht:

a) Es wird der Gasraum in der Retorte verkleinert, also die Berührungsfläche verringert.

b) Die Entwicklung des Rohgases wird mäfsiger, und die Geschwindigkeit im Zusammenhange mit der Verringerung der Berührungsfläche um so gröfser, das erzeugte Gas hat also weniger Zeit überhitzt zu werden. Infolgedessen wird die Zerstörung der Teeröldämpfe vermieden, dünner Teer in der Vorlage erzeugt, die Steigröhren bleiben rein und man erzielt alle Vorteile, welche damit im Zusammenhang stehen, wie gröfsere Gasausbeute, Verminderung des Graphitansatzes und Erhöhung der Leuchtkraft.

Die Steigrohrtemperaturen.

Im Anschlusse an die Betrachtung der Temperaturen im Innern der Retorte ist es von Interesse, auch der in den Steigröhren herrschenden Temperaturen zu gedenken. Die Letzteren nehmen, wie man aus nachstehenden von Bunte ausgeführten Versuchen sieht, mit der in der Retorte herrschenden Temperatur nicht proportional zu oder ab.

Während diese im Verlauf der Vergasung nur allmählich steigt, ist in den Steigröhren die Temperatur innerhalb der ersten Viertelstunde auf dem

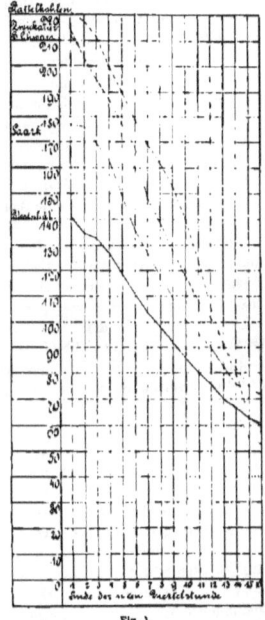

Fig. 1.

Ausbeute an flüssigen Vergasungserzeugnissen.

	Teer	Gaswasser	Summe
	%	%	%
Westfälische Kohle	4,09	4,44	8,53
Saar-Kohle	5,33	6,90	12,23
Böhm. Schwarzkohle	5,79	9,06	14,85
Zwickauer Kohle	5,22	11,89	17,11
Plattenkohle	8,81	6,45	15,26

Maximum angelangt und fällt von da an beständig bis zum Schlufs der Vergasung. Die Steigrohrtemperaturen bieten deshalb besonderes Interesse, weil sie im Zusammenhang mit den Vorgängen in der Retorte stehen, und deshalb auch in gewissem Sinne einen Mafsstab für eine richtig geleitete Vergasung abgeben. Vergleicht man nämlich die Steigrohrtemperaturen (Fig. 1) mit der Ausbeute der Kohlen an flüssigen Vergasungserzeugnissen, so sieht man, dafs die Gase am Ende des Steigrohres mit um so höherer Temperatur anlangen, je gröfser die Menge der flüssigen Erzeugnisse ist. Dieser Umstand findet seine Erklärung dadurch, dass der Wasserdampf und die Teerdämpfe eine weit gröfsere Wärmecapazität besitzen als die Gase, dafs sie durch die Kondensation ihre latente Wärme abgeben und daher ihre Temperatur weit langsamer verlieren. Während bei der westfälischen Kohle bei nahezu gleicher Ofentemperatur die Gase am Ende der ersten Viertelstunde der Vergasung bei 141° ihr Maximum erreichen, beträgt die Maximaltemperatur bei Saarkohlen schon 176°, steigt bei böhmischen und sächsischen Kohlen über 200°, bei Plattenkohlen sogar auf 221° C. In dem Mafse, als gegen Ende der Vergasung die Entwicklung kondensierbarer Dämpfe abnimmt, fällt die Temperatur ziemlich rasch und erreicht am Schlusse etwa 66 bis 70° C.

Es ist nun auch klar, dafs mit Erhöhung des Ladungsgewichtes bei ein und derselben Kohle die Menge der flüssigen Vergasungserzeugnisse und mit ihnen die Steigrohrtemperatur steigt, wie dies auch direkt von Kunath nachgewiesen wurde. Finden also infolge zu geringer Ladung Teerverdickungen statt, so werden sich dieselben durch ein Fallen der Temperatur im Steigrohr kenntlich machen. Fällt dieselbe in ihrem Maximum unter 100°, so treten Teerverdickungen ein, welche den Betrieb unmöglich machen. Die Steigrohrtemperatur ist also nur eine Folge der Vergasungsvorgänge, und kann daher niemals die direkte Ursache von Teerverdickungen sein. Es können deshalb auch die Mittel, welche darin bestehen, die Steigröhren mit Wasser zu kühlen, oder mit Wärmeschutzmassen zu umhüllen, wie solche oftmals vorgeschlagen wurden, keine wesentliche Bedeutung zur Verhütung von Teerverdickungen beanspruchen.

Der Druck in der Retorte.

Von grofsem Einflusse auf die in der Retorte stattfindenden Vergasungsvorgänge ist der darin herrschende Druck. Wie die Entwicklung der Dämpfe bei einer siedenden Flüssigkeit schon bei niederer Temperatur erfolgt, wenn gleichzeitig der Druck vermindert wird, so könnte sich ohne Zweifel die Vergasung in der Retorte schon bei weit geringeren Temperaturen erfolgen, wenn es gelänge, die Vergasung unter einem bedeutenden Vacuum vorzunehmen. Während man in anderen Industrien häufig zu diesem Mittel greift,[1]) ist dasselbe bei der Gasbereitung nie in Anwendung gekommen. Da bei den allgemein üblichen Thonretorten ein Einsaugen von Luft unvermeidlich wäre, so beschränkt man sich, den Druck in der Retorte möglichst dem Atmosphärendruck gleichzumachen. In manchen Fällen der Praxis ist aber der Druck höher. Wenn ohne Gassauger gearbeitet wird, so addiert sich der Widerstand sämtlicher Apparate und der Druck in der Retorte wird oft ein ganz bedeutender. Wird dagegen mit Gassauger in der Weise gearbeitet, dafs in der Vorlage der Druck 0 ist, so fällt auf die Retorte nur derjenige Druck, welcher durch die Tauchung verursacht wird, und welcher selten mehr als 30 mm Wassersäule beträgt. Es sind viele Vorrichtungen angegeben worden, welche auch die Beseitigung dieses Druckes bezwecken, doch ist denselben eine Bedeutung nicht zuzusprechen, da der Druck in normalen Fällen zu gering und wie Vorfasser durch Versuche gezeigt hat,[2]) nicht gröfseren Schwankungen unterworfen ist, als sie eben der Gang des Gassaugers bedingt. Diese Schwankungen lassen sich bei einem gut geregelten Gassauger auf ein so geringes Mafs beschränken, dafs sie nicht mehr in Betracht kommen können gegenüber den Druckunterschieden, welche nöthig sind, um in den Zersetzungsvorgängen in der Retorte irgendwelche nennenswerten Veränderungen hervorzubringen.

Etwas anderes ist es natürlich, wenn in Vorlage oder Steigrohr eine Verengung vorhanden ist, so dafs die entwickelte Gasmenge nicht mehr abzuziehen im Stande ist und infolgedessen hohen Druck erzeugt. Man hat es alsdann mit Teerverdickungen zu thun, welche, wie bereits gezeigt

---

[1]) Z. B. bei Teerdestillation Journ. f. Gasbel. 1891, S. 434.
[2]) Journ. f. Gasbel. 1891, S. 452.

wurde, nicht durch Vorkehrungen an der Vorlage, sondern nur durch die besprochenen Mafsnahmen beseitigt werden können.

Eine wesentliche Erhöhung des Druckes in der Retorte hat zunächst eine längere Berührungsdauer des Gases mit den heifsen Retortenwänden, und demgemäfs eine erhöhte Graphitabscheidung und in zweiter Linie Gasverluste wegen der Durchlässigkeit der Retortenwandungen zur Folge. Wie man sich scheut, mit dem Drucke in der Retorte unter 0 zu gehen, weil man fürchtet, Luft einzusaugen, so finden bei höherem Druck leicht Gasverluste aus der Retorte statt. Dieser Verlust ist, bei gut mit Graphit belegten Retorten und niedrigem Drucke sehr gering. Bei 50 mm Wassersäule Überdruck beträgt derselbe etwa 1% und wächst entsprechend bei höherem Druck. Bis in's Ungemessene steigt der Verlust bei frisch ausgebrannten Retorten, nimmt hier jedoch nach 24 Stunden schon beträchtlich ab, sobald die erste dünne Schichte Graphit abgesetzt ist. In allen Fällen jedoch nehmen die Verluste mit wachsendem Drucke zu. All diese Umstände weisen darauf hin, dafs man das Augenmerk auf einen gleichmäfsig gehenden, gut geregelten Gassauger zu richten hat. Mit diesem hat man es in der Hand, den Druck in der Retorte auf 0 zu halten und jedes Auftreten von wesentlich höherem Druck zu vermeiden.

Von verschwindendem Einflusse sind bei guten Gassaugern die Schwankungen durch die einzelnen Stöfse des Saugers, welche bei einem grofsen Durchmesser der Vorlage im Verhältnis zu dem der Steigrohre bis auf ein Minimum ausgeglichen werden. Diesen Schwankungen kann auf die Dissociation des Gases in der Retorte kein Einflufs zugeschrieben werden, und es müssen deshalb auch die Vorteile fraglich erscheinen, welche durch Aufhebung der Tauchung erreicht werden sollen. Wenn auch die Aufhebung der Tauchung in manchen Fällen einen gewissen Vorteil bei Neigung zu Teerverdickungen zu bieten scheint, so kann als alleiniges Mittel für einen günstigen Ofenbetrieb nur dasjenige gelten, welches in der früher geschilderten und von Kunath experimentell bestätigten Weise jede Teerverdickung von der Wurzel aus zu beseitigen trachtet. Die Tauchung hingegen ist im Interesse der Sicherheit des Betriebes ein einfaches und nie versagendes Mittel, welches man aufzugeben nicht berechtigt ist, solange nicht direkt bewiesen ist, dafs die Vorzüge der Aufhebung der Tauchung gröfsere sind, als die durch dieselbe gebotene Betriebssicherheit.

Eine übersichtliche Zusammenstellung der Vorrichtungen zur Aufhebung der Tauchung hat Fr. Lux gegeben.[1]

Der Verlauf der Vergasung.

Die Zersetzung der Kohlenwasserstoffe ist charakterisiert durch eine beständige Wasserstoffentziehung. Methan und Äthylen zerfallen in Acetylen und Wasserstoff; das Acetylen wird, da es eine ungesättigte Verbindung ist, sehr leicht polymerisiert, d. h. es treten mehrere Moleküle desselben zusammen und bilden so das Benzol, Styrol u. s. w.

$$6 CH_4 = 3 C_2 H_2 + 9 H_2 \text{ bezw. } C_6 H_6 + 9 H_2$$
$$3 C_2 H_4 = 3 C_2 H_2 + 3 H_2 \quad \text{»} \quad C_6 H_6 + 3 H_2$$

Benzol geht bei starker Erhitzung über in Diphenyl, Toluol, Anthracen und Naphtalin, wobei wiederum Wasserstoff abgespalten wird nach den Gleichungen

$2 C_6 H_6$	$=$	$2 C_6 H_5 + H_2$
Benzol		Diphenyl
$5 C_6 H_6$	$=$	$3 C_{10} H_8 + 6 H_2$
Benzol		Naphtalin
$2 C_7 H_8$	$=$	$C_{14} H_{10} + 3 H_2$
Toluol		Anthracen

Bei zu starker Überhitzung, namentlich an den Retortenwänden, zerfallen die Kohlenwasserstoffe gänzlich unter Abscheidung von Kohlenstoff als Graphit. Da die Vergasung ein Vorgang der Wasserstoffabspaltung ist, so ist unmittelbar klar, dafs Kohlenwasserstoffe sich niemals durch Aufnahme von freiem Wasserstoff während der Vergasung bilden können.

Ein anschauliches Bild über den Verlauf der Vergasung geben nachstehende Versuche Bunte's mit 5 verschiedenen Kohlensorten, wobei die Zusammensetzung des gereinigten Gases in 5 Zwischenstufen der 4stündigen Vergasungszeit untersucht wurde. ——

[1] Journ. f. Gasbel. 1886, S. 1012.

Die Vergasung der Steinkohle.

Zusammensetzung des gereinigten Gases während der Vergasung in Volumenprozenten.

I. Westfälische Kohle (Konsolidation).

Beginn der nten Viertelstunde	I 2	II 5	III 9	IV 13	V 16	VI Mischprobe
Kohlensäure CO_2	1,8	2,0	1,1	0,7	0,7	1,2
Schwere Kohlenwasserstoffe $C_m H_n$	6,0	4,2	2,4	1,4	1,2	3,2
Kohlenoxyd CO	8,3	7,4	6,8	6,6	6,7	7,2
Wasserstoff H	37,1	48,9	53,5	58,2	61,1	48,0
Methan CH_4	45,4	36,9	34,2	29,6	27,6	35,8
Stickstoff N	1,4	0,6	2,0	3,5	2,7	3,7
	100,0	100,0	100,0	100,0	100,0	100,0

II. Saarkohle (Heinitz I).

Beginn der nten Viertelstunde	I 1	II 5	III 9	IV 13	V 16	VI Mischprobe
Kohlensäure CO_2	4,0	3,4	2,0	2,0	1,8	2,0
Schwere Kohlenwasserstoffe $C_m H_n$	9,4	5,6	4,3	2,4	1,7	4,4
Kohlenoxyd CO	9,4	8,3	8,1	8,2	8,8	8,6
Wasserstoff H	28,3	42,6	49,0	56,6	55,3	45,2
Methan CH_4	46,6	35,0	31,7	28,7	27,2	35,0
Stickstoff N	2,3	5,1	4,9	2,1	5,2	4,8
	100,0	100,0	100,0	100,0	100,0	100,0

III. Böhmische Kohle (Littitz bei Pilsen).

Beginn der nten Viertelstunde	I 2	II 5	III 9	IV 13	V 16	VI Mischprobe
Kohlensäure CO_2	3,8	3,0	1,4	1,1	1,0	3,0
Schwere Kohlenwasserstoffe $C_m H_n$	8,8	5,0	2,1	1,1	0,8	4,4
Kohlenoxyd CO	11,0	10,3	10,0	9,3	10,9	10,0
Wasserstoff H	30,3	43,1	50,3	60,3	58,0	45,2
Methan CH_4	41,4	35,8	30,2	23,4	20,9	33,0
Stickstoff N	4,7	2,8	6,0	4,8	7,5	4,4
	100,0	100,0	100,0	100,0	100,0	100,0

IV. Sächsische Kohle (Bürgergewerkschaft Zwickau).

Beginn der nten Viertelstunde	I 2	II 5	III 9	IV 13	V 16	VI Mischprobe
Kohlensäure CO_2	3,4	3,0	1,9	1,2	0,8	2,2
Schwere Kohlenwasserstoffe $C_m H_n$	8,7	5,5	1,3	0,5	—	4,0
Kohlenoxyd CO	10,5	10,2	9,3	9,0	8,7	9,5
Wasserstoff H	28,6	42,1	50,9	56,6	63,3	45,3
Methan CH_4	46,9	37,1	32,4	28,7	23,6	35,9
Stickstoff N	1,9	2,1	3,0	3,2	3,1	3,1
	100,0	100,0	100,0	100,0	100,0	100,0

V. Böhmische Plattenkohle.

Beginn der nten Viertelstunde	I 3	II 5	III 9	IV 13	V 16	VI Mischprobe
Kohlensäure CO_2	4,4	4,0	3,1	1,9	1,1	3,2
Schwere Kohlenwasserstoffe $C_m H_n$	15,2	11,8	6,0	2,4	1,4	9,0
Kohlenoxyd CO	7,5	7,6	6,9	10,7	11,9	8,3
Wasserstoff H	23,3	31,3	44,9	55,9	54,6	39,6
Methan CH_4	46,4	45,1	36,9	24,5	24,3	37,1
Stickstoff N	3,2	0,2	2,2	4,6	6,7	1,9
	100,0	100,0	100,0	100,0	100,0	100,0

Es geht aus diesen Versuchen hervor, dafs die die Leuchtkraft des Gases bedingenden schweren Kohlenwasserstoffe während der Vergasung stetig abnehmen. Ebenso nimmt das Methan ab, während der Wasserstoff rasch zunimmt. Der Kohlenoxydgehalt des Gases ist zwar bei den verschiedenen Kohlensorten in Bezug auf seine absolute Menge verschieden, doch bleibt sein Auftreten während der ganzen Vergasung fast gleich. Die Kohlensäure ist aus den Tabellen nicht zu ersehen, da sich dieselben auf gereinigtes Gas beziehen, es sind deshalb in Fig. 2 die Ergebnisse für ungereinigtes Gas gesondert in Form von Kurven aufgetragen.

Kohlensäurebildung bei der Vergasung.

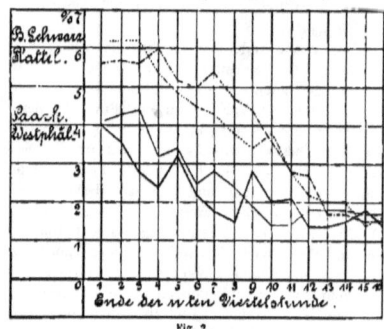

Fig. 2.
Böhm. Schwarzkohle. ----- Plattenkohle. Saarkohle.
——— Westfälische Kohle.

Der Verlauf der Kohlensäurebildung nimmt sonach mit mehr oder weniger grofsen Schwankungen stetig ab.

Das Benzol.

Die lichtgebenden, auch »schwere« Kohlenwasserstoffe genannt, gehören teils den Gliedern der ungesättigten Kohlenwasserstoffe der Fettreihe, speziell der Äthylen- und Acetylen-Reihe, teils der aromatischen (Benzol-) Reihe an. Es wurde bereits von Berthelot und dann von Knublauch[1]) nachgewiesen, dafs bezüglich der Leuchtkraft des Gases das Benzol die wichtigste Rolle spielt, und dafs es, wenn auch dem Volumen nach nur in geringerer Menge vorhanden, als die Vertreter der Fettreihe, doch in weit höherem Mafse die Leuchtkraft des Gases beeinflufst, als diese.

In neuerer Zeit hat St. Claire-Deville[2]) das Benzol speziell zum Gegenstand eingehender Studien gemacht. Er bestimmte den Benzolgehalt des Pariser Gases durch Abkühlung desselben auf — 70° C. und Wägung der erhaltenen Kondensationsprodukte. Bei — 70° ist die Tension des Benzols = 0, es mufste somach bei dieser Temperatur sämtliches Benzol kondensiert sein, während die Vertreter der Fettreihe nicht kondensiert werden. Die Kondensationsprodukte setzten sich in Gewichtsprozenten zusammen aus:

Benzol (Siedepunkt 81°)	73,13 %
Toluol (Siedepunkt 111°)	13,00 %
Xylol und höhere (Siedepunkt von 139° an)	8,75 %
Destillationsrückstand	3,97 %
Vorlust	1,15 %
	100,00 %

Aufser dem Benzol sind also nur die höheren Glieder der Benzolreihe (Toluol und Xylol) in nennenswerten, wenn auch bedeutend geringeren Mengen vorhanden. Dem Volumen nach setzte sich das Pariser Gas zusammen aus:

Durch Brom absorbierbare schwere Kohlenwasserstoffe 5,05 %	hievon aromatische (Benzol)	0,95 %
	hievon aus der Fettreihe	4,10 %
Sumpfgas + Stickstoff		33,26 %
Wasserstoff		52,27 %
Kohlenoxyd		8,01 %
Kohlensäure		1,41 %
		100,00 %

Das Gewicht der aromatischen Kohlenwasserstoffe betrug 35,48 g pro 1 cbm Gas.

[1]) Journ. f. Gasbel. 1879, S. 652.
[2]) Journ. des usines à gaz 1889 u. Journ. f. Gasbel. 1889 S. 652.

Eine Reihe von Bestimmungen im Pariser Gas ergab:

Gas von der Anstalt in La Villette	Aromatische Kohlenwasserstoffe in 1 cbm			in Volumenprozenten
	bei — 22°	bei 70°	Summe	
	g	g	g	
3. Oktober 1884	18,307	23,553	41,860	1,12
4. „ 1884	16,475	22,308	38,783	1,04
6. „ 1884	16,117	23,417	39,594	1,06
7. „ 1884	16,666	23,148	39,814	1,07
8. „ 1884	16,898	22,906	39,804	1,07
9. „ 1884	16,394	23,479	39,873	1,07
10. „ 1884	16,561	23,219	39,780	1,07
2. Februar 1885	14,660	22,250	36,910	0,99
4. „ 1885	14,431	23,475	37,906	1,02
Cannelkohle	16,567	27,913	44,480	1,19

Die vorliegenden Versuche ergeben, dafs die Gesamtmenge an aromatischen Kohlenwasserstoffen sehr konstant ist und nahezu 1 Vol.-Proz. des Gases ausmacht. Die eine untersuchte Cannelkohle ist etwas reicher. Was den Einflufs der Kohlensorte anlangt, so liegt auch hierüber eine ausgedehnte Reihe von Versuchen Devilles vor.

Wie bereits im I. Kapitel dieses Buches erwähnt, hat Deville sämtliche Steinkohlen nach dem Sauerstoffgehalt in fünf Gruppen geteilt. Aus einer Reihe von über 1000 Versuchen ergab sich, dafs die lichtgebenden Kohlenwasserstoffe sich für die aufgestellten Kohlentypen wie folgt verhielten:

	Typus I	Typus II	Typus III	Typus IV	Typus V
	%	%	%	%	%
Vol.-Proz. Aromat. Kohlenwasserstoffe (Benzol etc.)	0,79	0,99	0,96	1,04	0,88
Vol.-Proz. schwere Kohlenwasserst. (Äthylen etc.)	2,48	3,02	3,98	4,44	4,66
Summe	3,27	4,01	4,94	5,48	5,54

Die Zusammensetzung der betreffenden Kohlen, bezogen auf Kohlensubstanz, ist:

	Typus I	Typus II	Typus III	Typus IV	Typus V
	%	%	%	%	%
Kohlenstoff	88,38	86,97	85,89	83,37	81,66
Wasserstoff	5,06	5,37	5,40	5,53	5,64
Sauerstoff + Stickstoff	6,56	7,66	8,71	11,10	12,70

Schilling, Handbuch für Gasbeleuchtung.

Die aromatischen Kohlenwasserstoffe bleiben für alle Gaskohlen auffallend gleich, während die schweren Kohlenwasserstoffe mit dem Sauerstoffgehalt zunehmen. Wenn nun auch die Summe der aromatischen Kohlenwasserstoffe sich nicht wesentlich ändert, so ist doch ihr Gehalt an Benzol ein verschiedener. Deville fand, dafs die sauerstoffärmeren Typen I und II viel reicher an Benzol sind, als die Typen III, IV und V mit höherem Sauerstoffgehalt. Den Versuchen Deville's mit französischen Gaskohlen mögen hier noch einige Zahlen beigefügt werden, welche Knublauch[1] für Kölner Leuchtgas fand[2]).

stehen ist, unter denen jedoch der Hauptanteil (etwa drei Viertel) auf Benzol, der geringere Teil auf Toluol und Xylol trifft.

Was das Auftreten des Benzols bei der Vergasung betrifft, so hat Deville gefunden, dafs bei Hellrotglut mehr Benzol gebildet wird, als bei niederer Temperatur, eine Thatsache, welche darin begründet ist, dafs mit steigender Temperatur in der Retorte die Kohlenwasserstoffe der Fettreihe teilweise in Benzol übergeführt werden. Bei einer weiteren Erhitzung des Gases zeigt sich das Benzol widerstandsfähiger gegen Zersetzung, als die anderen Kohlenwasserstoffe. Das Auftreten

	Proben des Kölner Gases						Proben anderer Anstalten		
	1	2	3	4	5	6	7	8	9
Vol. Proz. Benzolreihe	1,38	1,42	1,46	1,44	1,42	1,34	1,34	1,15	1,10
„ „ Fettreihe	2,13	1,89	1,68	1,79	1,90	2,40	3,26	3,43	3,48
Summe	3,51	3,31	3,14	3,23	3,32	3,74	4,60	4,58	4,57

Knublauch fand somit den Benzolgehalt durchgehends höher, doch geht auch aus diesen Versuchen hervor, dafs der Benzolgehalt des gewöhnlichen Leuchtgases sich in engen Grenzen,

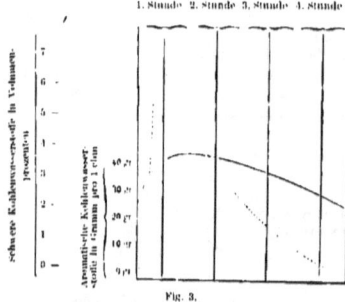

Fig. 3.

etwa zwischen 1,0 und 1,5 Vol.-Proz. des Gases, bewegt, wobei unter Benzol eigentlich die Summe der Kohlenwasserstoffe der ganzen Benzolreihe zu verstehen ist.

[1]) Journ. f. Gasbel. 1880 S. 256.
[2]) Die Summe der schweren Kohlenwasserstoffe wurde mit rauchender Schwefelsäure, das Benzol nach einer hierzu angegebenen Methode aus der Leuchtkraft berechnet.

des Benzols während der Vergasung nahm nach Deville's Versuchen den Verlauf, wie er in beistehender Kurve (Fig. 3) verzeichnet ist. Nach 30—45 Minuten erreicht es sein Maximum, welches sich bis zur Mitte der Vergasungszeit ziemlich erhält und dann langsam abnimmt. Die punktierte Linie stellt den Verlauf der schweren Kohlenwasserstoffe dar.

Da dem Benzol bezüglich der Leuchtkraft des Gases eine hervorragende Rolle zukommt, so verdient die Frage besonderer Beachtung, ob nicht etwa im Teer nennenswerte Mengen von Benzol verbleiben, welche dem Gase nutzbar gemacht werden könnten. Es mufs zunächst betont werden, dafs der Benzolgehalt des Teeres sehr von der Vergasungstemperatur abhängig ist. So fand Deville:

	pro 100 kg Steinkohle	bei niederer Temperatur kg	bei hoher Temperatur kg
Benzol im Gas		0,674	1,125
„ „ Teer		0,175	0,050
Summe		0,849	1,175

Eine hohe Temperatur steigert somit nicht nur die Gesamtmenge an Benzol, sondern es wird auch ein bedeutend gröfserer Teil desselben auf Kosten des Gehaltes im Teer in das Gas übergeführt.

Im Mittel fand Deville, dafs von den gesamten aromatischen Kohlenwasserstoffen im Gas 93,1 %, im

Teer dagegen nur 6,9 % verbleiben. Von den pro 1 cbm Gas erzeugten aromatischen Kohlenwasserstoffen bleiben in diesem 39,2 g und in den pro 1 cbm gewonnenen 193 g Teer 2,9 g. Man sieht hieraus, wie wenig von den Verfahren zu halten ist, welche darauf abzielen, das Benzol aus dem Teer noch für das Gas zu gewinnen, und es darf immer als eine Folge niederer Vergasungstemperaturen betrachtet werden, wenn sich höhere Mengen Benzol im Teer vorfinden, welche eine nochmalige Vergasung desselben als lohnend erscheinen lassen.

Das Naphtalin.

Das Naphtalin bildet sich bei starker Erhitzung aus den verschiedensten organischen Stoffen, und speziell, wenn Äthylen, Acetylen oder ein Gemenge von Benzoldampf und Acetylen durch glühende Röhren geleitet werden, wie dies bei der Gasbereitung der Fall ist. Seine Entstehung in der Retorte ist daher außer Zweifel, und tritt das Naphtalin namentlich bei sehr hohen Temperaturen in der Retorte in beträchtlichen Mengen auf. Das Naphtalin hat seinen Siedepunkt bei 217^0, und geht daher bei Abkühlung des Gases in die Kondensationsprodukte über. Das Gas vermag nur den der jeweiligen Tension der Naphtalindämpfe entsprechenden Anteil aufzunehmen. Obgleich es also mit Naphtalindämpfen gesättigt ist, sind die Mengen des im reinen Gase verbleibenden Naphtalins gering. Die größte Menge findet sich im Teer vor, wo sie oft bis zu 10 % anwächst. — Würde das Naphtalin sich in den Rohrleitungen nicht in fester, sondern in flüssiger Form abscheiden, so würde man es wohl kaum je beachtet haben. Dadurch, daß es aber sofort in fester Form sich abgelagert, genügt auch der geringste Gehalt des Gases an Naphtalin, um zu den bekannten lästigen Verstopfungen der Rohrleitungen zu führen, welche um so leichter entstehen, da gerade das Gas mit Naphtalin gesättigt ist und bei jeder plötzlichen Abkühlung im Rohrnetz festes Naphtalin zur Ausscheidung gelangen muß.

Man war nach zwei Richtungen hin bestrebt, diesen Übelständen entgegenzutreten. Einmal ging man von der Ansicht aus, man müsse das Naphtalin möglichst im gereinigten Gase zu erhalten suchen, um die Leuchtkraft des Gases nicht zu schädigen; in neuerer Zeit aber gewinnt die Ansicht die Oberhand, daß das Naphtalin möglichst vollständig aus dem Gase zu entfernen sei. Diese letztere Ansicht ist auch wohl die richtigere. Nachdem man erkannt hat, welche wichtige Rolle das Benzol bei der Leuchtkraft des Gases spielt, und wie gering dem gegenüber sowohl die Menge als auch die Leuchtkraft des Naphtalins ist, erscheint es als das einzig Zweckmäßige, das Naphtalin möglichst vollständig zu entfernen. Bunte hat neuerdings durch photometrische Untersuchungen gefunden, daß eine Entziehung des Benzolgehaltes die Leuchtkraft des Gases von 19 auf 3,5 Hefner-Lichte herabdrückte. Auch auf die Heizkraft des Gases ist der Benzolgehalt von größtem Einfluß, da 1 % Benzol etwa 400 Wärme-Einheiten pro 1 cbm Gas repräsentiert. Das im Gase vorhandene Naphtalin indessen ist so wenig, daß es weder die Leuchtkraft des Gases, noch dessen Heizwert beeinflußt, und wenn man die Entstehung desselben auch nicht verhüten kann, so muß man doch auf eine vollständige Abscheidung des Naphtalins hinarbeiten. Dies ist aber nur durch eine möglichst ausgedehnte und vollständige Kühlung des Gases zu erreichen. Neben diesem wichtigsten Mittel, welches man zur Entfernung des Naphtalins in der Hand hat, ist es auch geboten, diejenigen Bestandteile, welche Träger des Naphtalins sind, aber gleichzeitig mit der Leuchtkraft des Gases nichts zu thun haben, möglichst vollständig zu entfernen. Diese Bestandteile sind der Wasserdampf und das Ammoniak.

Der Franzose Brémond[1]) hatte den Satz aufgestellt, daß das Gas, welchem man durch ungelöschten Kalk seinen Wasserdampf entzieht, bei dieser Operation gleichzeitig einen Teil seines Naphtalingehaltes ausscheidet, und behauptet, daß der darin verbleibende Rest in dem Gase gelöst erhalten bleibt und weder durch Temperaturwechsel, noch durch Reibung oder sonstige physikalische Ursachen später zur Abscheidung gelangt.

Neuere Versuche von Kunrath[2]) haben jedoch ergeben, daß eine Wasserdampfentziehung die Naphtalinabscheidung im Rohrnetz nicht verhindern

---

[1]) Gastechniker Bd. 11 Heft 7 und 8.
[2]) Journ. f. Gasbel. 1891, S. 520.

kann, wenn das Naphtalin nicht vorher schon auf dem Wege einer guten Kondensation zurückgehalten wurde.

Wenn die Erfindung Brémonds nur in sehr beschränktem Mafse — in Deutschland wohl gar nicht — zur Anwendung gelangte, so liegt dies eben daran, dafs man erkannte, dafs der wichtigste Einflufs auf die Naphtalinabscheidung nicht in der Beseitigung des Wasserdampfes, sondern in einer guten Kühlung des Gases zu suchen sei.

Das Ammoniak ist, wie Tieftrunk nachgewiesen hat [1], ein Träger des Naphtalins, und wenn schon eine gänzliche Entfernung des Ammoniaks im Interesse einer vollständigen Ammoniakgewinnung geboten erscheint, so ist dies ein Grund mehr um für eine sorgfältige Waschung des Gases, oder sonstige gründliche Entfernung des Ammoniaks aus dem Gase Sorge zu tragen.

Während alle diese Mittel darauf abzielen, das Naphtalin möglichst vollständig aus dem Gase zu entfernen, war man bis auf die jüngste Zeit bestrebt, das Naphtalin möglichst im Gase zu erhalten. Man suchte die Lösungsmittel für Naphtalin, namentlich die leichten Kohlenwasserstoffdämpfe im Gase zu vermehren, und dadurch auch die Aufnahmsfähigkeit des Gases für Naphtalin zu erhöhen, da beide Teile die Leuchtkraft des Gases erhöhen sollten. Dieses Prinzip fand seinen Ausdruck in einer grofsen Reihe von Konstruktionen.

Im Jahre 1874 wurde von Malam als ein Verhütungsmittel von Naphtalinausscheidungen das Besprengen der Reinigungsmasse in den Kasten mit Kohlennaphta angegeben, ein Mittel, dessen vollständige Wirksamkeit 1875 auch von Fleischer in Siegburg öffentlich bestätigt wurde, indem derselbe mitteilte, dafs er in seinem Betriebe bei einer bis zu 320 cbm pro Tonne getriebenen Entgasung von Konsolidationskohlen aufs äufserste durch Naphtalinabscheidungen belästigt worden sei, das Übel aber durch eine fortgesetzte Anwendung des gedachten Verfahrens mit durchschlagendem Erfolge beseitigt habe. Ebenso wirksam sollten auch Petroleumbenzin und das sog. Gasolin sein und hat Fleischer zu dieser Imprägnierung des Gases einen Apparat konstruiert. [2] Die Absicht, durch geeignete Kühlung des Gases die leichteren Kohlenwasserstoffdämpfe und mit ihnen das Naphtalin möglichst im Gase zu erhalten, führte zu der sog. warmen oder fraktionierten Kondensation, welche in England von Young und Patterson, in Frankreich von Cadel weiter ausgebildet wurde. Die Genannten gingen von der Ansicht aus, dafs ein rationeller Kondensationsprozefs die Kondensation der schweren Teerdämpfe bei einer so hohen Temperatur bewirken mufs, dafs die schweren Kohlenwasserstoff- und Teerdämpfe schon bei einer 80° C nicht wesentlich unterschreitenden Temperatur in den flüssigen Zustand übergeführt werden müssen. Die Wirkung ist in der Weise zu denken, dafs von den das Naphtalin gelöst haltenden dampfförmigen Kohlenwasserstoffen, welche bei rascher Abkühlung leicht von dem kondensierten Teer mitgerissen werden, bei Anwendung der warmen Kondensation ein gröfserer Anteil im Gase diffundiert erhalten bleiben soll.

All diese Methoden, sowohl die Sättigung des Gases mit Naphta oder Petroleumbenzin, als die warme Kondensation konnten sich jedoch keinen allgemeinen Eingang verschaffen. Wenn auch vielfach günstige Resultate damit erzielt wurden, so ist dennoch nicht ausgeschlossen, dafs sich erstens einmal nachträglich noch ein Teil der lösenden Dämpfe, welche ja nur Dämpfe und keine Gase sind, im Rohrnetz abscheiden und Naphtalin damit absetzen kann und dafs sich ferner Naphtalinabscheidungen da wo plötzliche Abkühlungen durch Stofs u. dergl. stattfinden in höherem Mafse bilden können, wenn das Gas überhaupt einen verhältnismäfsig gröfseren Gehalt an Naphtalin besitzt.

Deshalb mufs das Bestreben dahin gerichtet sein, im Gase nur diejenigen Dämpfe zu erhalten, welche leicht aufgenommen und bei der niederster Temperatur im Rohrnetz darin erhalten werden können. Das Naphtalin aber ist möglichst daraus zu entfernen, und das geschieht durch eine ausgedehnte Kühlung des Gases, wie dies ja auch durch die Erfahrung dahin bestätigt wird, dafs Anstalten mit ungenügenden Kühlungsvorrichtungen am meisten von der Naphtalinplage heimgesucht werden. [1] Für viele Anstalten reicht die Kühlung

---

[1] Journ. f. Gasbel. 1887, S. 509 und Ber. der deutschen chem. Gesellschaft 1878 S. 1466.
[2] Journ f. Gasbel. 1886, S. 201.

[1] Vergl. Hasse, Journ. f. Gasbel. 1891, S. 533.

im Sommer bei geringer Gasproduktion aus, während dieselbe für die höheren Gasmengen im Winter nicht mehr genügt. Zur Herbstzeit, in welcher bekanntlich die „Naphtalinplage" beginnt, tritt neben dem Faktor der rascheren Temperaturwechsel auch eine rasche Steigerung der Gaserzeugung ein. Die Kühlräume werden relativ zu klein und das Gas erleidet diejenige Kondensation, welche auf der Anstalt erfolgen sollte — im Rohrnetz. Zahlreiche Erfahrungen bestätigen immer mehr, dafs eine ausgiebige Kondensation das einzige rationelle Mittel zur Beseitigung der Naphtalinplage ist. Ein gut gekühltes Gas wird auch bei gröfseren Temperaturgefällen im Rohrnetz kein Naphtalin abscheiden, weil es überhaupt nur Spuren davon enthält. Ist aber das Naphtalin infolge mangelhafter Kühlung in gröfserer Menge im Gas enthalten, so genügt der geringste Anstofs um dasselbe im Rohrnetz zur Ausscheidung zu bringen.

Das Ammoniak.

Das Ammoniak[1] verdankt seine Anwesenheit dem Stickstoffgehalt der Steinkohlen; allein nur

	100 Teile Kohle geben Stickstoff	100 Teile Coke geben Stickstoff	100 Teile Kohle geben Coke
	%	%	%
Westfälische Kohle	1,50	1,35	71,4
Englische »	1,45	1,37	74,2
Schlesische »	1,37	1,39	68,5
Böhmische »	1,36	1,22	63,3
Sächsische »	1,20	1,37	62,7
Saarkohle	1,06	1,24	68,3
Plattenkohle	1,49	1,00	56,3
Böhm. Braunkohle	0,52	0,58	40,5

Der Stickstoffgehalt der Kohlen und der daraus gewonnenen Coke ist aus obiger Tabelle ersichtlich.

Die Ammoniakausbeute aus verschiedenen Kohlen und die Verteilung des Stickstoffs auf Ammoniakstickstoff und fixen Stickstoff erhellt aus nachstehenden Zahlen.

Die Menge des Ammoniakstickstoffs bei diesen Versuchen schwankt also zwischen 6,4 und 20,7 % und bewegt sich im Mittel um 14 % des Gesamtstickstoffs der Kohle. Es gehen somach bei den untersuchten Kohlensorten Stickstoffmengen für die Ammoniakgewinnung verloren, welche höchstens

	Westfälische Kohle		Englische Kohle		Schlesische Kohle		Böhmische Kohle		Sächsische Kohle		Saarkohle		Plattenkohle		Braunkohle	
	% der Kohle	% des N	% der Kohle	% des N	% der Kohle	% des N	% der Kohle	% des N	% der Kohle	% des N	% der Kohle	% des N	% der Kohle	% des N	% der Kohle	% des N
Ammoniakausbeute	0,248	—	0,189	—	0,284	—	0,237	—	0,094	—	0,188	—	0,221	—	0,129	—
Ammoniakstickstoff	0,204	13,6	0,156	10,8	0,234	17,4	0,195	14,2	0,077	6,4	0,155	14,8	0,182	12,4	0,106	20,7
Stickstoffrest (unbestimmt)	0,336	22,4	0,274	19,2	0,186	13,6	0,395	28,8	0,263	21,9	0,055	5,2	0,748	49,6	0,184	35,3
Flüchtiger Stickstoff	0,540	36,0	0,430	29,0	0,420	30,0	0,590	31,0	0,340	28,0	0,210	20,0	0,930	62,0	0,290	56,0
Fixer Stickstoff (in d. Coke)	0,960	64,0	1,020	70,0	0,950	69,0	0,770	57,0	0,860	72,0	0,850	80,0	0,560	38,0	0,230	44,0
Gesamt-Stickstoff	1,500	100,0	1,450	100,0	1,370	100,0	1,360	100,0	1,200	100,0	1,060	100,0	1,490	100,0	0,520	100,0

ein geringer Teil desselben ist es, den wir als Ammoniak nutzbar wieder erhalten. Über die Mengen von Stickstoff, welche sich bei der Vergasung verflüchtigen und über den Anteil, welcher davon als Ammoniak gewonnen wird, habe ich Versuche angestellt.[2]

bei den sächsischen Kohlen 93,6% des Gesamtstickstoffs der Kohle betragen. Die beste Ausnutzung ist bei den Falkenauer Braunkohlen erzielt, bei denen 20,7 % gewonnen wurden und nur 79,3 % verloren gehen; die übrigen Sorten liegen zwischen diesen Grenzen.

[1] Litteratur: Lunge, Die Industrie des Steinkohlenteers und Ammoniaks 1888. — Dr. Arnold, Ammoniak und Ammoniak-Präparate 1889. — Weill-Goetz, Traitement des eaux ammoniacales, Strafsburg 1889.

[2] Untersuchungen über Stickstoffgehalt und Ammoniakproduktion verschiedener Gaskohlen, Dissertationsschrift von E. Schilling, Oldenbourg 1887, auch im Journ. f. Gasbel. 1887 S. 661 u. ff.

Knublauch fand für westfälische Kohlen:

No.	Stickstoff der Kohlen	bei der Vergasung geben 100 g Kohle		von N-Gehalt als NH₃ gewonnen
		NH₃	N	
	%	%	%	%
1	1,612	0,268	0,221	13,7
2	1,555	0,203	0,167	10,8
3	1,479	0,201	0,166	11,2
4	1,466	0,190	0,157	10,7
5	1,215	0,181	0,149	12,3

der Vergasung und bei manchen, namentlich sauerstoffreichen Kohlen erst später ihren Höhepunkt. Es ist bekannt, dass beim Beginn der Vergasung die Temperatur eine ziemlich niedere ist. Der Umstand, dafs die Ammoniakentwicklung langsam ansteigt und erst spät ihren Höhepunkt erreicht, läfst somit schliefsen, dafs zur Ammoniakbildung eine hohe Temperatur erforderlich ist, höher z. B. als zur Kohlensäurebildung, welche viel früher ihr Maximum erreicht. Das Ammoniak entwickelt sich

Verlauf der Ammoniakbildung.

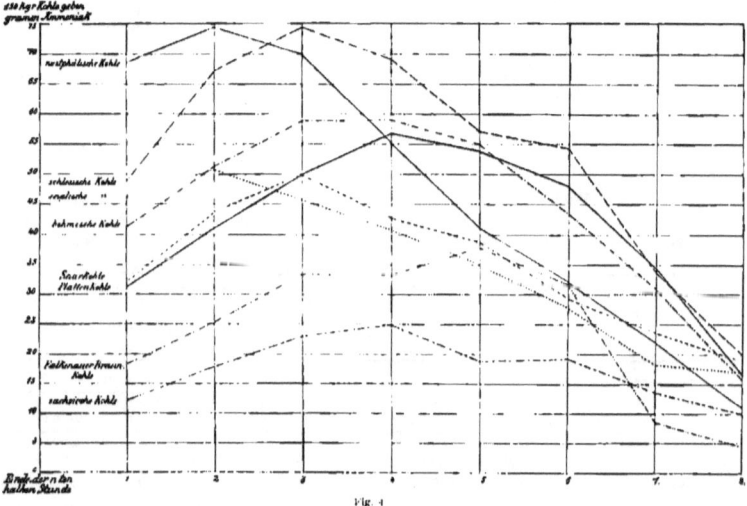

Fig. 4

Nach diesen Versuchen läfst sich feststellen, dafs die Ammoniakbildung verschiedener Kohlensorten sehr verschieden ist, im allgemeinen mit dem Stickstoffgehalt der Kohle steigt und fällt, ohne dafs letzterer jedoch als Mafsstab für das Ausbringen an Ammoniak betrachtet werden könnte.

Über den Verlauf der Ammoniakbildung gibt Fig. 4 Aufschlufs. Im Gegensatz zu dem Auftreten der Kohlensäure erreicht die Ammoniakbildung erst zu Ende der zweiten halben Stunde bei hohen Temperaturen aus der Kohle dadurch, dafs aus den flüchtigen bei der Vergasung auftretenden Basen der Stickstoff in Form von Ammoniak abgespalten wird. Zu hohe Temperaturen zerlegen jedoch auch Ammoniak wieder. Bei Versuchen, welche Wright[1]) bei verschiedenen Temperaturen und mit einer Kohle von 1,28 % Stickstoff anstellte, ergaben sich folgende Gasausbeuten und Ammoniakmengen:

[1]) Journ. f. Gasbel. 1888, S. 274.

Gasausbeute 326 cbm = 0,331 % NH₃ bezogen a. d. Kohlengew.
» 283 cbm = 0,352 % NH₃ » » »
» 263 cbm = 0,335 % NH₃ » » »
» 209 cbm = 0,285 % NH₃ » » »

Die obigen Mittelzahlen aus einer grofsen Reihe von Versuchen zeigen, dafs bei den höchsten Hitzegraden die Ammoniakausbeute sich wieder verringert, während sie bis dahin mit steigender Temperatur wächst. Die Beurteilung der angewendeten Hitzegrade ergibt sich aus der erzielten Gasausbeute.

Ramsay und Young[1]) fanden die Temperatur, bei welcher Ammoniak sich zu zersetzen beginnt, unter gewöhnlichen Verhältnissen etwas über 500° C. Die zersetzte Menge hängt von der Natur und der Gröfse der Oberfläche, sowie von der Geschwindigkeit ab, mit welcher das Ammoniak das glühende Rohr durchzieht.

Bei der verhältnismäfsig geringen Ausnützung des in der Kohle vorhandenen Stickstoffs in Form von Ammoniak war man bestrebt die Ammoniakausbeute zu erhöhen, und die in der Coke zurückbleibenden Stickstoffmengen noch möglichst als Ammoniak zu gewinnen.[2])

Eine Art der Erhöhung der Ammoniakausbeute besteht darin, dafs man bei hoher Temperatur Wasserdampf auf Coke einwirken läfst, um dadurch den Stickstoff der Coke in Ammoniak überzuführen. Beilby[3]) fand bei der Vergasung von bituminösen Schiefern, wie solche in Schottland in gröfserem Mafse zur Paraffindarstellung betrieben wird, dafs es durch Anwendung von Wasserdampf in hoher Temperatur möglich ist, beinahe theoretische Ausbeuten an Ammoniak zu bekommen. Bei Proben in Thonretorten wurde erzielt:[4])

Im Ammoniakwasser 74,3 % gegen 17,0 % ohne Dampf
Im Öle als alkaloidischer Teer . . 20,4 % » 20,1 % » »
Im Rückstande oder der Coke . . . 4,9 % » 62,6 % » »

Eine andere Anwendung dieses Prinzips bezieht sich auf die Gewinnung von Ammoniak und Wassergas aus Kohle. Beilby verfährt hierbei folgendermafsen: Die Kohle wird zuerst in einem Wasserdampfstrom vergast. Die zurückbleibende Coke, welche noch 60 % des Gesamtstickstoffs enthält, wird in einem Gemisch von Wasserdampf und Luft verbrannt, wobei ersterer in so grofsem Überschufs sein mufs, dafs das von dem Stickstoff der Coke herstammende Ammoniak vor Zersetzung geschützt wird. Die Einwirkung des Wasserdampfes findet nur bei Temperaturen von 1100—1200° statt; da nun aber Ammoniak sich bei 500° zu zersetzen beginnt, so ist es erforderlich, die Berührung der Ammoniakmoleküle mit den zersetzenden Retortenwänden dadurch zu verringern, dafs man das NH₃ durch grofse Mengen von Dampf verdünnt. Es soll bei diesem Verfahren 3—4 mal soviel Ammoniak gewonnen werden, wie bei der gewöhnlichen Vergasung. Das gewonnene Heizgas hat folgende Zusammensetzung:

Kohlensäure . . 15,40
Wasserstoff . . 34,53
Kohlenoxyd . . 10,72
Methan 4,02
Stickstoff . . . 35,33
    100,00

Aufser Beilby hat auch Foster[1]) die Aufmerksamkeit darauf gelenkt, dafs die Einführung von überhitztem Wasserdampf bei der Verkokung organischer Substanzen die daraus gewinnbare Menge Ammoniak sehr vermehrt.

All diese Verfahren, welche an sich wohl Beachtung verdienen, scheinen für die Gasindustrie von geringer praktischer Bedeutung zu sein, da die Einführung gröfserer Dampfmengen das Gas für Leuchtzwecke untauglich macht.

Ein Verfahren, welches ebenfalls nicht auf die Gewinnung des Ammoniaks bei der Leuchtgaserzeugung anwendbar ist, sondern speciell für die Erzeugung von Heizgas im Grofsen in Generatoren geeignet ist, wurde von Mond angegeben.[2]) Dasselbe beruht ebenfalls auf der Einwirkung von Wasserdampf auf verbrennende Kohle. Mond läfst die Kohle in Gasgeneratoren durch ein Gemisch von Luft und Dampf verbrennen, ähnlich wie z. B. bei dem nassen Betrieb von Cokegeneratoren. Die besten Resultate wurden erhalten bei Zuführung von etwa 2 tons Dampf für je 1 t verbrauchten Brennstoff; der Generator wird mit Kohlenklein

---

[1]) Journ. of chemic. society 1884, vol. 45.
[2]) Vergl. Lunge S. 476.
[3]) Journ. of the soc. of chem. industry 1884, p. 216.
[4]) Journ. f. Gasbel. 1887, S. 290.

[1]) Proc. Inst. Civil Engineers 1883/84, 77 T. 3.
[2]) Journ. f. Gasbel. 1889, S. 1049.

beschickt, und ergibt 32 kg Sulfat pro 1 t Brennstoff. Von dem erforderlichen Dampf wird aber nur ein Drittel zersetzt, während zwei Drittel mit den Gasen vermischt abziehen. Eine spezielle Anordnung Monds besteht darin, diesen Dampf und die damit verbundene Wärme wieder nutzbar zu machen. Ohne auf das etwas complizierte Verfahren einzugehen, sei nur bemerkt, dafs zwei Drittel des ursprünglich in die Generatoren eingeführten Dampfes wiedergewonnen werden können, so dafs auf je 1 t Brennstoff nur noch 0,6 t Dampf frisch zugeführt zu werden brauchen. Das erzeugte Gas hat folgende Zusammensetzung:

Kohlensäure	15%
Kohlenoxyd	10%
Wasserstoff	26%
Kohlenwasserstoff Stickstoff	49%

Die Einflüsse des Kalkens der Kohle auf die Ammoniakausbeute werden in Kapitel III besprochen.

Das Cyan.

Nach Versuchen von Leybold[1]) scheint es erwiesen, dafs das im Gas auftretende Cyan seine Entstehung hauptsächlich einer Zersetzung des Ammoniaks in der Retorte verdankt. Leitet man ein indifferentes Gas, z. B. Wasserstoff durch starken Salmiakgeist, so dafs Ammoniak mitgerissen wird, und das Gasgemisch über glühende Coke, so findet man im Gase nachher Cyan. Dabei tritt eine weitgehende Dissociation des Ammoniaks ein; ein grofser Teil desselben zerfällt zu freiem Stickstoff und Wasserstoff. Bei rascher Temperatur der Coke und langsamem Überleiten des Gases findet man, dafs nur 0,5 bis 0,8 % des übergeführten Ammoniaks sich in Cyan umgewandelt haben. Dafs diese Umbildung des Ammoniakstickstoffs zu Cyanstickstoff auch in sehr grofsem Mafsstab vor sich gehen kann, beweist der Umstand, dafs sich in 100 cbm eines Rohgases von 368 g Ammoniakstickstoff 137,9 g Cyanstickstoff vorfanden, also im Verhältnis 3 : 1; es kann daher bei manchen Kohlensorten und nicht zu hoher Temperatur die Cyanausbeute eine sehr bedeutende sein. Zu grofse Hitze,

Weifsglut zersetzt auch schon gebildetes Cyan wieder.

Leybold fand im Frankfurter Gase aus der Vorlage:

Gas a. d. Vorlage	g CyH in 100 cbm Gas	Volumen-Prozente	g Berliner Blau aus 100 cbm Gas
Probe 1	283,4	0,166	359,6
„ II	265,9	0,217	470,5

Der Cyangehalt des Gases ist jedoch auf verschiedenen Anstalten sehr verschieden.

Die Reaktionen, welche zur Bildung von Cyan beitragen, sind folgende:

1. Leitet man Ammoniak über glühende Kohlen, so zersetzt es sich zum Teil unter Bildung von Cyanammonium und Wasserstoff:

$$C_2 + 4 NH_3 = 2 CN(NH_4) + 2 H_2.$$

Nach Kuhlmann[1]) verläuft die Reaktion unter Bildung von Methan:

$$3 C_2 + 8 NH_3 = 4 CN(NH_4) + 2 CH_4.$$

2. Ein Gemisch von Kohlenoxyd und Ammoniak durch ein rotglühendes Porzellanrohr geleitet, liefert Cyanammon- und Wasserdampf:

$$CO + 2 NH_3 = CN(NH_4) + H_2O.$$

3. Schwefelkohlenstoff und Ammoniak setzen sich bei hoher Temperatur um in Cyanammonium und Schwefelwasserstoff:

$$CS_2 + 2 NH_3 = CN(NH_4) + SH_2.$$

Da im Gase stets überschüssiges Ammoniak ist, so verbindet sich das Cyan damit zu Cyanammonium. Da die Zersetzung des Ammoniaks in Cyanammonium mit steigender Temperatur zunimmt, so nehmen auch die im Gas auftretenden Mengen von Cyanammonium mit höherer Vergasungstemperatur zu. Die Menge des Stickstoffs, welcher in Cyan übergeführt wird, ist sehr gering. Knublauch[2]) fand als Ferrocyan 1,5 bis 2 % des Stickstoffs der Kohle in der Reinigungsmasse wieder, während Foster bei Versuchen mit englischer Durham-Kohle 1,56 % des Stickstoffs als Cyan entwickelt fand. Die Cyanmengen sind, wie schon aus diesen Versuchen hervorgeht, ziemlich verschieden. So fand Leybold das Verhältnis von Ammoniakstickstoff zu Cyanstickstoff wie 3 : 1, während nach Knublauch und Foster dasselbe rund 7 : 1 bis 14 : 1 beträgt. Obwohl, wie hieraus ersichtlich, der Cyanstickstoff

---

[1]) Mit verschiedenen Kohlenmischungen aus Saar- und Ruhrkohle und schottischer Woodville, englischer Silkworth und australischer Boghendkohle.

[1]) Kuhlmann, Annal. der Pharm. Bd. 38 S. 64.
[2]) Journ. f. Gasbel. 1889, S. 161.

Die Schwefelverbindungen.

weit hinter dem Ammoniakstickstoff an Menge zurücksteht, bietet das Cyan den Stickstoff in einer viel wertvolleren Form dar, und lenkt sich der direkten Cyangewinnung aus dem Gas die allgemeine Aufmerksamkeit der Fachwelt zu.

Die Schwefelverbindungen.

Über die Mengen des Schwefelwasserstoffs, welche aus verschiedenen Kohlen erzeugt werden, sowie über den Einfluß der Vergasungstemperatur Ordinaten die gefundenen Prozente an Schwefelwasserstoff dar. Man sieht, daß bei der böhmischen Braunkohle A und bei der Saarkohle B das Maximum des Gehaltes an Schwefelwasserstoff gleich nach der Beschickung auftritt — bei ersterer allerdings in dreifach so großer Menge wie bei letzterer. Der Schwefelwasserstoffgehalt fällt mit geringen Schwankungen allmählich bis zum Ende der Vergasung. Dem Schwefelkohlenstoff hat man in England stets eine erhöhte Aufmerksamkeit zugewandt, und so verdanken wir auch einem Engländer,

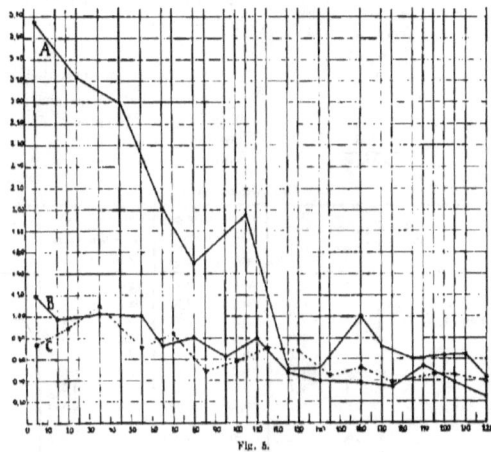

Fig. 5.

auf die Bildung des Schwefelwasserstoffs liegen ähnliche systematische Versuche, wie über die bisher besprochenen Bestandteile des Rohgases meines Wissens nicht vor. Bunte bestimmte den Verlauf der Schwefelwasserstoffentwickelung während der Vergasung bei folgenden Kohlen:

  A. böhmische Braunkohle
  B. Saarkohle
  C. Tyne Boghead Cannel.

Die Zahlen sind in obiger Tabelle angegeben und der leichteren Übersicht wegen graphisch aufgetragen. Die Abscissen stellen die Zeit nach der Beschickung der Retorte in Minuten, die

Wright, aufklärende Versuche über diesen Gegenstand. Derselbe bemerkt:

»Es ist unter den Gasfabrikanten schon seit etwa 35 Jahren bekannt, daß die Schwefelverbindungen im Gase, welche nicht Schwefelwasserstoff sind, mit steigender Vergasungstemperatur zunehmen. Im Rohgase ist der Schwefel, welcher nicht als Schwefelwasserstoff auftritt, hauptsächlich als Schwefelkohlenstoff vorhanden. In den letzten fünf Jahren hatte ich oft Gelegenheit, die Art und Weise zu verfolgen, in welcher diese Schwefelverbindungen mit der Temperatur der Retorten zunehmen. In allen diesen Fällen wurde das Gas in Thonretorten von den üblichen Formen hergestellt, die Höhe der Temperatur mag aus der Gasausbeute pro Tonne Kohle entnommen werden; letztere ist stets in Kubikmetern mit Korrekturen auf 15,5° C. und 760,9 mm (30 Zoll) Barometerstand (mit Wasserdampf gesättigt) angegeben, der nicht als Schwefelwasserstoff vorhandene Schwefel im gewaschenen, aber nicht gereinigten Gase in Gramm auf 100 cbm gereinigtes Gas.

Kohle, gefördert zwischen Yorkshire und Derbyshire.
Feuchtigkeit, Gewichtsverlust bei 100° C. — 2,26%.
Analyse der bei 100° C. getrockneten Kohle:

Kohlenstoff	81,92%
Wasserstoff	5,39
Schwefel	1,97
Stickstoff	1,28
Sauerstoff (als Rest)	6,88
Asche	2,56
	100,00%

	Gasausbeute pro 1000 kg Kohle in Kubikmeter	Gramm Schwefel in 100 cbm Gas nicht als Schwefelwasserstoff vorhanden	Schwefel auf 100 Teile Kohle, welcher im Gas nicht als Schwefelwasserstoff enthalten ist
Mittel aus 8 Versuchen	323,85	101,06	0,033
„ 2 „	300,22	84,89	0,025
„ 8 „	262,84	61,20	0,016
„ 5 „	233,27	43,84	0,010
„ 7 „	193,29	31,81	0,006

Ähnliche Resultate wurden auch mit anderen Kohlensorten erzielt. Dieselben beweisen, daſs das Auftreten von Schwefelkohlenstoff durch hohe Temperaturen besonders begünstigt wird.

Analysen verschiedenen Gases.

Nachstehend möge eine Reihe von Analysen verschiedener Gasproben folgen, welche zur Beurteilung des Gases aus verschiedenen Kohlensorten von Wert sind. So fand Leybold für

Steinkohlengas aus

	Saarkohle Beeken	Westfälische Kohle nicht pulverig	Westfälische Kohle Zeche Hugo		Westfälische Kohle Zeche Friedrich der Große		Saarkohle Zeche Dudweiler	Westfälische Kohle Zeche Kwabl	Westfälische Kohle Zeche Moltke
			Versuch I	Versuch II	Versuch I	Versuch II			
Vol. Proc. Wasserstoff	49,4	52,2	51,0	51,4	47,4	48,9	45,8	50,1	49,2
„ Methan	32,4	30,5	34,0	31,5	32,9	34,1	34,5	33,2	32,6
„ schwere Kohlenwasserstoffe	4,5	3,6	3,3	4,9	5,0	5,7	6,5	5,2	5,2
„ Kohlenoxyd	8,6	8,9	7,2	8,0	8,4	7,6	7,3	8,5	8,4
„ Kohlensäure	2,3	2,1	2,1	2,1	2,4	1,9	2,9	2,0	2,0
„ Sauerstoff	0,0	0,0	0,0	0,0	0,0	0,0	0,0	0,0	0,0
„ Stickstoff	2,8	2,7	2,4	2,1	3,9	1,5	3,0	1,0	2,6
Spez. Gewicht	0,459	0,432	0,428	0,437	0,453	0,460	0,471	0,482	0,450
Kubikmeter Verbrennungsluft pro 1 cbm Gas	5,290	5,006	5,417	5,403	5,673	5,384	5,872	5,641	5,576

für Cannelgas aus

	Amerikanische Breckenridge		Schottische Tyne Boghead		Amerikanische Bathville	Amerikanische Bathgate	Leven Cannel	Amerikanische Blockdome	Gas aus Braunkohlen nach Bonte
	Versuch I	Versuch II	Versuch I	Versuch II					
Volumen-Prozent H	30,7	28,4	37,5	38,2	25,2	23,9	33,1	31,8	31,2
„ „ CH₄	44,4	44,3	42,6	40,7	45,0	46,9	37,3	43,4	40,4
„ „ C₆H₆	15,5	16,9	10,9	11,3	22,2	20,6	14,0	16,5	11,6
„ „ CO	5,5	5,1	4,0	4,5	4,7	5,0	7,9	5,2	8,2
„ „ CO₂	2,4	3,0	3,0	4,5	1,8	2,1	5,0	2,0	6,5
„ „ O	0,0	0,0	0,0	0,0	0,0	0,0	0,0	0,0	0,0
„ „ N	1,5	2,3	2,0	0,8	1,1	1,7	2,5	1,1	2,1
Spezifisches Gewicht	0,581	0,626	0,528	0,548	0,617	0,636	0,598	0,618	0,493
Kubikmeter Verbrennungsluft pro 1 cbm Gas	8,104	8,087	6,959	7,151	9,275	8,685	6,640	8,107	—

Analysen verschiedener Gase.

F. Fischer fand das hannöversche Leuchtgas folgendermafsen zusammengesetzt:

Benzol C_6H_6 . .	0,69 ⁰⁄₀ ⎫
Propylen C_3H_6 .	0,37 » ⎬ 3,17⁰⁄₀
Aethylen C_2H_4 .	2,11 » ⎭
Methan CH_4 .	37,55 »
Wasserstoff H .	46,27
Kohlenoxyd CO	11,19 »
Kohlensäure CO_2 . .	0,81 »
Sauerstoff O .	Spur
Stickstoff N	1,01 »
	100,00 »

Bunte fand für das Gas aus fünf verschiedenen Kohlensorten folgende Zusammensetzung:

Bestandteile des Gases	Westfälische Kohle Consolidation	Saarkohle Heinitz I	Böhmische Kohle Lititz	Sächsische Kohle Burgerwerkschaft	Böhmische Braunkohle
Kohlensäure	1,2	2,0	3,0	2,2	3,2
schwere Kohlenwasserstoffe . . .	3,2	4,4	4,4	4,0	9,9
Kohlenoxyd . . .	7,2	8,6	10,9	9,5	8,3
Wasserstoff . . .	48,9	45,2	45,2	45,3	39,6
Methan (Sumpfgas) .	35,8	35,0	33,0	35,9	37,1
Stickstoff . . .	3,7	4,8	4,4	3,1	1,9
	100,0	100,0	100,0	100,0	100,0

Deville erhielt aus den fünf Kohlentypen, welche er je nach dem Gehalt der Kohlensubstanz an Sauerstoff gruppierte, folgende Zusammensetzung des Gases:

Bestandteile des Gases	Typus I 5,56⁰⁄₀ O	Typus II 6,69⁰⁄₀ O	Typus III 7,71⁰⁄₀ O	Typus IV 10,10⁰⁄₀ O	Typus V 11,70⁰⁄₀ O
Kohlensäure	1,47	1,58	1,72	2,79	3,13
Kohlenoxyd	6,68	7,19	8,21	9,86	11,93
Wasserstoff	54,21	52,79	50,10	45,45	42,26
Sumpfgas + Stickstoff . .	34,37	34,43	35,03	36,42	37,14
Aromatische Kohlenwasserstoffe	0,79 ⎫ 3,27	0,99 ⎫ 4,01	0,96 ⎫ 4,94	1,04 ⎫ 5,48	0,88 ⎫ 5,54
Schwere Kohlenwasserstoffe .	2,48 ⎭	3,02 ⎭	3,98 ⎭	4,44 ⎭	4,66 ⎭
	100,00	100,00	100,00	100,00	100,00

III. Kapitel.
Verfahren zur Aufbesserung des Leuchtgases.

Der Beschaffung geeigneter Rohstoffe und namentlich guter Zusatzkohlen für die Leuchtgasindustrie haben sich mit den Jahren immer gröfsere Schwierigkeiten entgegengestellt. Einmal sind die Preise der Steinkohlen erheblich gestiegen, zum andern aber werden mit zunehmender Teufe der Flötze nicht nur die Klagen über geringe Gasausbeute und geringere Leuchtkraft häufiger, sondern es werden auch die gasreichen Zusatzkohlen an und für sich immer seltener, während die Anforderungen an die Gasmengen und an die Leuchtkraft immer höher werden. Diese Mifsstände, welche namentlich in England sehr stark empfunden werden, haben dazu geführt, sich nach Verwendung anderer Zusatzmaterialien und anderer Verfahren zur Aufbesserung der Leuchtkraft des Gases umzusehen.

Die Mittel, welche hierzu in Vorschlag gebracht wurden, sind: 1. Mischen von Steinkohlen mit Ölgas. 2. Anreichern des Steinkohlengases mit leichtflüchtigen Petroleumdestillaten. 3. Anreichern des Gases mit Dämpfen, welche durch Vergasung von Steinkohlenteer gewonnen werden (Teervergasung). 4. Mischen von Steinkohlengas mit hoch karburiertem Wassergas, resp. direkte Verwendung von Wassergas.

1. Die Aufbesserung des Gases durch Ölgas.

In Deutschland versuchte Riebeck (D. R.-P. Nr. 8455) die bei der Verarbeitung von Braunkohlenteer sich ergebenden Paraffinöle zur Aufbesserung von Leuchtgas zu verwenden.

Das Verfahren, welches darin bestand, staubförmige Kohlen mit diesen Ölen zu tränken und gleichzeitig mit den übrigen Kohlen in einer Retorte zu vergasen, schien damals, als die trockenen Aufbesserungsstoffe am Markte bereits seltener wurden und im Preise stiegen, die Braunkohlenteeröle aber zu sehr billigen Preisen zu erlangen waren, eine Zukunft zu haben. Es stellte sich jedoch nach verschiedenen praktischen Versuchen heraus, dafs die Kosten und Schwierigkeiten des Verfahrens seiner Verwendbarkeit fast unübersteigliche Hindernisse in den Weg legten. Die Zerkleinerung der Rohstoffe fast bis zu Staubform, um sie aufnahmefähig für das Öl zu machen, die dabei und bei der Mengung aufzuwendenden Arbeitslöhne machten das Verfahren teuer. Das Einbringen der ölgesättigten Rohstoffe in die Retorte mufste wegen der leichten Entzündbarkeit der Öle mit grofser Vorsicht geschehen, und trotzdem erreichte man das vorgesteckte Ziel nur unvollkommen. Es war ganz besonders kein Verlafs darauf; denn einmal gab es eine Ausbeute-Vermehrung und Gasaufbesserung, das andere Mal blieben diese unter sonst völlig gleichen Verhältnissen ganz aus. Hierüber mögen nachstehende Zahlen Schiele's (S. 37) den Nachweis erbringen.

Aus der Betrachtung dieser Zahlen geht hervor, dafs nur bei der Mitbenutzung von fein zerriebener Braunkohle ein Vorteil aus der Aufbesserung durch Teeröl zu gewärtigen ist.

Die Aufbesserung des Gases durch Ölgas.

Kohlensorte	Procent Ölansatz	100 kg geben cbm	Procent-zunahme	Leuchtkraft von 50 l	Procent zunahme	von 113 l	Procent zunahme
1. Saarkohle, allein	—	32,5	—	2,93	—	12,93	—
desgl.	3	34,0	4,6	3,05	4,0	12,61	—
desgl.	3	38,5	18,5	3,90	33,0	13,50	4,4
desgl.	3	38,6	18,8	3,60	22,9	13,40	3,6
desgl.	12	32,6	0	4,50	25,0	15,70	17,2
2. Saarkohlen Braunkohlen } allein	—	37,5	—	2,80	—	10,70	—
desgl.	24	38,6	2,7	5,40	24,6	17,90	67,3
3. Schotten-, Cannel-, Saarkohlen } allein	—	41,4	—	5,36	—	16,28	—
desgl.	2	41,2	0	5,86	1,1	17,22	5,6

Da wo man die Braunkohlenteeröle zur Aufbesserung des Gases verwenden will, und auch nach den Preisverhältnissen verwenden kann, benutzt man am besten dazu eigene Ölgasretorten und mischt dem Gase nachträglich das zu seiner Aufbesserung nötige Ölgas bei.

Die Öle, welche für deutsche Verhältnisse zur Darstellung von Ölgas geeignet sind, sind die Paraffinöle, welche bei der Paraffingewinnung aus Braunkohlenteer gewonnen werden. Bei der Rektifikation der Teeröle werden die leichtsiedenden Öle bis zum spez. Gewicht 0,833 von den höher siedenden Ölen getrennt. Erstere kommen als Photogen und Solaröl in den Handel, während aus den letzteren durch Krystallisation das Paraffin gewonnen wird. Die hiervon abgezogenen Öle sind der Rohstoff für die Ölgasbereitung. Aufser diesen finden auch die Rückstände der Petroleumraffinerien, die sog. Mineralöle, sowie Rohnaphta oder auch Rohpetroleum selbst zur Darstellung von Ölgas Verwendung. In England werden auch die in Schottland vorkommenden bituminösen Schiefer, resp. das daraus erzeugte Schieferöl zur Darstellung von Ölgas verwendet. Was die Gasausbeute aus diesen Materialien anbelangt, so gibt Hirzel an, dafs zu 100 cbm. Ölgas 166 kg. Paraffinöl erforderlich sind. Nach anderen Angaben geben 15 kg Paraffinöl (0,875 spez. Gewicht bei 15°) gut 10 cbm bestes Ölgas von einer Leuchtkraft = 15 deutschen Vereinskerzen bei einem stündlichen Gasverbrauch von 38 bis 40 l. Das Ölgas aus Paraffinölen hat sonach fast die vierfache Leuchtkraft des gewöhnlichen Steinkohlengases.

Für verschiedene Öle fand Lewes[1]) folgende Ergebnisse:

Öle	Spezifisches Gewicht	Entflammungs-punkt °C.	Gasausbeute pro 100 l Öl cbm	Leuchtkraft engl. Kerzen pro 142 l (Gefs)
Rohes schottisches Schieferöl	0,850	33	57,5	50
» grünes Schieferöl	0,864	73	64	53
Doppelt destilliertes Schieferöl	0,802	19½	66	70
Gewöhnliches amerikanisches Petroleum-Paraffinöl	0,799	29	53	66
Rohes russisches Petroleum	—	—	56	61
Destilliert. russisch. Petroleum	0,864	57	52	56

Zur Darstellung des Ölgases dienen verschiedene Retortenöfen, unter denen der von J. Pintsch[2]) wohl die gröfste Verbreitung besitzt.

Derselbe läfst Öl durch ein U-förmig gebogenes Rohr langsam in die gufseiserne Retorte d (Fig. 6 u. 7), und zwar in die Blechschale c einfliefsen, welche einmal das Öl aufhalten soll, bis es völlig verdampft ist, und dann die Reinigung der Retorten wesentlich erleichtert.

Die hier erzeugten und teilweise schon vergasten Öldämpfe gehen durch die Verbindung i in die untere gufseiserne Retorte f, in welcher zur Beförderung der vollständigen Vergasung ein Einsatzstück s aus Thon oder Eisen sich befindet.

---

[1]) Journ. f. Gasbel. 1891, S. 668.
[2]) Hirzels Apparat, siehe Theutus, Die Fabrikation der Leuchtgase, S. 325 u. ff.

bestehend aus scheibenförmigen, durch eine Längsstange verbundenen Brücken. Das Gas geht nun zur Abscheidung der Teerdämpfe durch das Rohr g in die unten stehende Vorlage h. Das Rohr g ist mit Kugelgelenken n versehen, um der Ausdehnung der Retorte folgen zu können. Die Vergasung

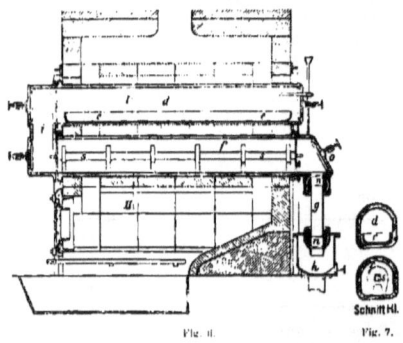

Fig. 6. Fig. 7.

erfolgt bei Dunkelrotglühhitze. Höhere Temperaturen sind der Leuchtkraft des Ölgases schädlich, da durch dieselben die schweren Kohlenwasserstoffe zerstört werden.

Im Anschlufs an die Verwendung von Ölgas sei noch erwähnt, dafs in England Versuche gemacht sind, schweres Ölgas mit Sauerstoff bis zu 20 % zu mischen. Die Sauerstoffdarstellung nach dem Verfahren der Brins Oxygen-Cie. hat in England behufs Verwendung zur Reinigung schon auf einigen Gaswerken Eingang gefunden, und sind hierin im Laufe der letzten Jahre grofse Fortschritte gemacht worden. Tatham (Engl. Patent Nr. 13763, 16138 und 16142) will nun durch diese Sauerstoffbeimischung ein Gas von hoher Leucht- und Heizkraft erzeugen und das leicht rufsende Ölgas in ein weifsbrennendes, nicht rufsendes Gas verwandeln. Der Sauerstoffzusatz mufs sich nach der Qualität des Gases richten und darf ein bestimmtes Mafs nicht überschreiten, da sonst die Leuchtkraft des Gases abnimmt. Auch dieses Oxy-Ölgas hält Lewes zur Aufbesserung des Steinkohlenleuchtgases für geeignet.

Was die Beimischung des Ölgases zum Leuchtgas überhaupt anlangt, so ist es nach vielseitigen Erfahrungen nicht ratsam, dieselbe im Gasbehälter vorzunehmen, weil die Diffusion der beiden spezifisch sehr verschieden schweren Gase hier nicht vollständig stattfindet. Es ist daher am zweckmäfsigsten beide Gase in getrennten Behältern aufzubewahren und erst hinter dem Behälter zu mischen.

Gerade in diesem Punkte dürfte aber eine hauptsächliche Schwierigkeit des ganzen Verfahrens zu suchen sein, da eine genau prozentuale Beimischung des Ölgases bei den stets schwankenden Verbrauchsverhältnissen grofse Unsicherheiten mit sich bringt.

2. Anreicherung des Gases mit Petroleumdestillaten.

Eine weitaus einfachere Methode der Anreicherung des Steinkohlengases ergibt sich, wenn man nicht erst das Aufbesserungsmittel in eigenen Öfen vergasen mufs, sondern gleich dem fertigen Steinkohlengas beimischen kann. Das geeignetste Material hierzu liefert das Petroleum. Das Rohpetroleum wird in den Raffinerien destilliert, die leichtflüchtigsten Produkte, Gasolin (Petroleumsprit), Naphta, Benzin etc. werden ebenso wie die schwer flüchtigen vom eigentlichen Brennpetroleum abgeschieden. Diese leichtflüchtigen Destillate, deren spez. Gewicht zwischen 0,64 und 0,75, und deren Siedepunkt zwischen 40° und 170° schwankt, sind für die Aufbesserung des Leuchtgases geeignet. In Amerika werden dieselben bereits in ausgedehntem Mafse zur Anreicherung des Wassergases verwendet, und auch in England beginnt man, der Frage grofse Aufmerksamkeit zuzuwenden. Zur Anreicherung des Steinkohlengases bedient man sich dort hauptsächlich des sog. Maxim-(Maxim-Clark) Verfahrens.[1]

Dasselbe wurde von der South Metropolitan Gas-Comp. in London eingeführt und liefert gute Resultate. Das Schema des hierzu dienenden Apparates ist in Fig. 8 dargestellt.

K ist ein Verdampfungskessel für die Karburationsflüssigkeit von verhältnismäfsig kleinen Ausmafsen. Diese tritt von dem Gefäfs G unten

---

[1]) Journ. of Gaslighting 1890, S. 242, 1041, und 1891, S. 1180.

Die Teervergasung.

in den Kessel ein und wird hier in vertikalen Röhren, welche von außen mit Dampf geheizt werden, verflüchtigt. Die Karburationsdämpfe strömen durch einen Injektor J in ein Gasrohr ein, welches einen Umgang zu dem Hauptgasrohr bildet. Der Injektor, welcher durch die Karburationsdämpfe betrieben wird, saugt aus dem Hauptrohr Gas an, und zwar wird er um so mehr ansaugen, je größer

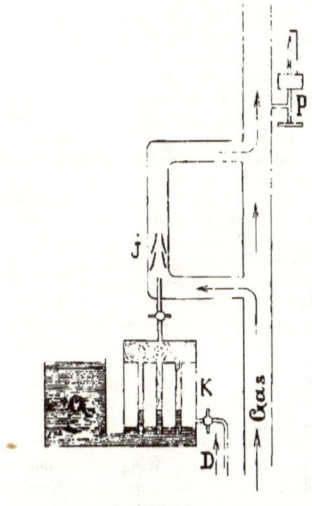

Fig. 8.

die Spannung in K ist. Um den Apparat in Gang zu setzen, wird der Dampfhahn D geöffnet. Hierdurch öffnet sich ein Druckventil, welches den Zuflufs der Flüssigkeit von G nach K bewirkt. Sobald diese verdampft, beginnt der Injektor seine Thätigkeit und saugt Gas aus der Hauptleitung an, welches sofort mit den Dämpfen innig gemischt wird. Der Zuflufs der Flüssigkeit aus G regelt sich von selbst. Je höher die Spannung der Dämpfe an Injektor wird, desto mehr wird die Flüssigkeit nach G zurückgedrängt, und umgekehrt wird, sobald die Spannung nachläfst, die Flüssigkeit in den Röhren des Gefäfses K steigen, und so die Verdampfung beschleunigt. Sowohl die Spannung der Karburationsdämpfe als auch die Menge des vom Injektor angesaugten Gases hängt nur von der Stellung des Dampfzuflusses bei D ab. Während in dem Umgangsrohr also das Verhältnis von Karburationsdämpfen zu der angesaugten Gasmenge stets gleich bleibt, mufs die absolute Menge beider je nach der Menge des Gasdurchflusses im Hauptrohr geregelt werden, um das Gas im Stadtrohr auf gleicher Leuchtkraft zu erhalten.

Diese Regelung geschieht von Hand in folgender Weise. Der ganze Apparat ist in das Ausgangsrohr des Gasbehälters eingeschaltet. Vom Hauptrohr ist hinter dem Apparat im Regulatorraum ein Jet-Photometer abgezweigt. Der Arbeiter hat nichts weiter zu thun, als die Stellung des Dampfhahnes D so zu regeln, dafs die Flammenhöhe des Jet-Photometers gleich bleibt.

Die Preise der Petroleumdestillate[1]) bilden die wichtigste Grundlage für die Zweckmäfsigkeit dieses Verfahrens. Da, wo nur Rohpetroleum billig zu haben ist, läfst sich auch dieses verwenden, jedoch mufs dasselbe — wie beim Ölgas — in eigenen Apparaten vergast, und das hieraus erzeugte Gas nachträglich mit dem Leuchtgas gemischt werden.

Es fehlt auch nicht an Versuchen, die nachträgliche Beimischung, wie sie das Maximverfahren erfordert, dadurch zu vermeiden, dafs man unmittelbar Rohpetroleum mittels eines Injektors in jede Retorte durch den Deckel hindurch einspritzte; doch liegen hierüber noch sehr wenige Erfahrungen vor. Bis jetzt scheint das Maxim-Clark-Verfahren den Anforderungen der Praxis besser zu entsprechen.

3. Die Teervergasung

ist fast so alt wie die Gasindustrie, und zieht sich wie ein Band durch die ganze Geschichte der Gasbereitung, indem sie von Zeit zu Zeit immer wieder in anderer Form auftaucht und die Gaswelt mit neuen Wundern zu erfüllen sucht. Die ersten Versuche, welche schon Clegg im Jahre 1820 anstellte, hatten lediglich den Zweck, den Teer, der damals noch ein äufserst lästiges Nebenprodukt war, auf angenehme Weise zu beseitigen, und wohl nebenbei auch ein leuchtkräftigeres Gas zu erhalten.

[1]) Vgl. Journ. of Gaslighting 1891, S. 1180.

Seit jener Zeit sind eine Menge der verschiedensten Verfahren erfunden worden, die ebenso rasch wieder verschwanden. Auch in neuerer Zeit ist die Teervergasung verschiedentlich wieder aufgetaucht, worunter das Verfahren von Davis in England, von Bäcker in Böhmen und in neuester Zeit der sog. Dinsmore-Prozefs in England besonderes Aufsehen erregten.

Zur Beurteilung des Wertes der Teervergasung kommt der Gehalt des Teers an leichten Teerölen und in erster Linie an Benzol in Betracht.

Dieser Gehalt des Teers an leichten Teerölen und an Benzol ist aber bei einem in hoher Temperatur gewonnenen Teer sehr gering, da bei der Entgasung bereits die Hauptmenge dieser Bestandteile in das Gas übergegangen ist. Eine Neubildung derselben aus den hochsiedenden Bestandteilen des Teers ist aber durch weitere Erhitzung deshalb nicht zu erzielen, weil die Teerbestandteile unter Wasserstoffabspaltung in immer kohlenstoffreichere Produkte von immer höherem Siedepunkt übergehen, die sich aus dem Gase bei der Abkühlung sofort wieder abscheiden müssen.¹) Da nun auf eine Neubildung von leichten Teerölen auf diesem Wege nicht zu rechnen ist, so können nur die im Teer noch vorhandenen Leichtöle in Betracht kommen. Dieselben hängen in erster Linie von der Temperatur ab, bei welcher die Kohle entgast, resp. bei welcher der Teer gewonnen wurde. Die bei niederer Temperatur erhaltenen Teere sind viel reicher an Leichtölen und Benzol, und es ist ja gerade Zweck der Anwendung höherer Temperaturen bei der Vergasung, gleich von vornherein möglichst alle Leichtöle in das Gas überzuführen.

Wright fand, dafs bei steigenden Temperaturen die leichten Teeröle und die sog. Rohnaphta ganz bedeutend abnahmen, während der feste Kohlenstoff im Teer, von welchem auch die Menge des Pechs abhängt, zunahm.

Bei einer Gasausbeute von 329,5 cbm Gas aus der Tonne Kohle, also bei einer sehr hohen Temperatur betrug die Menge der Rohnaphta in Gewichtsprozenten nur mehr rund 1%, die der leichten Teeröle 0,57%, die Menge des Pechs 64% vom Teer.

¹) Vgl. Journ. f. Gasbel. 1894, S. 225.

Ferner weist Wright nach²), dafs man durch Hinzufügung des sämtlichen in dem Teer enthaltenen Benzols zu dem Leuchtgase dessen Leuchtkraft nur sehr unwesentlich erhöhen würde. Nimmt man nämlich die Ausbeute von Teer auf die Kohle = 6,6%, den Prozentgehalt von Benzol im Teer = 0,8 und die Gasmenge pro Tonne Kohle = 10000 Kubikfufs, so hätte man pro 1000 Kubikfufs nur 0,1183 Pfund Benzol. Nun braucht man aber, um 1000 Kubikfufs von 16 auf 17 Kerzenstärken zu bringen, 1,9 Pfund Benzol, und gewänne demnach aus dem Teerbenzol nur einen Zuwachs von 0,06 Kerzen. Durch trockene Destillation der anderen Teerbestandteile ist aber auch nicht viel zu erreichen. Wright experimentierte in der Weise, dafs er die Öle in eine mit Ätzkalk in Stücken gefüllte und auf gelbweifser Glut gehaltene Retorte einliefsen und das erzeugte Gas durch eine zweite Retorte derselben Art gehen liefs. Es wurden viele Versuche gemacht, mit folgenden Endergebnissen: Rohe Steinkohlennaphta gab als höchste Leuchtkraft Gas von 20½ Kerzen bei 10430 Kubikfufs pro Tonne; die höchste Gasmenge war 27400 Kubikfufs, aber nur von 14½ Kerzen, und selbst wenn man auf nur 6000—8000 Kubikfufs herunterging, stieg die Leuchtkraft nicht über 20 Kerzen. Leichtöl (Mittelöl) gab bei 16 Versuchen 18000—30000 Kubikfufs pro Tonne von 16—13½ Kerzen. Kreosotöl gab Gas von höchstens 14 Kerzen bei 13300 Kubikfufs pro Tonne; bei dem höchsten Gasertrag von 29300 Kubikfufs hatte das Gas nur 8½ Kerzen. Aus rohem Teer erhielt Wright bei ähnlicher Behandlung im Durchschnitt 10700 Kubikfufs (303 cbm) Gas von 12½ Kerzenstärken. Bei allen Versuchen mit Theerölen entstanden höchst lästige chronische Verstopfungen durch Naphtalin, welche gar nicht zu vermeiden waren; aber selbst abgesehen davon läfst die verhältnismäfsig geringe Menge und die bei den billigeren Ölen sehr geringe Leuchtkraft des Gases aus Theerölen deren Verwertung zu diesem Zwecke als ganz hoffnungslos erscheinen.

Aus diesen und anderen Versuchen ergibt sich, dafs, selbst wenn sämtlicher Teer, welcher aus der Kohle gewonnen wird, vergast, und sämtliche darin enthaltene Naphta in das gleichzeitig entwickelte Gas übergeführt werden könnte, die Leucht-

²) Journ. Soc. chem. ind. 1886, pag. 560.

kraft des Gases noch nicht um eine Kerze erhöht würde.

Deville fand bei seinen Versuchen[1] im Maximum im Teer einen Gehalt von 1,5 % an Kohlenwasserstoffen der Benzolreihe.

Nach dessen bereits früher erwähnten Benzolbestimmungen im Gase ergab sich ein mittlerer Gehalt von 39 g Benzol in 1 cbm Gas, oder pro 100 kg Kohlen berechnet, von rund 1,2 kg; aus 100 kg Kohle wurden andrerseits 5,8 kg Teer gewonnen, welche, wie erwähnt, höchstens 1,5 %, also 87 g aromatische Kohlenwasserstoffe enthalten; es verbleiben also pro 100 kg Kohle:

1,200 kg Benzol im Gase und
0,087 » (= rund 7 %) Benzol im Teer,

oder bezogen auf 1 cbm erzeugtes Gas sind
39 g Benzol im Gas und in dem pro 1 cbm Gas
aus den Kohlen gewonnenen Teer ($= \frac{5,8}{32} = 0,181$ kg)
zu 1,5 % Benzol = 2,7 g Benzol.

Es treffen also auf 1 cbm Gas
{ 39 g Benzol im Gas und
{ 2,7 g Benzol im Teer.

Man sieht hieraus, wie gering der Gewinn an Leuchtkraft notwendigerweise sein mufs, wenn man sich vergegenwärtigt, wie wenig von den aus der Kohle gewonnenen Benzolkohlenwasserstoffen im Teer überhaupt enthalten sind.

Auch Krämer[2] stellt die Teervergasung als gänzlich aussichtslos dar.

Der Dinsmore-Prozefs erregte insofern gewisses Aufsehen, als es nach den dabei vorgenommenen Untersuchungen von Watson Smith[3] doch möglich erschien, dafs trotz aller Theorie der Wasserstoff in statu nascendi sich mit dem Kohlenstoff resp. anderen Kohlenwasserstoffen vereinigen und so schliefslich die gewünschten Produkte und namentlich Benzol bilden könne.

Diese merkwürdige Wirkung wird auf die nachträgliche Überhitzung des Gases und der Teerdämpfe in einer leeren glühenden Retorte, dem sog. »Duct«, zurückgeführt. Die von Smith ins Feld geführten Erklärungen für die im Duct stattfindenden Reaktionen wurden von Krämer[1] durch seine ausgedehnten Versuche[2] im Laboratorium wie im Grofsbetrieb auf das entschiedenste widerlegt, und gezeigt, dafs durch eine Überhitzung des Rohgases zwar eine Volumvermehrung zu erzielen ist, dies aber nur unter Schädigung des in dem Rohgas enthaltenen Gemenges von Wasserstoff und gasförmigen Kohlenwasserstoffen geschehen kann, welch letztere umgekehrt möglichst darin zu erhalten sind.

Der Dinsmore-Prozefs bewirkt demnach nichts anderes als was eine heifsere Vergasung der Steinkohle bewirkt, bei der man mit den Vorteilen der vermehrten Gaserzeugung auch alle diese begleitenden Nachteile eintauscht, d. h. Teerverstopfung in den Steigröhren, Naphtalinabscheidungen in den Leitungen und geringe Leuchtkraft des Gases. Bezüglich der Einzelheiten des Dinsmore-Prozesses sei auf die Literatur verwiesen.[3]

4. Das Wassergas.

Unter allen Gasbereitungsverfahren, welche auf anderen Grundlagen beruhen, als das gewöhnliche Verfahren der Vergasung der Steinkohlen nimmt das Wassergasverfahren eine besonders hervorragende Stellung ein. Eigentlich tritt der Wassergasprozefs aus dem Rahmen der Steinkohlengasbereitung heraus. Die Neuzeit hat jedoch beide Verfahren einander genähert, und geht man in England gerade damit um. Anlagen für karburiertes Wassergas einzurichten, welche sowohl zur Erhöhung der Leuchtkraft des Steinkohlengases, also zur Aufbesserung an Stelle der Cannelkohlen, als auch zur Erhöhung der Gasmenge dienen. Wenn wir sonach das Wassergas nur, soweit es in das

[1] Journ. f. Gasbel. 1889, S. 695.
[2] Bericht der deutschen chem. Gesellsch. Bd. 20, S. 595.
[3] Chemische Vorgänge bei der Teervergasung nach Dinsmore; Journ. f. Gasbel. 1890, S. 480.

Schilling, Handbuch für Gasbeleuchtung.

[1] Journ. f. Gasbel. 1891, S. 225.
[2] Vgl. auch Journ. f. Gasbel. 1891, S. 89; 1887 S. 881. Ber. d. deutsch. chem. Gesellsch. 1887, S. 595.
[3] A description of the Dinsmore process of gas manufacture Liverpool D. Marples & Co. Lord street 1890.
Journ. f. Gasbel. 1891, S. 102; 1890, S. 480; 1891, S. 225; 1890, S. 465 etc.
The Dinsmore process of gas manufacture by Isaac Carr. Vortrag, gehalten vor der Manchester District Institution of gas Engineers am 30. Nov. 1889. Liverpool, the Dinsmore gas company 12 Hackkins Hey 1889.
Journal of gaslighting vom 17. Febr. 1891, vom 26. Febr. und 3. März 1891.

Gebiet der Steinkohlengasbereitung eingreift, behandeln können, so müssen wir bezüglich der übrigen, das Wassergas betreffenden Fragen auf die zahlreiche Speciallitteratur verweisen.[1]) Die Entwickelung in der Herstellung des von Felice Fontana im Jahre 1780 erfundenen Wassergases ist in hohem Mafse in Amerika, aber auch nicht minder in Deutschland seit jener Zeit allmählich fortgeschritten, allein zu gröfserer praktischer Verwendung, sowohl für Heizungs- wie Beleuchtungszwecke kam das Wassergas nur in Amerika, so dafs die Wassergaserzeugung heute dort einer der wichtigsten Zweige der Gasbereitung geworden ist. Über die Verbreitung des Wassergases in Amerika berichtet Shelton in einem Vortrag über Wassergas für Beleuchtung sonst und jetzt [2]): »Vor 14 Jahren war nur eine Anlage in Betrieb, während jetzt über 300 Städte, d. h. etwa 30 % aller Städte mit Gasbeleuchtung in den vereinigten Staaten, ungefähr 350 Wassergasanlagen besitzen, so dafs fast die Hälfte alles in diesen Staaten erzeugten Gases auf Wassergas trifft. Seit 1883 oder innerhalb sieben Jahren hat sich die Wassergaserzeugung verdoppelt. Das Wassergas ist in den gröfsten wie in den kleinsten Städten angewandt, so in New-York, Brooklyn, Boston, Philadelphia, Chicago, San Francisco u. s. w., aber es gibt auch Anlagen für Städte von nur 2000 Einwohnern, wo die Strafsenleitungen nur 1 bis 2 englische Meilen Länge haben.«

Das Wassergasverfahren, wie es sich in Amerika ausgebildet hat, verdankt sein rasches Wachsthum namentlich dem Umstande, dafs dort die zum Karburiren erforderlichen Öle äufserst billig sind. Dieser billige Preis bringt es mit sich, dafs in Amerika immer mehr Gasfabriken auf die Herstellung von Wassergas eingerichtet werden, welches mit flüssigem Petroleum in lichtgebendes Gas verwandelt wird, indem das Gas direkt mit Dämpfen gesättigt oder durch glühende Röhren geleitet wird, so dafs man möglichst permanentes Gas erhält.

[1]) Eine hübsche Übersicht über die Geschichte, Bereitung und Verwendung des Wassergases sowie über die bezügliche Litteratur gibt Geitel in seiner vom Verein deutscher Maschineningenieure angeregten Preisschrift: »Das Wassergas und seine Verwendung in der Technik«. Separatabdruck aus Glasers Annalen für Gewerbe und Bauwesen. Berlin 1890 bei Dierig & Siemens.
[2]) Journ. f. Gasbel. 1890, S. 435.
[3]) Journ. f. Gasbel. 1881, S. 521.

Nach Quaglio[1]) wird in den Petroleumraffinerien Amerikas Naphtaöl, welches sich zum Karburiren des Wassergases in hervorragendem Mafse eignet, zu 60—80 Cts. per Barrel (= Mk. 2.55 bis 3.00 per 180 l) verkauft, also der Liter zu 1,7 Pfg. Doch sind die Preise stets grofsen Schwankungen unterworfen. Auf Grund dieser Verhältnisse hat sich denn auch die Wassergasindustrie in den verschiedenen Ländern sehr verschieden entwickelt. Während die praktische Seite sich besonders in Amerika ausbildete, verdanken wir deutschen Forschungen die genauere Kenntnis der Vorgänge bei der Wassergasbereitung und die richtige Beurteilung der theoretischen Stellung des Wassergases gegenüber den sonst üblichen Gassorten.

In Deutschland war eine der ersten Anlagen ein Ofen in Frankfurt, mit welchem durch Bunte und Schiele im Jahre 1881 eingehende Versuche angestellt wurden. Die hierbei gemachten Erfahrungen führten endlich zu derjenigen Type von Wassergasapparaten, welche als »deutsche Type« speziell bezeichnet wird. Nächst dem ältesten deutschen Pionier des Wassergases, Herrn Chefingenieur Quaglio, sind diese Erfolge besonders der in Dortmund befindlichen »Europäischen Wassergas-Aktiengesellschaft«, sowie deren Ingenieur, Herrn E. Mafs zu verdanken. Theoretische Untersuchungen verdanken wir namentlich Quaglio, Naumann, Pistor, Bunte, Blass, Lang, Lange, Hempel, Fischer und anderen.

Das Wassergas wird in Amerika zu Beleuchtungszwecken wie zu Heizzwecken verwendet, und zwar fast ausschliefslich in karburiertem Zustand. Shelton gibt eine Zusammenstellung, welche Verbreitung die verschiedenen wichtigsten Systeme der Wassergaserzeugung bisher erlangt haben. In Amerika bestehen 1100 Städte mit Gasbeleuchtung. Davon haben 305 Wassergas mit 367 Anlagen. Von diesen fallen auf die Prozesse: Lowe 120, Granger 49, Springer 45, Mac-Kay-Critchlow 39, Flannery 12, Hanlon-Leadly 13, Hanlon-Johnson 9, Martin 4, Pratt und Ryan 5, Evans 2, Van Steenburgh 8,

[1]) Studien über Gasbereitung. Journ. f. Gasbel. 1887, S. 521.
[2]) Journ. f. Gasbel. 1883, S. 606.
[3]) Als besonderes Organ für die Wassergastechnik erscheint in Philadelphia das Progressive Age and Water Gas Journal.

Loomis 8, Allen-Harris 3, Edgerton 5, Egner 2, Jerzmanowski 10, Strong 1, Salisbury 1, Meeze 2, Wilkinson 6, Tessie du Motay 5, Mackenzie 4. Harkness 1, Rose 1, Rew 1. sonstige Konstruktionen 3, System unbekannt 8, zusammen 367 Anlagen. Von all diesen Systemen hat, wie man sieht, Lowe weitaus die gröfste Verbreitung gefunden, weshalb wir auf dieses System näher eingehen wollen.¹) Man hatte früher die Zerlegung des Wasserdampfes durch glühende Kohlen in Retorten vorgenommen, welche von aufsen geheizt wurden, ähnlich den Retortenöfen der Gasanstalten, allein man ist davon, als unzweckmäfsig, abgekommen, und erzeugt das Wassergas jetzt fast allgemein in Generatoren. So auch nach dem System Lowe. Fig. 9 zeigt die Einrichtung des Lowe-Wassergasapparates.

Der Lowe-Wassergasprozess.

Derselbe besteht aus dem Generator A, einem schmiedeeisernen Cylinder, welcher im Innern mit feuerfesten Steinen ausgesetzt ist, und dem Überhitzer B, einem schmiedeeisernen Cylinder, der im Innern mit einem Gitterwerk von feuerfesten Steinen nach Art der Regeneratoren versehen ist. An diesen schliefsen sich ein einfacher Waschkasten C mit zwei Waschtürmen D und E, in welchen das Gas mit Wasser gereinigt wird.

Der Generator wird mit Anthracitkohle oder Coke durch die Beschickungsöffnung a gefüllt und dann mittels eines Ventilators F durch das Rohr c zur Weifsglut angeblasen; im Anfange entweichen die Verbrennungsgase einfach durch die schmiedeeisernen, im Innern mit Chamottefüllung versehenen Verbindungsrohre b nach dem Regenerator und von da durch das geöffnete Ventil d nach einem Abzug ins Freie. Ist die Temperatur im Generator so hoch gestiegen, dafs sich Schwelgas in demselben entwickelt, so dafs also der entweichende Gasstrom aus Kohlenoxyd, Kohlensäure und Stickstoff besteht, so öffnet man das mit dem Ventilator in Verbindung stehende

¹) Nach W. Hempel, Studien über Gasbereitung. Journ. f. Gasbel. 1887, S. 521.

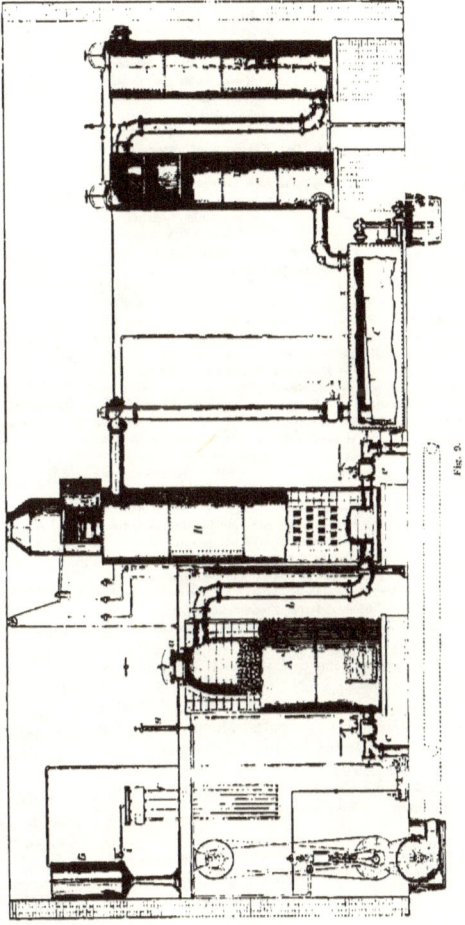

Fig. 9.

Ventil e und bringt dadurch das Schwelgas im Überhitzer zur Verbrennung; nach etwa 10 bis 15 Minuten ist der im Generator befindliche Anthracit zum vollsten Weißglühen erhitzt, der Überhitzer ist bis oben hinauf so stark glühend, dafs selbst die am Ventil d sichtbaren Chamottesteine ziemlich hellrot glühend sind. Ist dieser Punkt erreicht, so werden die Ventile c, e, d geschlossen, und die Ventile g und h geöffnet. Es tritt dann durch g unter dem Generator Wasserdampf, und aus dem Naphtareservoir G durch eine ganze Anzahl Verteilungsrohre in den oberen Teil des Generators Naphta ein. Der Wasserdampf zerlegt sich in Kohlenoxyd und Wasserstoff, denen etwas Kohlensäure beigemischt ist, das weißsglühende Gasgemisch kommt mit der Naphta in Berührung, die dadurch verdampft und im Überhitzer zerlegt wird. Durch passende Regelung des Dampf- und Naphtazuflusses wird sofort ein stark leuchtendes Gas gebildet, das nur einer ganz geringen Reinigung in ein paar einfachen Waschapparaten bedarf, um fertig für die Verwendung zu sein.

Während des Gasmachens läfst man den Ventilator langsamer laufen, hält ihn aber nicht an, sondern läfst durch ganz kleine Löcher, welche sich in der Windleitung vor den Ventilen c und e befinden, einen schwachen Luftstrom austreten; dies hat den grofsen Vorteil, dafs im Falle des Undichtwerdens der Ventile sich die Rohre nie mit Gasen füllen können, die später die Veranlassung zu Explosionen werden könnten. Nach 15 bis 20 Minuten wird das Gasmachen unterbrochen, der Generator vom Mannloch a aus mit frischem Anthracit beschickt, dann die Ventile umgestellt, und der beschriebene Prozefs wiederholt. Alle 12 oder 6 Stunden reinigt man den Generator, der zu diesem Zwecke unten drei Öffnungen H hat, die gestatten, dafs man den aus Chamottesteinen hergestellten Rost mit Brechstangen leicht zukommen kann. Man arbeitet dabei so, dafs man absichtlich die Anthracitkohle nicht vollständig zu Schlacke verbrennt, vielmehr stark kohlehaltige Rückstände herauszieht, die unter dem Dampfkessel vollständig verbrannt werden. Es hat das den grofsen Vorteil, dafs ein Zusammenschmelzen mit dem Roste vermieden wird, was die Arbeit des Reinigens sehr erleichtert.

Nachfolgend sind drei Analysen angeführt, die Prof. Hempel an einem in Yonkers bei New-York betriebenen Lowe-Wassergasgenerator ausgeführt hat.

Das Gasmachen dauert 20 Minuten. Das Gas für Analyse I wurde 2 Minuten nach dem Einblasen des Dampfes und Petroleums, das für II nach 9 Minuten und das für III nach 17 Minuten entnommen. Die Gase enthielten

	I.	II.	III.	
CO_2	3,8	3,3	3	Kohlensäure,
C_nH_n	13,1	25,1	24,6	Schwere Kohlenwasserstoffe,
O	0,6	0	0,2	Sauerstoff,
CO	25,7	18,3	18,8	Kohlenoxyd,
H	31,8	28,1	26,5	Wasserstoff,
CH_4	20,8	21,7	23,2	Sumpfgas,
N	4,2	3,5	3,7	Stickstoff.
	100,0	100,0	100,0	

Zusammensetzung des Lowe-Gases, Analyse von William & E. Geyer.

Durchschnittsanalyse

CO_2	0,5	0,3	Kohlensäure,
O	—	0,4	Sauerstoff,
C_nH_n	15,1	14,05	Schwere Kohlenwasserstoffe,
CO	27,5	28,98	Kohlenoxyd,
CH_4	26,35	25,82	Sumpfgas,
H	24,08	27,09	Wasserstoff,
N	3,98	3,88	Stickstoff.

Die Herstellungskosten von 1 cbm Wassergas nach dem Lowe-Prozefs gibt Hempel für Jersey-City (gegenüber New-York) folgendermaßen an:

für Öl	2,6 Pf.
für Anthracit	1,1 »
für Kalk	0,35 »
für Arbeit	1,05 »
für Wasser	0,19 »
	5,29 Pf.

Nach Blass kann man rechnen, dafs 1 kg Anthracit und 1 kg Petroleumöl 1 cbm Gas erzeugen.

Die Leuchtkraft des amerikanischen Wassergases ist durchschnittlich eine viel höhere (meist doppelt so hoch) als die des gewöhnlichen Leuchtgases, nämlich 25—30 Kerzen; das Licht ist hell und weifs und ist in Amerika neben dem elektrischen Licht sehr beliebt. Ein Faktor, welcher sehr zu Gunsten des Wassergases spricht, ist der, dafs die Leistungsfähigkeit eines Wassergasapparates eine ungeheuer grofse ist. Man ist instande, mit einem Generator in 24 Stunden 10 000 cbm Gas zu machen, also so viel, wie ungefähr 34 Retorten oder reichlich 4 Achteröfen. Dabei nimmt der Apparat wenig Raum ein.

Das Wassergas in England und Deutschland.

In London beschäftigt man sich damit, das karburierte Wassergas zur Aufbesserung des Steinkohlengases einzuführen.

Der Lowe-Prozefs ist bei der Gaslight und Coke Cie. in zwei Anlagen ausgeführt. Die Apparate arbeiten zur Zufriedenheit und können täglich 1 Mill. Kubikfufs = 28 300 cbm Gas liefern bei einem Verbrauch von 45 lbs. Coke pro 1000 cbf Gas = 0,72 kg pro 1 cbm. Die Leuchtkraft stellt sich auf 29,5 Lichtstärken bei 4½ Gallons Öl pro 100 cbf = 0,71 l pro 1 cbm. Verwendung findet russisches »gereinigtes« Öl von

0,860 spec. Gewicht und 54° C Entflammungspunkt, welches 3½ d pro Gallon = 6,6 Pf. pro 1 l kostet.

Die Kosten eines 29,5-Kerzengases belaufen sich auf 1 sh 8¼ d pro 1000 cbf oder pro 100 cbm auf

Öl, 71 l à 6,6 d.	M. 4,69
Coke, 0,072 t × M. 12,50	» 0,90
Reinigung	» 0,15
Unkosten	» 0,29
	M. 6,03.

Der gewonnene Teer wurde als gleichwertig angesehen mit dem verbrauchten Dampf und dem Wasser für die Kühlung.

Unzweifelhaft werden diese Zahlen, welche auf einem der gröfsten Werke der Welt erhalten wurden, das karburierte Wassergas in hohe Gunst setzen, besonders da das Verfahren rasche Gaserzeugung, vollständige Kontrolle ermöglicht und deshalb die Herstellung über zufällige Schwierigkeiten stellt.

Das Anreichern von 1000 cbf 16-Kerzengas zu 17½-Kerzengas kostet 1,01 d = 0,29 Pf. pro 1 cbm, welcher Preis weitaus der beste bis jetzt erreichte ist.

Der Nachteil des höheren Kohlenoxyd-Gehaltes des Wassergases kommt hier weniger in Frage, da das karburierte Wassergas an und für sich einen niedrigeren Gehalt besitzt, als das unkarburierte, und aufserdem dem Leuchtgas nur in solcher Menge beigemischt wird, dafs der Kohlenoxyd-Gehalt des Mischgases ca. 10% nicht übersteigt. Je besser die zur Karburierung des Wassergases verwendeten Öle sind, desto niedriger wird im allgemeinen der Kohlenoxydgehalt des Mischgases bleiben.

In Deutschland scheint das Wassergas zu Beleuchtungszwecken noch nicht den gleichen Eingang finden zu wollen, obwohl man sich der Frage stets mit grofsem Interesse angenommen, und auch nicht die Kosten gescheut hat, eigene, für deutsche Verhältnisse passende Apparate zu bauen. Es sind hier die Apparate von Quaglio Dwight, Strong und Schulz, Knaudt & Co.[1] zu erwähnen. Beleuchtungsanlagen befinden sich in Essen, in Witkowitz und bei Pintsch in Fürstenwalde u. a. m. Zur Beleuchtung ist bis jetzt das von Fahnehjelm erfundene

[1] Blafs, Über Wassergas. Journ. f. Gasbel 1886, S. 223.

Magnesia-Glühlicht ausschliefslich in Verwendung, während das Wassergas zur Aufbesserung des Steinkohlengases noch nicht verwendet wird.

Dieses Glühlicht wird dadurch erzeugt, dafs die aus einem Brenner ausströmende nichtleuchtende Flamme einen Kamm von feinen Stäbchen aus Magnesia zur Weifsglut erhitzt.[1] (Fig. 10.) In Essen wird das Etablissement von Schulz, Knaudt & Co. mit 600 Wassergasglühlichtern beleuchtet.

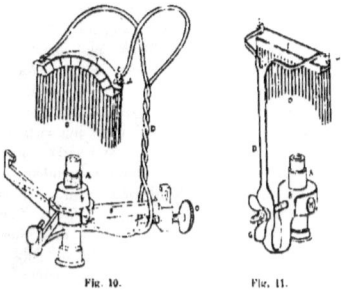

Fig. 10.   Fig. 11.

Über die in Essen erzielten Betriebsergebnisse macht Fischer[2] folgende Angaben:

»Es wird hier jedesmal 4 Minuten lang Wassergas gemacht und 11 Minuten Generatorgas. Es wurden am 21. Juli 3690 cbm Wassergas hergestellt und dazu 3256 kg Coke gebraucht. 1 kg Coke lieferte 1,13 cbm Wassergas und 3,13 cbm Generatorgas.«

Blafs gibt über die Herstellungskosten folgendes an: Der Kubikmeter Wassergas kostet unter normalen Verhältnissen je nach Gröfse der Apparate und je nach dem Preis des Brennmaterials ohne Rohrnetz inkl. Amortisation und Verzinsung des Apparates inkl. Gasometer 1—4 Pf. Zur Beleuchtung mittels Magnesia-Glühlicht ist etwa dieselbe Gasmenge wie bei gutem Steinkohlengas erforderlich. Bei 150 l Gasverbrauch per Stunde gibt ein Kamm zu Anfang 20 bis 22 Kerzen, nach 50 Stunden 15, nach 100 Stunden 10 Kerzen. Die Kämme kosten per Stück 15 Pf., so dafs der Verbrauch an Kämmen

[1] Näheres siehe Journ. f. Gasbel. 1885, S. 326.
[2] Zeitschr. des Vereins d. Ingenieure 1888 No. 2.

per Kubikmeter verbrauchten Gases noch etwa 1 Pf. ausmacht.

Wenn nun das Wassergas meist den Vorzug geringer Herstellungskosten besitzt, so stehen doch der Einführung des Wassergases zur Glühlichtbeleuchtung auch grofse Hindernisse entgegen. Vorteile sind das ruhige, weifse, nicht rufsende Licht, geringere Wärmeentwickelung und geringe Bildung von Kohlensäure, wie überhaupt geringere Luftverderbnis bei der Verbrennung. Demgegenüber steht der Nachteil, dafs die Glühkörper in ihrer Leuchtkraft von 20 Kerzen bis auf 10 Kerzen allmählich sinken, und meist nach Zwischenräumen von 14 Tagen bis 3 Wochen schon ausgewechselt werden müssen. Was die Einführung des karburierten Wassergases in Deutschland betrifft, so ist dieselbe, weil finanziell unrentabel, vorläufig aussichtslos und daher unterblieben, weil wir im Inland keine passenden, zur Karburierung tauglichen Kohlenwasserstoffe besitzen, und die Einfuhr derselben infolge des hohen Zolles Preise, welche eine Konkurrenz mit dem Steinkohlengase ermöglichen würden, nicht zuläfst.

Die Verwendung von Teerölen zum Karburieren des Wassergases ist nach Krämer ebenso aussichtslos, wie die Teervergasung im allgemeinen, da von den Teerölen durchaus nicht erwartet werden darf, was die in Nordamerika zur Gasgewinnung dienenden Petrolderivate leisten.

Giftigkeit des Wassergases.

Ein weiteres Hindernis für die Einführung des Wassergases zur Versorgung ganzer Städte oder Stadtteile liegt in dem hohen Kohlenoxydgehalt und der damit verbundenen Giftigkeit desselben. Zwar enthält Leuchtgas auch 8 bis 9%, allein im Wassergas steigt derselbe bis zu 30—40%.[1]) In Amerika findet man in dem hohen Kohlenoxydgehalt kein Hindernis für die allgemeine Verbreitung des Wassergases, und zwar erstens, weil man dort auf die hygienische Seite überhaupt weniger Wert legt, und zweitens, weil dort das karburierte Wassergas so billig ist, dafs dieser Vorzug den hygienischen Nachteil viel stärker überwiegt, als in Europa. Was die Frage der Schädlichkeit, resp. der Gefährlichkeit des Wassergases anlangt, so ist viel dafür und dagegen gesprochen und geschrieben worden.

Aus den Statistiken, welche namentlich in Amerika über Todesfälle durch Gasvergiftungen erhoben wurden,[1]) läfst sich im allgemeinen kein direkter Schlufs auf das Wassergas ziehen, da hier die verschiedensten Faktoren mitsprechen. Immerhin geht das rasche Zunehmen der Leuchtgasvergiftungen während der letzten Jahre aus nachstehenden Zusammenstellungen von Städten hervor, von denen besonders New-York im ausgedehntesten Mafse mit Wassergas versorgt ist.

Jahr	Baltimore	Brooklyn	New-York
1879	...	—	1
1880		—	11
1881	1	3	15
1882		5	19
1883	6	2	14
Einwohnerzahl im Jahre 1880	382190	566680	1206590

Über die giftige Wirkung des Kohlenoxydgases sind sehr verschiedene Ansichten verfochten worden. Wir verdanken hier den Versuchen von Abbott[2]) und Sedgwick und Nichols[3]) Klarheit. Letztere versuchten die Wirkung an Tieren, und sind von ihren Resultaten folgende besonders bemerkenswert.

Aus dem Umstand, dafs ein Gas drei, vier oder fünf mal soviel Kohlenoxyd enthält als ein anderes Gas, darf nicht geschlossen werden, dafs dasselbe drei, vier oder fünf mal so gefährlich ist für Leben und Gesundheit. Die Versuche ergaben, dafs für jedes Gas ein bestimmter Prozentsatz besteht, dessen Vorhandensein in der atmosphärischen Luft die letztere für das Leben verhängnisvoll macht. Dieser Prozentsatz schwankt sehr, je nach der Individualität, dem Geschlecht u. s. w. des der Wirkung des Gases ausgesetzten Wesens. Das Charakteristische besteht darin, dafs oberhalb desselben die Gefahr stark wächst, unterhalb desselben jedoch schnell abnimmt. Bei Kohlenoxyd dürfte derselbe

---

[1]) Bei karburiertem Wassergas schwankt derselbe im allgemeinen zwischen 20 und 30%.

[1]) Berichte des Staates Massachusetts.
[2]) Abbott »The relation of illuminating gas to public health«.
[3]) Sedgwick und Nichols »A study of the relative poisonous effects of coal and water gas«.

für den Menschen bei ½% liegen. Dieser Betrag wird nun durch das Wassergas sehr bald erreicht, und hierin liegt eben dessen gröfsere Gefahr im Vergleich zu dem Kohlengase.

Die Versuche bestätigen die Behauptungen anderer Forscher, denen zufolge das Kohlenoxyd kein „kumulatives" Gift ist; d. h. mit anderen Worten: das Einatmen einer kleinen Menge desselben während einer langen Zeit ist nicht von gleicher Wirkung, wie das Einatmen einer grofsen Menge während einer kurzen Zeit.

Aus der Thatsache, dafs das Kohlenoxyd kein kumulatives Gift ist, sowie aus dem Umstande, dafs die Gefahr oberhalb der „Gefahrlinie" stark zunimmt, unterhalb derselben sich jedoch stark vermindert, folgt, dafs innerhalb gewisser Grenzen ein geringerer Gehalt an Kohlenoxyd eine bedeutend geringere Gefährlichkeit des betreffenden Leuchtgases mit sich bringt; diese Grenzen liegen eben in der Nähe der Gefahrlinie; je weiter der Kohlenoxydgehalt sich von dieser entfernt, desto weniger scharf treten die Unterschiede in der schädlichen Wirkung hervor.

Was die Explosionsgefahr des Wassergases betrifft, so kommen „Sedgwick und Nichols" ebenfalls zu dem Resultate, dafs nach dieser Richtung zwischen dem Kohlengase und dem Wassergase kein grofser Unterschied bestehe, da die Möglichkeit für die Bildung explosiver Gemische eine so weit umgrenzte sei, dafs die Unterschiede, welche in der Zusammensetzung der beiden Gasarten bestehen, hierauf nicht von besonderm Einflufs sein können.

Auch in der Schweiz hat man sich mit dieser Frage eingehend beschäftigt, und wurde von der vom schweizerischen Industriedepartement eingesetzten Kommission ein Bericht abgegeben,[1]) welcher im allgemeinen auf den Schlufsergebnissen der eben erwähnten Versuche fufst.

Professor Wyss fand, dafs Wassergas, der Atmungsluft in einer Menge von 1 Promille zugemischt, krankmachend, und, 10 Promille zugemischt, tödtlich wirkt. Halbwassergas dagegen wirkt bei 3 Promille giftig und krankmachend, bei 15 Promille tödtlich.

Unter all den verschiedenen empfohlenen Schutzmafsregeln gegen Wassergasvergiftungen kann einzig und allein die Imprägnierung des Gases mit stark riechenden Substanzen (Mercaptan) in Frage kommen, denn durch sonstige kleinliche Vorschriften, wie solche oftmals vorgeschlagen werden, würde man nur die Verwendung des Wassergases erschweren und dem Publikum Angst machen, der Sache selbst aber wenig nützen.

Da das Wassergas an und für sich geruchlos ist, so ist ein Imprägnieren desselben zur raschen Auffindung von Ausströmungen notwendig. Mercaptan soll sich hierzu wegen seines penetrant widerlichen Geruches am besten eignen. Man hat sich auch bemüht, den Kohlenoxydgehalt bereits bei Bildung des Gases im Generator zu reduzieren, allein diese Versuche liegen noch in den Anfängen, und hat man vorläufig mit dem Faktor der höheren Gefährlichkeit des Wassergases zu rechnen. Es ist kein Zweifel, dafs man das Publikum auch demgegenüber zu einer erhöhten Vorsicht erziehen kann, allein die Gefahr ist eben doch eine weitaus gröfsere, als bei Leuchtgas, und wird erst dann mehr in den Hintergrund treten, wenn die Vorzüge, namentlich die Billigkeit, wie dies in Amerika der Fall ist, den Nachteil der erhöhten Gefahr in stärkerem Mafse überwiegen; so wie die Sache gegenwärtig steht, ist an eine allgemeinere Einführung des Wassergases zu Beleuchtungszwecken noch kaum zu denken, wohl aber kann die Verwendung des karburierten Wassergases als Mittel zur Anreicherung des Steinkohlengases in Zukunft Bedeutung gewinnen. Das Wassergas besitzt vor den früher beschriebenen Anreicherungsverfahren mit Ölgas oder Petroleumsprit den grofsen Vorzug, dafs das Gas gleich bei der Bereitung dem Leuchtgas beigemischt werden kann, und sich die Wassergaserzeugung sonach nur nach der Zahl der im Betrieb befindlichen Gaserzeugungsöfen zu richten hat, während jede Regelung nach den Abgabeverhältnissen, wie diese dem Maxim-Verfahren zu Grunde liegt, wegfällt.

---

[1]) Lunge: Über die bei der Verwendung des Wassergases zu industriellen Zwecken erforderlichen Vorsichtsmafsregeln. Zeitschr. f. angew. Chemie 1888 Heft 16, S. 463.

Wyfs: Über die toxische Wirkung des Wassergases und Halbwassergases. Ebengenannte Zeitschrift, S. 465.

Zusatz von Kalk bei der Vergasung der Steinkohlen.

Das Verfahren, der Kohle bei der Vergasung gelöschten Kalk zuzusetzen, wurde in England von Cooper angegeben, um einerseits eine Erhöhung der Ammoniakausbeute, andrerseits eine Erniedrigung des Schwefelwasserstoffgehaltes im Rohgas zu erzielen; im Jahre 1882 wurde das Verfahren patentiert. Der Vorschlag, gekalkte Kohlen zur Vergasung zu verwenden, ist jedoch schon viel früher gemacht worden. Schon 1859 hat Herr O. Kellner, damals in Mülheim a. Rh., seine Erfahrungen über das von ihm angewendete Verfahren der Vergasung gekalkter Kohlen mitgeteilt. In diesem Falle war die Not die Erfinderin gewesen. Um für die Zeit des stärksten Betriebes die Kalkreinigung, welche im Lauf der Zeit zu man in England besondern Wert legt, in das Gas übergeht. Aus dem letzteren Verhalten entspringt auch ein geringerer Verbrauch an Reinigungsmaterial und eine Verminderung der Arbeitslöhne für die Reinigung. Knublauch hat durch äusserst exakte Versuche in kleinerem Mafsstabe, wo eine quantitative Bestimmung der erzielten Produkte viel besser möglich war, als durch Versuche im gröfseren Betriebe, die gewöhnliche Vergasungsweise mit der nach dem Cooper'schen Verfahren verglichen und hat die Versuche noch darüber hinaus erweitert, indem er 5 und 10% Kalkzusatz, sowie die Beifügung eines chemisch vollständig indifferenten Materials, der Kieselsäure untersuchte. Die Resultate sind, auf 1000 kg Kohlen bezogen, in folgender Tabelle zusammengestellt: Die vergaste Kohle war Saarkohle.

Obige Zahlen sind in vieler Hinsicht be-

1000 kg Kohlen geben		reine Kohle	Kalkzusatz			Kieselsäure 5%	bei 2,5% Kalk gegen reine Kohle	
			2,5%	5%	10%			%
Gas bei 20° C.	cbm	286,9	301,6	307,0	322,2	308,4	+14,7	+ 5,1
Coke	kg	647,5	661,8	665,7	665,0	67,49	+16,8	+ 2,6
Teer	kg	51,0	45,8	43,1	42,0	39,2	− 5,2	− 10,2
Ammoniak	kg	2,275	2,758	2,889	3,201	2,425	+ 0,483	+ 21,2
Sulfat	kg	9,480	11,500	12,010	13,300	10,150	+ 2,020	+ 21,2
Schwefelwasserstoff	kg	2,380	0,959	0,805	0,567	2,069	− 1,421	−59,7
Schwefelwasserstoff	cbm	1,562	0,630	0,528	0,372	1,424	− 0,932	− 59,7
Kohlensäure	kg	12,145	13,359	—	—	—	+ 1,214	+10,0
Kohlensäure	cbm	6,583	7,240	—	—	—	+ 0,657	+10,0
Gaswasser	kg	52,5	58,0	58,8	54,2	56,2	+ 6,0	+11,4

klein geworden war, zu entlasten, wurde die Kohle vor der Retortenbeschickung mit Kalk gemischt. Der angestrebte Zweck wurde erreicht, während die Coke nur ein Geringes an ihrer Heizkraft einbüfste.

Nach Cooper wird die Kohle, wenn sie für die Retortenbeschickung zerkleinert ist, mit 2½% Kalk, welcher etwa mit dem gleichen Gewicht Wasser abgelöscht ist, innig vermischt. Diese gekalkte Kohle soll bei der Vergasung in gewöhnlicher Weise etwa 30% Stickstoff mehr in der Form von Ammoniak abgeben als die ungekalkte Kohle; aufserdem wird als Vorzug des Verfahrens angeführt, dafs der Schwefel in der Kohle durch den Kalk zum Teil zurückgehalten wird, somit eine geringere Menge Schwefelwasserstoff und namentlich anderer Schwefelverbindungen, auf die merkenswert. Betrachten wir zunächst nur die Zu- und Abnahmen, welche dem Zusatz von Kalk zuzuschreiben sind, so sehen wir, dafs bezüglich des Ammoniaks eine Zunahme von 21,2%, bezüglich des Schwefelwasserstoffs eine Abnahme von fast 60% zu konstatieren ist.

Die Kohlensäure wird erhöht, die Menge und auch der Wert des Teers verringert sich, die Coke enthält natürlich die 2,5% Kalk als Aschenbestandteil, ist aber im Heizwert ungefähr der Coke gleich, welche aus 1000 kg Kohlen ohne Kalkzusatz erhalten wurde. Die Gasausbeute wird etwas erhöht, dagegen ist die Leuchtkraft nach Knublauch geringer. Die hauptsächlichste Wirkung äufsert das Verfahren sowohl auf Ammoniak und Schwefelwasserstoff, wie dies ja auch der Zweck desselben ist. Aus der Tabelle geht hervor, dafs sich die Wirkung durch erhöhten Kalkzusatz noch steigern läfst, allein dies ist erstlich im Interesse der Beschaffenheit der Coke nicht ratsam, und dann ist auch ersichtlich, dafs die günstige Wirkung des Kalkes nicht proportional dem Zusatze zunimmt, sondern bedeutend langsamer. Wir können uns daher praktisch auf die Betrachtung der Anwendung von 2,5 % Kalk beschränken. Die weitaus gröfste Wirkung übt derselbe auf den Schwefelwasserstoff aus. Berücksichtigt man, dafs das Gas noch obendrein mehr Ammoniak enthält, so dafs in der nassen Reinigung durch das Ammoniak und durch die Kohlensäure mehr Schwefelwasserstoff gebunden und abgeschieden wird, so ergibt sich, dafs die Eisenreinigung noch weit weniger als 40 % gegenüber der jetzigen Schwefelwasserstoffmenge zu entfernen hat. Dieses Resultat in Verbindung mit der Erhöhung der Ammoniakausbeute mag in vielen Fällen ausschlaggebend sein, das Cooper'sche Verfahren mit Vorteil anzuwenden. Praktisch wurde das Kalken der Kohle in England vielfach versucht. Die Resultate gehen jedoch auseinander. Auf manchen englischen Anstalten wurden gute Erfolge erzielt, auf manchen dagegen wurde keine Zunahme des Ammoniaks, auf andern wieder keine Abnahme des Schwefelwasserstoffs wahrgenommen. Es ist jedoch zu bedenken, dafs für eine genaue Feststellung der einschlägigen Zahlen auf den grofsen englischen Anstalten oft nicht die nötigen Einrichtungen vorhanden sind, und dafs es schon als eine Bestätigung der Richtigkeit des Verfahrens betrachtet werden mufs, wenn nur in einigen Fällen die gewünschte Wirkung eintrat. Bei uns in Deutschland sind Mitteilungen über das Cooper'sche Verfahren aus der Praxis heraus noch nicht bekannt geworden. Verfasser hat mit einer gröfseren Versuchsanstalt speziell das Verhalten des Ammoniaks gegen Kalkzusatz untersucht, im allgemeinen auch eine Zunahme, jedoch je nach den Kohlensorten sehr verschieden gefunden. Nach Knublauch's Versuchen im kleinen, welche auf die geringsten Unterschiede in der Ausbeute der erzielten Produkte festzustellen gestatteten, soll sich verschiedenes Rohmaterial gerade bezüglich der beiden Hauptpunkte, Ammoniak und Schwefelwasserstoff, gleich verhalten.

Dafs durch den Kalkzusatz eine Vermehrung der Ammoniakerzeugung herbeigeführt wird, ist vom rein chemischen Standpunkte aus sehr leicht erklärlich, da beim Glühen von Kohle mit Natronkalk der gesamte Stickstoffgehalt in der Form von Ammoniak abgeschieden wird. Auf dieses Verhalten gründet sich bekanntlich eine analytische Methode zur Bestimmung des Stickstoffgehaltes in der Kohle. In gleicher Weise läfst sich aber auch von vornherein eine Bindung des Schwefelwasserstoffs durch den Kalk erwarten. Aufser diesen rein chemischen Wirkungen kommt aber dem Kalke noch ein anderer Einflufs zu, wie Knublauch durch Beimengung der chemisch völlig indifferenten Kieselsäure bewiesen hat; die zwischen den Kohlen gelagerten mineralischen Bestandteile erhitzen sich und beschleunigen die Zersetzung der Kohlenteilchen, und üben auch auf die darüber ziehenden Gase und Dämpfe ihre Wirkung aus. Dieselbe äufsert sich namentlich, wie aus Knublauch's Versuchen mit Kieselsäure ersichtlich, in der Erhöhung der Gas- und Erniedrigung der Teerausbeute (wie bei heifseren Öfen).

Die Nachteile, welche praktisch mit dem Kalken der Kohle verknüpft sind, liegen hauptsächlich in der erhöhten Arbeit, welche erforderlich ist, um der Kohle jedesmal die nötige Menge gelöschten Kalkes zuzusetzen, und beide Bestandteile innig zu vermischen. In England, wo man vielfach die Kohlen mit Brechmaschinen zerkleinert, läfst sich das Kalken verhältnismäfsig einfach mit dieser Arbeit verbinden. Wo man hingegen die Kohlen erst vor der Ladung in das Retortenhaus mit der Hand zerkleinert, bereitet die Beimischung des Kalkes Unzukömmlichkeiten und Unkosten. Es ist dies wohl der Hauptgrund, warum man in Deutschland das Kalken der Kohlen noch so selten versucht hat. Der Einwand der Verschlechterung der Beschaffenheit der Coke kommt, wie oben gezeigt wurde, kaum in Frage. Empfehlen dürfte sich das Cooper'sche Verfahren namentlich für Anstalten, welche nur über eine verhältnismäfsig kleine Eisenreinigung verfügen, in den übrigen Fällen ist es Sache der Rechnung, ob die Unkosten, welche das Kalken mit sich bringt, durch die erhöhte Ammoniakausbeute und die Minderbelastung der Reinigung gedeckt, oder im Gegenteil direkte Gewinne damit erzielt werden können.

Die fraktionierte Entgasung,

d. h. die Verwendung des reichen Gases zu Beleuchtungszwecken und des gegen Ende der Vergasung sich ergebenden ärmeren Gases zu Heizzwecken wurde von Grahn und Hegener versucht. Das Verfahren gründet sich auf die Thatsache, dafs das Gas, welches sich nach dem allerersten Einbringen der Kohlen in die Retorte, und das, welches sich gegen Ende der Vergasung entwickelt, viel schwächer an Leuchtkraft ist, als das in der Mitte der Zeit entwickelte Gas. Von den beiden oben Genannten wurde beabsichtigt, das ärmere Gas zur Retorten-

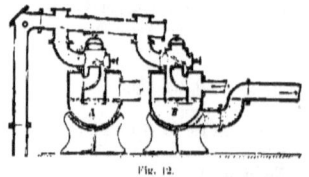

Fig. 12.

öfenfeuerung zu verwenden und nur das gute Gas zu verkaufen. Diese Ideen stammen aus einer Zeit, wo die Nebenerzeugnisse, und namentlich die Coke sehr hoch im Preis standen. Wenn nun die Verhältnisse in den Preisen von Coke, Teer und Ammoniak derartige sind, dafs die Selbstkosten des für die Vergasung von 100 kg Kohle erforderlichen Heizgases abzüglich des Gewinnes aus den Nebenerzeugnissen geringer sind, als der Verkaufswert der für gleichen Zweck erforderlichen Coke, so kann es wol vorteilhaft erscheinen, das Gas fraktioniert zu verwenden. Das zu Heizzwecken für den eigenen Betrieb benützte Gas wird nur in Kühlern und Wäschern von Teer und Gaswasser befreit. Hegener hat sich zur getrennten Auffangung des Gases eine doppelte Vorlage patentieren lassen, welche in Figur 12 abgebildet ist. A und B sind die beiden Vorlagen, deren Eintauchröhren mit sog. Entlastungsventilen (Patent Hegener Nr. 13 996) versehen sind. Bei Ladung der Retorte werden beide Ventile geschlossen. Dadurch, dafs man das eine oder andere Tauchrohr entweder in die Vorlage A oder B tiefer eintauchen läfst, ist während dieser Zeit der Weg des Gases vorgeschrieben. Durch diese Einrichtung wird auch der bessere Teer von dem schlechteren geschieden. Konstruktionen der Öfen, welche mit Gasheizung versehen sind, sind nicht in die Öffentlichkeit gedrungen. Grahn schlägt vor, dieselben so einzurichten, dafs man ebenso wie früher bei der Teerfeuerung je nach den Marktverhältnissen bald mit Leuchtgas, bald mit Coke heizen könnte, ja sogar, dafs man demselben Ofen Gas aus einem Cokegenerator mit Leuchtgas gleichzeitig zuführen könnte, um dadurch den Betrieb gleichmäfsiger und von kleinen Verbrauchsschwankungen unabhängiger zu machen. Das Verfahren der fraktionierten Entgasung hat eine gröfsere Verbreitung nicht gefunden. Noch weniger hat der Vorschlag Eingang gefunden, welchen William Siemens machte, nämlich das bei der fraktionierten Entgasung gewonnene Heizgas durch ein getrenntes Röhrensystem in die Stadt zu leiten.[1]) Noch ein Problem war es, welches man durch die fraktionierte Entgasung lösen zu können hoffte, nämlich die Herstellung eines an Kohlenoxyd ärmeren und deshalb der Gesundheit weniger schädlichen Gases. Bunte hat jedoch durch seine Versuche (vergl. S. 24) nachgewiesen, dafs der Kohlenoxydgehalt des Gases sich bei allen Kohlen während der Vergasung sehr wenig verändert, so dafs in dieser Hinsicht von einer fraktionierten Vergasung nichts zu erhoffen ist.

---

[1]) Wir verweisen bezüglich der Gründe, welche dagegen sprechen, auf eine eingehende Kritik dieses Vorschlages durch E. Grahn. Journ. f. Gasbel. 1881, S. 602.

Kapitel IV.

Neuerungen an Apparaten zur Gasbereitung.

Siemens' Heizverfahren mit freier Flammentfaltung.

Die Neuerungen, welche in den letzten 10 bis 12 Jahren auf dem Gebiete der Retortenöfen, dem wichtigsten der Gaserzeugung, gemacht wurden, erstrecken sich weniger auf neue Erfindungen und neue Grundsätze, als auf die weitere Verfolgung des Vorwärmungsprinzipes und die Ausbildung der darauf beruhenden Konstruktionen.

Allerdings hat Fr. Siemens, der Begründer der Regenerativheizung seit einigen Jahren mit grossem Eifer das von ihm erfundene Prinzip des Heizverfahrens mit freier Flammentfaltung verfolgt, allein dieses neue Prinzip hat bisher nur Anwendung auf Glas- und Stahlschmelzöfen gefunden, während die Gasindustrie demselben wenig Beachtung schenkte. Es sei jedoch das Prinzip nach den eigenen Worten Siemens' in Kürze besprochen:[1]

»Die Eigentümlichkeit des mit strahlender Wärme betriebenen Ofens besteht darin, dass die lebendige sichtbare und aktive Flamme die Wände des Ofens und das eingebrachte Material fast gar nicht berührt. Erst die vollständig verzehrte unsichtbare neutrale Flamme darf die inneren Flächen der Ofenkammer und die darin befindlichen Gegenstände berühren und nur in diesem Zustande durch die Füchse in die Regeneratoren abziehen. In der Ofenkammer kann die Flamme daher nur durch Strahlung wirken, während im Ziegelwerk der Regeneratoren der Rest der Wärme nur durch Berührung mit den klaren Verbrennungsprodukten in der früher beschriebenen Weise zur Wiederabgabe aufgespeichert wird.« Als Vorteil hebt Siemens besonders hervor, dass bei dem Heizverfahren mit freier Flammentfaltung die nachteilige zerstörende Wirkung der »aktiven« Flamme beseitigt und dadurch das Ofenmaterial geschont wird. Während man also früher die Flamme möglichst eng mit den zu erwärmenden Körpern in Berührung zu bringen suchte, fusst Siemens' neues Verfahren auf der Grundlage, dass die leuchtende, lebendige Flamme eine grosse Wärmeausstrahlungsfähigkeit besitzt, und zu ihrer völligen Entwickelung eines freien Raumes bedarf, dass man also die Flamme nicht mit dem zu heizenden Körper in direkte Berührung bringen darf, während die Verbrennungsprodukte ihre Wärme nur durch direkte Berührung übertragen können. Ohne näher auf die theoretischen Betrachtungen Siemens' einzugehen sei nur erwähnt, dass dieses Prinzip zu vielfachen Abhandlungen geführt hat, unter denen die Arbeit von Helmholtz[1] die Frage besonders wissenschaftlich behandelt, und zu dem Ergebnis gelangt, dass die Vorteile der freien Flammentfaltung weniger in dem Wesen der Flammenstrahlung

---

[1] Die Entwickelung der Regenerativöfen etc. Vortrag von Fr. Siemens. Zeitschr. d. österr. Ing.- u. Archit.-Ver. 1886, Heft 1.

[1] Helmholtz: Die Licht- und Wärmestrahlung verbrennender Gase. Berlin, L. Simion 1890.

zu suchen seien, als in der durch die grofsen Verbrennungsräume gebotenen Ermöglichung einer vollständigeren Verbrennung. Unbestritten ist, dafs die direkte Stichflamme das Ofenmaterial stark angreift, und dafs es unter allen Umständen vorteilhaft ist, das Material möglichst vor der direkten Einwirkung der Flamme zu schützen. Wenn man auch bei den Retortenöfen keine derartig ausgedehnten Verbrennungsräume schaffen kann, wie z. B. in einem Glasschmelzofen, so wird man deshalb doch Bedacht darauf zu nehmen haben, die Flamme möglichst wenig in ihrer Entwickelung zu hindern, und einzuengen, d. h. die Zwischenräume im Ofen möglichst weit zu halten.

Der Münchener Ofen.

Der Münchener Ofen ist seit seiner ersten Konstruktion[1]), wie er im Jahre 1878 auf der Münchener Anstalt gebaut wurde, in manchen Teilen verändert und verbessert worden.[2]) Ein Neunerofen in seiner gegenwärtigen Anordnung ist nebenstehend abgebildet. (Fig. 13 und 14.)

Unter der Retortenbank liegt der an die Regeneration direkt angebaute Generator I. Die Regeneration II bildet den Unterbau für die eigentlichen Ofenraum III und ist durch horizontale Kanäle mit vertikal übereinander liegenden Trennungswänden gebildet, wodurch eine grofse Stabilität der Anordnung erzielt wird. Über der Flur liegt der Ofenraum III mit neun Retorten. Die Heizgase gehen vom Generator durch den schräg aufsteigenden zweiteiligen Heizkanal aa zu den Verbrennungsschlitzen. Die Primärluft tritt durch den mit Regulierschieber versehenen gufseisernen Kanal b über dem Wasserspiegel in den Verdampfungskasten ein, zieht mit dem Wasserdampf unter der Abdeckung des Kastens durch das hintere offene Ende in die Kanäle c der Regeneration, um zusammen vorgewärmt unter den gegen die Aufsenluft abgeschlossenen Rost d zu gelangen. Das Wasser tritt durch den an b angegossenen gufseisernen Kanal e in den Verdampfungskasten. Der Wasserspiegel wird dadurch auf gleicher Höhe gehalten, dafs der Zuflufs für eine ganze Ofenreihe gemeinsam aus einem kleinen mit Schwimmervorrichtung versehenen Wasserbehälter geschieht.

Der Generator wird am Fülldeckel f mit Coke beschickt, die Asche wird am unteren Mundstück g ausgezogen, nachdem durch die seitlich am Generator angebrachten Dübel h ein provisorischer Rost eingeschoben wurde, welcher während des Putzens die Brennmaterialschichte zu tragen hat. Die Mundstücke g und i des Aschenraums bleiben während des Betriebes dicht geschlossen.

[1]) Handb. 3. Aufl. S. 311 u. ff. mit Tafel XXXII—XXXV.
[2]) Journ. f. Gasbel. 1880, S. 180 und 1882, S. 727.

Die Sekundärluft tritt an den beiden Vorderseiten der Regeneration durch die Regulierschieber kk ein und zieht durch mehrere Kanalreihen nach aufwärts. Sie vereinigt sich, bis über die Entzündungstemperatur vorgewärmt, bei den Brennerschlitzen mit den aus aa kommenden Heizgasen zur Verbrennung.

Die Vorwärmung der Sekundärluft geschieht durch die Rauchgase, welche vom Ofenraum aus den Kanälen l in die Regeneration eintreten. Die Rauchgase durchziehen die Regeneration nach abwärts in horizontalen Kanälen, deren Anzahl sich nach der verfügbaren Tiefe der Kellerräume richtet; sie gelangen zuletzt unter den Verdampfungskasten, um von da durch die Rauchgasschieber m nach dem Feuerkanal abzuziehen.

Über die Leistungen des Münchener Ofens mögen hier zunächst zwei Versuche mitgeteilt werden, welche vom Verfasser vorgenommen worden sind.

Ofenuntersuchungen.

	Neuner-Ofen kg	Achter-Ofen kg
Kohlen vergast in 24 Stunden	8200	7350
Ladung einer Retorte	151,8	153,1
Coke zur Heizung verbraucht	802	893
Coke orgab Aschenrückstände	125	80
Verheizter Kohlenstoff	677	813
Wasser verdampft	1092	1328

Berechnet man diese Resultate auf 100 kg vergaster Kohlen, so erhält man:

pro 100 kg vergaster Kohlen	Neuner-Ofen kg	Achter-Ofen kg
Cokeverbrauch	9,78	12,15
Kohlenstoffverbrauch	8,25	11,06
Asche	15,58	7,84
Wasser verdampft	136	149

Die Temperaturmessungen mit dem Siemensschen Wasserpyrometer ergaben:

	Neuner-Ofen °C.	Achter-Ofen °C.
in der Mitte des Ofens	1100—1220	1100—1220
unter dem Wasserschiff	530	525

Die Zugmessungen ergaben:

	Neuner-Ofen mm	Achter-Ofen mm
im Ofen	3,5	7,5
vor dem Austritt in den Rauchkanal	12,5	16
im Kamin	13,5	17

Die Analysen ergaben:

Zusammensetzung der Heizgase

	CO_2	CO	H	N
Neuner-Ofen	9,5	21,0	23,8	45,7
Achter-Ofen	12,5	18,5	23,4	45,6

Zusammensetzung der Rauchgase

	CO_2	O	CO	N
Neuner-Ofen	18,7	0,2	—	81,1
Achter-Ofen	17,2	—	2,0	80,8

Der Münchener Ofen.

Schnitt A B.

Führung
der Sekundärluft   der Rauchgase.

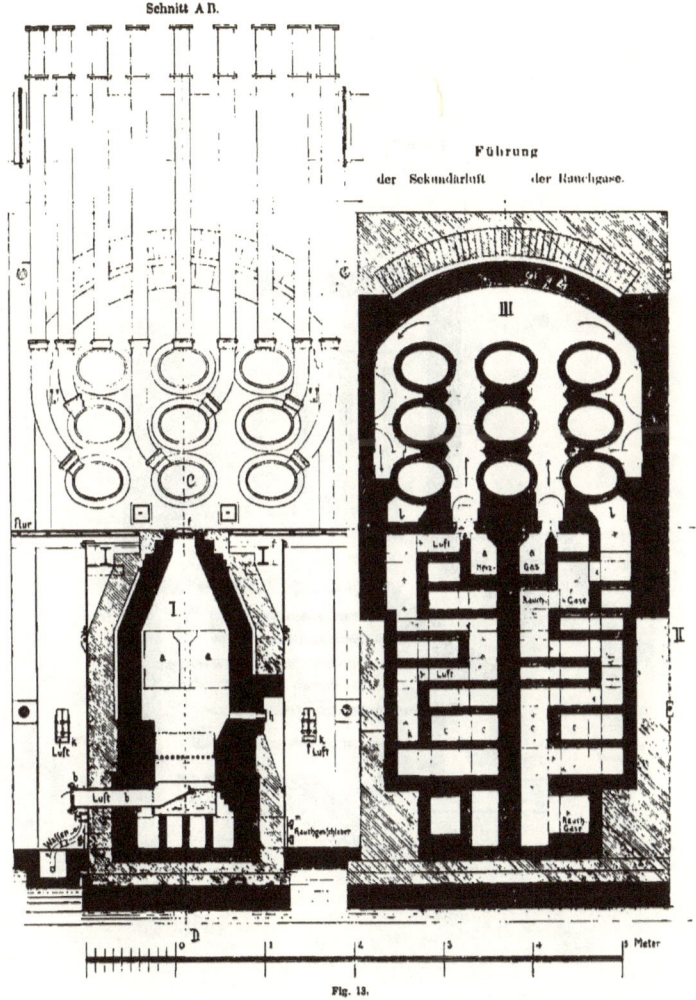

Fig. 13.

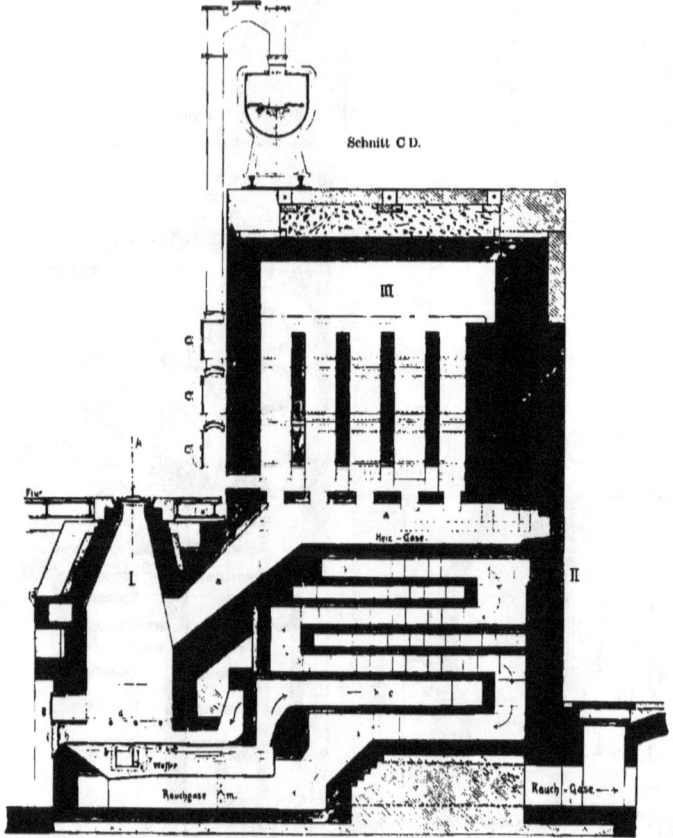

Seit Eröffnung der Filialgasfabrik in München im Jahre 1883 hatten vier Öfen fast ununterbrochen bis zum Jahre 1887 im Feuer gestanden und zwar hatte ein Ofen 1055 Betriebstage mit einer Gaserzeugung von 2 120 570 cbm aufzuweisen, d. i. pro Retorte durchschnittlich 265 071 cbm und pro Retorte und Tag je 251,6 cbm; ein zweiter Ofen 1063 Betriebstage mit 2 149 020 cbm Gaserzeugung, d. i. pro Retorte 268 628 cbm und pro Retorte und Tag je 252,7 cbm; ein dritter Ofen 1114 Betriebstage mit 2 207 130 cbm Gaserzeugung d. i. pro Retorte 275 881 cbm und pro Retorte und Tag 24 716 cbm; ein vierter Ofen hatte 1 293 Betriebstage mit 2 591 098 cbm Gaserzeugung, d. i. pro Retorte 323 887 cbm und 250,4 cbm pro Retorte und Tag. Die Verschiedenheit in der Gasmenge, welche pro Retorte und Tag erzeugt wird, rührt von der teilweisen Verwendung minderwertiger Kohle her. Bei reiner Saarkohle beträgt die Ausbeute 255 cbm pro Retorte und Tag. Gröfsere Reparaturen an der Regenerationsanlage sind überhaupt nicht vorgekommen und genügt es von Zeit zu Zeit die Heizgaskanäle von Flugasche zu reinigen, eventuell die Verbrennungsschlitze freizumachen, sowie täglich die Fugen des Mauerwerks durch Ableuchten auf ihre Dichtheit zu prüfen und wenn nötig zu verstreichen. Am Generator sind aufser den periodisch treffenden Ummauerungserneuerungen der Füllöffnung, sowie des Reinigens der Wasserverdampfungskästen keine gröfseren Ausbesserungsarbeiten erforderlich.

Halbgasfeuerungen.

Eine grofse Reihe von Ofenkonstruktionen verdanken ihr Entstehen dem Bedürfnis, die mit der Generatorfeuerung überhaupt verbundenen Vorteile auch dann anwenden zu können, wenn die Bodenverhältnisse einer tiefen Generatoranlage Schwierigkeiten entgegenstellen, oder wenn die Zahl der Retorten eine zu kleine ist, um die Anlage von Generatoren rentabel zu machen. Diese Öfen sind in ihrer Form dem gewöhnlichen Rostofen nachgebildet, nur mit dem Unterschiede, dafs der Feuerungsherd tiefer ist, so dafs eine Schütthöhe von ca. 80 cm ermöglicht ist, welche zur Bildung des Kohlenoxydgases erforderlich ist. Die Luftvorwärmung bietet infolge der geringeren Ausdehnung zwar eine minder gute Ausnutzung der Wärme, doch ist der Vorteil einer gewöhnlichen Rostfeuerung gegenüber ein noch sehr bedeutender. Bei dem Ofen von Hasse und Vacherot (D. R.-P. Nr. 29323) wird die Coke durch die mit luftdicht schliefsender Thür C (Fig. 15) versehene Öffnung B auf den Rost A gebracht. Die Primärluft tritt durch den Schieber F geregelt rechts und links bei G in den Ofen ein, durchstreicht die Kanäle H in der Richtung der Pfeile und gelangt durch die Schlitze J von rechts und links unter den Rost. Der unter dem Roste befindliche Wasserkasten O ist in die Regeneration eingebaut und liefert den nötigen Wasserdampf um das Schmelzen der Schlacke auf dem Rost zu verhüten. Die Sekundärluft tritt auf der Rückseite des Ofens bei P ein und wird durch den Schieber Q geregelt. Dieselbe durchströmt in der Richtung der Pfeile die Luftkanäle R und gelangt durch den Schlitz S zur Verbrennung.

Die chemische Zusammensetzung des Heizgases fand Thomas[1] wie folgt:

CO_2 Kohlensäure	5,4 %	
CO Kohlenoxyd	26,4 %	
H Wasserstoff	9,2 %	
N Stickstoff	59,0 %	
	100,0 %	

Weiter teilt Thomas mit, dafs vielfache Versuche bei Öfen mit 6 Retorten einen Cokeverbrauch bis 15 kg auf 100 kg vergaster Kohlen ergaben. Die Behandlung dieser Öfen ist eine sehr einfache; es wird, wie bei gewöhnlichen Rostöfen der Rost hell gehalten, indem man von Zeit zu Zeit die Asche von den Roststäben entfernt; ein eigentliches Schlacken ist nur alle drei bis vier Tage nötig. Als ein Vorteil dieser Öfen für kleine Gasanstalten ist zu betrachten, dafs man sie durch einfaches Schliefsen der zwei Luft- und Feuerschieber 12 bis 15 Stunden aufser Betrieb setzen kann, ohne dafs es der Nachfüllung von Brennmaterial bedarf, und ist der Ofen nach kurzer Zeit nach dem Ziehen der Schieber wieder heifs genug, um beschickt werden zu können. Die Mehrkosten dieser Öfen sind gegenüber den alten Rostöfen so gering, dafs sich häufig ein Umbau und eine grofse Ersparnis mit wenig Mitteln erzielen läfst.

[1] Journ. f. Gasbel. 1884, S. 850.

Weite Verbreitung hat auch der Ofen von Horn gefunden. Das Wesentliche am neuen Horn'schen Ofen ist die Konstruktion des Generatorherdes. Derselbe unterscheidet sich von den gewöhnlichen Generatorfeuerungen dadurch, dafs im eingebrachten Feuerungsmaterial selbst eine regelbare Verbrennungsteilung vor sich geht. Den

Wärme der Generatorgase vor sich geht; was also die Luft an Wärme gewinnt, verlieren die Heizgase, so dafs bei ihrem Zusammentritt der Effekt nicht geändert ist. Ein Gewinn läfst sich eben nur aus der sonst verloren gehenden Wärme der Rauchgase erzielen.

Im grofsen und ganzen bestehen grofse prin-

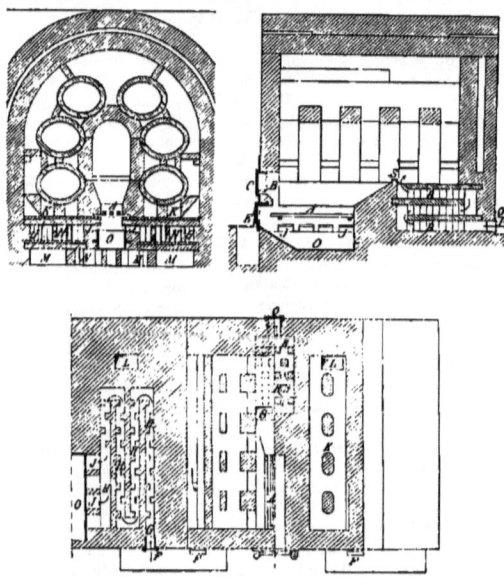

Fig. 15.

hierdurch abgeleiteten Teil der im Generator erzeugten Wärme benutzt Horn zur direkten Erwärmung der Sekundärluft. Hierdurch wird die letztere weiter vorgewärmt, als es bei der kleinen Regenerationsanlage durch die Wärme der Rauchgase möglich wäre, und soll dies zu einer rascheren und intensiveren Verbrennung beitragen. Ein prinzipieller Vorteil ist von dieser Einrichtung wohl nicht zu erwarten, weil die Erwärmung der Sekundärluft doch nur auf Kosten eines Teiles der

zipielle Unterschiede zwischen den vielen Ofenkonstruktionen, welche im Laufe der Jahre angegeben wurden, nicht. Nachdem einmal die Grundprinzipien für die Generatorfeuerung durch die Arbeiten der Kommission für Generatorversuche festgestellt waren, gewann die Einführung von Wasserdampf unter den Rost zur Verhütung des Schmelzens der Schlacke immer mehr Anhänger. Im übrigen unterscheiden sich die Öfen verschiedener Konstruktionen oft nur durch Einzelheiten

Die Retortenverschlüsse. Steigeröhren und Vorlage. 57

in der baulichen Anlage, auf die hier nicht näher eingegangen werden kann. Von den neueren zahlreichen verschiedenen Ofenkonstruktionen, welche mit mehr oder weniger Erfolg neben den eben besprochenen, wichtigsten Typen angegeben wurden, ist noch zu erwähnen: Der Dessauer Ofen von Oechelhäuser, der Ofen von Hegener[1]), ferner die Öfen von Bäcker[2]), Haupt, Brehm, Goldbeck, Hempel[3]), Hahn, Pflücke, Klönne u. a.

Die Retortenverschlüsse.

Die Retortenverschlüsse werden gegenwärtig fast allgemein selbstdichtend ausgeführt, wie sie in ihrer Grundform von Morton angegeben wurden.

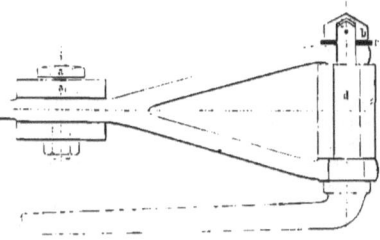

Deckels unmöglich machte. Dieser Übelstand ist beseitigt durch Ausbildung des oberen Bolzenschaftes a in Kegelform. Der Bolzen bleibt, wenn angezogen, in derjenigen Lage, in welche er gestellt worden ist, und es findet ein Nachlassen des Schlusses der Dichtflächen gegen einander nicht statt.

Fig. 17.

Ferner wird bei denjenigen Mundstücken, welche den Schlußhebel nach unten liegen haben (den oberen), durch die Schutzhülse b in Verbindung mit der Drehscheibe c dafür gesorgt, daß der auf das Mundstück fallende Kohlen- und Cokesstaub von dem Drehzapfen d ferngehalten wird.

Steigeröhren und Vorlage.

Die Einführung der Regenerativfeuerung hat es mit sich gebracht, daß infolge der erzielten höheren Ofentemperaturen die Plage der Steigerohrverstopfungen und Teerverdickungen eine allgemeinere wurde, und dies hat zur Folge gehabt, daß eine Reihe von Konstruktionen auftauchte, welche entweder eine Reinigung der Vorlage während des Betriebes zu ermöglichen, oder direkt der Bildung von Teerverdickungen entgegenzuwirken suchte. Letzteres bezweckte man namentlich durch die Aufhebung der Tauchung, d. h. des Druckes, welcher durch den Wasserverschluß in der Vorlage erzeugt wird. Dazu kommen noch diejenigen Vorrichtungen, welche bezwecken, eine längere Berührung des Gases mit dem Teer möglichst zu vermeiden, da, wie durch Versuche erwiesen ist, dies der Leuchtkraft des Gases schadet.

Wenn auch manche Kohlensorten, wie namentlich die englische Kohle, besonders leicht Veranlassung zu Teerverdickungen geben, so kann nach dem früher Gesagten diese Erscheinung meist doch nur auf einen fehlerhaften Betrieb zurückgeführt werden.

Fig. 16.

Fig. 16 zeigt den Verschluß in Ansicht, Fig. 17 den excentrischen Hebel im Schnitt.

Die Berlin-Anhaltische Maschinenbaugesellschaft führt diese Mundstücke mit den folgenden von Direktor Kunath-Danzig angeregten und eingeführten Verbesserungen aus.

Der mittlere Excenterbolzen a neigte in seiner früheren Ausführung leicht zur Verdrehung, derart, daß er sich bei der unvermeidlichen Drehbewegung des Deckels gegen den Bügel in letzterem verstellte und so den dichten Schluß des

[1]) Der Ofen ist ausschließlich in Köln gebaut und in Betrieb.
[2]) Dingler's polyt. Journ. 253, S. 203.
[3]) D. R. P. 31418. Siehe auch Jahresber. d. chem. Technologie 1886, S. 1128.

Schilling, Handbuch für Gasbeleuchtung. 8

Als Ideal muſs daher die einfachste Anordnung erscheinen, eine durchgehende U-förmige Vorlage aus Schmiedeisen von genügender Weite, welche vor strahlender Wärme möglichst geschützt ist, mit den Retorten verbunden durch weite Steigeröhren, welche ebenfalls möglichst kühl gehalten sind. Da nun aber doch die Teerverdickungsplage eine ziemlich häufige ist, so daſs mit derselben in vielen Fällen gerechnet werden muſs, so wollen wir im folgenden einige Konstruktionen besprechen, welche in dieser Richtung sich bewährt haben.

Die Zugänglichkeit der Vorlage, auch während des Betriebes ist durch die Konstruktion von Hasse ermöglicht worden, und haben sich diese

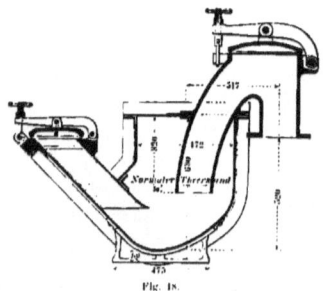

Fig. 18.

Vorlagen gut bewährt. Fig. 18 stellt dieselbe im Querschnitt dar, während Fig. 19 die gesamte Montierung mit dem Steigrohr zusammen veranschaulicht.

Die Wirkungsweise der Vorlage ist aus dem beigefügten Querschnitte leicht erkenntlich. Die Putzöffnungen befinden sich jedem Tauchrohre gegenüber, so daſs der am Fuſse desselben sich ansammelnde dicke Teer leicht entfernt werden kann. Die Tauch- und Putzrohre sind mit aufgeschliffenen Deckeln verschlossen.

Die Abführung des Teers geschieht am besten in der Weise, daſs man stets den dickflüssigen, spezifisch schwereren Teer zum Ablaufen bringt. Die einfachste Vorrichtung hierfür besteht darin, daſs man durch eine nicht bis auf den Boden reichende Scheidewand, welche nahe vor dem Abflusse die Vorlage quer absperrt, nur den am Boden sich sammelnden Teer in die hierdurch gebildete Kammer eintreten läſst. Ist der Abfluſs in seiner Höhe durch einen Schieber genau geregelt, und somit die Tauchung festgestellt, so genügt diese einfache Vorrichtung allen Ansprüchen

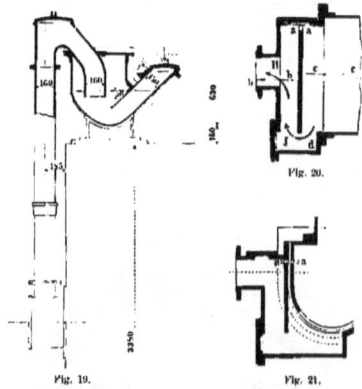

Fig. 19.   Fig. 20.   Fig. 21.

und besitzt den Vorzug der gröſsten Einfachheit. Der Drory'sche Teerabgang ist nach diesem Prinzip angegeben.

Fig. 20 stellt den Teerabgang dar, und zwar für den Fall, daſs derselbe am Ende der Vorlage angebracht ist, während Fig. 21 den Teerabgang für den Fall darstellt, daſs der Teer an der Längswand einer Vorlage mit U-Form abgezogen wird. Der Gasraum ist in beiden Fällen mit dem Abgange durch die Öffnung a zum Zweck des Druckausgleiches verbunden.

Wie aus Fig. 20 hervorgeht, steht die Höhe des Teerabflusses b tiefer als der Flüssigkeitsspiegel c in der Vorlage, und zwar um so viel tiefer, als dies dem Unterschiede des spezifischen Gewichtes von Teer und Wasser entspricht. Der Flüssigkeitsspiegel stellt sich bei c ein, der spezifisch schwerere Teer geht nieder und wird durch die über ihm stehende Wassersäule durch die Vertiefung d aus der Vorlage hinausgedrückt. Der Weg des Teers ist durch die Pfeile I und II angedeutet.

Der Teerablauf findet hierbei so vollständig statt, daſs in der Vorlage nur Ammoniakwasser bleibt. Nur am Boden der Vorlage findet sich eine niedrige Schicht von dünnflüssigem Teer, der aber, durch den neu sich bildenden ersetzt, regelmäſsig abflieſst.

Öfen mit geneigten Retorten.

Zur Regelung der Höhe des Abflusses, welche im Verhältnis der spez. Gewichte (also etwa 6:5) tiefer stehen mufs, als die Tauchung in der Vorlage dient der nebenstehende Teerstandsschieber, welcher am Teerabflufsrohr angeschraubt wird.

Über die Frage, ob es zweckmäfsiger sei, jedem Ofen seine eigene, getrennte Vorlage zu geben, oder für eine Reihe von Öfen eine gemeinsame Vorlage zu wählen, gehen die Ansichten auseinander. Es hat gewisse Vorteile, jedem Ofen seine eigene Vorlage zu geben, namentlich insofern, als man die Vorlagen der aufser Betrieb befindlichen

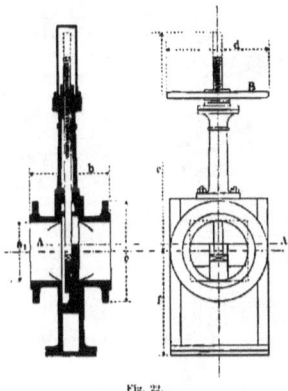

Fig. 22.

Öfen aus der Verbindung mit dem Hauptbetriebsrohr ausschalten kann, und auch ferner, dafs die Einstellung der Tauchung für jeden Ofen gesondert vorgenommen werden kann. Eine gemeinsame Vorlage bietet dagegen den Vorteil, dafs sie weit einfacher und billiger ist, dafs man für mehrere Öfen nur einen Gas- und Teerabgang nötig hat, und dafs die Druckschwankungen in der gröfseren Vorlage besser ausgeglichen werden. Wendet man einzelne kleine Vorlagen an, so ist es zweckmäfsig, den Boden derselben nicht eben, sondern nach der Mitte zu konisch zu machen, so dafs an diesem tiefsten Punkte der Teer abfliefsen kann.

Öfen mit geneigten Retorten.

Vielfache Versuche hat die Gasindustrie zu verzeichnen, welche darauf abzielen, die Bedienungsarbeiten der Retorten zu vereinfachen und zu verringern. Sieht man ab von den Vorteilen, welche vielerorts dadurch erzielt wurden, dafs man eine bessere Verteilung der Arbeitskräfte durch einen ununterbrochenen Betrieb bezweckte, indem man nämlich eine Retorte nach der andern zur Ladung vornimmt, und so mit einer geringeren Anzahl Leute gleichmäfsiger arbeitet, als wenn intermittierend an sämtlichen Öfen die gleiche Retorte zu gleicher Zeit beschickt wird, so stehen zur weiteren Verfolgung oben genannten Zwecks zwei Wege offen; der eine beruht auf der Einführung von schrägen oder senkrechten Retorten, der andere auf der Benutzung maschineller Vorrichtungen. Am besten wäre es, wenn es gelänge, senkrechte Retorten zur Vergasung zu verwenden, so dafs man nur nötig hätte, die Kohlen direkt von Transportwagen aus oben einzufüllen und die entgaste Coke unten selbstthätig herausfallen zu lassen, und zwar womöglich in ununterbrochener Weise. Es fehlt auch nicht an Versuchen und Patenten, welche dieses Ziel anstreben, allein zu einer praktischen Einführung sind senkrechte Retorten bis jetzt noch nicht gelangt. Die Schwierigkeit liegt namentlich in der Gasabführung und in einer gleichmäfsigen Entgasung der Kohle in verhältnismäfsig dünnen Schichten.

Coze in Reims suchte die Vorteile, welche in der Benutzung der blofsen Schwerkraft zur Füllung und Entleerung der Retorten liegen, dadurch nutzbar zu machen, dafs er seinen Retorten eine schräge Lage giebt. Die Neigung der Retorte ist keine neue Sache, ja man kann sagen, dafs die schiefe Einmauerung der Retorten älter ist, als unser jetziges System der wagrechten Retorten. Murdoch verwendete zuerst 1804, nachdem er das tiegelartig gestaltete Vergasungsgefäfs für die Kohlen verlassen hatte, eine geneigte Retorte, um später die heute noch in den Gasanstalten im wesentlichen erhalten gebliebene Form und Anordnung der Retorten in Gestalt einer horizontalen röhrenförmigen Kammer zu verwenden.

Seitdem sind wiederholt von J. Grafton, Brunton, Carpenter u. a. Vorschläge gemacht worden, ohne dafs dieselben grofsen Anklang und praktische

Bedeutung gewonnen hätten. Seit dem Jahre 1884 hat Coze Öfen mit schiefen Retorten auf den Gasanstalten in Reims in Betrieb und ist nach und nach zu der Einrichtung gelangt, welche wir nachstehend beschreiben:

Coze stellte mit verschiedenen Kohlensorten Versuche an über die Größe der Neigung, welche den Retorten zu geben ist, damit die eingeschütteten Kohlen eben gleiten, aber nicht den unteren Teil vollständig ausfüllen, dafs sie also der ganzen Länge der Retorte nach gleichmäfsig verteilt liegen. Als passend ergab sich eine Neigung von 30°. Der Coze-Ofen (Fig. 23) hat neun Retorten, jede mit Füllöffnung auf dem Ofen, Entleerung unten. Die Füllstelle ragt über den Ofen hinaus und ist mittels Schraubenverschlufs geschlossen; zur Füllung dient ein drehbarer Wagen, der in Mulden je eine Ladung Kohlen trägt. Die Mulde wird in die oben geöffnete Retorte entleert und die Kohlen verteilen sich sehr gleichmäfsig. Die unteren Enden der Retorten sind wie gewöhnlich in die Vorderwand eingebaut; sie tragen denselben Verschlufs wie oben. Behufs Ausziehens der Coke wird der Deckel geöffnet, der gröfste Teil fällt von selbst heraus; nur manchmal wird mittels eines eisernen Hakens der Inhalt herausgestreift, wenn gröfsere Stücke zusammengebacken sind. Die Coke fällt direkt in die Abfuhrwagen. Rauch und Flammen ziehen in die unten und oben offene Retorte hinein, welche wie ein Schornstein wirkt. Der Arbeiter ist dadurch vor Rauch geschützt.

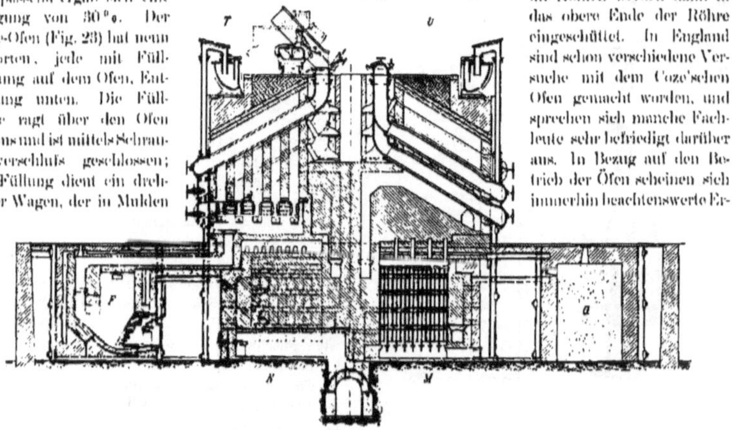

Van Vestraut hat die Füllung der Retorten in der Art geändert, dafs er die Retorten auch rückwärts aus der Ofenwandung heraustreten läfst und mit einem Deckel verschliefst; die Füllvorrichtung besteht aus einer fahrbar angeordneten Röhre mit einer einstellbaren Schaufel am unteren Ende. Diese Röhre dient für sämtliche Retorten, und brauchen nur die Abteilungen der Röhre, welche sich leicht in einander bewegen, gehoben oder gesenkt zu werden, bis die Schaufel sich in die rückwärtige, hoch gelegene Öffnung der Retorte legt, die Kohlen werden dann in das obere Ende der Röhre eingeschüttet. In England sind schon verschiedene Versuche mit dem Coze'schen Ofen gemacht worden, und sprechen sich manche Fachleute sehr befriedigt darüber aus. In Bezug auf den Betrieb der Öfen scheinen sich immerhin beachtenswerte Ersparnisse zu ergeben. In Deutschland sind die Erfahrungen über diese Öfen noch sehr gering. Als Nachteil wird erwähnt, dafs je nach der Beschaffenheit der Kohlen unter Umständen doch ein Überstürzen derselben stattfindet, so dafs sich am unteren Teile der Retorten Anschoppungen bilden. Aufserdem sammelt sich am unteren Ende leicht Teer an, welcher Unannehmlichkeiten verursacht. Die Öfen erhalten selbstverständlich eine beträchtliche Höhe, welche 6 m und darüber, vom Arbeitsflur aus gemessen, beträgt.

Fig. 23.

Die Lademaschinen.

Die Lademaschinen erfüllen denselben Zweck, nämlich die Ersparnis an Arbeitskräften beim Füllen und Entleeren der Retorten, jedoch in etwas komplizierterer Form, als die auf der Wirkung der Schwerkraft allein fufsenden Systeme. Trotz der Notwendigkeit einer eigenen Betriebskraft haben sich die Lademaschinen namentlich in England ziemlich stark verbreitet, und hat dies seinen Grund hauptsächlich darin, dafs bei dem relativ hohen Gasverbrauch der gröfseren englischen Gaswerke und den grofsen Retortenhäusern, welche, wie z. B. in Bekton 45 Generatoröfen zu je 9 durchgehenden Doppelretorten enthalten, für derartige maschinelle Vorrichtungen sehr günstige Verhältnisse vorliegen. In Deutschland sind Lademaschinen von Runge & Bertrand, Borchardt und Eitle in Gebrauch, wenn auch in viel geringerem Umfange wie in England.

Zur richtigen Wirksamkeit einer Lademaschine mufs die Kohle genügend aufbereitet, d. h. gut zerkleinert sein, und trägt es wesentlich zur Vereinfachung bei, wenn die Kohle durch geeignete Hochbahnen aus dem Kohlenschuppen in hochstehende Mefsgefäfse und von da direkt in die Ladevorrichtung der Maschine entleert werden kann. Zum Ziehen der Retorten ist es unbedingt nötig, dafs der Retortenkopf sich nicht konisch verengt. Die gröfste Schwierigkeit für die Lademaschinen liegt aber darin, dafs die Form der Retorte mit der Zeit durch die Hitze verändert wird und durch die zunehmenden Graphitansätze ihren freien Querschnitt verändert.

Die Maschinen können entweder für kleinere Anstalten mit Handbetrieb eingerichtet sein, oder mit Dampf, Druckwasser oder komprimierter Luft direkt, oder schliefslich durch Seilübertragung von einer stationären Maschine aus indirekt betrieben werden. Letztere Art wird gegenwärtig in England bevorzugt. Die einfachsten Lademaschinen bestehen lediglich aus einer Vorrichtung, welche zum Heben und Vorwärtsbewegen der Ladmulde dienen. Die Bewegungen werden meist durch Zahnstangen und Kettenzüge bewerkstelligt. Die sonst mühsam von Hand vorzunehmenden Arbeitsverrichtungen werden so durch einfache Handgriffe an der Maschine ersetzt, welche meist von einem Arbeiter allein vollzogen werden können. Eitle[1] bewirkt die Entleerung der Mulde in der Retorte dadurch, dafs er die Ladmulde in einen Rahmen legt, welch beide gleichzeitig in die Retorte eingeschoben werden. Beim Herausziehen der Mulde aus der Retorte bleibt jedoch der Rahmen durch Feststellen zurück und streift vermittelst mehrerer Kulissen, die an einem Scharnier drehbar sind, die Kohlen aus der Mulde heraus, während beim darauffolgenden Herausziehen des Rahmens die Kulissen sich umklappen und über die Kohlen hinweggleiten.

Die Runge'sche Lade- und Ziehvorrichtung.

Die Runge'sche Lademulde[2] ist — nach ihrer neuesten Ausführungsweise für das neue Gaswerk Charlottenburg — in Fig. 24 und 25 abgebildet.

Diese Mulde besteht aus gewölbten Seitenwänden, welche durch die Bügel a, a und durch den Boden b derartig verbunden sind, dafs sie einen, sich nach vorn hin um etwa ⅔ des Querschnitts erweiternden Raum einschliefsen. Am hinteren Ende ist die Mulde mit einem Arm c versehen, welcher in Auge und Bolzen mit einer, über die Rollen d und e geführten, Zugkette verbunden ist. Nach unten hin erhält der Muldenraum seine Begrenzung durch einen Schlitten f, auf welchem die Seitenwände frei aufliegen. Der Schlitten ruht seinerseits auf vier Rollenpaaren g, die in einem U-Eisenrahmen befestigt sind.

Das Laden der Retorte geschieht in der Weise, dafs die mit Kohlen gefüllte Mulde durch die Bugkette und den Arm c in die Retorte geschoben wird. Dabei macht der Bodenschlitten f, infolge der Reibung von Mulde und Kohle auf seiner Oberfläche, diese Bewegung so lange mit, bis der an der Unterseite des Schlittens angebrachte Haken h sich gegen den vorderen Rand des Retortenmundstückes legt und so ein Weiterschieben des Schlittens verhindert. Das schaufelförmig ausgebildete vordere Ende des letzteren hat sich alsdann in den Retortenkopf geschoben und denselben völlig bedeckt. Die Lademulde mufs jetzt bei ihrer Weiterbewegung auf dem Schlitten und fernerhin auf der Unterseite der Retorte entlanggleiten, stets den in ihr liegenden Kohlenstrang mit sich führend; denn da sie, wie oben erwähnt, nach vorn hin konisch erweitert ist, wird ein Zusammenstauen der Kohle verhindert.

Der Hub der Mulde ist so bemessen, dafs sich ihr vorderes Ende bis zum Retortenboden bewegt; hierdurch wird in Verein mit der später beschriebenen Füllvorrichtung, durch welche ein Teil der Kohle noch vor die Mulde auf

---

[1]) Journ. f. Gasbel. 1890, S. 707.
[2]) Journ. f. Gasbel. 1890, S. 706.

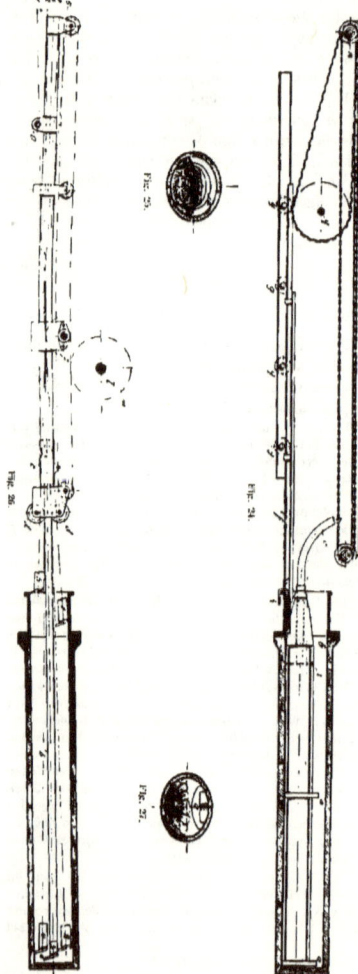

den Schlitten geworfen wird, ein vollkommenes Anfüllen der Retorte und teilweises Anstauen der Kohle am Retortenboden bewirkt.

Ein hinten in der Mulde je nach der Retortenlänge einstellbarer Schieber i drückt die Kohle so weit in die Retorte hinein, dafs beim Zurückziehen das Mundstück völlig rein bleibt. Etwaige hinter dem Schieber liegende Kohlenstücke bleiben auf dem Schnabel des Schlittens liegen und werden mit diesem entfernt.

Beim Zurückziehen der Mulde bleibt der in die Retorte geschobene Kohlenstrang vermöge seiner Reibung auf dem Retortenboden und infolge der konischen Gestalt der Muldenwände unverrückt in der Retorte liegen. Derselbe breitet sich nur, seinem freien Böschungsverhältnis folgend, seitlich aus und füllt die Retorte etwa so, wie Fig. 25 andeutet. Durch die konische Mulde ist ferner die Füllung der Retorte den Anforderungen des Betriebs entsprechend so geregelt, dafs in dem am Mundstück liegenden kälteren Retortenende auch weniger Kohle liegt als am Boden. Die Mulde nimmt bei ihrer Weiterrückwärtsbewegung den Schlitten mit sich, bis sich dieser mit seinem Haken h gegen einen geeigneten Anschlag am Maschinengestell legt. Im weiteren wird die Mulde, durch seitliche Winkel geführt, auf dem Schlitten entlang wieder in ihre frühere zum Füllen erforderliche Lage gezogen.

Die zum Ziehen dienende Vorrichtung ist in folgenden Fig. 26 und 27 dargestellt.

Ihr wesentlichster Teil, der Ziehhaken, besteht nach dem Vorbild der in England und Amerika häufig zur Anwendung kommenden Maschinen aus einer Stahlplatte a, deren Umrisse, wie Fig 27 zeigt, nach der Retortenkrümmung geformt sind. Diese Platte ist am vorderen Ende einer Flacheisenstange b befestigt, und zwar derart, dafs sie, wie Fig. 26 zeigt, schräg nach vorn geneigt ist. Hierdurch wird ein Feststofsen des Hakens an etwaigen Graphitablagerungen sowohl beim Hineinfahren in die Retorte als auch beim Herausziehen der Coke vermieden, der Haken gleitet über die Unebenheiten hinweg, wodurch ein Beschädigen der Retorte ausgeschlossen ist.

Die Flacheisenstange steckt mit ihrem hinteren Ende in einem Gufsstahlschuh c, der sich auf kleinen Rollen in zwei mit ihrer offenen Seite gegen einander gekehrten U-Eisen bewegt. Durch ein am oberen Ende angegossenes Auge ist er mit der den Haken bewegenden Zugkette verbunden. Die Hakenstange wird, aufser durch die Rollen des Schuhes, noch in zwei Rollen dd am vorderen Ende der U-Eisen sicher geführt und durch diese beim vollständigen Auslegen des Hakens gehalten. Die beschriebene Vorrichtung ist, um die feste Achse f drehbar, an einem Rahmen aufgehängen und kann um diese Achse in gewissen Grenzen bewegt werden. Dabei nimmt der Haken, dem jeweiligen Übergewichte des einen oder andern Endes folgend, nacheinander die Stellungen 1 bis 5 ein.

Die Zieh- und Lademaschinen in Charlottenburg.

Der ganze Bewegungsmechanismus für die mit den eben beschriebenen Lademulden und Ziehhaken vorzunehmenden Arbeiten richtet sich nach der jeweils verwendeten Betriebskraft. Da in Charlottenburg eine gröfsere derartige Anlage mit Druckwasserbetrieb eingerichtet wurde und sich bereits

Mulde dient ein mit Druckwasser betriebener Arbeitscylinder mit Rollen, während das Heben und Senken der Mulde, sowie die Fortbewegung der Lademaschine durch den Dreicylindermotor p von ca. 3 PS geschieht.

Die Zuleitung des Prefswassers von 50 Atm. Druck erfolgt durch eine bewegliche Rohrleitung, deren einzelne Stangen durch Bronzegelenke mit Manschettendichtung untereinander verbunden sind. Die Rohrleitung hängt an Laufkatzen, welche sich ihrerseits auf den an den Dachbindern aufgehangenen U-Eisenschienen bewegen. Die Maschinen

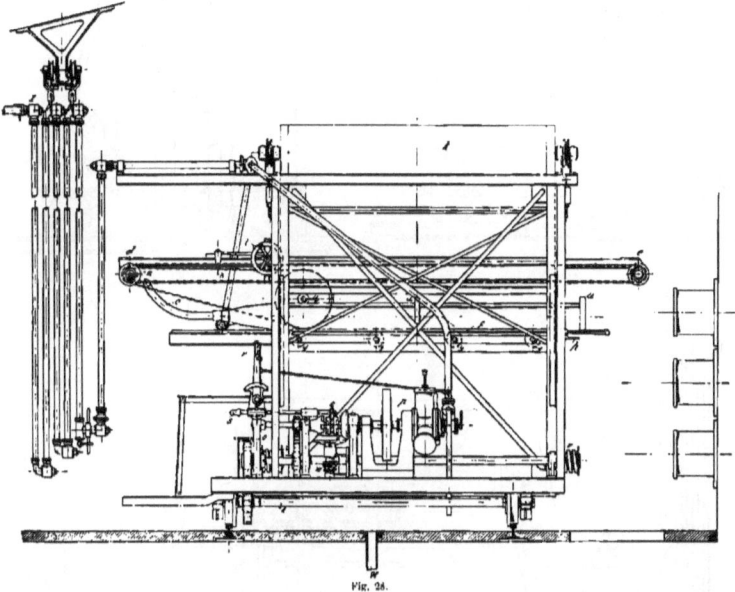

Fig. 28.

im Betriebe bewährt hat, so wollen wir die dort aufgestellten Maschinen an Hand der von Gasanstalt Charlottenburg veröffentlichten Mitteilungen[1] näher beschreiben.

Fig. 28 und 29 stellt die Lademaschine dar.

Aus dem Kohlenbehälter k, welcher etwa 2500 kg Kohle aufnimmt, wird die Lademulde direkt mit der erforderlichen Menge Kohlen geladen. Zur horizontalen Bewegung der

[1] Journ. f. Gasbel. 1892.

ziehen ihre Leitungen mit sich, welche dann beim Rückfahren durch ihr Eigengewicht wieder in ihre Anfangslage zurückrollen. Die Kolbenbewegung des Arbeitscylinders überträgt sich mittels Zahnstange und Zahnrad auf die Welle q und wird von dieser durch Galle'sche Kette unter etwa vierfacher Geschwindigkeits-Vergröfserung auf die Welle m, bzw. auf das Kettenrad d, Bugkette und Mulde übergeleitet, wodurch die letztere vor- oder rückwärts bewegt werden kann.

Die Steuerung der Bewegung wird durch einen einfachen Muschelschieber bewirkt. Es ist dabei nur erforderlich, dafs die jedesmalige Bewegung durch den Arbeiter mit Hilfe des

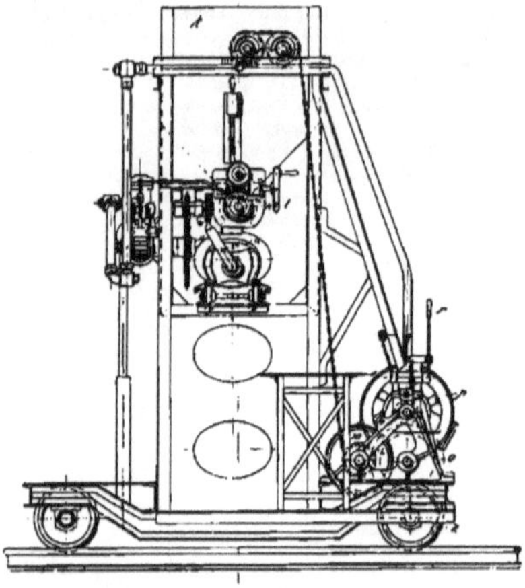

Fig. 29. 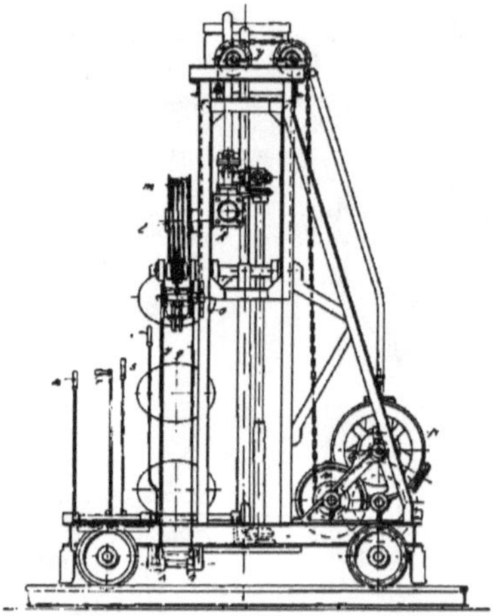   Fig. 31.

Fig. 30.

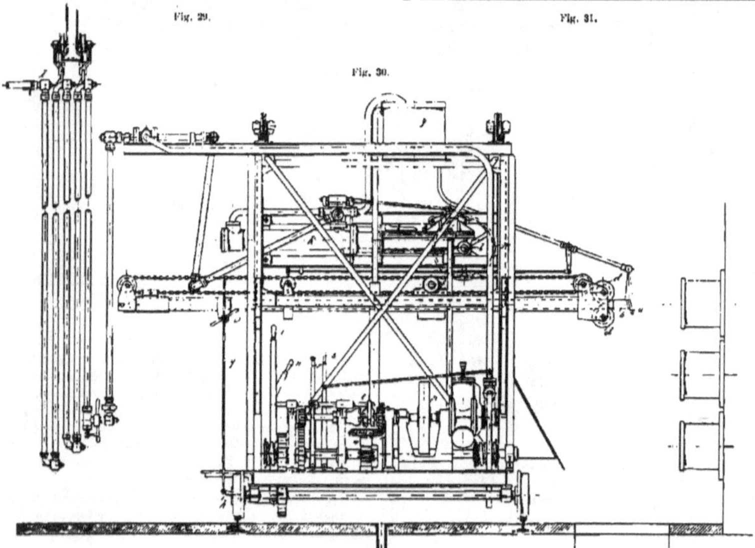

Steuerhebels n eingeleitet wird. Abgegrenzt wird dieselbe von der Maschine selbsttätig durch verstellbare Knaggen, welche gleichzeitig zum genauen Einstellen des Hubes dienen und so wirken, dafs sie die Geschwindigkeit des Kolbens an den Hubenden allmählich verlangsamen, dadurch die Massenkräfte der bewegten Teile ebenfalls allmählich vernichten und ein Beschädigen der Retorten durch Stöfse vollständig ausschliefsen.

Diese Einrichtung der Verstellbarkeit der Knaggen ist von grofser Bedeutung, da der Hub dem jedesmaligen Belag der Retorte mit Graphit entsprechend geregelt werden kann.

Die beschriebenen Teile: Kohlenbehälter und Mulde mit Antriebcylinder nebst dessen Steuerhebel sind gemeinsam in einem Rahmen untergebracht, der beiderseits an Ketten am Maschinengestell aufgehangen und an seinen vier Ecken geführt ist. Durch ein selbstsperrendes Schraubenwindwerk w kann der Rahmen, der Höhenlage der Retorten entsprechend, gehoben und gesenkt werden. An der Maschine angebrachte Marken erleichtern dabei das genaue, schnelle Einstellen.

Die gesamte Ladevorrichtung ist auf einem fahrbaren Untergestell aufgebaut, welches durch ein Laufwerk o bewegt wird.

Zum Heben und Senken wird die Bewegung der Motorwelle mittels der durch Handgriff s ausrückbaren Klauenkuppelung t auf das Kegelradgetriebe u, Schraube und Schneckenrad w die Windeltrommeln v übertragen, während bei Linksbewegung der Klaue t der Antrieb durch die Zahnradvorgelege des Laufwerks nach der Triebachse z des Untergestells geleitet wird und zum Fortbewegen der Lademaschine selbst dient.

Die Ziehmaschine (Fig. 30 u. 31) wird in ähnlicher Weise durch einen Wassermotor betrieben wie die Lademaschine. Die Hebevorrichtung für den Ziehhaken sowie der Antrieb für die Fortbewegung der ganzen Ziehmaschine erfolgt ebenso durch den Motor p, während für den Antrieb des Ziehhakens der eigene hochgelegene Arbeitscylinder k dient. Die verschiedenen Stellungen des Ziehhakens (1 bis 5, Fig. 26) werden durch die Kuppelung o, die Stange g und den Hebel i bewerkstelligt.

Der Arbeiter stellt sich zunächst durch Festklemmen der Kuppelung o den Haken, Stange g und Hebel i so ein, wie Fig. 27 zeigt. Läfst er den Hebel i sinken, so legt sich der Haken infolge seines Übergewichtes nach hinten nieder, etwa in Richtung der Mittellinie 1—1 (Fig. 26). Beim Ziehen drückt der Maschinenführer den Steuerhebel n nach vorn und leitet dadurch zunächst eine durch die Sicherheitsknaggen bedingte langsame Vorwärtsbewegung des Hakens ein, bis der Kopf desselben sicher in die Retorte eingedrungen und etwa in Stellung 1 gekommen ist. Innerhalb der Retorte kann der Arbeiter den Haken schnell laufen lassen. Von Stellung 1 bis 2 hat er den Hebel i nach rückwärts zu ziehen, damit der Hakenkopf an der Oberkante der Retorte entlang über die darin liegende Coke hinwegstreichen kann; darauf drückt er durch Hebel i den Haken nieder in Stellung 4, so dafs sich dieser, begünstigt durch sein jetzt nach vorn liegendes Übergewicht, hinter die Coke legen kann. Ein

Rückwärtslegen des Steuerhebels n veranlafst das Zurückbewegen des Hakens und somit ein Ausziehen der Coke. Dabei ist Hebel i bis zur Stellung 5 nach vorn zu drücken; wird er alsdann nachgelassen, so begibt sich der Haken von selbst wieder nach seiner Anfangsstellung 1 zurück. Bei nicht gleichmäfsig gefüllten Retorten wird sich der Haken nicht sogleich bis zum Retortenboden bewegen; die Cokeladung ist dann nach und nach durch wiederholtes Ziehen zu entfernen. Ebenso ist natürlich ein öfteres Ziehen bei kleinstückiger Coke nötig, weil zunächst ein Teil über den Hakenkopf in die Retorte zurückfällt. Das Abwasser sowohl der Motoren wie der Arbeitscylinder fliefst frei zwischen den Laufschienen, deren Köpfe mit dem Arbeitsflur eine Rinne bilden.

Der Arbeitscylinder der Ziehmaschine giefst sein Abwasser zunächst in den mit Überlauf versehenen Wasserbehälter y, aus dem ein Teil zur Kühlung von Hakenkopf und Stange abgeleitet wird.

Zum Betrieb der Anlage sind vier Mann erforderlich: je ein Führer für die Maschinen, ein Mann zum Öffnen der Retorten und Bohren der Steigerohre, und ein Mann zum Schliefsen der Cokeschächte, durch welche die Coke direkt nach unten in bereitstehende Wagen fällt, und zum Schliefsen der Retortendeckel.

Der Kohlentransport.

Von grofser Wichtigkeit für einen zweckmäfsigen Retortenhausbetrieb sind geeignete Einrichtungen für den Transport der Kohle vom Abladeplatz bis zur Ladung in die Retorte. Auch auf diesem Gebiete sucht man in neuerer Zeit die Handarbeit möglichst durch maschinelle Einrichtungen zu ersetzen.

Die einfachste und bequemste Anordnung bietet, wenn es die Höhenverhältnisse erlauben, eine Hochbahn, auf welcher die Eisenbahnwagen in die Kohlenschuppen derart befördert werden, dafs ihr Inhalt einfach ausgestürzt wird.

Wo dies nicht möglich ist, wird man zu hydraulischen Hebevorrichtungen greifen müssen.

Hierbei sind für Eisenbahnanschlufs zwei Wege gegeben. Entweder man hebt die Wagen im Ganzen auf ein höher liegendes Geleise, von welchem aus das Abstürzen erfolgt, oder man hebt die Kohle von dem Kohlenschuppen oder Kohlenlagerplatz aus mittels hydraulischer Aufzüge in kleineren Wagen auf eine in das Ofenhaus führende Hochbahn, von welcher aus ein Abstürzen der Kohle vor den Öfen stattfindet.

Die leeren Wagen werden auf gleichem Wege zurückbefördert und mittels des Aufzuges niedergelassen. Kommen die Kohlen zu Wasser an, so findet die Entleerung derselben mittels hydraulischer oder Dampfkrähne statt. Die Krähne haben Gefässe, welche im Kahn mit Kohlen gefüllt werden, und entleeren deren Inhalt in bereit stehende Wagen, welche auf Schienengeleisen weiter befördert werden.

Auch die Hochbeförderung von Coke auf Verladegeleise wird zweckmäfsig mittels hydraulischer Hebevorrichtungen ausgeführt.

Für die Beförderung so grofser Lasten reicht der übliche Wasserdruck nicht aus, da bei 3 bis 4 Atm. Wasserdruck der Wasserverbrauch zu grofs werden würde. Aufzüge der beschriebenen Art erhalten die zweckmäfsigsten Abmessungen bei Anwendung von mindestens 20, möglichst 50 Atm. Wasserdruck. Dieser Druck wird durch Anwendung von Kraftsammlern (Fig. 33) erzeugt. Mittels einer durch Dampf- oder auch durch Gaskraft betriebenen Pumpe wird der mit Gewichten etc. be-

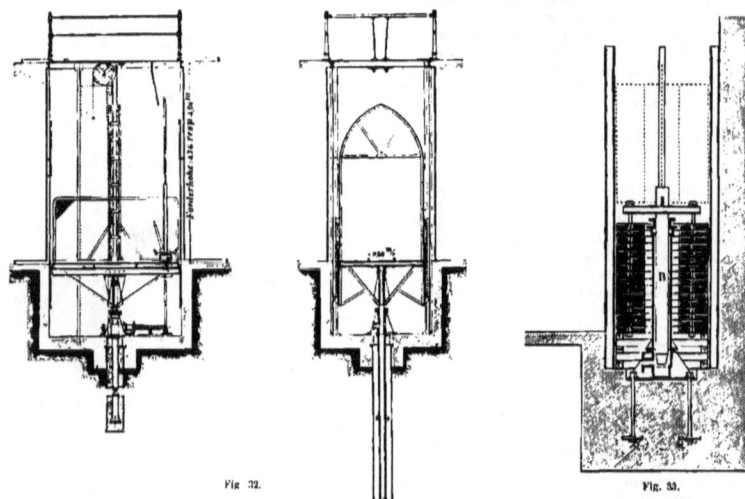

Fig. 32.   Fig. 33.

In Fig. 32 ist die Anordnung eines hydraulischen Aufzuges dargestellt, welcher ebenfalls für die neue Gasanstalt II Charlottenburg ausgeführt ist.

Die zu hebende Nutzlast beträgt 2000 kg. Die Hubhöhe 4,76 m resp. 4,00 m. Der zur Verfügung stehende Wasserdruck 50 Atm.

Der Kolbendurchmesser ist 105 mm.

Der Aufzug ist mit den üblichen Sicherheitsvorrichtungen versehen. Die Abschlufsklappen und Abschlufsstangen öffnen sich selbstthätig beim Hochgehen des Fahrstuhls und schliefsen sich selbstthätig beim Niedergehen des Fahrstuhls.

lastete Kolben B hochgetrieben. Beim Niedergehen des Kolbens giebt dieser das Wasser unter dem seiner Belastung entsprechenden Druck nach den Aufzügen, Krähnen u. s. w. ab. Der Wasserinhalt des Kraftsammlers wird so grofs genommen, dafs er für eine Reihe von Hüben der Aufzüge ausreicht. Hierdurch kann die Kraftleistung des die Druckpumpe betreibenden Motors wesentlich verringert werden.

Soi z. B. die Last von 1000 kg auf 6 m Höhe in 24 Sekunden zu heben, so ist die erforderliche Kraftleistung ohne Berücksichtigung der Reibungsverluste $\dfrac{1000 \text{ kg} \cdot 6 \text{ m}}{24}$ Sekundenkilogrammeter oder $\dfrac{1000 \cdot 6}{24 \cdot 75}$ Pferdekraft $= 3{,}33$ HP. Unter Berücksichtigung der Reibungsverhältnisse, Verluste u. s. w. würde man demgemäfs etwa einen fünf- bis sechspferdigen Motor zu nehmen haben. Da nun das Heben der Last immer nur zeitweise geschieht, so wird man, wenn der Kraftsammler Wasservorrat für eine Zahl von Hüben (etwa 4 bis 5) des Aufzuges hat, das Heben des Stempels mit Gewicht

Betriebsmaschine aus mittels Riemen betrieben, so mufs der Motor ständig laufen (bezw. es wird der Gasmotor nur in gröfseren Pausen abgestellt) und es verschiebt der Kraftsammler dann den Riemen von der Festscheibe auf die lose Scheibe und umgekehrt. Eine solch kleinere Anlage mit Gasmotorbetrieb für die Gasanstalt der Imperial-Kontinental-Gas-Association in Frankfurt a. M. ist in Fig. 34 dargestellt.

Sind die Kohlen mittels Rollbahnen in das Retortenhaus verbracht, so handelt es sich namentlich

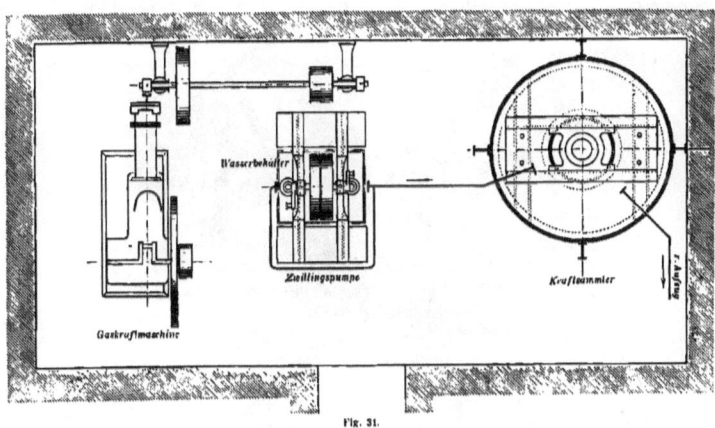

Fig. 31.

beim Kraftsammler auf längere Zeit verteilen können. Demgemäfs wird durch die geringere erforderte Geschwindigkeit beim Heben die nötige Kraft von 6 HP sich vielleicht auf 2 HP verringern lassen. Derartige Kraftsammleranlagen bieten daher den Vorteil gleichmäfsig verteilter Leistung über einen gröfseren Zeitraum hinweg und bedürfen demnach einer geringeren Motoren-Anlage. Der Kraftsammler stellt, wenn er in seine höchste Stellung kommt, selbstthätig den Motor ab und rückt ihn wieder ein, kurz ehe er in seine tiefste Stellung gelangt. Bei Dampfpumpen wird das selbstthätige Anlassen der Pumpen durch Anordnung von Zwillingsmaschinen ermöglicht. Wird die Pumpe durch Gasmotor oder von einer auch anderen Zwecken dienenden

lich bei Anwendung von Lademaschinen darum, die Kohlen zerkleinert in ein über der Lademulde angebrachtes Sammelgefäfs zu verbringen, von welchem aus sie unmittelbar in die Mulde fallen können. Zu diesem Zweck hat die Gasanstalt in Charlottenburg folgende Einrichtung getroffen:

Die in Höhe des Retortenhausflures ankommenden Kohlen werden in einen grofsen Kohlentrichter gestürzt, unter welchem sich im Kellerraum des Retortenhauses ein Gruson'scher Walzenkohlenbrecher befindet. Durch zwei Walzenpaare, die von einer stehenden Dampfmaschine durch Zahnradvorgelege angetrieben werden, wird die Kohle zu etwa Eigröfse zerkleinert und durch ein, von der Dampfmaschine mitbetriebenes Becherwerk nach einem grofsen über dem Arbeitsflur hängenden Kohlenbehälter befördert.

Der Inhalt dieses Kohlenbehälters ist für etwa 7000 kg Kohle bemessen, genügt also, die Ladung von 45 Retorten aufzunehmen. Der Behälter ist unten durch Schieber abgeschlossen, welche durch Hebel vom Arbeitsflur aus bewegt werden können. Von diesem Behälter aus werden unmittelbar die Behälter der Lademaschinen gefüllt.

Wenn alle diese neueren Einrichtungen wenigstens vorläufig noch den Eindruck des Komplizierten machen, und wenn auch noch abzuwarten ist, inwieweit mit diesen Bestrebungen gegenüber der Handarbeit billigere Betriebskosten erzielt werden, so sind dieselben doch freudigst zu begrüfsen, da sie einen Weg darbieten, um gerade den wichtigsten Betriebszweig der Gasbereitung von der menschlichen Arbeitskraft möglichst unabhängig zu machen.

Alle derartigen Anordnungen müssen sich natürlich den jeweiligen Verhältnissen der betreffenden Anstalten anpassen, und sind bei zweckmäfsiger Verwendung wohl geeignet, wesentliche Ersparnisse an Arbeitslöhnen herbeizuführen. Auch in anderen Zweigen des Betriebes, z. B. bei dem Beschicken und Entleeren der Reiniger mit Reinigungsmasse lassen sich mechanische Hebevorrichtungen mit Vorteil verwenden.

Da wo der Regenerierboden über oder unter dem Reinigungsraum liegt, oder wo mehrere Regenerierböden über einander liegen (Berlin, Leipzig u. s. w.), ergibt sich die Anwendung von Aufzügen oder Elevatoren von selbst. In der Gasanstalt III, Erfurt, ist der Regenerierraum unter dem Reinigerraum angebracht. Die Reiniger entleeren sich durch Stutzen mit Morton'schen Verschlüssen nach unten. Für die Hochbeförderung der Masse aus diesem Regenerierraum in den Reinigerraum ist ein Aufzug vorgesehen, an welchen sich Hängebahnen in der Weise anschliefsen sollen, dafs die in Körben hochbeförderte Masse auf diesen hängenden Geleisen über den betreffenden

Fig. 35.

Reinigerkasten geleitet und dort in den Kasten eingeschüttet wird.

Die Absaugung des Gases aus der Retorte.

Zur Absaugung des Gases aus der Retorte, und zur Aufrechterhaltung eines gleichmäfsigen dem Atmosphärendruck möglichst nahestehenden Druckes in derselben bedient man sich zweierlei Arten von Maschinen resp. Apparaten. Der Dampfstrahlsauger und der rotierenden Gassauger. Den letzteren liegt das Prinzip der Beale'schen Gassauger zu Grunde, der ältesten Konstruktionen in dieser Richtung, die sich heute noch mit einigen Abänderungen der allgemeinen Beliebtheit erfreuen. Die in den letzten Jahren mit Erfolg eingeführten

Die Absaugung des Gases aus der Retorte.

Verbesserungen erstrecken sich auf die Anbringung von drei anstatt zwei Flügeln, auf die Beseitigung der Riemenübertragung durch direkte Kupplung mit der Dampfmaschine und auf eine möglichst sorgfältige Regelung der Leistung des Gassaugers, resp. des Motors, je nach der Gaserzeugung. Fig. 35 stellt einen dreiflügeligen Gassauger dar, welcher direkt mit der Dampfmaschine gekuppelt ist, wie er von der Berlin-Anhaltischen Maschinenbau-Gesellschaft zur Ausführung gebracht wird.

Fig. 36 zeigt den Gassauger im Querschnitt.

stungsfähigkeit, wie untenstehende Zusammenstellung zeigt.

Bei den Gassaugern für Riemenbetrieb sind die Stufenscheiben so gewählt, dafs bei 80 Umdrehungen der treibenden Wellenleitung die Gegenstufenscheiben auf dieser genau denselben Durchmesser erhalten, wie die Stufenscheiben auf dem Gassauger. Die kleineren Stufen entsprechen dann einer Umdrehungszahl von 120 in der Minute, die mittlere einer solchen von 80 und die gröfseren einer solchen von 53.

Mit der gröfser werdenden Umdrehungszahl

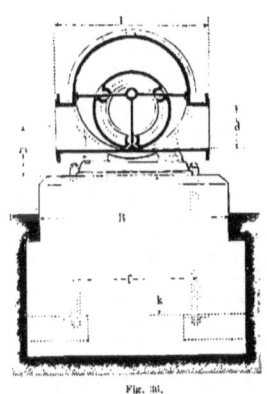

Fig. 36.

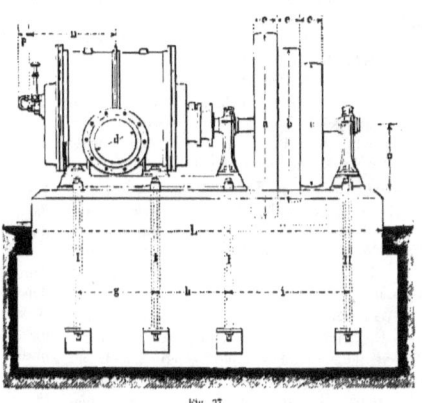

Fig. 37.

Die dreiflügeligen Gassauger arbeiten äufserst gleichmäfsig und ruhig und besitzen bei verhältnismäfsig geringen Dimensionen eine sehr hohe Leistungsfähigkeit wächst auch die Leistung des Gassaugers entsprechend. Es steht nichts im Wege, die Umdrehungszahl auch über 120 hinaus zu erhöhen.

Gassauger Nr.		0	1	2	3	4	5	6	7	8	9	10
Saugt in der Stunde (bei 80 Umdrehungen in der Minute) eine Gasmenge von .		85	135	205	300	500	760	960	1220	1500	2000	3000 cbm
Übliche Rohrweite	d	150	175	200	200	250	300	325	350	400	500	500 mm
Abstand der Flantschen . .	l	524	570	680	800	800	950	950	1000	1000	1200	1300 »
Länge des Fundamentes .	L	1250	1550	1700	1850	1900	1950	2100	2300	2400	2700	2900 »
Breite desselben .	B	640	800	800	850	900	950	1000	1100	1200	1300	1420 »
Stufenscheibe Durchmesser . .	a	450	486	558	624	660	756	810	900	980	1440	1500 »
	b	375	405	465	520	560	630	675	750	825	1200	1250 »
	c	300	324	372	416	440	505	540	600	660	960	1000 »
Breiten	e	80	90	100	110	120	130	140	150	160	180	200 »

Die Regelung der Gassauger.

Die Regelung der Saugwirkung der Gassauger kann in zweierlei Weise erfolgen. Entweder regelt man den Gang der treibenden Maschine nach dem jeweiligen Bedürfnis, oder man regelt den Druck im Saugrohr durch Herstellung einer Verbindung zwischen Saug- und Druckrohr, welche je nach dem Gange des Gassaugers selbstthätig mehr oder weniger geöffnet wird.

Diese beiden Regelungsarten unterscheiden sich durch ihre Wirkungsweise insofern, als durch die Regelung des Ganges der Maschine thatsächlich die Ursache des wachsenden oder sinkenden Druckes im Saugrohr beseitigt wird, während durch die Verbindung der beiden Rohre nur die Wirkung erzielt wird, dafs der Druck im Saugrohr nach Wunsch geregelt, ohne dafs die Ursache beseitigt wird, welche diese Regelung erforderlich machte (beispielsweise zu rascher Gang des Motors).

Diesen beiden Regelungsarten entsprechen:

1. Der Hahn'sche Regler, welcher den Gang der treibenden Maschine selbstthätig so regelt, dafs die Zahl der Umdrehungen des Gassaugers genau sich der zu fördernden Gasmenge anpafst und

2. Der Dessauer Umlaufregler, welcher durch Einstellung und Regelung des Umganges zwischen Saug- und Druckrohr es ermöglicht, im Saugrohr genau den gewünschten Druck zu halten.

Bei Betrieb mit Gasmotoren wendet man den Dessauer Umlaufregler allein an, da die Regelung der Umdrehungszahlen des Gasmotors ohnedies nur innerhalb enger Grenzen zulässig ist. Bei Betrieb mit Dampfmaschine dagegen empfiehlt es sich, beide Regelungsarten gemeinsam anzuwenden.

Der Hahn'sche Regler.

Wenn auch im Prinzip unverändert, so hat dieser Regler doch in der Konstruktion Verbesserungen erfahren, welche den Apparat empfindlicher machen. Das Wesen des Reglers bringt es mit sich, dafs die Bewegungen der Glocke nicht unmittelbar auf das Drosselventil der Maschine wirken, sondern dafs dieselben erst ein Wendegetriebe in Gang setzen, welches bewirkt, dafs die Verstellung der Drosselklappe durch eine von dem Gasdruck unabhängige Kraft, nämlich durch die Maschine selbst bewirkt wird. Es ist dies nicht etwa deshalb nötig, weil die Kraft des Gasdruckes für die Bewegung der Drosselklappe nicht ausreichen würde, sondern aus dem Grunde, weil die Stellung der Drosselklappe nach erfolgter Regelung bleibend sein mufs, während die Glocke in direkter Verbindung mit der Klappe dieselbe nach erfolgter Regelung sofort wieder in die frühere Lage mit zurücknehmen würde. Während bei dem gewünschten völlig gleichen Druck in der Retorte die Glocke des Reglers immer den gleichen Höhenstand einnehmen mufs, mufs der Stand der Drosselklappe je nach der hierzu erforderlichen Leistung des Gassaugers verändert werden. Der Regler kann also nur die Aufgabe haben, die Veränderung einzuleiten, während die Verstellung der Drosselklappe durch die Maschine selbst besorgt werden mufs. Die Einschaltung des Wendegetriebes erfolgte bei den Hahn'schen Reglern oft sehr langsam und bewirkte daher, dafs der Ausgleich der Druckschwankungen nicht rasch genug erfolgte.

Die Einschaltung des Wendegetriebes wird bei dem Hahn'schen Regler in der Weise besorgt, dafs die Hebung der Glocke die seitliche Einrückung einer Zapfenkuppelung ermöglicht. Da nun diese Kuppelung auch wieder ausgelöst werden mufste, so war bei den früheren Reglern die Einrichtung getroffen, dafs durch eine an dem Kegelrade befindliche Nase der Hebel nach jeder halben Umdrehung des Wendegetriebes beiseite geschoben und somit die Kuppelung ausgelöst wurde. Da kam es nun sehr oft vor, dafs diese halbe Umdrehung des Kegelrades zu einer entsprechenden Verstellung der Drosselklappe noch nicht genügte. Man mufste warten, bis von der Glocke aus ein neuer Anstofs erfolgte und wieder die Kuppelung für eine halbe Umdrehung der Kegelräder einschaltete. So dauerte es oft sehr lange bis die nötige Regelung erfolgt war. Um dem Übelstande abzuhelfen, ist bei der neuen Anordnung eine Einrichtung getroffen, welche die vorher erwähnten Nasen an den Rädern bei grofsen Druckschwankungen beseitigt, so dafs dann eine rasche Wirkung auf die Drosselklappe erzielt werden kann, welche dagegen die Nasen bei Minderung des Druckunterschieds wieder in Wirkung treten läfst. Diese Wirkung wird erreicht,

Der Hahn'sche Regler.

indem die Nasen durch den steigenden oder sinkenden Gasdruck zurückgezogen oder vorgeschoben werden.

Angenommen, der Gassauger gehe zu langsam und der Druck in der Vorlage steige, so wird (Fig. 38) die Schwimmerglocke gehoben und zunächst der Hebel a in eine schräge Lage gestellt. Die Federn m bezw. m_1, welche zwischen den Hebeln a und k angeordnet sind, werden hierdurch zusammengedrückt und schieben den Hebel k und somit die Ausrückmuffe i nach links, deren Stift in ein Loch des Lochkranzes der Nabe des Kegelrades c eingreift und somit die Drehung der Welle h bewirken wird, bis die Nase am Ringe r wieder die Auslösung bewirkt. Gleichzeitig werden durch Bolzen g, Verbindungsstange f und Hebel dd_1 die Ringe rr_1 den Hebelübersetzungen entsprechend nach links bewegt. Je größer die Druckschwankung ist, desto mehr werden die Federn m bezw. m_1 gespannt und desto weiter werden die Ringe rr_1 nach links verschoben. Die Dauer der Verbindung der Ausrückmuffe i mit dem Kegelrade c wird dem entsprechend eine größere sein und somit wird eine längere Zeitdauer für die Drehung der Welle h erzielt, wodurch eine stärkere Bewegung der Drosselklappe im Sinne des Öffnens erreicht wird. Dieses Zurückziehen des Ringes r mit der Nabe kann so weit ausgedehnt werden, daß die

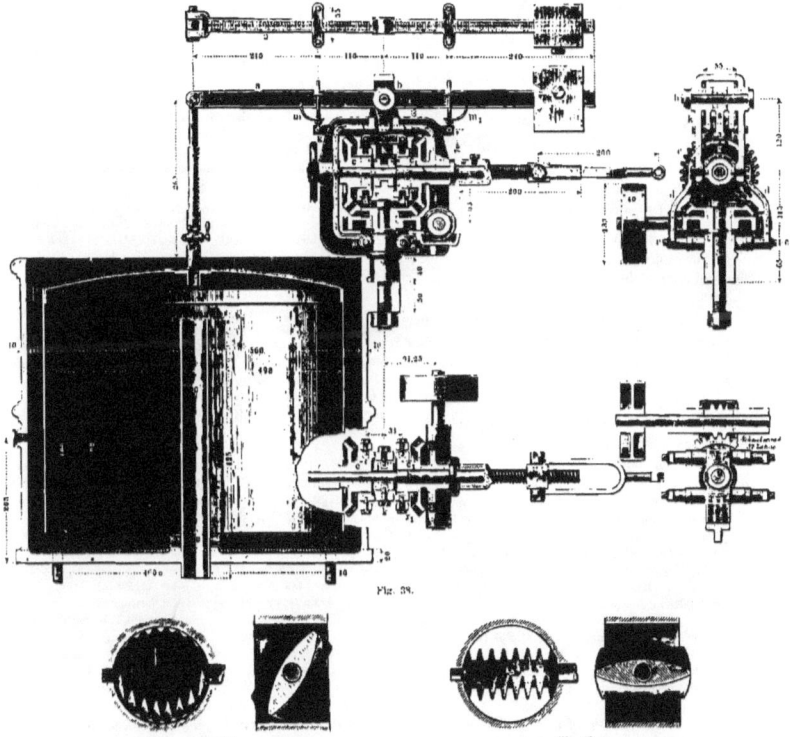

Fig. 38.

Fig. 39.   Fig. 40.

Masse *l* nicht eher ausgerückt wird, als bis eine entsprechende Druckabnahme erzielt ist.

Der Regler gleicht auf diese Weise plötzlich eintretende Schwankungen, gleichviel ob Unter- oder Überdruck, rasch und vollständig aus.

Aufser dieser Abänderung wurde der Hahn'sche Regler durch Vergröfserung der Dimension der Glocke, sowie durch andere Gestaltung der Drosselklappe empfindlicher gemacht. Fig. 39 und 40 zeigt die neue, behufs genauerer Einstellung des freien Durchgangsquerschnittes mit Rippen versehene Drosselklappe in Stellungen unter 45° und 90°.

Der Dessauer Umlaufregler.

Die Umlaufregler haben den Zweck, den Druck vor dem Gassauger, also in der Retorte, dadurch gleich zu halten, dafs sie einen entsprechenden Teil des Gases vom Ausgang des Saugers wieder zum Eingang zurücklassen und so bei gleicher Kraftleistung der Maschine die zu leistende Arbeit vermehren. Für die den Gassauger treibende Maschine bleibt demnach nur die Bedingung zu erfüllen, dafs der Gassauger mehr Gas fortschaffen kann, als zur Erhaltung des gewünschten Druckes in der Vorlage nötig ist. Der Dessauer Umlaufregler besitzt folgende Einrichtung:

In dem gufseisernen Gehäuse (Fig. 41 und 42), Unterteil *A*, dessen »Saugseite« mit dem Eingang und dessen »Druckseite« mit dem Ausgang des Gassaugers verbunden ist, sitzt ein ausgedrehter, von den oberen Umgangsöffnungen *u* und den unteren Rückströmungsöffnungen *r* durchbrochener Cylinder *B*. In diesem spielt, genau passend eingedreht, ein leichtes Ventil *D*, »Druckscheibe« genannt, welches durch eine Stange *C* mit einer schwimmenden Glocke fest verbunden und mit dieser an einer Schnur aufgelüngt ist. Die letztere geht über eine leicht bewegliche Rolle *F* und trägt als Entlastungsgewichte sowohl den an ihr befestigten Gewichtscylinder *G*, als auch die leicht abnehmbaren Tellergewichte *T*. Eine tiefe Wassertauchung schliefst das Innere der Glocke von der Aufsenluft ab.

So lange sich die Druckscheibe längs der Rückströmungsöffnungen *r* auf und ab bewegt, fliefst Gas von der Druck- nach der Saugseite zurück, so dafs eine Regelung des Druckes vor dem Gassauger stattfindet; sobald die Druckscheibe oberhalb der *u*-Öffnungen steht, ist der Umgang hergestellt und findet in umgekehrter Richtung ein Durchströmen statt, also von der Sauge- nach der Druckseite; solange aber die Druckscheibe in dem geschlossenen Cylinderteil zwischen den Öffnungen *r* und *u* steht, schliefst sie jede Gasverbindung nahezu völlig ab.

Die Glocke *E* hat genau denselben (inneren) Durchmesser wie die Druckscheibe *D* und beruht hierauf die vollständige Unabhängigkeit des Reglers von dem Druck hinter dem Gassauger, indem dieser Druck stets mit ebensoviel Querschnitt auf die Glocke nach oben wie auf die Druckscheibe nach unten wirkt; ihre feste Verbindung durch die Stange *C* hebt die beiden entgegengesetzten Druckkräfte in sich auf. Der Druck hinter dem Gassauger bewegt also weder Glocke noch Druckscheibe. Hingegen bewegt der Druck vor dem Gassauger die Druckscheibe mit den auf ihr lastenden Gewichten und stellt sich mit denselben ins Gleichgewicht; da aber das Eigengewicht sowie die Ausgleichgewichte und der Luftdruck auf die Glocke als ständig anzusehen sind, so ist es auch der sich mit denselben ins Gleichgewicht stellende Gasdruck vor dem Gassauger.

Die Druckscheibe stellt diese Gleichgewichtslage durch Veränderung der Rückströmungsöffnungen *r* selbstthätig her.

Der höchste Druck, bei dessen Überschreitung der Umgang ganz oben öffnen soll, wird durch den hohlen Gewichtscylinder *G*, welcher mit einem entsprechenden Bleigewicht im Innern versehen ist, ein- für allemal und zwar gewöhnlich auf +100 mm eingestellt.

Der niedrigste Druck, welcher von dem Gassauger bezw. in der Vorlage niemals unterschritten werden soll, wird durch Auflegen der Tellergewichte *J* eingestellt, beispielsweise auf ±0 oder auf einen die Tauchung teilweise aufhebenden Unterdruck. Ein Unterschreiten dieses Druckes ist nicht möglich, da die Druckscheibe die Rückströmungsöffnungen *r* stets so weit zur Rückströmung des Gases öffnet, bis die Druckscheibe mit dem eingestellten geringsten Druck im Gleichgewicht steht. Dagegen bewegt sich die Druckscheibe bei einem Überschreiten des geringsten Druckes sogleich in die Höhe und gelangt in den vollständig geschlossenen unwirksamen Teil des Cylinders, während bei der gleichzeitigen Abwärtsbewegung des Gewichtscylinders die Tellergewichte *T* auf der festen Stütze *K* zum Aufsitzen kommen. Bevor also der Druck unterhalb der Druckscheibe nicht um die Abhebung der Tellergewichte entsprechende Größe gewachsen ist und den Druck von 100 mm erreicht hat, welcher dem Gegengewicht des Gewichtscylinders entspricht, kann eine weitere Aufwärtsbewegung der Druckscheibe über den geschlossenen unwirksamen Teil des Cylinders und ein Öffnen der oberen Umlaufsöffnungen *u* nicht stattfinden. In dem Augenblick jedoch, wo der eingestellte höchste Druck von 100 mm überschritten wird, bewegt sich der Gewichtscylinder allein, ohne die Tellergewichte, schnell abwärts und wird der volle Umgang für das Gas frei.

In solchem Falle mufs jedoch, nachdem die Ursache des mangelhaften Gassaugens (z. B. plötzlicher Stillstand des Gassaugers) beseitigt ist, die schwimmende Glocke mit der Hand wieder nach unten gedrückt werden, was indes bei dem neuen Umlaufregler bedeutend leichter geschieht als bei den älteren Anordnungen, welche einen weit gröfseren Glockendurchmesser haben.

Um den Stand der Druckscheibe jederzeit von aufsen übersehen zu können, ist auf dem gufseisernen Gehäuse eine Schablone *S* in Form eines Blechcylinders angebracht, welcher

Der Dessauer Umlaufregler.

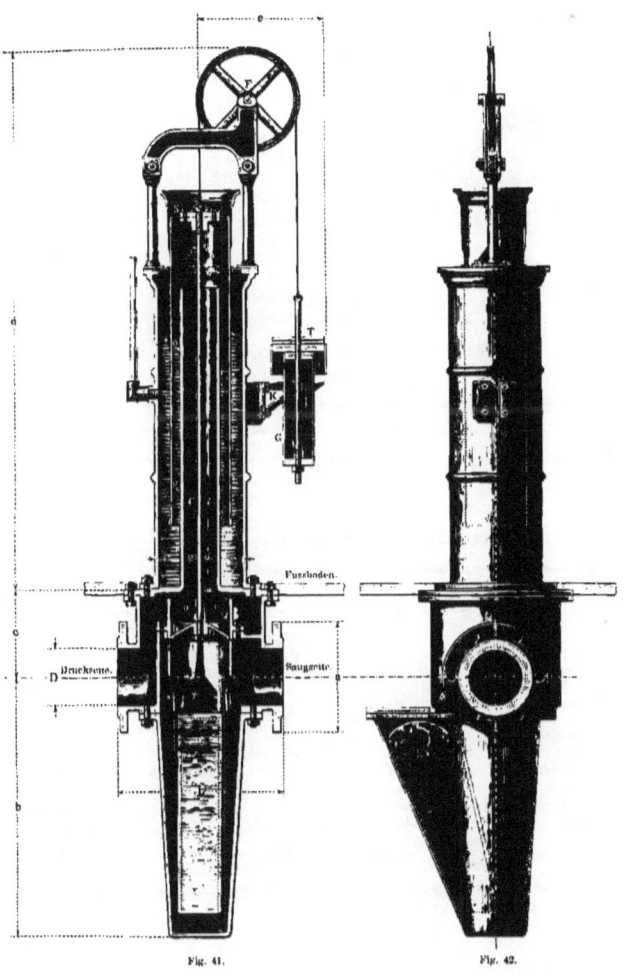

Fig. 41. Fig. 42.

die Öffnungen r, welche der Gasregelung dienen, in Ausschnitten von natürlicher Gröfse sichtbar macht und gleichzeitig die Höhe des unwirksamen geschlossenen Teils des Cylinders angibt. Die Dicke der Druckscheibe ist durch

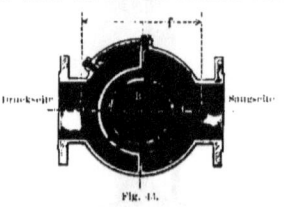

Fig. 43.

einen entsprechend breiten Strich an der oberen Kante der schwimmenden Glocke dargestellt, so dafs die Lage dieses Striches hinter den Ausschnitten der Schablone den Quer-

Die Wasserstandshöhe ist so zu halten, dafs sie sich während des Betriebes in der Höhe des festen Wasserstandszeigers hält. Eine Ablafsschraube dient zur gelegentlichen Erneuerung des Wassers.

Der Dessauer Umlaufregler regelt also den Gasdruck vor dem Gassauger, resp. in der Vorlage, völlig unabhängig von Druckschwankungen hinter demselben. Er eröffnet ferner bei plötzlichem Stillstand des Gassaugers, bzw. bei einem genau einzustellenden Überdruck in der Vorlage den vollen Umgangsquerschnitt, sicherer als dies mit den vielfach üblich Beipafsklappen geschieht.

Der Umlaufregler kann auch überall da angewendet werden, wo ein beliebig wechselnder höherer Druck an der entlasteten Seite des Apparates wirkt, während an der anderen Seite ein niedrigerer Druck in bestimmten Grenzen nach oben und unten

Städtisches Gaswerk, Nürnberg, den 4. August 1890.

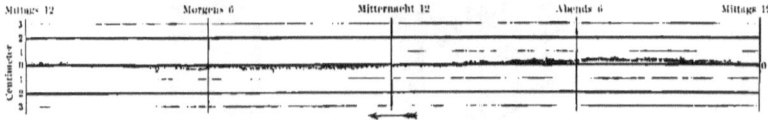

den 5. September 1890

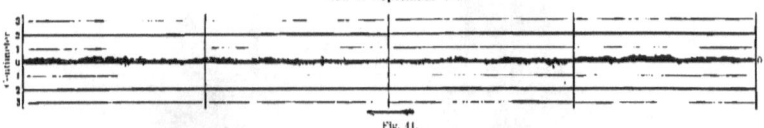

Fig. 44.

schnitt genau übersehen läfst, welcher bei der Druckregelung des Gases innerhalb des Apparates zur Zeit frei ist. Man stellt dieselbe gewöhnlich so ein, dafs die Oberkante der Glocke ungefähr 20 bis 30 mm unterhalb des geschlossenen Teils des Cylinders spielt und der Gassauger dabei auf der Vorlage den Druck 0 oder den gewählten Unterdruck hält. Letzterer hängt von der Höhe und Gleichmäfsigkeit der Tauchung ab und kann bei 40 mm Tauchung unbedenklich —20 mm betragen. Berücksichtigt man, dafs auf den meisten mittleren und kleineren Anstalten aus Vorsicht gewöhnlich +25 mm Druck auf der Vorlage thatsächlich gehalten werden, so entspricht hier die durch den Umlaufregler mit Sicherheit herzustellende Druckentlastung in den Retorten ungefähr 45 mm, d. i. bis zur Hälfte des Gesamtdruckes.

festgehalten werden soll, so z. B. in Verbindung mit den Gasbehälter-Ein- und Ausgängen, als selbstthätiger Umgang, um sicher zu verhindern, dafs durch falsche Schieberstellung das Gas vorübergehend von der Stadt abgesperrt werden kann.

Die Empfindlichkeit der Regelung ist eine sehr grofse und läfst sich namentlich durch gleichzeitige Anwendung des Dessauer Umlaufreglers und des Hahn'schen Reglers der Druck innerhalb weniger Millimeter constant halten, wie dies die beiden in Fig. 44 dargestellten Druckaufschreibungen des städtischen Gaswerks Nürnberg darthun.

V. Kapitel.
Die Reinigung des Gases.

Die Kühlung des Gases.

Die Temperatur des Rohgases im Steigrohr schwankt, wie im II. Kapitel angegeben, zwischen 140 und 220° und ist im allgemeinen um so höher, je mehr Wasserdämpfe mit dem Gase aufsteigen. Die erste Kondensation findet bereits in der Vorlage statt. Das Gas kühlt sich in derselben ab und scheidet hier teerichte und wässerige Produkte ab. Greville[1]) (Chemiker der Commercial Gas-Company in London) hat Teer an verschiedenen Stellen der Fabrikation, also auch den Vorlagenteer, auf seinen Gehalt an leichter Naphta untersucht. Es zeigte sich dabei folgendes: Je weiter entfernt von den Retorten die Teerproben genommen wurden, desto geringer ergab sich das spec. Gewicht, desto flüssiger wurde der Teer und desto höher stieg sein Gehalt an leichter Naphta, welche die für die Leuchtkraft wertvollen Bestandteile, Benzol und Homologe und Naphtalin enthält. Der Vorlagenteer war fast ganz frei von leichter Naphta; sein spezifisches Gewicht war 1,22; er ist sehr reich an freiem Kohlenstoff und an schweren Teerölen. Dieser Teer ist nicht nur an und für sich fast wertlos, sondern er gibt, wenn er nicht rasch aus der Vorlage abgeführt wird, auch Veranlassung zu Teerverdickungen in derselben. Aufserdem hat Greville nachgewiesen, dafs eine längere Berührung des Gases mit solchem Teer nur schädlich auf seine Leuchtkraft wirkt, indem derselbe bestrebt ist, Naphta aus dem Gase aufzunehmen.

[1]) Journ. f. Gasbel. 1880, S. 599.

Die Trennung des Gases von diesem Teer ist praktisch durch das darüber stehende Gaswasser bewirkt. Von den mit dem Gas in der Retorte sich entwickelnden Wasserdämpfen wird bereits in der Vorlage ein grofser Teil verflüssigt.

Die Temperatur des Gases, wenn es die Vorlage verläfst, fand Greville zu 54° C.

Die Aufgabe der Kondensation besteht darin, das Gas bis auf die durchschnittliche Lufttemperatur so abzukühlen, dafs die lichtgebenden Bestandteile dem Gase möglichst erhalten bleiben, dafs aber keine nachträgliche Abscheidung von Dämpfen in dem Rohrnetz eintritt.

Die Kühlung erstreckt sich nicht nur auf eine Abkühlung des heifsen Leuchtgases an und für sich, sondern namentlich auf die Wegnahme derjenigen Wärmemengen, welche bei Verdichtung der Wasser- und Theerdämpfe frei werden. Diese Wärmemenge ist eine ziemlich bedeutende. Eine ungefähre Berechnung ist auf Grund folgender Annahmen von Lürmann[1]) gemacht.

Eine Gasretorte, welche 700 kg Kohlen in 24 Stunden entgast, entwickelt pro 1000 kg Kohle etwa 300 cbm Gas; zusammen also 210 cbm in 24 Stunden. 1 cbm Gas wiegt etwa 0,52 kg. Die Tageserzeugung einer Gasretorte an Gas wiegt dann 109,2 kg. Wenn die Temperatur des Leuchtgases beim Eintritt in den Kühlraum 85° C. und

[1]) Lürmann, über Kühl- und Waschräume für Gase etc. Stahl & Eisen 1884, Januarheft und Journ. f. Gasbel. 1884, S. 633.

die spez. Wärme desselben 0,26 ist[1]), dann führt dasselbe, bis auf 15° C. abgekühlt, dem Kühlmittel in einem Tage $109,2 \times (85-15) \times 0,26 = 1987,4$ Kal. zu, wodurch 36,1 kg Kühlwasser von 15 auf 70° C. erwärmt werden. Auf 100 cbm Gas würde das 17,2 kg Kühlwasser ergeben.

Gleichzeitig mit dieser Gasmenge wird aber aus 700 kg Kohlen auf 210 cbm Gas 70 kg Wasserdampf entwickelt, zu dessen Verdichtung etwa 42 000 Kal., also mehr als das Zwanzigfache des für das Gas allein berechneten Wertes, durch Kühlung fortzunehmen sind. Wenn wir nun annehmen, was mit den Thatsachen übereinstimmt, dafs vor dem Eintritt in die eigentlichen Kühlräume, die Kondensatoren, ein erheblicher Teil des Wasserdampfes bereits abgeschieden ist, und dafs dieser Teil die Hälfte des gesamten Wasserdampfes ausmache, so stellt sich die zur Kühlung zu entziehende Wärmemenge auf ca. 21 000 Kal. Dazu die oben für die Abkühlung des Gases berechneten ca. 2000 Kal., ergibt eine Wärmemenge von rund 23 000 Kal., oder für 100 cbm 10 950 Kal. Behält man im Auge, dafs in der Praxis die zulässige Erwärmung des Kühlwassers 30° kaum überschreitet, so erhält man einen Kühlwasserbedarf von 360 kg für 100 cbm Gas, was mit der Erfahrung übereinstimmt.

Berechnung der Kühlflächen.

Perissini[2]) hat eine genaue Berechnung der Kühlflächen aufgestellt; derselben werden folgende Annahmen zu Grunde gelegt:

Es kann angenommen werden, dafs das Gas im Kühler mit Wasserdampf gesättigt sei, aufserdem Teerdämpfe und noch mechanisch beigemengtes Wasser und Teer in Bläschenform enthalte.

Bestimmen wir vorerst die spezifische Wärme des Gases nach seinem Austritte aus dem Kühler. Das spezifische Gewicht des Gases werde hierbei zu 0,5 angenommen, und da das Produkt aus dem spez. Gewichte und der spez. Wärme eines Gases oder Gasgemenges nahezu konstant

[1]) Diese Annahme Lürmann's ist für Steinkohlengas etwas zu nieder. (D. Verf.)
[2]) Journ. f. Gasbel. 1880, S. 568.

und ungefähr gleich 0,24 ist, so ergibt sich die spez. Wärme des Leuchtgases

$$\frac{0,24}{0,50} = 0,48$$

d. h. 1 kg Gas mufs, damit es um 1° C gekühlt werde, 0,48 Kal. abgeben.

Nehmen wir nun an, dafs jedes kg Gas bei seinem Austritte aus dem Kühler noch aufserdem enthalte:

an mechanisch beigemengtem Wasser 0,09 kg
» Teer 0,10 »

so ergibt sich:

die zur Kühlung des Wassers um 1° nötige Wärmemenge zu . . . . . . 0,09 Kal.
die zur Kühlung des Teers um 1° nötige Wärmemenge zu ungefähr . 0,03 Kal.

Somit ist die konstante Wärmemenge a, welche notwendig ist, um 1 kg Gas während seines Weges durch den Kühler um 1° zu kühlen:

$$a = 0,48 + 0,09 + 0,03 = 0,6 \text{ Kal.}$$

Zu dieser konstanten Wärmemenge kommt noch eine mit der Temperatur des Gases T veränderliche hinzu, welche aus folgenden Teilen besteht.

1. Aus einem Teile, welcher dem Wasserdampf entzogen werden mufs, um seine Verdichtung zu Wasser zu bewirken. Dieser Teil ist der allergröfste.

2. Ein zweiter Wärmeanteil mufs entfernt werden, um die Teerdämpfe zu verdichten.

3. Ein dritter Wärmeanteil mufs endlich entzogen werden, um die Abkühlung des noch im Kühler zur Ablagerung gelangenden, mechanisch beigemengten Wassers und Teeres zu ermöglichen.

Nach angestellten Berechnungen kann angenommen werden, dafs die Wärmemenge, welche notwendig ist, um zwischen 10° und 60° den in 1 kg Gas vorhandenen gesättigten Wasserdampf um 1° zu kühlen, resp. zu verdichten, nahezu proportional mit der Temperatur zunehme, und gleich $0,054\ T$ gesetzt werden könne. Macht man noch einen Zuschlag wegen der Punkte 2 und 3, bei welch letzterem der Einfachheit halber angenommen wird, dafs auch die Intensität der mechanischen Ausscheidung mit der Temperatur proportional zunehme, so ergibt sich die ganze veränderliche Wärmemenge

$$\beta T = 0,06\ T.$$

Schliefslich erhält man die gesamte Wärmemenge p, welche nothwendig ist, um 1 kg von Wasser und Teer gereinigten Gases im Kühler um 1° zu kühlen

$$p = \alpha + \beta T$$

Die Konstanten α und β differieren natürlich für das aus verschiedenen Kohlensorten hergestellte Gas, doch werden diese Unterschiede, wenn man annimmt, dafs alle Gase mit Wasserdampf gesättigt seien, nicht erheblich ausfallen. Im allgemeinen kann hiebei $\alpha = 0,6$ und $\beta = 0,06$ angenommen werden. Für die Berechnung der erforderlichen Flächen der verschiedenen Kühlapparate stellt Perissini folgende Formeln auf:

1. **Der einfache Luftkühler.**

Es bedeute:

T_0 die Temperatur des eintretenden Gases,
T_1 » » » austretenden Gases,
Θ » » der äufseren Luft,
G das Gewicht des Gases, welches pro Stunde durch den Kühler geht in kg,
c den Transmissionskoeffizienten, welcher angibt, wieviel Kalorien pro Stunde und qm Kühlfläche bei 1° C. Temperaturdifferenz hindurchgehen,
F die Fläche des Kühlers in qm.

Die Kühlfläche ergibt sich nach folgender Formel:

$$F = \frac{G}{c}\left[(\alpha + \beta\Theta)\,2{,}3\log\frac{T_0 - \Theta}{T_1 - \Theta} + \beta(T_0 - T_1)\right]$$

Beispiel.

Der Koeffizient c kann sehr einfach durch einen Versuch bestimmt werden, indem man an bestehenden Apparaten alle Gröfsen mit Ausnahme von c wirklich bestimmt und c daraus berechnet.

Wir setzen in Ermanglung einer passenden Angabe $c = 7$, welcher Wert eigentlich nach Redtenbacher für die Wärmetransmission von Luft durch Eisenblech zur Luft gilt.

Es sei gegeben $T_0 = 55°$
$T_1 = 15°$
$\Theta = 14$.

Man berechne die zur Kühlung von je 1000 cbm Gas in 24 Stunden nötige Kühlfläche F.
Der Produktion entsprechen ungefähr
$G = 27$ kg Gas pro Stunde;
man erhält somit nach obiger Formel

$$F = \frac{27}{7}\left[(0{,}6 + 0{,}06 \times 14)\,2{,}3\log 41 + 0{,}06 \times 40\right] = 30\,\text{qm}.$$

2. **Der ringförmige Luftkühler.**

Es bedeute

F_1 die Fläche ⎫ des äufseren Cylinders
c_1 den Transmissions- ⎬ inkl. der Verbindungs-
koeffizienten ⎭ röhren und der Bodenflächen,

F_2 die Fläche ⎫
c_2 den Transmissions- ⎬ des inneren Cylinders,
koeffizienten ⎭

m die Verhältniszahl zwischen den beiden Flächen, so dafs: $F_2 = m\,F_1$ ist.

Die Kühlfläche ist:

$$F_1 = \frac{G}{c_1 + m\,c_2}\left[(\alpha + \beta\Theta)\,2{,}3\log\frac{T_0 - \Theta}{T_1 - \Theta} + \beta(T_0 - T_1)\right]$$

Beispiel.

Es sei gegeben: $T_0 = 55°$
$T_1 = 15°$
$\Theta = 5°$
$m = 0{,}5$

$$F_1 = \frac{27}{7 + 0{,}5 \times 9}\left[(0{,}6 + 0{,}06 \times 5)\,2{,}3\log 5 + 0{,}06 \times 40\right] =$$
$$= 9\,\text{qm}$$
$F_2 = 0{,}5\,F_1$ . . . $= 4{,}5\,\text{qm}$
die gesamte Fläche $F_1 + F_2$. $= 13{,}5\,\text{qm}$

Der Wasserkühler.

Es sei t_1 die Temperatur des eintretenden Wassers
t_0 „ „ „ austretenden „
F_1 die Wasserkühlfläche
Q das Gewicht des pro Stunde nötigen Wassers in kg
a eine aus der folgenden Formel für F_1 durch Versuch zu bestimmende Konstante, dann berechnet sich:

$$F_1 = \frac{a \cdot G \cdot p\,(T_0 - T_1)}{(T_0 - t_0)(T_1 - t_1)}$$

oder

$$t_0 = T_0 - \frac{a\,G\,p\,(T_0 - T_1)}{F_1\,(T_1 - t_1)},$$

ferner berechnet sich Q nach der Gleichung

$$Q = \frac{G \cdot p \cdot (T_0 - T_1)}{t_0 - t_1}.$$

Beispiel.

Es sei gegeben: $T_0 = 55°$
$T_1 = 15°$
$t_1 = 12°$
$a = 0{,}2$

F_1 werde zu 10 qm angenommen, wie grofs ist Q?

Zunächst ist $t_0 = 55 - \frac{0.2 \times 27 \times 2.7 \times 40}{10 \times 3} = 35.6°$
und sodann
$Q = \frac{27 \times 2.7 \times 40}{20.6} = 124$ kg pro Stunde
oder 3 cbm pro 24 Stunden.

Die Kondensationsvorgänge.

An die Kondensationsvorgänge haben sich viele Hypothesen geknüpft. Früher hatte man die Ansicht, dafs es zweckmäfsig sei, das Gas möglichst lange mit dem abgeschiedenen Teer in Berührung zu lassen, einmal weil man annahm, dafs das Gas aus dem Teer immer noch einen Teil der leichten Öle wieder aufnehmen könne, dann aber auch, weil man gefunden zu haben glaubte, dafs der Teer selbst noch bei gewöhnlicher Lufttemperatur die Fähigkeit besitze, den Schwefelkohlenstoff zu absorbieren, eine Ansicht, welche namentlich von englischen Fachleuten vertreten wurde. Diese Annahme hat sich als unstichhaltig erwiesen. Dafs der Teer, welcher sich in der Vorlage abscheidet, geradezu die leichten Öle aus dem Gase absorbiert und so die Leuchtkraft des Gases verringert, geht aus vielen Versuchen hervor.

Sehr deutlich spricht sich dies in Zahlen aus, welche Grahn aus dem Betriebe der Gasanstalt in Essen[1]) mitteilt. Derselbe schreibt:

Meine Retortenhäuser liegen 50—60 m von dem Reinigungshause entfernt, und es geht das Gas durch 3 Leitungen bis zu diesem Gebäude. Ich habe jetzt an jeder der Vorlagen unterhalb durch ein S-Rohr den Teerabflufs von der einen Kopfseite aus herstellen lassen, und es tritt das Gas von der anderen Kopfseite aus durch die früheren Rohre, an deren Eintritt der Teer durch einen unten eingelegten Blechstreifen zurückgestaut wird. Früher gingen Teer und Gas zusammen bis zum Reinigungshause; seit dem 3. November wird das Gas allein abgeführt und der in den Vorlagen niedergeschlagene Teer ebenfalls.

Die Lichtstärke betrug vom Juli bis Anfang November 10,8 bis 11,4 Kerzen bei genau derselben Kohle und unter sonst gleichen Verhältnissen war sie nach Trennung von Gas und Theer

am Novbr.	4	5	6	7	8	9	10	11	12
Kerzen	12,9	12,9	13,5	13,5	14,5	14,3	14,0	14,5	15,0

Sommerville[2]) fand, dafs der dicke Teer von 1,275 spec. Gew. die Leuchtkraft des Gases

um 25 % verringern könne. Wenn diese Seite der Frage somit kaum einen Zweifel darüber aufkommen läfst, dafs die schweren Teeröle der Leuchtkraft des Gases nachteilig sind, indem sie die leichten Kohlenwasserstoffdämpfe aus dem Gase aufnehmen[1]), so blieb doch noch die andere Seite der Frage offen, inwieweit nämlich die im Teer enthaltenen leichten Öle ins Gas übergeführt werden können. Diese Verhältnisse wurden von Greville näher studiert.[2]) Er bestimmte den Gehalt des Teers an leichter Naphta und den Leuchtwert der Letzteren für das Gas. Seine Analysen ergaben jedoch, dafs man durch Überführung der sämtlichen Naphta aus dem Teer in das Gas, die Leuchtkraft nicht einmal um 1 Kerze engl. erhöhen könnte.

Trotzdem wurden mehrere Apparate zu den Zwecke konstruiert, um die leichten Kohlenwasserstoffe aus dem Teer in das Gas überzuführen.

Diese Apparate[3]), unter denen der »Analyzer« von Aitken und Young und der von St. John hervorzuheben sind, haben eine derartige Einrichtung, dafs Teer und Gas zusammen von der Vorlage her zugeführt, und in dem Apparat so warm wie möglich gehalten, unter Umständen sogar noch eigens erhitzt werden, um den schweren Kohlenwasserstoffen Zeit und Gelegenheit zur Abscheidung zu geben, während die leichte Naphta möglichst lange mit dem Gase in Berührung bleibt und so vom Gase möglichst absorbiert wird.

In Frankreich verfolgte Cadél[4]) dasselbe Prinzip mit seiner sog. »warmen Kondensation«. Wir haben dieser Einrichtung schon bei Besprechung des Naphtalins Erwähnung gethan, da dieselbe auch gleichzeitig ein Mittel gegen die Abscheidung von Naphtalin im Strafsenrohrnetz sein soll. Es sind günstige Erfahrungen von Salzenberg[5]) mit diesen Apparaten gemacht worden, doch dürfte deren Wirkung weniger in der Aufnahme von leichten Teerölen, als in der langsam erfolgenden Temperaturerniedrigung zu suchen sein. Eine solche ist näm-

---

[1]) Schon im Jahre 1867 hat Bowditch in seinem Werke »The analyses, technical valuation, purification and use of coal gas« darauf aufmerksam gemacht.
[2]) Journ. f. Gasbel. S. 599.
[3]) St. John. Journ. f. Gasbel. 1881, S. 633.
[4]) Cadél: Compte rend. du septième congrès de la société techn. de l'industrie du gaz à Paris 1880. Auch Journ. f. Gasbel. 1880, S. 636.
[5]) Journ. f. Gasbel. 1884, S. 814.

---
[1]) Journ. f. Gasbel. 1880, S. 702.
[2]) Journ. f. Gasbel. 1880, S. 635.

lich nötig, um die Abscheidung des Naphtalins gründlich zu bewerkstelligen und damit einer Abscheidung desselben im Rohrnetz vorzubeugen. Es wurde gezeigt, dafs es von grofser Wichtigkeit ist, das Gas langsam zu kühlen, weil bei zu rascher Kühlung sich die dampfförmigen Kohlenwasserstoffe in Form von Nebeln abscheiden.

Hempel[1]) bemerkt hierüber:

»Die Abscheidung des Naphtalins ist besonders schwierig, weil dasselbe ein fester Körper von hohem Siedepunkt ist. Naphtalin schmilzt bei 79,2° und siedet bei 218°. Es ist dies der Grund, warum das Naphtalin bei seiner Verdichtung in der Form von Staub auftritt, welcher sich aufserordentlich schwer beseitigen läfst.

Es ist bekannt, dafs man einen Luftstrom, welcher mit Nebeln von Schwefelsäureanhydrit beladen ist, durch mehrere Waschflaschen leiten kann, ohne dafs die Dämpfe verschwinden; obgleich das Schwefelsäureanhydrit in der enormsten Weise von Wasser absorbiert wird, findet doch keine Entfernung statt. Ähnliches Verhalten zeigt das Naphtalin.

Es fragt sich nun, wie läfst sich der staubförmige Zustand des Naphtalins vermeiden. Sieht man sich nach analogen Erscheinungen um, so liegt die Thatsache vor, dafs an den warmen Sommertagen in den Thälern sich niemals Nebel bilden, sondern bei Temperaturerniedrigungen das Wasser als Regen in grofsen Tropfen herunterfällt, hingegen scheidet sich an kalten Tagen im Winter oder auf den Schneeregion nahen Bergspitzen auch im Sommer, das Wasser als Nebel ab, der nicht zu Boden fällt, sondern wie das Naphtalin im Gase oder das Schwefelsäureanhydrit in der Luft schweben bleibt.

Es liegt ferner die Thatsache vor, dafs bei der Zinkgewinnung am Anfang der Destillation in den Vorlagen Zinkstaub auftritt; später, wenn die Vorlagen durch die Destillation heifs geworden sind, wird flüssiges Zink in grofsen Tropfen gewonnen.

Bei der Destillation des Schwefels entsteht in kalten Kondensationskammern Schwefelblume, d. i. Schwefelstaub, in heifsen hingegen tropfenförmiger flüssiger Schwefel.

Diese Betrachtungen lehren, dafs Dämpfe sich als Staub ausscheiden, wenn die Temperaturdifferenz

[1]) Protokoll der 34. Hauptversammlung des Vereins sächsisch-thüring. Gasfachmänner in Dresden 1890.

zwischen Siedepunkt der Körper und Abkühlungstemperatur sehr grofs ist. Der Staub läfst sich schwer entfernen.

Für die Naphtalinabscheidung folgt hieraus, dafs es zweckmäfsig sein wird, das Leuchtgas ganz langsam bis auf 79,2° zu kühlen.«

Eine genügend grofse Kühlvorrichtung, anfänglich mit Luft, dann mit Wasser, welche dem Gase die nötige Ruhe bei allmählicher Abkühlung bietet, wird für alle Anforderungen das beste und einfachste und gleichzeitig auch das gründlichste Mittel sein, um Naphtalinabscheidungen im Rohrnetz dadurch zu verhüten, dafs dasselbe von Anfang an, soweit wie nur möglich, aus dem Gase entfernt wird.

Die Waschung des Gases.

Wenn schon durch die Kühlung die Abscheidung des Teers und Gaswassers nebst einem Teil der darin löslichen Salze bewirkt wird, so ist doch noch eine weitergehende Reinigung des Gases von diesen Bestandteilen nötig, welche meist durch eine Waschung mit Gaswasser und reinem Wasser bewerkstelligt wird. Diese Waschung soll so geleitet sein, dafs hinter diesen Apparaten das Gas vollkommen ammoniakfrei ist. Es läfst sich dies am zweckmäfsigsten dadurch erreichen, dafs man nach und nach ein ammoniak-ärmeres Wasser und schliefslich reines Wasser zum Waschen verwendet. In Köln, wo eine sehr ausgiebige Waschung durch 8 Wascher stattfindet, ermittelte Knublauch die Ammoniakabscheidung in kg pro Kubikmeter Gaswasser wie folgt:

Vorlage	Kühler	Wäscher	II	III	IV	V	VI	VII	VIII
10,0	36,0	32,0	30,0	27,0	30,0	13,7	10,5	5,6	1,8 kg NH3

Von der Kühlanlage bis zum siebenten Wascher nimmt die Aufnahme ab, von 36 bis 5,6 kg und fällt rasch im achten Wascher, so dafs hier im Wasser nur noch 0,18 % NH3 enthalten sind. Der Ammoniakgehalt mufs hier ein sehr geringer sein, da das hier auflaufende reine Wasser die letzten Reste von NH3 fortnehmen soll, so dafs das Gas den letzten Wascher sozusagen ammoniakfrei verläfst. Überschreitet der Gehalt an Ammoniak vor der Eisenreinigung einige gr pro 100 cbm Gas, so können daraus Nachteile erwachsen. Einmal geht

[1]) Journ. f. Gasbel. 1883, S. 440.

dieses Ammoniak der Gewinnung aus dem Gaswasser verloren. Dann verunreinigt es, falls es nicht von der Eisenreinigung zurückgehalten wird, das Gas, wirkt zerstörend auf die Gasmesser und tritt in den Verbrennungsprodukten auf. Wird es aber von der Reinigungsmasse aufgenommen, so beeinträchtigt es die Bildung von Ferrocyan resp. Berlinerblau in der Masse, wie dies neuerdings als erwiesen gilt. Außerdem ist zu bedenken, daß wir gerade dem Ammoniak als Basis im Gas die selbsttätige Entfernung eines Teils der Säuren (Schwefelwasserstoff und Kohlensäure) aus dem Gase verdanken, so daß jeder Verlust an Ammoniak somit auch indirekt von Nachteil für die Leuchtkraft des Gases ist. Wo es daher nur irgend angeht, sollte das Waschen des Gases so vorgenommen werden, daß dasselbe völlig frei von Ammoniak in die trockene Reinigung tritt.

Wir haben gesehen, daß die Ammoniakausbeute aus den gebräuchlichsten Kohlentypen sich zwischen 0,094 und 0,28 % der Kohle bewegt (s. folg. Tab.)

Gleichzeitig mit den 2,40 kg Ammoniak wurden abgeschieden: 2,10 kg Kohlensäure und 0,42 kg Schwefelwasserstoff, oder pro 100 cbm Gas 140 g oder 90 l Schwefelwasserstoff und 700 g oder 360 l Kohlensäure. Man sieht, daß an Gewicht die beiden Säuren zusammen genommen ebensoviel betragen, wie das gesamte abgeschiedene Ammoniak.

Von der gesamten Kohlensäure wurden durch die nasse Reinigung nahezu 22%, von dem gesamten Schwefelwasserstoff etwas über 12% abgeschieden.

Läßt man nach dem Gegenstromprinzip dem Gase reines Wasser entgegenlaufen, so daß das reinste Gas mit dem reinsten Wasser in Berührung kommt, so nimmt, wenn wir mit dem Gase von der Vorlage angefangen, fortschreiten, die Absorption des Schwefelwasserstoffes im Verhältnis zu der der Kohlensäure stetig zu. Absolut genommen bleibt die Absorption des Schwefelwasserstoffs immer ziemlich gleich, während die der Kohlensäure anfangs am stärksten, später bedeutend abnimmt.

	Kohle						
	schlesische	westfälische	böhmische	englische	Saar-	sächsische	Platten-	Braun-
% der Kohle	0.284	0,248	0,237	0,189	0,188	0,094	0,221	0,129
entsprechend kg schwefelsaures Ammoniak pro 1000 kg Kohle	11,36	9,92	9,48	7,56	7,52	3,76	8,84	5,16

Bei vollkommener Waschung des Gases muß also die gesamte Ammoniakmenge im Gaswasser zu finden sein, resp. bei vollständiger Gewinnung obige Mengen an schwefelsaurem Ammoniak ergeben.

In Köln, wo der Betrieb sehr sorgfältig kontrolliert wird, ergaben sich pro 1000 kg westfälischer Kohle an sämtlichen Produkten:

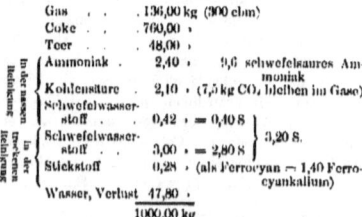

Knoblauch hat auf der Kölner Anstalt den Gang der Absorption durch 9 Apparate hindurch untersucht, und fand, daß pro 1 cbm Gaswasser folgende Mengen Schwefelwasserstoff und Kohlensäure abgeschieden wurden:

Kühler Wascher	I	II	III	IV	V	VI	VII	VIII	
	4,8	10,5	9,2	9,8	11,8	7,6	6,9	4,7	Spuren kg SH₂
	36,9	25,4	26,0	20,2	20,6	7,6	2,9	0,7	Spuren kg CO₂

Aus diesen Zahlen geht hervor, wie wichtig eine gute Waschung des Gases für die Absorption des Schwefelwasserstoffs und der Kohlensäure ist, welche um so vollständiger sein wird, je gewissenhafter das Ammoniak bis auf seine letzten Spuren entfernt wird.

Allgemeine Regeln über die Wirkung der nassen Reinigung aufzustellen, ist deshalb unmöglich, weil einmal die im Rohgas enthaltenen Stoffe in sehr verschiedenen Mengen auftreten, und auf einer Anstalt die Mengen oft innerhalb eines Tages sehr

Die Kühler. 81

schwanken. Die Hauptsache ist, das Ammoniak mit Aufwand von möglichst wenig reinem Wasser zu entfernen, und auf diese Weise ein möglichst starkes Gaswasser zu erzielen. Die hierzu dienenden Apparate sind in neuerer Zeit bedeutend vervollkommnet worden und sollen später beschrieben werden.

Die Kühler.

Die Apparate, soweit sie sich auf die Kühlung des Gases erstrecken, sind insoferne verbessert worden,

Das innere Rohr kann durch Wasser oder durch Luft gekühlt werden. Die Kühlfläche kann man für 100 cbm Gasdurchgang in 24 Stunden etwa zu 1,8 qm bei Mitbenutzung von innerer Wasserkühlung rechnen. Durch die Zickzackform des Mohr'schen Kühlers soll aufser einer Vergröfserung der kühlenden Oberfläche auch noch der Vorteil erreicht sein, dafs infolge der beständigen Richtungsänderung und der hierdurch erzielten Stofswirkung die Ausscheidung des Teers befördert wird.

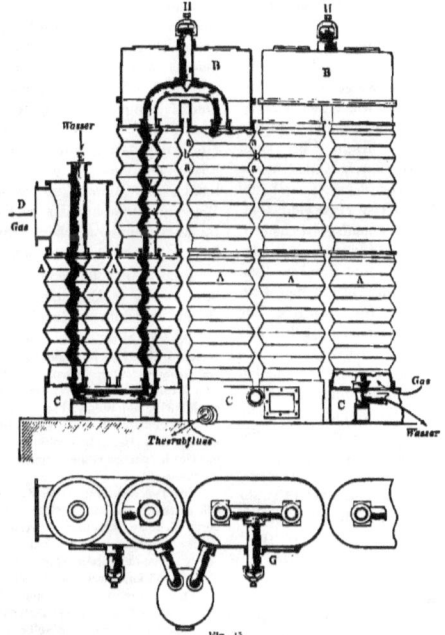

Fig. 45.

als man bestrebt war, die Kühlfläche möglichst grofs zu machen. Mohr sucht dies durch eine zickzackförmige Gestaltung der Kühlerflächen zu erreichen. Der Mohr'sche Kühler (Fig. 45) besteht aus einzelnen Rohrsträngen A, welche durch Übergangskästen B und untere Fufskästen C verbunden sind.

Schilling, Handbuch für Gasbeleuchtung.

Im übrigen erhält man erfahrungsgemäfs eine vollkommen gute Kühlung des Gases durch gemeinsame Anordnung von gewöhnlichen Luftmit Wasserkühlern. In den Luftkühlern wird so dem Gase zunächst bei langsamer Temperaturabnahme die nötige Ruhe geboten, um die schweren

11

Teerbestandteile abzusetzen, während es in den Wasserkühlern auf die gewöhnliche Temperatur gebracht wird. Es ist hierdurch auch eine Art von fraktionierter Kondensation erzielt, welche der Erhaltung der Leuchtkraft des Gases günstig ist. Ist so die Hauptmenge des Teers und Gaswassers abgeschieden, so ist es angezeigt, die letzten Reste des Teers durch Stofswirkung, vermittelst eines Teerscheiders und das Ammoniak, und mit diesem in Verbindung einen Teil der Kohlensäure und des Schwefelwasserstoffs durch die Wascher zu entfernen.

Die Teerscheider.

Der Teerscheider von Audouin und Pelouze hat sich bewährt. Die einzige Klage, welche über denselben hie und da geführt wird, ist das allmähliche Verstopfen der feinen Schlitzöffnungen in den Glocken durch den Teer. Diesem Übel kann während des Betriebes leicht durch Einleiten von etwas Dampf in das Gas vor dem Apparat abgeholfen werden, so dafs das Gas etwa eine Temperatur von 20° C. besitzt. Zweckmäfsig ist es auch, eine Dampfschlange in dem Raum innerhalb der Glocke zu legen und so viel Dampf durchzuleiten, dafs die Temperatur von 20° aufrecht erhalten wird.

Während der Teerscheider von Pelouze nur die Entfernung des Teeres bezweckt, ist bei den Teerwaschern auch gleichzeitig eine Waschung des Gases beabsichtigt. Die Apparate bewirken in gedrungener Form eine völlige Abscheidung des Teers und gleichzeitig durch die Waschung eine mehr oder wenig vollkommene Ammoniakreinigung. Sie sind als Vereinigung von einem Teerscheider nach Pelouze mit einer Waschvorrichtung zu betrachten, und für kleinere Anstalten, welche getrennte Apparate hierfür nicht anschaffen wollen, zu empfehlen. Bewährt haben sich namentlich der Teerwascher von Drory[1]) und der Gasstrahlwascher von Fleischhauer.[2])

Die Ammoniakwascher.

Zu einer guten Ammoniakreinigung dienen eigene Ammoniakwascher. Die Entfernung des Ammoniaks ist um so vollständiger, je inniger der Gasstrom mit der Waschflüssigkeit in Berührung kommt. Während man die früheren Skrubber mit

[1]) »Übersicht über neuere Apparate für das Gasfach«, Berlin-Anhaltische Maschinenbau-Aktiengesellschaft 1891.
[2]) Journ. f. Gasbel. 1887, S. 27.

Reisig, Thonscherben oder Coke füllte, sucht man jetzt durch Hordeneinlagen eine möglichst grofse Berührungsoberfläche zu bewirken. Kunath verwendet als Hordeneinlagen seiner viereckigen Zackenwäscher eine Reihe von zackenförmig ausgestanzten Blechstreifen, welche eine möglichste Zerteilung und öftere Änderung der Bewegungsrichtung des Gases bezwecken. Letzteres wird besonders dadurch erreicht, dafs die eng nebeneinander mit den Spitzen nach oben gerichteten Blechstreifen mit einem festen Blechdach überdeckt sind, so dafs der Gasstrom, welcher von unten eintritt, unter der Decke horizontal abgelenkt und durch die Zacken hindurchgeführt wird, und an dem nach unten ebenfalls gezackten Rande des überdeckenden Bleches, welches von oben mit Wasser berieselt wird, auf den Seiten wieder vertikal aufwärts strömt, um unter die nächste Hordenlage zu gelangen. Man benutzt zur Berieselung entweder — wenn nur ein Wascher vorhanden — Ammoniakwasser, oder — wenn mehrere Wascher hintereinander geschaltet sind, im ersten Gaswasser und im letzten reines Wasser, um so die letzten Spuren des Ammoniaks zu entfernen.

Eine sehr vollkommene Ammoniakabscheidung bewirkt der in England in fast allen grofsen Anstalten eingeführte Standard-Wascher.

Derselbe erfordert eine Betriebskraft, welche eine horizontale Welle (Fig. 46) in Bewegung setzt, an der eine Anzahl von Scheibenrädern befestigt sind. Diese einzelnen Räder sind seitlich durch je zwei Blechwände begrenzt, welche bis auf ihren inneren Ring voll im Blech ausgeführt sind. Zwischen diesen Blechwänden ist in jedem Rad eine Anzahl (12 bis 24) Packete mit Holzstäbchen eingeschoben, wie in Fig. 48 angedeutet, hindurchgeht.

Die Holzstäbchen, deren Zahl in einem Packet 135 bis 336 beträgt, sind durch Blechstreifen (Fig. 47) gehalten, in deren Schlitze dieselben eingesteckt sind, und können in dieser Zusammenfügung leicht aus den einzelnen Feldern des Scheibenrades herausgenommen werden.

Die Wirkungsweise ist folgende (Fig. 46): Das Gas tritt bei Pfeil 1 durch die Vorkammer 2 in das Innere des sich mit der Achse 3 drehenden Scheibenrades I ein, durchstreicht dieses Rad und verläfst dasselbe am aufseren Umfange bei 4, geht dann durch das zweite Scheibenrad von innen (Pfeil 5) nach aufsen (Pfeil 6), dann durch das dritte Rad (Pfeil 7) und verläfst dann vom Wascher durch das Ausgangsventil bei 8. Da sämtliche Scheibenräder sich gemeinsam mit der Achse 3 drehen und mit ihren abgedrehten Dichtflächen gegen die Zwischenwände Z abschliefsen, so ist das Gas gezwungen, hintereinander die Scheiben I bis VII von innen nach aufsen zu durchstreichen. Das reine Wasser tritt dagegen

Der Standard-Wascher.

bei der letzten Kammer (VII) ein. Es fliefst durch die Öffnung in der Zwischenwand von Kammer VII nach Kammer VI u.s.w., wie dies durch die Wasserlinie in Fig. 46 angegeben ist.

Durch diese Gegenstromwirkung wird das Gas bis auf die letzten Spuren von Ammoniak befreit.

Über die Leistungsfähigkeit des »Standard« macht H. Hack folgende Angaben[1]): Mit 45,8 l Wasser wird das Gas von 1016 kg Kohle, also etwa reichlich 300 cbm, gereinigt, so dafs es als ammoniakfrei zu betrachten ist. Der Wasserverbrauch pro 100 cbm

ersten Kammer 5½° Bé. zeigte und 2,423% Ammoniak enthielt. Der Ammoniakgehalt des Gases nach dem Apparat betrug nach dieser Zeit 7,44 g in 100 cbm, während er bei Anreicherung des Wassers auf nur 4,5° g Bé. und 2,155% Ammoniak nur 0,17 g in 100 cbm erreichte. Der Druckverlust durch den Apparat betrug nur 5 mm. Zum Antrieb des Waschers ist ein Motor erforderlich, jedoch ist der Kraftaufwand verhältnismäfsig gering, da die

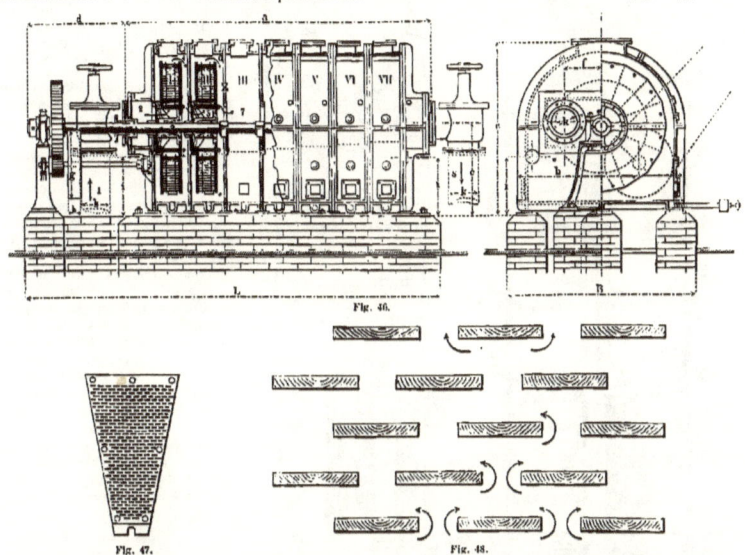

Fig. 46.

Fig. 47.　　　　　Fig. 48.

Gas beträgt sonach 15,3 l, wobei das Wasser eine Stärke von 4 bis 5° Baumé erhält. Merkel[2]) hat über den Ammoniakgehalt des Gases vor und hinter dem Apparat, sowie auch über die Ammoniakabscheidung in den einzelnen Kammern Versuche angestellt. Der Apparat wurde vollständig mit frischem Wasser gefüllt, der Zuflufs des frischen Wassers abgesperrt. Nachdem der Apparat 20 Tage im Betriebe befindlich war, hatte er eine Gasmenge von 53108 cbm gereinigt, wobei das Wasser in der

Umdrehungszahl pro Minute die Zahl 7 nicht übersteigt und die Reibungswiderstände gering sind. Der Standard-Wascher hat sich in vielen Anstalten gut bewährt. In jüngster Zeit hat Dr. Bueb[1]) die Leistung von Standardwäschern in Elberfeld untersucht. Pro 100 cbm Gas wurden durch den Wäscher 21,91 Ammoniakwasser gewonnen von 2,8° Bé., worin enthalten waren:

Ammoniak	.	525,5 g
Kohlensäure	. . .	457,7 g
Schwefel	. .	262,8 g.

---

[1]) Journ. f. Gasbel. 1880, S. 445.
[2]) Journ. f. Gasbel. 1883, S. 289.

[1]) Journ. f. Gasbel. 1891, S. 267.

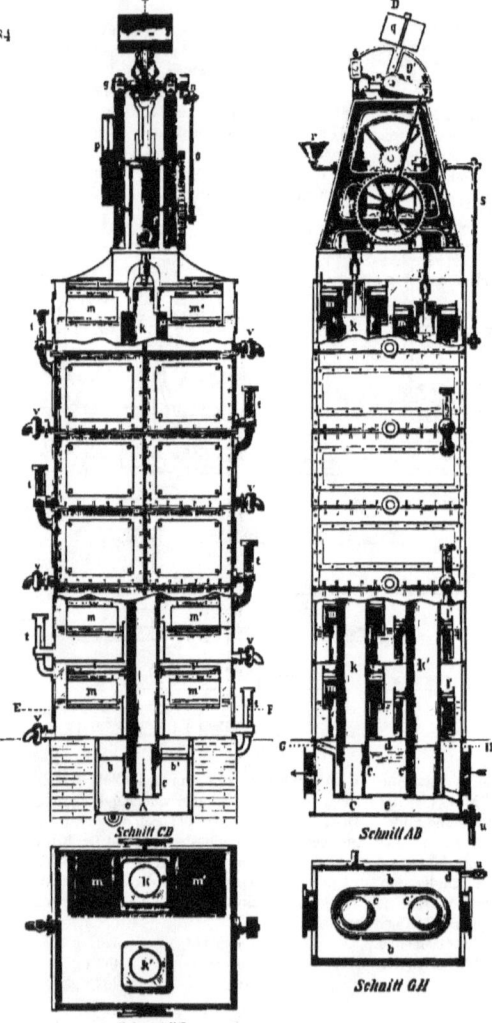

Fig. 49.

Neben der Entfernung des Ammoniaks, welche bis auf 99,2 % erfolgt, werden durch den Standard-Wäscher also auch bedeutende Mengen der sonstigen Verunreinigungen des Gases entfernt.

Ein gleichfalls sehr zweckmäßiger Wäscher ist der sog. Ledig'sche Etagen-Wäscher-Skrubber, (Patent Nr. 31196, Fig. 49.)

Die Wirkung desselben beruht auf ähnlichen Prinzipien wie beim Standard-Wäscher, indem die periodische Anfeuchtung und Abwaschung von Blechpacketen m, deren Bleche in geringen Abständen voneinander parallel gelagert sind, und zwischen denen das Gas durchzutreiben gezwungen ist, zur vollständigen Entfernung des im Rohgase enthaltenen Ammoniaks und dessen Verbindungen benutzt wird.

Die Bleche sind jedoch nicht wie beim Standard-Wäscher an dem Umfange rotierender Scheibenräder angeordnet, sondern befinden sich je paarweise an zwei vertikalen Führungsstangen angebracht, welche durch eine geeignete Kraftübertragung abwechselnd auf- und abwärts bewegt werden; auf diese Weise taucht immer ein Paar von Blechpacketen in die Sperrflüssigkeit ein und verschließt dem Gase den Durchgang, während das andere Paar aus derselben gehoben und dadurch frisch angefeuchtet dem Gase den Durchgang gestattet.

Da die Bewegung ohne Reibung geschieht, so erfordert sie nur sehr geringe Kräfte — etwa ¼ HP. —; Bedingung ist, daß das Gas möglichst teerfrei in den Apparat tritt. Mit dem Ledig-Wäscher sind bereits von vielen Seiten gute Resultate erzielt worden. Der Verbrauch an reinem Wasser beträgt 5 bis 15 l pro 100 cbm hindurchgehendes Gas, je nach der Stärke des zu erzielenden Gaswassers. Mit 10 l Wasser pro 100 cbm erhält man ein Gaswasser von 3 bis 3,6° Bé, während das abgehende Gas in

100 cbm höchstens noch 4—6 g Ammoniak enthält. Der Apparat vermeidet jedes öftere Aufpumpen des Gaswassers und nimmt bei grofser Leistungsfähigkeit einen sehr geringen Raum ein.

Fleischhauer hat seinem Wäscher resp. Skrubber zur Erhöhung der absorbierenden Oberfläche Jalousieeinsätze gegeben, welche auch in jeden bestehenden gewöhnlichen Skrubber eingesetzt werden können. Das Wasser wird durch einen intermittierenden Sprühapparat (Kippheber) aufgegeben und durch eine Verteilungsvorrichtung auf die Jalousieen gleichmäfsig verteilt. Der Fleischhauersche Skrubber eignet sich auch dazu, die letzten Spuren Teer noch aus dem Gase auszuwaschen; eine besondere Betriebskraft ist nicht erforderlich.

Andere Wascher wurden von Klönne[1], Langen[2], Mohr[3] u. A. angegeben.

Die Entfernung des Ammoniaks auf trockenem Wege

geschieht durch sog. Superphosphat. Dieses Superphosphat ist saurer phosphorsaurer Kalk, welcher direkt Ammoniak zu binden imstande ist und für gewöhnlich gemischt mit schwefelsaurem Ammoniak als Düngematerial verwendet wird. Er ist fähig, 7 bis 8 Gewichtsprozente an Stickstoff aufzunehmen, und ersetzen diese an Wert ca. 30% schwefelsaures Ammoniak. Da die Schwefelsäure zum Düngungsprozefs absolut nicht notwendig ist und nur dazu dient, das Ammoniak zu binden, so besitzen wir in dem Superphosphat ein sehr wertvolles und einfaches Mittel, um direkt Ammoniak ohne Anwendung einer weiteren Säure an Phosphorsäure zu binden, und gerade dieser Umstand dürfte das trockene Ammoniakreinigungsverfahren mit Superphosphat für viele kleinere Fabriken, für welche die Gewinnung des Ammoniaks aus dem Gaswasser mit Umständen verknüpft ist, als empfehlenswert erscheinen lassen. Das Verfahren wurde von Bolton & Wanklyn angegeben. Das Gas mufs vor Eintritt in die Superphosphatreinigung völlig teerfrei sein. In München, wo dieses Verfahren seit dem Jahre 1882 anstandslos und mit bestem Erfolg angewendet

[1] Journ. f. Gasbel. 1885 S. 923, 1886 S. 213 u. 932.
[2] Journ. f. Gasbel. 1888 S. 966.
[3] Journ. f. Gasbel. 1882 S. 251.

wird, ist dies dadurch erreicht, dafs das Gas nach der Kühleranlage einen Theerscheider (Pelouze) passiert, welcher den Teer vollkommen aus dem Gase entfernt. Eine Waschung des Gases ist dabei vollkommen vermieden, und dient nur ein leerer Skrubbercylinder dazu, die Schwankungen des Teerscheiders infolge der durch den Gassauger bewirkten Druckschwankungen auszugleichen. Das Gas tritt, nachdem es etwa die Hälfte seines Ammoniakgehaltes in den Kühlern an das Gaswasser abgegeben hat, mit einem Gehalt von 2 bis 4 g NH$_3$ pro 1 cbm in die Superphosphatreiniger ein, in denen dasselbe vollständig von Ammoniak befreit wird. Da die Masse 7 bis 8% Stickstoff, d. i. 8,5 bis 9,7% Ammoniak aufnimmt, so vermögen 1000 kg der Masse bis zu $\frac{97000}{3} = 32300$ cbm Gas zu reinigen, wenn das Gas in 1 cbm 3 g Ammoniak enthält. Um das Gas zu reinigen, wird man am besten die untersten Lagen des Reinigerkastens, in welchen die Superphosphatmasse ausgebreitet ist, mit bereits gebrauchter, die oberen Lagen mit frischer Masse beschicken, um so die letzten Spuren von Ammoniak aus dem Gase zu entfernen. Sobald die unteren Lagen ausgenutzt sind, werden dieselben entfernt, und durch die halbangereicherte Masse der oberen Lagen ersetzt, während an deren Stelle wieder neue Masse tritt. Auf diese Weise gelingt es, namentlich wenn zwei Reinigerkästen hintereinander geschaltet sind, den Ammoniakgehalt des Gases hinter dieser Reinigung stets unterhalb 1 g in 100 cbm zu halten. Da für den Betrieb dieses Reinigungsverfahrens nur das zeitweise Umschaufeln der Masse erforderlich ist, wobei dieselbe entsprechend aufgelockert wird, so ist die Gewinnung des Ammoniaks die denkbar einfachste. Das angereicherte Material wird in Fässer verpackt und nach seinem Stickstoffwert verkauft, während das Rohmaterial, das Superphosphat, von den chemischen Fabriken geliefert wird.

Der Druck, welchen ein Kasten wegnimmt, beträgt bei normalen Betriebsverhältnissen 30 mm.

Das mit Ammoniak angereicherte Material enthält neben Ammoniak noch geringe Mengen Rhodan. Bunte[4] fand in einer solchen Masse 0,46% Rhodan. Die Befürchtungen verschiedener Fachmänner, dafs

[4] Journ. f. Gasbel. 1882, S. 284.

letzteres dem Pflanzenwuchs schaden würde, haben sich nach den von ersten Autoritäten mit Ammoniak-Superphosphat angestellten Düngeversuchen nicht bestätigt.[1]) Verfasser fand bis zu 2,55% Rhodan in der Masse.

Die Eisenreinigung.

Zur Entfernung des Schwefelwasserstoffes aus dem Rohgas werden heutzutage fast nur mehr natürliche Eisenerze, die sog. Raseneisenerze verwendet; seltener findet man die künstlich aus Eisenspänen dargestellte Deicke'sche Masse.

Die Raseneisenerze und Quellenocker enthalten den größten Teil des Eisens in der Form von Eisenoxydhydrat, welches sich besonders zur Aufnahme von Schwefelwasserstoff eignet, indem es sich unter Abscheidung von Schwefel in Eisensulfür verwandelt. Die Massen sind durch ihre poröse Beschaffenheit besonders geeignet, um einerseits dem Gase den nötigen freien Durchgangsquerschnitt zu schaffen und andererseits dem Schwefelwasserstoff eine möglichst große Oberfläche zur Absorption darzubieten.

Nachstehend seien einige Analysen des Verf. der gebräuchlichsten Reinigungsmassen angeführt:

	trockene Masse[2])					
	Deicke	Lux	Grevenberg	Dauber	Mattoni	Hölermann
Eisenoxyd . .	66,3	51,1	30,1	63,6	50,8	59,4
Eisenoxydul . .	—	2,1	0,4	—	0,8	—
Glühverlust (Hydratwasser und organ. Substanz)	9,6	12,6	24,2	28,8	25,4	26,6
Sand, Thon etc.	2,7	13,9	32,6	5,2	9,5	13,1
Mangan . . .	—	—	1,6	—	—	—
Kalk	—	13,6	4,5	2,9	—	0,4
Wasserlösl. Salze	2,3	4,5	2,3	—	2,9	—
Schwefel . . .	19,1	—	—	—	—	—
Rest unbestimmt	0,0	2,2	4,3	0,1	1,6	0,5
	100,0	100,0	100,0	100,0	100,0	100,0

[1]) J. Albert, Über den Wert verschiedener Formen stickstoffhaltiger Verbindungen für das Pflanzenwachstum. In.-Dissert., Halle 1883. II. Teil: Schädlichkeit der Rhodanverbindungen und das Pflanzenwachstum; auch Dr. Märcker, Über die giftigen Wirkungen des Rhodanammoniums auf den Pflanzenwuchs. Gem.-Ztg. 1884, Biedermanns C.-Bl. Bd. 12 S. 497.

[2]) Die Massen enthalten beim Bezug oft bis zu 50% Wasser.

Die Aufnahmsfähigkeit der Massen.

Die Analyse der Massen bietet verhältnismäßig geringe Anhaltspunkte zur Beurteilung ihrer Aufnahmsfähigkeit für Schwefelwasserstoff. Der Eisengehalt, welcher in den Analysen angeführt ist, ist für die Aufnahmsfähigkeit der Massen nicht maßgebend, da oft Massen mit einem hohen Gehalt an Eisen eine sehr schlechte Reinigungsfähigkeit besitzen und umgekehrt. Auch durch die Angaben des Gehaltes an »Eisenoxydhydrat« in den Analysen darf man sich darin nicht täuschen lassen, da nur der Gesamtgehalt an Eisen ermittelt und auf Hydrat umgerechnet wird. Die richtigste Art und Weise, sich von der Wirkungsfähigkeit einer Masse zu überzeugen, besteht einzig und allein darin, dafs man dieselbe in kleineren Mengen mit Rohgas sättigt, regeneriert und den ausgeschiedenen Schwefel bestimmt. Was über die Reinigungsfähigkeit verschiedener Massen bekannt ist, sind meistens Betriebszahlen, welche aus verschiedenen Anstalten stammen und deshalb nicht gut vergleichbar sind. Die größtmöglichste Schwefelabscheidung (Maximal-Aufnahmsvermögen), deren eine Masse unter den günstigsten Verhältnissen fähig ist, wenn sie fein gepulvert und mit reinem Schwefelwasserstoffgas gesättigt wird, bleibt stets noch weit hinter der theoretisch nach dem Eisengehalt sich berechnenden Schwefelabscheidung zurück. So ergab sich nach Versuchen des Verf. für einige Massen:

	Eisenoxyul	demselben entspricht theoretisch Schwefel	gefundene Maximalaufnahme an Schwefel
Mattoni . . .	59,8	35,88	18,11
Dauber . . .	63,6	36,34	28,41
Lux . . .	51,1	30,66	14,06
Deicke . . .	66,3	39,78	9,25
Grevenberg . .	30,1	18,06	11 20

Die in der Praxis sich ergebende Schwefelabscheidung bleibt meist noch erheblich hinter obigen Maximalwerten zurück, so dass bei vielen Massen oft kaum der vierte Teil des Schwefels aus dem Gase abgeschieden wird, der theoretisch abgeschieden werden könnte, wenn alles Eisen der Masse in Schwefeleisen übergeführt würde.

Es mufs überhaupt hervorgehoben werden, dafs die Schwefelaufnahme je nach den örtlichen und je nach den Betriebsverhältnissen ungeheuer verschieden ist. Kunath gebührt das Verdienst zuerst, nachgewiesen zu haben, welchen Einfluß die Geschwindigkeit des Gases auf die Schwefelaufnahme ausübt.

Die Versuche[1]), welche mit Lux-Masse angestellt wurden, ergaben als unterste Grenze eine Geschwindigkeit von 0,016 m pro Sekunde.

Wie mit neuer Masse, wurden auch mit gebrauchter, regenerierter Masse Versuche ausgeführt und für diese als Grenzwert 0,005 m pro Sek. Geschwindigkeit ermittelt. Aus diesem Werte berechnet sich nun die Größe der Fläche jedes Reinigers wie folgt:

Es sei
P die Gaserzeugung in Kubikmetern innerhalb einer bestimmten Zeit,
v die Geschwindigkeit in Metern pro Sekunde,
q der Querschnitt des Reinigers in Quadratmetern,
z die Anzahl der Sekunden für P., dann ist

$$P = vqz; \text{ oder } q = \frac{P}{vz}.$$

Für eine Tageserzeugung von 100 cbm und eine Minimalgeschwindigkeit von 0,005 m ergibt sich hernach

$$q = \frac{100}{0,005 \cdot 86400} = 0,23 \text{ qm}.$$

Übertragen wir dieses Resultat auf die Praxis, so ergibt sich für den Konstrukteur die Regel, die Reinigerkästen eines Systems mit gleichem Querschnitt mit mindestens 0,23 qm pro 100 cbm Maximal-Tageserzeugung zu konstruieren; für den Betriebsmann aber, der mit vorhandenen Kästen arbeiten muß, erwächst die Aufgabe, zunächst zu prüfen, wie weit seine Kästen diesen Anforderungen an die Minimalgeschwindigkeit entsprechen und falls die Zahl und die Anordnung der Kästen dieses gestattet, durch Parallelschalten je zweier oder mehrerer Kästen die Durchgangsgeschwindigkeit auf das nötige Maß zu beschränken, wenn der Querschnitt eines Reinigers sich als zu klein erweisen sollte.

Dabei ist jedoch immer zu beachten, daß weder die Anzahl der hintereinander in Wirkung tretenden Kästen, noch die Dicke der Masseschichten, sondern immer nur der Querschnitt, und zwar, wenn die

[1]) Journ. f. Gasbel. 1886, S. 979.

Reiniger verschiedene Größe haben, derjenige des kleinsten Reinigers in Betracht kommt.

In vielen Fällen ist es zweckmäßig, der Masse ein Auflockerungsmaterial zuzusetzen. Man kann unter Umständen die Reinigungsfähigkeit einer Masse durch Zusatz von Sägspänen bedeutend erhöhen, und kann man bei einigen, wie z. B, der Lux-Masse das dreifache Volumen an indifferentem Material zusetzen. Praktisch sucht man jedoch den Zusatz so gering wie möglich zu machen, um den Wert der ausgebrauchten Masse nicht zu verringern.

Was die praktischen Erfahrungen mit Reinigungsmassen anlangt, so ist die künstlich aus Eisenspänen dargestellte Deicke-Masse nur wenig mehr im Gebrauch, da ihre Aufnahmsfähigkeit für Schwefel sehr gering ist. Sie wird durch Kochen von gebrauchter, schwefelhaltiger Masse mit Eisenspänen und Wiederbelebung des gebildeten Schwefeleisens hergestellt. Ihre Darstellung ist eine sehr einfache und billige. Die Masse besitzt jedoch den Übelstand, daß sie von vornherein schon ca. 20 % Schwefel enthält, und daß nur ein geringer Teil des in der Masse enthaltenen Eisens chemisch wirksam ist. Nach den Erfahrungen in München, wo diese Masse lange Zeit im Betrieb war, reinigte 1 cbm 3—5000 cbm Gas. Die Masse wird erst nach ein- bis zweimaligem Gebrauch völlig wirksam.

Die Masse von Lux erfreut sich großer Beliebtheit. Sie ist alkalisiertes Eisenoxydhydrat, welches dadurch gewonnen wird, daß man ein natürliches, fein gemahlenes Eisenerz (Bauxit) mit kohlensaurem Natron in einem Flammofen frittet, wobei sich eine Verbindung von Eisenoxyd, sowie etwa im Erz vorhandener Thonerde mit Natron bildet. Wird nun die Schmelze mit Wasser behandelt, so wird das Eisenoxyd unter Übergang in Oxydhydrat in molekularem Zustand niedergeschlagen, während die Verunreinigungen, wie Thonerde, Kieselsäure in Lösung gehen. Die Masse wird mit Wasser ausgewaschen und getrocknet. Diese Reinigungsmasse besitzt zwar in feuchtem Zustande einen verhältnismäßig niedrigen Gehalt an Eisenoxyd (ca. 38 %), allein sie zeichnet sich namentlich dadurch günstig aus, daß die Aufnahme eine sehr energische ist. Mit 1 cbm Lux-Masse kann man praktisch bis zu 10 000 cbm Gas reinigen. Es ist dabei erforderlich, die Masse stark mit

Sägspähnen zu verdünnen, da dieselbe sehr feinkörnig ist. Der Zusatz kann bis zum doppelten Volumen der Masse gesteigert werden, ohne deren Aufnahmsfähigkeit zu schaden.

Die Masse von Grevenberg (D. R.-P. Nr. 35889 vom 13. Juni 1885) wird in der Weise hergestellt, dafs metallisches Eisen- oder Manganpulver unter stark befeuchtetes Moostorfpulver gebracht wird, so dafs die Oxydierung bezw. Hydratisierung der Metallteilchen durch die organischen Stoffe des Torfes eingeleitet, resp. unterstützt wird.

Unter den natürlichen Erzen, welche sich zur Reinigung des Gases verwenden lassen, sind besonders die Raseneerze und Quellenocker hervorzuheben. Eine Masse von guter Aufnahmsfähigkeit

Die Wiederbelebung der Massen.

Zur Wiederbelebung der Massen hat man Verbesserungen in zweierlei Richtungen angestrebt: Einmal dadurch, dafs man in den geöffneten aufser Betrieb befindlichen Kasten Luft durch die ausgenutzte Masse hindurchbläst und zweitens, dafs man während des Betriebes durch Beimischung von geringen Mengen Luft oder Sauerstoff zum Gase eine sofortige Schwefelabscheidung im Kasten hervorruft, unter Vermeidung der Bildung von eigentlichem Schwefeleisen.

Während also im ersten Falle wirklich gebildetes Schwefeleisen durch Einblasen von Luft in Eisenoxyd und Schwefel zerlegt wird, dient im zweiten Falle die Reinigungsmasse nur als Sauerstoffüber-

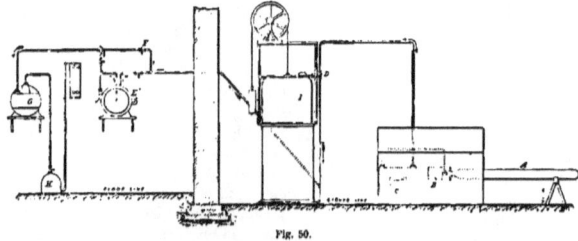

Fig. 50.

ist die von Dauber in Bochum, ferner sind auch die Massen von Mattoni in Franzensbad (Quellocker) und von Habermann in Grödlitz (Sachsen) sehr beliebt.

Die Aufnahmsfähigkeit der Massen läfst bei öfterer Wiederbelebung derselben nach, einmal weil der Schwefelgehalt der Masse zunimmt, und damit ihr Gehalt an wirksamem Eisen relativ verringert wird, und zweitens, weil der ausgeschiedene feinverteilte Schwefel dem Gas den freien Durchgang versperrt und so den Druckwiderstand der Masse erhöht. Die Poren verschliefsen sich und die Berührungsoberfläche wird kleiner; infolge der Verringerung der freien Poren ist das Gas ferner gezwungen, durch die noch offenen Kanäle mit gröfserer Geschwindigkeit zu gehen, und alle diese Umstände zusammen bewirken, dafs die Aufnahmsfähigkeit der Massen mit Zunahme des Schwefelgehaltes abnimmt.

träger um aus dem Gase sofort den Schwefel als solchen abscheiden zu helfen, etwa nach der Formel

$$SH_2 + O = S + H_2O,$$

so dafs sich das Eisenoxyd bei der eigentlichen Reaktion gar nicht beteiligt.

Die Sauerstoffreinigung.

Obwohl das erstere Verfahren der Wiederbelebung Vorteile und Ersparnisse bietet, hat man in neuerer Zeit doch das Augenmerk mehr auf die Zuführung von Luft oder reinem Sauerstoff zum Gas gewendet, da auf diese Weise jedes Öffnen der Kästen solange vermieden wird, bis die Masse so mit Schwefel angereichert ist, dafs sie zur weiteren Reinigung untauglich geworden ist. Die »Sauerstoffreinigung« wurde zuerst von Valon in England praktisch eingeführt. Derselbe bediente sich folgender Einrichtung[1]): Fig. 50. Der Sauer-

---

[1]) Journ. f. Gasbel. 1888, S. 824.

stoff, welcher in einem Stahlcylinder auf 120 Atmosphären komprimiert ist, gelangt durch ein Regulierventil B und einen trockenen Gasmesser in den Behälter I. Durch den Hahn D an der Sauerstoffzuleitung wird der Sauerstoffzufluss in den Behälter abgesperrt, sobald der Behälter einen gewissen Höhenstand erreicht hat, während bei fallendem Behälter der Hahn sich von selbst wieder öffnet und den Behälter von neuem füllt. Der Gasmesser E dient dazu, die dem Gase beigemischte Sauerstoffmenge pro Stunde anzugeben, während in dem Hauptgasmesser G die Gesamtmenge des dem Rohgas zugeführten Sauerstoffs gemessen wird. Die Sauerstoffleitung mündet in das Hauptrohr H vor dem Gassauger. Der Sauerstoffzufluss wird so geregelt, dafs zum Gas 0,6% Sauerstoff zugegeben werden. Die Gewinnung des Sauerstoffs aus der Luft wird mit Hilfe des Brin'schen Verfahrens[1]) durch Baryumoxyd bewerkstelligt, welches bei Dunkelrotglut durch Sauerstoffaufnahme in Baryumhyperoxyd übergeht, während dieses unter dem Einflusse höherer Temperatur und geringeren Druckes den aufgenommenen Sauerstoff wieder abgibt, indem dadurch das ursprüngliche Baryumoxyd wieder zurückgebildet wird. Dieses Verfahren wurde von Valon[2]) vereinfacht und dem Betriebe der Gasanstalt angepafst. Er fand nämlich, dafs es nicht nötig sei, die Temperatur der mit Baryumoxyd gefüllten Retorte stets zwischen 650 und 780° C zu verändern, sondern dafs man in Stahlretorten bei konstanter Temperatur durch blofse Druckveränderung Sauerstoff weit billiger erzeugen könne. (Engl. Pat. No. 45439 vom 5. Mai 1888[3]).

Obwohl für unsere Verhältnisse der Betrieb mit Sauerstoff kostspieliger ist, als die bisher übliche Reinigungsweise, darf dem Valon'schen Verfahren ein gewisser wissenschaftlicher Wert nicht abgesprochen werden, und es können auch Fälle eintreten, für welche die Platzfrage eine so wichtige Rolle spielt, dafs man nach den höheren Kosten wenig fragen wird.

In England wird vielfach statt des Sauerstoffs eine geringe Menge Luft dem Gase zugesetzt. Da die Sauerstoffmenge nur zu 0,6% des Gases gewählt wird, so spielt die Beimengung des Stickstoffs zum Sauerstoff verhältnismäfsig keine grofse Rolle. Humphry's in Salisbury arbeitete mit einem Zusatz von 2% Luft zum Gas, wodurch die Wirksamkeit des Reinigers wesentlich erhöht, die Leuchtkraft des Gases aber nicht verringert wurde. Da dieses Verfahren fast keine Kosten verursacht, so haben viele Fachmänner dasselbe der Reinigung mit reinem Sauerstoff vorgezogen. Die Meinungen sind hierüber geteilt, namentlich was die Wirkung auf die Leuchtkraft des Gases anlangt. Es hat sich jedoch gezeigt, dafs der Luftzusatz in so geringen Mengen keine wesentliche Verringerung der Leuchtkraft hervorrufen kann, da einerseits Sauerstoff in geringen Mengen zugesetzt, die Leuchtkraft des Gases etwas erhöht, während der Stickstoffzusatz von 1% die Leuchtkraft nur um 1% herabdrückt. Der Luftzusatz zum Leuchtgas hat einen viel weniger schädlichen Einflufs als Wasserdampf oder Kohlensäure.

Die Versuche, das Gas durch das in dem Gaswasser enthaltene Ammoniak selbst zu reinigen, datieren schon weit zurück. Praktische Erfolge wurden jedoch erst in der von Claus angegebenen Form erzielt[1]). Das Verfahren der sogenannten Ammoniakreinigung, welches ungemein sinnreich ausgedacht ist, im Betrieb jedoch eine gute chemische Überwachung erfordert, ist in Deutschland bis jetzt noch nicht eingeführt.

Die Entfernung des Schwefelkohlenstoffs

war bisher in Deutschland nicht üblich. In England ist die Entfernung der Schwefelverbindungen aus dem Gase bis auf ein bestimmtes Mafs vorgeschrieben. Die gewöhnlich übliche Methode ist die Absorption des Schwefelkohlenstoffs durch Kalk, welcher mehr oder weniger mit Schwefelwasserstoff gesättigt ist. Nach neueren Angaben von Greville[2]) erhält die Masse die beste Aufnahmsfähigkeit für Schwefelkohlenstoff, wenn die Sättigung des Kalkes mit Schwefelwasserstoff nicht bei zu niederer Temperatur erfolgt, und wenn die Masse nicht lange

---

[1]) Journ. f. Gasbel. 1888, S. 824.
[2]) Journ. f. Gasbel. 1889, S. 1154.
[3]) Journ. f. Gasbel. 1889, S. 403.
Schilling, Handbuch f. Gasbeleuchtung.

[1]) Beschreibung der Anlage in Birmingham s. Journ. f Gasbel. 1887, S. 1033.
[2]) Journ. of gaslighting 1889 No. 53, S. 335.

an der Luft liegen bleibt. Jedenfalls aber mufs das Gas, welches von Schwefelkohlenstoff gereinigt werden soll, frei von Schwefelwasserstoff und Kohlensäure sein. Greville stellt sich ein für Reinigungszwecke sehr brauchbares Schwefelcalcium aus den Abgasen der Darstellung von Ammoniaksulfat her; dieselben bestehen nach Abscheidung des Wasserdampfes etwa aus 28,5 Vol.-Proc. Schwefelwasserstoff und 71,5 % Kohlensäure. Allerdings bildet sich hiebei auch kohlensaurer Kalk neben Schwefelcalcium.

Bekanntlich wird Schwefelcalcium durch Kohlensäure zersetzt und Schwefelwasserstoff ausgetrieben. Vorteilhaft ist es deshalb, die Abgase der Ammoniakfabrik von oben in Reinigerkasten zu leiten, also in den Ausgang desselben, bis unten Schwefelwasserstoff erscheint. Der Deckel wird nunmehr gehoben, die mit Kohlensäure gesättigten Lagen entfernt und durch frischen Kalk ersetzt. Nach mehrmaliger Wiederholung dieses Vorganges erhält man ein stark angereichertes, sehr aufnahmsfähiges Schwefelcalcium, welches zur Absorption sogleich im Kasten belassen wird.

Was die übrigen Verfahren zur Entfernung des Schwefelkohlenstoffs aus dem Gase betrifft, so ergibt erstlich der Zusatz von Sauerstoff zum Rohgase nach W. A. Valon's Versuchen eine Verringerung von 14 bis 18 g Schwefel auf 100 cbm Gas. In wieweit nach Methven's Reinigungsverfahren, Zusatz von Luft zum Rohgase unter Anwendung von Kalk, Schwefelkohlenstoff absorbiert wird, ist nicht genau bekannt, doch erscheint es wahrscheinlich, dafs auch hier eine Verringerung desselben eintritt. Alle diese Verfahren gebrauchen Kalk, d. h. Calciumsulfhydrat oder Schwefelcalcium zur Absorption unter Bildung von Sulfocarbonat; bei Zumischung von Luft dagegen bildet sich sehr schwefelhaltiges Calciumsulfhydrat nebst freiem Schwefel. Ersteres vermag bedeutend mehr Schwefelkohlenstoff aufzunehmen, unter Bildung von CaS_2CS_2.

Bei dem Claus-Verfahren der Reinigung mittels Ammoniak nimmt das aus Gaswasser hergestellte Ammoniumsulfhydrat Schwefelkohlenstoff auf. Über die absorbierten Mengen ist nichts bekannt. Auch der von Hood und Salomon zur Gasreinigung vorgeschlagene Welden-Schlamm bezw. das daraus entstehende Mangansulfid soll Schwefelkohlenstoff aufnehmen. Nach W. Young's Vorschlag sollen die Schwefelverbindungen, besonders Schwefelkohlenstoff durch Schieferöle oder schwere Teeröle absorbiert werden; der Anwendung der Öle in der Praxis steht aber die Beobachtung im Wege, dafs dieselben neben Schwefelkohlenstoff auch schwere Kohlenwasserstoffe aus dem Gase absorbieren und die Leuchtkraft erheblich beeinträchtigten.

Die Reinigungskästen

sollen nach den Untersuchungen von Kunath[1]) so bemessen sein, dafs zur Zeit der gröfsten Gaserzeugung die Geschwindigkeit des Gases 5 mm pro Sek. nicht übersteigt. Aus diesem Grunde kommt man immer mehr davon ab, die Kästen durch Scheidewände in zwei Hälften zu teilen, so dafs in der einen das Gas in aufsteigender, in der anderen in absteigender Richtung sich bewegt. Es ist vielmehr im Interesse einer geringen Geschwindigkeit gelegen, den vollen Querschnitt dem Gase auf einmal darzubieten. Es ist dabei besonders auf eine gleichmäfsige Füllung des Kastens mit Masse zu achten, damit das Gas dieselbe gleichmäfsig durchdringt, und sich nicht nur an einzelnen Stellen Bahnen bricht. Namentlich ist die Masse am Rand des Kastens etwas höher anzuböschen und festzudrücken, weil erfahrungsgemäfs das Gas gerade am Rande leicht unvollständig gereinigt durchdringt. Die Zahl und Höhe der einzelnen Lagen wird sehr verschieden gewählt. Bei Massen, welche sich sehr fest lagern, mufs man mehrere Horden von geringerer Schichthöhe nehmen; bei gut aufgelockerten Massen dagegen kann man mit zwei und sogar einer Schicht auskommen, wodurch die Beschickung des Kastens vereinfacht wird. Für den Verkauf der ausgebrauchten Massen ist eine Auflockerung mit Sägmehl nicht günstig, da dieselbe als unnötiger Ballast den Wert der Masse nur verringert, im Interesse des Betriebes liegt es jedoch, die Massen soweit aufzulockern, dafs das Gas ohne grofsen Druckverlust seinen Durchgang findet; die Ausnutzung der aufgelockerten Masse ist eine viel gleichmäfsigere, und es ist alsdann zulässig, nur eine oder zwei Hordenlagen in den Kasten zu bringen, und

[1]) Vgl. S. 87.

Die Reinigungskästen.

dadurch den Betrieb zu vereinfachen. Außerdem bietet eine lockere Masse die Sicherheit, daß die Geschwindigkeit des Gasstromes in den Poren der Masse, das für Berechnung des Kastenquerschnittes zu Grunde gelegte Geschwindigkeitsmaß nicht übersteigt, während bei festgelagerten Massen, auch wenn sie auf mehreren Horden ausgebreitet sind, die Geschwindigkeit im Innern der Masse selbst weitaus größer ist als sie für den freien Kastenquerschnitt berechnet wurde.

Zum Heben der Reinigerdeckel wendet man auch hydraulische Hebevorrichtungen besonders da an, wo ohnehin Kraftsammler für hydraulische Hebewerke zum Heben der Kohlen, Coke u. s. w. vorhanden sind, und wo die Gewichte der Deckel etwa 3500 kg überschreiten.

Fig. 51 stellt eine solche hydraulische Hebevorrichtung dar, bei welcher der Deckel mit dem Stempel a derart verbunden ist, daß durch die Einwirkung des Druckwassers auf diesen Stempel a dieser und mit ihm der Deckel gehoben wird. Der Deckel wird in seiner höchsten Stellung durch vorgeschobene Keile festgehalten.

Fig. 52 stellt eine hydraulische Hebevorrichtung mit Flaschenzugübersetzung dar. Das Druckwasser

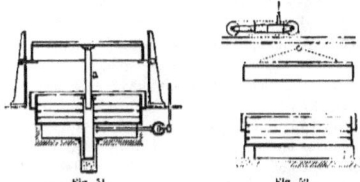

Fig. 51.   Fig. 52.

wirkt auf den Kolben a ein, welcher einen kürzeren Hub hat als der Hub des Deckels ist. Die Übertragung des Hubes dieses Kolbens auf den größeren Hub des Deckels wird mittelst Flaschenzugübersetzung in bekannter Weise erreicht.

VI. Kapitel.
Die Anwendung des Gases zur Beleuchtung.

Das Leuchten der Flamme.

Bezüglich der Theorie des Leuchtens der Flamme darf die Annahme der Ausscheidung festen Kohlenstoffs als allgemein bewiesen gelten, und verdanken wir den Untersuchungen von Davy, Frankland, Heumann u. a. den Nachweis, dafs das Leuchten der Kohlenwasserstoffflammen von ausgeschiedenem, in's Glühen versetztem Kohlenstoff herrührt. Ein neuer interessanter Beweis hierfür wurde von Soret[1]) erbracht und von dem holländischen Forscher Mees[2]) bestätigt. Schon vor ihnen hatten Hirn und Heumann, jedoch vergeblich, versucht, die Anwesenheit fester Teilchen in der Flamme dadurch nachzuweisen, dafs sie Sonnenlicht auf die Flamme fallen liefsen. Es mufsten, falls die Annahme festen Kohlenstoffs richtig war, die Sonnenstrahlen an den festen Teilchen der Flamme reflektiert werden und zwar mufsten diese Strahlen, wie alles reflektierte Sonnenlicht, polarisiert sein. Soret fand, dafs Sonnenstrahlen, wenn genügend konzentriert, wie von dem Rauche, so auch von dem leuchtenden Teile der Kohlenwasserstoffflammen diffus reflektiert würden und nach der Reflexion polarisiert waren, und auch Mees fand dieses Ergebnis durch eigene Beobachtungen bestätigt. Letzterer experimentierte in gleicher Weise mit Flammen von Schwefel, Phosphor, Magnesium, Kohlenoxyd, Schwefelkohlenstoff

[1]) Soret, Biblioth. univers Arch. des sciences XLVIII p 231—211.
[2]) Mees, Versl. en Medel. der k. Akad. v. Wet 2. X p. 46—75 (1877).

und Alkohol in Luft, Phosphor und Arsenik in Sauerstoff und mit einer durch Lithium, Natrium oder Rubidium stark gefärbten Wasserstoffflamme. Keine dieser Flammen zeigte eine Spur von Reflexionsvermögen, wohl aber der über einigen derselben aufsteigende Rauch und ebenfalls das Innere einer Antimonwasserstoffflamme, in der sich festes Antimon in fein zerteiltem Zustande vorfinden sollte. Im letzterwähnten Falle verschwand das reflektierte Licht, wenn der Brenner erwärmt und so das Antimon über seine Verflüchtigungstemperatur erhitzt wurde, während hingegen Abkühlung des Brenners das Zurückwerfungsvermögen steigerte. Diese Versuche beweisen, dafs die Reflexion des Sonnenlichts an die Gegenwart fester Partikelchen gebunden ist, und gereichen somit der Davy'schen Hypothese zur mächtigen Stütze. Nicht nur die Anwesenheit fester Teilchen in der Flammenmaterie konnte auf diese Weise bestätigt werden, sondern es zeigte sich auch, dafs bei einer Kerzenflamme im unteren Teile des Leuchtmantels nur die brechbareren Sonnenstrahlen reflektiert werden. Das Spektrum reicht vom Violett bis zum Grün; höher in der Flamme kommen Gelb und Rot hinzu. Es wird hierdurch in eleganter Weise dargethan, dafs der Kohlenstoff beim Aufsteigen in die Flamme sich allmählich zu gröfseren Partien anhäuft und dafs gerade in dem hellsten Teile auch die gröfste Menge ausgeschiedenen festen Kohlenstoffs sich befindet.

Dieser Kohlenstoff, welcher durch die Verbrennungswärme auf hohe Temperatur erhitzt wird, ist es, welcher das Leuchten der Flamme bedingt. Da nun bei den leuchtenden Flammen auch ein bedeutender Teil dieser Verbrennungswärme in Form von Wärme auftritt, ohne zur eigentlichen Lichtentwicklung beizutragen, so wird man sich die Frage vorzulegen haben, wie viel von der gesamten aufgewendeten Verbrennungsenergie in Lichtstrahlung umgewandelt wird. Wir werden im Kapitel »Wärmestrahlung« sehen, daß die gesamte Strahlung, also Licht und Wärme, bei leuchtenden Gasflammen nach den Versuchen von Helmholtz 8,5 % der gesamten Verbrennungswärme beträgt.

Die höchste Leuchtgasstrahlung stieg auf 18 %, aber nur in dem Falle, wo Gas im Argandbrenner mit schwacher Sauerstoffzufuhr verbrannt wurde. Diese Zahl umfaßt die gesamte Strahlung. Die Strahlung, welche wir als Licht wahrnehmen, beträgt aber bei einer hellen Gasflamme nach Tyndall[1]) höchstens 4 %. Ein gewöhnlicher Argandbrenner enthält nun wiederum nach den Untersuchungen von Helmholtz u. 12 % Wärmestrahlen im Vergleich zu seiner Verbrennungswärme. Aus beiden folgt, daß weniger als ½ % der Verbrennungswärme von einer Argandflamme in Licht verwandelt wird. Dagegen ergab sich ebenfalls nach den Messungen von Helmholtz[2]), daß eine elektrische Glühlampe 75 % ihrer elektrischen Energie als Strahlung überhaupt und 5,5 % als Licht ausgibt. Man sieht hieraus, wie ungeheuer gering bei der Gasbeleuchtung die Ausnutzung der in dem Gas aufgespeicherten Gasamtenergie ist und wie das Bestreben dahin gerichtet sein muß, namentlich den in Form von Wärmestrahlung nutzlos und mit Belästigung verloren gehenden Teil der Energie noch teilweise in Licht umzusetzen. Ein in theoretischer Beziehung höchst wichtiger Fortschritt ist mit der Erfindung des Gasglühlichtes gemacht; da es in der Gasflamme der feste ausgeschiedene Kohlenstoff ist, welcher das Leuchten der Flamme bedingt, so ist die Oberfläche (von der ja außer der Temperatur die Strahlung abhängig ist) dieser festen leuchtenden Partikelchen im Vergleich zu einem glühenden, festen Körper ungeheuer gering.

In dem Glühen fester Körper ist also der Weg zu suchen, auf dem eine bessere Ausnutzung der Energie des Gases in Form von Licht erzielt werden kann. Ein Weg, nämlich die Vorwärmung des Gases, ist in den letzten Jahren ausgiebig verfolgt worden und hat zu den erfreulichsten Fortschritten der Gasbeleuchtung geführt; es ist zu hoffen, daß der neue Weg, welchen die Gasglühlichtbeleuchtung eröffnet hat, zu weiteren praktischen Fortschritten führen wird, ja es ist sogar nicht ausgeschlossen, daß eine Verbindung von Glühlicht mit dem Vorwärmungsprinzip erzielt werden kann. Es kann dann gelingen, die Strahlung nicht nur durch das Glühen fester Körper zu steigern, sondern auch durch die Temperatur, auf welche wir den festen Körper erhitzen.

Leuchtwert von Benzol und Äthylen.

Die Leuchtkraft einer Flamme hängt von vielen Umständen ab. In erster Linie ist es der Kohlenstoffgehalt der verbrennenden Gase und Dämpfe, d. h. der Einfluß der sogen. Lichtgeber. Dann aber sind auch die verbrennlichen Lichtträger, sowie unverbrennliche Verdünnungsmittel (wie Kohlensäure, Stickstoff u. dergl.) von hoher Bedeutung. Außer diesen Umständen spielen die Flammentemperatur, der Druck und die Form der Flammen eine wesentliche Rolle. Wir wenden uns zunächst zu dem Einflusse der Lichtgeber auf die Leuchtkraft des Gases. Über diesen Gegenstand hat Knublauch eingehende Versuche angestellt, namentlich um zu ermitteln, welchem Bestandteile das Leuchtgas hauptsächlich seine Leuchtkraft verdankt. Unter all diesen sind es besonders zwei, welche besondere Aufmerksamkeit verdienen, nämlich das Benzol und das Äthylen. Über die Mengenverhältnisse dieser Kohlenwasserstoffe im Gase haben wir bereits früher gesprochen; wir wollen nunmehr auf die Frage näher eingehen, in welcher Beziehung beide zu der Leuchtkraft des Gases stehen.

Knublauch[1]) sättigte Gas mit genau bestimmten Mengen von Benzol, Toluol, Äthylen und Äthyläther (letzterer nur aus theoretischen Gründen) und bestimmte die dadurch entstandene Erhöhung

---

[1]) Tyndall, Wärme, eine Art der Bewegung, 1875, S. 535.
[2]) Helmholtz, Die Licht- und Wärmestrahlung verbrennender Gase. 1890, 3. 72.

[1]) Journ. f. Gasbel. 1879, S. 653.

der Leuchtkraft. Er fand bei einem stündlichen Verbrauch von

7,8 g Benzol	14,15	Lichtstärken
7,8 g Toluol	12,80	»
7,8 g Äthylen	7,21	»
7,8 g Äther	2,53	»

Die Kerze, mit welcher bei dem Versuche gemessen wurde, verbrauchte pro Stunde bei 45 mm Flammenhöhe ebenfalls 7,8 g ihrer Masse und gab dabei die Lichtstärke 1.

Um etwas tiefer auf das Wesen der besprochenen Lichtgeber einzugehen, verläfst man am besten die Leuchtkraft gleicher Gewichte der Kohlenwasserstoffe und betrachtet die Lichtmengen, welche gleichen Volumen in Dampfform zukommen, in welcher Form ja die Lichtgeber im Leuchtgas enthalten sind.[1])

Diese sind:

	Verhältnis der Leuchtkraft gleicher Vol. in Dampfform
I. 78 g Benzol = 141,5 Lichtstärken	
II. 92 g Toluol = 151,0 »	
III. 28 g Äthylen = 25,6 »	
IV. 74 g Äther = 24,1 »	

Das Verhältnis der Leuchtkraft gleicher Volumina der Dämpfe steht also nahezu in dem Verhältnis von

6 : 6 1 : 1
Benzol Toluol Äthylen Äthyläther.

Da das Leuchten einer kohlenstoffhaltigen Verbindung beim Verbrennen von ausgeschiedenem Kohlenstoff herrührt, so mufs unter sonst gleichen Bedingungen dieses Verhältnis der Leuchtkraft gleicher Dampfvolumina zugleich auch das Verhältnis ausdrücken, in welchem Kohlenstoff aus diesen Mengen ausgeschieden wird. Nach dieser höchst sinnreichen Methode fand Knublauch, dafs von dem gesamten, in der Verbindung enthaltenen Kohlenstoff folgende prozentuale Mengen

[1]) Wir wissen, dafs die Moleküle der Verbindungen in Dampfform gleichen Raum erfüllen, dafs z. B. ein Molekül Benzoldampf denselben Raum erfüllt als ein Molekül Äthylen. Die relativen Gewichte der Moleküle sind bekannt. Berechnet man daher die Leuchtkraft, welche den Molekülen zukommt, so ergibt sich damit auch die Leuchtkraft gleicher Volumina der Dämpfe. Drückt man ferner die Molekulargewichte in Grammen aus, so erhält man die Leuchtkraft gleicher Vol. in Dampfform und zugleich die Lichtstärken der Verbindungen bei einem stündlichen Konsum des Molekulargewichtes in Grammen.

ausgeschieden werden, also der Leuchtkraft zu gute kommen.

Benzol	100,0 %
Toluol	85,7 %
Äthylen	50,0 %
Äther	25,0 %

Beim Benzol kommt aller darin enthaltene Kohlenstoff (92,3 % von dem Gewicht des Benzols) in ausgeschiedenem Zustand zum Glühen. Beim Äthylen wird nur die Hälfte »aktiv« ausgeschieden; es sind dies nur 42,8 % vom Gewicht des verbrannten Äthylens.

Knublauch schliefst aus der verschiedenartigen Kohlenstoffausscheidung der obigen Substanzen weiter, dafs diese in irgendwelchem Zusammenhange mit der chemischen Konstitution dieser Körper stehen müsse. Wie kompliziert zusammengesetzte organische Verbindungen unter gewissen Verhältnissen in einzelne Gruppen zerfallen, so mufs man annehmen, dafs in der Flamme zunächst die Lichtgeber in einfachere Verbindungen und Kohlenstoff zerfallen. Da die Lichtgeber von verschiedener Zusammensetzung, teils auch von verschiedener Konstitution sind, so ist die verschiedenartige Zersetzung unter Abscheidung von verschiedenen Mengen Kohlenstoff leicht erklärlich.

Beim Äthylen geht zunächst eine Spaltung in Methan und Kohlenstoff vor sich $C_2H_4 = CH_4 + C$; der Kohlenstoff bedingt in glühendem Zustande das Leuchten, während das Methan, für die Leuchtkraft unwirksam, zu Kohlensäure und Wasser verbrennt. Ähnliche Spaltungen in einfachere Gruppen können als erstes Stadium der Verbrennung (Zerstörung) bei allen brennbaren Verbindungen angenommen werden. Beim Benzol und Toluol müssen aus dem Molekül 6 Atome Kohlenstoff ausgeschieden werden. Im Toluol werden wahrscheinlich die sechs Kohlenstoff-Atome des Benzolkerns ausgeschieden, während die Methylgruppe CH_3 direkt oxydiert wird; $C_7H_8 = C_6H_5[CH_3]$.

Somit ist also die Verbrennung der Lichtgeber im Leuchtgase im ersten Stadium als eine Zersetzung nach chemischen Gesetzen anzusehen. Der Brenner hat die Aufgabe, diese Reaktionen in möglichst quantitativem Verhältnis zu vollziehen.

Sainte Claire Deville schlug den umgekehrten Weg wie Knublauch ein, indem er aus dem

Gase durch Abkühlung die aromatischen Kohlenwasserstoffe (Benzol) abschied und so einmal die Leuchtkraft des ursprünglichen Gases (d. i. Benzol und Äthylen) und das andere Mal die des gekühlten Gases (d. i. Äthylen allein) mafs. Es ergab sich dabei folgendes Resultat:

100 l gewöhnliches Gas mit 3,939 g aromatischen Kohlenwasserstoffen gab . . . . . . 0,956 Carcels
100 l gewöhnliches Gas bei —22° mit 2,315 g aromatischen Kohlenwasserstoffen gab 0,804 »
100 l gewöhnliches Gas bei —70° mit 0 g aromatischen Kohlenwasserstoffen gab 0,334 »

Im ganzen erzeugten also die 3,939 g aromatische Kohlenwasserstoffe, welche 77 % reines Benzol enthielten, im Gas 0,622 Carcels, oder 1 g derselben 0,157 Carcels (oder 1,542 deutsche Ver.-Kerzen.). In Prozenten der gesamten Leuchtkraft des Pariser Gases wurden geliefert:

von den schweren Kohlenwasserstoffen . 34,9%
von den aromatischen Kohlenwasserstoffen . 65,1%
                                          100,0%.

Nun enthielt 1 cbm dieses Gases in Gewicht 39,2 g Benzol und 59,7 g Äthylen.

Beziehen wir, wie dies Knublauch gethan hat, die Leuchtkraft auf gleiche Volumina in Dampfform, so erhalten wir das Verhältnis der Leuchtkraft von Benzol zu Äthylen wie 7,9 : 1, also sogar noch höher, wie Knublauch gefunden hat. Dafs die Zahlen beider Experimentatoren nicht völlig übereinstimmen, rührt jedenfalls davon her, dafs Knublauch mit reinem Benzol und Äthylen arbeitete, während Deville nur die im Leuchtgase befindlichen Gemische der diesen Reihen angehörigen Kohlenwasserstoffe in Betracht zog.

P. F. Frankland fand bei seinen Arbeiten über die Leuchtkraft verschiedener Kohlenwasserstoffe[1]), dafs die auf das Methan folgenden Glieder derselben Reihe, also das Äthan und Propan, bei einem Verbrauch von 5 cbf pro Stunde einen Lichteffekt von resp. 35 und 53,9 Kerzen gaben; also zeigt sich eine immer gröfsere Lichtstärke bei zunehmendem Kohlenstoffgehalt. Die Leuchtkraft ist aber nicht nur abhängig von der Anzahl Kohlenstoffatome in der Volumeinheit, denn für Äthylen, welches ebenso viel Kohlenstoff im Molekül enthält

[1]) Ber. der deutsch. chem. Gesellsch. 1885, S. 266, und Chem. soc. 1885, p. 235—240.

als Äthan, ist sie 68,5 Kerzen bei 5 cbf Konsum. Es ergibt sich vielmehr, dafs das Beleuchtungsvermögen steigt, mit der Proportion des Kohlenstoffes dem Wasserstoffe gegenüber.

Einflufs sonstiger verbrennlicher Gase auf die Leuchtkraft.

Man könnte bei Betrachtung obiger Resultate geneigt sein, zu schliefsen, dafs die Leuchtkraft proportional der Menge der lichtgebenden Bestandteile und in erster Linie des Benzols zunähme. Allein obige Zahlen zeigen deutlich, dafs die Zunahme der Leuchtkraft nicht in demselben Mafse vor sich geht wie die Zunahme des Gases an Benzol. Wir haben oben gesehen, dafs, wenn man zu 100 l ganz benzolfreien Gases 2,315 g aromatische Kohlenwasserstoffe beifügt, man eine Zunahme der Leuchtkraft von 0,470 Carcel oder pro 1 g von 0,203 Carcel, bei einer neuen Addition von 1,624 g aber nur mehr 0,152 oder pro 1 g nur mehr 0,093 Carcel, also weniger als die Hälfte erhält und bei weiterer Beimischung würde die Zunahme jedenfalls noch geringer werden. Es rührt dies daher, dafs die Lichtgebung ganz von der Beschaffenheit der anderen Gase abhängig ist, in deren Mitte sie brennen. So wird 1 g Benzol mit einem armen Gas gemischt, dessen Leuchtkraft viel stärker erhöhen, als wenn es einem reichen Gase beigemischt ist.

Die folgende Tabelle, welche ebenfalls der Arbeit Deville's entnommen ist, gibt an, in welcher Weise die wichtigsten lichtgebenden Bestandteile des Gases verschiedener Qualität an seiner Leuchtkraft teilnehmen, d. h. zur Erzeugung von 100 Lichteinheiten beitragen.

Bestandteile	Reiches Gas	Armes Gas	Mittleres Gas
	%	%	%
Aromatische Kohlenwasserstoffe	40 bis 50	70 bis 85	65
Schwere Kohlenwasserstoffe (Äthylen, Propylen, Acetylen)	30 » 15	15 » 7	10 bis 20
Sumpfgas	12 » 10	10 » 8	10
Höhere Kohlenwasserstoffe der Sumpfgasreihe . . .	18 » 25	5 » 0	15 bis 5
	100	100	100

Auch P. F. Frankland wies darauf hin[1], dafs die Leuchtkraft der Kohlenwasserstoffe verschieden sei, je nachdem sie für sich oder in der Mitte anderer Gase verbrannt werden. Er machte seine Versuche mit reinem Äthylen[2]. Während er fand, dafs reines Äthylen bei einem Verbrauch von 5 cbf pro Stunde aus einem Referee's Argandbrenner brennend, eine Lichtstärke von 68,5 Kerzen erzeugt, ergab sich, dafs Gemische von Äthylen, Kohlenoxyd, Wasserstoff oder Grubengas bei gleichem Verbrauch von 5 cbf pro Stunde immer weniger hell leuchteten als reines Äthylen. Wenn mehr als 60% Äthylen vorhanden sind, macht die Natur des Verdünnungsmittels nur wenig Unterschied; ist aber der Äthylengehalt bedeutend niedriger, so zeigt sich die Leuchtkraft entschieden am gröfsten, wenn das Verdünnungsmittel Sumpfgas ist.

Frankland hat ferner aus seinen Versuchen das Leuchtvermögen der Gemische berechnet, wenn soviel pro Stunde verbrannte, dafs immer 5 cbf Äthylen verbraucht wurden. Die so erhaltenen Zahlen für den Leuchtwert des Äthylens erreichten bei der Verdünnung mit Kohlenoxyd und mit Wasserstoff gewisse Maximalwerte, 70—80 Kerzen, wenn der Prozentgehalt des Äthylens 50 resp. 30 betrug und sanken bis auf 0 herab für Gemische mit 20 resp. 10% Äthylen. Verdünnung mit Sumpfgas hingegen steigert den Leuchtwert des Äthylens fortwährend und immer mehr, so dafs derselbe, wenn nur noch 10% Äthylen sich im Gemisch vorfinden, auf 170—180 Kerzen gestiegen ist. Es ist aufser Zweifel, dafs die viel höhere Temperatur der Sumpfgasflamme den höheren Lichteffekt hervorruft, gegenüber der Wasserstoffflamme; die glühenden Teilchen werden bei ersterer auf eine höhere Temperatur gebracht und dadurch gröfsere Leuchtkraft erzielt.

Einflufs unverbrennlicher Gase auf die Leuchtkraft.

Gemische von Äthylen mit den unverbrennlichen Verdünnungsmitteln, Kohlensäure, Stickstoff,

[1] Chem. Soc. 45, 1884, p. 30—40 und p. 227—237.
[2] Über das Beleuchtungsvermögen von Methan siehe Wright, Journ. chem. soc. 1885, I p. 200, auch Ber. d. deutsch. chem. Gesellsch. 1885, S 265.

Wasserdampf und atmosphärischer Luft, leuchten schwächer als reines Äthylen. Im Gegensatz zu dem Verhalten der brennbaren Verdünnungsgase verursachen aber Kohlensäure, Stickstoff und Wasserdampf auch eine stetige Verminderung des Leuchtwertes des Äthylens in den Gemischen. Bei Luft bleibt derselbe gleich, bis das Volumen der zugesetzten Luft etwa 50% erreicht. Bei höherem Luftgehalt sinkt er schnell und wird Null für 78% Luft. Mischungen von Äthylen mit Sauerstoff, genügend um ein explosives Gasgemisch zu erzeugen, besitzen eine gröfsere Leuchtkraft als Äthylen allein. Die verringernde Wirkung der Kohlensäure, des Stickstoffs und des Wasserdampfs ist teilweise durch Verdünnung des Gases und teilweise durch Abkühlung der Flamme hervorgebracht, wie sie eben indifferente Gase bedingen. Die Abkühlung ist proportional der spezifischen Wärme des Gases; in dem Fall der Kohlensäure- und Wasserdampfzumischung ist sie noch vermehrt durch den Wärmeverbrauch, welcher für Zerlegung des Wasserdampfes resp. zur Reduktion der Kohlensäure zu Kohlenoxyd aufgewandt wird. Von den vier Verdünnungsmitteln, Kohlensäure, Stickstoff, Wasserdampf und atmosphärische Luft, ist die Kohlensäure das am stärksten, Luft das am schwächsten auf die Leuchtkraft einwirkende Gas. Stickstoff und atmosphärische Luft kommen einander in ihrer Wirkung um so näher, je mehr die Entleuchtung durch den Zusatz vorgeschritten ist.

Von denjenigen Faktoren, welche auf die Leuchtkraft des Gases von schädlichem Einflusse sind, haben Kohlensäure und Wasserdampf deshalb besonderes Interesse, weil sie als Verbrennungsprodukte des Gases allenthalben auftreten. Besonders für genaue photometrische Messungen verdienen dieselben besondere Berücksichtigung.

Methven[1] fand zwischen trockener und bei höherer Temperatur mit Wasserdampf gesättigter Luft (bei einer 5 cbf-Flamme im London-Argand-Brenner) eine Abnahme der Leuchtkraft um 10%. Genauere Versuche stellte Bunte[2] an. Dieselben bestätigten, dafs die Einflufs des Wasserdampfes, bezw. des Feuchtigkeitsgehaltes der Luft weit geringer ist, als der der Kohlensäure. Während

[1] Journ. f. Gasbel. 1890, S. 59.
[2] Journ. f. Gasbel. 1891, S. 310.

ersterer auf 60 und 80% (entsprechend einem Gehalt von 2,3 Vol. H₂O) erhöht werden konnte, ohne dafs eine merkliche Schwächung der Leuchtkraft der Flamme eintrat, und erst bei 90% eine Abnahme der Leuchtkraft um 12% stattfand, zeigten sich bei Zuführung von Kohlensäure weit gröfsere Abnahmen.

Die Ergebnisse dieser Versuchsreihen, sowohl mit Schnitt- als mit Argandbrennern sind in Tabelle I verzeichnet.

Tabelle I.

Versuch	Kohlensäuregehalt der Luft in Prozent	Schnittbrenner Leuchtkraft der Versuchsflamme (in Prozent der ursprünglichen Leuchtkraft in reiner Luft)	Schnittbrenner Abnahme der Leuchtkraft	Kohlensäuregehalt der Verbrennungsluft in Prozent	Argandbrenner Leuchtkraft der Versuchsflamme (in Prozent der ursprünglichen Leuchtkraft in reiner Luft)	Argandbrenner Abnahme der Leuchtkraft
	0,0	100	—	0,00	100	—
1	1,10	92,8	7,2	—	—	—
2	1,77	86,4	13,7	—	—	—
3	2,15	81,7	18,3	—	—	—
4	2,88	74,7	25,3	2,24	87,6	12,4
5	3,73	71,1	28,9	2,94	84,1	15,9
6	4,44	68,8	31,2	3,87	78,0	22,0
7	5,11	63,4	36,6	4,37	74,3	25,2

Von dem Falle der Beimischung von Kohlensäure oder Wasserdampf zur Verbrennungsluft ist derjenige Fall wohl zu unterscheiden, bei welchem obige beiden Produkte durch einen Verbrennungsprozefs auf Kosten des Sauerstoffgehaltes der Luft gebildet werden. Auf gleichen Sauerstoffgehalt der Verbrennungsluft bezogen, übt auch hier die Kohlensäure den gröfsten Einflufs aus. Praktisch ist derjenige Fall am wichtigsten, in welchem die Sauerstoffentziehung durch die Verbrennung von Leuchtgas erfolgt. Bunte fand:

Tabelle II.

Versuch	Kohlensäuregehalt der Luft in Prozent	Schnittbrenner Leuchtkraft der Versuchsflamme (in Prozent der ursprünglichen Leuchtkraft in normaler Luft)	Schnittbrenner Abnahme der Leuchtkraft	Kohlensäuregehalt der Luft in Prozent	Argandbrenner Leuchtkraft der Versuchsflamme (in Prozent der ursprünglichen Leuchtkraft in normaler Luft)	Argandbrenner Abnahme der Leuchtkraft
	0	100	—	0	100,0	—
1	0,26	94,3	5,7	0,18	96,5	3,5
2	0,41	90,6	9,4	0,25	93,7	6,3
3	0,49	87,5	12,5	0,37	84,5	15,5
4	0,54	85,0	15,0	0,43	82,8	17,2
5	0,60	81,7	18,3	0,56	79,7	20,3
6	0,65	80,0	20,0	0,68	77,3	22,7

Schilling, Handbuch für Gasbeleuchtung.

Einem verhältnismäfsig geringen Kohlensäuregehalt der Luft, wie er nicht selten in geschlossenen Räumen vorkommt, entspricht also eine grofse Abnahme der Leuchtkraft, und man sieht, wie diese Ergebnisse wesentlich ungünstiger sind, als für den ersten Fall, bei welchem es sich nur um eine Addition von Kohlensäure zur Verbrennungsluft handelte. In allen Fällen ist der Kohlensäuregehalt von gröfstem Einflufs auf die Leuchtkraft des Gases. In schlecht ventilierten Räumen können Kohlensäuremengen bis zu 0,5% vorkommen, und verursachen diese Abnahmen der Leuchtkraft um 12%. Bei einem Kohlensäuregehalt von über 5% kommen die Gasflammen bereits zum Erlöschen.

Die Fortschritte in der Beleuchtung mit Gas.

Bei dem in der Neuzeit sich immer mehr geltend machenden gröfseren Bedürfnis nach Licht, sowohl in geschlossenen Räumen wie auf den Strafsen und Plätzen, haben sich die Bestrebungen der Gastechnik dahin gerichtet, mit dem alten Brennstoff gröfsere Lichtwirkungen zu erzielen. Diese Verbesserungen sind auf dreierlei verschiedenen Wegen angestrebt worden, einmal durch Verwendung von besseren Brennern, resp. Brennergruppen mit gröfserem Gasverbrauch (Intensivbeleuchtung), zweitens dadurch, dafs man den in der Flamme ausgeschiedenen Kohlenstoff auf höhere Temperatur erhitzte, wozu man die Hitze der abziehenden Verbrennungsgase benutzte (Regenerativbeleuchtung), und drittens dadurch, dafs man durch entleuchtete Gasflammen feste Körper von hohem Lichtemissionsvermögen zum Glühen brachte. (Gas-Glühlicht). Aufserdem wurden auch immer noch die Versuche fortgesetzt, den Kohlenstoffgehalt des Gases selbst zu erhöhen durch Zusatz von Stoffen wie Naphtalin u. dergl. (Karburierung, Albokarbonbeleuchtung).

Die erste Art der Erzielung höherer Lichtwirkung ist wohl die einfachste und aus diesem Grunde für Strafsenlaternen häufig angewendet worden. Es kann bei all diesen Anordnungen von einer besseren Ausnutzung des Gases eigentlich nur insofern die Rede sein, als dabei auf eine möglichst zweckmäfsige Luftzuführung Rücksicht genommen ist.

Die Leistungen der gebräuchlichsten kleineren Brenner hat Rüdorff[1]) untersucht, und gelangte dabei zu den gleichen Grundsätzen, wie sie im Handbuch bereits ausführlich entwickelt sind. Es ist im allgemeinen bestätigt, dafs die Zweilochbrenner unter allen Brennern die verschwenderischsten sind, und dafs der Argandbrenner den günstigsten Effekt liefert. Ihm am nächsten kommt der Hohlkopf-Schnittbrenner. Bei letzterem stieg der Nutzeffekt bis zu einem Gasverbrauch von 150 l. Schnittbrenner mit noch weiterem Schnitt nahmen im Nutzeffekt wieder ab.

Bei den Argandbrennern hat man eine Verbesserung dadurch zu erreichen gesucht, dafs man im Centrum eine Scheibe anbrachte, welche die Flamme aushöhlt. Diese Konstruktion hat Siemens in seinem Präzisionsbrenner angewendet. Die Brandscheibe sitzt in derjenigen Höhe der Flamme, in welcher der blaue Kern derselben verschwindet. Zwischen Brennermündung und Brandscheibe fliefsen Gasstrom und Luftstrom thunlichst ruhig nebeneinander, sich nur so weit vermischend, als zur Hitzeerzeugung und ungestörten Abscheidung der leuchtenden Kohleteilchen erforderlich ist; weiter hinauf jedoch ist es vorteilhaft, durch eine Wirbelung, welche durch Einschalten der Brandscheibe erzeugt wird, eine lebhaftere Mischung zu veranlassen; es tritt dadurch eine intensivere Verbrennung, ein intensiveres Leuchten der bereits vorhandenen glühenden Kohleteilchen ein. Nimmt man bei gleicher Hahnstellung die Brandscheibe heraus, so wird die Flamme trüber und länger. Aufserdem ist jedenfalls auch durch Einengung des Querschnittes für die Luft die Menge der an der Flamme vorbeiströmenden Luft verringert, und so die Flamme weniger abgekühlt.

Die Präzisionsbrenner sind als einringige Argandbrenner in 2 Gröfsen zu ca. 30 resp. 55 Kerzen angefertigt. Der Brenner soll einen besseren Nutzeffekt haben, als der gewöhnliche Argand.

Der Gasverbrauch des kleineren Brenners beträgt nach Siemens' Angaben 250 l für 30 Kerzen, der des gröfseren 450 l für 55 Kerzen.

[1]) Journ. f. Gasbel. 1882, S. 137; vgl. auch 1889, S. 252.

Die Entwickelung der Regenerativbeleuchtung.

Die Regenerativbeleuchtung verdankt ihre Entstehung der Generatorfeuerung mit vorgewärmter Luft und beruht auf demselben Grundsatz wie diese. Siemens, der Begründer der ersteren, mufs auch als Erfinder der Regenerativbeleuchtung betrachtet werden. Allerdings waren vor Siemens schon Brenner konstruiert worden, in denen Vorwärmung stattfand, allein praktisch gelangten diese Lampen zu keiner Bedeutung.

Der Erste, welcher auf die Vorteile der Vorwärmung aufmerksam machte, war Faraday. Schon im Jahre 1819 machte er Versuche, indem er die Luft durch einen zweiten Cylinder vorwärmte. Faraday's Versuche sind im Handbuch von Clegg veröffentlicht. Derselbe hat allerdings eine Vermehrung der Leuchtkraft um 5 bis 10% konstatieren können, aber er sagt: Die durch die Vorwärmung der Luft bedingten Umstände machen einen solchen Brenner für die Praxis ungeeignet. Der nächste, der die Versuche der Vorwärmung wieder aufnahm, war Chaussenot, welcher eine

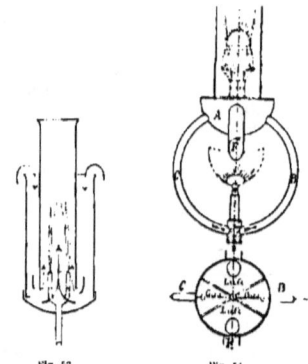

Fig. 53. Fig. 54.

erhöhte Leuchtkraft des Argandbrenners dadurch erzielte, dafs er ihn mit einem zweiten Glascylinder umgab (Fig. 53). Diese Anordnung zeigte praktisch viele Mängel. Die doppelte Umhüllung der Flamme nahm derselben wieder viel von der Leuchtkraft, welche sie durch die Vorwärmung gewonnen hatte.

überhaupt war es hinderlich, so viel Glas an der Lampe zu haben. Die Vorwärmung wurde wieder vergessen, bis im Jahre 1879 Muchall sich eine Doppellampe mit selbstthätiger Erhitzung des Gases und der Luft patentieren liefs, welche beistehend abgebildet ist (Fig. 54). Zwischen zwei übereinander liegenden Flammen befindet sich ein von den Röhren B und C getragenes Heizreservoir A; dasselbe ist in vier Kammern geteilt, von denen zwei mit Luft und zwei mit Gas in Verbindung sind. Diese Kammern werden durch die darunter befindliche Flamme erhitzt.

Muchall brachte aufserdem auch wieder die Chaussenot'sche Lampe, welche bis dahin geruht hatte, an's Licht und lenkte die Aufmerksamkeit der Fachwelt auf die Vorteile der Vorwärmung.

Im Jahre 1879 brachte Friedr. Siemens in Dresden seine ersten Lampenkonstruktionen zur Durchführung, wobei er bestrebt war, die praktischen Schwierigkeiten, welche sich bis dahin der Anwendung der Vorwärmung entgegengestellt hatten, zu überwinden. Während bei den früheren Konstruktionen der Regenerator die Flamme umschlofs, und deshalb aus Glas gefertigt sein mufste, suchte Siemens denselben von der Flamme zu trennen. Der Regenerator umschliefst nun das Rohr, durch welches die Verbrennungsgase abziehen, während die Flamme von einer einfachen weiten Glaskugel umschlossen ist (Fig. 55). Besonderes Gewicht legte Siemens auf den Umstand, dafs die in der Glaskugel aufsteigenden hoch erhitzten Verbrennungsprodukte der Flammen innerhalb dieser Kugel ihre Richtung umkehrten und nach unten geführt werden konnten, ohne der Flamme oder dem Luftaustritt ein Hindernis zu bieten. Dies erklärt sich dadurch, dafs die aufsteigende Flamme den heifsesten Weg in der Mitte der Kugel auswählt, während die herabfliefsenden Verbrennungsprodukte sich naturgemäfs den kühlsten Weg an den inneren Wandungen der Kugel suchen. Um diese Strömung aufrecht zu erhalten, verband Siemens seine Abzüge anfangs mit einem Schornstein oder einer Esse. Trotzdem die Siemenssche Konstruktion anfänglich noch sehr wenig handlich war, so war doch ein grofser Fortschritt gemacht, einmal indem man sich von der Anwendung der Regeneratoren aus Glas lossagte, und zweitens, indem Siemens der Flamme und der Luft ihren genauen Weg vorschrieb. Die erste Konstruktion führte rasch zu Verbesserungen, welche bereits zwei Jahre später praktisch eine weite Verbreitung fanden und noch jetzt vielfach angewendet werden. Es entstanden so die Brenner,

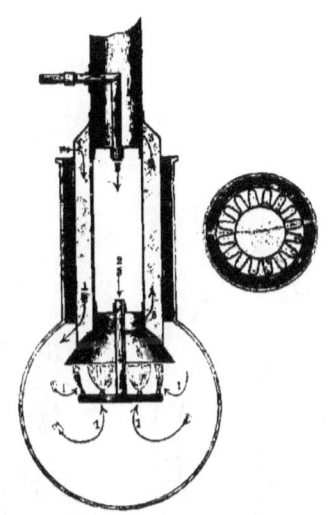

Fig. 55.

welche jahrelang fast ausschliefslich als Regenerativbrenner Anwendung gefunden haben, und welche dem Gas den Weg erschlossen haben, um erfolgreich mit der damals rasch sich verbreitenden elektrischen Beleuchtung inbezug auf Lichtfülle in Wettbewerb zu treten. (Fig. 56, 57 und 58).

Aufser der sehr vorteilhaften Verwertung des Gases hatten diese Brenner den Vorteil, sehr grofse Lichtquellen — bis 700 Normalkerzen — durch einen einzigen Brenner zu ermöglichen, wegen der sehr straffen Flammenführung. In Flammengröfse sind dieselben noch jetzt von keinem andern System erreicht worden.

Allerdings waren die Lampen ziemlich schwerfällige und oft auch namentlich wegen des seitlich heraufgeführten Essenrohres unschöne Apparate. Auch waren dieselben ziemlich kostspielig; so kostete eine Laterne der größten Nummer bis zu 1000 Mark. Trotz alledem fanden die Siemenslampen große Verbreitung und erwiesen sich in ihrer Anwendung auf Laternen zur Erleuchtung größerer Plätze als ein höchst wichtiger Fortschritt des Beleuchtungswesens.

Beobachtet man die Stufenfolge von Chausenot zu Siemens' Patent 8423 (Fig. 55) und von da zu Siemens' Patent 11721 (Fig. 56) und der Ausbildung des letzteren bis 1881 (Fig. 57), so findet man eine immer geringere Anwendung von Glas am Brenner; das Vollkommenste in dieser Beziehung ist erreicht worden in Siemens' Patent 22042 (Fig. 58).

Mit den bisher beschriebenen Regenerativbrennern hat Siemens den Beweis erbracht, daß das Regenerativprinzip zur Verbesserung der Leuchtflamme praktisch durchführbar ist, und es gebührt ihm daher das Verdienst, die Bahn in dieser Richtung eröffnet zu haben. Ferner hat er diejenige breite Basis geschaffen, auf welcher auch andere Konstrukteure weiter gebaut haben. Zu diesen Grundlagen gehört hauptsächlich die selbsttätige Bewegung der heißen Luft in einer Glocke von der Regeneratormündung zur Flamme, die Regeneratoranordnung zur Einführung der erhitzten Luft in die Mitte des Brennerraumes, und weiter die Führung der Flamme durch einen von derselben

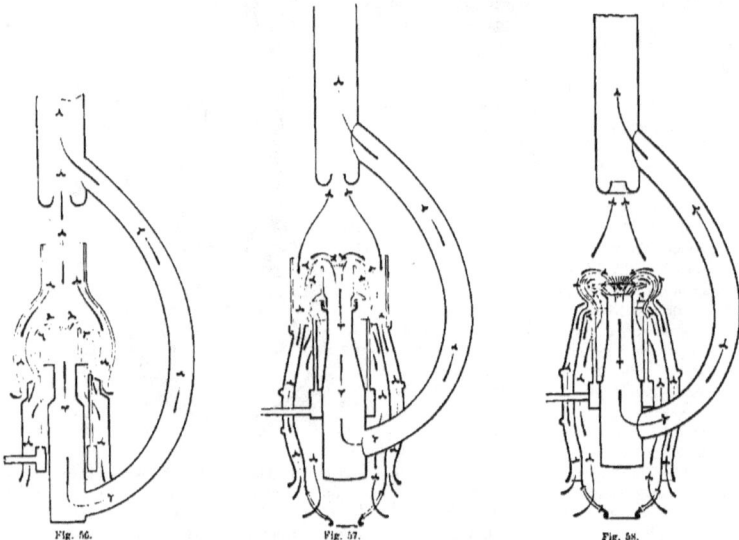

Fig. 56.   Fig. 57.   Fig. 58.

umschlossenen, feuerfesten reflektierenden Körper, der als Mündung des Flammenabzuges dient.

Die vorteilhafte Ausnutzung des Gases in dem Siemensbrenner war in die Augen springend. Engler[1]) fand, daß der Nutzeffekt bei der praktischen Beleuchtung mindestens doppelt so groß war, als der unserer gewöhnlichen Beleuchtung mit Schnittbrennern.

Die Erfolge der Siemensschen Lampen spornten zu weiteren Verbesserungen und Erfindungen

---

[1]) Journ. f. Gasbel. 1883, S. 408.

Die gebräuchlichsten Regenerativlampen.

an. Es folgten eine Reihe von Konstruktionen, welche die den Siemensschen Lampen noch anhaftenden Mängel zu beseitigen suchten. In erster Linie war der unterhalb der Flamme liegende Regenerator mit seinen massigen Formen eine lästige Beigabe, und man suchte deshalb ihn nach oben zu verlegen. Es wurde dadurch nöthig, die bei der alten Siemenslampe frei brennende Flamme in eine Glaskugel einzuschliefsen, um die nöthige Führung zu ermöglichen. Die so gewonnene Form bildete die Grundlage für eine Reihe von Konstruktionen, welche gegenwärtig unter den verschiedensten Formen und Namen in den Handel kommen[1]).

Die gebräuchlichsten Regenerativlampen.

Unter den im Handel eingeführten Regenerativbrennern können wir die folgenden als die wichtigsten hervorheben:

Die Wenhamlampe ist in Fig. 59 dargestellt.

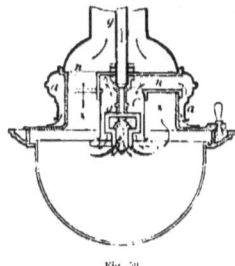

Fig. 59.

Das Gas tritt von oben durch das Rohr g in den ringförmig gestalteten Specksteinbrenner c, aus dem es durch Löcher, wie beim Argandbrenner ausströmt. Die Flamme verbreitet sich von hier aus in horizontaler Richtung, während die Verbrennungsluft bei a in den Aufsatz eintritt, durch die Querkanäle n und den Raum C vorgewärmt wird und durch ein an den Brenner sich anschliefsendes Sieb zum Brenner gelangt. Die Verbrennungs-

gase ziehen in der durch die Pfeile angedeuteten Richtung durch z ab. Neuerdings wurde die Lampe dadurch wesentlich verbessert, dafs statt des Rundbrenners der sog. »Sternbrenner« (Fig. 60) angewendet wurde, welcher der Flamme eine straffere

Fig. 60.

und gleichmäfsigere Form verlieh. Auch besitzt der Sternbrenner den grofsen Vorteil, dafs er leicht gereinigt, resp. im Bedarfsfall durch einen neuen Brenner ersetzt werden kann. Die Wenhamlampe wird in vier Gröfsen von 200 bis 560 l Konsum

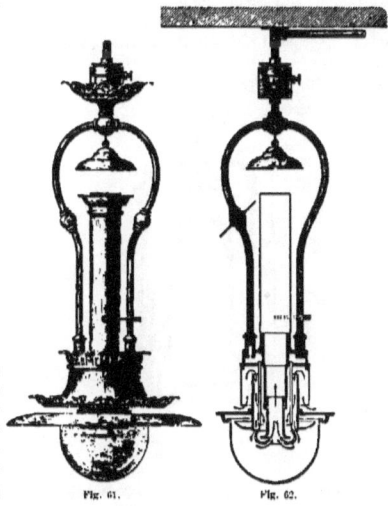

Fig. 61.   Fig. 62.

konstruiert. Nächst der Wenhamlampe sind zu erwähnen die Lampen von Grimston[1]) und Bower[2]),

---

[1]) Über die Prinzipien, auf denen eine richtig konstruierte Regenerativlampe basieren mufs, siehe Journ. f. Gasbel. 1885, S. 829.

[1]) Journ. f. Gasbel. 1884, S. 404.
[2]) Journ. f. Gasbel. 1885, S. 572.

welche in der Praxis rasch wieder verschwunden sind. Der Wenhamlampe ziemlich nahe stehen die Lampen von Stern in Berlin und die sog. Gasomultiplex-Lampe von Bandsept in Brüssel.

Große Verbreitung hat der sog. invertierte Regenerativbrenner von Siemens gefunden (Fig. 61). Das Gas strömt aus einzelnen kreisförmig angeordneten Brennerröhrchen um die Kante eines Porzellancylinders herum und zieht im Centrum der Lampe durch die Esse ab. Die Verbrennungsluft wird in dem über der Flamme angeordneten Regenerator vorgewärmt. Die Form der Flamme ist eine ungemein straffe und gleichmäßige, die Umbiegung der Flamme um den Thoncylinder bewirkt eine sehr innige Mischung des Gases mit der Luft; es ist daher die Flamme blendend weiß. Die Entzündung der Flamme geschieht mittels des in die Esse hineinragenden Zündflämmchens. Die Lampe wird in vier Größen für 320 bis 1245 l Gasverbrauch hergestellt. Der Siemensschen Lampe sehr ähnlich ist die sog. Sylvialampe, die Butzke-Lampe und auch die »Westphal«-Lampe von Breymann in Berlin gehört in diese Klasse, und unterscheidet sich im

Eine ganz eigenartige Lampe ist der horizontale Regenerativ-Schnittbrenner von Siemens (Fig. 63).

Ein Schnittbrenner brennt horizontal unterhalb einer durchlöcherten emaillierten Platte, welche die

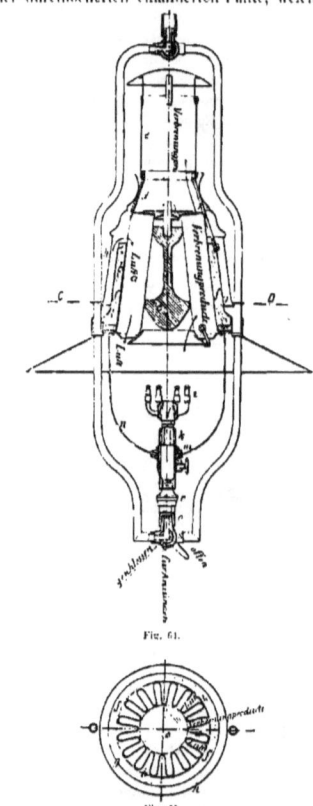

Fig. 61.

Fig. 63.

Wesentlichen nur dadurch von der Siemenslampe, daß das Gas nicht aus einzelnen Brennerröhrchen, sondern aus einem kreisförmigen Schlitze brennt.

Außer diesen Lampen sind noch erwähnenswert die Lampen »Sylvia«, »Vesta«, »Hansa«, die Victorialampe u. a. m.

Fig. 65.

Zuführung der vorgewärmten Luft vermittelt. Die Verbrennungsgase ziehen durch einen kreisförmigen Schlitz ab. Die Lampe wird in drei Größen zu 105, 220 und 500 l hergestellt. Im letzteren Falle besteht die Anordnung aus drei Schnittbrennern, welche unter Winkeln von 120° von der Peripherie aus gegen ein gemeinsames Centrum brennen. Die Lampe sendet ihre Lichtmenge am stärksten vertikal nach unten.

Eine Reihe von Konstruktionen dient dem Zwecke, das Prinzip der Luftvorwärmung auch für kleinere Lampen nutzbar zu machen. Dieselben sind meistens als Steh- oder Arbeitslampen ausgeführt und erhalten häufig Gaszuführung durch den Lampenträger von unten.

Wenn die Ausnutzung des Gases bei diesen kleineren Lampen auch immer noch eine viel bessere ist, wie im Argandbrenner, so macht sich bei denselben die der stärkeren Lichtentwickelung entsprechende höhere Wärmeentwickelung doch in ziemlich lästiger Weise fühlbar.

Eine Lampe kleineren Formats, in drei Gröfsen für 125 bis 200 l Gasverbrauch wird von Schülke hergestellt. Als Brenner dienen gewöhnliche Schnittbrenner. Fig. 64 und 65 zeigt die Lampe im Schnitt und Grundrifs. Der wesentliche Teil des Vorwärmers ist ein plisséartig gefalteter Ring aus Nickelblech. Dieser Faltenring a (Fig. 65) ist von einem glatten kegelförmigen Mantel b umgeben, der jedoch den oberen Teil für den Zutritt der Luft in die äufseren Falten offen läfst. Das Gas brennt aus einer Krone von mehreren Specksteinbrennern, welche ihre Gaszuführung durch den Lampenfufs erhalten, gleichzeitig die Glasglocke trägt.

Lichtwirkung und Gasverbrauch von Regenerativlampen.

Die Leuchtkraft und die Ausnutzung des Gases bei Regenerativlampen ist häufig der Gegenstand starker Übertreibungen und Reklame. Ich habe deshalb versucht, die Leuchtkraft der gebräuchlichsten Konstruktionen unter möglichst gleichen Verhältnissen zu bestimmen und zu vergleichen. Der folgenden Tabelle, in welcher die Leuchtkraft der aufgeführten Lampen pro 100 l Gasverbrauch pro Stunde ermittelt ist, sind folgende Verhältnisse zu Grunde gelegt: Es sind Lampen miteinander verglichen, welche alle um 300 l wirklichen Gasverbrauch haben. Hierbei ist zu bemerken, dafs der Nutzeffekt der Lampen mit der Gröfse der Konstruktion etwas steigt, so dafs die Zahlen als Minimalwerte für gröfsere Nummern zu betrachten sind. Kleinere Lampen, wie Stehlampen, bleiben im Effekt hinter den Zahlen zurück. Es ist ferner zu bemerken, dafs die Lampen bei ihrem günstigsten Verbrauch untersucht wurden. Derselbe liegt nahe am Rufsen der Flamme und nimmt bedeutend (bis 30% und mehr) ab, wenn die Flamme zu klein brennt. Die Lampen wurden mit einem Gas gespeist, welches, pro 100 l im Schnittbrenner horizontal gemessen, 10 Hefnerlichte giebt. Die Leuchtkraft kann auf jedes andere Gas bezogen werden, sobald dessen Leuchtkraft im Schnittbrenner bei 100 l Gasverbrauch bekannt ist.

Leuchtkraft verschiedener Regenerativlampen bei 100 l Gasverbrauch in Hefner-Licht.

Bezeichnung der Lampe	Leuchtkraft (Hefner-Licht) unter einem Winkel von						
	0°	30°	40°	50°	60°	70°	80°	90°
Wenhamlampe	14,0	19,3	19,3	20,9	21,4	22,4	22,5	22,8
Bandseptlampe	16,0	18,3	18,9	19,9	20,3	21,2	21,7	21,4
Sternlampe	15,8	18,9	18,7	18,2	18,6	18,4	17,4	18,1
Siemens' invertierte Lampe	15,9	17,4	18,1	19,5	19,8	20,3	19,7	19,6
Westphallampe	14,4	17,2	18,5	19,2	19,8	20,2	20,0	19,7
Sylvialampe	12,9	17,2	18,0	18,9	19,5	19,6	19,3	19,0
Siemens' Flachbrenner	13,2	22,2	23,8	25,8	27,4	28,0	28,1	28,5
Schnittbrenner	10							

Vorstehende Tabelle gestattet zunächst, den wirklichen Lichteffekt einer Lampe bis zu 300 l Gasverbrauch zu berechnen. So wird z. B. die Wenhamlampe bei 300 l Verbrauch pro Stunde unter einem Winkel von 50° 62,7 Hefnerlicht geben, wenn das verwendete Gas im Schnittbrenner pro 100 l Verbrauch 10 Hefnerlicht ergibt. Selbstverständlich wird der Effekt durch Reflektoren, welche häufig an den Lampen angebracht werden, noch bedeutend erhöht.

Die angegebenen Zahlen gestatten aber auch einen unmittelbaren Vergleich der Lampen, wenn man den Schnittbrenner = 1 setzt. So ist z. B. der Nutzeffekt unter 50°

für Schnittbrenner horizontal . . . = 1
Wenhamlampe unter 50° . . . . = 2,09
Bandseptlampe unter 50° . . . . = 1,99
Sternlampe unter 50° . . . . . = 1,82
Siemens' invertierte Lampe unter 50° . = 1,95
Westphallampe unter 50° . . . . = 1,92
Sylvialampe unter 50° . . . . . = 1,89
Siemens' Flachbrenner unter 50° . . = 2,58

Mit Ausnahme des Siemensschen Flachbrenners, der sich auch in der Konstruktion wesentlich von den übrigen Lampen unterscheidet, geben sonach alle Lampen nahezu den gleichen mittleren Nutzeffekt; indem die Leuchtkraft bei 50° auch nahezu die mittlere Leuchtkraft unter den verschiedenen Winkeln repräsentiert. Die Ausnutzung kann man für alle diese Lampen rund als doppelt so groß annehmen, wie im Schnittbrenner. Die Unterschiede der einzelnen Regenerativlampen unter einander sind äußerst geringe. Abweichend höhere Werte ergab nur der Siemenssche Flachbrenner.

Im allgemeinen ist zu bemerken, daß diejenigen Lampen, bei denen die Flamme von außen nach innen um einen Thoncylinder herumbrennt (Siemens' invert., Westphal, Sylvia) ein viel weißeres Licht geben als die anderweitigen Lampen. Der Thoncylinder und die durch denselben bedingte Umbiegung der Flamme wirken ähnlich, wie die sog. Brandscheiben im Argandbrenner, indem sie eine innigere Vermengung von Gas und Luft bei der Verbrennung bedingen.

Wenn nicht besonderer Wert auf die Farbe des Lichts gelegt zu werden braucht, so ist für die Wahl eines Lampensystems die konstruktive Beschaffenheit und der Preis in erster Linie maßgebend.

Neuere Laternen.

Mit den meisten der vorstehend erwähnten Systeme wurden auch Versuche gemacht, die Lampen durch Einsetzen in Laternen zur Straßenbeleuchtung verwendbar zu machen. Die älteste Regenerativlampe von Siemens diente wegen ihrer hohen Lichtstärke hauptsächlich zur Beleuchtung von größeren Plätzen und ist auch jetzt noch zu diesem Zwecke verwendet.

Auch die invertierte Siemenslampe, sowie die Wenhamlampe und andere sind dem gleichen Zwecke angepaßt worden. Die Laternen besitzen meist eine eigene Zündflamme und einen Schnittbrenner, welcher bei reduzierter Beleuchtung als Nachtflamme dient.

Die Laternen für Siemens' invertierte Brenner haben sich bereits im öffentlichen Beleuchtungswesen der Stadt Berlin als praktisch und betriebssicher bewährt. Die Zündung der Hauptflamme erfolgt durch eine besondere Zündflamme, welche nicht größer als 2—3 cm lang brennt und unter der Öffnung des Porzellancylinders in radialer

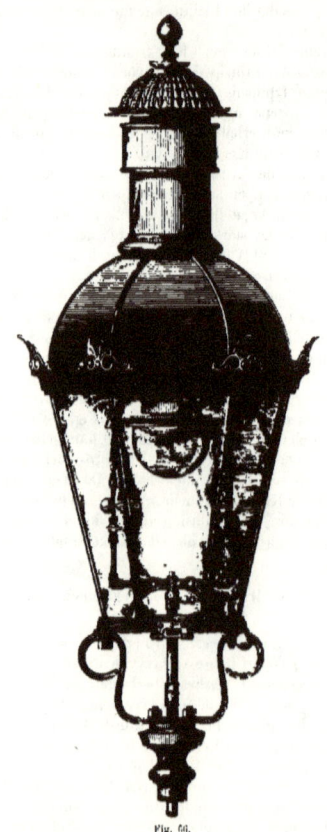

Fig. 66.

Richtung zur Brennerachse endigt. Ist dies nicht der Fall, so bildet sich bei kaltem Wetter leicht Kondenswasser in der Glasglocke, welches von den schwach erwärmten oberen Eisenteilen des Brenners abtropft.

Der in der Laterne angeordnete Schnittbrenner, dessen Zündung auf gewöhnliche Weise durch die im Bodenrahmen befindliche Fallthür bewirkt wird, ist dazu bestimmt, die Hauptflamme während der verkehrslosen Nachtzeit zu ersetzen. Die Brennergrößen sind Brenner J. No. 4, J. No. 7 und J. No. 11.

Der stündliche Verbrauch dieser Brenner beträgt in der Laterne bei Brenner J. Nr. 4 455 l, bei J. No. 7 730 l, und bei J. Nr. 11 1210 l.

Um für die Leuchtkraft der Brenner in der Laterne einen ungefähren Anhalt zu geben, sei bemerkt, daſs man im Freien günstig gehaltenen Zeitungsdruck auf eine Entfernung bei Brenner J. Nr. 4 von 16 m, bei J. Nr. 7 von 20 m und bei J. Nr. 11 von 24 m vom Laternenfuſs noch entziffern kann. Die Entfernung zwischen zwei sich unterstützenden Laternen kann angenommen werden bei Brenner J. No. 4 mit 40 m, bei J. Nr. 7 mit 50 m, bei J. Nr. 11 mit 60 m, wobei die Helligkeit eine sehr viel intensivere ist, als diejenige gewöhnlicher guter Straſsenbeleuchtung.

Der lichte Durchmesser des Zuführungsrohres beträgt für alle Laternen 26 mm.

Bei allen Intensivlampen bezw. Laternen, welche im Freien brennen, ist ein sicherer Schutz vor Regen und Wind nötig.

Am meisten von allen Intensivlaternen hat bis jetzt wohl die Konstruktion von Krausse in Mainz Eingang gefunden. Diese Laterne (Fig. 67) besitzt eine Gruppe von Schnitt- bezw. Zwillingsbrennern mit eigener Zündflamme und mit einer Nachtflamme. Die Vorwärmung des Gases findet durch die Decke der Laterne statt.

Diese Laterne wird in verschiedenen Größen angefertigt. Die beiden kleinsten Sorten davon sind nur zu einer Flamme eingerichtet, also ein Ersatz für jede gewöhnliche Straſsenlaterne. Die nächstfolgenden drei Größen haben vier Flammen im Kreise und dabei den Vorteil, daſs diese vier Flammen abwechselnd mit einer in der Mitte stehenden fünften Flamme brennen können, je nach Erfordernis eines gröſseren oder geringeren Lichteffektes; diese Umschaltung geschieht durch einfaches Drehen des Hahnen. Bei den mehrflammigen Laternen ist eine Zündflamme angebracht,

mit separatem Regulierhähnchen. Durch eine erste Achteldrehung des Hahnenschlüssels von links nach rechts entzünden sich die im Kreise gestellten Flammen, während bei einer weiteren Drehung nach rechts sich die einzelne Mittelflamme entzündet und gleichzeitig die anderen Flammen erlöschen. Bei Rückwärtsdrehung erfolgt umgekehrt der gleiche Vorgang. Der Hahnen am Aufsteigerohr innerhalb der Laterne dient lediglich als Regulierhahnen, während nur der untere, in dem Laternenkreuze stehende

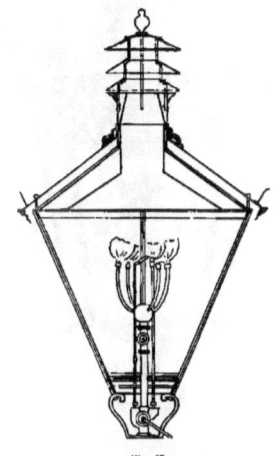

Fig. 67.

Hahnen zum täglichen Gebrauch beim Anzünden und Löschen dient. Die Glasscheiben sind beim Einsetzen in den Laternenkörper mit Filzstreifen verdichtet, wodurch der Laternenkörper nach unten fast hermetisch verschlossen wird. Die ganze Konstruktion der Laterne ist derart einfach, daſs sie auſser einem zeitweiligen Putzen wie bei jeder gewöhnlichen Straſsenlaterne keiner weiteren Behandlung bedarf. Der Gasverbrauch der Laterne ist:

Laterne Nr. 1 120 bis 180 l per Stunde
»   »   2 200 » 300 l » »
»   »   3 400 » 650 l » »
»   »   4 700 » 1000 l » »
»   »   5 1100 » 1300 l » »

Grofsen Eingang hat sich auch die untenstehend abgebildete Intensivlaterne von Schülke (Fig. 68) verschafft.

In Paris hat die Schülkelampe unter dem Namen »Pariser Lampe« weitere Ausbildung erfahren und

Fig. 68.

wird dort, sowie in mehreren französischen Städten in grofsem Mafsstabe verwendet.

Der Brenner (Fig. 69) besteht aus einer Krone von einfachen Speckstein-Hohlkopfbrennern auf gebogenen Kupferröhrchen und ist auf einen eingeschliffenen Konus dicht, jedoch leicht abnehmbar, aufgesetzt; der Glockenträger m nebst Glocke gleitet an dem Schaft, und ist mit einer Stellschraube darin festzustellen. Der Lampenfufs enthält noch eine Zündflamme und einen Mitternachtsbrenner, beide mit gesonderter Gaszuführung. Der untere Teil des Lampenfufses ist fest und trägt einen auf dem Konus JE sitzenden, abnehmbaren, oberen Teil F, so dafs der Schaft mitsamt der Glasglocke aus der Laterne genommen werden kann. Der

Vierweghahn A vermittelt je nach seiner Stellung die Gasverteilung für die verschiedenen Brenner; bei Rechtsstellung des Schlüssels brennt allein die Zündflamme, der Hauptbrenner K bei Vertikalstellung, der Mitternachtsbrenner bei Linksstellung.

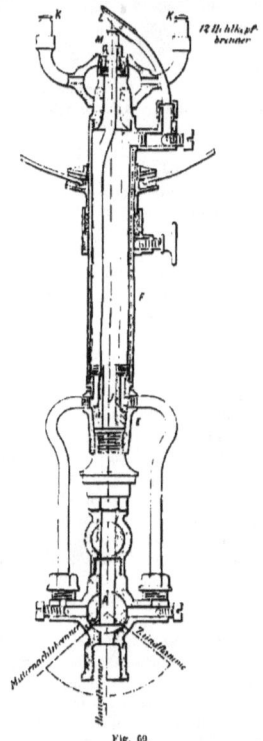

Fig. 69.

Wenn auch diese Laternen eine nahezu ebenso günstige Ausnützung des Gases ergeben, wie die eigentlichen Regenerativlampen, so entbehren sie doch teilweise jener Einfachheit in der Behandlung und Bedienung, welche bei einem zur öffentlichen Beleuchtung dienenden Apparat nötig ist.

Aus diesem Grunde hat man meistens vorgezogen, auf eine günstigere Ausnutzung des Gases zu verzichten und bloſse Kombinationen von einzelnen Schnittbrennern zusammenzustellen.

An solchen Laternen hat fast jede Stadt ihre eigene Konstruktion aufzuweisen, und es würde zu weit führen, dieselben hier einzeln zu beschreiben.

Die Ausnutzung des Gases in den Laternen hängt natürlich von der Art der eingesetzten Lampe ab. Über die eigentlichen Regenerativlampen wurden bereits Seite 103 Angaben gemacht. Nach denselben Grundlagen habe ich auch Messungen einiger Laternenanordnungen vorgenommen, welche in folgender Tabelle zusammengestellt sind:

Leuchtkraft verschiedener Laternen

bei 100 l Gasverbrauch in Hefner-Licht.

Bezeichnung der Laterne	Leuchtkraft (Hefner-Licht) unter einem Winkel von					
	35°	40°	50°	60°	70°	80°
Schülke-Laterne	18,7	17,8	16,4	14,8	12,8	10,7
Krausse-Laterne	11,2	10,8	11,3	10,7	7,7	2,8
Münchner Intensivlaterne (Kombination von Schnittbrennern ohne Vorwärmung)	9,9	10,0	10,7	10,2	7,9	2,9
Laterne mit Zwillingsbrenner	10,0	10,0	9,3	—	8,0	—
Laterne mit Schnittbrenner	9,6	9,6	8,6		8,2	6,9

Es ist hierbei wiederum ein Gas vorausgesetzt, welches bei 100 l Gasverbrauch im Schnittbrenner frei, horizontal 10 Hefner-Licht giebt.

Wie man sieht, ergibt die Schülke-Lampe den besten Nutzeffekt. Die Krausse-Laterne steht noch um ein Geringes höher als eine bloſse Brenneranordnung ohne Vorwärmung; jedoch gehört sie nicht mehr zu den eigentlichen Regenerativlampen. Die früher angegebenen Zahlen für Regenerativlampen zeigen, daſs deren Maximum an Licht meist unter einem Winkel von 70° ausgestrahlt wird. Es ist dies eine Eigenschaft, welche für Straſsenbeleuchtung ungünstig ist, da man von den Laternen verlangt, daſs sie ihr Licht nicht direkt nach unten, sondern möglichst weithin ausstrahlen. Diesen letzteren Bedingungen genügen die Laternen von Schülke und Krausse weitaus besser, indem sie ihr Lichtmaximum möglichst horizontal aussenden.

Der Gasverbrauch berechnet sich unmittelbar aus den vorstehenden Zahlen.

Um unter einem mittleren Winkel (50°) 10 Hefner-Licht Leuchtkraft zu entwickeln, brauchen an Gas:

Die Schülke-Laterne   61 l pro Stunde
Die Krausse-Laterne   88 l » »
Münchner Intensivlaterne ohne Vorwärmung   93 l »
Laterne mit Zwillingsbrenner   108 l »
Laterne mit Schnittbrenner   117 l »

Erhöhung der Leuchtkraft des Gases.

Zur Erhöhung der Leuchtkraft des Gases hat man vor dem allgemeineren Bekanntwerden der Regenerativbeleuchtung vielfach und mit Erfolg die sog. Albocarbonbeleuchtung eingeführt. Die Karburierung des Gases wurde auf die verschiedenste Weise und mit den verschiedensten Mitteln versucht; allein diese Bestrebungen sind durch die rasche Verbreitung, welche die Regenerativbeleuchtung gefunden hat, zu keiner allgemeineren Entwicklung gekommen. Es widerspricht auch dem eigentlichen Wesen der Gasbeleuchtung, welches namentlich auf Einfachheit der Handhabung beruht, wenn der Konsument sich sein Gas erst selbst karburieren muſs. Die Anforderungen einer höheren Leuchtkraft werden nicht nur an die Privatbeleuchtung, sondern allmählich auch immer mehr an die öffentliche Beleuchtung gestellt werden. Wenn daher von einer Karburierung die Rede sein soll, so wird dieselbe bei der Bereitung des Gases selbst vorgenommen werden müssen.

Das Gasglühlicht.

Die Erhöhung der Leuchtkraft des Gases wurde auch dadurch versucht, daſs man feste Körper, denen man eine entsprechende Form gab, in einem entleuchteten Gasstrom zum Glühen brachte. Die ersten Versuche, welche man mit Platindrahtgeweben anstellte, ergaben ungenügende Resultate, weil das Licht nicht mit der genügenden Helligkeit hergestellt werden konnte. Diejenigen Körper, welche das höchste Lichtstrahlungsvermögen besitzen, sind die Oxyde der alkalischen Erden. Auer v. Welsbach ist es gelungen, denselben eine brauchbare Form zu geben, in welcher sie in Gestalt eines durchbrochenen Gewebes ringsum den Mantel einer Bunsenbrennerflamme umhüllen. Der Glühkörper ist durch Imprägnieren eines Baumwollgewebes mit den Nitraten von Cer, Yttrium, Didym, Lanthan und Zirkon und Verkohlung der Pflanzenfaser hergestellt, wobei die Oxyde obiger Erdmetalle in Form eines spröden Glühgewebes zurückbleiben.

Das sogen. Auer'sche Gasglühlicht hat in dem Streben nach einer vollkommeneren Ausnutzung des Gases und nach Erzielung höherer Leuchtkraft eine ganz neue bedeutungsvolle Bahn eröffnet, und sind die Bestrebungen bereits von einem nennenswerten Erfolg gekrönt. Der Brenner selbst hat schon verschiedene Konstruktionsänderungen erfahren und ist in seiner neuesten Anordnung — wie er in Deutschland zur Ausführung kommt — nebenstehend abgebildet (Fig. 70). Der Glühkörper ist an einem im Centrum des Brenners fest angebrachten vertikalen Eisenstab mit Asbestschnüren so aufgehängt, dafs er von innen durch den Flammenmantel eines mit entleuchteter, blauer Flamme brennenden Bunsenbrenners berührt und zum Weifsglühen gebracht wird.

Von grofser Bedeutung ist die hohe Leuchtkraft, welche der Brenner aus einer verhältnismäfsig geringen Gasmenge entwickelt. Der normale Brenner giebt nach Messungen der physikalisch-technischen Reichsanstalt bei einem Gasverbrauch von 112 l in der Stunde eine mittlere horizontale Lichtstärke von 66 Hefnerlicht; diese hohe Leuchtkraft hat zur Folge, dafs zur

Fig. 70.

Erzielung gleicher Helligkeit ein bedeutend geringerer Gasverbrauch genügt. Aufserdem besitzt diese Art der Beleuchtung den grofsen Vorzug, dafs die Wärmeentwickelung — namentlich die strahlende Wärme — bedeutend verringert ist, dafs die Flamme niemals rufst und auch gegen Druckschwankungen sehr unempfindlich ist. Andererseits bringt die Anwesenheit des Glühkörpers Nachteile mit sich, welche jedoch den Vorteilen gegenüber weniger ins Gewicht fallen. Der Glühkörper ist infolge seiner spröden Beschaffenheit leicht einer Verletzung durch Stofs oder unvorsichtiges Umgehen mit den Beleuchtungsapparaten ausgesetzt. Aufserdem unterliegt er an und für sich der Abnutzung, indem er mit der Zeit an Leuchtkraft etwas einbüfst. Nach Angaben der Gas-Glühlicht-Gesellschaft Selten & Co. in Berlin soll jedoch bei normaler Behandlung die Haltbarkeit der Glühkörper bezw. deren Leuchtkraft 7—800 Brennstunden dauern.

Zum bequemen Auswechseln des Glühkörpers ist der ganze obere Teil mit dem Glühkörper nebst Cylinder von dem eigentlichen Bunsenbrenner abzuziehen und kann durch einen neuen solchen Teil ersetzt werden.

Die Anwendung des Lichtes geschieht unter matten Glocken, Schirmen, Kugeln, Tulpen etc., wie es der betreffende Zweck erheischt. Für Aufsenbeleuchtung sind Opalkugeln — ähnlich jenen für elektrisches Bogenlicht — mit zwei oder auch vier Brennern üblich; zur Gartenbeleuchtung dienen kleine, matte, eiförmige Glaskugeln mit Blechaufsatz; auch für die öffentliche Beleuchtung sind Laternen mit Luftzuführung von oben angegeben worden, auf deren eigens konstruiertem, mit Zündflamme versehenem Hahnen der Brenner aufgeschraubt wird.

Bei den grofsen Fortschritten, welche in der Gas-Glühlichtbeleuchtung in kurzer Zeit gemacht wurden, ist zu hoffen, dafs es dem Erfinder noch gelingen werde, den Glühkörper in einer widerstandsfähigeren Form herzustellen, und so den einzigen Übelstand, die Zerbrechlichkeit desselben, zu beseitigen. Aber auch schon in der jetzigen Form bedeutet das Auer'sche Gasglühlicht nicht nur eine in theoretischer Hinsicht wichtige Verbesserung, sondern einen Fortschritt, welcher berufen ist, der Gasbeleuchtung neue Gebiete und neue Freunde zu erobern.

Sauerstoff-Gas-Glühlicht.

Das Bestreben, mit Leuchtgas intensive Lichtwirkungen hervorzubringen, hat auch neuerdings dazu geführt, die früher schon mehrfach versuchte Verwendung von Sauerstoff wieder aufzugreifen, zumal man jetzt nach dem Brin'schen Verfahren den Sauerstoff verhältnismäfsig billig aus der atmosphärischen Luft gewinnen kann. Dr. Kochs hat die ursprünglich von Linnemann angegebene Lampe[1]) zunächst für medizinische Untersuchungs-

[1]) Journ. f. Gasbel. 1886, S. 633.

zwecke an Stelle des Drummond'schen Kalklichtes angewandt und weiter verbessert[1]). Speziell hat Kochs geeignete Glühkörper aus Zirkonerde hergestellt, welche als cylindrische Körper von 0,02 m Länge und 0,008 m Dicke an einem Ende durch eine Flamme von 30 l Leuchtgas- und 30 l Sauerstoffverbrauch pro Stunde angeblasen, eine Leuchtkraft von 40 bis 50 Kerzenstärken liefern. Die praktische Verwendbarkeit des Zirkonlichtes hängt von der Beschaffenheit des Sauerstoffs ab. Zur Zeit erhält man reinen Sauerstoff auf 100 Atmosphären komprimiert in sicheren Stahlcylindern und kann diese, mit einem geeigneten Verschlußhahn ausgestattet, direkt am Verbrauchsort mit dem Brenner verbinden. Zu einer allgemeinen Verwendung ist das Zirkonlicht nicht geeignet, da auf eine centrale Versorgung von Sauerstoff, noch dazu unter hohem Druck, wohl niemals gerechnet werden kann.

Das Maſs und die Verteilung der Beleuchtung.[2])

Bei der Benutzung der verschiedenartigen, im Vorausgehenden beschriebenen Lichtquellen zur Anlage größerer Beleuchtungseinrichtungen genügt die Kenntnis der Helligkeit der Lichtquellen allein nicht, um einen Maſsstab für die thatsächlich erzielte Beleuchtung zu besitzen.

Die Angabe, daſs z. B. ein Saal durch eine Lichtquelle von 500 Kerzen erhellt sei, giebt für sich allein noch keinen ausreichenden Maſsstab für die Güte der Beleuchtung. Man hat sich zwar bisher bei Gasbeleuchtungsanlagen meist damit begnügt, für die Einheit der Bodenfläche eine gewisse Gesamthelligkeit der darauf treffenden Lichtquellen aufzustellen und konnte dies auch thun, solange man es mit gewöhnlichen Gasflammen zu thun hatte, deren Entfernung über dem Boden wenig verschieden war. Man rechnete für eine allgemeine gute Beleuchtung pro 1 qm Grundfläche etwa 2,5 bis 3 Kerzen Leuchtkraft der Lichtquelle. Allein derartige Angaben werden um so unsicherer, mit je stärkeren Lichtquellen man es zu thun hat, und gerade der elektrischen Beleuchtung ist es zu verdanken, daſs sowohl für die Helligkeit der thatsächlich erzielten Beleuchtung ein bestimmtes Maſs geschaffen wurde, als auch, daſs man von hygienischer Seite bestimmte Forderungen für die Helligkeit stellte, welche für die verschiedenen Zwecke, denen die künstliche Beleuchtung dient, erforderlich ist. L. Weber war es, welcher, diese Prinzipien festhaltend, die Einheit der Beleuchtung einer Fläche als diejenige Helligkeit definierte, welche eine weiſse Fläche erhält, wenn sie von der Lichteinheit (Kerze) in 1 m Abstand senkrecht beleuchtet wird. Die Einheit der Beleuchtung nannte er »Meterkerze« [1]).

Giebt man z. B. an, daſs die Helligkeit auf einem Arbeitsplatze oder auf der von Laternen erleuchteten Straſse, an den Wänden, der Tischhöhe oder der Decke eines Saales 10, 20, 100 etc. Meterkerzen beträgt, oder anders ausgedrückt, daſs eine daselbst aufgestellte beliebige Fläche thatsächlich ebenso hell erleuchtet wird, als sie von 10, 20, 100 Kerzen in 1 m Abstand beleuchtet sein würde, so erhalten wir hierdurch ein genaues Bild von der Güte der Beleuchtung.

Andererseits wurden von dem Augenarzt Prof. Cohn [2]) in Breslau bestimmte Forderungen für die Helligkeit gestellt, welche zum Schreiben und Lesen erforderlich ist. Es fand sich, daſs eine Beleuchtung der Fläche mit 50 Meterkerzen notwendig sei, um dem Auge dieselbe Helligkeit zu bieten, wie bei gutem Tageslicht. Es wäre jedoch eine übertriebene Forderung, einen vollständigen Ersatz des Tageslichtes zu verlangen und Cohn kommt auf Grund seiner Erfahrungen zu dem Schluſs, daſs eine Beleuchtung genügend sei, wenn die Helligkeit des Papiers mindestens 10 Meterkerzen beträgt. Die Helligkeit einer Meterkerze ist so gering, daſs man kaum eine Zeile gewöhnlicher Zeitungsschrift in einer Minute entziffern kann, während ein gesundes Auge bei Tageslicht oder bei 50 Meterkerzen durchschnittlich in einer Minute 16 solcher Zeilen lesen kann.

Wybau w [3]) fand in ziemlicher Übereinstimmung hiermit, daſs im allgemeinen die Helligkeit von

---

[1]) Journ. f. Gasbel. 1891, S. 8.
[2]) Siehe Krüſs, die elektrotechnische Photometrie. Hartleben.

[1]) Photometer zur Bestimmung der Helligkeit beleuchteter Flächen siehe S. 144.
[2]) Über den Beleuchtungswert der Lampenglocken. Bergmann. Wiesbaden 1885.
[3]) Mesure et répartition de l'éclairement etc. Bull. de la Soc. belge d'électriciens 11 No. 4 (1885).

15–20 Meterkerzen notwendig sei, um fliefsend und längere Zeit hindurch eine Zeitung lesen zu können. Die Stärke der gewöhnlich üblichen Strafsenbeleuchtung schätzt er nicht höher als ½ Meterkerze, was ungefähr zutrifft für die Mitte zwischen zwei 25 m von einander entfernten Gaslaternen von je 10 Kerzen Helligkeit. Für Hauptstrafsen fordert er dagegen eine Meterkerze.

Prof. Weber[1]) hat zur Berechnung der Helligkeit folgende Anleitung gegeben:

An der Stelle A (Fig. 71) sei eine Lampe befindlich; von ihr werde ein Punkt B der Horizontalebene f beleuchtet. Die Stärke der Beleuchtung

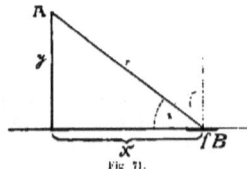

Fig. 71.

des Punktes B ist, wenn J die Intensität der Lichtquelle, ist:

$$H = \frac{J \cdot \sin\alpha}{r^2} \qquad 1)$$

In der Praxis ist meist statt r die vertikale und horizontale Entfernung y und x gewünscht.

Es ist $\sin\alpha = \frac{y}{r}$ und $r^2 = (x^2 + y^2)$ somach

$$H = \frac{J \cdot y}{(x^2 + y^2)\sqrt{x^2 + y^2}} \qquad 2)$$

Beispiel 1. Eine Intensivlampe sendet bei gewissem Gasverbrauch folgende Lichtstärken aus:

Winkel 30°   50°   70°   90°
       17,4 19,5 20,3 19,6

Diese Lampe sei über einer Tischfläche an der Stelle A angebracht; man wünscht die für den Punkt B indizierte Helligkeit H in Meterkerzen ausgedrückt, zu kennen.

Es sei $y = 0,8$ m, $x = 0,67$ m, hieraus berechnet sich:

$r^2 = 0,67^2 + 0,80^2 = 0,4489 + 0,6400 = 1,0889$
$r = 1,044$

$\sin\alpha = \frac{0,80}{1,044} = 0,7667$, woraus

$\alpha = 50°$ folgt.

[1]) Elektrotechn. Zeitschr. 1885, S. 85.

Bei 50° ist aber die Intensität der Lampe $J = 19,5$ Kerzen.

Demnach ist nach Formel 2

$$H = \frac{19,5 \cdot 0,7667}{1,0889} = 13,8 \text{ Meterkerzen.}$$

In der Praxis ist man gewöhnt, ein zu beleuchtendes Objekt meist senkrecht zu den darauffallenden Lichtstrahlen zu halten, um das Maximum der Beleuchtung zu erhalten. Ist das Flächenstück f senkrecht zu den Lichtstrahlen gestellt, so wird der Winkel $\alpha = 90°$ und es ist die Helligkeit $H = \frac{J}{r^2}$. In diesem Falle würde die Helligkeit für den Punkt B in obigem Beispiele $H = \frac{19,5}{1,0889} = 17,9$ Meterkerzen betragen. Ist das Flächenstück f vertikal gestellt, so beträgt die Helligkeit im Punkte B

$$H = \frac{J \cdot \cos\alpha}{r^2}, \text{ in unserem Beispiele also}$$

$$H = \frac{19,5}{1,0889} \times \frac{0,67}{1,044} = 11,5 \text{ Meterkerzen.}$$

Aus obigen Formeln lässt sich auch umgekehrt x, y oder J ermitteln, wenn man die zu erzielende Helligkeit H in Meterkerzen als gegeben annimmt.

Beispiel: In der Mitte eines Raumes ist eine Intensivlampe so anzubringen, dafs auf einem in der einen Ecke desselben befindlichen Schreibtische noch die zum Arbeiten erforderliche Helligkeit H vorhanden ist. Der Schreibtisch sei von der Mitte 1,5 m entfernt. Die Lichtquelle befinde sich in einer Höhe von 1 m über der Schreibtischfläche. Wie grofs mufs der Verbrauch der Lampe sein, damit sie den gestellten Anforderungen genügt?

Nehmen wir $H = 15$ Meterkerzen an, so ist nach Formel 2 $\frac{J \times 1}{(1,5^2 + 1^2)\sqrt{1,5^2 + 1^2}} = 15$ hieraus

$J = 5\sqrt{5} \times 15 = 88$ Kerzen.

Der Winkel ergibt sich aus Gleichung 1

$\sin\alpha = \frac{H \times r^2}{J}$; $r^2 = x^2 + y^2 = 3,25$ also

$\sin\alpha = \frac{15 \times 3,25}{88} = 0,554$ und α rund $= 35°$.

Eine invertierte Siemens-Regenerativlampe gibt bei 100 l Konsum unter 35° 18,4 Kerzen. Für 88 Kerzen mufs somach eine Lampe von rund 500 l Verbrauch verwendet werden.

Das Maß und die Verteilung der Beleuchtung.   111

Berechnet man für $J = 100$ die Beleuchtung eines horizontalen Flächenelementes bei verschiedenen Seitenlagen x und verschiedenen Höhenlagen y, so erhält man folgende Tabelle:

Beleuchtungsstärke von 100 Normalkerzen für horizontale Flächen (in Meterkerzen).

Höhe in m	Seitenlage				
	0 m	5 m	10 m	20 m	25 m
2,5	16	1,43	0,23	0,08	—
5	4	1,41	0,56	0,13	0,08
7,5	1,78	1,02	0,58	0,17	0,08	0,04
10	1	0,72	0,35	0,18	0,09	0,05
15	0,44	0,38	0,26	0,16	0,10	0,06

Figur 72 zeigt diese Resultate in leicht übersichtlicher Weise; verbindet man hier die Punkte gleicher Beleuchtungsstärke, so sind die dadurch

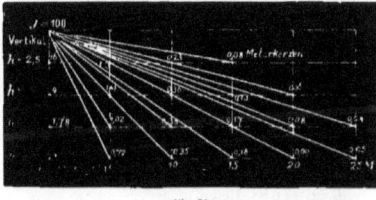

Fig. 72.

erhaltenen Kurven die Orte für ein stets horizontales Flächenelement, welches vom Ordinaten Anfangspunkt aus die gleiche Lichtmenge erhält.

Der Beleuchtungswert ist 0 für $y = 0$ und $y = \infty$. Zwischen diesen beiden Werten giebt es ein Maximum. Dasselbe findet statt, wenn $y = 0{,}707 \times x$ ist. Macht man also die Höhe y der Lichtquelle = 0,707 der Entfernung des Punktes B vom Fußpunkte der Lichtquelle, so erhält B die stärkstmögliche Beleuchtung.

Führen wir die obige Tabelle auch für den Fall durch, daß die beleuchtete Fläche zu den Lichtstrahlen senkrecht steht, so erhalten wir die

Beleuchtungsstärke von 100 Normalkerzen für zu den Strahlen senkrechte Flächen.

Höhe in m	Seitenlage				
	0 m	5 m	10 m	15 m	20 m	25 m
2,5	16,00	3,20	0,91	0,32	0,24	0,16
5	4,00	2,00	0,80	0,50	0,23	0,15
7,5	1,78	1,23	0,64	0,36	0,22	0,14
10	1,00	0,80	0,50	0,31	0,20	0,13
15	0,44	0,40	0,31	0,22	0,16	0,12

Wie vorstehende Zahlen zeigen, ist die Wirkung senkrecht unter der Lichtquelle unverhältnismäßig größer, als in weiterer Entfernung, und zwar um so mehr, je tiefer die Lichtquelle angebracht ist. Es ist dann, namentlich bei sehr hellen Lichtquellen in der Nähe derselben ein Überfluß an Helligkeit vorhanden, welcher der Gleichmäßigkeit der Beleuchtung schadet.

Die Höhe der Lichtquelle über dem Boden ist namentlich bei Intensivlampen von großer Wichtigkeit. Eine Lampe von 100 Kerzen liefert z. B. bei einer Höhe von 3 m am Fuße der Laterne eine Stärke der Beleuchtung von 11 Meterkerzen, in 20 m eine solche von 0,24 Meterkerzen. Bei einer Höhe von 6 m dagegen ist die Beleuchtung am Fuße 2,8 Meterkerzen, in 20 m Entfernung 0,23 Meterkerzen. Während also in 20 m Entfernung die Stärke der Beleuchtung sich kaum ändert, ist sie auf der ganzen beleuchteten Fläche bedeutend gleichmäßiger geworden bei Erhöhung der Lampe von 3 auf 6 m. Außerdem ist die Möglichkeit des Blendens dadurch bedeutend verringert.

Straßenbeleuchtung.

In einer Straße befinden sich die Lichtquellen in einer Linie und meist auch in gleicher Höhe. Das Minimum der Beleuchtung liegt alsdann in der Mitte zwischen zwei Laternen. Nehmen wir an, zwei Laternen seien 25 m voneinander entfernt und die Leuchtkraft einer jeden betrage 15 Kerzen, so ist die Minimalbeleuchtung in der Mitte bei einer Laternenhöhe von 3 m

$$B_{min} = 2 \times \frac{15}{3^2 + 12{,}5^2} = 0{,}18 \text{ Meterkerzen}.$$

Es ist dies eine recht bescheidene Helligkeit, wenn man bedenkt, daß eine Meterkerze das mindeste ist, was nötig ist, um gedruckte Lettern entziffern zu können, und reicht kaum hin, um die Gesichtszüge eines Menschen deutlich erkennen zu können. In den meisten Städten hat sich auch in den letzten Jahren die Helligkeit der Straßen durch Anwendung der Intensivlaternen bedeutend verbessert. Nehmen wir für obige Verhältnisse zwei Intensivlaternen an, welche — wie die sehr gebräuchlichen Laternen von Krausse — etwa 80 Kerzen liefern, so wird

$$B_{min} = 2 \times \frac{80}{3^2 + 12{,}5^2} = 0{,}97 \text{ Meterkerzen}.$$

Diese Helligkeit entspricht nahezu der von Wybauw für eine gute Strafsenbeleuchtung geforderten Helligkeit von einer Meterkerze.

Das Maximum der Beleuchtung beträgt direkt am Fufse der Laterne in letzterem Falle:

$$B_{max} = \frac{80}{3^2} = 8{,}89 \text{ Meterkerzen}.$$

Die Gleichmäfsigkeit der Beleuchtung kann durch Erhöhung der Lichtquelle noch bedeutend verbessert werden.

Stellen wir die Bedingung, dafs die Beleuchtung am Fufse der Laterne vier Meterkerzen nicht übersteigen solle, so ergibt sich die Höhe der Lichtquelle zu

$$h^2 = 4{,}80, \text{ und } h = \sqrt{20} = 4{,}47 \text{ m}.$$

In diesem Falle würde das Beleuchtungsminimum

$$B_{min} = 2 \times \frac{80}{4{,}47^2 + 12{,}5^2} = 0{,}91 \text{ Meterkerzen}.$$

Die Beleuchtung wäre also eine weitaus gleichförmigere und angenehmere, ohne dafs das Minimum wesentlich geringer würde.

Man sieht hieraus, welche Wichtigkeit der richtigen Höhenstellung der Lichtquellen in Bezug auf die Gleichförmigkeit der Beleuchtung zukommt.

Wenn man heutzutage allenthalben bestrebt ist, eine intensivere Strafsenbeleuchtung durch Anwendung hellerer Lichtquellen zu erzielen, so ist hierbei zu beachten, dafs die gleichförmigste Beleuchtung durch Anbringung möglichst vieler Lichtquellen erreicht wird. Bei gleichem Gasverbrauch wird man beispielsweise eine bessere Beleuchtung erhalten, wenn man acht Laternen zu 150 l Gasverbrauch je 25 m von einander entfernt anbringt, als wenn man zwei Intensivbrenner von je 600 l Gasverbrauch in einer Entfernung von 100 m von einander anbringt.

Im letzteren Falle wäre die Minimalbeleuchtung bei einer Intensität der Regenerativlampe von

$$J = 2 \times 4 \times 15 = 120 \text{ Kerzen nur}$$

$$B_{min} = 2 \times \frac{120}{3^2 + 50^2} = 0{,}09 \text{ Meterkerzen},$$

also nur die Hälfte der Intensität, welche bei acht einfachen Laternen im Minimum in der Mitte zwischen je zwei Lichtquellen herrscht, obwohl die Ausnutzung des Gases in der Regenerativlampe doppelt so grofs angenommen wurde.

Im Gegensatz zu der Beleuchtung einer Strafse sind bei Beleuchtung eines Platzes die starken Lichtquellen im Vorteil vor den schwachen. Soll ein Platz durch eine Anzahl Laternen beleuchtet werden, so ist es am günstigsten, dieselben so zu verteilen, dafs sie an den Ecken von gleichschenkligen Dreiecken zu stehen kommen. Das Minimum der Beleuchtung ist dann im Schwerpunkt jedes Dreieckes vorhanden. Ist h die Höhe der Lichtquellen über dem Boden, a die Entfernung derselben von einander, so wird

$$B_{min} = 3 \times \frac{J}{h^2 + \frac{1}{3}a^2}$$

setzt man z. B. $J = 100$ Kerzen

$$a = 30 \text{ m}$$
$$h = 4{,}5 \text{ m}$$

so wird $B_{min} = 0{,}93$ Meterkerzen
$B_{max} = 4{,}93$,,

Stellt man nun die Beleuchtung desselben Platzes mit dreimal so starken Lichtquellen in ein Drittel so grofser Anzahl her, so werden die Seiten der neuen gleichseitigen Dreiecke $= a \sqrt{3}$ und es wird

$$B_{min} = 3 \times \frac{3J}{h^2 + a^2} \text{ oder für obiges Beispiel}$$

$B_{min} = 0{,}98$ Meterkerzen
$B_{max} = 4{,}93$,,

Die Beleuchtung ist also in jeder Beziehung stärker, als bei den kleineren Lichtquellen. Allerdings ist die Verteilung des Lichtes eine andere geworden, dadurch dafs die Helligkeit der Lampen am Fufse der Laternen zugenommen hat.

Will man dieselbe Gleichförmigkeit der Beleuchtung wie im ersten Falle erzielen, so mufs man die Lichtquelle höher anbringen und zwar in $h' = h\sqrt{3}$, also in einer Höhe von $h' = 7{,}92$ m anstatt 4,5 m wie im ersten Falle.

Dann wird wiederum
$B_{min} = 0{,}93$ Meterkerzen
$B_{max} = 4{,}93$,,

Die Verteilung der Beleuchtung ist auch hier noch eine günstigere, als im ersten Falle, da die Anzahl der Lichtquellen eine geringere ist, und infolge dessen die Orte, welche die stärkste Beleuchtung erhalten, weiter auseinanderliegen.

Für die ersten Regenerativlampen von Siemens, welche sich für die Beleuchtung von gröfseren

Plätzen als besonders geeignet zeigten, hat Siemens folgende Tabelle aufgestellt:

Regenerativ-brenner	Konsum pr Std. cbm	Lichtstärke Normal-kerzen	beleucht. Grundfläche □ m	Wirkungs-radien m	Im Freien erforder-liche Höhe m
IV	0,30	50	20	ca. 9	ca. 3,6
III	0,45	90	40	» 12	» 3,6
III a	0,68	135	55	» 14	» 4,2
II	0,90	180	70	» 16	» 4,2
II a	1,10	250	95	» 18	» 4,2
I	1,70	400	130	» 24	» 5,2
I a	2,30	530	175	» 30	» 6,0
I b	4,40	900	400	» 40	» 8,0
00	2,40	550	200	» 30	» 6,0
000	4,50	900	400	» 40	» 8,0

Die Beleuchtung geschlossener Räume.

Die Beleuchtung geschlossener Räume läfst sich nicht nach derartig einfachen Gesichtspunkten berechnen, wie die Strafsenbeleuchtung, da hier neue Elemente ins Spiel treten, welche sich zum Teil keiner Rechnung oder auch nur Schätzung unterwerfen lassen.

Wir pflegen die Stärke einer Beleuchtung nicht nur nach der wirklich vorhandenen Helligkeit zu beurteilen. Zahlreiche Flammen eines Kronleuchters machen den Eindruck einer bedeutend gröfseren Lichtmenge, als eine einzelne Lichtquelle, deren Helligkeit gleich der Summe der Intensitäten der einzelnen Flammen ist. Ferner ist das diffuse und das reflektierte Licht ein wichtiger bei der Beleuchtung nicht zu übersehender Faktor. Es ist wohl bekannt, dafs ein Saal mit dunkel getäfelten Wänden und dunklem Holzplafond bedeutend mehr Licht erfordert, als ein heller Saal mit glatten weifsen Wänden, und es sind schon häufig Fälle vorgekommen, wo die Beleuchtung eines Raumes nur dadurch verbessert wurde, dafs man demselben einen helleren Anstrich gab. Gerade weil diese Verhältnisse, namentlich in kleineren Räumen sich äufserst

Bodenfläche □ m	Helligkeit des Brenners in Flammen zu je ie 15 Kerzen	Höhe über dem Boden m
22,6	3½	2 —2½
36	5	2½—3
64	8½	3 —3½
144	21	4 —5
225	32½	5 —6
400	58½	6 —7

Schilling, Handbuch für Gasbeleuchtung.

schwierig berechnen lassen, ist man auf erfahrungsgemäfse Angaben angewiesen. Siemens gibt für einen Raum von quadratischer Grundfläche unter der Annahme einer einzigen Lichtquelle in der Mitte desselben vorstehende Zahlen an.

Man wählt wohl auch zweckmäfsig die Beleuchtung nach folgender Tabelle:

Dimensionen des Raumes in m			Anzahl der Flammen	Höhe der Flammen über dem Fufsboden in m
lang	breit	hoch		
4,7	4,7	3,8	2 — 3	3 —2,2
5,6	5,6	4,4	5 — 6	2,0—2,4
7,5	7,5	5,3	9 — 12	2,5 — 2,8
10,0	10,0	6,9	16 — 20	2,8 — 3,1
12,5	12,5	9,4	25 — 30	3,5—3,8
15,7	15,7	12,5	40 — 45	4,0—4,4
18,8	18,8	14,0	60 — 70	4,7—5,3
22,0	20,0	15,7	100 — 120	5,6 — 6,3

Weicht der Grundrifs des Raumes so weit vom Quadrate ab, dafs die Länge zur Breite das Verhältnis von 3 : 2 übersteigt, so ist die Grundfläche in Quadrate zu zerlegen, und jedes Quadrat für sich zu beleuchten.

Die Höhe der Flamme wählt man zweckmäfsig
$$\frac{2}{5}(a+b)\over 2$$ über dem Fufsboden.

Alle diese Tabellen lassen den Einflufs des reflektierten Lichtes unberücksichtigt und können nur einen ganz allgemeinen Anhalt für die Wahl einer Beleuchtung bilden.

Um in grofsen Räumen den Einflufs des reflektierten Lichtes zu bestimmen, experimentierte Wybauw in einem 6,5 m hohen und 10 m langen Saale eines zum Abbruch bestimmten Hauses. Er liefs eine der Längswände weifs, die übrigen Wände und die Decke schwarz anstreichen und bestimmte an verschiedenen Stellen des Saales die Helligkeit, welche durch die diffus zerstreuten Strahlen einer vor der weifsen Wand aufgestellten Lichtquelle erzeugt wurden.

PP_1 (Fig. 73) stellt die weifse Wand vor. Jede der horizontalen Linien von der nächsten um 1 m entfernt. Befindet sich eine Lichtquelle L von 100 Kerzen Helligkeit in der Entfernung von 1 m von der Wand, so erhält der hinter L gelegene, aber 2 m von der Wand entfernte Punkt durch das von derselben reflektierte Licht ebensoviel Helligkeit, als wenn in P eine Lichtquelle von 34 Kerzen

114   Die Anwendung des Gases zur Beleuchtung.

Helligkeit diesen 2 m entfernten Punkt direkt beleuchten würde. Für einen 7 m von der Wand entfernten Punkt (erste Vertikalreihe) kommt die Wirkung der Wand fast der direkten Beleuchtung der in 7 m aufzustellenden Lichtquelle gleich. Man

durch zwei in den Punkten L_1 und L_1' senkrecht über den wirklichen Lichtquellen angenommene Lichtquellen von der Helligkeit $k \cdot J$ dargestellt, wobei der Faktor k aus den eben mitgeteilten Versuchen zu entnehmen wäre.

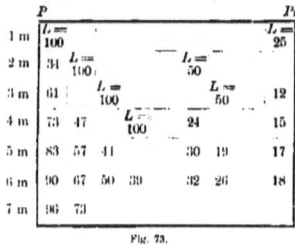

Fig. 73.

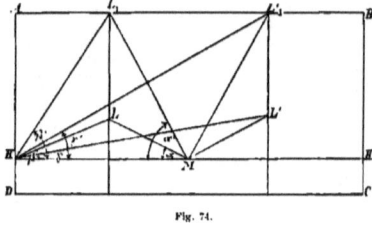

Fig. 74.

sieht, wie in den folgenden Vertikalreihen die Stärke des reflektierten Lichtes immer mehr abnimmt, je weiter die Lichtquelle von der Wand entfernt ist. Das Gleiche gilt auch von der Lichtreflexion an weißen Decken. Je näher die Lichtquelle der Decke, desto mehr kommt die reflektierende Wirkung derselben mit in Betracht.

Bei der Behandlung der Aufgabe, in welchen Entfernungen von einander die Lichtquellen in einem geschlossenen Raume anzubringen sind, um eine gleichmäßige Beleuchtung zu erhalten, ist es am richtigsten, die Beleuchtung von Gegenständen zu betrachten, welche in etwa 1 m Entfernung vom Fußboden in verschiedenen Winkeln zu den Lichtstrahlen geneigt sind. Am besten wählt man zur Berechnung das Mittel aus der Beleuchtung horizontaler und vertikaler Flächen.

Wie groß auch die Anzahl von Flammen sei, so genügt es, nur zwei Lichtquellen zu betrachten, um deren Entfernung von einander und von der Seitenwand zu bestimmen.

Krüfs stellt hierfür folgende Berechnung auf:
Ein Raum $ABCD$ (Fig. 74) habe die Länge $CD = 2l$, die Ebene HH_1 sei 1 m über dem Fußboden DC, in L und L' befinden sich in der Höhe h über der Ebene HH_1 zwei Lichtquellen von der gleichen Intensität J in der Entfernung $2x$ von einander und $(l-x)$ von der nächsten Wand. Die Decke befinde sich in der Höhe h' über Ebene HH_1, und es sei ihre beleuchtende Wirkung

Dann ist die Helligkeit eines in M befindlichen vertikalen Flächenelements

$$Mv = \frac{J \cdot \cos\alpha}{h^2 + x^2} + \frac{k \cdot J \cdot \cos\alpha'}{h'^2 + x^2}$$

und diejenige eines in H befindlichen ebenfalls vertikalen Elements

$$H_v = \frac{J \cdot \cos\beta}{h^2 + (l+x)^2} + \frac{k \cdot J \cdot \cos\beta'}{h'^2 + (l-x)^2} + \frac{J \cdot \cos\gamma}{h^2 + (l+x)^2} + \frac{k \cdot J \cdot \cos\gamma'}{h'^2 + (l+x)^2}$$

für horizontale Elemente in M und H ergibt sich

$$Mh = 2\left\{\frac{J \sin\alpha}{h^2 + x^2} + \frac{k \cdot J \sin\alpha'}{h'^2 + x^2}\right\}$$

$$H_h = \frac{J \sin\beta}{h^2 + (l-x)^2} + \frac{k \cdot J \sin\beta'}{h'^2 + (l-x)^2} + \frac{J \cos\gamma}{h^2 + (l+x)^2} + \frac{kJ \cos\gamma}{h'^2 + (l+x)^2}$$

Soll die Beleuchtung in M und H dieselbe sein, so hat man zu setzen

für vertikale Gegenstände $M_v = H_v$
für horizontale „ $M_h = H_h$

Setzt man spezielle Werte ein, z. B. für
$h = 1$ m; $h' = 3$ m; $k = 0{,}5$

dann ergibt sich

für vertikale Gegenstände $x = 0{,}47\,l$
für horizontale „ $x = 0{,}58\,l$

Beispiel einer Beleuchtungsanlage.

Nimmt man hier das Mittel, setzt also $x = 0{,}525$ l, so müfsten, z. B. bei einem Raume von 10 m Länge, die beiden Lichtquellen 5,25 m von einander und je 2,375 m von der nächstliegenden Wand entfernt sein. Bei mehr als zwei Lichtquellen gilt der Wert $2x$ immer für die Entfernung der Lichtquellen von einander und der Wert $(l-x)$ für diejenige der ersten und der letzten Lichtquelle von der nächsten Wand.

Welche Art der Lichtquellen in geschlossenen Räumen am besten anzuwenden ist, läfst sich nicht allgemein entscheiden.

Zum Teil wird eine allgemeine Beleuchtung verlangt, zum Teil eine solche einzelner Punkte, manchmal auch eine Kombination von beiden. Für eine allgemeine Beleuchtung gröfserer Räume sind Intensivlampen besonders empfehlenswert. Durch die grofse Ruhe der Lichtquellen und durch den Reflex von Decke und Wänden wird ein gleichmäfsiges Licht erzielt. Aufserdem bieten dieselben leicht die Möglichkeit, die Verbrennungsprodukte des Gases an der Decke abführen zu können, und sogar die durch die Verbrennung erzeugte Wärme zu einer Ventilation des Raumes benutzen zu können. Die Intensivlampen müssen, schon um nicht durch ihre Wärmeausstrahlung belästigend zu wirken, möglichst hoch angebracht werden. In jüngster Zeit hat auch das Auer'sche Gasglühlicht sowohl zur Beleuchtung grofser Räume als auch zur Erhellung einzelner Arbeitsplätze eine hohe Bedeutung gewonnen.

Beispiel einer Beleuchtungsanlage.

Ein interessantes Beispiel, wie eine Saalbeleuchtung trotz Verringerung des Gasverbrauchs durch Anwendung von Regenerativlampen verbessert wurde, führt Bunte an[1]).

Ein Hörsaal an der technischen Hochschule zu Karlsruhe war bis zu Anfang des Wintersemesters in der Weise beleuchtet, dafs 21 Argandbrenner in der aus Fig. 75 und 76 erkennbaren Weise im Saale verteilt waren, während 7 hinter einem Reflektor aufgestellte Schnittbrenner speziell für die intensivere Beleuchtung der Tafel dienten. Diese Beleuchtung erwies sich als unzureichend, namentlich für die scharfe Erkennung der zur Demonstration benutzten kunstgeschichtlichen Vorlagen (Photographien und Zeichnungen), welche an der Wandtafel oder auf daran befind-

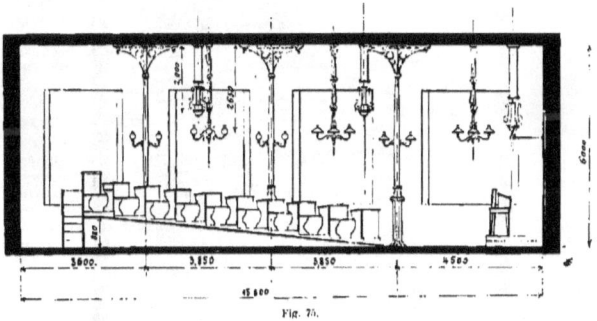

Fig. 75.

lichen Gestellen aufgehängt werden. Man hatte anfangs zur Verbesserung der Beleuchtungsverhältnisse die Einführung der elektrischen Beleuchtung ins Auge gefafst, mufste jedoch aus verschiedenen Gründen davon abstehen und entschlofs sich zur Einführung einer verstärkten Gasbeleuchtung mit invertierten Regenerativ-Gasbrennern (Siemens-Brenner, Berliner Modell).

Die Verteilung dieser sechs invertierten Siemens-Brenner ebenso wie die Einrichtung der früheren Gasbeleuchtung mit Argand-Brennern ist aus der Zeichnung zu erkennen; vier Brenner befinden sich in symmetrischer Anordnung über den Sitzreihen des Saales, zwei mit Reflektoren versehene Brenner dienen zur kräftigen Beleuchtung der Tafel bezw. der Gestelle, an denen sich die Abbildungen befinden.

Da bei der Einrichtung der neuen Beleuchtung die alte mit Argand-Brennern in ihrem ursprünglichen Zustande erhalten blieb, so war es leicht, vergleichende Beobachtungen über Gasverbrauch und Helligkeit unter vollständig gleichen

[1]) Journ. f. Gasbel. 1888, S. 817.

15*

Verhältnissen auszuführen, indem man unmittelbar nach einander den Saal in der früheren Weise mit Argand-Brennern und nach der neuen Art mit Siemens-Brennern beleuchtete.

Zur Messung des Gasverbrauches wurde in die Gaszuleitung zum Hörsaal ein Gasmesser eingeschaltet, welcher für jede Art der Beleuchtung den Konsum getrennt abzulesen gestattete.

Am 28. und 30. Januar wurden zwei Parallelversuche ausgeführt in der Weise, dafs der Saal je eine Stunde in der alten und der neuen Weise beleuchtet wurde. Während dieser Beleuchtungszeit wurde der Gasverbrauch gemessen, und mittels des Weberschen Photometers die Helligkeit an verschiedenen Punkten des Saales bestimmt.

Es wurden bei diesen Versuchen die nachstehenden Resultate erhalten:

I. Gasverbrauch
pro Stunde cbm

a) Alte Beleuchtung mit Argand- und Schnittbrennern . . 5,018
b) Neue Beleuchtung mit Siemens' invertierten Brennern . . 2,633

II. Helligkeit. Die Helligkeit wurde bei der neuen Beleuchtung an 12, bei der alten an 10 verschiedenen Punkten gemessen. Die Messungsergebnisse sind auf der Zeichnung (Fig. 70) eingetragen, und zwar die Helligkeit bei der alten Beleuchtung mit kleinen Zahlen, bei der neuen Beleuchtung mit fetter Schrift. Als Mafsstab für die Helligkeitsmessungen dient die »Meterkerze«. Die an den einzelnen Stellen der Zeichnung eingeschriebenen Zahlen geben also an, wie viel Kerzen in 1 m Entfernung von dem betreffenden Punkt aufgestellt werden müssen, um die beobachtete Helligkeit zu erzeugen.

Eine Vergleichung der beiden ergiebt nun zunächst — was ja auch der Augenschein lehrt — eine erhebliche Steigerung um fast das Doppelte der Helligkeit im Saale bei der Beleuchtung mit invertierten Brennern. Nur an denjenigen Stellen, wo bei der alten Beleuchtung die vereinigte Wirkung der in der Mittelachse aufgehängten dreiflammigen Gaslüster sich geltend machte, ist etwa gleiche Helligkeit bei der alten und neuen Beleuchtung vorhanden, während an den übrigen Stellen mit den Siemens-Brennern eine etwa doppelte Helligkeit erzielt wird. Die Einzelheiten über die Lichtverteilung im Saal gehen aus der Zeichnung ohne weiteres hervor, und es ist nur zu bemerken, dafs die eingeklammerten Zahlen sich auf die Beleuchtung der senkrecht stehenden Wände, der Tafel und des Bildergestelles beziehen.

Zur Beurteilung der absoluten Helligkeit sei bemerkt, dafs zum anhaltenden Lesen und Schreiben vom Standpunkt der Augenheilkunde eine Helligkeit von zehn Meterkerzen gefordert wird.

Im Zusammenhalt mit dem oben angegebenen Gasverbrauch, welcher bei der alten Beleuchtung mit Argand-Brennern 5 cbm, bei der neuen 2,6 cbm betrug, ergiebt sich für die neue Beleuchtung eine Ersparung von 2,385 cbm Gas pro Stunde; es ist also durch die neuen Brenner mit etwa der Hälfte 52,5% des Gasverbrauches nahezu die doppelte Helligkeit erreicht worden.

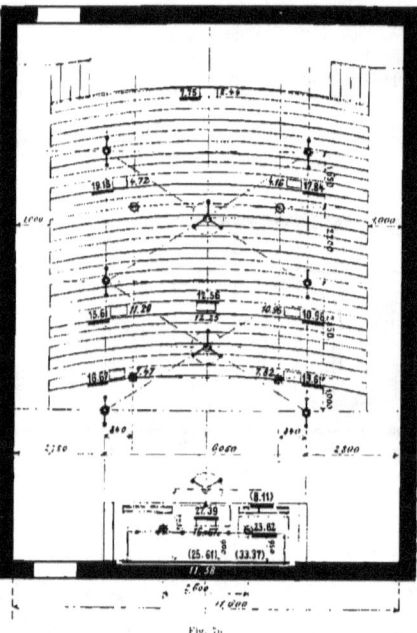

Fig. 70.

Reflektoren und Glasglocken.

Ein wichtiger Umstand bei der praktischen Anwendung von verschiedenen Lichtquellen ist die Lichtabsorption durch Glaskugeln und die Konzentrierung des Lichtes durch Reflektoren.

Die Wirkung beider hat Cohn mit Hilfe des Weberschen Photometers untersucht.

Milchglasglocken geben im allgemeinen einen Lichtverlust von 40 bis 60%. Nach Renk geben Milchglasglocken einen Verlust bis zu 60% sog.

Überfang-Glaskugeln«; Kugeln aus gewöhnlichem Glase, welche mit einer Schicht einer dem Milchglase ähnlichen Glassorte überzogen sind, dagegen nur 36%, mit Flußsäure matt geätzte Kugeln sogar nur 30%. Der Beleuchtungswert von Lichtquellen senkrecht unter der Lampe wird durch Reflektoren in folgendem Verhältnisse gesteigert:

Ohne Schirm	1 Meterkerze,
mit lackiertem Blechschirm	9 Meterkerzen,
» poliertem »	64 »
» Milchglasschirm	30 »
» Papierschirm mit Glimmer	23 »
» halbkugeligem Reflektor	260 »

Die genauen Angaben nach Cohn finden sich in der folgenden Tabelle:
Für verschiedene Höhen h ermittelte und auf je 1 Lichtquelle von der Intensität = 100 Kerzen bezogene Helligkeitswerte:

Meter seitlich	0	0,5	1,0	1,5	2,0
h	Meterkerzen				
1. Neusilb. Reflektor, 36,5 cm unterer Durchm., 5,5 cm obere Öffnung für den Cylinder, 13,5 cm hoch, Höhe überm Brenner 13,5 cm					
0,75	1768	204	27	14	7
1,00	1088	129	44	17	10
1,50	503	111	46	22	14
2. Polierter Blechschirm, Durchm. unten 35 cm, oben 8 cm Höhe bis zum unteren Schornstein 7,8 cm					
0,5	537	184	45	12	—
0,75	265	112	34	17	7
1,00	181	92	43	17	9
3. Milchglasglocke, sogen. Wesselform, Durchm. unten 25 cm, oben 7 cm Höhe 19 cm, unterer Rand ca. 2 cm nach innen gebogen					
0,5	415	204	24	—	—
0,75	207	128	40	10	—
1,00	136	93	47	17	6
4. Milchglasglocke, Trichterform, 11 cm hoch, Durchm. unten 26 cm oben 7 cm, unterer Rand nicht nach innen gebogen					
0,5	365	177	50	—	—
0,75	204	124	66	—	—
5. Milchglasglocke, Trichterform, 19 cm hoch, Durchm. unten 27,5 cm, oben 8 cm					
0,5	347	163	14	—	—
0,75	204	117	40	12	—
1,00	139	96	48	18	9
6. Pariser Schirm, d. i. Milchglocke unten mit heller Glasscheibe, Durchm. unten 22 cm oben 6,5 cm 15 cm hoch, Cylinderloch in der Scheibe 8 cm Durchm.					
0,5	361	131	27	9	—
0,75	170	87	36	14	6
1,00	126	73	40	20	9
7. Papierschirm, die unteren ⅔ aus innen recht hellweißem Pappdeckel, das obere Drittel aus Glimmer, Durchm. unten 30 cm Höhe 12,5 cm					
0,5	401	190	45	6	—
0,75	156	142	59	20	6
1,00	94	91	53	26	11
8. Pariser Schirm, unten matt, Glocke wie 4, unten flacher bassinartig ausgehöhlter Teller					
0,5	248	130	34	—	—
0,75	136	87	41	—	—
9. Pariser Schirm, oben matt, Glocke aus mattem Glase mit mattierter Zeichnung und durchsichtigem Teller. Durchm. oben 7 cm, unten 24 cm, Höhe 14 cm, Loch im Teller 8 cm					
0,5	177	107	29	10	—
0,75	128	90	46	19	9
1,00	78	42	34	21	12
10. Flacher, weiß lackierter Blechschirm, Durchm. unten 37 cm, oben 8 cm, Höhe 4,5 cm Stellung 13 cm überm Brenner					
0,5	163	136	45	18	8
0,75	89	97	52	25	11
1,00	80	76	46	18	12
11. Steiler, weiß lackierter Blechschirm, Durchm. unten 28 cm, oben 8 cm, Höhe 6,5 cm					
0,5	132	149	42	11	—
0,75	83	91	49	19	8
1,00	48	57	36	21	10
12. Pariser Schirm, ganz Milchglas, ebenso der Teller. Durchm. unten 24 cm, oben 6 cm, Höhe 13 cm, Loch im Teller 6,5 cm Durchm.					
0,5	132	149	42	11	—
0,75	83	91	49	19	8
1,00	48	57	36	21	10
13a. Milchglasglocke allein ohne die folgenden Schützer					
0,5	499	130	29	—	—
0,75	211	117	54	17	—
1,00	139	96	48	18	9
13b. Milchglasglocke mit Augenschützer aus überfangenem Glase 1,5 mm dick, Durchm. oben 10 cm, unten 5 cm, Höhe 5 cm					
0,5	415	119	17	—	—
0,75	204	109	28	9	—
1,00	117	89	34	13	

Die Anwendung des Gases zur Beleuchtung.

Meter seitlich		0	0,5	1,0	0,5	2,0
	λ	Meterkerzen				
14. Dieselbe mit Augenschützer aus überfangenem Glase, 2 mm dick, Durchm. oben 11,5 cm, unten 6 cm, Höhe 6,5 cm	0,5 0,75	415 184	97 94	16 27	— 8	. . —
15. Dieselbe mit Augenschützer aus Milchglas, 1,5 mm dick, Durchm. unten 6,5 cm, oben 12 cm, Höhe 7 cm	0,5 0,75 1,00	326 174 105	76 83 76	11 18 25	— 7 8	— — —
16. Matte Kugelglocke mit eingeschliffenen Sternen, ca. 17,7 cm Durchm. 17 cm Höhe und 5,5 cm Cylinderöffnung	0,75 1,00	23 14	61 35	32 —	18 18	10 11
17. Milchglasschale ca. 20 cm Durchm., Höhe 14 cm, obere Öffnung 16 cm, untere 8,5 cm Durchm.	0,75 1,00	48 32	37 29	17 18	9 11	6 8
18. Glasschale, aufsen matt, innen glatt mit eingeschliffenen Zeichnungen, mittl. Durchm. 20 cm Höhe 11, Öffnung oben 19,5 unten 8,5 cm .	0,75 1,00	47 29	64 35	27 28	15 17	9 10
19. Neptun Beleuchtung, Schnittbrenner mit tonnenf. Milchglasglocke, von 17,2 cm gröfst. Durchm. 15,5 Höhe, obere und untere Öffnungen 11,5 cm Durchm.	0,75 1,00	72 55	122 77	48 44	14 21	— —
20. Dasselbe mit Deckel von 12,5 cm Durchm. 4,5 cm über der Glocke .	0,75	89	118	45	15	—
21. Wie bei 20 und mit Schützer unter der Glocke von 12,5 cm Durchm. 2,5 Höhe, 1,5 cm Lochdurchm.	0,75	86	142	48	18	—

Gaszuflufsregler.

Für die Strafsenflammen, sowie für Intensivlampen sind Verbrauchsregler unentbehrlich, um

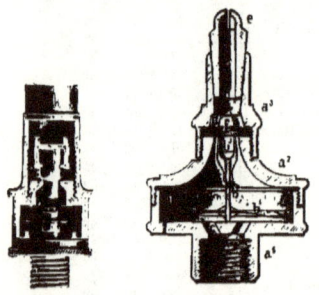

Fig. 77.   Fig. 78.

den Verbrauch von den jeweiligen Druckschwankungen unabhängig zu machen. Die trockenen Regler werden zu diesem Zwecke immer mehr bevorzugt, da sie bei einfacher Konstruktion und sicherer Wirkung fast keine Wartung erfordern.

Für die Strafsenflammen sind besonders die Regler von Flürsheim, Behl und Lux beliebt. Die Wirkung dieser Regler besteht im allgemeinen darin, dafs eine leichte Scheibe, die sich in einem cylindrischen Gehäuse gasdicht abschliefsend bewegt, dem steigenden Drucke entsprechend die Ausströmungsöffnung des Gases verengt. Fig. 77 stellt den Behlschen Regler dar.

Der Luxsche Regler (Fig. 78) beruht auf dem gleichen Prinzip, nur ist zur gröfseren Empfindlichkeit der Schwimmerscheibe b^1 ein gröfserer Durchmesser gegeben. Mit dieser ist durch die Stange b^2 das Ventil b^3 verbunden, welches je nach dem Höhenstand der durch den Gasdruck getragenen Scheibe den Ausströmungsquerschnitt am Ventil verändert.

Auch die für Intensivlampen üblichen Regler beruhen auf den gleichen Prinzipien.

Zündvorrichtungen.

Schon seit vielen Jahren ist der Erfindungsgeist damit beschäftigt, das Zünden von Gasflammen selbsttätig zu bewirken und damit namentlich bei der Strafsenbeleuchtung die umständliche Zündung durch Öllämpchen zu beseitigen. Zur Lösung der Frage der selbstthätigen Anzündung von Gasflammen giebt es zwei Wege, 1. den elektrischen und 2. den pneumatischen. Wird Elektrizität verwendet, so mufs der von zwei Platinspitzen überspringende Funke die Zündung bewirken. Um die hierzu nötigen hochgespannten Ströme zu liefern, sind entweder Tauchbatterien oder Induktionsapparate nötig. Es liegt auf der Hand, dafs derartige Apparate für eine allgemeine Strafsenbeleuchtung viel zu umständlich, unsicher und kostspielig sind.

Wohl aber läfst sich die elektrische Zündung mit Vorteil für Intensivlampen, deren Flammenkörper unzugänglich ist, verwenden. So z. B. wurde für Eisenbahnwaggons eine Einrichtung derart getroffen[1]), dafs von jeder Lampe zwei elektrische Leitungsdrähte zu einem aufsen am Wagen befindlichen Stromschlufsbrett geführt wurden. Der Mann, welcher das Anzünden besorgt, trägt einen magnetoelektrischen Apparat, mit welchem, durch das plötzliche Losreifsen eines Ankers von einem Magnet

[1]) Journ. f. Gasbel. 1890, S. 422.

ein Funke erzeugt wird. Sobald nun auf dem Stromschlufsbrett die Verbindung des Apparates mit den Drähten hergestellt ist, kann man den Funken im Innern der Lampe überspringen lassen, und so bei geöffnetem Wechsel die Flamme entzünden. Auf diese Weise können von einem Punkte aus in kürzester Zeit beliebig viele Lampen gezündet werden. Diese Anordnung ist ebenso gut für jeden gröfseren Raum anwendbar, welcher mit schwer zugänglichen Intensivlampen beleuchtet ist. Die zweite Art der Zündung auf pneumatischem Wege besteht darin, dafs man durch den Unterschied im Gasdruck eine Vorrichtung in Thätigkeit setzt, welche den Gashahn öffnet und das Gas sich an einer Zündflamme entzünden läfst, während letztere gelöscht wird. Das Umgekehrte findet beim Auslöschen der Flamme statt. Alle diese Apparate besitzen den grofsen Übelstand, dafs sie von einem Faktor, dem Druck, abhängen, welcher in grofsen Städten oft sehr unzuverlässiger Natur ist. Man hat daher bis jetzt immer Anstand genommen, die öffentliche Beleuchtung von Zufälligkeiten abhängig und dadurch selbst unzuverlässig zu machen.

Kapitel VII.
Verbrennungsprodukte des Gases und Lüftung.

Mafsstab der Luftverunreinigung.
Das Leuchtgas wirkt nicht nur durch das Licht auf unser Auge, sondern auch durch seine Wärmeentwickelung, Wärmestrahlung, sowie durch die Verbrennungsprodukte aller Art auf unser Allgemeinbefinden ein. In dieser Richtung hat es sich speziell die Gesundheitslehre zur Aufgabe gemacht, die einschlägigen Verhältnisse zu studieren, und verdanken wir den Forschungen dieser Wissenschaft manche wertvolle Aufschlüsse.

Wenn auch oben genannte Einflüsse bezüglich der Luftverschlechterung alle zusammenwirken, so pflegt man doch meist nur die Kohlensäure als Mafsstab der Verschlechterung anzusehen.

Nach Pettenkofer beträgt der Kohlensäuregehalt der Luft im Freien 0,25 bis 0,5 Promille und erreicht niemals 1 Promille.

In geschlossenen Räumen ohne Ventilation steigt der Kohlensäuregehalt oft sehr hoch. Im k. Odeon zu München wurden vor Einführung der Ventilation 4,5 bis 6,5 Promille Kohlensäure konstatiert[1]).

Renk[2]) stellt an eine gute Luft die Anforderung, dafs sie nicht mehr als 1 Promille CO_2 enthalten dürfe, und ihre Temperatur nicht höher steige als 16° R. In Räumen, welche, wie Theater, Konzertsäle nur zu vorübergehendem Aufenthalte dienen, kann man auch noch eine weitere Steigerung des Kohlensäuregehaltes auf 2 Promille gegen Ende des Aufenthaltes als zulässig annehmen.

[1]) Journ. f. Gasbel. 1887, S. 226.
[2]) Renk, die Untersuchung der Anlage im k. Odeon durch das hyg. Inst. Bayer. Ind.- u. Gew.-Bl. 1887 Vierteljahrsschrift Nr. 11.

In neuerer Zeit hat Cramer[1]) eingehend studiert, wie weit die Grenze der Wahrnehmbarkeit der Luftverunreinigung durch Verbrennungsgase geht, und welche Mengen an Kohlensäure schädlich, resp. tödlich wirken können.

Cramer stellte die Versuche so an, dafs er in einem kleinen Zimmer mehrere Gasflammen brennen liefs und die Luft durch ein Loch in der Thür mittels einer geeigneten Vorrichtung einatmete. Sobald die Luft einen unangenehmen Eindruck hervorrief, wurde der Versuch unterbrochen, und in der Höhe der Öffnung die Kohlensäure im Raume bestimmt. Mehrere Versuche ergaben im Mittel bei 2,14 Promille Kohlensäure die Grenze, bei welcher die Atmungsorgane belästigt werden. Drei Versuche wurden noch weiter getrieben und führten zu folgendem Ergebnis:

Kohlensäuregehalt promille	Dauer des Einatmens in Stunden	Bemerkungen.
4,104	1ʰ 55'	2 Schnittbrenner; keine objektiv zu Tage tretenden Beschwerden.
4,585	2ʰ —	3 Schnittbrenner, 1 gröfserer Heizbrenner; keine Beschwerden. Der anfangs unangenehme Geruch nach salpetriger Säure[2]) später nicht mehr so stark empfunden.
5,437	2ʰ —	6 Schnittbrenner, 1 gröfserer Heizbrenner; ohne Beschwerden, der unangenehme Geruch später nicht mehr so stark empfunden.

[1]) Journ. f. Gasbel. 1891, S. 1.
[2]) Jedenfalls von unreinem Gas (Ammoniak) herrührend.

Die Verbrennungsprodukte.

Man sieht hieraus, dafs Luft, welche bis 5,4 Promille enthält, ohne jeden schädlichen Einflufs zwei Stunden lang eingeatmet werden kann.

Die Versuche mit höherem Gehalt wurden an Meerschweinchen angestellt und ergaben, dafs Tiere bis zu 40 Promille Kohlensäure 12 Stunden lang ertragen konnten.

Bei anderen trat jedoch schon bei 21 Promille Unruhe und krampfhaftes Atmen auf, worauf der Tod erfolgte.

Aus diesen Versuchen geht zwar hervor, dafs die Verbrennungsprodukte des Gases an und für sich noch keinen schädlichen Einflufs auf den Menschen ausüben, selbst nicht, wenn sie in bedeutenden Mengen eingeatmet werden, allein für Räume, in denen viele Flammen brennen und wo man sich längere Zeit aufhalten soll, oder die für öffentliche Vergnügungen bestimmt sind und einen angenehmen Aufenthalt gewähren sollen, wird eine Entfernung der Verbrennungsprodukte immer mehr angestrebt werden müssen. Es ist nicht nur die Kohlensäure, welche belästigend wirkt. Hohe Temperaturen hindern, namentlich bei besetzten Räumen die Entwärmung des Körpers, wodurch ein körperliches Unbehagen erzeugt wird; noch schlimmer wird dieser Zustand, wenn auch noch die Feuchtigkeit zunimmt und damit die Wärmeabgabe des Körpers durch die Verdunstung von Wasser (Schweifs) beeinträchtigt wird.

Die Verbrennungsprodukte.

Die Kohlensäureerzeugung der verschiedenen Beleuchtungsmaterialien kann aus ihrer Analyse berechnet werden.

Cramer fand bei der gewöhnlichen Verbrennung

		aus der Analyse			
		gefunden		berechnet	
		C kg	CO_2 cbm	C kg	CO_2 cbm
Leuchtgas[1])	1 kg	0,647	1,18	0,663	1,21
„	1 cbm	0,299	0,54	0,307	0,56
Talg	1 kg	0,730	1,31	0,740	1,33
Stearin	1 kg	0,726	1,31	0,763	1,37
Paraffin	1 kg	0,821	1,48	0,839	1,51
Petroleum	1 kg	0,853	1,53	0,858	1,55

[1]) Marburger Gas von 0,3585 spez. Gew. bei 0° und 760; 3,0% CO_2, 8,10% CO, 49,10% H, 33,0% CH_4, 2,2% N. Schilling, Handbuch für Gasbeleuchtung.

Die Wassererzeugung bei Verbrennung obiger Materialien fand Cramer in ähnlicher Weise:

		aus der Analyse			
		gefunden		berechnet	
		Wasser g	Dampf cbm	Wasser g	Dampf cbm
Leuchtgas	1 kg	1863	—	2304	—
„	1 cbm	862,57	1,08	1067	1,33
Talg	1 kg	0972	1,22	1062	1,33
Stearin	1 kg	1017	1,27	1116	1,39
Paraffin	1 kg	1215	1,52	1368	1,71
Petroleum	1 kg	1269	1,58	1242	1,55

Von besonderem Interesse ist es, die Menge der Verbrennungsprodukte neben einander zu stellen, welche bei Beschaffung der gleichen Lichtmenge (100 Kerzen) von den verschiedenen Materialien unter verschiedenen Verhältnissen pro Stunde entwickelt werden.

Gas:	Menge cbm	CO_2 cbm	Wasserdampf cbm	Wärmemenge Kal.
Schnittbrenner	1 cbm	0,54	1,08	5266
Argandbrenner	0,8 cbm	0,43	0,86	4213
Regenerativlampe	0,5 cbm	0,27	0,54	2633
Petroleum:				
Kleiner Flachbrenner	0,6 kg	0,92	0,95	6220
Grofser Rundbrenner	0,2 kg	0,30	0,32	2073
Paraffin	0,77 kg	1,14	1,17	7615
Stearin	0,92 kg	1,21	1,17	7881
Talg	1,00 kg	1,31	1,22	8111

Die Wärmeerzeugung eines Erwachsenen kann nach Pettenkofer folgendermafsen angenommen werden.

Die Gesamtwärme, welche ein Erwachsener in 24 Stunden abgibt, beträgt 2200 Cal., sonach pro eine Stunde 92 Cal. Diese verteilt sich folgendermafsen:

Strahlung auf der Hautoberfläche	42%
Verdunstung auf der Hautoberfläche	18%
Leitung auf der Hautoberfläche	22%
Durch die Atmung	7%
Durch Arbeit etc.	11%
	100%

Pettenkofer[1]) stellt zwischen der Verunreinigung der Luft durch Menschen und Flammen folgenden Vergleich an (Tabelle S. 122 oben).

Daraus ersieht man, dafs eine Stearinkerze soviel Wärme erzeugt als ein Mensch, fast ebensoviel Sauerstoff verbraucht, mehr als die Hälfte Kohlensäure und ein Drittel des Wassers eines Erwachsenen liefert.

[1]) Journ. f. Gasbel. 1884, S. 221.

	Erzeugung von			Verbrauch an Sauerstoff
	CO_2 g	H_2O g	Wärme Cal.	
Erwachsener Mensch pro Stunde	44	33	92	38
Stearinkerze von 10 g Konsum pro Stunde	28	11	97	28
Gasflamme (Schnittbrenner von 140 l Konsum)	164	156	878	200

Eine Gasflamme von 140 l Konsum liefert soviel Wärme wie acht Menschen, mehr Kohlensäure als drei Menschen, fast soviel Wasser wie fünf Menschen und verzehrt mehr Sauerstoff als sechs Menschen.

Aus diesen Zahlen geht genügend hervor, welchen bedeutenden Anteil die Gasbeleuchtung durch die Erzeugung von Kohlensäure, Wasserdampf und Wärme an der Luftverschlechterung nimmt, und wie wichtig eine gute Lüftung für unser Wohlbefinden ist.

Die Gasbeleuchtung selbst liefert hiezu das beste Mittel, und ist in hervorragendem Mafse geeignet, diese Lüftung zu bewerkstelligen.

Aufser den bei der Verbrennung in grofser Menge auftretenden Produkten liefert das Gas in geringer Menge auch noch andere Verbrennungsprodukte. Wir haben bereits erwähnt, dafs Cramer salpetrige Säure nachgewiesen hat; allein aus seinen Versuchen geht hervor, dafs von einer nachteiligen Wirkung dieses Produktes absolut nicht die Rede sein kann, da dasselbe nur in minimalen Spuren auftritt. Die salpetrige Säure rührt wahrscheinlich von einem geringen Gehalt des Gases an Ammoniak oder Cyanverbindungen her.

In etwas beträchtlicherer Menge tritt bei der Verbrennung die schweflige Säure auf, und kann der Schwefelgehalt pro 1 cbm Gas 0,2 bis 0,5 g betragen. Derselbe ist gröfstenteils als Schwefelkohlenstoff, in geringer Mafse auch in den Senfölen enthalten, welche den charakteristischen Geruch des Gases mitbedingen.

Pettenkofer konnte in einem Luftraum, welcher 1 cbm fafste und in welchem sieben Gasflammen brannten und pro Stunde 840 l Gas verbrauchten, weder durch den Geruch noch auf analytischem Wege schweflige Säure nachweisen. Wenn man nun den durchschnittlichen Konsum einer Gasflamme zu 124 l in der Stunde rechnet, so mufs sie acht Stunden lang brennen, bis sie 1 cbm Gas verbraucht und bis 0,2 bis 0,5 g Schwefel verbrannt werden. Nimmt man nun an, dafs in einer Wohnung auf je 50 cbm Lichtraum eine Gasflamme treffe, so wird der Schwefelgehalt des Gases mindestens noch fünfzigmal verdünnt, selbst wenn man annimmt, dafs während der acht Stunden kein Luftwechsel stattfindet. Es kann daher weder von einer Wahrnehmung noch von einem schädlichen Einflufs des Schwefelgehaltes im Gase die Rede sein.

Die Lüftung mittels Gas.

Die Aufgabe der Lüftung besteht im allgemeinen darin, die durch den Atmungsprozefs der Menschen oder durch die Verbrennungsprodukte der Beleuchtungsflammen verunreinigte Luft aus einem Raume zu entfernen und durch neue, reine Luft wieder zu ersetzen. Da die warme Luft spezifisch leichter ist wie die kalte, so ergibt sich die hierzu nötige Anordnung von selbst, dafs man die warme, verdorbene Luft in der Höhe entfernt, während man die frische, kalte Luft von unten nachströmen läfst. Man unterscheidet zwei Arten der Lüftung, mit Aspiration oder Pulsion. Man kann entweder die verdorbene Luft oben künstlich absaugen und die kalte Luft durch die geeigneten Kanäle selbstthätig nachströmen lassen, oder man drückt die kalte Luft künstlich in den Raum und läfst die warme Luft durch den erzeugten Überdruck im Raume von selbst oben abströmen.

Es ist hieraus ersichtlich, dafs in demjenigen Falle, in welchem die schlechte Luft aspiriert wird, im Raume selbst ein geringerer Druck herrschen mufs als aufserhalb desselben. Diese Anordnung hat den Nachteil, dafs beim Öffnen der Thüren leicht Zug entstehen kann, und zwar strömt die kalte Luft in den warmen Raum ein, und wird deshalb störend empfunden; bei Pulsion dagegen kann ein Eindringen der kalten Luft beim Öffnen der Fenster nicht mehr entstehen, da im Raume selbst Überdruck vorhanden ist; die letztere Art der Lüftung mufs als die vollkommenere bezeichnet werden. Sie besitzt jedoch den Nachteil, dafs sie einen eigenen Motor erfordert, welcher die Luft in den Raum hineindrückt. Solche Motoren bestehen meist aus geeigneten Windrädern, welche durch Wasser, Elektromotoren oder Gasmotoren betrieben werden. Auch lassen sich sonstige Dampf- oder Wasserstrahlgebläse hierzu mit Vorteil verwenden[1]). Die weitaus einfachere Art der Lüftung besteht in der Aspiration und zwar mittelst der durch die Gasflammen erzeugten Wärme. Diese Wärme bildet den wirksamsten und zugleich einfachsten Motor zur Entfernung der verdorbenen Luft; dieselbe befördert die erhitzte und daher specifisch leichtere Luft nach oben, und wird um so energischer wirken, je gröfser der Temperaturunterschied zwischen der abströmenden warmen und der einströmenden kalten Luft ist. Mit Benutzung des Gases zur Lüftung hat man nicht nur den Vorteil, die Verbrennungsprodukte des Gases auf einfache Weise zu beseitigen, sondern auch eine vollkommene und rationelle Lüftung ermöglicht, welche ohne irgend welche besonderen Betriebskosten sich vollzieht. Es darf jedoch nicht übersehen werden, dafs die Lüftung aus zwei Faktoren sich zusammensetzt, welche unzertrennlich sind, das ist die Abführung der schlechten Luft und die Zuführung der frischen Luft. Gerade bei dem System der Absaugung ist es unerläfslich, die Zuführung der frischen Luft nicht dem Zufall anheimzugeben, d. h. dieselbe nicht den Ritzen in Fenstern und Thüren und nicht der Durchlässigkeit unserer Wände zu überlassen, sondern die Luft in genügender Menge durch eigene Öffnungen zuzuführen, welche einen genügend grofsen Querschnitt besitzen und so angebracht sind, dafs sie die im Raume befindlichen Menschen nicht belästigen. Die Zuführung der frischen Luft ist ein Punkt, dem häufig nicht die genügende Aufmerksamkeit geschenkt wird, ja nicht selten findet man die Vorrichtungen für Abführung der warmen Luft sehr ausgebildet, während für Zuführung der frischen Luft wenig oder gar nicht gesorgt ist. Dafs eine derartige Anordnung unwirksam ist, und nur zu Klagen über Hitze und Zug Veranlassung geben mufs, liegt auf der Hand.

Wie erwähnt, findet in unseren Gebäuden stets ein Luftwechsel durch Mauern, Thüren und Fensterritzen statt, welcher mit »natürlicher Ventilation« bezeichnet wird. Die Gröfse dieses Luftwechsels hängt namentlich von der Durchlässigkeit der Wände

---
[1]) Journ. f. Gasbel. 1885, S. 979. Hausding, »die Heizungs-, Ventilations- und Trocken-Anlagen.
[2]) Recknagel, Theorie des nat. Luftwechsels. Zeitschr. f. Biologie 1879.
[3]) Lang, über natürliche Ventilation 1877.

und von dem Winddruck ab, welcher aufsen auf die Wände wirkt, sowie von der Temperaturdifferenz zwischen innen und aufsen. Es ist hieraus ersichtlich, dafs dieser Luftwechsel ein sehr schwankender sein wird, und es mufs jedenfalls die künstliche Lüftung derart sein, dafs sie auch ohne Rücksicht auf den natürlichen Luftwechsel ausreicht.

Sind z. B. in einem Raume 100 Personen und aufserdem 3 Regenerativgaslampen zu je 0,5 cbm Gasverbrauch, so beträgt die Kohlensäureerzeugung

der Menschen $100 \times 0{,}020 = 2$ cbm,
der Lampen $ 3 \times 0{,}27 = 0{,}81$ »
 zusammen $2{,}81$ cbm.

Betrachtet man 1 pro Mille Kohlensäure als oberste zulässige Grenze, so mufs pro Stunde an frischer Luft zugeführt werden:

$$L = \frac{2{,}81 \times 1000}{1} = 2810 \text{ cbm Luft.}$$

Im allgemeinen wird man für stark besuchte Konzertsäle u. dgl. mit einer vierfachen Lufterneuerung, für weniger besuchte Wohnräume mit einer zweifachen Lufterneuerung pro Stunde rechnen können.

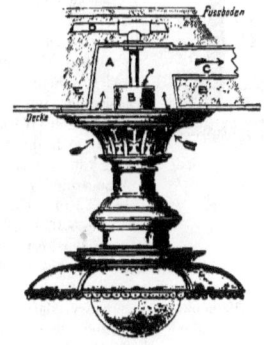

Fig. 79.

Zur Absaugung der schlechten Luft hat man früher fast ausschliefslich die Sonnenbrenner verwendet. In neuerer Zeit hat man in den Regenerativlampen ein einfaches Mittel gefunden, um nicht nur die Verbrennungsprodukte der Lampen selbst

124 Verbrennungsprodukte des Gases und Lüftung

nicht in den Saal gelangen zu lassen, sondern auch um damit eine ausreichende Lüftung zu bewerkstelligen.

Fig. 79 zeigt die Anordnung einer Wenhamlampe für Lüftungszwecke und zwar für den Fall, dafs es möglich ist, die Verbrennungsgase nebst der schlechten Luft durch ein Rohr C aus Eisenblech abzuleiten, welches parallel zu der Balkenlage in einen Kamin eingeleitet werden kann. Die Abgase gelangen zunächst in einen eisernen Kasten A, der zwischen den Querbalken angebracht ist. Das daran sich anschliefsende Rohr C wird zweckmäfsig an der Ausmündung in den Kamin mit einer leichten Rückschlagsklappe aus Glimmer versehen, um zu verhindern, dafs Verbrennungsgase aus dem Kamin in die Lampe zurückgelangen.

Der Zwischenraum zwischen Decke und Fufsboden wird mit nichtleitendem Material, am besten Schlackenwolle, ausgefüllt, um die Ausstrahlung der Wärme und somit auch die Verdichtung von Wasser in dem Abzugsrohr zu verhindern. Unter Umständen kann es bei hohen Räumen wünschenswert sein, die Lichtquelle tiefer zu hängen. Für diesen Fall dient die in Fig. 80 abgebildete Anordnung.

Ist die Balkenlage so gerichtet, dafs das nach dem Kamin führende Abzugsrohr dieselbe kreuzen würde, so läfst sich obige Anordnung nicht anbringen. In diesem Fall legt man das Rohr frei unter den Plafond und verkleidet dasselbe. Diese Verkleidungen werden entweder nur mit Zinkverzierungen ausgestattet, oder mit Holz in Gestalt von Holzbalken verhüllt. Sind mehrere Lampen in einem Raume anzubringen, so lassen sich diese Kanäle dazu verwenden, den Plafond in cassetirte Felder einzuteilen. Hat man es mit einer neuen Anlage zu thun, so kann man von vornerherein möglichst viele solcher Kanäle anordnen, so dafs dieselben kleinere Dimensionen erhalten und sich leicht einer Holzvertäfelung anpassen. Bei genügender Höhe des Lokales lassen sich auch die Kanäle durch eine zweite Decke maskieren.

Am einfachsten gestalten sich die Verhältnisse, wenn die Abgase entweder direkt über Dach oder in einen Dachraum abgeführt werden können. Eine derartige Anordnung ist in Fig. 81 für eine Westphal-Lampe skizziert.

Lewes[1]) stellte mit einer Wenhamlampe Versuche über die Wirkung der Luftabsaugung an. Eine Lampe Nr. 4, welche pro Stunde 0,566 bis 0,679 cbm Gas verbrauchte, wurde in ein Metallgehäuse eingeschlossen, welches auf seinem Boden gegen das Zimmer zu entsprechende Öffnungen zum Absaugen der Luft hatte; das Metallgehäuse, sowie das daran sich anschliefsende horizontale Abzugsrohr waren mit Schlackenwolle umhüllt.

Die Temperatur der Rauchgase und der mitgeführten Luft betrugen 100 mm. über dem Brenner gemessen 136° C. Der Querschnitt des Abzugs-

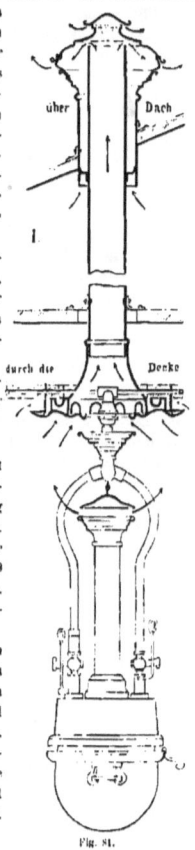

Fig. 80.

Fig. 81.

[1]) Journ. f. Gasbel. 1888, S. 1072.

rohres war 1,53 qdm; es ergibt dies bei 3,81 m Geschwindigkeit 0,058 cbm pro Sekunde oder 210,5 cbm in der Stunde; oder wenn man das Volumen auf 15,5° C. bezieht und den Luftverbrauch der Lampe in Abzug bringt, so förderte die Lampe 143 cbm unreine Luft aus dem Raume, wobei gar keine Rauchgase in denselben treten konnten. Eine Lampe von 0,283 cbm Gasverbrauch förderte 57 cbm Luft aus dem Raume. Man kann demnach sagen, daß man mittels der Regenerativlampen unter normalen Verhältnissen das 200 fache ihres Gasverbrauchs an Luft aus einem Raume absaugen kann.

Praktisch ist es von Wichtigkeit, zu wissen, mit welcher Temperatur die Rauchgase die Stellen durchziehen, an welchen der Kanal mit dem Holz der Zimmerdecke in Berührung kommt. Lewes fand, daß die Gase den Brenner mit einer Temperatur von 123 bis 136° verließen. Umgibt man sämtliche Teile mit Schlackenwolle in ca. 40 mm Dicke, so steigt die Temperatur der äußersten Schichte derselben nicht über 38° C. Es ist demnach völlig unbedenklich, diese Teile direkt mit dem Holze in Berührung zu bringen.

Lewes bestimmte auch die von den Lampen ausgehende, strahlende Wärme und fand, daß dieselbe in einer Entfernung von 1,5 m senkrecht unter dem Brenner nicht mehr wahrzunehmen ist. Bei den zur Ventilation dienenden Lampen kann daher von einer Belästigung durch die strahlende Wärme wohl selten die Rede sein, da diese Entfernung leicht einzuhalten sein wird. Will man sich speziell vor der strahlenden Wärme schützen, so kann man eine Glasplatte unter dem Brenner anbringen, welche 88% des Lichtes durchläßt, die strahlende Wärme aber zurückhält.

Von ebenso großer Wichtigkeit, wie die Abführung der schlechten Luft, ist die Zuführung der frischen Luft, ja die Lüftung kann unter Umständen vollkommen illusorisch werden, wenn nicht für den genügenden Zutritt frischer Luft gesorgt wird. Dabei sind zwei Bedingungen vornherein zu berücksichtigen. Es darf die einströmende kalte Luft nicht auf den menschlichen Körper in unmittelbarer Nähe treffen, sondern muß so eingeführt werden, daß sie die nötige Verteilung im Raume erfährt, und weiter muß die Geschwindigkeit der eintretenden Luft so gering sein, daß sie vom menschlichen Körper nicht als Zug empfunden wird.

Für die Berechnung der theoretischen Geschwindigkeit der Luftbewegung kann man nach Wolpert folgende Formel verwenden:

$$c = \sqrt{\frac{2gH(T-t)}{273+t}}$$

worin C die theoretische Geschwindigkeit der Luftbewegung in einer Sekunde, H die Druckhöhe, d. i. die Höhendifferenz zwischen Ein- und Abzugskanal der Luft, T die Innentemperatur, t die Außentemperatur bedeutet.

Für 1° Temperaturdifferenz wird

C nahezu $= \frac{1}{4}\sqrt{H}$.

Da nun in den Kanälen bedeutende Reibungsverluste stattfinden, so kann man näherungsweise die wirkliche Geschwindigkeit c für 1° Temperaturdifferenz setzen:

bei langen Kanälen $\quad c = \frac{1}{6}\sqrt{H}$
bei sehr kurzen Kanälen $\quad c = \frac{1}{4,6}\sqrt{H}$
unter sehr günstigen Umständen $c = 0,2\sqrt{H}$.

Da die so gefundenen Geschwindigkeiten für 1° Temperaturdifferenz gelten, so ist für die in Betracht zu ziehenden Temperaturdifferenzen zu beachten, daß die Geschwindigkeit im Verhältnis der Quadratwurzel der Temperaturdifferenz wächst, daß man also obige Werte c mit 2, 3, 4, 5 u. s. w. zu multiplizieren hat, wenn die Temperaturdifferenz 4°, 9°, 16°, 25° u. s. w. beträgt.

Ist die so zu erwartende Geschwindigkeit gefunden, so ergibt sich die in einer Sekunde durch den engsten Querschnitt fließende Luftmenge L.

$L = c \cdot x$ cbm, wobei x den Querschnitt in Quadratmetern angibt.

Meist wird dieser Querschnitt gesucht, wenn die Luftmenge L gegeben ist; es ist dann:

$$x = \frac{L}{c}$$

Die Luftgeschwindigkeit, bei welcher man unter gewöhnlichen Umständen, nämlich bei trockener Haut und mittlerer Temperatur eine Empfindung der Luftbewegung als »Zug« wahrnimmt, beträgt ungefähr 0,5 m pro Sekunde.

Bei der Einführung der kalten Luft ist es daher nötig, einmal möglichst viele Einströmungsöffnungen anzubringen, damit die Geschwindigkeit des Luftstromes möglichst gering, und die Verteilung desselben möglichst gleichmäßig sei. Es ist ferner ratsam, diese Öffnungen über Kopfhöhe zu legen, und die Luft nicht zu kalt eintreten zu lassen, sondern namentlich im Winter etwas vorzuwärmen. Die Erfüllung dieser Bedingungen kann unter Umständen durch bauliche Verhältnisse sehr erschwert

Aufsicht auf den Plafond.

Lüftungsanlage für ein Verkaufslokal in Paris.

Eines der Ladenlokale der Pariser Gasgesellschaft in der rue Condorcet, Nro. 8, Paris, dient zum Verkaufe und zur Ausstellung von Apparaten zur Beleuchtung, sowie zum Heizen und Kochen mit Gas. Der Laden hat 70,5 qm Grundfläche und einen Rauminhalt von 244 cbm. Seine Höhe bis zum Plafond beträgt 3,5 m. Die alte Beleuchtung bestand aus 34 Flammen, teils Argand-, teils Schnittbrennern, welche einen Gesamtgasverbrauch von 5,48 cbm pro Stunde und ca. 500 Kerzen Leuchtkraft hatten. Nunmehr besteht die Beleuchtung aus 17 Regenerativlampen, von denen sechs in den Auslagefenstern, sechs im Innern verteilt und fünf zu einem Lüster gruppiert sind. Der Gasverbrauch beträgt für alle zusammen 3,25 cbm pro Stunde, welche eine Helligkeit von 800 Kerzen liefern. Was nun die Abführung der Verbrennungsgase anlangt, so ist die Anordnung der Kanäle aus Fig. 82 ersichtlich. Da dieselben nicht in die Decke

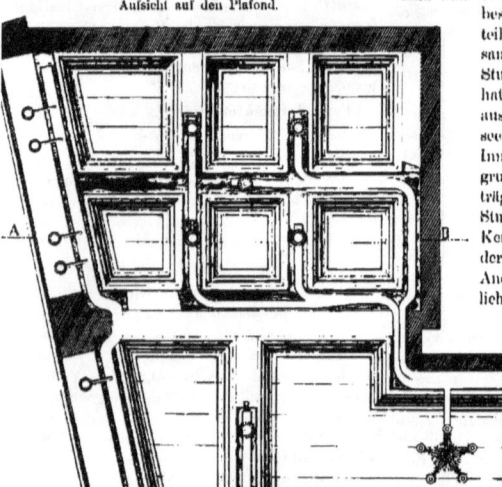

Fig. 82.

sein, namentlich, wenn nicht von vornherein auf eine Lüftung Rücksicht genommen ist. Wie die Anordnung der Luft-Zu- und -Abführung zweckmäßig eingerichtet wird, läßt sich nur von Fall zu Fall entscheiden, und wir wollen deshalb einige ausgeführte Anlagen und deren Wirkungsweise näher betrachten.

eingelassen werden konnten, so mußten die Rohre auf dem Plafond in Kanäle mit Holzverkleidung eingelegt werden. Dieselben bestehen aus Kästen (Fig. 83) von galvanisiertem Eisenblech (p, q, r, s), welche mit Schlaudern an dem Plafond befestigt sind. Die Verbrennungsprodukte und die Luft gelangen zunächst in den doppelwandigen Kasten (g, h, i, j) aus Eisenblech, welcher mit Schlackenwolle ausgefüttert ist, und von da in den Abzugskanal (p, q, r, s). Die Kästen sind mit der Holz-

Lüftungsanlage für ein Verkaufslokal in Paris. 127

verschalung (a, b, c, d) umhüllt und durch entsprechend profilierte Gesimse an die Decke angeschlossen. Die Lampe hängt an einer in die Decke eingelassenen Eichenholzplatte (e, f). k ist das Gaszuführungsrohr, m, n der Abzugsschlot der Lampe. Die Lampe ist mit einer durchbrochenen Rosette an den Holzkasten angeschlossen, durch welche die angesaugte Luft abzieht.

In Fig. 84 ist die Anordnung der Lampen und Kanäle im Vertikalschnitt dargestellt. Die Querschnitte der Kanäle sind nach der Anzahl der angeschlossenen Lampen gewählt. Die Einmündungen von seitlichen Kanälen sind nicht rechtwinkelig, sondern in abgerundeten Kurven ausgeführt und überdies sind beide Kanäle auf 60 cm Länge nach dem Vereinigungspunkte durch Scheidewände getrennt, um keine Zugverluste durch unrichtige Strömungen zu verursachen. Das gesamte Kanalisationsnetz vereinigt sich in dem anstoßenden Nebenraum zu einem Kanal von 25 cm : 30 cm, welcher schließlich die Mauer durchdringt und in einen Sammelkanal mündet, auf welchen ein Kamin aufgesetzt ist.

Der letzte vertikale Sammelkanal hat 25 × 30 cm Querschnitt und eine Höhe von 12,5 m; er endet oben in ein Blechrohr von 4,6 m Länge und 30 cm Durchmesser, so dafs eine Kaminhöhe von 17 m disponibel ist. Um gleichzeitig auch

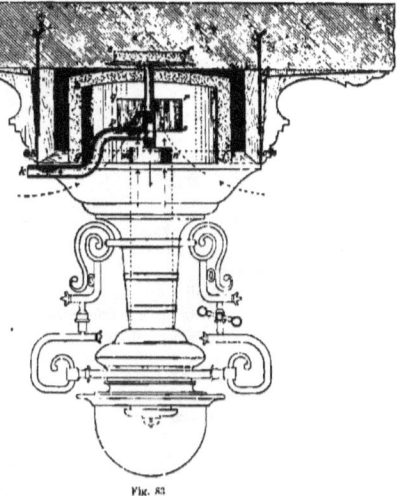

Fig. 83.

eine Ventilation zu ermöglichen, zu Zeiten, wo keine Lampen brennen, wurden in dem Sammel-

Schnitt A-B.

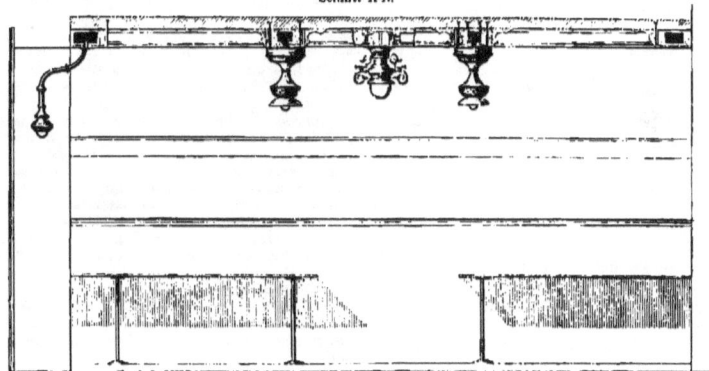

Fig. 84.

kanal zwei Brenner von je 700 l stündlichem Gaskonsum angebracht.

Die Dimensionen der verschiedenen Kanäle sind:

7,10 m Kanal aus galvanisiertem Eisenblech 0,12 × 0,10 m
11,00 m „ „ „ „ 0,14 × 0,10 m
4,75 m „ „ „ „ 0,17 × 0,10 m
1,50 m Rundrohre aus „ „ 0,10
28,10 m Kanal $\begin{cases} 0,24 \times 0,11 \text{ m} \\ 0,25 \times 0,11 \text{ m} \\ 0,30 \times 0,115 \text{ m} \end{cases}$

52,45 m Gesamtlänge.

Dicke des Blechs vor dem Galvanisieren:
$\frac{3}{4}$ mm für die Kanäle à 0,12 × 0,10 und 0,14 × 0,10
1 mm für die übrigen Dimensionen
1,5 mm für den Sammelkanal.

Die Holzkanäle haben alle gleiche Dimensionen.

Die frische Luft tritt teils durch Öffnungen ein, welche zu den beiden Cheminées führen, die das Lokal heizen und bereits vorhanden waren, teils durch zwei Schieber, über der Eingangsthüre von der Strafse. Der Querschnitt der beiden letzteren ist 0,42 qm, d. i. sechs Mal so grofs, als der Querschnitt des Abzugskamins. Die Geschwindigkeit der Gase im Abzugskamin beträgt im Maximum 2 m per Sekunde, so dafs die der einströmenden Luft auf diese Weise nie $\frac{1}{6} \times 2 = 0,30$ m überschreitet.

Über die Wirkungsweise werden folgende Angaben gemacht.

Die Temperaturen waren während der Ventilation:

Aufsentemperatur . . . . 8,11°
Innentemperatur zu Beginn der Beleuchtung. 17,86°
„ nach einer Stunde . . 19,01°
„ nach zwei Stunden . 20,09°
Temperatur der abziehenden Gase . . . 60,00°

Die gesamte Temperatursteigerung während zwei Stunden betrug also 2,23°. In einem Falle wurde vier Stunden lang beobachtet, wobei sich eine Steigerung von 3° ergab. Die abgesaugte Luftmenge (auf 20° reduziert) betrug nach anemometrischen Messungen 491 cbm. Da der Laden 244 cbm Inhalt hat, so ergibt sich hieraus eine zweifache Lufterneuerung pro Stunde. Der Kohlensäuregehalt war am Ende des Versuches der gleiche wie zu Beginn desselben, also während der zwei Stunden, welche der Versuch dauerte, überhaupt nicht gestiegen.

Lüftungsanlage im kgl. Odeon zu München.

Die ganze Anlage (Fig. 85 und 86) setzt sich aus drei Teilen zusammen, von denen der eine zur Ventilation, der andere zur Beheizung und der dritte zur Beleuchtung dient.

Denken wir uns die ganze Anlage sei in Funktion, d. h. wir befänden uns im beleuchteten und besuchten Saale, so wird die warme und verdorbene Luft des Saales durch die Sonnenbrenner S abgeführt, während auf der anderen Seite bei e reine vorgewärmte Luft zugeführt wird. Es mufs selbstverständlich ebenso viel frische Luft zugeführt werden können, als verdorbene Luft abgeführt wird. Es mufste ferner dafür gesorgt werden, dafs

1. im Winter die einzuführende frische Luft genügend erwärmt wird, dafs
2. die Einströmungsöffnungen so gelegen sind, dafs die Luftbewegung nicht lästig empfunden wird,
3. dafs eine Einströmung von kalter Luft durch die Thüren möglichst verhindert wird, und
4. dafs im Sommer ebenfalls frische Luft eingeführt werden kann.

Die Dimensionen der Einströmungsöffnungen und der Kanäle mufsten so grofs gewählt werden, dafs eine vier- bis fünfmalige Erneuerung der ganzen Saalluft stattfinden kann; es mufsten also 40 bis 50000 cbm Luft stündlich beschafft werden, da der Rauminhalt des Saales reichlich 10000 cbm beträgt.

Die Kanalanlagen sind natürlich durch die baulichen Verhältnisse des Saales bedingt gewesen. Die äufseren Umfassungsmauern des Saales bilden ein Rechteck von 36,5 m Länge und 22 m Breite. An der südlichen Schmalseite ist die Rückwand des Orchesters in einem Halbkreise von nur 16 m Durchmesser angeordnet und in den Ecken hinter derselben sind halbkreisförmige Treppen vom Terrain bis zum Dachboden eingebaut, so dafs ein Umgang von 2 m Breite hinter dem Orchester verbleibt. Dieser Umgang setzt sich an den Langseiten des Saales als offener Säulengang innerhalb des Saales ringsum fort und trägt über sich die Galerie.

Die Höhe vom Saalfufsboden bis zur Galerie ist ca. 8½ m, bis zur Decke 15 m. Der Fufsboden des Saales liegt ca. 7 m über Terrain.

Die vertikalen Luftzuführungskanäle k, welche in die Umfassungsmauern eingebrochen sind, münden in die Ausströmungsöffnungen l. Alle diese Luftzuführungskanäle mit einem Gesamtquerschnitt von ca. 9,0 m nehmen ihren Anfang unter der Balkenlage des Saalfufsbodens in einem bereits vorhanden gewesenen aber vollständig unbenutzten Gang, welcher sich mit Unterbrechung der beiden Treppenpodeste um den ganzen Saal herumzieht. Dieser Gang g wurde durch Einfügung einer neuen Zwischendecke und entsprechender Abschlufswände an den Enden und bei den Treppenpodesten zu einem geeigneten Kanal hergestellt, welcher zugleich durch Aufnahme von Heizkörpern h für die Vorwärmung der zuströmenden Luft dient. Dieser Kanal mit den Heizkörpern besteht aus drei Teilen, die wir Heizkammern nennen können.

An sechs Stellen wurden von diesen Heizkammern aus grofse Öffnungen durch die Fundamentmauern des Gebäudes

Lüftungsanlage im k. Odeon zu München.

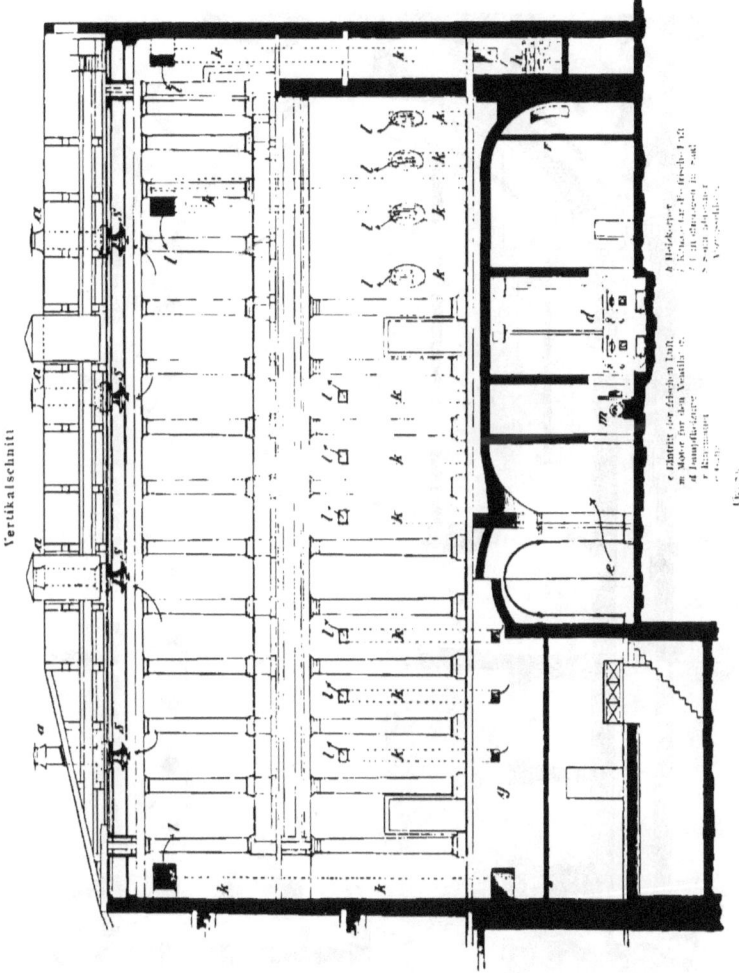

Vertikalschnitt.

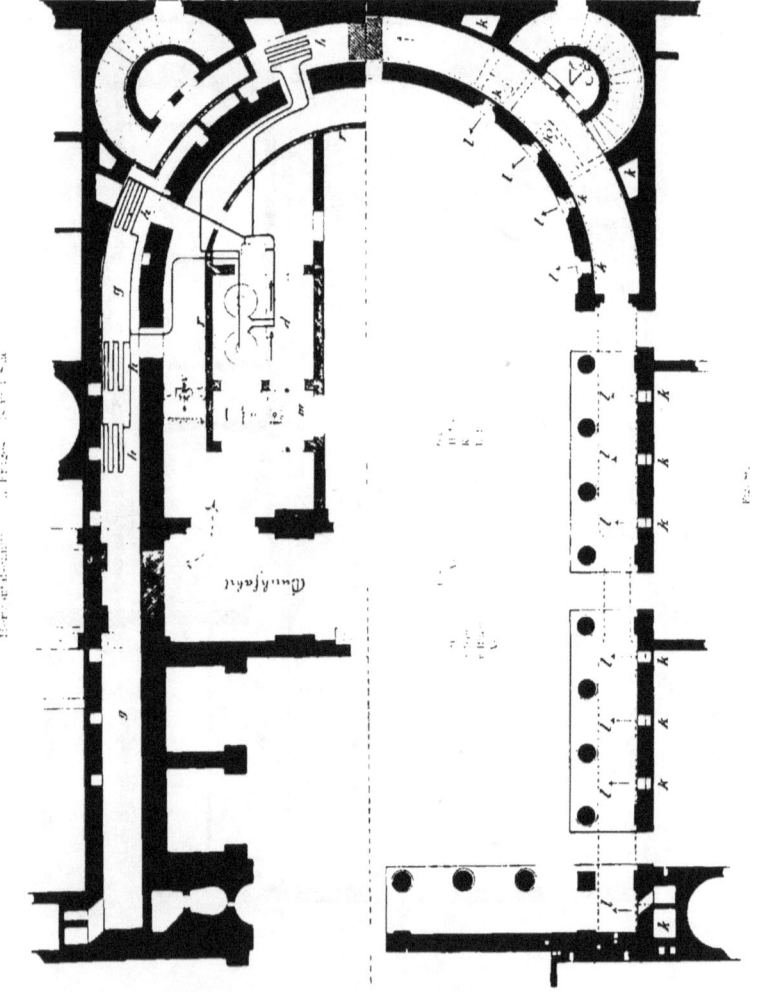

gebrochen und eine Verbindung derselben mit dem Innenraum im Erdgeschofs hergestellt. Durch Aufführung einer neuen Ringmauer r vom Fufsboden bis oben an die Gewölbe ist hier ein eigener Kanal abgetrennt worden, der die Heizkammern nun mit der Durchfahrt im Gebäude in direkte Verbindung bringt.

Die Luft strömt durch das eine der Durchfahrtsthore in den Kanal ein, tritt durch die Mauerdurchbrüche in die Heizkammern und steigt von da in den vertikalen Kanälen zu den Ausströmungsöffnungen im Saale.

Zur Beförderung dieser Luftströmung ist am Anfange des Kanals ein Ventilator v von 1,5 m Durchmesser aufgestellt, welcher durch einen vierpferdigen Gasmotor betrieben wird, und bei 300—700 Touren pro Minute ein Luftquantum von 30 - 50000 cbm fördert.

Der Gasmotor m fand unmittelbar neben dem Kanale einen geeigneten Platz und durch Aufführung einer weiteren Abschlufsmauer ergab sich noch ein Raum für die Feuerungsanlage d zur Heizung des Saales und Vorwärmung der Ventilationsluft durch die Heizkörper.

Die Heizung erfolgt mittels Dampf. Zur Wärmeabgabe dienen gufseiserne gerippte Rohre, von denen 152 mit zusammen 608 qm Oberfläche in den erwähnten Heizkammern verteilt aufgestellt sind. Es sind acht Gruppen gebildet, sechs à 20 und zwei à 16 Rohre, in welche der Dampf oben eintritt, während das kondensierte Wasser nach den Kesseln zurückläuft. Zum Ablassen der Luft beim Anheizen ist ein Luftventil am Ende der Kondensationswasserleitung angebracht. Der Dampf wird in zwei Niederdruckdampfkesseln amerikanischer Konstruktion entwickelt mit einer Maximalspannung von $^1/_2$ Atmosphäre. Die Heizfläche jedes Kessels beträgt 21,5 qm. Als Sicherheitsventil dient ein Standrohr von 80 mm Weite und 5 m Höhe. Das bei einer etwa vorkommenden höheren Dampfspannung aus diesem Rohre ausgeworfene Wasser wird in einem Reservoir aufgefangen und fliefst von da wieder nach dem Kessel zurück.

Die Beleuchtung des Saales geschah mittels Sonnenbrennern. Die Architektur der Saaldecke bestimmte die Zahl dieser Brenner auf acht, wovon jeder ca. 115 kleine Flammen trägt.

Die Flammen stehen in einer Ebene 1,5 m unter der Decke, gleichmäfsig in einem Kreise von 60 cm Durchmesser verteilt.

Die Apparate sind so konstruiert, dafs sie die Aspiration der verlorenen Saalluft besorgen, indem die Decke rings um dieselben durchbrochen (Fig. 87) und um die Abzugsrohre für die Verbrennungsprodukte der Brenner 1 m weite Schlote von Eisenblech hergestellt sind, die direkt über das Dach hinausführen. Die Hitze der Verbrennungsgase dient so dazu, die Luftsäule in diesen Abzugsschloten zu erwärmen, wodurch ein lebhafter Auftrieb vom Saale her veranlafst wird. Die Blechwand des Schlotes bildet gleichzeitig einen feuersicheren Abschlufs der ganzen Brenneranlage gegen den Dachboden.

Über Dach sind die Abzugsschlote etwa 1 m hoch geführt und mit einer Abdeckung versehen, damit das Einregnen und Windstöfse vermieden werden. Ferner ist eine Klappe darin angebracht, welche durch einen Drahtzug von der Galerie aus bewegt werden kann. Dieselbe läfst, wenn sie auch geschlossen ist, noch so viel Querschnitt frei, dafs

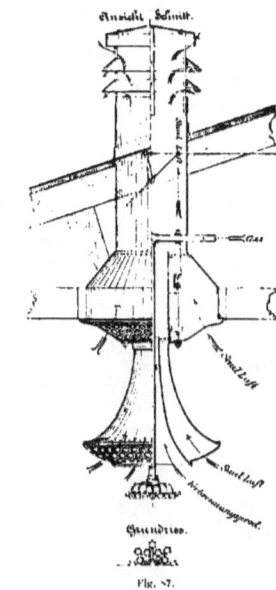

Fig. 87.

die Verbrennungsgase der Sonnenbrenner abziehen können. Durch Revisions- und Einsteigklappen ist das Innere der Sonnenbrenner möglichst zugänglich gemacht.

Die Untersuchung der Anlage im kgl. Odeon.

Um die Wirkung der neuen Lüftungsanlage vollkommen würdigen zu können, erscheint es geboten, vorher die Zustände zu schildern, welche besagte Neuerung veranlafsten, und dann erst auf die dadurch geschaffene Verbesserung näher einzugehen. Die seitens des Publikums und der Presse immer häufiger werdenden Klagen über schlechte Luft im Odeonssaale, besonders auf der Galerie, erwiesen sich vollkommen berechtigt, nachdem während eines Konzertes am 15. November 1882 bei Untersuchung der Luft auf Kohlensäure, Temperatur und Feuchtigkeit folgende Zahlen gewonnen wurden.

Ort der Entnahme	Zeit	Kohlensäure	Temperatur	Relative Feuchtigkeit
Saal	vor	0,69⁰/₀₀	13,4°	50%/₀
Saal	nach	4,49	21,5	70
Galerie	vor	1,70	18,5	50
Galerie	nach	6,55	27,5	60
Oberlichte I	nach	5,66	21,2	65
Oberlichte II	nach d. Konzert	5,99	27,9	65

Dafs dieser hohe Grad von Luftverschlechterung hauptsächlich durch die Beleuchtung bedingt war, ergab sich aus der Thatsache, dafs vor Beginn des Konzertes — nachdem die Gaslüster schon einige Zeit gebrannt hatten. — Temperatur und Kohlensäuregehalt der Luft auf der Galerie höher waren als unten im Saale.

Dafs dem so sei, wurde auch noch im leeren aber beleuchteten Saale am 20. Januar 1883 direkt nachgewiesen. Die Beleuchtung wurde an diesem Tage um 10 Uhr 40 Minuten angezündet und brannten 369 Gasflammen. Die Temperatur verhielt sich im Saale und auf der Galerie, wie folgt:

Zeit	Temperatur		Zunahme auf der Galerie
	im Saale	Galerie	
10ʰ 40	11,5	11,0	—
47	11,5	15,0	4,0
52	11,7	17,9	6,9
55	11,9	19,0	8,0
58	12,0	20,1	9,1
11ʰ 1	12,2	20,8	9,8
5	12,3	21,0	10,0
11ʰ 10	12,3	21,4	10,4

In 30 Minuten war somit eine Temperatursteigerung im Saale von 0,8, auf der Galerie von 10,4° eingetreten. Um 11 Uhr 20 Minuten hatte denn auch der Kohlensäuregehalt der Luft auf der Galerie eine Höhe von 2,55, resp. 2,65⁰/₀₀ an zwei verschiedenen Punkten erreicht. Es zeigte sich in vorstehenden Beobachtungen, dafs die Gasbeleuchtung an und für sich (im leeren Saale) wesentlich nur die Luftschichten oberhalb der Beleuchtungsapparate beeinflufst (vgl. Ges.-Ing. 1886 S. 297).

Bei Anwesenheit von Menschen allerdings ändert sich die Sache, indem von jedem Menschen ein warmer Luftstrom in die Höhe steigt, wodurch eine ergiebige Mischung der Luft des ganzen Saales bewirkt wird.

Die angeführten Zahlen mögen genügen, das unzulängliche der damals bestehenden Ventilation darzuthun. Diesen Zahlen gegenüber ergaben die Versuche, welche nach Fertigstellung der Anlage bei Anwesenheit von 1600 Personen (Soldaten) durch **Pettenkofer, Renk, Voit u. A.**, vorgenommen wurden, folgende Resultate:

Um zu erfahren, wie grofs die durch die Sonnenbrenner an dem Saale abgeführte Luftmenge sei, wurden direkte anemometrische Messungen an den Mündungen zweier Sonnenbrenner auf dem Dache angestellt, und zwar an einem der vier Schlote mit rechteckigem und einem der vier Schlote mit rundem Querschnitte. Die dabei erhaltenen Zahlen waren folgende:

Es flossen ab bei geöffneter Klappe und halber Brennstärke der Sonnenbrenner

auf den vier runden Querschnitten . . 13794 cbm
„ „ „ rechteckigen Querschnitten . 14828 cbm
                                         Summa 28622 cbm

bei voller Brennstärke

auf den vier runden Querschnitten . . 17690 cbm
„ „ „ rechteckigen Querschnitten . 19016 cbm
                                         Summa 36706 cbm.

Im Mittel aus drei Versuchen, in welchen aufser der Heizung der Ventilator thätig war, wurden folgende Luftmengen an Zuflufs- und Abflufsöffnungen bei einer Tourenzahl von 480 in der Minute beobachtet:

Zuflufs 4617 cbm, Abflufs 3925 cbm pro Stunde. Als nun die Tourenzahl auf 720 in der Minute erhöht wurde, stiegen jene Mengen an wie folgt:

Zuflufs 5645 cbm, Abflufs 4359 cbm. Während somit der Zuflufs um 20% erhöht wurde, nahm der Abflufs nur um 11% zu.

II. Temperaturmessungen

wurden in ausgedehntem Mafse bei vollem Hause angestellt. Am 29. Oktober waren im Saale ca. 1630 Personen 1¼ Stunde lang anwesend, auf der Galerie 400, im Saale unten 1230 Personen.

Die Untersuchung der Anlage im kgl. Odeon. 133

An diesem Tage wurden Temperaturablesungen an 22 verschiedenen Punkten gemacht in Zwischenräumen von je ½ Stunde, im Saale waren 11 Thermometer, ebensoviele auf der Galerie aufgestellt.

Die Temperatur stieg im Mittel während der Anwesenheit der Soldaten in 1½ Stunden

im Saale um . . . 3,72°
auf der Galerie um . . 4,05°.

Das Maximum der Temperatur, welches an einem Punkte auf der Galerie beobachtet wurde, betrug 23,3°.

Die Verteilung der Temperatur war eine ziemlich gleichmäfsige, in horizontaler Richtung; auch in vertikaler Richtung war nur ein geringer Unterschied zu konstatieren; die mittlere Temperatur an diesem Tage um 4 Uhr 30 Min. im leeren Saale berechnete sich auf 15,95°, auf der Galerie zu 16,78° C., um 7 Uhr bei Beendigung des Versuches: im Saale 21,1°, auf der Galerie 22,3°.

Es betrug somit die Temperaturdifferenz zwischen oben und unten nur 1°C., ein Ergebnis, welches auch bei den Beobachtungen während der Konzerte am 1. und 10. November hervortrat, und als Zeichen einer wirksamen Ventilation und Luftmischung besonders hervorgehoben zu werden verdient.

III. Kohlensäurebestimmungen ergaben:

Im leeren Saale betrug um 4 Uhr 30 Min. der
mittlere CO_2-Gehalt .   0,64 °/₀₀
auf der Galerie . . . 0,85 °/₀₀.

Um 5¾ Uhr wurde das Publikum, 1630 Personen, eingelassen.

Um 6½ Uhr war der CO_2-Gehalt der Luft gestiegen auf
im Saale . . 1,79 °/₀₀
auf der Galerie . 1,61 °/₀₀

und nach einer weiteren Stunde, um 7 Uhr 30 Min.,
im Saale auf . . 1,83 °/₀₀
auf der Galerie . . . . 1,63 °/₀₀,

im Durchschnitt aus im Saale sechs, auf der Galerie fünf Beobachtungspunkten.

Es ergaben sich somit zwei wichtige Thatsachen:

1. Die CO_2 stieg innerhalb 1½ Stunden nur wenig über das wünschenswerte Mafs von 1,0 °/₀₀ an (an einzelnen Punkten bis auf 2 °/₀₀), erreichte somit eine Beschaffenheit, welche in Konzertsälen, welche nur 1—2 Stunden besucht werden, zulässig ist.

2. Der Zuwachs an CO_2 von der ersten bis zur zweiten bei Anwesenheit des Publikums gemachten Bestimmung war so gering, dafs auch für eine längere Dauer des Aufenthaltes (drei Stunden, wie sie bei Konzerten nur selten vorzukommen pflegt) kaum mehr eine weitere Steigerung zu erwarten ist.

Bemerkenswert erscheint auch noch der Umstand, dafs auf der Galerie etwas weniger CO_2 gefunden wurde als im Saale, was ebenfalls, wie die Resultate der Temperaturbeobachtungen, für eine gute Mischung der Luft spricht.

Zum Schlusse fügen wir noch die mit dem Weber'schen Photometer angestellten Messungen über die Helligkeit im Saale und auf der Galerie bei.

Beleuchtung einer horizontalen Fläche in Meter-Kerzen.

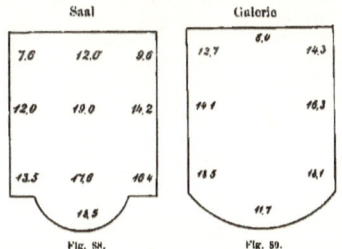

Fig. 88.   Fig. 89.

Beleuchtung einer vertikalen Fläche in Meter-Kerzen.

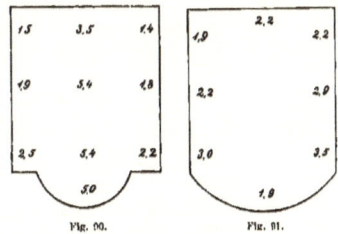

Fig. 90.   Fig. 91.

Man sieht, dafs die geringste Helligkeit im Saale 7,6 Meterkerzen für eine horizontale Fläche beträgt, eine Lichtstärke, die jedenfalls noch vollkommen ausreichend ist, um ohne Anstrengung lesen zu können; auf dem Orchesterpodium ist die Helligkeit 18,5 Meterkerzen, somit sicher eine sehr gute Beleuchtung. Auch auf der Galerie ist die Beleuchtung eine zweckmäfsige, nämlich 8,0 Meterkerzen im Minimum. Günstig erscheint es ferner, dafs die Verteilung der Helligkeit im Saale und ebenso auf der Galerie ziemlich gleichmäfsig ist. Für den ersten Moment dürfte es auffallen, dafs auf der Galerie die Helligkeit im Durchschnitt sogar etwas geringer als im Saale gefunden wurde. Es rührt dies davon her, dafs einmal auf der Galerie die am günstigsten gelegenen Orte in der Mitte des Raumes nicht zur Beobachtung beigezogen werden konnten, und dann, weil das Licht der meisten Gasflammen ein horizontal liegendes Papier auf der Galerie unter sehr schiefen Winkeln trifft.

Diese Anlage kann in vollstem Mafse zum Beweise dienen, dafs man die Gasbeleuchtung zu einer kräftigen Ventilation benutzen kann, und es ist zu hoffen, dafs man allmählich nicht nur die Vorurteile, welche gegen dieselbe als Ursache der Luftverschlechterung bestehen, immer mehr beseitigen wird, sondern auch, dafs es den fortgesetzten Bestrebungen in dieser Richtung gelingen möge, dahin zu wirken, dafs auf eine Lüftung der Räume schon beim Bau derselben Rücksicht genommen werde, so dafs das Gas auch in unseren Wohnungen sich als hauptsächlichstes Mittel zur Entfernung der schlechten Luft immer mehr Eingang verschaffen möge.

VIII. Kapitel.

Die Photometrie.

Objektive Lichtmessung.

Die Photometrie hat im Laufe der letzten Jahre eine Reihe von Arbeiten und Verbesserungen sowohl in praktischer wie in theoretischer Hinsicht aufzuweisen. Die Messung hellerer Lichtquellen hat erhöhte Anforderungen an die Photometer und an die Lichteinheiten gestellt, und das Bedürfnis nach einer allgemein praktisch einführbaren und exakt genauen Lichteinheit hat interessante und wertvolle Arbeiten ans Licht gefördert[1]). Zur Grundlage aller photometrischen Messungen dient stets das Auge, ein zwar höchst empfindliches, aber immerhin subjektives Mefsinstrument. Selbst hervorragende Autoritäten waren bemüht, diese Subjektivität zu beseitigen und die physiologische Wirkung des Auges durch eine physikalische oder chemische Wirkung eines objektiven Apparates zu ersetzen. So wollte Zöllner[2]) nach der von Crookes zuerst angegebenen Methode Lichtstärken dadurch messen, dafs er das Licht auf ein an einem Faden aufgehängtes leichtes Flügelkreuz aus Glimmer, dessen Flächen einseitig mit Rufs überzogen sind, einwirken liefs. Ein solches Kreuz (Radiometer) dreht sich unter dem Einflusse der Lichtstrahlen, von denen diejenigen, welche nicht als Licht empfunden werden, durch geeignete Absorptionsflüssigkeiten vorher eliminiert werden müssen. Die der Lichtstärke proportionale Drehung wird an einer Kreisteilung abgelesen. Der Apparat erregte unter dem Namen Skalenphotometer eine Zeitlang grofse Aufmerksamkeit. Siemens suchte die Veränderung des elektrischen Leitungswiderstandes des Selens zu Lichtmessungen zu benutzen. Becquerel ersetzte in seinem elektrochemischen Aktinometer die Eindrücke des Lichtes auf das Auge durch die chemische Wirkung des Lichtes auf eine Schicht Chlorsilber.

Alle diese Versuche scheiterten an der Thatsache, dafs einzig und allein das Auge über die Helligkeit entscheiden kann, weil wir eben unter Helligkeit die Größe der Lichtempfindung auf der Netzhaut unseres Auges verstehen. Es lassen sich auch nicht etwa die verschiedenen Wirkungen der Strahlen, welche wir als Licht, Wärme oder chemische Wirkung wahrnehmen, so von einander trennen, dafs man die Lichtwirkung daraus isolieren könnte. Wenn auch den einzelnen Wirkungen Strahlen von bestimmter Wellenlänge zukommt, so gibt es doch nur eine Art von Ätherschwingungen, nur eine Art von Strahlen. Ein und derselbe Lichtstrahl kann wärmend, chemisch und leuchtend wirken und welche von diesen Wirkungen vorherrscht, hängt nur von den Eigenschaften desjenigen Körpers ab, welcher die Lichtstrahlen aufnimmt. Wenn auch z. B. in der Photographie die chemische Wirksamkeit im ultravioletten Teile des Spektrums liegt, so ist doch erwiesen, dafs bei der Sauerstoffabscheidung aus den grünen Pflanzen die gelben und grünen Strahlen chemisch am wirksamsten sind.

---
[1]) s. Krüfs, Die elektrotechnische Photometrie; Literaturübersicht u. Journ. f. Gasbel. 1887, S. 697. L. Weber, Theorie des Bunsen-Photometers. Wied. Ann. 1887 Bd. 13 S. 676.
[2]) Journ. f. Gasbel. 1880, S. 218.

Aus alledem geht hervor, dafs für die Lichtmessung einzig und allein das Auge den Mafsstab bilden kann und dafs unser Streben dahin gerichtet sein mufs die Fehler, welche in der subjektiven Empfindung des Auges liegen, möglichst zu verringern.

Die gröfste Schärfe entwickelt das Auge in der Beurteilung, ob zwei Empfindungen einander gleich sind. Das Bunsenphotometer, welches auf dieser Grundlage beruht, hat sich daher immer noch als das beste und praktischste bewährt, und ist in mancher Richtung verbessert worden.

Das Bunsenphotometer.

Wenn auch das Bunsenphotometer in seiner Grundform einer der denkbar einfachsten Apparate ist, so sind doch eine Reihe von Dingen bei den Messungen selbst zu beobachten, über welche man lange im Unklaren schwebte. Es ist das Verdienst von Krüfs, Weber und der physikalisch-technischen Reichsanstalt, diese Punkte eingehend untersucht zu haben.

1. Die Photometerlänge. Es ist bekannt, dafs zur Zeit Bunsenphotometer der verschiedensten Längen in Gebrauch sind. Die unmittelbare Folge der Länge der Photometerbank ist die Helligkeit des Photometerschirmes. Nun ist aber bei sehr starker oder bei sehr schwacher Beleuchtung das Unterscheidungsvermögen des Auges viel geringer als bei einer mittleren Entfernung; diese Entfernung wäre somach für verschiedene zu messende Lichtquellen verschieden. Für die Unterschiede, welche bei derartig verschiedenen Photometerlängen in den Messungsresultaten sich ergeben, führt Krüfs ein schlagendes Beispiel an:

In einer Stadt wurden sowohl auf der Gasanstalt wie auf dem Rathaus täglich Lichtmessungen angestellt. Bei dem ersteren Photometer waren Gasflamme und Kerze fest an den beiden Enden eines 2,54 m langen Mafsstabes aufgestellt, während bei letzterem die Kerze mit dem Photometerschirm in einer Entfernung von 0,25 m fest verbunden waren und mit einander verschoben wurden. Es war demnach die Entfernung des Gasbrenners vom Photometerschirme auf dem Rathause 0,72 m, in der Gasanstalt dagegen 1,8—1,9 m.

Es ergab sich nun bei wiederholten Messungen eine Leuchtkraft von 8,35 Kerzen auf dem Rathause, eine Leuchtkraft von 9—9,75 Kerzen in der Gasanstalt.

Eine Reihe von Versuchen, welche mit verschiedenen Photometerlängen angestellt wurden, ergaben, dafs, je näher die beiden Flammen dem Schirme gerückt wurden, desto niedriger das Resultat ausfiel, wie nebenstehende Zahlen beweisen.

Entfernung zwischen
Brenner u. Schirm   1,7   1,2   1,1   0,9   0,8   0,7   0,5 m
Leuchtkraft   12,2 11,7 11.5 11,3 10,8 10,6 10,2 Kerzen.

Diese nicht unbeträchtlichen Unterschiede rühren davon her, dafs namentlich bei breiten Flammen, wie denen von Schnittbrennern, die von den Rändern ausgehenden Strahlen bei zu nahestehendem Photometerschirm nicht mehr senkrecht auf denselben fallen und daher den Schirm schwächer beleuchten. Krüfs nimmt an, dafs die äufserste Entfernung der Kerze vom Photometerschirm 0,5 m sein müsse. Es ist dann derselbe so beleuchtet, dafs das Auge gerade die zum deutlichen Lesen erforderliche Helligkeit vorfindet.

Es ergeben sich hieraus Photometerlängen:
für 10 Kerzenbrenner   2,08 m
»   15   2,44 m
    20   2.74 m,

woraus also für die mittleren, in den Gaskontrakten vorkommenden Lichtstärken eine Photometerlänge von rund 2.5 m als die angemessenste hervorgehen würde. Liebenthal empfiehlt als günstigste Helligkeit H des Photometerschirmes diejenige des diffusen Tageslichtes. Er fand beim Vergleich zweier Hefnerlicht jene Helligkeit erreicht bei einem Abstande der beiden Lampen von einander von 0,9—1,0 m, oder bei einem Abstande von je 0,45 m vom Schirm. Hat man nun zwei Lichtquellen, welche die Leuchtkräfte L und L_1 (ausgedrückt in Hefnerlicht) besitzen, und wünscht man jene Helligkeit H zu erzielen, so mufs der ins Gleichgewicht gebrachte Schirm um die in Metern ausgedrückten Strecken

$$a = 0.45 \sqrt{L_1} \text{ und } b = 0.45 \sqrt{L}$$

von den Lichtquellen L_1 und L entfernt sein; mithin ergibt sich der Abstand der beiden Lichtquellen d in Metern

$$d = 0.45(\sqrt{L} + \sqrt{L_1})$$

so berechnet sich z. B. für

Vorrichtungen zum Ersatz des Fettflecks.

L_1	L	a	b	d
Hefnerlicht	Hefnerlicht	m	m	m
1	16	0,45	1,80	2,25
1	100	0,45	4,50	5,00
100	324	4,50	8,10	12,60

Ist z. B. die eine Flamme eine Gasflamme von 16 Hefnerlicht, die andere das Hefnerlicht selbst, so ergibt sich eine Photometerlänge $d = 2,25$ m. Für gewöhnliche Zwecke läfst sich obige Formel gut anwenden. Hat man es aber mit grofsen Leuchtkräften zu thun, so ergeben sich sehr grofse Längen der Photometerbank, weshalb man gezwungen ist, eine gröfsere Helligkeit des Photometerschirmes zuzulassen, wodurch natürlich eine gröfsere Unsicherheit der photometrischen Einstellung bedingt ist. In diesen Fällen hilft man sich meist durch Einschaltung einer Vergleichslichtquelle.

2. Was den Fettfleck anlangt, so soll derselbe streng genommen kein Licht durchlassen, sondern alles Licht reflektieren. Lummer empfiehlt zur Herstellung des Fettflecks das Papier auf beiden Seiten mit Paraffin zu behandeln und mittelst Benzin sorgfältig die gefetteten Stellen von ihrem Glanze zu befreien. Eine andere Art der Einstellung nach dem sog. Kontrastprinzip besteht darin, dafs man nicht auf Gleichheit beider Seiten einstellt, sondern man nähert sich von einer Seite her dem Nullpunkt, und liest da ab, wo der Fleck völlig verschwindet. Das Gleiche findet auch statt, wenn man sich von der andern Seite dem Nullpunkt nähert. Vertauscht man nun den Schirm, so erhält man nochmals 2 Ablesungen zusammen also 4 Ablesungen $E_1\ E_2\ E_3\ E_4$ und die gesuchte Ablesung ist alsdann $\frac{L}{L_1} = \sqrt[4]{E_1 E_2 E_3 E_4}$.

Diese Methode erfordert 4 Ablesungen und wird deshalb für praktische Messungen weniger angewandt. Sie bietet jedoch den Vorteil, dafs man nicht die beiden getrennt von einander liegenden Spiegelbilder des Fettflecks zu überblicken braucht, sondern nach einander erst die eine und dann die andere Seite abliest.

Um den Übelstand, zwei Flächen miteinander vergleichen zu müssen, welche weit auseinander liegen zu beseitigen, hat Krüfs folgende Anordnung getroffen. Statt der Spiegel werden zwei Reflexionsprismen I und II vor dem Papierschirm so angebracht, dafs sie in der Verlängerung der Ebene des Papierschirms zusammenstofsen (Fig. 92). Die Winkel der Flächen der Prismen gegeneinander sind so gewählt, dafs die Strahlen den in der Figur angedeuteten Weg nehmen und senkrecht zur Fläche $D_1\ D_2$ aus dem Prisma austreten. Vor dieser Fläche ist ein Sehrohr angebracht, in welchem man die

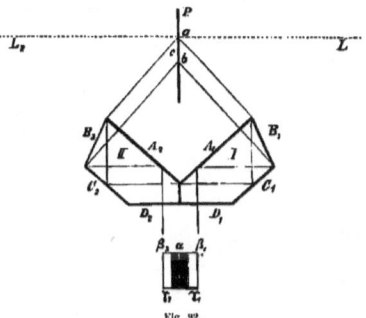

Fig. 92.

Bilder der beiden Seiten des Fettflecks, welcher hier als Streifen gedacht ist, dicht aneinanderstofsend beobachten kann.

Vorrichtungen zum Ersatz des Fettflecks.

Die Beschaffenheit des Fettflecks im Bunsenphotometer bedingt, wie schon erwähnt, dafs derselbe einen Teil des darauffallenden Lichtes hindurchläfst. Hierdurch wird, wie L. Weber nachgewiesen hat, die Empfindlichkeit des Photometers bedeutend verringert. Lummer hat ein Photometer konstruiert, in welchem er diesen Mangel zu beseitigen sucht.

Dieser Konstruktion liegen folgende Prinzipien zu Grunde:

1. Jedes der Felder darf nur von je einer Lichtquelle Licht empfangen.
2. Die Grenze, in der die beiden Felder zusammenstofsen, mufs möglichst scharf sein, und
3. im Moment der Gleichheit vollständig verschwinden.

138 Die Photometrie.

Zu diesen drei Forderungen kommen noch zwei praktische hinzu. Es soll das Photometer mit der Zeit sich nicht ändern, und bei Vertauschung der Seiten des Photometerschirmes soll die Einstellung dieselbe bleiben wie zuvor.

Die Konstruktion des Photometerkopfes ist folgende:

Fig. 93 ist ein durch zwei Glasprismen A und B geführter horizontaler Schnitt. B ist ein totalreflektierendes Prisma mit genau ebener Hypotenusenfläche, während beim Prisma A nur die Kreisfläche rs absolut eben ist, der übrige Teil qr und sp dagegen eine Kugelzone bildet. Man preßt die beiden Prismen bei rs so innig aneinander, daß alles irgend woher auf diese Berührungsfläche auffallende Licht vollständig hindurchgeht. Das bei O befindliche Auge wird also Licht von l nur durch die Berührungsfläche rs hindurch

meterbank benutzt wird. Um die Ebene des Photometerschirmes senkrecht zur Achse der Bank zu bringen, stellt man die beiden Lichtquellen genau in der Achse der Bank auf, in einer Höhe gleich der des Schirmes. Hierauf beobachtet man bei Verschiebung des Photometers (nach Herausnahme der Lupe) die beiden von den Blenden entworfenen Schatten, deren Bilder auf beiden Seiten sich decken müssen[1]). Zum Zwecke der Lichtmessung stellt man so ein, daß der elliptisch erscheinende Fleck, welcher vollkommen scharf abgegrenzt ist, vollständig verschwindet. Die Einstellung soll nach Angaben von Lummer[2]) nur beim mittleren Fehler von unter 0,5% zulassen, während nach Messungen von Weber der mittlere Fehler einer Einstellung

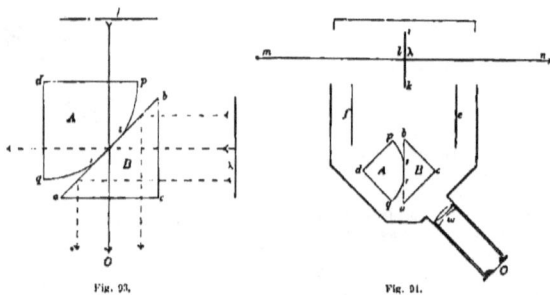

Fig. 93.   Fig. 94.

erhalten, dagegen von λ her nur diejenigen Strahlen, welche an ar und sb total reflektiert werden. Sind l und λ diffus leuchtende Flächen und ist das Auge auf die Fläche $arsb$ eingestellt, so erblickt es im allgemeinen einen scharf begrenzten hellen oder dunklen elliptischen Fleck in einem gleichmäßig erleuchteten Felde. Bei Gleichheit der Lichtquellen verschwindet dieser Fleck vollkommen.

Die Anordnung des Photometers ist in Fig. 94 skizziert. Lotrecht zur Achse der Photometerbank mn steht der Schirm ik; er besteht aus zwei geeignet behandelten Papierblättern, zwischen die Stanniol gelegt ist und besitzt keinen Fettfleck. Das diffuse, vom Schirm ausgehende Licht fällt auf die Spiegel e und f, welche es senkrecht auf die Kathetenflächen cb und dp der in Fig. 94 gezeichneten Prismenkombination werfen. Der Beobachter bei O stellt durch die verschiebbare Lupe w scharf auf die Fläche $arsb$ ein.

Fig. 95 gibt eine perspektivische Ansicht des Apparates, welcher auf einer messingenen Säule montiert ist und an Stelle des gewöhnlichen Photometerschirmes mit dem Fettfleck auf der Photo-

mit Fettfleckschirmen zwischen 1,8 bis 4,7% betrug. Auch hat Weber erwiesen, daß die Empfindlichkeit dieses Apparats gegenüber dem einfachen Bunsenphotometer eine 2,5 bis 3,5 fache ist.[2])

Auch Elster sucht den Fettfleck durch einen unveränderlichen Körper zu ersetzen. Sein Lichtmeßkörper ist zusammengesetzt aus zwei parallelepipedischen Stücken eines homogenen durchscheinenden Materials, welches die Eigenschaft hat, auffallendes Licht in seinem Innern allseitig zu verbreiten. Zwischen die breiten Flächen der beiden zusammengestellten Stücke ist ein undurchsichtiges spiegelndes Metallblatt eingelegt und das Ganze

---

[1]) Das Photometer wird von der optischen Werkstatt von Fr. Schmidt und Hänsch in Berlin, sowie von Krüß in Hamburg hergestellt.
[2]) Vgl. Journ. f. Gasbel. 1889, S. 421.

fest zusammengeprefst, so dafs es einen Block bildet. Die beiden Lichtquellen werfen ihr Licht auf die breiten Seiten der Hälften und des Blockes und erhellen je nach der verschiedenen Intensität die beiden Körper verschieden. Der Beobachter sieht senkrecht zur Richtung der Lichtstrahlen auf die neben einander stehenden schmalen Seiten der Körper, welche nur dann gleiche Helligkeit zeigen, wenn die Breitseiten gleiche Beleuchtung haben.

Als Material der Körper können dienen; z. B. durchscheinende, feste Kohlenwasserstoffe in verschiedenen Mischungen, desgleichen Mischungen von festen und flüssigen Stoffen, sowie auch Stickstoffverbindungen, wie Wachs, Stearin, Gelatine und Glycerin, oder auch mineralische oder glasartige Stoffe, welche in ihrem Innern nach allen Richtungen gleichmäfsig Licht verbreiten.

Die Messung verschiedenfarbiger Lichtquellen.

Wenn diese Photometer darauf abzielen, die in der Natur des Fettflecks liegenden Ungenauigkeiten zu beseitigen, so ist damit doch ein grofser Übelstand, der sich namentlich beim Vergleich verschiedenartiger Lichtquellen ergibt, nämlich die verschiedene Färbung der beiden Bilder, nicht beseitigt. Schon bei Vergleichung von Schnitt- und Argandbrennern, oder Kerze und Gasbrennern, noch mehr aber bei dem Auer'schen Glühlicht treten Farbenverschiedenheiten auf, welche bei der Einstellung höchst störend sind. Bekanntlich wirkt verschiedenfarbiges Licht, also Licht von verschiedener Wellenlänge auch verschieden auf das Auge ein. Streng genommen lassen sich daher verschiedenfarbige Lichtquellen in Bezug auf ihre Helligkeit für das Auge nicht vergleichen. Das einzig genaue wäre, eine Methode zu benutzen,

bei welcher nicht die Lichtquelle als Ganzes, sondern nur ein Teil der Strahlen, welcher gleiche Farben besitzt, verglichen wird, es ist dies die sog. spektrophotometrische.

Man stellt bei derselben von jeder Lichtquelle ein Spektrum derart her, dafs beide Spektren übereinanderliegen; dann schneidet man einen bestimmten schmalen Teil des Spektrums aus, und bestimmt dessen Helligkeit. Selbstverständlich ist hiemit aber noch kein Mafs der gesamten Leuchtkraft der Lichtquelle gegeben, und eine einfache Addition der Intensitäten der einzelnen Spektrumstreifen ist unzulässig.

Man hat vorgeschlagen, anstatt die Messungen über das ganze Spektrum auszudehnen, nur zwei Farben aus demselben herauszugreifen. Perry[1]) schlug vor, die beiden Lichtquellen erst durch rotes und dann durch grünes Glas zu messen und aus beiden Messungswerten das Mittel zu nehmen; es ist jedoch hierbei zu bemerken, dafs das Verhältnis der Intensitäten der roten und grünen Strahlen sehr wechselnd und deshalb der Mittelwert daraus ungenau ist.

Es gebührt Wybauw das Verdienst, zuerst auf ein Mittel hingewiesen zu haben, welches geeignet erscheint, auch ohne Anwendung farbiger Mittel die hier in Betracht kommenden Übelstände bedeutend zu verringern. Wybauw schlug nämlich vor, von den beiden Flächen des Photometers, deren Beleuchtung mit einander verglichen wird, die eine durch die Strahlen der einen Lichtquelle wie gewöhnlich zu beleuchten, die andere aber durch einen bekannten, berechenbaren Bruchteil

[1]) Perry, die zukünftige Entwickelung der Elektrotechnik. Leipzig 1882.

derselben Strahlen, zu welchen dann soviel Licht von der Vergleichsquelle hinzugemischt wird, dafs die Beleuchtung beider Flächen die gleiche ist.

Die Kompensationsphotometer.

Das von Krüfs konstruierte Kompensationsphotometer ist eine derartige für ein gewöhnliches Bunsenphotometer angepafste Einrichtung, welche speziell zur Messung elektrischer Bogenlampen konstruiert wurde. Es seien (Fig. 96) J_1 und J_2 zwei zu vergleichende Lichtquellen, F sei der Photometerschirm und BD ein Spiegel, welcher unter einem Winkel ε gegen die Verbindungslinie

Was die äufsere Konstruktion des Kompensationsphotometers betrifft, so ist dieselbe aus Fig. 97 und 98 zu entnehmen.

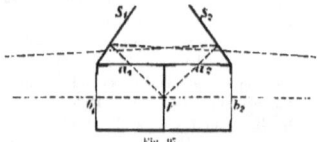

Fig. 97.

Der Photometerschirm mit dem Fettfleck befindet sich in F, oben auf dem Gehäuse sind zwei Spiegel S_1 und S_2 angebracht, so dafs man die Bogenlampe entweder auf der rechten oder auf der linken Seite aufstellen kann. Die Neigung des Spiegels kann an einer Skala abgelesen werden. Durch die Öffnungen a_1 und a_2 werden die Strahlen der Bogenlampe auf den Photometerschirm reflektiert. Beide Spiegel können niedergeklappt werden und verdecken dann die Öffnungen a_1 und a_2. In die seitlichen Öffnungen b_1 und b_2 können Dispersionslinsen resp. planparallele Gläser eingesetzt, desgleichen unterhalb der Spiegel S_1 resp. S_2 planparallele Platten eingeschoben werden. Dieses Photometer kann also nach Belieben als gewöhnliches Bunsensches oder als Kompensationsphotometer benutzt und infolgedessen auch die Konstanten des Apparates mit Leichtigkeit bestimmt werden.

Der Photometerschirm mit dem Fettfleck steht in der üblichen Weise in der Winkelhalbierungslinie zweier gegeneinander geneigter Spiegel, um beide

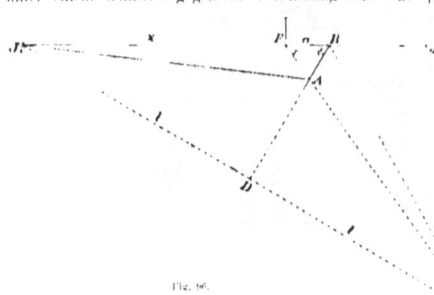

Fig. 96.

$J_1 J_2$ geneigt ist. Der Photometerschirm F empfängt dann einerseits das Licht der Lichtquelle J_1, andererseits auf dem Wege $J_1 A F$ von dem Spiegel BD reflektiertes Licht derselben Lichtquelle, sowie endlich direkt die Strahlen der Lichtquelle J_2.

Unter der Voraussetzung, dafs die Lichtquelle so stark sei, dafs die Entfernung a gegen x zu vernachlässigen ist, gestaltet sich die Bestimmung des Verhältnisses $\dfrac{J_1}{J_2}$ sehr einfach.

Nennen wir $J_2 F = z$, so wird durch die Einstellung $\dfrac{x^2}{z^2}$ bestimmt. Dieser Quotient ist noch mit einer konstanten (K) zu multiplizieren.

Es ist nämlich $K = \dfrac{J_1}{J_2} \cdot \dfrac{z^2}{x^2}$ und kann K direkt ermittelt werden, wenn man zwei Lichtquellen von bekannter Leuchtkraft benutzt.

Fig. 98.

Seiten des Schirmes von vorne betrachten zu können (in Fig. 98 sieht man die beiden Spiegelbilder des Fettfleckes); jedoch läfst sich auch die von Krüfs angegebene Prismenkombination[1]) bei dem Kompensationsphotometer anwenden, durch welche die Bilder der beiden Seiten des Fettfleckes in einer scharfen Linie aneinanderstofsen.

Das Kompensationsphotometer besitzt den grofsen Vorteil, dafs der störende Farbenunterschied der beiden Lichtquellen bedeutend vermindert wird.

Ein sehr vollkommenes Instrument, welches die Ausgleichung der Verschiedenfarbigkeit der Lichtquelle auf dem Wege der Polarisation zu lösen sucht, ist das Polarisationsphotometer von Grosse[2]).

Auch Coglievina hat eine Methode der Kompensation angegeben[3]), welche ohne besonderes Photometer allein durch das Bunsenphotometer ausführbar ist. Anstatt die eine Seite des Schirmes durch Spiegel oder Prismen mit einem Teil des Lichtes, welches die andere Seite des Schirmes erhält, zu beleuchten, wendet Coglievina zwei Paare von Lichtquellen, z. B. zwei Bogenlampen und zwei Petroleumlampen an, so dafs auf jeder Seite des Schirmes eine Bogenlampe und eine Petroleumlampe stehen. Ist die Intensität nur einer Petroleumlampe bekannt, so läfst sich die gesuchte Intensität der einen Bogenlampe berechnen. Zur Messung hat man stets nur nahezu gleichfarbige Lichtquellen zu vergleichen, und zwar einmal die beiden Bogenlampen und das andere Mal die beiden Petroleumlampen unter sich, und drittens die Summe der beiden Lampen auf der einen Seite mit der Summe der beiden auf der andern Seite.

Sind die Bogenlampen B und b, die Petroleumlampen P und p, so bestimmt man:

1. $\dfrac{B}{b}$ 2. $\dfrac{P}{p}$ und 3. $\dfrac{B+p}{b+P}$ oder $\dfrac{B+P}{b+p}$

woraus sich die gesuchte Intensität von B berechnen läfst, wenn p oder P bekannt ist.

So sinnreich diese Anordnung ausgedacht ist, so mufs es doch fraglich erscheinen, ob die Benutzung von vier Lichtquellen nicht Ungenauigkeiten mit sich bringt, welche die Vorteile derselben stark beeinträchtigen.

[1]) s. S. 137.
[2]) Journ. f. Gasbel. 1888, S. 777.
[3]) Journ. f. Gasbel. 1890, S. 522.

Die Lichtmessung unter verschiedenen Winkeln.

Eine Aufgabe, welche an die gastechnische Photometrie immer häufiger herantritt, ist die Messung einer Lichtquelle unter verschiedenen Winkeln. Diese Messungen sind namentlich für Regenerativlampen unentbehrlich, da dieselben ihre höchste Leuchtkraft meist unter einem Winkel von ca. 70° aussenden. Die einfachste Anordnung eines solchen Photometers erhält man durch Anwendung von Spiegeln.

Die für den allgemeinen Gebrauch passendste Aufstellung eines solchen Spiegels SS_1 zeigt die

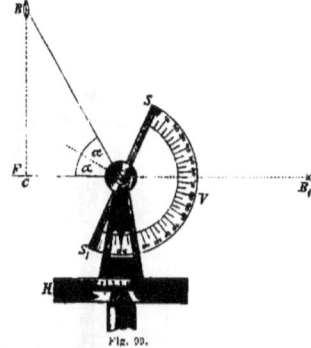

Fig. 99.

Fig. 99. Derselbe ist um die horizontale Achse A drehbar; die von der Lampe kommenden Strahlen BA, welche mit der horizontalen den Winkel 2α bilden, werden von dem Spiegel horizontal reflektiert. Die Entfernung des Spiegelbildes ist gleich der Summe der Entfernung der Lampe B von dem Punkt, in welchem ihre Strahlen den Spiegel treffen, und dieses Punktes von dem Schirme, also $= BA + AF$. Ist BF und FA gemessen, so berechnet sich AB als Hypothenuse. Der Winkel 2α wird direkt an der Kreisteilung V abgelesen.

Bei Benutzung eines Spiegels hat man den sogen. Schwächungskoëffizienten zu bestimmen, welcher durch den Lichtverlust im Spiegel entsteht. Denselben findet man dadurch, dafs man zwei Lichtquellen erst ohne Spiegel und dann mit Einschaltung eines Spiegels mifst. Ist im ersten Falle das

Helligkeitsverhältnis beider Lichtquellen $= 1 : N_1$, im zweiten Falle $= 1 : N_2$, so ist $\frac{N_2}{N_1} = a$ und $\frac{1}{a}$ der Faktor, mit welchem die Messungsresultate bei Anwendung von Spiegeln zu multiplizieren ist. Für Glassilberspiegel wurde gefunden:

für $a = 10°$	$a = 0,700$	für $a = 25°$	$a = 0,700$
15°	0,690	30°	0,695
20°	0,696	40°	0,696

Auf der gewöhnlichen Photometerbank wird ein kleiner Wagen von folgender Einrichtung aufgesetzt (Fig. 100): Auf dem vierrädrigen Untergestell steht das Stativ für den Papierschirm und die Stütze für die Maſseinheit. Das Photometerpapier ist am Stativ so angebracht, daſs es sich mitsamt den Spiegelnum die in der Mitte seiner Ebene liegende Horizontallinie als Achse drehen kann. Am Stativ befindet sich ein Gradbogen, über welchem ein am Spiegelgehäuse befestigter Zeiger läuft, in jeder Stellung feststellbar. Die Mitte des Flecken im Papier bleibt bei der Drehung immer in gleicher Höhe (250 mm) über den Photometerskalen. Die Lichteinheit oder

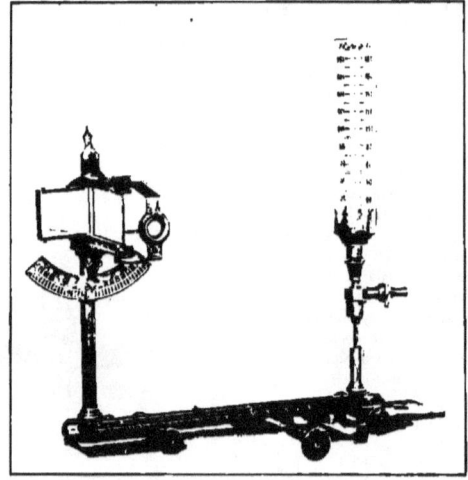

Fig. 100.

so daſs man im Mittel 0,70 als Schwächungskoëffizienten annehmen kann.

Will man unter verschiedenen Winkeln messen, so muſs man die Höhenlage der Lampe verändern, wobei natürlich die Höhe BF immer frisch gemessen werden muſs.

Das Elstersche Winkelphotometer.

Eine einfachere Konstruktion, wobei die Lampe stets in gleicher Höhe bleibt und jede Spiegelvorrichtung vermieden ist, hat Elster auf Grund des Hartley-Dibdin'schen Radialphotometers angegeben.

eine an ihre Stelle gesetzte Vergleichsflamme muſs mit ihrem Lichtzentrum ebenfalls 250 mm über den Laufschienen stehen, so daſs die Strahlen von dieser Seite immer horizontal nach dem Papier gehen. Der Träger der Vergleichsflamme ist am Schirmwagen nicht unverrückbar befestigt, sondern läſst sich durch eine Gleitbahn dem Papier nähern oder von ihm entfernen. Da beim Nähern der Beleuchtungswert wächst, umgekehrt beim Entfernen abnimmt, so sind die Werte für jede Stellung durch eine genaue Skala an der Gleitbahn festgelegt, so daſs die Entfernung 366 mm mit 1 beziffert ist, und die Skala von 0,5 bis 4 reicht.

Die übrige Anordnung des Photometers ist die folgende (Fig. 101):

Vertikal über dem linken Nullpunkt der horizontal aufgestellten Laufschienen ist die zu untersuchende Lichtquelle

Das Elstersche Winkelphotometer. 143

aufgehängt und zwar mit ihrem Zentrum 1,518 m über der Schienenoberkante. Auf diese Stellung der Lichtquelle zum Photometer beziehen sich die Werte der Skala, welche neben den zugehörigen Winkeln aufgetragen sind. Es sind nämlich von der Lichtquelle aus nach der Skala von 5° zu 5° geneigte Lichtstrahlen gezogen gedacht und die Schnittpunkte mit der Skala markiert; für die so erhaltenen Strahlenlängen sind dann die Intensitätswerte berechnet.

Damit nun das Papier beim schiefen Auffallen der Strahlen beiderseits gleiche Beleuchtungsverhältnisse bezw. der Reflexionskoeffizienten aufweist, mufs bei jeder Messung

Die Handhabung des Photometers ergibt sich aus dem Vorhergehenden: Soll eine Lichtquelle von vielleicht 200 Kerzen untersucht werden unter einem Winkel von 60°, so wird der Wagen mit der Marke unter dem Spiegelgehäuse auf den vor Punkt 4 befindlichen Strich 60° | 16 gestellt und in dieser Stellung erhalten, dann der Papierschirm so weit geneigt, dafs der Zeiger auf 60 des Gradbogens einspielt, und dort festgestellt. Im Vergleichsbrenner stellt man nun eine Lichteinheit von ca. 6 Kerzen her mit einem Farbentone, welcher ungefähr zwischen der zu messenden Flamme und der später anzuwendenden Normalen in der Mitte steht; dann bewirkt man durch Verschieben des Mafses in der Gleitbahn gleiche Beleuchtung auf beiden Papierseiten und liest die Zahl auf der Schlittenskala ab. Ist diese nun 2¹/₄, so ergibt die Multiplikation mit der Wertziffer für 60° d. i. 16 die Zahl 36, welche angibt, dafs die gemessene Flamme 36mal so stark leuchtet als die Mafsflamme. Wird diese Mafsflamme nun durch Vergleichung mit der Kerze oder einer bekannten andern Lichtgröfse auf 5¹/₂ Kerze festgestellt, so hat die gemessene Flamme $36 \times 5^{1}/_{2} = 198$ Kerzen Leuchtkraft.

Eine sehr bequeme Feststellung des Wertes der Mafsflamme ergibt sich durch Vergleichung derselben mit dem

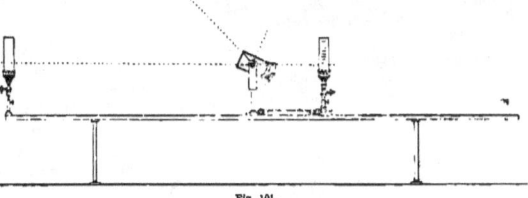

Fig. 101.

die Papierebene den Winkel zwischen messenden und gemessenen Strahlen halbieren. Zur Vereinfachung der Einstellung sind die Winkel an dem Gradbogen doppelt beziffert; also entspricht der abgelesenen Zahl 60 eine Stellung des Papiers von 30° gegen die Strahlenrichtung, gemäfs der Neigung der Lichtstrahlen von 60° gegen den Horizont. Dies gilt für den Fall, dafs die Marke am Wagen auf dem der Neigung 60° entsprechenden Teilstrich 4 der Skala gestellt ist, welchem die Bezeichnung 60 | 16 zukommt.

Der auf der Gleitbahn stehende Vergleichsbrenner ist ein Elsterscher 18° Argandbrenner mit verstellbarem Luftzutritt, welcher gestattet, Flammen von 1 bis 10 Kerzen Stärke in verschiedenen Farbentönen herzustellen, so dafs damit ein Mittel gegeben ist, die bedeutenden Farbenunterschiede zwischen den Lichteinheiten den Intensivflammen zu vermeiden. Direkt läfst sich eine Vergleichung der letzteren nicht ohne Unsicherheit bewirken; wird aber, wie hier, ein Vergleichsdrittes eingeschoben, so läfst sich trotz der zweifachen Ablesung die Lichtstärke bedeutend genauer feststellen, als wenn z. B. direkt eine Siemens-Regenerativlampe mit der Amylacetatlampe verglichen wird.

Normal-Argandbrenner von Elster. Derselbe soll bei 150 l Gasverbrauch pro Stunde 16, 17 oder noch mehr Kerzen bei verschiedenem Gase entwickeln. Um die gemessenen Resultate nun von der jeweiligen Gasqualität unabhängig zu machen, stellt man in dem (wie in der Figur aufgestellten) Brenner 150 l Verbrauch her und bezeichnet diese Flamme mit der dem normalen Gase entsprechenden Lichtstärke z. B. 16 Kerzen; ist nun der Schirm auf 0 des Gradbogens, sowie der Vergleichsbrenner auf 1 der Schlittenskala gestellt, so kann auf der vorderen Photometerskala eine Zahl für gleiche Beleuchtung abgelesen werden. Ist diese z. B. 2,9 so ist die Vergleichsflamme $= \frac{16}{2,9} = 5{,}51$ Kerzen, auf normales Gas bezogen.

Um bei einer vollständigen Versuchsreihe mit ein und derselben Vergleichsflamme für alle Winkel auszukommen, wählt man zweckmäfsig die Flammengröfse so, dafs unter 80 bis 90° und bei einer Stellung der Flamme auf Punkt 3 der Schlittenskala Lichtgleichheit ist.

Die Flammenhöhe im Vergleichsbrenner soll womöglich die Höhe von 50 mm nicht überschreiten. Bei gröfserer

Flammenhöhe können durch das Näherbringen an den Schirm Fehler entstehen durch die Lichtstrahlen, welche von den oberen und unteren Teilen der Flamme auf den Schirm fallen. Ist man aber genötigt, die Flamme so hoch zu nehmen, so ist nachher bei Feststellen der Mafseinheit nicht die Entfernung 1 zu wählen, sondern eine andere, welche der beim Messen vorhandenen gewesenen näher kommt. Ist z. B. mit einer grofsen Flamme bis zu Teilpunkt 3 der Schlittenskala gemessen worden, so kann nachher wiederum der Brenner auf Entfernung 3 eingestellt werden, und würde dann bei Festhalten des ersten Beispiels eine Gleichheit mit der 16 Kerzeneinheit bei 0,97 erreicht, so ist die Stärke der Mafseinheit $\frac{16}{3 \cdot 0{,}97} = 5{,}5$ Kerzen

Die in der Fig. 101 dargestellte Wagenanordnung ist die einfache Ausführung des Winkelphotometers.

Für ganz genaue Messungen ist der Apparat als Repetitionsphotometer unter Zufügung einer Festspannvorrichtung und Bewegung der Schlittenskala durch Zahnstange und Trieb sowie eines umkehrbaren Schirms durch vollkommen mechanische Ausführung verbessert worden (siehe Fig. 100).

Das Elster'sche Winkelphotometer hat in der Praxis bereits vielseitig Eingang gefunden und läfst sich bei einiger Übung leicht und bequem handhaben.

Um die Messungen von den Schwankungen in der Qualität des Gases unabhängig zu machen, kann man auch den auf dem Wagen befindlichen Vergleichsbrenner von vornherein für einen bestimmten Konsum, und ein Gas von normaler Leuchtkraft eichen und den Konsum für alle Messungen konstant halten. Der Vergleichsbrenner dient dann gleichsam als Lichteinheit und es ist dadurch möglich, die jeweiligen Vergleichungen mit dem Elster'schen Normalbrenner oder mit einer Lichteinheit wegzulassen und die Zahl der Ablesungen zu reduzieren. Hierdurch wird eine gröfsere Genauigkeit der Resultate erzielt. Der Elster'sche Vergleichsbrenner erwies sich für die vorliegenden Zwecke nach Messungen des Verfassers als hinreichend konstant. Zur Messung von Lampen bis etwa 400 l Konsum genügt ein Konsum des Vergleichsbrenners von 54 l pro Stunde. Derselbe gibt dann eine Leuchtkraft von 3,42 Hefnerlicht, wenn man ein Gas dabei zu Grunde legt, welches pro 100 l im Schnittbrenner zehn Hefnerlicht gibt.

Dem Apparat werden noch Tabellen beigegeben zur Erleichterung der Berechnung der Resultate und für eine Modifikation der Mefsmethode.

Messung der Helligkeit beleuchteter Flächen.

Ein bedeutender Fortschritt wurde in der Photometrie dadurch gemacht, dafs man Mittel ersann, um die Helligkeit beleuchteter Flächen zu messen. In den meisten Fällen des Lebens empfängt das Auge nicht das Licht direkt aus der Lichtquelle, sondern durch Vermittlung beleuchteter Flächen. Wenn wir lesen oder schreiben, oder sonstige Funktionen in geschlossenen Räumen verrichten, wenn wir im Freien uns bewegen, stets erhalten wir Licht von beleuchteten Flächen. Diese senden das von der Lichtquelle empfangene Licht wieder diffus aus und werden dadurch selbst zu leuchtenden Körpern. Wie wichtig dieser Umstand ist, und wie bei Beleuchtungsanlagen auf diesen Umstand Rücksicht genommen werden mufs, haben wir im Kapitel VI besprochen. Hier ist unsere Aufgabe, zu zeigen, in welcher Weise die Helligkeit beleuchteter Flächen gemessen wird. Das Mafs, nach welchem die Helligkeit H einer Fläche gemessen wird, ist die Meternormalkerze oder kurz Meterkerze. Diese Einheit ist diejenige Helligkeit, welche von der Lichteinheit (Normalkerze) in 1 m Entfernung geliefert wird.

Während man also mit den gewöhnlichen Photometern die Helligkeit der Lichtquelle selbst bestimmt, liegt hier die Aufgabe vor, die Beleuchtung von Flächen nach dem oben definierten Mafse zu messen.

Das Webersche Photometer.

Zu diesem Zwecke ist folgendes zu berücksichtigen:

Denkt man sich an einer beliebigen Stelle eines beleuchteten Raumes eine kleine, ebene Fläche (einen weifsen Karton) in bestimmter Lage aufgestellt, so sendet diese Ebene wiederum diffuses Licht aus. Die Intensität des diffusen Lichtes, welches von dieser Ebene ausgeht, wird nun verglichen mit derjenigen Intensität, welche diese Fläche aussenden würde, wenn sie von der Lichteinheit in 1 m senkrechtem Abstand beleuchtet wäre, d. h. mit der Beleuchtung der Meterkerze. Ist in beiden Fällen die Ebene (der weifse Karton) die gleiche, so ist der ermittelte Zahlenwert, welcher für die bestimmte Lage der Ebene die von dem diffusen Lichte ausgehende Helligkeit in Meterkerzen

Das Weber'sche Photometer.

ausdrückt, von der materiellen Beschaffenheit der Fläche völlig unabhängig.

Das Photometer von Weber, welches außer zu obigem Zweck auch zur Messung von Lichtquellen, wie jedes andere Photometer benutzt werden kann, besitzt folgende Einrichtung (Fig. 102):

A ist ein ca. 30 cm langer, innen tief geschwärzter Tubus von ca. 8 cm Durchmesser. Derselbe wird von einem in der Zeichnung nicht angegebenen Stativ in horizontaler Lage gehalten. Auf dem einen Ende ist das Brennergehäuse C durch Bajonettverschluß angesetzt, in welchem die als Hilfsnormallicht benutzte Benzinkerze K von unten her

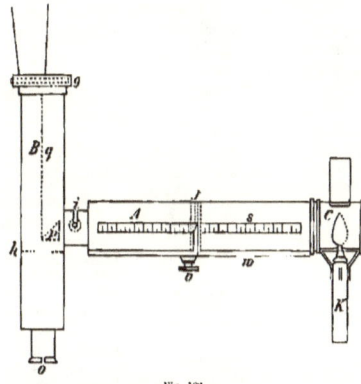

Fig. 102.

eingesetzt werden kann. Ein Spalt erlaubt die Länge der Flamme an einer vertikal dahinter gestellten (in der Figur nicht angegebenen) Skala auf Spiegelglas bis auf 0,1 mm genau abzulesen. Die Regulierung der Flammenhöhe l läßt sich durch Drehen der ganzen Kerze bewirken, indem die oberste drehbare Dochthülse durch einen zarten Stift festgehalten wird. Innerhalb A ist ein Rahmen f mittels der an einer Triebstange w sich fortdrehenden Schraube v verschiebbar, wobei ein mit f verbundener Zeiger z längs der in Millimeter geteilten Skala s fortrückt und die Entfernung r der in f befindlichen runden Milchglasplatte von der Kerze K abzulesen gestattet. Gegen den Tubus A ist rechtwinklig, drehbar und durch eine in dem Schlitz i steckende Preßschraube fixierbar, ein zweiter Tubus B gesetzt. Derselbe ist in der Zeichnung in vertikaler Lage dargestellt, während die in der Regel benutzte eine horizontale ist. Für vertikale Benutzung wird dem Apparate noch ein vor das Okularloch zu setzendes Reflexionsprisma beigegeben, um die Beobachtung

Schilling, Handbuch für Gasbeleuchtung.

bequemer zu machen. Innerhalb B befindet sich mit B fest verbunden das Reflexionsprisma p, mittels dessen der in O hineinblickende Beobachter auf die in f steckende von K beleuchtete Milchglasplatte sieht und zwar in der rechten Hälfte des teils durch ein Diaphragma h teils durch die scharfe linke Kante des Prismas begrenzten Gesichtsfeldes.

In der linken Hälfte des Gesichtsfeldes sieht man auf die in dem Kasten g steckende Milchglasplatte, eventuell bei gewissen Versuchen unmittelbar auf eine vor dem Apparat in beliebiger Entfernung befindliche beleuchtete weiße Fläche. Das Auge hat hierbei durchaus keine Empfindung des Abstandes zwischen h und g oder h und f, sondern zufolge eines physikalischen Gesetzes erhält es den Eindruck, als seien die hellen Flächen unverrückbar in der Ebene h gelegen. In B ist außerdem von g bis zur Kante des Prismas hin eine vertikale Blende G eingesetzt, um alles Licht abzuhalten, welches von g aus ins Prisma fallen könnte. Vor den Kasten g läßt sich ein Abblendungskonus k setzen, welcher für einzelne Messungen nur die nebensächliche Bedeutung der Abblendung fremden Lichtes hat, dessen Öffnungsweite für eine andere Art von Messungen dagegen von unmittelbarem Einfluß auf das Resultat ist.

Die Einstellung des Apparates zur Messung der Flächenhelligkeit geschieht dadurch, daß der Tubus B auf die vor demselben in beliebiger Entfernung aufgestellte, zu messende Fläche gerichtet wird, wobei die Platte bei g entfernt, und sodann durch Verschiebung von f gleiche Helligkeit im Gesichtsfelde hergestellt wird. Ist dies erreicht, so scheinen die beiden Hälften des letzteren in eine und dieselbe Fläche zu verschwimmen. Nach beendeter Einstellung wird der Abstand r abgelesen und ebenso die Flammenlänge l, welche vorher möglichst auf 2 cm Länge genau justiert war.

Aus dem abgelesenen Abstand r und der beobachteten Flammenhöhe l ergibt sich die Helligkeit der betreffenden zu messenden Fläche H nach der Formel

$$H = C \cdot \frac{\lambda}{r^2} \cdot 10\,000.$$

Hierin ist C ein konstanter Coëfficient, welcher durch einen Vorversuch näher ermittelt wird.

λ ist ein von der Flammenlänge l der Benzinkerze beeinflußter Korrektionsfaktor. Derselbe $= 1$ wenn $l = 2$ cm ist. Für je 0,01 cm, um welches l größer oder kleiner wird als 2 cm muß das Resultat um 1% vermehrt oder vermindert werden.

C wird in der Weise bestimmt, daß man in 1 m senkrechter Entfernung von einer weißen Fläche

19

eine Normalflamme oder eine in Normalflammen ausgemessene Lichtquelle setzt, und nun das Photometer auf die Fläche einstellt. Dann ist, wenn r und l abgelesen werden:

$$C \cdot \frac{\lambda}{r^2} \cdot 10\,000 = 1, \text{ also } C = \frac{r^2}{\lambda} \cdot 10\,000.$$

Die Lage der Fläche zum Auge, sowie die Entfernung der beleuchteten Fläche vom Auge ist nach physikalischem Gesetz gleichgültig. Ersteres, weil der Helligkeitseindruck unabhängig ist von der Neigung der angeschauten Fläche gegen die Richtung nach dem Auge. Letzteres weil die Lichtmenge, welche von einer leuchtenden Fläche auf ein und dieselbe Stelle der Netzhaut fällt, unabhängig ist von dem Abstand dieser Fläche vom Auge.

In Fällen, wo die Helligkeit der beobachteten Fläche derart gröfsere Werte annimmt, dafs eine Einstellung des Photometers nicht mehr möglich wäre, werden bei g Schwächungsgläser eingeschoben und der Abblendungskonus k vorgesetzt. Hierdurch wird natürlich der Wert der Konstanten C verändert, und es ist erforderlich, dafs für jedes dieser Gläser diese Konstante eigens bestimmt wird. Für die in der Praxis vorkommenden Messungen sind die Apparate mit 7 bis 8 Schwächungsgläsern ausgerüstet.

Um auch verschiedenfarbige Lichtquellen, z. B. Tageslicht, mit der Benzinlampe vergleichen zu können, hat Weber folgende Einrichtung getroffen. Die Helligkeit H solcher Beleuchtungen wird gewonnen nach der Formel $H = k \cdot J$, worin H der gesuchte Beleuchtungswert, J die Intensität eines beliebigen Farbenkomplexes der Lichtquelle (z. B. des roten durch Kupferoxydulglas hindurchgegangenen Lichtes) und k ein von diesem Farbenkomplex und der Natur der Lichtquelle abhängiger Faktor ist.

Mit dem Weber'schen Photometer werden nun J und k in folgender Weise bestimmt. Man macht eine Einstellung, indem man durch das rote Glas sieht. Die Helligkeit wird wie oben angegeben ermittelt, und ist J. Macht man nun eine zweite Messung, indem man durch grünes Glas sieht, so ist der Quotient der für Grün und Rot ermittelten Intensitäten $\frac{Gr}{R}$ und für die verschie-

denen Werte von $\frac{Gr}{R}$ ergibt sich k aus folgender Tabelle:

$\frac{Gr}{R}$	k	$\frac{Gr}{R}$	k
0,3	0,50	1,0	1,00
0,4	0,56	1,1	1,08
0,5	0,64	1,2	1,15
0,6	0,72	1,3	1,22
0,7	0,80	1,4	1,28
0,8	0,87	1,5	1,34
0,9	0,94	1,6	1,40
1,0	1,00	1,7	1,46

Ist die Farbe des untersuchten Lichtes gleich derjenigen der Normalkerze, so ist $k = 1$. Man kann also in diesem Falle nach Belieben entweder mit rotem Glase oder ohne solches beobachten.

Über die im gewöhnlichen Leben vorkommenden Flächenhelligkeiten geben nachstehende Zahlen ein Bild. Als Einheit ist dabei die Helligkeit einer absolut weifsen, matten Fläche zu Grunde gelegt, welche in 1 m Abstand von dem Hefnerlicht beschienen wird.

1. Sonnenscheibe, aufserhalb der Atmosphäre gesehen	grün	5391000000
	rot	2025000000
2. Himmel in der Nähe der Sonnenscheibe	grün	640900
	rot	494800
3. Albokarbon-Flachbrenner von der Schmalseite aus gesehen . .	grün	326200
	rot	304500
4. Weifser Carton an hellem Sommertage in horizontaler Lage von der gesamten Himmelshemisphäre beschienen (Breslau, 12. Juni 1885, 12 Uhr mittags)	grün	189100
	rot	68310
5. Weifser Carton bei 60° Sonnenhöhe senkrecht von der Sonne beleuchtet	grün	92410
	rot	34200
6. Weifse, von der Sonne beschienene Wolke	grün	57040
	rot	10390
7. Albokarbon-Flachbrenner von der Breitseite aus gesehen .	grün	46790
	rot	43680
8. Agrand-Brenner	grün	28150
	rot	28150
9. Klarer Himmel in Sonnenhöhe von 60° unter 90° Azimuthdifferenz .	grün	33000
	rot	3800
10. Weifser Carton an dunklem Wintertage von der gesamten Himmelshemisphäre beschienen (Breslau, 23. Dezember 1884, 12 Uhr mittags)	grün	1945
	rot	508
11. Schwarzer Sammet an hellem Sommertage wie 4. beleuchtet . . .	grün	378
	rot	137
12. Weifser Carton, auf dem ohne Anstrengung gelesen werden kann .	grün	10
	rot	10

Will man mit diesem Apparat die Intensität von Lichtquellen messen, so bringt man diese genau vor den Tubus B. Gegenüber der Messung beleuchteter Flächen besteht hier nur der Unterschied, dafs der Abstand R der Lichtquelle von der bei g steckenden Milchglasplatte berücksichtigt werden mufs. Nach erfolgter Einstellung ergibt sich dann die Leuchtkraft der Lichtquelle J aus der Formel:

$$J = C \cdot \frac{R_1}{r_2} \cdot \lambda;$$

C wird bestimmt, indem man an Stelle der unbekannten Lichtquelle die Lichteinheit setzt.

Die Normal- und Vergleichslichtquellen.

Solange man sich mit Lichtmessungen beschäftigt hat, stand das Bedürfnis nach einer in jeder Richtung brauchbaren Lichteinheit immer obenan. So ist es auch nicht zu verwundern, dafs der deutsche Verein von Gas- und Wasserfachmännern seit seinem Bestehen schliefslich zu den Ergebnis, dafs im Jahre 1872 die Paraffinkerze, 6 auf 1 Pfd. mit 20 mm Durchmesser und 24fädigem pro lfd. Meter 0,668 gr wiegendem Docht als Vereinskerze vorgeschlagen und offiziell eingeführt wurde. Diese Normalparaffinkerze soll während der Lichtversuche eine Höhe von 50 mm haben. Der Verbrauch der Kerze an Paraffin beträgt in diesem Zustande etwa 7,7 gr pro Stunde. Bis zum heutigen Tage hat diese Normalkerze die weiteste Verbreitung in Deutschland gefunden. Allein die Übelstände, welche die Kerzen als Normallichtquellen besitzen, waren mit der offiziellen Aufstellung dieser deutschen Normalkerze nicht beseitigt.

Die Versuche, welche Rüdorff[1]) mit derselben angestellt hatte, ergaben unter verschiedenen Kerzen der gleichen Sorte Unterschiede bis zu 6%. Von besonderer Bedeutung sind die Versuche, welche

[1]) Journ. f. Gasbel. 1882, S. 146.

Krüss[1]) mit Stearin-, Paraffin- und Walratkerzen gemacht hat. Krüss fand, dafs in Bezug auf die Konstanz der Flammenhöhe die deutsche Normalparaffinkerze die schlechteste war, und dafs ohne Putzen des Dochtes eine normale Flammenhöhe überhaupt nicht zu erreichen ist. Es ergaben sich, ohne dafs geputzt wurde, Schwankungen in der Flammenhöhe:

    bei den Stearinkerzen   um 20%
    „ Paraffinkerzen   „ 30%
    „ Walratkerzen   „ 17%.

Dieser Umstand schon spricht wenig für die Kerze als Lichteinheit, da es ungemein schwierig ist, selbst wenn der Docht geputzt wird, eine konstante Flammenhöhe zu erzielen. Weiter fand Krüss, dafs bei geputztem Docht und normaler Flammenhöhe die mittleren Schwankungen in der Helligkeit bei

    Stearinkerzen   5,4%
    Paraffinkerzen   7,7%
    Walratkerzen   3,0% betragen.

Die Intensitätsschwankungen werden bei nur geringer Änderung der Flammenhöhe sehr grofs; z. B. fand Krüfs, dafs dieselben zwischen 44,5 und 52 mm Flammenhöhe bei Stearinkerzen 19 und bei den Paraffinkerzen 13% betragen.

Liebenthal fand, dafs die Schwankungen ein und derselben Kerze bei gleicher Flammenhöhe bis zu 6% ihrer Leuchtkraft betragen können.

Sobald Normalkerzen als Lichteinheit benützt werden ist es daher unbedingt nötig, die richtige normale Flammenhöhe herzustellen. Das Messen der Flammenhöhe mit einem zirkelförmigen Flammenmafs, wie man es früher allgemein vornahm, bietet jedoch Schwierigkeiten, einmal durch die erforderliche Annäherung des Beobachters an die Flamme, und dann auch durch die direkte Störung des Brennens infolge der Abkühlung durch die Metallspitzen des Flammenmafses. Ein wesentlicher Fortschritt war es daher als Krüfs durch sein optisches Flammenmafs eine genaue Einstellung und Ablesung der Flammenhöhe ermöglichte. Dasselbe ist in Fig. 103 dargestellt.

An dem Vorderende des Rohres A befindet sich das achromatische Objektiv B, an dem hintern Ende desselben eine matte Glasscheibe C mit einer Millimetereinteilung.

[1]) Journ. f. Gasbel. 1883, S. 511; vgl. auch Voit, Journ. f. Gasbel. 1887, S. 880.

148   Die Photometrie.

Die Entfernung des Hauptpunktes H des Objektivs von der matten Glasscheibe ist gleich der doppelten Brennweite des Objektivs. Das ganze Rohr A ist mittels des Triebknopfes a in der Hülse D, die matte Glasplatte mit der Teilung mittels des Triebknopfes b in vertikaler Richtung verschiebbar. Endlich kann der ganze Apparat durch den Triebknopf c in der Höhe verstellt werden.

Das Arbeiten mit dem Apparat ist nun sehr einfach. Derselbe wird in solcher Entfernung von der Kerze aufgestellt, dafs die Strecke von der Kerze bis zum Objektiv ungefähr gleich dem Abstande des letzteren von der matten Scheibe ist. Sodann wird durch den Triebknopf c ungefähr die richtige Höhe gegeben und hierauf mittels des Triebknopfes a das Bild der Flamme F auf der matten Glasscheibe scharf eingestellt.

Ist diese scharfe Einstellung erreicht, so ist die Entfernung der Flamme F von dem Hauptpunkte H des Objektivs genau gleich der Entfernung dieses Hauptpunktes

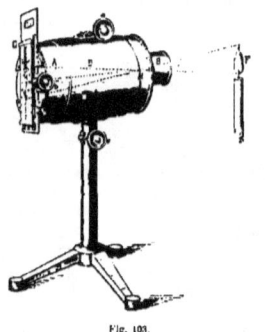

Fig. 103.

von der matten Glasscheibe C und infolgedessen ist das Bild der Flamme genau ebenso grofs wie die Flamme selbst. Ein Millimeter der Teilung auf der matten Glasplatte entspricht also genau einem Millimeter der Flamme selbst.

Die Teilung ist 100 mm lang; wenn sie ihre höchste Stelle hat, befindet sich der 50-Strich genau in der Achse des Objektivs; man reguliert also mittels des Triebknopfes c die Höhe des ganzen Apparates so, dafs das Flammenbild symmetrisch zu diesem 50-Strich ist, dann befinden sich die Flamme und ihr Bild symmetrisch zur optischen Achse des Objektivs. Nun kann man mittels des Triebknopfes b die Teilung so weit verschieben, dafs der Nullstrich gerade das Bild der bläulichen Wurzel der Flamme berührt, dann liest man an dem Bild ihrer Spitze direkt ihre Höhe ab.

Brennt die Kerze herunter, so dafs der Nullstrich nicht mehr mit dem Anfang der Flamme zusammentrifft, so darf man nicht mittels des Triebknopfes b die Teilung verschieben, sondern mufs mittels des Triebknopfes c die ganze Höhe

des Apparates ändern und so der herunterbrennenden Kerze folgen, damit das Bild der Flamme symmetrisch zur optischen Achse des Apparates bleibe. Allzu ängstlich braucht man natürlich mit der Symmetrie des Bildes zur Achse nicht zu sein; die dem Apparate gegebene Form gestattet nur, eine allzu excentrische Lage zu verhüten, bei welcher wegen der Eigenschaften der optischen Bilder nicht mehr vollkommene Gleichheit zwischen Flamme und Bild auftreten könnten.

Trotz dieses Flammenmafses ist und bleibt die Kerze eine recht unsichere Lichteinheit, was auch die vielen Vorschläge, welche zur Beschaffung einer besseren Einheit gemacht wurden, beweisen. Unter diesen verdienen die Anregungen von Giroud für die Gastechnik Beachtung. Derselbe schlug nämlich den Einlochbrenner mit einem Loch von 1 mm Durchmesser und konstanter Flammenhöhe als Lichteinheit vor, und wendet zur Konstanthaltung des Konsums sein Photo-Rheometer [1] an.

Die Versuche Giroud's [2] ergaben, dafs selbst für verschiedenwertiges Gas der Wert dieser Lichteinheit konstant bleibt, so lange die Flammenhöhe die gleiche ist. Für 1 mm Flammenhöhe veränderte sich die Helligkeit um 0.022. Als normale Höhe wählte Giroud 67.5 mm, da dieselbe einer Helligkeit von $^1/_{10}$ Carcel entsprach. Die Brauchbarkeit des Giroud-Normalbrenners wurde von Uppenborn [3] entschieden angezweifelt und auf Grund photometrischer Versuche widerlegt. In England wird auch der Methven-Schlitz vielfach als Lichteinheit benützt. [4]

Die Platineinheit.

Die Frage der Lichteinheit beschäftigte Techniker und Gelehrte besonders, als die elektrische Beleuchtung grofse Fortschritte zu machen begann. So bildete dieselbe auch auf dem internationalen Elektrikerkongrefs, welcher im Jahre 1884 in Paris stattfand, einen wichtigen Punkt der Beratungen. Als Lichteinheit wurde die recht unpraktische und unbequeme Violle'sche Platineinheit acceptiert, welche in folgender Weise definiert wurde. »Die Intensitätseinheit eines einfachen Lichtstrahles von bestimmter Farbe ist die Menge einfachen Lichtes

---

[1] Handbuch S. 203.
[2] Journ. f. Gasbel. 1883, S. 216.
[3] Journ. f. Gasbel. 1888, S. 487.
[4] Diese Methode ist im Journ. f. Gasbel. 1887, S. 86 beschrieben.

derselben Farbe, welche von 1 qcm der Oberfläche geschmolzenen Platins bei der Erstarrungstemperatur in normaler Richtung ausgestrahlt wird. Die praktische Einheit weifsen Lichtes ist die Gesammtmenge, welche in normaler Richtung von derselben Quelle abgegeben wird. Dafs der Violle'sche Apparat von einer praktischen Verwendung ausgeschlossen ist, ergibt sich ohne Weiteres, wenn man bedenkt, dafs nach den Angaben Violle's 3 kg Platin geschmolzen werden müssen, was schon von vornherein ein Anlagekapital von 3000 Mark erfordert.

Wenn nun auch eine praktische Verwendbarkeit dieser Lichteinheit ausgeschlossen erscheint, so besitzt sie doch den Vorzug, eine nach streng

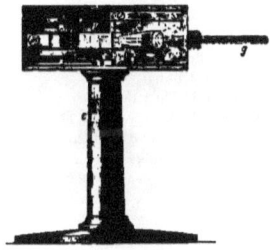

Fig. 104.

wissenschaftlichen Prinzipien definierbare Einheit zu sein. Es ist deshalb denkbar, dafs die Platineinheit dennoch die Grundlage für die Aichung der praktischen Lichteinheiten für die Zukunft bilden wird.

Die von Violle vorgeschlagene Platineinheit wurde von W. Siemens dem praktischen Bedürfnisse entsprechend verbessert. Die Lampe (Fig. 104 und 105) beruht auf dem Schmelzen eines sehr dünnen, 5 bis 6 mm breiten Platinbleches durch einen dasselbe durchlaufenden elektrischen Strom. Das Platinblech ist in einen kleinen Metallkasten eingeschlossen, in dessen einer schmalen Wand sich eine nach innen konisch verjüngende Öffnung befindet, deren kleinster Querschnitt möglichst genau 0,1 qcm Inhalt hat. Dicht hinter diesem Loch befindet sich das Platinblech, welches dessen Ränder nach allen Seiten überragt. Wird nun dieses Platinblech durch Einschaltung einiger galvanischer Zellen zum Glühen gebracht, so ist die durch das Loch ausstrahlende Lichtmenge genau so grofs, als wenn der Sitz der Lichtausstrahlung sich in der Fläche der Öffnung selbst befände. Hat man nun die Batterie mit einer Einrichtung versehen, welche gestattet, die Stromstärke sehr langsam zu vergröfsern, so hat man Zeit, das Photometer fortwährend in der Gleichgewichtslage zu erhalten, bis das Platin schmilzt und plötzlich Dunkelheit eintritt. Das vom Loch kurz vor diesem Moment ausgestrahlte Licht ist dann genau $^4/_{10}$ der von der Konferenz adoptierten Einheit für weifses Licht. Ein kleiner, im Gehäuse der Lampe angebrachter Zangenmechanismus ermöglicht es, durch eine einfache Hin- und Zurückschiebung eines Griffes ein neues Stück des auf eine Rolle aufgewickelten Platin-

Fig. 105.

bleches anstatt des geschmolzenen einzuschalten und vor das Loch zu bringen und so das Experiment ohne Zeitverlust beliebig oft zu wiederholen.

Vor der Methode Violle's hat die eben beschriebene, aufser der unvergleichlich gröfseren Einfachheit und leichteren Handhabung, noch den wesentlichen Vorzug, dafs das Platinblech aus chemisch reinem Platin gewalzt werden kann und sich beim Schmelzen selbst nicht verunreinigt. Da ferner das Platinblech sehr dünn sein kann — etwa 0,02 mm Dicke ist ausreichend — so ist der Konsum an Platin nur sehr gering.

Mit der Beschaffung der Platineinheit ist für die praktische Photometrie wenig gewonnen. Dieselbe braucht eine konstante Lichtquelle, welche sich an die bestehenden Vergleichseinheiten anschliefst und die photometrischen Beobachtungen erleichtert und verschärft. Auch in dieser Richtung wurden auf dem Pariser Kongrefs Vorschläge gemacht. Es sind hier namentlich die Pentanlampe von Vernon-Harcourt und die Amylacetatlampe von Hefner-Alteneck zu nennen.

Die Pentan-Einheit.

Harcourt schlug als Einheit für die Photometrie eine Lampe vor (Fig. 106), bei welcher Pentandämpfe in einer gewöhnlichen Spirituslämpchen

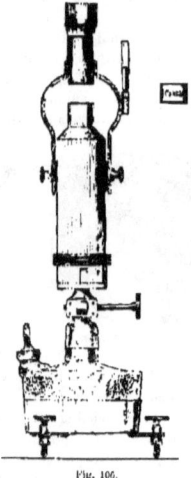

Fig. 106.

ähnlichen Lampe, verbrannt werden. Der Metallschornstein erzeugt einen starken nach aufwärts gehenden Luftstrom; dadurch wird einerseits die Flamme ruhiger, andererseits wird die Verbrennungstemperatur dadurch erhöht und ein weißeres Licht erzeugt. Das Pentan wird mit Hilfe eines Dochtes in die Höhe gebracht; dieser Docht ragt aber nicht in die Flamme hinein, sondern bleibt noch 2 bis 3 Zoll unterhalb des untern Endes der Flamme und dient nur dazu, das Pentan bis in den oberen Teil des Dochtröhrchens zu führen, wo es durch die Wärme der Flamme selbst verdampft wird. Vor dem Anzünden der Flamme muß allerdings das Dochtrohr erst angewärmt werden.

Das Dochtrohr ist von einem etwas weiteren Rohr umgeben, welches dazu dient, eine konstante Temperatur der Flüssigkeit und der Dämpfe zu erzeugen. Diese beiden Rohre sind noch von einem dritten Rohre eingeschlossen, welches oben in ein engeres Rohrstück ausläuft von demselben Durchmesser wie der untere Teil des Schornsteins. Letzterer selbst erweitert sich wieder an seinem oberen Ende und ist durch zwei Metallstangen mit der Außenwand des unteren Rohres verbunden. An ihren unteren Enden sind diese beiden Stangen mit Schlitzen versehen, so daß der Schornstein in mäßigen Grenzen auf und nieder bewegt werden kann. Das untere Rohr ist mit Bajonettverschluß auf einem mit der Lampe fest verbundenen Aufsatz befestigt und kann demgemäß zum Entzünden der Lampe leicht abgehoben werden.

Nach dem Anzünden der Lampe wird mit Hilfe einer Stellschraube der Docht so eingestellt, daß die Spitze der Flamme bis in den Schornstein hineinragt. In letzterem befinden sich an beiden Seiten einander gegenüber zwei enge Schlitze von 10 mm Höhe, durch welche man die Spitze der Flamme beobachten kann. Befindet sich die untere Kante des auf und nieder beweglichen Schornsteins in einer bestimmten Höhe über der oberen Kante des unteren Rohres und brennt die Flamme so hoch, daß ihre Spitze sich ungefähr in der Mitte der Schlitze befindet, so sendet der mittlere freie Teil der Flamme eine bestimmte Lichtmenge aus. Es kann durch Experimente festgestellt werden, welche Entfernung der Schornstein von dem untern Rohre haben muß, damit diese Lichtmenge gerade gleich derjenigen einer Kerze ist. Zur genauen Herstellung dieses Abstandes dient das rechts der Lampe abgebildete Maß, welches in seiner Höhe gerade zwischen Rohr und Schornstein passen muß. An den Trägern des Schornsteins rechter Hand ist ein kleiner Spiegel angebracht zur bequemen Beobachtung der Stellung der Flammenspitze zwischen den Schlitzen.

Die Helligkeit eines solchen Pentangasbrenners ist derjenigen der englischen Normalkerze gleich gemacht und soll sich äußerst konstant erhalten, infolgedessen scheint die Harcourt'sche Pentaneinheit in England Aufnahme zu finden. Das Pentan wird durch Destillation bei einer Temperatur von 50° C aus amerikanischem Petroleum gewonnen. Als für den praktischen Gebrauch von wesentlichem Wert ist anzuführen, dafs selbst bei einer nicht ganz normalen Zusammensetzung des Brennstoffs die Intensität der Flamme die gleiche bleibt, wenn nur die Flammenhöhe normal gehalten wird.

Die Thatsache, dafs namentlich der in die Flamme hineinragende und mit derselben verbrennende Docht eine der Hauptursachen von Schwankungen des Lichtes sei, führte auch Hefner-Alteneck dazu, eine Normallampe zu konstruieren, deren Docht nur den Zweck hat, eine leicht flüchtige Brennflüssigkeit emporzusaugen, ohne dabei zu verkohlen. Schon vor dieser Lampe hatte man mit Benzin-Lämpchen grofse Konstanz des Lichtes erreicht[1]); neben der Flüchtigkeit des Brennstoffes ist es auch nötig, dafs derselbe eine homogene, leicht in reinem Zustande herstellbare Substanz sei, beim Verdampfen also keine Rückstände von höherem Siedepunkt hinterläfst. Diese und noch viele andere Gesichtspunkte führten zu der Konstruktion der

Amylacetatlampe von Hefner-Alteneck.

Angesichts der grofsen Verwirrung und Unsicherheit, welche auf dem Gebiete der Lichtmessung wegen mangelhafter Einheiten herrscht, hat zur Aufstellung der neuen Lichteinheit die Anschauung geführt, dafs sie, um nutzbringend zu werden, den folgenden Bedingungen entsprechen müsse:

1. Die jedesmalige Erzeugung und Einstellung der Lichteinheit mufs mit einer solchen Genauigkeit ausgeführt werden können, als es dem weitgehendsten praktischen Bedürfnisse entspricht. Damit sollte und mufs man sich aber auch vorläufig begnügen, denn eine absolute Genauigkeit ist weder erreichbar, noch auch von besonderem praktischen Werte, weil Lichtstärken an und für sich nur mit beschränkter Genauigkeit von uns empfunden oder zu anderen Erscheinungen in Beziehung gebracht werden können.

2. Alle Bedingungen, durch welche die Lichteinheit hervorgebracht wird, müssen nach gegebener Vorschrift und nötigenfalls auch ohne Anknüpfung an eine bestimmte Bezugsquelle überall ganz gleichmäfsig herzustellen oder wenigstens von leicht bestimmbarem Einflusse sein.

3. Wegen der niemals ganz zu vermeidenden Unsicherheiten aller Lichtmessungen ist es unmöglich, das genaue Wertverhältnis zwischen zwei verschiedenen Normallichtern endgültig festzustellen. Es mufs deshalb die Lichteinheit selbst für jede Messung thatsächlich erzeugt werden können, und zwar auf so einfache Weise, dafs zu Messungen nach anders definierten Normalen keine Veranlassung vorliegt.

Als Brennstoff wählte Hefner-Alteneck das Amylacetat. Unter den brauchbaren Stoffen ist das Amylacetat deshalb gewählt worden, weil es ohnedies schon im Handel vorkommt (es wird zum Parfümieren von Wein und Konditorwaren verwendet), unschwer rein herzustellen und nicht theuer ist. Es wird gewonnen durch Destillation von Amylalkohol mit der äquivalenten Menge von Schwefelsäure und Natriumacetat, wobei der im fertigen Amylacetat anfänglich stets vorhandene Amylalkohol zu entfernen ist.

Was die wichtigste Frage, nämlich die der Gleichmäfsigkeit der neuen Lichteinheit betrifft, so kann man sich durch Vergleich vieler Lämpchen unter sich davon überzeugen, dafs dieselbe bei sorgfältiger Einstellung der Flammenhöhe noch innerhalb der Unterschiede liegt, welche das menschliche Auge beim Vergleiche zweier beleuchteten Flächen noch sicher zu erkennen vermag. Derselbe beträgt etwa 2% der Gesamthelligkeit.

Benennung der Stoffe	Formel	Gewichts-teile Kohlenstoff in Prozenten	Siedepunkt Grad Celsius	Leuchtkraft	1 g verbrennt in Sekunden	in 10-Sekunden verbrennen g Kohlenstoff
Amylvalerat . . .	$C_{10}H_{20}O_2$	69,7	195	1,03	430	0,162
Amylacetat rein .	$C_7H_{14}O_2$	64,6	138	1,00	388	0,166
„ käuflich				1,00		
Amylformiat . .	$C_6H_{12}O_2$	62,1	122	1,01	372	0,163
Isobutylacetat . .	$C_6H_{12}O_2$	62,1	116	0,99	373	0,163
Isobutylformiat . .	$C_5H_{10}O_2$	58,8	98	0,97	355	0,166
Äthylacetat . . .	$C_4H_8O_2$	54,5	75	0,24	212	0,258

Vor allem bietet die gleiche Flammenhöhe die wichtigste Garantie für die gleichmäfsige Leuchtkraft der Lichteinheit.

---

[1]) Vgl. Journ. f. Gasbel. 1881, S. 722; 1883, S. 883; 1885, S. 799, und 1888, S. 517.

Die vorstehende Tabelle enthält die Ergebnisse der Verbrennung einiger chemisch reiner Stoffe in einer Lampe bei gleicher Flammenhöhe. Dieselbe beweist sogar, dafs verschiedene Stoffe unter diesen Umständen mit noch fast gleicher Leuchtkraft verbrennen. Um so sicherer wird es der gleiche chemisch definierte Stoff thun, auch wenn in seiner Herstellungsweise geringe Abweichungen möglich sein sollten. Der Konsum der Brennstoffe dagegen ist bei gleicher Leuchtkraft der Flammen sehr verschieden und richtet sich zumeist nach dem Kohlenstoffgehalte derselben.

Die Gröfse der neuen Lichteinheit ist derjenigen der englischen Normalkerze, als der verbreitetsten, ungefähr gleich gemacht, weil die Vorstellung von der Leuchtkraft einer Kerze überall am geläufigsten geworden ist und der Uebergang auf die neue Einheit dadurch erleichtert werden mufste. Selbstverständlich war damit aber nicht beabsichtigt, dafs in Zukunft die Lampe und die Kerze nebeneinander als Einheiten bestehen bleiben sollten, da das nur neue Verwirrungen mit sich bringen würde.

Die Farbe der Amylacetatflamme ist ungefähr gleich der des Gas- und des elektrischen Glühlichts, also gelber wie das »weifse« Sonnenlicht und das — übrigens auch schon gelbe — Bogenlicht. Solange es nicht möglich ist, weifses Licht künstlich herzustellen, oder ein technisch verwertbares Äquivalent für verschiedenfarbige Lichter zu normieren, wird es auch am praktischsten sein, wenn die Lichteinheit diejenige Farbe hat, welche dem weitaus gröfsten Teile aller künstlichen Beleuchtungsarten noch eigen ist.

Zur nachfolgenden Beschreibung und Gebrauchsanweisung der Amylacetatlampe sei noch bemerkt, dafs die erste Veröffentlichung 8,2 mm statt 8.3 mm für den äufseren Durchmesser des Dochtröhrchens in der Definition enthielt. Die Änderung geschah im Hinblick auf gröfsere Festigkeit und etwas bessere mittlere Dochtstellung. Auf die Leuchtkraft der Flamme ist sie ohne Einflufs geblieben. Die Abbildung zeigt die neueste Form des Lämpchens, in welcher es von der Firma Siemens & Halske gefertigt wird und weist einige unwesentliche Abänderungen von den ersten Ausführungen auf. Die Dochtführung ist dadurch sicherer gemacht, dafs der Dochtkanal da, wo die gezahnten Rädchen eingreifen, etwas verengt ist, von 8 auf 7,5 mm. Das Flammenmafs, welches früher in dem unteren Teil der Lampe eingesteckt war, ist an einem Ringe angebracht, welcher auf den oberen Rand des Lämpchens aufgesetzt wird, und sich so drehen läfst, dafs man beim Anvisieren des Flammenmafses die Regulierungsschraube bequem zur Hand hat. An diesem Ringe ist auch der von Herrn Buhe empfohlene kleine Schirm, welcher den unteren Teil der Flamme für den Beschauer abblendet, befestigt. Der in der ersten Abbildung des Lämpchens angedeutete Glascylinder ist fortgelassen, weil er sich nicht bewährt hat, ebensowenig wie jede Art von Einhüllung der Flamme.

Die Lichteinheit der Amylacetatlampe[4]).

Definition: Die Lichteinheit ist die Leuchtkraft einer in ruhig stehender reiner athmosphärischer Luft frei brennenden Flamme, welche aus dem Querschnitte eines massiven, mit Amylacetat gesättigten Dochtes aufsteigt, der ein kreisrundes Dochtröhrchen aus Neusilber von 8 mm innerem, und 8,3 mm äufserem Durchmesser und 25 mm frei stehender Länge vollkommen ausfüllt, bei einer Flammenhöhe von 40 mm vom Rande des Dochtröhrchens aus und wenigstens zehn Minuten nach dem Anzünden gemessen.

Eine Lampe, nach dieser Vorschrift hergestellt, ist in den beigedruckten Figuren 107 u. 108 im Vertikalschnitt und Grundrifs originalgrofs abgebildet.

Einstellung der Flammenhöhe: Die Flammenhöhe ist bezeichnet durch die Visierlinie über die beiden Kanten a und b. Sie wird eingestellt, indem man durch die Flammenspitze hindurch nach den von der Flamme hell beschienenen Kanten a und b visiert und durch Drehen der geränderten Scheibe S die Flammenhöhe so reguliert, dafs die Spitze des hellen Kernes der Flamme, welche etwa ½ mm unter der äufsersten Spitze eines nur halbleuchtenden, den Kern umgebenden Saumes auftritt, von unten her die Visierlinie berührt. Die beiden der Flamme zugekehrten Kanten a und b werden blank gehalten.

Dochtbeschaffenheit: Der Docht ragt nicht in die Flamme hinein. Es ist darum seine

[1]) Vergleiche Elektrotechnische Zeitschrift Nov. 1883, Jan. 1884, Journ. f. Gasbel. 1884 No. 3. 23 24, 1886 No 1 u. 35.

Die Hefner-Einheit (Hefnerlicht).

Beschaffenheit ohne Einfluſs auf die Lichtstärke, so lange er nur das Dochtröhrchen ganz und sicher ausfüllt, und er den Brennstoff im Überschuſs über die verbrennende Menge emporzusaugen im Stande ist. Aus diesem Grunde darf er nicht zu stark in das Dochtröhrchen eingepreſst sein. Man braucht aber in diesem Punkte nicht allzu ängstlich zu sein, weil ein Versehen oder Fehler darin sich in einem Auf- und Abgehen der Flammenspitze anzeigt, also leicht erkannt und vermieden werden kann. — Man stellt den Docht am einfachsten her aus einer entsprechenden Anzahl gewöhnlicher dicker und weicher Baumwollfäden. Die einzelnen Fäden werden ohne weitere Verflechtung oder Umstrickung zu einem Strange parallel zusammengelegt, bis zu einem Gesamtdurchmesser, welcher sich noch leicht bis zu dem Durchmesser des Dochtröhrchens (8 mm) zusammendrücken läſst. Der Docht wird dann gerade so dick, daſs er von den gezahnten Rädchen, welche 4½ mm von einander entfernt sind, sicher gefaſst und transportiert wird.

Abschneiden des Dochtes: Der Docht wird horizontal und eben abgeschnitten. Es geht dies am besten bei feuchtem Zustande desselben mittels einer scharfen gebogenen Scheere, indem man den Docht etwas in die Höhe schraubt, die einzelnen Fäden ein wenig ausbreitet und dann sie einzeln so lange zuschneidet, bis nach wiederholtem Zurückziehen in die Ebene der Rohrmündung die Enden sämtlicher Fäden eine mit derselben zusammenfallende Ebene bilden.

Füllung: Die Menge des in der Lampe enthaltenen Brennstoffes, so lange nur der Docht mit allen seinen Fäden noch gut eintaucht, sowie die Temperatur der Füllung sind gleichgültig.

Dochtröhrchen: Das Dochtröhrchen ist aus Neusilber hergestellt, weil diese Legierung groſsen Widerstand gegen eine Formveränderung bietet und nicht rostet. Es ist in die Lampe bloſs gut passend eingesteckt, so daſs man es sowohl herumdrehen als auch auswechseln kann für den Fall einer Beschädigung. Beim Einsetzen desselben ist nur zu beachten, daſs es fest unten auf den betreffenden Ansatz aufsteht, weil sonst das Flammenmaſs unrichtig zeigen würde. — Von Zeit zu Zeit ist das Dochtröhrchen von einem sich darauf absetzenden braunen, dickflüssigen Rückstande zu reinigen, was am besten geht, wenn das Röhrchen noch heiſs ist.

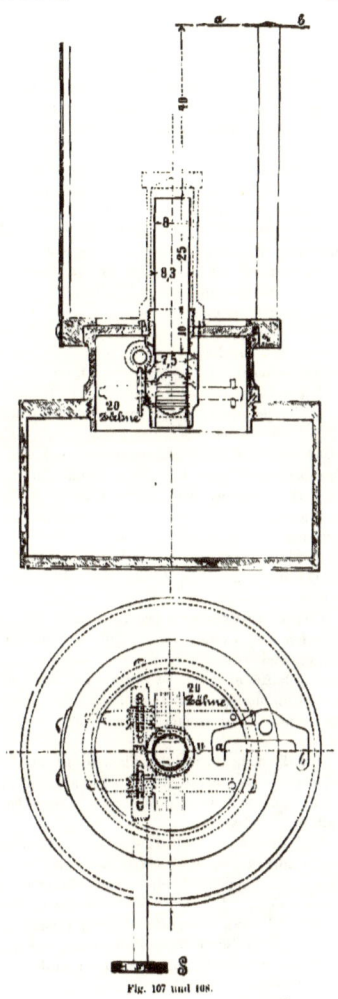

Fig. 107 und 108.

Aufstellung der Lampe: Weil die Flamme frei brennt und ein Glascylinder mit starkem Luftzuge wegen seiner unbestimmbaren Beeinflussung der Lichtstärke nicht angebracht werden darf, so ist die Stetigkeit der Flamme nur gering. Um die richtige Flammenhöhe einstellen zu können, bei welcher die Leuchtkraft allein nur die normale ist, mufs die Lampe in vollkommen ruhig stehender Luft brennen. Der geringste Luftzug macht sich durch ein Auf- und Abgehen der Flammenspitze eher als wie durch ein seitliches Ausbiegen bemerkbar. Es ist dies derjenige Punkt in der Behandlung der Lampe, auf welchen man besondere Sorgfalt und einige Erfahrung verwenden mufs. Auch an einem Orte, wo sich Erschütterungen eines Hauses oder dergleichen fühlbar machen, soll die Lampe nicht aufgestellt werden. Für Messungen, die an zugigen Orten gemacht werden müssen, ist ein direkter Vergleich mit der Normallampe nicht ausführbar. Es bleibt dafür der bei Messungen nach der Kerze ohnedem gebräuchliche Ausweg, ein sogenanntes Zwischen- oder Vergleichslicht, eine Gas-, Petroleumlampe oder dergleichen anzuwenden, deren Leuchtkraft man unmittelbar vor und nach der Messung an einem zugfreien Orte nach der Normallampe tariert.

Die Luftlöcher (m. n), welche zu beiden Seiten des Dochtröhrchens angebracht sind, dürfen nicht verstopft sein.

Lufttemperatur: Die Temperatur der umgebenden Luft ist nur von Einflufs auf die Dochtstellung und zwar in dem Sinne, dafs bei einer höheren Lufttemperatur der Docht etwas tiefer unter die Rohrmündung nach Einstellung der richtigen Flammenhöhe zu stehen kommt, als bei einer tieferen.

Auf die Leuchtkraft der Flamme ist die Verschiedenheit der Dochtstellung, bei welcher die konstante Flammenhöhe eintritt, ohne bemerkbaren Einflufs.

Luftdruck, Reinheit der Luft: Bezüglich des Luftdrucks ist beobachtet, dafs die Schwankungen des Barometerstandes am gleichen Orte die Leuchtkraft der Flammen nicht erkennbar beeinflussen. Ob etwa für gröfsere durch verschiedene Höhenlagen bedingte Verschiedenheiten des Luftdrucks eine Korrektion anzubringen ist, müfste noch ermittelt werden.

Unreine Luft, wie sie durch Atmung von Personen und brennende Lichter erzeugt wird, vermindert die Leuchtkraft der Flamme beträchtlich, auch wenn man sonst noch Nichts von schlechter Luft verspürt. Es soll darum der Beobachtungsraum vor jeder einzelnen Messung frisch gelüftet werden. Es ist dies aber eine Eigenschaft eines jeden durch Verbrennung erzeugten Lichtes und wird darum nur im Vergleiche mit elektrischem Licht besonders hervortreten.

Gröfse der Einheit: Die Gröfse der oben definierten Lichteinheit ist gleich der mittleren Leuchtkraft einer englischen Spermaceti-Normalkerze von Sugg, d. h. bei einer Flammenhöhe derselben von 43 mm, welche von der Stelle, wo der Kerzendocht schwarz zu werden beginnt, bis zur höchsten Flammenspitze gemessen ist.

Das »Hefnerlicht« erregte schon bei seinem ersten Erscheinen gerade unter den Gasfachmännern gerechtes Aufsehen, und wurde auf der Jahresversammlung im Jahre 1884 zum erstenmale vorgeführt und einer näheren Untersuchung empfohlen. Solche Untersuchungen wurden nun auch in grofser Anzahl in den folgenden Jahren vorgenommen. Wenn auch vielerlei kleinere Bedenken dagegen vorgebracht wurden, so war man sich doch bald einig, dafs mit dem Hefnerlicht eine Einheit geschaffen war, welche einfach, leicht reproducierbar und vor allem konstant ist. Diese Eigenschaften verschafften demselben bald in der Praxis ausgedehnte Anwendung und auf Grund dieser günstigen Erfahrungen nahm auch der deutsche Gas- und Wasserfachmännerverein zu der Frage der Einführung des Hefner-Lichtes als allgemeine Lichteinheit Stellung und kam nach vielen in Gemeinschaft mit der physikalisch-technischen Reichsanstalt ausgeführten Versuchen im Jahre 1890 zu folgender Beschlufsfassung:

1. Die Amylacetatlampe, welche fernerhin „Hefnerlicht" zu benennen ist, wird an Stelle der Vereins-Paraffinkerze als Lichtmafs des Vereins angenommen.

2. Das Verhältnis der Leuchtkraft einer Hefnerlampe von der im Journ. für Gasbel. 1884, S. 74 u. ff. beschriebenen Konstruktion und einer Flammenhöhe von 40 mm, verglichen mit der Leuchtkraft der Vereins-Paraffinkerze,

wird, wie 1:1,20 mit einer Abweichung in mehr oder minder bis zu 0,05 festgestellt."

Nach diesen Beschlüssen hat somit die Kerze ihr ruhmreiches Dasein beendet, und wird, wenn auch erst allmählich, dem „Hefnerlicht" ihre Stelle als Lichteinheit einräumen.

Die Hefnerlampe zeichnet sich vor den Kerzen namentlich dadurch aus, dafs ihre Flammenhöhe, einmal eingestellt, einige Zeit nach dem Anzünden konstant bleibt. Das Einstellen der Flammenhöhe mufs sehr genau geschehen, da in der Nähe der normalen Höhe ein Fortschreiten um 1 mm Flammenhöhe einer Änderung von 2,5 % der Helligkeit entspricht. Für sehr genaue Messungen empfiehlt es sich die Einstellung mittelst des optischen Flammenmafses von Krüfs, oder noch besser mittels eines Kathetometers vorzunehmen.

Was das Material — das Amylacetat[1]) — anlangt, so wurden schon Klagen laut, dafs dasselbe oft nicht rein in den Handel komme. Den sichersten Anhalt für die Reinheit bietet der Siedepunkt, welcher bei 137° C liegt. Ist man nicht in der Lage, sich im Zweifelsfalle das Amylacetat durch Destillation selbst zu reinigen, so bietet jedenfalls der Bezug desselben aus einer guten chemischen Fabrik, wobei ausdrücklich die Reinheit des Produktes zu betonen ist, die beste Garantie[2]). War man ja bei den Normalkerzen auch gezwungen, dieselben aus bestimmten Quellen zu beziehen.

Als weiteres Criterium der Reinheit des Amylacetats gilt die Bestimmung des spezifischen Gewichtes, welches bei 15° 0,872 bis 0,876 betragen soll, sowie die Probe mit blauem Lakmuspapier, welches sich nicht rot färben darf.

Ein Nachteil der Hefnerlampe ist ihre Empfindlichkeit gegen Zug. Derselbe wird jedoch bei einiger Übung nicht mehr störend empfunden, und kommt gegen die Vorzüge der Lampe nicht in Betracht. Vor allem ist die Ungenauigkeit, welche mit den Kerzen verknüpft ist, durch die neue Einheit wesentlich vermindert, und das ist ein Umstand, welcher die ganze praktische Photometrie auf eine höhere Stufe stellt, und den auch die Gasindustrie mit Dank anerkennt.

[1]) Völlig reines Amylacetat liefert C. A. F. Kahlbaum, Berlin SO.
[2]) Journ. f. Gasbel. 1891 S. 266, 349, 510, 512.

Das Verhältnis verschiedener Einheiten.

Die Messungen, welche zum Vergleich des Hefnerlichts mit anderen Lichteinheiten, speziell der deutschen Normalparaffinkerze, angestellt wurden, können noch nicht als abgeschlossen betrachtet werden. Die vorläufigen Versuche der Lichtmefskommission des deutschen Vereins haben ergeben, dafs für gleiche Helligkeit

1. eine deutsche Paraffinkerze gleich ist 1,224 Hefnerlicht
2. „ lange engl. „ „ 1,145 „
3. „ kurze „ „ „ 1,148 „
3. „ ungetrennt geprüfte
   engl. Paraffinkerze „ 1,160 „
5. „ durchschnittliche engl.
   Paraffinkerze „ „ 1,151 „

ferner, dafs ein Hefnerlicht gleich ist

1. 0,818 deutschen Vereinsparaffinkerzenflammen
2. 0,879 langen englischen Wallrathkerzenflammen
3. 0,875 kurzen „ „
4. 0,862 ungetrennt geprüften engl. ⎫ Wallrath-
5. 0,870 englischen Durchschnitts- ⎭ kerzenflammen

spätere Untersuchungen gaben das Resultat, dafs

1,223 Hefnerlicht = 1 deutsche Vereinsparaffinkerze
und 1 „ = 0,818 „

ferner, dafs

1,129 Hefnerlicht = 1 englische Wallrathkerze
und 1 „ = 0,886 „

Von diesen Zahlen weicht der von der physikalisch-technischen Reichsanstalt gefundene Wert ziemlich ab, wonach 1 deutsche Paraffinkerze = 1,202 Hefnerlicht beträgt.[1])

Übereinstimmend mit letzterem fand ich auf Grund zahlreicher Messungen

1 Hefnerlicht = 0,829 deutsche Paraffinkerzen
und 1 deutsche Paraffinkerze = 1,206 Hefnerlicht.

Nach diesen Messungen erscheint das von der Lichtmefskommission gefundene Ergebnis zu hoch.

Man wird jedoch den vom Verein beschlufsmäfsig zu Grund gelegten Wert als praktisch richtig annehmen dürfen, dafs

1 deutsche Paraffinkerze = 1,200 Hefnerlicht ist.

Auch bezüglich des Verhältnisses des Hefnerlichts, resp. der deutschen zur englischen Kerze, gehen die Zahlen weit auseinander.

Nach Hefner-Alteneck sollten beide ungefähr gleich sein.

[1]) Journ. f. Gasbel. 1890 S. 322.

Nach der Lichtmefskommission ist
1 Hefnerlicht = 0,886 engl. Kerzen,
nach den Resultaten anderer Beobachter ist[1])

	Schillings Handbuch	Krüfs	Monnier	Violle	Vogt
1 deutsche Paraffinkerze = engl. Wallrathkerzen	0,977	1,138	1,116	1,129	1,019
und sonach 1 Hefnerlicht[2]) = engl.Wallrathkerzen[2])	0,814	0,945	0,930	0,941	0,849

Man sieht hieraus, wie ungeheuer grofs die Differenzen der verschiedenen Resultate sind, und es ist wohl anzunehmen, dafs dieselben von der Ungenauigkeit und Verschiedenheit der Kerzen selbst herrühren. Der Wert 0,814 nach Schilling's Handbuch ist auffallend niedrig. Nehmen wir von den übrigen Werten:
0,886 — 0,945 — 0,930 — 0,941 — 0,849
das Mittel, so ergibt sich, dafs
1 Hefnerlicht = 0,910 englischen Wallrathkerzen ist.
Dieser Wert dürfte wohl der Wirklichkeit am besten genügen.

Mit Zugrundelegung dieser Zahlen ergibt sich nun folgende Tabelle für das

Aequivalent gleicher Leuchtkraft.

Hefnerlicht 8 mm Flammenhöhe	Deutsche Vergleichs-Paraffinkerze zum Flammenhöhe	Englische Wallrath-kerze (spern mache) 15 gram Konsum pro Stunde = 45 mm Flammenhöhe	Münchner Stearin-kerze 52 mm Flammenhöhe	Carcellampe 42 g Ölverbrauch pro Stunde
1,000	0,838	0,910	0,733	0,095
1,200	1,000	1,092	0,887	0,114
1,099	0,915	1,000	0,806	0,104
1,364	1,136	1,241	1,000	0,130
10,526	8,768	9,600	7,716	1,000

[1]) Journ. f. Gasbel. 1884, S. 601.
[2]) Berechnet unter der Annahme, dafs 1 deutsche P.-K. 1,2 Hefnerlicht.

Einflufs der Luftbeschaffenheit. Glühlampen.

Auf die Leuchtkraft der Flammen ist der Zustand der Atmosphäre, in welcher sie brennen, von grofsem Einflufs.

Bunte fand, dafs eine Gasflamme in einer Atmosphäre, welche 5½ % Kohlensäure enthält, bereits erlischt.

Methven[1]) fand, dafs der Feuchtigkeitsgehalt der Luft bedeutenden Einflufs auf die Leuchtkraft einer Flamme hat. So betrug die Leuchtkraft einer Kerze
in feuchter Luft 1,104 Einheiten
in trockener „ 1,196 „
also 8,38 % mehr.

Bekannt ist auch, dafs mit fallendem Luftdruck sich die Leuchtkraft der Flamme verringert.

All diese Verhältnisse treten bei Flammen, welche von Cylindern umschlossen sind, noch in erhöhtem Mafse auf.

Es ist daraus ersichtlich, wie wichtig es ist, die Photometerräume gut zu lüften, und darauf zu achten, dafs der Feuchtigkeitsgehalt der Luft nicht übermäfsig hoch sei.

Frei von den durch Veränderungen der Luft hervorgerufenen Fehlern sind die elektrischen Glühlampen. Als Lichteinheiten lassen sie sich nicht wohl verwenden, weil die Beschaffenheit des Kohlenfadens nicht mit der erforderlichen Gleichmäfsigkeit hergestellt werden kann, wohl aber bieten diese Lampen bei gleichmäfsig regulierter Stromstärke und Spannung ganz vorzügliche Vergleichslichtquellen, namentlich wenn der elektrische Strom von Accumulatoren geliefert wird[2]). Sie besitzen ferner den Vorteil, dafs sie absolut ruhig und konstant brennen, und nicht durch den Luftzug berührt werden. Man kann sie deshalb auch fest mit dem beweglichen Schlitten verbinden, und mit demselben hin und her bewegen.

[1]) Journ. f. Gasbel. 1890, S. 80.
[2]) Näheres siehe Journ. f. Gasbel. 1890, S. 316.

IX. Kapitel.

Das Gas als Quelle für Kraft- und Wärmeerzeugung.
Die Gasmotoren.

Die Verbreitung des Leuchtgases als Heizstoff.

Das Gas besitzt neben seinem Werte als Leuchtstoff noch die glückliche Eigenschaft, durch die bei seiner Verbrennung frei werdende Wärme eine Quelle zur Heizung und Erzeugung von Kraft zu liefern, und zwar in einer Form, wie sie von keinem festen oder flüssigen Brennstoff so günstig dargeboten werden kann. Bei dem jetzigen Bestreben der grofsen Städte, welches dahin geht, Licht, Wärme und Kraft von zentraler Stelle aus in alle Zweige der Bevölkerung zu verteilen, nimmt das Gas einen ganz hervorragenden Rang ein. Es gibt kaum einen anderen Stoff, welcher so wie das Leuchtgas befähigt ist, diese drei Aufgaben: der Beleuchtung, Erwärmung und Kraftlieferung in einfachster Weise gleichzeitig zu erfüllen.

Dem Gase ist auf dem Beleuchtungsgebiet durch das elektrische Licht ein starker Gegner erwachsen, auf dem Gebiete der Kraftversorgung machen ihm Elektrizität und Druckluft Konkurrenz, und trotzdem ist die Verwendung des Gases in einem energischen Aufschwung begriffen. Ein Grund dafür liegt mit darin, dafs man ohne weiteres den in der Kohle schlummernden Heizwert dienstbar machen kann, ohne dazu irgend welcher besonderer neuer Versorgungsnetze zu bedürfen.

Da wo es der Gaspreis zuläfst, ist es daher auch das richtigste, die Verwendung des Gases zu Heiz- und Kraftzwecken nicht durch verschiedene Zuleitungen, eigene Gasmesser u. dgl. zu erschweren.

Das Ideal ist: Ein Gas, eine Zuleitung, eine Guhr und ein Gaspreis.

Nachstehende Tabelle (S. 158) gestattet einen Überblick über den Aufschwung, den die Verwendung des Gases genommen; sie zeigt, dafs das Gas Gebiete erobert hat, von deren Umfang man früher keine Ahnung hatte; sie zeigt auch, dafs das Gas nicht, wie man eine Zeit lang fürchten zu müssen glaubte, im Aussterben begriffen sei, sondern dafs es Eigenschaften besitzt, welche ihm eine weitere blühende Zukunft sichern.

Verbrauch einiger Städte an Heizgas.

Nicht nur die absoluten Zahlen des Gasverbrauches, sondern auch namentlich der Vergleich der prozentualen Gasverbrauchszahlen während der letzten fünf Jahre zeigt, in welch raschem Wachstum die Verwendung des Gases für Heiz- und Motorenzwecke begriffen ist.

Ein Vergleich der Anzahl der Motoren mit dem prozentualen Gasverbrauch im Jahre 1890 zeigt, wie verschieden stark das Heizen und Kochen an dem Gasverbrauch beteiligt ist. So haben Leipzig und München beide 7,8% Gasverbrauch, während in Leipzig weit weniger Motoren aufgestellt sind. Es hat also Leipzig einen weitaus gröfseren Verbrauch an Heiz- und Kochgas. In Tilsit betrug im Jahre 1890 der Verbrauch an Koch-, Heiz- und Motorengas 40,3% des gesamten Konsums. Hiervon entfallen 18,2% auf Motoren, so dafs 22,1% für Heizzwecke übrig bleiben.

158 Das Gas als Quelle für Kraft- und Wärmeerzeugung. — Die Gasmotoren.

| Stadt | Jährlicher Gasverbrauch ||| ||| Gasmotoren 1890 || Gaspreis ||
| | Gesamt. Kubikmeter. 1890 | für Heiz- und Kraftwerke 1890 | Heiz- und Kraftgas in Prozenten des gesamten Gas-Verbrauches ||||| | | Beleuchtung ₰ | Heizung und Motoren ₰ |
			1890	1889	1888	1887	1886	Zahl	HP.		
Berlin	96 146 000	5 230 237	5,5	4,2	1,2	. .	—	806	3727	16	12,8
Dessau Cont. Gas-Gesellschaft	31 972 421	2 744 983	8,6	7,7	6,5	3,0	4,3	417	1510	14,5	9—14
Köln	21 857 080	959 025	4,4	3,9	3,7	3,7	3,7	240	756	15	12
Dresden	20 364 620	1 712 083	8,4	6,9	5,8	4,2	3,0	254	1117	18	12
Leipzig	15 363 830	1 212 956	7,9	6,6	4,9	2,8	—	176	680	20	15
München	13 861 800	1 083 940	7,9	6,3	5,0	?	?	244	1454	23	17¾
Bremen	7 682 790	822 114	10,7	6,3	4,9	3,8	3,4	104	358	20	15
Nürnberg	6 791 380	848 704	12,5	10,7	10,0	?	?	247	715	20	15
Crefeld	5 726 080	942 613	16,5	13,9	12,7	3,0	2,6	85	257	19,4	10
Karlsruhe	5 390 240	447 421	8,2	3,7	3,3	3,2	2,2	70	276	18	12
Basel	4 554 430	530 793	11,6	9,9	11,7	7,6	5,8	95	223	17,6	12,8
Mainz	3 801 010	589 940	15,5	14,0	?	?	?	83	216	20	13,5
Freiburg i. B.	2 271 980	150 251	6,6	6,6	5,5	3,8	1,9	41	124	20	16
Osnabrück	1 131 920	170 255	14,7	9,8	7,0	3,8	2,7	19	46	16	14
Tilsit	521 896	159 495	40,3	35,6	32,8	28,1	24,0	12	52	19	13

Die Stellung des Leuchtgases zu anderen Heizgasen.

Um die Stellung zu kennzeichnen, welche das Leuchtgas als Heizmaterial unter den übrigen gasförmigen Brennstoffen einnimmt, sei auf folgende Zusammenstellung hingewiesen:[1])

| | 1. | 2. | 3. ||| 4. | 5. | 6. |
| | Mischer Leuchtgas | Gereinigtes Seingas oder Ölgas | Generator-Wassergas ||| Dowson-Gas | Karburiertes Wassergas nach Lowe |
			a) normal	b) Wasser			
Zusammensetzung:	%	%	%	%	%	%	%
Kohlensäure	1,6	4,5	8,8	14,2	6,0	2,7	0,3
Kohlenoxyd	9,6	25,7	23,2	16,0	23,0	43,8	29,0
Wasserstoff	49,6	Spuren	12,7	19,3	17,0	49,2	27,0
Sumpfgas	30,7	—	—	—	2,0	0,3	25,8
Schwere Kohlen-Wasserstoffe	4,7	—	—	—	—	—	14,1
Stickstoff	3,8	69,8	55,3	49,0	52,0	4,0	3,8
	100,0	100,0	100,0	100,0	100,0	100,0	100,0
Heizwert[2])	Kal. 5114	Kal. 773	Kal. 1026	Kal. 1009	Kal. 1313	Kal. 2884	Kal. 6633

Mit Ausnahme des karburierten Wassergases besitzt das Leuchtgas weitaus den höchsten Heizwert und ist deshalb in hohem Maße zur Versorgung

[1]) Journ. f. Gasbel. 1889, S. 426.
[2]) Verbrennungswärme der schweren Kohlenwasserstoffe = 19250 Kal. angenommen.

der Städte mit Wärme und Kraft geeignet, da es die nötige Wärmemenge in konzentriertester Form besitzt. Man sieht auch aus der Tabelle, daß nur das karburierte Wassergas, welches in Amerika mit einer Leuchtkraft von 25 Kerzen hergestellt wird — nicht aber das reine Wassergas dem Leuchtgas an Heizkraft überlegen ist.

Etwas anders gestalten sich die Verhältnisse, wenn man auf die Temperatur, welche bei der Verbrennung des Gases entwickelt wird, Rücksicht nehmen muß, wie dies z. B. beim Löten und Schmelzen von Metallen der Fall ist.

Die Temperatur der Leuchtgas-Bunsenflamme beträgt etwa im Maximum 1300°. Wassergas liefert eine weit höhere Verbrennungstemperatur, nach Naumann 2859°. Es ist sonach in dieser Hinsicht das Wassergas dem Leuchtgase bedeutend überlegen; doch tritt bei der gewöhnlichen Verwendung des Gases als Heizmaterial diese Frage gegenüber dem Heizwert in den Hintergrund. Man hat oft gegen die Verwendung des Leuchtgases als Heizmaterial geltend gemacht, daß der in der Kohle aufgespeicherte Heizwert bei der Gasbereitung nur zu einem sehr geringen Teil nutzbar gemacht werde. Es ist allerdings richtig, daß der Heizwert des Gases nur einen sehr geringen Teil desjenigen Heizwertes ausmacht, welcher in den zur Darstellung dieses Gases erforderlichen Steinkohlen schlummert.

Die Verbrennungswärme des Leuchtgases.

Beim Leuchtgas ist aber zu berücksichtigen, dafs ein bedeutender Teil des Heizwertes der Kohle in der Coke und im Teer wieder aufgespeichert ist, welcher daraus gewonnen werden kann. Aus 1 kg Gaskohle werden etwa rund 60% Coke und 6% Teer gewonnen. Berücksichtigt man, dafs zu der Vergasung eine Cokemenge verheizt werden mufs, welche in ihrem Heizwerte ca. 0,10 kg Kohle pro 1 kg vergaster Kohle repräsentiert, und rechnet man den Heizwert von Coke zu 7000 Kal., den des Teers zu 8667 Kal. und den der Kohle zu 7500 Kal., so erhalten wir aus

1,1 kg Kohle à 7500 . 8250 Kal.
0,6 kg Coke à 7000 4200
0,06 kg Teer à 8667 . 520 „

In der Kohle bleiben somach zur Gaserzeugung
8250 — (4200 + 520) = . 3530 Kal.
Diese liefern uns
0,32 cbm Gas à 5380 . . 1722 „

Es ergibt sich somach ein Verlust von 1908 Kal. oder rund 51%, während 49% des Heizwertes der Kohle verfügbar sind. Dieses Resultat kann gegenüber anderen Vergasungsverfahren als günstig bezeichnet werden und ist jedenfalls das Leuchtgas in jeder Richtung geeignet, eine hervorragende Rolle auf dem Gebiete der Wärme- und Kraftversorgung zu spielen, wie dies ja heute schon der Fall ist.

Ein wesentlicher Vorzug der gasförmigen Brennmaterialien gegenüber den festen Brennstoffen ist die vollkommene Verbrennung und die damit erzielte günstige Ausnutzung des theoretischen Heizwertes.

In den zur Zimmerheizung dienenden Gasöfen wird derselbe bis zu 80% ausgenutzt, während die Ausnutzung bei festen Brennmaterialien in Kachelöfen oft nur 15% und durchschnittlich wohl kaum über 50% beträgt.

In den Gasmaschinen ist die Ausnutzung des Heizwertes, der sog. thermische Nutzeffekt, zwar noch ein ziemlich geringer und beträgt etwa nur 20%, allein hierbei ist zu berücksichtigen, dafs die besten Dampfmaschinen der Neuzeit nur 15—16% der zugeführten Wärme in Arbeit umsetzen und dafs die Gasmaschine in dieser Richtung noch weiterer Verbesserung fähig ist.

Die Verbrennungswärme des Gases.

Für die Beurteilung und Berechnung des Wertes der Brennstoffe zu Heiz- und Kraftzwecken ist zunächst die Wärmemenge mafsgebend, welche bei Verbrennung desselben entwickelt wird. Da hier nur von Gasen die Rede ist, so kann man auch sagen, dafs im Allgemeinen von zwei Gasen dasjenige einen gröfsern Wert besitzt, welches unter sonst gleichen Verhältnissen bei der Verbrennung pro Volumeneinheit die gröfsere Wärmemenge liefert.

Die Bestimmung der Verbrennungswärme des Leuchtgases geschieht meistens durch Berechnung aus den Analysen des Gases. Man findet diese Berechnung vielfach für die Gewichtsmengen der Gase durchgeführt; es ist jedoch vorzuziehen, die Volumina der Gase zu Grunde zu legen, da diese die einfachsten Verhältnisse zur Berechnung darbieten[1]).

Brennmaterial	Verbrauchter Sauerstoff	gasförmige Verbrennungsprodukte	Verbrennungswärme nach Thomson Kal.
0,5363 kg C + ¹/₂ cbm O =	1 cbm CO		+ 1327
1 cbm CO + ¹/₂ · O = 1	· CO₂		+ 3037
0,5363 kg C + ¹/₁ · O = 1	· CO₂		+ 4364
1 cbm H + ¹/₂ · O = 1	· H₂O		+ 2573
Sumpfgas 1 · CH₄ + 2 · O =	{1 · CO₂ ; 2 · H₂O}		+ 8501
Äthylen 1 · C₂H₄ + 3 · O =	{2 · CO₂ ; 2 · H₂O}		+ 14088
Propylen 1 · C₃H₆ + 4¹/₂ · O =	{3 · CO₂ ; 3 · H₂O}		+ 20675
Benzol 1 · C₆H₆ + 7¹/₂ · O =	{6 · CO₂ ; 3 · H₂O}		+ 35943

Aus dieser Tabelle läfst sich die Verbrennungswärme eines Gases berechnen, wenn dessen prozentuale Volumenzusammensetzung bekannt ist. Die Gasanalyse gibt uns diese Zusammensetzung, allein meistens können diejenigen Kohlenwasserstoffe, welche man als schwere Kohlenwasserstoffe zu bezeichnen pflegt, nicht einzeln, sondern nur in Summe angegeben werden. Die wichtigsten unter ihnen sind Äthylen und Benzol. Die Bestimmung derselben ist mit grofsen Schwierigkeiten verbunden und ist man daher bei Berechnung der Verbrennungswärme meist auf Annahmen angewiesen, welche eine mehr oder weniger grofse Unsicherheit in den Resultaten zur Folge haben, zumal der

---
[1]) In nachstehender Tabelle sind die Volumina der Gase auf 0° und 760 mm Quecksilberdruck bezogen. Unter H₂O ist stets Wasserdampf verstanden.

Wert der Verbrennungswärme gerade bei den in Frage kommenden Kohlenwasserstoffen ein sehr hoher ist[1]). Aus den Untersuchungen von Sainte-Claire-Deville über den Benzolgehalt verschiedener Gassorten geht hervor, dass derselbe auch bei Gas aus verschiedenen Gaskohlen auffallend konstant ist, und um 1 Vol.-% herum sich bewegt. Hiezu ist zu bemerken, dafs nach anderen Beobachtern der Benzolgehalt innerhalb der Grenzen von 0,8 bis 1,5 Vol.-% schwankend gefunden wurde. Knublauch[2]) schlug eine Methode vor, mittels derer man aus der Leuchtkraft eines Gases und der durch die Analyse gegebenen Summe der schweren Kohlenwasserstoffe den Anteil des Benzol und Äthylens berechnen kann.

Bezeichnet x = Vol.-% Benzoldampf,
y = „ Äthylendampf,
L = Leuchtkraft bei 100 l stündl. Konsum und 45 mm Flammenhöhe der englischen Kerze[3]),
S = Summe der Lichtgeber $(x + y)$,

so kann man für Auffindung der beiden Unbekannten x und y folgende zwei Gleichungen benützen.

$$6x + y = \frac{L}{1.0733} \quad \text{und} \quad x + y = S.$$

L wird gefunden, indem man die Leuchtkraft bei einem für Brenner und Gas passenden Konsum feststellt und auf 100 l berechnet.

S wird durch die Gasanalyse bestimmt.

Es ist dann durch Subtraktion der Gleichung II von I

$$x = \frac{1}{5}\left(\frac{L}{1.0733} - S\right) = \text{Vol.-% Benzol und}$$
$$y = S - x = \text{Vol.-% Äthylen.}$$

Wenn diese Methode auch keinen Anspruch auf absolute Genauigkeit macht, so liefert sie doch namentlich für gewöhnliches Leuchtgas gute Annäherungswerte[4]). So berechnet sich z. B. für ein

---

[1]) In neuer Zeit wurde eine einfache Trennung und Bestimmung von Hempel und Dennis angegeben. Journ. f. Gasbel. 1891 S. 414.
[2]) Journ. f. Gasbel. 1880, S. 253.
[3]) Im Elster'schen Normal-Argandbrenner gemessen.
[4]) Die Methode setzt voraus, dafs die Zusammensetzung der Lichtträger und damit die Verbrennungstemperatur des Gases nicht wesentlich verschieden sei, von der von Knublauch zu Grunde gelegten Gassorte.

Gas von 19,5 englischen Kerzen Leuchtkraft (bei 170 l Consum) L für 100 l = 11,5 $\frac{L}{1,0733}$ = 10,7; die Summe der schweren Kohlenwasserstoffe sei 3,51 % sonach ist

$$x = \frac{1}{5}(10,7 - 3,51) = 1.44 \text{ Vol.-% Benzol.}$$

Die Berechnung für ein Gas von gegebener Zusammensetzung gestaltet sich folgendermafsen:

Zusammensetzung des Gases. (München.)

Kohlensäure	1,6%
Stickstoff	3,8 „	unverbrennlich
Wasserstoff	49,6 „
Kohlenoxyd	9,6 „
Aethylen	3,3 „
Benzol[1])	1,4 „	4,7
Methan	30,7 „
	100,0 „

0,496 cbm H × 2573	=	1276,2 Kal.
0,096 „ CO × 3037	=	291,6 „
0,033 „ C_2H_4 × 14088	=	464,9 „
0,014 „ C_6H_6 × 35943	=	503,2 „
0,307 „ CH_4 × 8501	=	2609,8 „
1 cbm: gesamte Verbrennungswärme	5145,7 Kal.

Man sieht aus dieser Berechnung, in welchem Mafse sich die einzelnen Bestandteile des Gases an der Verbrennungswärme beteiligen. Weitaus den gröfsten Anteil an derselben hat das Sumpfgas.

Slaby[2]) hat eine Methode angegeben um aus dem spezifischen Gewicht des Gases und dem volumetrischen Procentgehalt des Gases an schweren Kohlenwasserstoffen die Dichtigkeit der letzteren und somit auch deren Heizwert zu ermitteln.

Der Heizwert H der verschieden schweren Kohlenwasserstoffe ist nämlich, wie Slaby bewies, eine einfache Funktion ihrer Dichtigkeit ε, indem

$$H = 1000 + 10500\,\varepsilon \text{ ist.}$$

Es läfst sich nun aber aus der Analyse des Gases die Dichtigkeit ε der schweren Kohlenwasserstoffe berechnen, wenn man die einzelnen Bestandteile des Gases mit Ausschlufs der schweren Kohlenwasserstoffe mit ihrem Volumgewichte multipliziert und das so gefundene Gewicht von 1 cbm des Gases unter Ausschlufs der schweren Kohlenwasserstoffe von dem aus dem spezifischen Gewicht ermittelten Volumgewichte von 1 cbm des Gases mit Einschlufs der schweren Kohlenwasserstoffe abzieht.

---

[1]) Nach der Leuchtkraft wie oben berechnet.
[2]) Journ. f. Gasbel. 1890, S. 155.

Die hiefür in Betracht kommenden spezifischen Gewichte und Volumgewichte sind, auf Luft bezogen folgende:

	spez. Gewicht	Absolutes Gewicht in g von 1 l bei 0 und 760 mm
Kohlensäure	1,520	1,966
Stickstoff	0,971	1,257
Wasserstoff	0,069	0,090
Kohlenoxyd	0,967	1,252
Methan	0,553	0,716

Für die angeführte Analyse des Münchner Gases berechnet sich sonach pro 1 cbm:

Kohlensäure	0,016 cbm	× 1,966	0,031 kg
Stickstoff	0,038 »	× 1,257 =	0,048 »
Wasserstoff	0,496 »	× 0,090 =	0,045 »
Kohlenoxyd	0,096 »	× 1,252 =	0,121 »
Methan	0,307 »	× 0,716 =	0,220 »

sonach Gewicht von 1 cbm mit Ausschluss der
schweren Kohlenwasserstoffe . . . . . 0,465 kg

Legt man das spez. Gewicht des Gases mit Einschluss der schweren Kohlenwasserstoffe mit 0,450 zu grunde, so ist das Gewicht von 1 cbm Gas $0,450 \times 1,294 = 0,582$ kg. Es ergibt sich sonach für die schweren Kohlenwasserstoffe, welche zusammen 0,047 cbm ausmachen, eine Differenz von $0,582 - 0,465 = 0,117$ kg oder für 1 cbm derselben 2,489 kg. Da nun 1 cbm Luft 1,294 kg wiegt, so ist die Dichtigkeit der schweren Kohlenwasserstoffe $\varepsilon = \frac{2,489}{1,294} = 1,923$. Hieraus ergibt sich $H = 1000 + 10500 \, \varepsilon = 21191$ Kal. Für die Summe der schweren Kohlenwasserstoffe in obiger Analyse ergibt sich der Heizwert zu

$$0,047 \times 21191 = 996 \text{ Kal.}$$

Diese Methode liefert für die Praxis gut brauchbare Werte und gibt wenigstens Mittel an die Hand, welche zu verlässigeren Zahlen führt, als Berechnungen, welche teilweise auf vollkommen willkürlichen Annahmen begründet sind.

Die Bestimmung des spezifischen Gewichtes des Gases. Gaswage von Lux.

Wenn auch in dem Bunsen-Schilling'schen Apparate zur Bestimmung des spezifischen Gewichtes ein für die allgemeinen Zwecke völlig ausreichender Apparat bereits vorliegt, so hat doch in neuerer Zeit die Gaswage von Lux[1]) sehr grosse Verbreitung

---
[1]) Siehe Journ. f. Gasbel. 1887 S. 251, 1888 S. 786 u. 1890 S. 100. Vergl. auch Slaby Journ. f. Gasbel. 1890 S. 196.

gefunden, und sich namentlich für wissenschaftliche Messungen vorzüglich bewährt.

Sie beruht darauf, dafs eine an einem Wagbalkenende befindliche Kugel zuerst mit Luft, dann mit dem zu untersuchenden Gase gefüllt und direkt gewogen wird. Das Verhältnis der beiden Gewichte $= \frac{Gas}{Luft}$ gibt das spezifische Gewicht an.

Das spezifische Gewicht wird direkt an einer Theilung abgelesen. Die Anordnung des Apparates ist folgende (Fig. 109):

In einem mit Stellschrauben und Dosenlibelle versehenen, verschliessbaren Glaskasten, dessen Vorderseite sich nach oben aufklappen lässt, so dass das ganze Innere des Gehäuses bequem zugänglich ist, erhebt sich in der Mitte eine durchbohrte Messingsäule mit gabelförmig getheiltem Kopf. Dieser letztere trägt oben in schwalbenschwanzähnlichen Nuten die Achatlager; an der vorderen und hinteren Stirnseite desselben sind durchbohrte Träger für die Elfenbeinnäpfchen angebracht, welche, mit Quecksilber gefüllt, den gasdichten Verschluss für den Ein- und Austritt des Gases bilden.

Seitlich an diesen Trägern sind Verschraubungen angebracht, um nach Wunsch noch ein Thermometer und ein Manometer zur Messung von Temperatur und Druck des Gases anbringen zu können. Nach unten schliessen an die Träger die Gasleitungsrohre an, welche durch den Boden treten, unterhalb dessen nach einer der Seiten des Gehäuses abbiegen und daselbst aufsen in zwei Hähne münden.

In dem Innern der Säule bewegt sich das Gestänge der Feststellungsvorrichtung, welches oben ein vertieft cylindrische Lager trägt und durch ein Excenter gehoben und gesenkt wird; letzteres sitzt auf der Achse, welche nach vorne durch die Mitte des Stirnrahmens tritt und daselbst mit einem gerändelten Knopf versehen ist.

Der Wagebalken besteht aus dem Mittelkörper mit dem winkelförmigen Ansatzröhrchen, sowie den beiden Regelungsschrauben, der Messingholkugel und dem sechskantigen eigentlichen Balken, welcher mit einer Teilung und entsprechenden Einkerbungen zur Aufnahme des Reiters versehen ist. An seinem Ende trägt der Balken eine feine Stahlspitze, welche über den Gradbogen spielt; letzterer ist durch ein Messingstängchen fest mit der Säule verbunden.

Der Wagebalken ist in 100 Teile geteilt und von zehn zu zehn Teilen vom Mittelkörper aus gerechnet, mit den Bezeichnungen 0,0, 0,1 . . . 1,0 versehen. Der Gradbogen ist in 50 Teile geteilt, dem mittelster die Bezeichnung 0,0 trägt, während nach oben und unten von zehn zu zehn Teilen die Bezeichnungen 0,1, 0,2 stehen. Oberhalb der Bezeichnung 0,0 ist ein Plusszeichen (+), unterhalb derselben ein Minuszeichen (−) angebracht.

Löst man nun die Wage aus, so soll die Spitze des Zeigers genau auf die Stelle 0,0 des Gradbogens zeigen; man erreicht dies leicht durch entsprechendes Verschieben

162   Das Gas als Quelle für Kraft- und Wärmeerzeugung. — Die Gasmotoren.

der in wagrechter Richtung verschiebbaren, am Mittelkörper angebrachten Regelungsschraube.

Hierauf setzt man den Reiter auf 0,8 des Balkens. Hat die Wage die richtige Empfindlichkeit, so soll jedem Grad auf dem Balken ein Grad des Bogens entsprechen; es muß also nunmehr der Zeiger sich auf + 0,2 des Gradbogens einstellen (0,8 + 0,2 = 1,0). Auch dies wird leicht und zwar durch entsprechendes Verstellen der in senkrechter

getrieben, nach fünf Minuten der Apparat mit reinem Gas gefüllt ist.

Löst man nun die Wage versuchsweise aus, so stelle sich beispielsweise der Zeiger auf + 0,07 des Gradbogens ein; das specifische Gewicht des Gases wäre dann 0,4 + 0,07 = 0,47. Hätte sich der Zeiger dagegen beispielsweise auf — 0,02 des Gradbogens gestellt, so würde dies ein specifisches Gewicht von 0,4 — 0,02 = 0,38 anzeigen.

Fig. 109.

Richtung beweglichen Regelungsschraube erreicht und die Wage ist alsdann zum Gebrauch fertig.

Beim Gebrauch der Gaswage verfährt man in der Weise, daß man, nachdem die Prüfung und Einstellung wie geschildert vorgenommen worden ist, das Gas in den Apparat eintreten läßt und bei festgestelltem Wagebalken, den Reiter an eine Stelle setzt, welche dem vermuteten specifischen Gewicht des zu untersuchenden Gases annähernd entspricht. Man wird also beispielsweise den Reiter bei Steinkohlengas auf 0,4 setzen.

Die Bohrungen sind bei dem neuen Modell so weit gehalten, daß bei einem Druck von etwa 25 mm Wassersäule nach zwei bis drei Minuten nahezu alle Luft aus-

Da nun auf dem Gradbogen 25 Teile nach oben und ebensoviele nach unten abgetragen sind, so beherrscht man mit der einen Stellung des Reiters (auf 0,4) die specifischen Gewichte von 0,15 bis 0,65.

Zum Gebrauche verbindet man vermittelst eines Gummischlauches die Gaswage mit der Gasleitung und läßt das Gas in den Apparat eintreten. Bei Modell A kann das Gas durch einen zweiten Gummischlauch weiter geleitet werden, bei Modell B entströmt es dem Brennerrohr. Das Gas vertreibt sehr schnell und vollkommen die Luft, so daß, nachdem etwa 10 l die etwa 2 l fassende Glaskugel durchströmt haben, was bei einer Flamme von etwa 60 l Konsum einer Zeitdauer von etwa zehn Minuten entspricht, die Gaswage bis auf wenige Grade ihren richtigen Stand erreicht hat; sobald zwischen zwei durch eine Pause von zehn Minuten getrennten Ablesungen kein Unterschied mehr besteht, ist alle Luft verdrängt. Genaue Ablesungen mit der Gaswage müssen auf 15° C. und 760 mm Quecksilberdruck reduziert werden.

Um das richtige spezifische Gewicht zu erhalten, muſs bei Beobachtungen unter höherem Drucke als 760 mm das gefundene spezifische Gewicht erhöht, bei Beobachtungen unter niederem Drucke als 760 mm dagegen das gefundene spezifische Gewicht erniedrigt werden.

Bei sehr genauen Bestimmungen sind diese Korrekturen einzeln für das Gas wie für die Luft vorzunehmen, und der Unterschied ist dann dem beobachteten spezifischen Gewichte zuzuzählen oder von demselben abzuziehen. Für Gase aber, deren spezifisches Gewicht sich zwischen 0,400 und 0,500 bewegt und für Drucke zwischen 730 und 790 mm kann mit einer für die Praxis genügenden Genauigkeit für jeden Millimeter Druck über oder unter 760 mm der Wert 0,0007 zu- bezw. abgezogen werden.

Soviel Millimeter der Druck bei der Beobachtung mit der Gaswage höher ist als 760 mm, so vielmal ist der Wert 0,0007 dem beobachteten spezifischen Gewichte zuzufügen, soviel Millimeter derselbe dagegen niederer ist als 760 mm, so vielmal ist der Wert 0,0007 von dem beobachteten spezifischen Gewichte abzuziehen.

Dies ist die Korrektur für den Druck; ähnlich verhält es sich mit den Korrekturen für die Temperatur; auch hierbei müssen bei sehr genauen Bestimmungen die Korrekturen für das Gas und die Luft gesondert ausgeführt werden; für die Praxis braucht jedoch nur eine einmalige Korrektur vorgenommen zu werden, und zwar beträgt der Wert für jeden Grad Celsius 0,002.

Um soviel Grade höher als 15° C. also die Temperatur bei der Beobachtung ist, so vielmal ist der Wert 0,002 abzuziehen, so viel Grade sie niederer liegt, so vielmal ist der Wert 0,002 zuzufügen.[1]

---

[1] Für die Correcturen werden eigene graphische Tafeln beigegeben.

Beispiel:

Das spezifische Gewicht eines Leuchtgases sei auf der Gaswage bei + 25° C und 780 mm Druck gefunden zu 0,4350
25 — 15 = 10; — 0,002 × 10 = — 0,020
780 — 760 = 20; + 0,0007 × 20 = + 0,014
— 0,006 . 0,0060

Das wirkliche spez. Gewicht des Gases ist also . 0,4290

Die Verbrennungserscheinungen.

Die Verbrennung des Gases ist eine Verbindung desselben resp. seiner Bestandteile mit Sauerstoff, und zwar findet diese Verbindung in einfachen Volumverhältnissen statt. Auf Seite 159 haben wir diese Verhältnisse angegeben. Aus dieser Tabelle läſst sich also für jedes Gas, welches seiner Zusammensetzung nach bekannt ist, sowohl die theoretisch zu seiner Verbrennung erforderliche Luftmenge als auch die Menge der dabei entstehenden Verbrennungsprodukte berechnen.

Mischt man ein Gas mit der theoretisch erforderlichen Luftmenge — für 1 cbm durchschnittlichen Leuchtgases 5—6 cbm Luft, so findet Explosion statt. Die scharfe Verpuffung einer explosiven Mischung ist der raschen Fortpflanzung der an einem Punkte des Gasgemisches hervorgerufenen Entzündung zuzuschreiben; diese Fortpflanzung der Entzündung verbreitet sich mehr oder minder rasch durch die ganze Masse und bewirkt eine entsprechend rasche Entwickelung eines hohen Druckes, wenn die Mischung, wie in der Gasmaschine, in einem geschlossenen Raume entzündet wird. In einer verdünnten Mischung verbreitet sich die Flamme um so langsamer, je gröſser die Verdünnung ist, und nähert sich schlieſslich einem Punkte, wo die Entzündbarkeit überhaupt aufhört. Dieser Punkt liegt für Steinkohlengas, wenn es durch den elektrischen Funken entzündet wird, nach Clerk bei der Mischung von 1 Teil Gas und 15 Volumen Luft. Diese Grenze, welche man das »kritische Verhältnis« nennt, ist von der Temperatur des Gasgemisches abhängig.[1] Irgend eine nach dem kritischen Verhältnis hergestellte Gasmischung wird bei der geringsten Erhöhung der Temperatur oder auch des Druckes wieder entzündbar.

---

[1] Näheres über die Einwirkung der Temperatur auf die Explosionsgrenze s. Roszkowski, Journ. f. Gasbel. 1890, S. 584.

Die Geschwindigkeit des Abbrennens von explosiven Gasmischungen hat von jeher das Interesse der Wissenschaft in Anspruch genommen. In neuerer Zeit wurden von Mallard und Le Chatelier hierüber exakte Versuche ausgeführt[1]), welche zu folgenden Ergebnissen führten:

Fortpflanzungsgeschwindigkeit der Flamme pro Sekunde in verdünnten Mischungen.

10,0 Vol. Leuchtgas	90	Vol. Luft	. . .	0,16 m
12,5 »	»	87,5 »	»	0,78 »
15,0 »	»	85,0 »	»	1,04 »
17,5 »	»	82,5 »	»	1,18 »
20,0 »	»	80,0 »	»	0,93 »

Die Versuche ergaben, dafs die Verbrennlichkeit von Luft und Leuchtgasmischungen bei 6% Leuchtgas, also bei dem Verhältnis 1 Teil Gas zu 15,7 Teilen Luft beginnt, und bei 28% Leuchtgas, also bei dem Verhältnis 1 Teil Gas zu 2,6 Teilen Luft wieder aufhört. Das Maximum der Fortpflanzungsgeschwindigkeit der Flammen, also auch das Maximum der Explosionskraft, resultiert bei 17% Leuchtgas, also bei einem Verhältnis von 1 Teil Gas und 4,9 Teilen Luft. Dieses Verhältnis entspricht nicht der theoretisch zur Verbrennung nötigen Luft, welche in dem Falle auf 1 Teil Gas 5,7 Teile Luft betragen würde. Die explosivste Mischung von Leuchtgas und Luft enthält somach ersteres im Überschufs.

Diese Zahlen für die Werte der Fortpflanzungsgeschwindigkeit der Flammen gelten für konstanten Druck, also für die Explosion in offenen Räumen. Für die Explosion in geschlossenen Räumen sind speziell diejenigen Versuche von Interesse, welche sich auf die Explosionen in den Gasmaschinen beziehen. Clerk[2]) mafs durch Diagramme sowohl die Explosionszeit[3]) als auch die durch die Explosion auf die Flächeneinheit des Kolbens ausgeübte Kraft und fand bei Glasgower Leuchtgas:

Gas Vol.	Luft Vol.	Max. Druck über die Atmosphäre in Pfd. pro Quadratzoll	Explosionszeit[3]) Sekunden
1	13	52	0,28
1	11	63	0,18
1	9	69	0,13
1	7	89	0,07
1	5	96	0,05

[1]) Journ. f. Gasbel. 1885, S. 461, 485; 1886, S. 98, 134.
[2]) The gas Engine by Dugald Clerk London 1886 s. auch Th. Schwartze, die Gasmaschine Leipzig 1887.
[3]) Explosionszeit ist die Zeit, welche vom Beginn des Druckes bis zum Maximaldruck verliefst.

Der höchste Druck, welcher mit einer Mischung des bezeichneten Leuchtgases und Luft ohne Kompression erreicht werden konnte, betrug 96 Pfund pro Quadratzoll oder 6,8 Atmosphären Überdruck. Das Verhältnis der Mischung betrug 1 : 5, während 1 : 6 dem theoretischen Verhältnis von Gas und Luft entsprochen hätte.[1])

Die Verbrennungstemperatur

des Leuchtgases wurde von mehreren Experimentatoren direkt zu ermitteln versucht. Rosetti mafs dieselbe mittels eines Eisenplatinelementes und fand für den heifsesten Teil des Bunsenbrenners im farblosen Flammenmantel 1300°. Crova fand auf spektralanalytischem Wege die Temperatur im Argandbrenner zu 1373°.

Von neueren Versuchen sind die von Maillard und Le Chatelier zu erwähnen. Wenn dieselben die Frage der Verbrennungstemperatur zwar nicht speziell für das Leuchtgas behandeln, so liefern sie doch einige wertvolle Aufschlüsse über die Frage, welche Temperaturen können durch Verbrennung von Gasen überhaupt erzielt werden. Nach den früheren Untersuchungen schien die obere Grenze der Verbrennungstemperatur bald erreicht, da die Verbrennungsprodukte Kohlensäure und Wasserdampf dissoziiert werden. Nach den Untersuchungen von Deville begann die Dissoziation schon bei 1000 bis 1200° C., so dafs eine Steigerung der Flammentemperatur über ca. 2000° nicht möglich erschien. Maillard und Le Chatelier haben festgestellt, dafs bei Kohlensäure unterhalb 1800° eine bemerkbare Dissoziation nicht eintritt und dafs Wasserdampf selbst bei 3300° eine nennenswerte Zersetzung nicht erleidet. Mit Kohlenoxydknallgas (2 CO + 1 O) wurden 3130° C., mit Wasserstoffknallgas (2 H + 1 O) 3350° C. erreicht. Verdünnte Mischungen gaben natürlich weit niedrigere Temperaturen. Es spielen also die Dissoziationserscheinungen, denen man namentlich bei der Verpuffung von Leuchtgas in Gasmotoren einen wichtigen Einflufs zuweisen zu müssen glaubte, hierbei keine Rolle und dürfen bei der Erklärung dieser Vorgänge nicht mehr in Betracht gezogen werden.

[1]) Das Verhältnis, wie es in den Gasmaschinen gewählt wird, entspricht nicht dem theoretischen und besteht meist aus 1 Teil Gas und 7 Teilen Luft.

Die Wärmestrahlung.

Ein Teil der bei der Verbrennung des Gases erzeugten Wärmemenge wird von der Flamme, gleichgültig ob dieselbe leuchtend oder entleuchtet ist, durch Strahlung ausgesandt. Unter Strahlung im allgemeinen versteht die Physik eine von allen Körpern ausgehende Wellenbewegung desjenigen Mittels, welches wir den Lichtäther nennen. Den Gesetzen der Wellenbewegung unterliegen alle Strahlen, sei es nun, dafs dieselben sichtbar als Licht, fühlbar als Wärme, oder nur durch chemische Mittel wahrgenommen werden. Licht und Wärme unterscheiden sich physikalisch nur durch die Länge ihrer Schwingungswellen. Die kürzesten Wellenlängen und die brechbarsten Strahlen nehmen wir als Licht wahr, die weniger brechbaren und von gröfserer Wellenlänge als dunkle Strahlen.

Während es bei der Verwendung des Gases zur Beleuchtung darauf ankommt, einen möglichst grofsen Teil der Strahlung als Licht zu erhalten, richtet sich bei dem Heizgas das Hauptaugenmerk auf die als Wärme ausgesandte Strahlung. Unter neueren physikalischen Arbeiten über Strahlung sind zwei preisgekrönte Schriften von Helmholtz[1]) und von Dr. W. Julius[2]) besonders hervorzuheben. Helmholtz fand, dafs die gesamte durch Strahlung abgegebene Energie nur ein verhältnismäfsig geringer Teil der gesamten Verbrennungsenergie ist. In Kalorien[3]) gemessen ergab sich das auf folgender Tabelle angegebene Resultat:

	Absolute Strahlung		Verbrennungs- wärme		Relative Strahlung	
	s hell	s entl.	pro Gramm	pro Liter	hell	entl.
	Kal.	Kal.	Kal.	Kal.	%	%
Wasserstoff . .	111		34200	3060	3,65	
Kohlenoxyd . .	266		2440	3050	8,74	
Leuchtgas . .	452	272	10040	5330	8,50	5,12
Grubengas . . .	587	491	13340	9540	6,17	5,15
Ölbildendes Gas	1720	765	11950	14950	11,5	5,12
Petroleum . .	2000[4])		11400	—	18,2	—

[1]) Helmholtz, Licht- und Wärmestrahlung verbrennender Gase, Berlin, L. Simon 1890.
[2]) Julius, Licht- und Wärmestrahlung verbrannter Gase, Berlin, L. Simon 1890.
[3]) Sog. kleine oder Gramm-Kalorien.
[4]) Für Petroleum ist das absolute Strahlungsvermögen auf 1 Gramm bezogen.

Der als Strahlung von der Flamme ausgegebene Teil der gesamten Verbrennungsenergie ist im ganzen auffallend gering. Die drei entleuchteten Kohlenwasserstoffflammen, das Leuchtgas, Grubengas und Äthylen (ölbildendes Gas) setzen alle genau gleich viel, nämlich 5,1% in Strahlung um. Die Strahlung der leuchtenden Kohlenwasserstoffflammen ist höher als die der nicht leuchtenden. Nun entfällt allerdings hiervon ein Teil auf Lichtstrahlen, doch ist derselbe so gering, dafs man ohne grofsen Fehler die hier gefundenen Werte ausschliefslich auf Wärmestrahlung beziehen darf. Tyndall fand, dafs in einem Argandbrenner höchstens 4% der gesamten Strahlung auf Lichtstrahlung treffen. Obige Resultate thun deshalb dar, dafs bei Verbrennung von Leuchtgas und zwar mit leuchtender Flamme rund 8% und mit entleuchteter Flamme rund 5% der erzeugten Wärme durch Strahlung abgegeben werden, während der weitaus gröfste Teil der Wärme in den Verbrennungsprodukten aufgespeichert bleibt und aus denselben nur durch Leitung entnommen werden kann. Die Erklärung für das gröfsere Strahlungsvermögen der leuchtenden Flammen ist in deren Gehalt an festem Kohlenstoff zu suchen, da die festen Körper ein viel höheres Strahlungsvermögen als die Gase besitzen. Die Strahlung fester Körper wächst proportional der Oberfläche derselben und der Temperatur, auf welche sie erhitzt werden.

Die Gasmotoren.

Die Entwicklung der Gasmaschine trat seit der Pariser Weltausstellung im Jahre 1878 in eine neue Ära ein, durch das erste Auftreten der „Otto"schen Gaskraftmaschine. Äufserlich durch kleine Dimensionen, regelmäfsigen, ruhigen Gang und gefälliges Aussehen gekennzeichnet, unterschied sie sich dem Wesen nach von ihren Vorgängern in drei Punkten, welche einen wichtigen Fortschritt bedeuteten; es ist dies erstens die Kompression des Gasgemisches vor der Zündung behufs Verkleinerung der Dimensionen, zweitens die Zündung im Todpunkte, welche den Stofs beseitigte und damit gröfsere Kolbengeschwindigkeit zuliefs, drittens die Anordnung des sogen. Viertaktes, d. h. der abwechselnden Benutzung desselben Cylinders zum Ansaugen, Komprimieren, Expandieren und Auspuffen des Gasgemisches. Die

Erfindung des Otto'schen Motors war ein Fortschritt von höchster Bedeutung im Maschinenbau, und es darf als gröfstes Lob für den Erfinder wohl der Umstand gelten, dafs die Maschine seit ihrem Auftreten bis heute, also innerhalb ca. 13 Jahren in 37 500 Exemplaren verkauft wurde, welche zusammen 150 000 Pferdekräfte repräsentieren, und dafs die Konstruktion im Allgemeinen dieselbe geblieben ist, wie damals. Die Otto'sche Maschine war es, welche dem Gase den Weg als Betriebskraft geebnet hat, welche die Vorteile des Gases zu motorischen Zwecken der Allgemeinheit zugänglich und zur Erzeugung des elektrischen Stromes nutzbar gemacht hat.

Allerdings wurden aufser dem Otto'schen Motor auch noch eine Reihe vorzüglichster Konstruktionen geschaffen, deren Verdienst in keiner Weise geschmälert sein soll. Der Gasmotorenbau steht überhaupt in einer ungeahnten Blüte da, und ist noch stets auf dem Wege weiteren Fortschrittes und gröfserer Vervollkommnung begriffen. Der speziellen Beschreibung der am meisten verbreiteten Gasmotoren seien einige allgemeine Betrachtungen vorausgeschickt, wobei wir von dem Prozesse der Dampfmaschine ausgehen wollen[1]).

Man pflegt bei der Dampfmaschine die Wirkung des Dampfes im Cylinder durch ein Diagramm darzustellen, in welchem horizontal die vom Kolben zurückgelegten Wege, vertikal die zugehörigen Spannungen des Dampfes aufgetragen sind. Nebenstehende Fig. 110 stellt das Diagramm einer Maschine dar, bei welcher der Dampf nach gethaner Arbeit beim Rückgang des Kolbens ins Freie geschoben wird; der obere Teil der Figur besteht aus zwei Teilen, einer Periode konstanten Druckes und einer solchen mit abnehmender Spannung entsprechend.

Während der ersteren gelangt dasjenige Dampfquantum, welches im Cylinder expandieren soll, aus dem Kessel in letzteren hinein, oder, wie man sich auch ausdrücken kann, es wird die Wärmemenge, von der ein Teil in Arbeit verwandelt werden soll, in den Cylinder aus dem Kessel, wo sie an den Dampf übertragen wurde, eingeführt. Mit der am Ende dieser ersten Periode eintretenden Trennung des Cylinders vom Kessel beginnt die nunmehr sich selbst überlassene Cylinderfüllung zu

[1]) Nach Schröter, die Motoren der Kraft- und Arbeitsmaschinen-Ausstellung in München, Bayr. Ind. u. Gewerbeblatt 1889, S. 171 u. ff.

expandieren, bis sie am Ende des Hubes ihre niedrigste Spannung erreicht hat und dann ins Freie entlassen wird. Der Vorgang in der Gasmaschine unterscheidet sich hievon insoferne, als die Wärme nicht von aufsen in den Cylinder eingeführt wird, sondern im Cylinder selbst erzeugt wird dadurch, dafs ein brennbares Gasgemenge in derselben zur Entzündung und Verbrennung gelangt. Wenn das Gemenge in dem Quantum, welches zu einer Cylinderfüllung ausreicht, in denselben eintritt, so

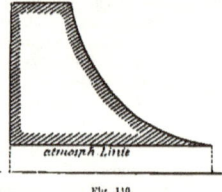

Fig. 110.

hat es nicht, wie bei der Dampfmaschine, schon die hohe Spannung und Temperatur, von welcher aus die Expansion erfolgen soll, vielmehr tritt es mit atmosphärischer Spannung und Temperatur

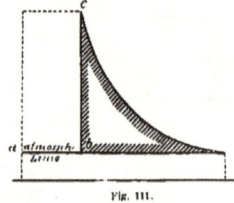

Fig. 111.

ein (s. $a-b$, Fig. 111) und durch die Entzündung steigt momentan der Druck ($b-c$) und von da an verläuft der Prozefs so wie Fig. 110 es darstellt — man braucht also im Diagramm der Dampfmaschine nur die erste Periode konstanten höchsten Druckes wegzulassen und man erhält das Diagramm der Gasmaschine, bei der eben das Wärmereservoir, der Dampfkessel, fehlt und die für jeden Hub nötige resp. verwendbare Wärme erst im Cylinder erzeugt, durch die chemische Verbindung der Gase gewissermafsen aus dem Zustand der Verborgenheit hervorgeholt wird, in welchem sie mit dem Gasgemenge in den Cylinder eingeführt worden war.

In der Wirklichkeit vollzieht sich natürlich der Vorgang der Drucksteigerung nicht so plötzlich wie in Fig. 111 dargestellt; im Prinzip aber ist der Vorgang in der ersten Gasmaschine (Lenoir), welche industrielle Bedeutung erlangt hat, durch dieses Diagramm gegeben. Die Erfahrung zeigte jedoch, dafs man eine bedeutend bessere Wirkung aus einer und derselben Gasmenge erzielt, wenn man sie vor der Entzündung verdichtet; die erreichten höchsten Werte von Druck und Temperatur nehmen dann bei der Entzündung in dem Mafse zu, als die Verdichtung eine stärkere war, und so findet man heute kaum mehr eine Gasmaschine,

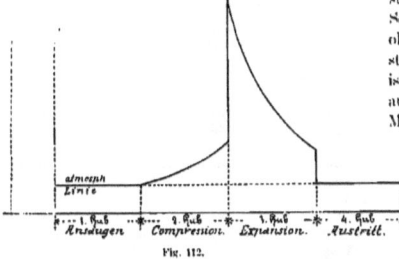

Fig. 112.

welche nicht mit Kompression arbeitet. Man führt diesen Gedanken so aus, dafs man in einem und demselben Cylinder zuerst die Kompression und dann die Zündung und Expansion vor sich gehen läfst; der Kolben arbeitet nur mit einer Seite und zwar so, dafs ein Prozefs sich in 4 Hüben abspielt, wie obenstehendes Diagramm (Fig. 112) zeigt (der sog. Viertakt).

Legt man die 4 Perioden übereinander, so erhält man das Diagramm, wie es der Indikator liefert, die erste und vierte Periode decken sich bei einer idealen Maschine. Auf diese Art ist der wesentliche Vorteil erreicht, dafs die Zündung und Drucksteigerung erfolgt, solange der Kolben sich in Ruhe befindet, während bei den älteren Maschinen dieser Moment mitten in der Bewegung des Kolbens eintrat.

Mit dem Viertakt ist ein ziemlich grofser Ungleichförmigkeitsgrad der Bewegung verbunden, da immer erst auf jede zweite Umdrehung der Welle eine Explosion erfolgt; es hat deshalb nicht an Versuchen gefehlt, Kompressionsmaschinen so zu bauen, dafs auf jede Umdrehung ein Antrieb erfolgt, die Maschine also von einer halbwirkenden wenigstens zu einer einfachwirkenden wird; doch sind diese Bestrebungen noch vereinzelt geblieben.

Abgesehen von Konstruktionsprinzipien, unterscheiden sich die verschiedenen Gasmotoren schon durch äufserliche Merkmale. Der auch dem Auge des Laien am ehesten bemerkbare Unterschied betrifft die Lage der Cylinderachse: horizontal bei den liegenden Maschinen, vertikal bei den stehenden. Für beide lassen sich Gründe und Gegengründe anführen; Billigkeit und Bequemlichkeit der Herstellung, Bearbeitung und Montage scheinen auf Seite der stehenden Maschine etwas gröfser zu sein, ohne dafs bei genügender Durchbildung des Gestelles die Stabilität Not leiden müfste. Vielfach ist das bedeutend geringere Raumbedürfnis inbezug auf Bodenfläche für die Wahl eines stehenden Motors ausschlaggebend.

Von allen Organen, welche die Gasmaschine zur Durchführung ihres Arbeitsprozesses benötigt, ist unstreitig das wichtigste die Zündvorrichtung. Die älteste Gasmaschine — wenn man nur diejenigen Konstruktionen betrachtet, welche Eingang in die Industrie gefunden haben, — besafs elektrische Zündung d. h. genauer ausgedrückt, Funkenzündung, indem innerhalb der den Ladungsraum füllenden Gasmasse zwischen zwei metallischen Spitzen im geeigneten Moment der Funken eines Induktionsapparates übersprang. Dann folgte die (schon früher vorgeschlagene) Flammenzündung d. h. Übertragung der Wärme einer aufserhalb des Cylinders brennenden Gasflamme auf das Gemenge im Cylinder und endlich haben wir eine dritte Methode der Zündung durch Glühkörper, an welchen sich die im geeigneten Moment damit in Verbindung gesetzte Gemische im Cylinder entzündet. Denkt man sich z. B. eine Kammer gebildet, in welcher sich ein durch einen elektrischen Strom zum Glühen gebrachter Platindraht befindet (Fig. 113); soll gezündet werden, so wird durch einen Schieber eine Öffnung blosgelegt, durch welche das Cylindergemenge in die Kammer treten und sich dort entzünden kann. Noch viel einfacher wird aber die Aufgabe gelöst durch die sog. Rohrzündung, bei der die Anwendung des elektrischen Stromes umgangen, vielmehr durch einen einfachen Bunsenbrenner ein Rohr zur Rotglut erhitzt wird, an welchem sich im geeigneten Moment die Gase entzünden.

Die Anordnung der Organe, welche für den Eintritt der Ladung in den Cylinder und für Austritt der Verbrennungsprodukte zu sorgen haben,

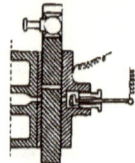

Fig. 113.

ist von der Dampfmaschine mit herübergenommen, wo man für diese Zwecke früher meist Schieber benützte, während in neuerer Zeit mehrfach Ventile verwendet werden. Ähnlich ist die Entwicklung bei der Gasmaschine, mit dem in der Natur der Sache begründeten Unterschied, daſs für den Austritt nur Ventile zur Verwendung kommen, weil bei den hohen Temperaturen der austretenden Gase eine Schmierung des Schiebers nicht wohl möglich wäre. Gewöhnlich ist bei Anwendung eines Schiebers für die Vermittlung des Gaseintrittes im Schieber auch die Zündvorrichtung enthalten (Schieberzündung), während bei Einlaſsventilen eine separate Zündvorrichtung vorhanden zu sein pflegt.

Besonders wichtig sind auch die Reguliervorrichtungen, d. h. diejenigen Einrichtungen, vermöge welcher die Umdrehungszahl des Motors bei beliebiger Kraftleistung konstant gehalten werden soll. Selbstverständlich können nur solche Regulierungen gut geheiſsen werden, welche so wirken, daſs sie die Kraftentwicklung des Motors in Einklang bringen mit der nur jeweilig geforderten Leistung. Die Lösung der Aufgabe ist bei der Gasmaschine nicht so einfach, wie bei der Dampfmaschine, wo man bekanntlich die Stärke der Maschinenarbeit durch die Menge des pro Hub in den Cylinder eingelassenen Dampfquantums reguliert; bei der Gasmaschine kommt der erschwerende Umstand hinzu, daſs die Verbrennung im Cylinder nur bei ganz bestimmter Zusammensetzung der Ladung in richtiger, günstigster Weise vor sich geht und Abweichungen von der richtigen Menge sowohl nach oben als nach unten den Verbrennungsprozeſs ungünstig beeinflussen. Man reguliert daher die Gasmaschine meistens so, daſs man in den ein- für allemal festgestellten Verbrennungsprozeſs gar nicht eingreift, sondern die Anzahl der Prozesse in einer bestimmten Zeit dadurch ändert, daſs man durch den Regulator die Gaszufuhr vollständig aufhebt, wodurch die betreffende Explosion ausfällt.

In neuerer Zeit werden jedoch auch, namentlich da, wo es auf groſse Gleichförmigkeit ankommt, Regulierungen angebracht, welche die Füllung des Cylinders mit explosiblem Gemisch je nach der Arbeitsleistung verändern, also wie bei der Dampfmaschine.

Die Otto'sche Maschine.

Die vielbekannte Otto'sche Maschine (Deutzer Motor), welche in Gröſsen von ⅓ bis über 100 Pferdekraft gebaut wird, ist eine einseitig wirkende Gasmaschine, bei der also die Explosionskraft des mit Luft gemengten Gases nur auf eine Seite eines Kolbens A (Fig. 114 u. 115) wirkt, welcher sich im Arbeitscylinder C luftdicht hin und her bewegt. Dieser Arbeitscylinder ist länger als der Kolbenhub und zwar so, daſs wenn der Kolben sich in der dem Cylinderboden am nächsten liegenden Stellung befindet, zwischen diesem und der hinteren Kolbenfläche noch ein Raum C bleibt, in welchem die von der vorhergehenden Füllung herrührenden Verbrennungsprodukte zurückgehalten werden.

Zu einem Spiel der Maschine gehören zwei volle Umdrehungen der Kurbelwelle oder vier einfache Kolbenhübe, auf welche sich die einzelnen Arbeitsperioden in folgender Weise verteilen.

Wenn der Kolben sich aus seiner soeben erwähnten Stellung in der Richtung nach der Kurbel E hin bewegt, so gestalten die Steuerungsorgane der Maschine, daſs zu den im Cylinder befindlichen indifferenten Gasen (Verbrennungsprodukte) ein Gemisch von Gas und Luft ansaugt, welche zusammen die explosible Ladung der Maschine bilden.

Diesem Vorgang, welcher »Saugperiode« genannt wird, folgt die »Kompressionsperiode«, wenn der Kolben durch die lebendige Kraft des Schwungrades wieder in den Cylinder hineingeschoben wird. Während dieses Rückganges sind sämtliche Einströmungskanäle und das Ausblaseventil geschlossen. Ist nun der Kolben am Ende seines Hubes im hinteren toten Punkte angelangt, so ist die Ladung im Cylinder zusammen gepreſst und zwar so, daſs an der Eintrittsstelle des Explosionsgemenges die Cylinderfüllung am

Die Otto'sche Maschine.

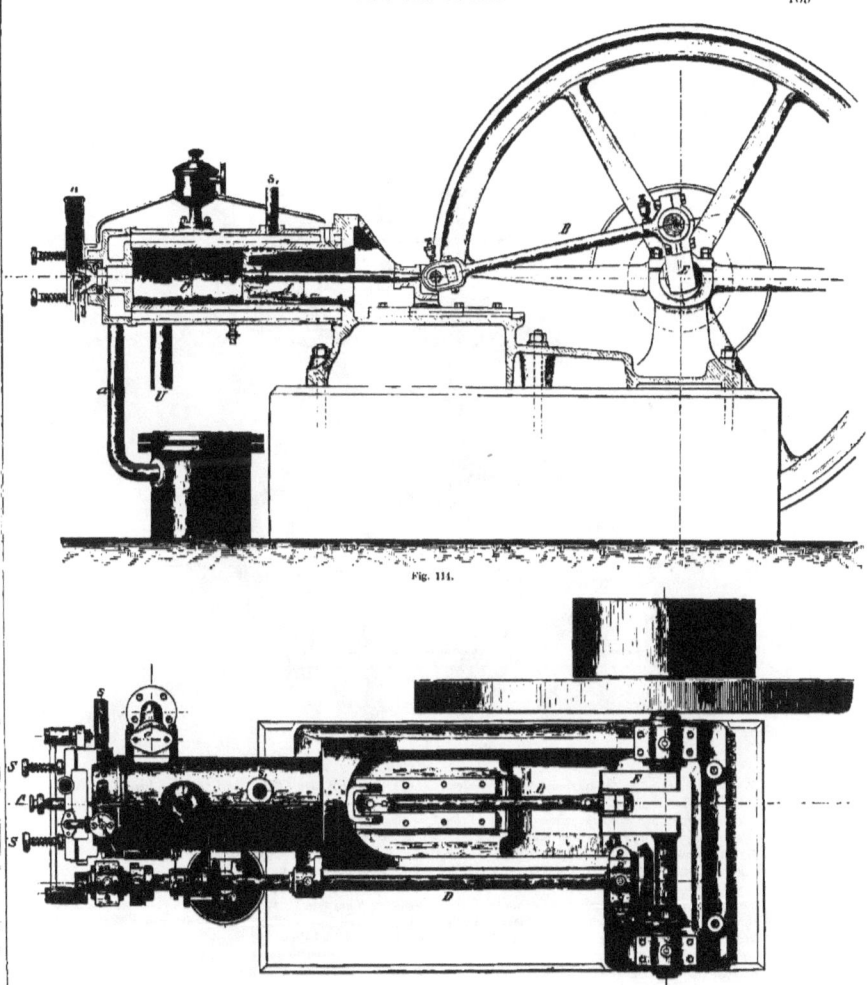

Fig. 114.

Fig. 115.

gasreichsten ist. Durch den Steuerungs- oder Zündschieber F (Fig. 116) wird nun die Verbindung der Zündflamme mit dem Innern des Cylinders an dieser Stelle hergestellt und die Entzündung bewirkt. Die hierdurch im Cylinder entstehende hohe Spannung schiebt den Kolben vorwärts, welcher die ihm erteilte Arbeit vermittelst der Pleuelstange B auf die Kurbelwelle E überträgt (Fig. 115).

erhebliche Gewicht der Schwungmassen ein für alle Fälle genügender Gleichförmigkeitsgrad derselben erzielt. Sämtliche Steuerungsorgane der Maschine werden durch die Steuerwelle D (Fig. 116) bewegt, die parallel der Cylinderachse montiert ist und durch ein Kegelräderpaar von der Kurbelwelle E so angetrieben wird, dafs sie halb so viel Umdrehungen macht wie diese. In einer am Cylinder-

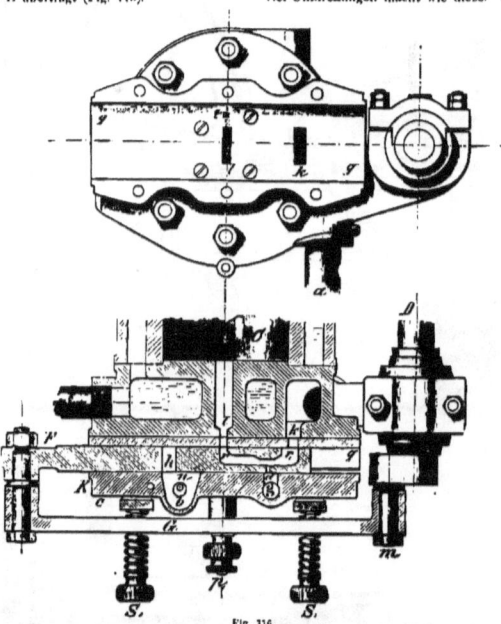

Fig. 116.

Auf diese „Arbeits- oder Zündperiode" folgt während des Kolbenrückganges die „Ausblaseperiode". Das Ausblaseventil e, das während der vorhergehenden drei Perioden stets geschlossen war, wird jetzt geöffnet und gestattet den Austritt der im Cylinder befindlichen Verbrennungsprodukte, so lange der Kolben sich nach dem Cylinderboden hinbewegt. Es wird also während der Arbeitsperiode die dem Kolben erteilte Kraft vom Schwungrad aufgenommen, welches durch seine lebendige Kraft für sich wieder die Bewegung des Kolbens während der drei folgenden Perioden zu bewirken hat.

Trotz dieser periodischen Kraftentwickelung wird durch die grofse Kolbengeschwindigkeit der Maschine und das

kopf senkrecht zur Achse des Cylinders liegenden Gleitfläche q bewegt sich der Steuerungs- oder Zündschieber F, welcher durch eine Schubstange G von der Steuerungswelle aus durch den Kurbelzapfen n gesteuert wird.

Die Schiebergleitfläche am Cylinderkopf wird durch eine abnehmbare Platte gebildet. Der Schieberdeckel K wird durch Spiralfedern und Schrauben S, S, gegen den Schieber F angeprefst, während die Prefsschrauben pp, ohne Federn durch Zwischenlage einer Lederscheibe den Deckel in der Mitte festhalten.

In der Gleitfläche des Schiebers befindet sich, mit dem Cylindermittel zusammenfallend, die Einströmungsöffnung l und seitlich davon der mit dem Luftansaugerohr in Ver-

Die Otto'sche Maschine.

bindung stehende Luftkanal k. Die denselben correspondierenden Öffnungen $r\ r$, des Schiebers sind durch einen Kanal miteinander verbunden, welcher durch die kleinen Öffnungen $d\ d$ bei entsprechender Stellung mit dem Gaszuführungskanal g in Verbindung tritt.

Beim Beginn der Saugperiode steht der Schieber so, dafs r den Einströmungskanal l eben öffnet und den Zutritt der Luft aus dem Luftkanal k durch das Ansaugerohr a gestattet, während durch die senkrecht übereinander liegenden Öffnungen d in der Rückseite des Schiebers aus dem Kanal g Gas eintritt. Gas und Luft mischen sich in dem Kanal $r\ r$, (Mischungskanal) und werden durch den Einströmungskanal l in den Cylinder C angesaugt. Beim Beginn der Kompressionsperiode hat der Schieber den Einströmungskanal l verdeckt, und der Cylinderraum ist hermetisch abgeschlossen.

und infolge der ihm beigemengten atmosphärischen Luft unterbllt.

Hierbei teilt sich der im Cylinder befindliche Kompressionsdruck der Schiebermulde mit, und die Schieberflamme kann in dem Moment, in welchem diese den Einströmungskanal l öffnet, das in demselben befindliche Gasgemisch entzünden. Diese Entzündung pflanzt sich durch den Kanal l bis in den Cylinderraum C fort, wodurch die Cylinderfüllung verbrennt und durch die entstehende hohe Spannung den Kolben nach vorwärts treibt.

Kurz vor dem Ende dieses Hubes, welcher als Arbeitsperiode bezeichnet worden, öffnet der auf der Steuerwelle

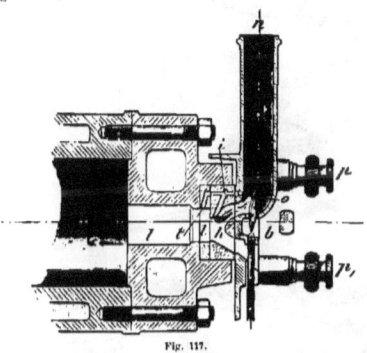

Fig. 117.

Gegen das Ende der Kompressionsperiode befindet sich die Schiebermulde h vor dem Kamin n, in welchem die Kaminflamme b brennt. (Fig. 117.)

In der Schiebermulde brennt eine Flamme (Schieberflamme), welche von der Schieberflammenleitung c (Fig. 118) durch die im Deckel befindliche Rinne o und die Bohrung i gespeist wird.

Die Schieberflamme wird unmittelbar vor jeder Entzündung der Cylinderfüllung durch die Kaminflamme b angezündet, indem die Schiebermulde den Kamin n passiert, und brennt so lange in der Schiebermulde weiter, bis die letztere mit dem Einströmungskanal l in Verbindung tritt und die Cylinderfüllung entzündet. Wenn die Schiebermulde auf der Rückseite des Schiebers gegen den Kamin n und die äufsere Luft abgeschlossen ist, so hat die Bohrung i das Ende der Gaszuführungsrinne o passiert und stellt in demselben Moment durch die Öffnung t die Verbindung der Schiebermulde mit dem im Cylinder befindlichen komprimierten Explosionsgemenge her, welches letztere nun die in der Schiebermulde noch brennende Schieberflamme speist

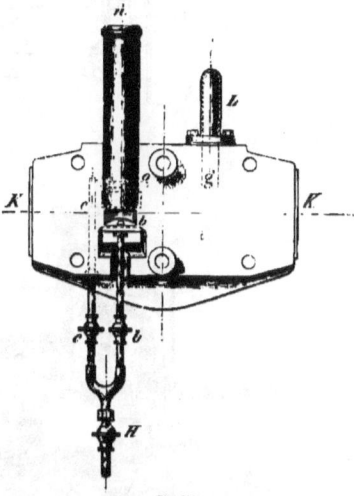

Fig. 118.

sitzende Ausströmungsnocken f (Fig. 119) vermittelst des Hebels u das Ausströmungsventil e, welches sich am Ende dieses Hubes — der Ausströmungsperiode — wieder schliefst.

Die Feder w bewirkt einen festen und sicheren Schlufs des Ventils.

Die Gaszuführung wird durch den Regulator dem Kraftbedarf entsprechend durch das Regulierventil Z bewirkt. (Fig. 120.) Dieses steht durch einen Krümmer l, mit dem Gaszuführungskanal g in Verbindung.

Befindet der Regulator sich in seiner normalen Stellung, so öffnet der Einlassnocken z vermittelst des Hebels v das Regulierventil Z und läfst die erforderliche Menge Gas während der Ansaugeperiode eintreten. Wird der Motor entlastet, so bewegt der Regulator infolge seines schnelleren

22*

172 Das Gas als Quelle für Kraft- und Wärmeerzeugung. — Die Gasmotoren.

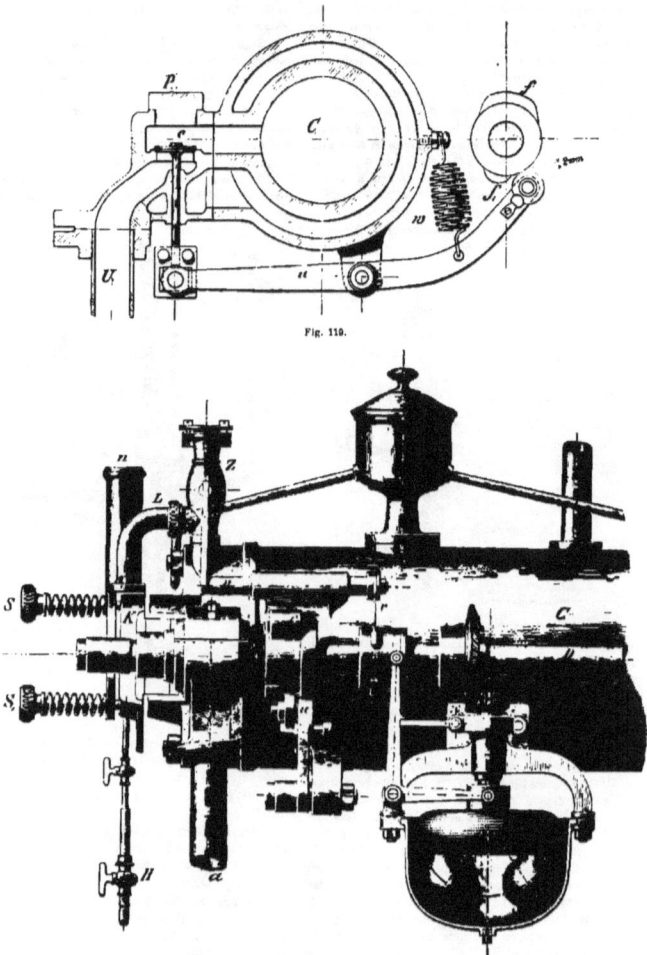

Fig. 119.

Fig. 120.

Die Otto'sche Maschine.

Laufes die Hülse mit dem Einlassnocken z nach links, und letzterer läfst den Federhebel v unberührt, wodurch für diesen Hub die Gaseinströmung unterbleibt, und eine Kraftentwicklung nicht erfolgen kann. Wird der Motor abgestellt, so sinkt der Regulator infolge des langsameren Ganges abwärts, und die Hülse mit dem Einlassnocken z wird so weit nach rechts bewegt, dafs der Federhebel v sich links von demselben befindet und von letzterem nicht berührt wird. Hierdurch wird verhindert, dafs bei zufälligem Stillstand des Motors der Hebel v nicht auf dem Einlafsnocken z stehen bleibt und das Regulierventil Z offen hält, wodurch, falls der Einströmungshahn nicht geschlossen sein sollte, Gas durch den Schieber in die Luftsaugeleitung und von da in den Maschinenraum treten würde, was zu Explosionen Veranlassung geben könnte.

noch so viel explosibles Gemenge im Cylinder zurück, dafs dessen Explosion genügt, den Motor in regelmäfsigen Gang zu bringen. Ist dieser eingetreten, so ist die Rolle durch seitliche Verschiebung aufser Verbindung mit dem Anlafsnocken zu bringen.

Durch die Verbrennung des Gases im Arbeitscylinder wird eine so hohe Temperatur erzeugt, dafs eine Kühlung der Cylinderwandungen erforderlich ist. Dieselbe wird durch Wasser bewirkt, das in die Cylinderwandungen umgebenden Hohlraum zirkuliert, indem es bei a (Fig. 115) eintritt und durch s, abläuft.

Ventilmaschinen.

Bei gröfseren Motoren ist Ventilsteuerung angewandt und wird die Zuführung des Explosionsgemenges von Luft

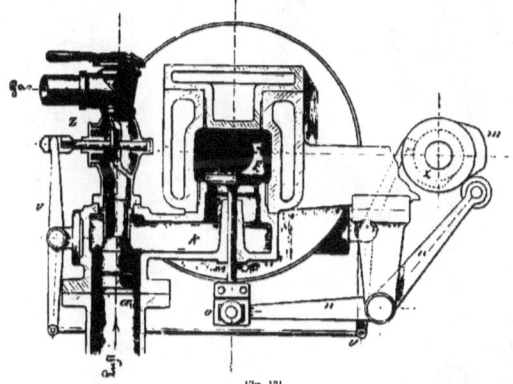

Fig. 121.

Der Regulator bietet nicht allein die Garantie für einen gleichmäfsigen Gang der Maschine, sondern auch die volle Sicherheit gegen Explosionsgefahr. Aufserdem findet durch denselben eine der Kraftleistung entsprechende Regulierung des Gaskonsums in der sparsamsten Weise statt.

Maschinen von mehr als zwei Pferdekraft haben auf der Nabe des Ausströmungsnockens f noch einen kleinen Anlafsnocken f, (Fig. 119 u. 120.)

Vor dem Andrehen des Motors ist die Rolle am Ausströmungshebel u so viel nach seitwärts zu schieben, dafs der Anlafsnocken f, dieselbe berührt und den Ausströmungshebel u lüftet.

Hierdurch wird während der Kompressionsperiode das Ausströmungsventil einen Moment geöffnet und läfst einen Teil des zu komprimierenden Gemenges aus dem Cylinder entweichen, wodurch die Kompression verringert, und das Andrehen des Motors erleichtert wird. Es bleibt jedoch

und Gas nicht durch den Schieber, sondern durch ein Einlafsventil F bewirkt (Fig. 121), welches vermittelst eines Hebels n durch einen auf der Steuerungswelle sitzenden Nocken m während der Saugperiode zur richtigen Zeit geöffnet und geschlossen wird.

Das Regulierventil Z mit Einströmungshahn sitzt hier seitlich vom Cylinderkopf auf dem Mischungskanal k und wird von dem Reguliernocken z vermittelst einer Hebelübertragung v v in der bekannten Weise gesteuert. An dasselbe schliefst sich ein unten konisch erweitertes Rohrstück an, dessen untere Fläche durch eine ebene runde Platte nicht ganz abgeschlossen ist, so dafs das Gas durch eine Spalte auf den ganzen Cylinderumfang horizontal anstreten kann.

Dieses Rohrende wird von dem Luftansaugerohr a konzentrisch umschlossen, so dafs die einströmende Luft den Gasstrom passieren mufs und mit dem Gas innig gemischt durch einen horizontalen rechteckigen Kanal k nach dem Einlaſsventil F gelangt. Das Einlaſsventil reicht mit seinem Stift unten aus dem Cylinderkopf hervor. Das untere Ende des Ventilstiftes ist mit Gewinde versehen und trägt, mit Klemmschrauben befestigt, einen Führungsschlitz o, in welchem das Führungsprisma des Ventilhebelzapfens gleitet.

Ein neuerer Deutzer Motor mit Ventilsteuerung und Glührohrzündung ist in Fig. 122 und 123 abgebildet.

Bemerkenswert an diesem Motor ist die Regulierung durch einen Pendelregulator, welcher aus Fig. 122 ersichtlich. Man kann ein Pendel dadurch in Schwingungen versetzen, dafs man seinem Drehpunkt eine horizontal hin- und hergehende Bewegung erteilt; die Schwingungsweite wird sich dann nach der Geschwindigkeit der Bewegung des Aufhängepunktes richten. Macht man nun von der Schwingungsweite die Eröffnung des Gaszutrittes in der Weise ab-

Fig. 122.

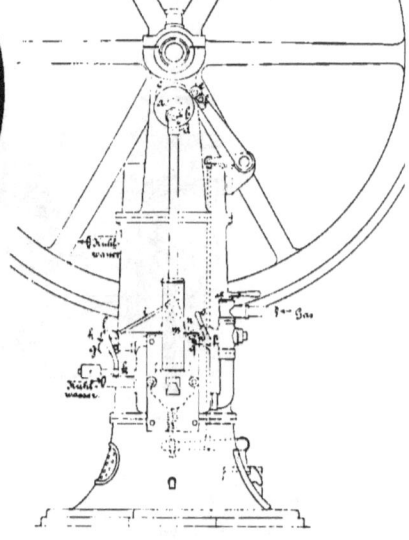

Fig. 123.

Sollte das Regulierventil, der Stellung des Regulators entsprechend, geschlossen bleiben und kein Gas eintreten lassen, so wird das Einlaſsventil dennoch bei jedem Spiel der Maschine geöffnet und durch eine Feder wieder geschlossen.

Ein Schieber von verhältnismäſsig geringen Dimensionen, welcher hinter dem Ventilgehäuse am äuſsersten Ende des Cylinderkopfes senkrecht zur Cylinderachse angebracht ist, dient ausschlieſslich zur Zündung.

Die übrigen Steuerungsmechanismen weichen von denen der Schiebermaschinen nicht ab.

hängig, dafs nach Überschreitung einer gewissen Amplitude das Gasventil nicht mehr geöffnet wird, so hat man einen Ersatz für die viel umständlicheren und der Abnützung weit mehr ausgesetzten Centrifugalregulator. Nach Patentschrift D.R.P. Nr. 17906 wird die Muffe h (Fig. 123) durch die an der Schieberstange hängende Stange i horizontal hin- und hergeschoben; der als Pendel dienende Winkelhebel $k\,l\,m$, der im Punkt l der Muffe drehbar aufgehängt ist, stöſst mit seinem Ende m gegen den Stil n des Gasventils und öffnet es, so lange die Schwingungsweite diejenige Grenze nicht überschreitet, welche der normalen Geschwindigkeit der Maschine entspricht; vergrößert sich aber der Ausschlag des Pendels bei steigender Maschinengeschwindigkeit, so verfehlt er sein Ziel, und die Maschine erhält kein Gas. Durch Verstellung eines Gegengewichts kann leicht der Schwerpunkt des Pendels verlegt, und dadurch eine andere Normalgeschwindigkeit der Maschine herbeigeführt werden. Beim Anlassen der Maschine wird das Gasventil mittels des Winkelhebels $o\,p\,q$ offen gehalten, bis das Pendel nach erreichter, annähernd normaler Maschinengeschwindigkeit in Thätigkeit tritt.

Der Deutzer Zwilling.

Die Deutzer Firma[1]) hat ihre Maschine den verschiedenen Bedürfnissen möglichst anzupassen gesucht und liefert neben der vorbeschriebenen noch andere Anordnungen.

Von diesen mögen zunächst die Zwillinge erwähnt werden, welche einen regelmäfsigeren Gang gewährleisten sollen. Natürlich sind bei diesen die Kurbeln um 360° gegen einander verstellt, also gleichgerichtet, damit der Viertakt beider Cylinder um eine Umdrehung gegen einander verschoben wird, so dafs also auf jede Umdrehung der Maschine eine Zündung kommt. Die Steuerwelle ist beiden Cylindern gemeinsam und liegt zwischen ihnen; sonst bietet die Anordnung nichts Besonderes.

Für die Zwecke der Elektrotechnik ist besonders ruhiger Gang nötig; man erzielt denselben, indem man nicht mit Ausfall von Ladungen, sondern mit schwächerer Füllung regelt. Das erreicht man einfach durch abgeschrägte Steuerknaggen, welche das Gasventil mehr oder weniger lange öffnen, und zwar pflegt man den einen Knaggen breiter zu machen als den andern, damit, wenn die Beanspruchung unter $^1/_2$ sinkt, der eine Cylinder ganz aussetzt.

[1]) Die Deutzer Motoren werden seit kurzem auch von der Berlin-Anhaltischen Maschinenbaugesellschaft in Martinikenfelde bei Berlin gebaut.

Die Körting'sche Maschine.

Die folgenden Figuren 124—131 stellen die Körting'sche Gasmaschine dar.

Der Gasmotor von Körting, der seit seinem Entstehen schon verschiedene Wandlungen durchgemacht hat, ist

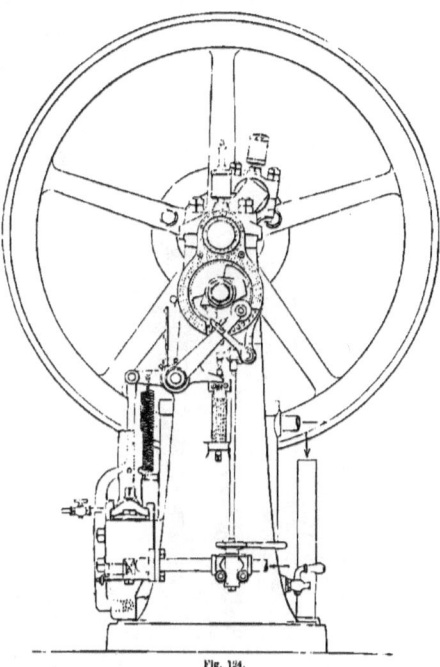

Fig. 124.

charakterisiert durch das Bestreben nach möglichster Einfachheit und leichter Verständlichkeit der Handhabung in Verbindung mit ausgedehnter Berücksichtigung der leichten Herstellbarkeit und Bearbeitung der einzelnen Teile ohne Beeinträchtigung der Solidität und Dauerhaftigkeit. Die Anordnung ist die bei vertikalen Maschinen allgemein übliche — Cylinder unten, mit dem Gestell, dessen Wandungen den Wassermantel bilden, zusammengegossen; die Schwungradwelle, oben gelagert, treibt mit Übersetzung von 1 auf 2 die Steuerung an, indem die verschiedenen unrunden Scheiben

176 Das Gas als Quelle für Kraft- und Wärmeerzeugung. — Die Gasmotoren.

zur Bewegung des Zünd- und Auslafsventils direkt auf der verlängerten Nabe des gröfseren Rades sitzen. Die Maschine zeigt eine Anzahl bemerkenswerter Details, welche zwar schon längere Zeit bekannt sind, des Zusammenhanges wegen aber hier erwähnt werden mögen. Der Zündapparat (Fig. 126 u. 127) ist ein sogen. Ventilzünder; im Innern einer cylindrisch ausgebohrten, am Maschinengestell befestigten

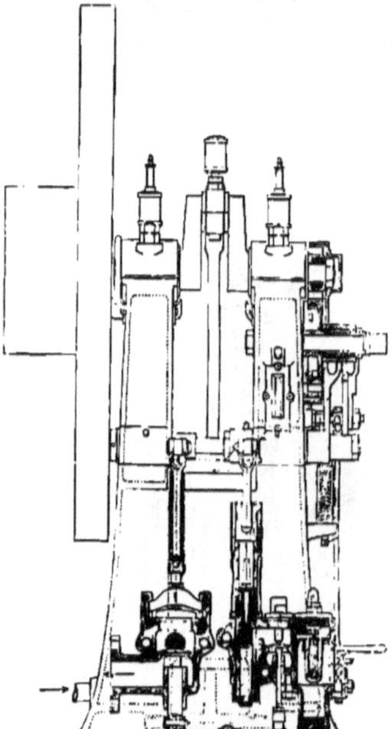

und durch die erwähnte Dichtungsfläche die konische Höhlung des Röhrchens nach dem Cylinder hin, mit welchem sie sonst durch eine Anzahl horizontaler Bohrungen kommuniziert, abgedichtet; nur durch die feine Öffnung an der Spitze des Kegels tritt brennbares Gemisch unter dem im Cylinder herrschenden Druck in den Hohlkegel ein, verliert aber durch die konische Erweiterung so viel an Geschwindigkeit, dafs es im Konus selbst in Gestalt einer Flamme brennt, sobald die Entzündung durch die aufserhalb der erwähnten Öffnungen stets brennende Zündflamme bewirkt ist.

Nun tritt die zweite Stellung (Fig. 127) ein, bei welcher es sich darum handelt, die im Innern des Konus brennende Vermittlungsflamme mit dem Cylinderinnern in Verbindung zu setzen. Der Stempel 18 kommt von oben herunter, trifft

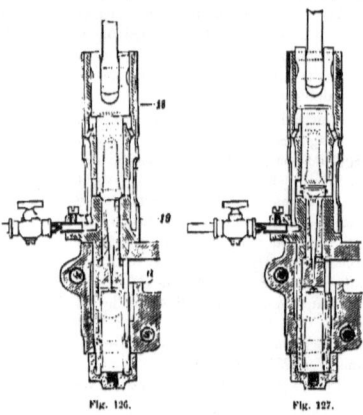

Fig. 126.   Fig. 127.

zuerst auf das Ende des Röhrchens, so dafs letzteres herunterfällt, und setzt sich unmittelbar darauf fest auf seine Dichtungsfläche, durch welche die Verbindung zwischen Zündflamme und Vermittlungsflamme abgesperrt wird. Die horizontalen Bohrungen von 19 kommen nun mit der nach dem Cylinderinnern kommunizierenden Öffnung a in Verbindung, und die Vermittlungsflamme entzündet durch dieselben hindurch das Gemisch im Cylinder.

Fig. 125.

Spindel spielt einerseits das konisch gebohrte Röhrchen 19, anderseits der von der Maschine bewegte, auf- und niedergehende Stempel 18. Das Spiel des frei beweglichen Röhrchens 19 ist einerseits begrenzt durch eine von unten in die Führung desselben eingeschraubte Mutter, anderseits durch das Aufsitzen einer an dem Röhrchen vorhandenen konischen Dichtungsfläche auf ihrem Sitze. In der geschlossenen Stellung (Fig. 126) ist das Röhrchen durch den im Innern des Cylinders, mit welchem das Ventilgehäuse in Verbindung steht, herrschenden Verdichtungsdruck gehoben

Ein weiteres charakteristisches Detail des Körting'schen Motors ist das sogen. Mischventil (Fig. 129). Dieses soll bewirken, dafs der Eintritt von Luft und Gas so geregelt wird, dafs beides in ganz bestimmtem, gleichartigem Mischungsverhältnis während des Anfangshubes in den Cylinder gelangt. Gas und Luft werden durch gleichzeitig abschliefsende Dichtungsflächen abgesperrt. Öffnet sich das Ventil, so tritt das Gas durch kleine Schlitze, die im innern, cylindrischen Teil des Ventilkörpers bei a sich befinden, und Luft durch die am Umfang des Ventils freigewordene Ringfläche ein.

Die Körting'sche Maschine.

Da nun das Verhältnis der Durchgangsquerschnitte für Luft und Gas bei jedem Hub des Ventils gleich bleibt, so kann also mit einem solchen Mischventil stets nur Gemisch von einer und derselben Zusammensetzung in den Cylinder gelangen. Die Luft kommt direkt aus dem als Luft-saugetopf dienenden Unterteil des Maschinengestelles und mischt sich auf dem Weg zum Cylinder innig mit dem Gas. Um das Mischventil dem hohen Druck und der hohen Temperatur bei der Entzündung zu entziehen, ist ein Rückschlagventil 10 aus Stahl eingeschaltet, welches den Druck auffängt. Aus der Fig. 129 (ebenso auch aus der ganzen Ansicht der Maschine Fig. 128) geht hervor, dafs die Gehäuse

sowohl für das Rückschlag- als auch für das Ausblaseventil durch Bügel und Druckschraube verschlossen sind — eine der mannigfachen Rücksichten auf leichte Zugänglichmachung wichtiger Teile, was als eines der leitenden Konstruktionsprinzipien der Erfinder hervorzuheben ist.

Reguliert wird die Maschine durch Offenhalten des Auslafsventils, so dafs während der Saugperiode kurz zuvor ausgestossene Verbrennungs-rückstande wieder in den Cylinder zurückgesaugt werden, also so lange Zündungen aus

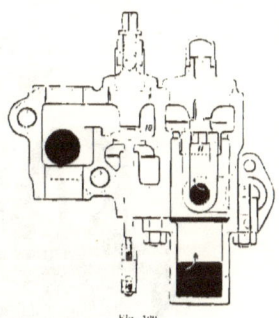

Fig. 129.

bleiben, bis die Maschine wieder die richtige Geschwindigkeit erlangt hat. Es ist nämlich eigens dafür gesorgt, dafs beim Rücksaugen der Gase aus der Auspuffleitung nicht

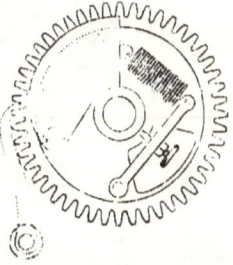

Fig. 130.

etwa auch das Mischventil sich hebt und frisches Gemisch, welches natürlich verloren gehen würde, in den Cylinder gelangen kann. Zu dem Ende ist ein federnder Hebel angebracht (s. Fig. 124 u. 125), dessen Verbindung mit dem Rückschlag- und Auslafsventil derart ist, dafs ersteres frei spielen kann, wenn die Maschine Gemisch ansaugt, aber auf seinen Sitz niedergedrückt wird, sobald der Regulator

Fig. 128.

wirkt, also das Auslaßventil offen gehalten wird. Der Regulator selbst ist in dem größeren Stirnrad, welches zum Betrieb der Steuerung dient, untergebracht (Fig. 130) und besteht, ähnlich den jetzt auch bei Dampfmaschinen häufig verwendeten Anordnungen, aus einem Gewicht, welches einerseits um einen am Rad befestigten Bolzen schwingen kann, andererseits von einer Spiralfeder angezogen wird und

Fig. 131 sichtbaren Coulisse, deren Stein durch den Regulator verstellt wird, auf das Einlaßventil und bewirkt, je nach dem Kraftbedarf ein früheres oder späteres Schließen des Einlaßventils. Würde das Einlaßventil erst bei vollendetem Saughub des Kolbens geschlossen werden, so hätte man volle

Fig. 131.

bei Steigerung der Geschwindigkeit direkt einen Hebel zur Seite drückt, der seinerseits wieder eine Klinke in Bewegung setzt, welche den Steuerhebel des Auslaßventils, bei geöffneter Lage des letzteren fangt und festhält. (s. auch Fig. 124.)

Körting baut in neuerer Zeit auch große liegende Motoren, welche namentlich zum Betrieb elektrischer Beleuchtungsanlagen dienen. Fig. 131.

Besonders wichtig ist für diese Motoren der gleichmäßige Gang, welcher durch die Regulierung in der Weise erzielt ist, daß nicht, wie gewöhnlich die Zündungen der Explosionsgemische aussetzen, sondern daß der Grad der Füllung selbst verändert wird. Der Regulator wirkt vermittels einer auf

Füllung und genau die Arbeitsweise der gewöhnlichen Viertakt-Maschine. Bei jeder andern Stellung wird das Einlaßventil früher, also schon vor Ende des Saughubes des Kolbens geschlossen, sodaß nur eine, der jeweiligen Stellung des Regulators entsprechende Menge Gasgemisch eingesaugt werden kann.

Es wird das Einlaßventil um so früher geschlossen, je weniger die Maschine zu leisten hat; ein Ausfall von Ladungen findet nicht statt, selbst bei Leergang, wo die Füllung nur $\frac{1}{5}$ bis $\frac{1}{6}$ beträgt, zündet die Maschine regelmäßig.

Auf diese Weise wird eine Gleichförmigkeit im Gange des Motors erzeugt, welche gestattet, die Dynamos direkt mit demselben zu kuppeln.

Die Zweitaktmaschinen.

So viele Vorteile auch der sog. Viertakt in sich vereinigt, so kann er doch nicht als das Ideal des Gasmaschinenprozesses hingestellt werden, weil er einesteils einen sehr hohen Ungleichförmigkeitsgrad der Bewegung mit sich bringt und anderenteils einen ökonomischen Nachteil dadurch bedingt, dafs die Gase mit viel höherer Spannung in die Atmosphäre entlassen werden müssen, als diejenige ist,

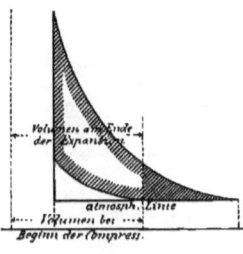

Fig. 132.

bei welcher sie in den Cylinder eingetreten sind. Ein Blick auf das Diagramm (Fig. 132) zeigt, dafs der Grund hiefür darin zu suchen ist, dafs das Volumen am Ende der Expansion gleich dem Volumen bei Beginn der Kompression ist und daher das ganze voll schraffierte Stück, welches bei weiterer Expansion bis auf den Anfangsdruck noch gewonnen werden könnte, geopfert werden mufs. Wenn man auch — aus ähnlichen Gründen wie bei der Dampfmaschine — darauf verzichten wird, vollständig bis auf den Atmosphärendruck zu expandieren, so ist doch schon ein ganz erheblicher Gewinn zu erwarten, wenn das Endvolumen der Expansion auf die Hälfte des theoretisch richtigen vergröfsert werden könnte. Es scheint ganz unzweifelhaft, dafs in dieser Richtung, im Verein mit Steigerung der Leistungsfähigkeit durch den Übergang zu einfach- und sogar doppeltwirkenden Motoren[1]) der Fortschritt des Gasmaschinenbaues sich in nächster Zeit bewegen wird.

Die Gasmaschine von Benz.

Die Gasmaschine von Benz arbeitet im Zweitakt, d. h. es erfolgt ein Arbeitsprozefs bei jeder Umdrehung der Kurbel; Fig. 133 bis 137 erläutern die Konstruktion mit aller Deutlichkeit. Wenn der Kolben aus seiner inneren Todlage (rechts in Fig. 134) zurückkehrt, so wird zunächst der mit Verbrennungsgasen des vorigen Prozesses gefüllte Cylinder von letzteren gesäubert, indem die beiden Ventile d und e, Fig. 133, sich durch geeignete Einrichtung vermittelst der Stange i heben. Durch d wird der Cylinder mit der Atmosphäre, durch e mit einem, im Bett der Maschine untergebrachten Windkessel verbunden (in Fig. 133 punktiert angedeutet), in welchem die andere Kolbenseite vermittelst der Schiebersteuerung a (Fig. 134) Luft hineinpumpt und zwar auf den geringen Überdruck von $^1/_{10}$ Atmosphären. Zuerst öffnet sich d, dann e und es werden so die Verbrennungsprodukte fast vollständig ausgetrieben und von der aus dem Reservoir kommenden Luft verdrängt. Wenn der Kolben der Hälfte des Hubes angelangt ist, schliessen sich beide Ventile und es beginnt die Kompression der im Cylinder füllenden, in geringem Mafs durch Rückstände verunreinigten Luft. Es kann infolge dieser Einrichtung das erforderliche Leuchtgas nun nicht mehr unter atmosphärischem Druck in den Cylinder eintreten, sondern mufs eingepreſst werden, wozu eine eigene Gaspumpe C vorhanden ist. Der Kolben der letzteren ist mit dem Kreuzkopf fest verbunden und macht daher die Bewegung des Maschinenkolbens mit; beim Hingang saugt er durch ein gewöhnliches Pumpenventil Gas aus der Leitung, beim Rückgang darf aber die Kompression des Leuchtgases das nach dem Cylinder führende Ventil nicht öffnen, bevor der Kolben die Hälfte seines Hubes zurückgelegt hat, weil ja sonst das Gas direkt durch Ventil e wieder entweichen würde. Es ist daher dieses Ventil eigentümlich konstruiert, wie Fig. 135 in gröfserem Mafsstab zeigt; es besteht im wesentlichen aus einem Ventil mit Gegenkolben, welcher denselben Querschnitt hat wie die Ventilöffnung, so dafs sich das Ventil durch den Kompressionsdruck nicht öffnen kann — überdies wird es auch noch von aufsen durch eine Feder auf seinen Sitz geprefst. Geöffnet wird dann durch den Druck des von der Welle aus bewegten Hebels f und zwar beginnt das Öffnen, wenn der Kolben der Hälfte seines Hubes angelangt ist und die Ventile d und e wieder geschlossen sind. Das Ventil bleibt offen, bis beide Kolben am Ende ihres Hubes angelangt sind. Dann erfolgt durch die elektrische, von einer kleinen Dynamomaschine bediente Zündvorrichtung die Explosion und während des ganzen Kolbenrückganges die Expansion der Gase im Cylinder. Das Diagramm der Maschine ist in Fig. 136 abgebildet und zeigt auf den ersten Blick die Eigentümlichkeit, dafs der am Ende der Expansion vorhandene Gesamtraum um den halben Cylinderinhalt grösser ist als das Volumen bei Beginn der Kom-

---

[1]) In England baut man solche bereits mit sehr gutem Erfolg.

180   Das Gas als Quelle für Kraft- und Wärmeerzeugung. — Die Gasmotoren.

pression; das mit »Austritt« bezeichnete Stück ist also Gewinn gegenüber einer gewöhnlichen Viertaktmaschine. In der That zeigen auch die Motoren von Benz in dem Verzeichnis der von der Prüfungskommission der Karlsruher Ausstellung geprüften Maschinen den geringsten Gasverbrauch pro Stunde und Pferdestärke.

In den Fig. 137 und 138 ist noch die Zündvorrichtung im Detail angegeben; der positive Draht des zwischen die Dynamomaschine und den Zünder eingeschalteten Ruhmkorff'schen Induktionsapparates ist bei m an einen Messingknopf n angeschlossen, der an einem in den Cylinder hineinragenden Porzellancylinder o sitzt, durch welchen der in eine Spitze endigende Draht q führt. Diesem gegenüber steht der Draht r, der in das im Deckel p sitzende Messingfutter geschraubt ist. Der negative Draht des Zünders ist an den Cylinder geführt, so daß bei geschlossenem Stromkreis Funken von q nach r überspringen. Auf der unter dem Cylinder liegenden schwingenden Welle g ist ein Hebel aufgekeilt, welcher vermittelst der Stange s den Winkelhebel w in Schwingungen versetzt. In diesem sitzt der Stahldraht x,

der sich gegen den vorhin erwähnten Knopf n legt und so den Strom schliefst. Damit der Kurzschlufs erst in der Todpunktstellung eintreten kann, besteht die Stange aus den sich übereinanderschiebenden Teilen u und v. Indem nun

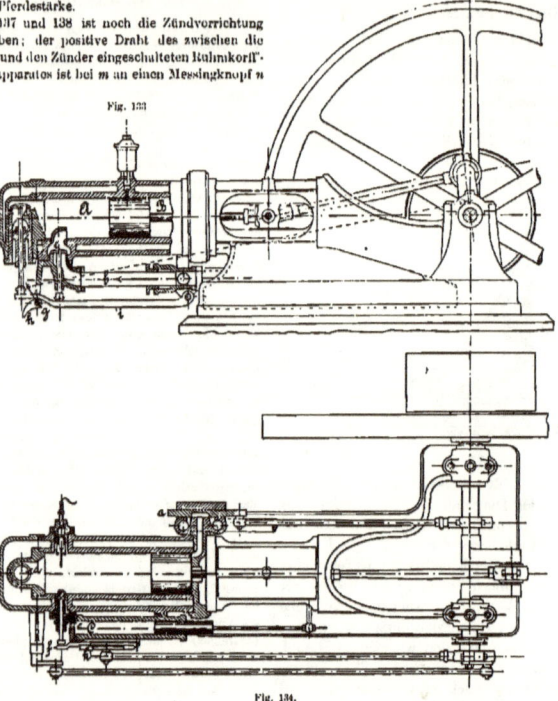

Fig. 133.

Fig. 134.

bei jeder Schwingung der Welle der Draht x den Knopf n verläfst, wird der Kurzschluss unterbrochen und dann springen die Funken über.

Reguliert wird die Maschine durch Drosselung des Gaszuflusses; der Erfolg scheint aber hinsichtlich der Ökonomie nicht ganz gut zu sein, denn der Gasverbrauch im Leergang war bei der Benz'schen Maschine auf der oben erwähnten Ausstellung der gröfste unter allen geprüften Gasmaschinen. Es läfst sich nicht läugnen, dafs das gute Resultat bei normaler Belastung mit einem ziemlich umständlichen Apparat

Die Gasmaschine von Benz. 181

erreicht ist. Der erfinderische Geist wird aber nicht ruhen, bis für den richtigen Grundgedanken die einfachste und damit praktisch beste Lösung gefunden ist.

Von weiteren Gasmotoren-Konstruktionen, welche Verbreitung gefunden haben, seien noch erwähnt:

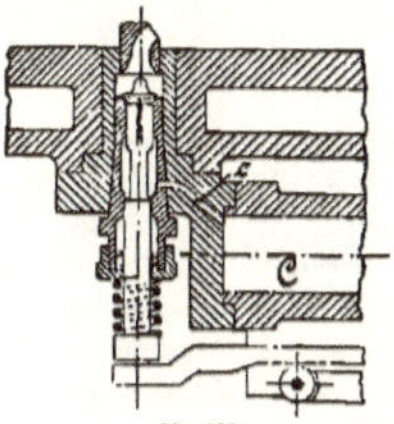

Heilmann, Decoumnon & Cie in Mühlhausen (Konstruktion von Delamare und Malandin).

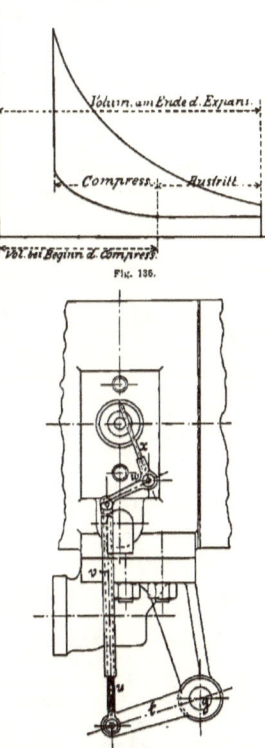

Fig. 135.

Fig. 136.

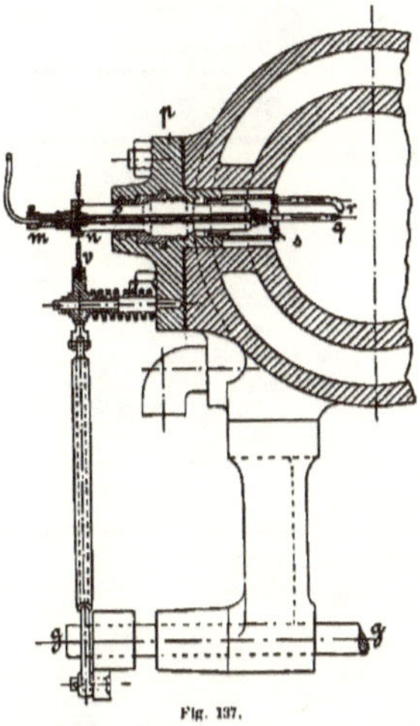

Fig. 137.

Fig. 138.

Die Motore von Buss, Sombart & Cie. in Magdeburg und Dürkopp & Cie. in Bielefeld, der »Patent-Ventil-Gasmotor Victoria« der Werkzeugmaschinenfabrik Union in Chemnitz, der Motor »Saxonia« von Moritz Hille, Gasmotorenfabrik in Dresden, der Motor der Maschinenfabrik Kappel in Kappel-Chemnitz, der Motor »Germania« der Maschinenfabrik Kühne & Cie. in Löbtau-Dresden, der Motor von

Bezüglich der hier nicht erwähnten Motoren sei auf die ausführlichen Werke über Gasmotoren hingewiesen.[1]

[1] Schöttler, die Gasmaschine, Braunschweig 1890. Knoke, die Kraftmaschinen des Kleingewerbes, Berlin, Springer 1887. Schwartze, die Gasmaschine, Leipzig 1887, Quandt & Händel (Bearbeitung von Clerk, The gas engine). Schröter, die Motoren der Kraft- und Arbeitsmaschinenausstellung in München, Bayr. Ind. u. Gewerbeblatt 1889 Nr. 13.

Gasverbrauch der Motoren.

Zur Beurteilung eines Gasmotors pflegt man den Verbrauch an Gas pro Stunde und effektive Pferdekraft anzugeben. Über den Deutzer Motor — als den verbreitetsten sind eingehende Versuche gemacht worden. Nach Versuchen von Brauer brauchte eine

16 HP-Maschine b. voller Leistung 0,750 cbm Gas p. Pferdestd.
16 HP- »   » halber   »   1,093 » » »
8 HP-   »   » voller   »   0,846 » » »
8 HP-   »   » halber   »   1,105 » » »

Bei verschiedener Beanspruchung des Motors ist auch der Nutzeffekt sehr verschieden. In der folgenden Tabelle ist der Gasverbrauch eines ¼ bis 20 pferdigen Motors für Beanspruchung von 0 bis 20 Pferden in cbm pro Pferdekraft und Stunde angegeben.

gebaut, und es steht zu erwarten, dafs man auch noch zu gröfseren Maschinen übergehen wird[1]).

Anlage und Betrieb der Motoren.

Bei der Anlage für Gasmotoren ist in erster Linie auf genügend weite Rohrleitungen Rücksicht zu nehmen. Es sind etwa folgende Dimensionen zu wählen (s. Tabelle S. 183).

Die Gasleitung selbst ist im allgemeinen in der Weise anzulegen, wie es Fig. 139 darstellt. Es ist hiebei gleichzeitig die Anlage der Wasserkühlung mit einem Körting'schen Rippenheizkörper mit angegeben. Nach der Gasuhr und noch vor dem zur Druckregulierung angebrachten Regler ist die Zündflammenleitung abzuzweigen. Vom Regler führt die Leitung zum Gummibeutel und von da zur Maschine. Ist kein Regler vorhanden, so kann

Gasverbrauch der Deutzer Gasmotoren pro Stunde in cbm.

Indizierte HP	Leergang	¼	1	2	3	4	5	6	8	10	12	16	20	effektive HP
¼	0,25	1,20	—	—	—	—	—	—	—	—	—	—	—	—
1	0,37	1,44	1,09	—	—	—	—	—	—	—	—	—	—	—
2	0,55	1,74	1,33	1,00	—	—	—	—	—	—	—	—	—	—
4	0,92	—	1,60	1,14	0,96	0,91	—	—	—	—	—	—	—	—
6	1,59	—	2,10	1,33	1,07	1,00	0,93	0,90	—	—	—	—	—	—
8	2,00	—	2,50	1,58	1,21	1,08	0,97	1,00	0,83	—	—	—	—	—
10	2,48	—	2,68	1,64	1,29	1,14	1,02	0,98	0,84	0,82	—	—	—	—
12	2,70	—	2,88	1,74	1,36	1,17	1,06	1,00	0,90	0,85	0,82	—	—	—
16	3,10	—	3,48	2,04	1,63	1,37	1,23	1,13	0,98	0,92	0,88	0,81	—	—
20	3,30	—	3,68	2,14	1,69	1,43	1,26	1,18	1,02	0,95	0,90	0,85	0,81	—

Für gröfsere Motoren gestaltet sich der Gasverbrauch noch günstiger.

Nach neuen Versuchen, welche mit einem zum Betriebe für elektrische Beleuchtung bestimmten 60 pferdigen Motor der Firma Gebrüder Körting angestellt wurden, betrug der Gasverbrauch[1]) bei einer effektiven Leistung

von 17,89 Pferdekraft 0,634 cbm per Stunde u. HP
 » 18,27   »   0,647 »   »   »   »   »
 » 18,34   »   0,641 »   »   »   »   »
 »   9,50   »   0,790 »   »   »   »   »
       beim Leerlauf 3,342 »   »   »   »   »
       Zündflammen 0,071 »   »   »   »   »

Für die Zwecke der elektrischen Beleuchtung werden gegenwärtig bereits Motoren für 120 HP

[1]) Nach Mitteilung des Herrn Körting.

man sich durch Anbringung zweier Gummibeutel, zwischen welchen ein Hahn eingeschaltet ist, helfen. Um jedoch das Zucken der Gasflammen mit Sicherzu verhüten, wendet man Regler an, von denen wohl der von Schrabetz die gröfste Verbreitung gefunden hat.

Fig. 140 stellt denselben dar. Auf der einen Seite der verhältnismäfsig kleinen Fläche des Ventils g herrscht der veränderliche Gasdruck und ist bestrebt es zu lüften, ihm entgegen wirkt der reduzierte Druck, welchem die sehr grofse Fläche des mit dem Ventil fest verbundenen Schwimmkolbens e zur Verfügung steht, und ist bemüht, das Ventil g zu schliefsen. Beide Kräfte müssen sich das Gleichgewicht halten. Da aber die Fläche, welche dem reduzierten Druck zur Disposition steht, ganz erheblich gröfser ist, wie die, auf welche der Gasdruck wirkt, so folgt, dafs auch die aller-

[1]) Über die Verwendung der Gasmotoren zum Betrieb elektrischer Zentralen, vergl. »Oechelhäuser, Betrieb der el. Zentrale in Dessau«. Journ. f. Gasbel. 1891, S. 536.

Anlage und Betrieb der Motoren.

Gasleitung.

Gröfse des Motors	½	1	2	4	6	8	10	12	16	20	25	HP
Vom Motor bis zum Gummibeutel	½	¾	¾	1	1¼	1¼	1¼	1¼	1½	1½	2	Zoll engl.
Vom Gummibeutel bis zur Gasuhr auf 20 Meter	¾	1¼	1¼	1½	2	2	2½	2½	3	3	90mm	Zoll engl. u. mm
Über 20 Meter bis zur Strafsenleitung	1	1½	1½	2	2½	2½	3	3	90mm	90mm	100mm	Zoll engl. u. mm
Zündflamme	¼	¼	¼	¼	¼	¼	¼	½	½	¾	¾	Zoll engl.

Gasuhren.

Flammenzahl	5	10	20	30	60	60	80	100	150	150	150

geringsten Schwankungen im reduzierten Druck eine Bewegung des Ventils g hervorbringen müssen. Es öffnet sich in dem Augenblick, wo der Druck schwindet und umgekehrt, legen der Bleiplättchen B ist es ermöglicht, den Druck für den Motor von der Höhe des Druckes hinter der Gasuhr an, je nach Bedarf zu reduzieren.

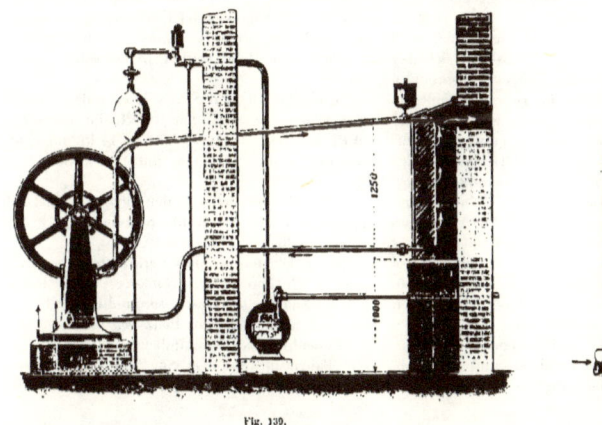

Fig. 139. 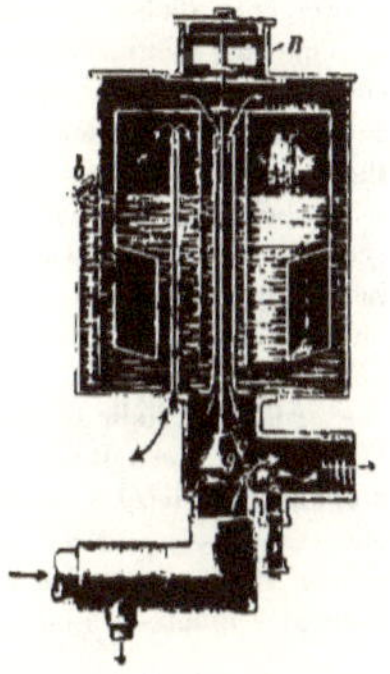   Fig. 140.

es fällt sofort wieder auf seinen Sitz zurück, wenn der Druck sich ausgeglichen hat. Hieraus geht hervor, dafs das Ventil in fortwährender Bewegung sein müfste, wenn man ihn nicht einen Hemmschuh anlegte. In sehr geschickter Weise ist dies bei dem vorliegenden Ventil dadurch bewirkt, dafs man in das Innere des Schwimmerkolbens e ein feines Röhrchen geführt hat, durch welches die Luft bei den Bewegungen des Schwimmers ein- und austreten mufs. Mittels einer kleinen, keilförmig abgeflachten Regulierschraube in der Mündung des Rohres kann man den Strömungs-Widerstand in dem Rohr regeln und die Beweglichkeit des Ventiles g in gewünschter Weise beeinflussen. — Durch Auf-

Eine weitere Vorrichtung zur Verhinderung des Zuckens der Gasflammen in der Nähe von Gasmotoren wurde ebenfalls von Schrabetz angegeben[1]). Sein sog. Beutelventil bietet den Vorteil ohne Absperrflüssigkeit zu arbeiten. Es bedarf fast keiner Wartung und ist sehr kompendiös[2]).

[1]) Journ. f. Gasbel. 1888, S. 432.
[2]) Über die Behandlung des Gasmotors gibt guten Aufschlufs: »Der Gasmotor und seine Verwendung in der Praxis«, Handbuch f. Gasmotorenbesitzer v. G. Lieckfeld, Hannover 1891, Hahn'sche Buchhandlung, auch Journ. f. Gasbel. 1892, S. 372.

X. Kapitel.
Heizen und Kochen mit Leuchtgas.

Vorteile und Kosten der Gasfeuerung.

Die Vorteile der Gasfeuerung gegenüber der Verwendung fester Brennstoffe sind zu sehr anerkannt, als dafs es nötig wäre, hierüber des weiteren zu sprechen. Verschiedene Meinungen herrschen nur darüber, welches Gas das geeignetste sein dürfte, um zu einer allgemeinen Versorgung grofser Städte mit Heizgas zu dienen. Wenn es sich nur um die Heizung handelte, so könnte man wohl auch billigere Gasarten, wie z. B. Generatorgas verwenden. Unter den jetzigen Verhältnissen, wo die Heizung gegenüber der Beleuchtung mit Gas immer noch eine untergeordnetere Rolle spielt, wird man sich aber schwer entschliefsen können, eigene Versorgungssysteme und Leitungen nur für Heizgas anzulegen. Gerade darin ist aber der Vorzug des Leuchtgases zu suchen, dafs es gleichzeitig zur Verwendung zur Beleuchtung, Krafterzeugung und Heizung infolge seines hohen Heizwertes ganz besonders befähigt ist. Das Bestreben der Gasanstalten ist in neuerer Zeit daher besonders darauf gerichtet, die Verbreitung des Heiz- und Kochgases möglichst zu unterstützen. Dafs in erster Linie der Preis hiebei eine wichtige Rolle spielt, ist selbstverständlich. Die meisten Verwaltungen der Gasanstalten haben deshalb für Heizgas spezielle Preisermäfsigungen eintreten lassen. Nach statistischen Erhebungen, welche 148 Gaswerke Deutschlands und der Nachbarländer umfassen und zwar

21 Werke mit über 5000000 cbm Produktion
56 „   „   1 bis 5 Mill. „   „
33 „   „   500000 bis 1 Mill. cbm „
38 „   unter 500000 cbm Produktion,

hatten nur 26 keine Ermäfsigung des Gaspreises. Der Preis für Koch- und Heizgas schwankt zwischen 7 bis 35 Pf. Der Durchschnittspreis der 148 Städte ist für Heizgas 15,51 Pf. und für Motorengas 15,11 Pf.

Wo hohe Preise bestehen, wird mehrmals die Bereitwilligkeit zu einer Herabsetzung ausgesprochen, aber die Unmöglichkeit der Erweiterung des Werkes als Hinderungsgrund bezeichnet, weil der dann zu erwartende Mehrbedarf nicht befriedigt werden könnte.

In einer Stadt ist der Preis je nach den Monaten verschieden: er geht von 18 Pf. im Dezember, 16 Pf. im November und Januar, 14 Pf. im Frühjahr und Spätjahr herunter auf 12 Pf. vom April bis September.

Die niedersten Preise finden sich ausschliefslich in den westfälischen Kohlenrevieren oder in der Nähe derselben.

Die Erleichterung der Verbreitung des Heizgases durch Gewährung besonderer Vorteile bezüglich der Zuleitungen, Gasmesser und Hausleitungen hat noch nicht allgemein Platz gegriffen.

Namentlich ist es auffallend, dafs unter den 148 Städten nur Genf dem von Paris mit so grofsem Erfolg gegebenen Beispiele, dafs die Steigleitungen in den Häusern mit Abzweigungen für jedes Stockwerk auf Rechnung des Gaswerks erstellt werden, gefolgt ist. Die Ausgaben an sich sind für die Gaswerke nicht bedeutend, und gerade das Vorhandensein von Leitungen in einem Hause läfst besser als jede Reklame die Lust zur Ingebrauchnahme derselben erwachen.

Die Erleichterung der Herstellung der Leitungen durch Zulassung allmählicher Abzahlung oder Vermietung wird dagegen schon in 43 Städten gewährt.

Die Gasmesser für Koch- und Heizzwecke werden meistens, wie die anderen Gasmesser nur gegen Miete gestellt. Es stellen in ganzen 35 Städte dieselben ohne Mietberechnung.

Wo man in dieser Beziehung sehr liberal ist, so dafs man auch nicht einmal eine Konsumsgrenze feststellt, unter welcher Miete zu zahlen ist, steigt der Aufwand für Gasmesser in so beträchtlicher Weise und bei vielen Konsumenten in keinem Verhältnis zu dem Gaskonsum, dafs sich diese Art der Erleichterung nicht weiter empfehlen dürfte.

Sehr grofse Erfolge wurden in London mit der mietweisen Abgabe von Gasöfen erzielt. Der letzte Geschäftsbericht gibt die Zahl der gegenwärtig in London aufgestellten Gasöfen und Gasapparate für Koch- und Heizzwecke zu 70000 an.

Vielfach wird gegen die Einführung des Leuchtgases zu Heizzwecken dessen hoher Preis ins Feld geführt.

Die folgende Tabelle gibt einen annähernden Vergleich über die Kosten gleicher Wärmemengen, wie sie aus verschiedenen Materialien bei theoretischer Verbrennung zu Kohlensäure und Wasserdampf gewonnen werden können.

1 kg guter Steinkohle liefert 7100 Kal. und kostet Pf. 2,00 bis 3,20; 1000 Kal. kosten 0,28 bis 0,45 Pf.
1 kg gewöhnl. Heizkohle liefert 5000 Kal. und kostet Pf. 2,00 bis 2,80; 1000 Kal. kosten 0,40 bis 0,55 Pf.
1 kg Coke liefert 7200 Kal. und kostet Pf. 2,00 bis 3,00; 1000 Kal. kosten 0,28 bis 0,42 Pf.
1 cbm Fichtenholz (wiegt ca. 714 kg) liefert 2213400 Kal. und kostet M. 6,00 bis 10,00; 1000 Kal. kosten 0,27 bis 0,45 Pf.
1 cbm Buchenholz (wiegt ca. 980 kg) liefert 3430000 Kal. und kostet M. 10,00 bis 15,00; 1000 Kal. kosten 0,29 bis 0,44 Pf.
1 kg Torf liefert 4500 Kal. und kostet Pf. 2,30 bis 2,50; 1000 Kal. kosten 0,51 bis 0,56 Pf.
1 kg Petroleum liefert ca. 11000 Kal. und kostet M. 0,25 bis 0,32; 1000 Kal. kosten 2,27 bis 2,91 Pf.

Schilling, Handbuch für Gasbeleuchtung.

1 kg Spiritus liefert ca. 7000 Kal. und kostet M. 0,60 bis 0,80; 1000 Kal. kosten 8,57 bis 11,43 Pf.
1 cbm Leuchtgas (zum Heizen) liefert 5000 Kal. und kostet M. 0,12 bis 0,18; 1000 Kal. kosten 2,40 bis 3,60 Pf.

Es ist hieraus zu entnehmen, dafs theoretisch genommen der Heizwert im Leuchtgas etwa 6 mal so teuer zu stehen kommt als in der gewöhnlichen Heizkohle, und ca. 8 bis 9 mal so teuer als in der Coke.

Diese Resultate scheinen sehr zu Ungunsten des Gases zu sprechen. Anders gestaltet sich aber der Vergleich, wenn man berücksichtigt, welcher Anteil an der gesamten Verbrennungswärme bei unseren gewöhnlichen Heizanlagen zum Kochen und zur Zimmerheizung verloren geht.

Fischer[1] hat gezeigt, dafs die Ausnutzung der Brennstoffe in unseren gewöhnlichen Heizvorrichtungen eine sehr verschiedene, meist aber eine sehr unvollkommene ist. Wenn es Öfen gibt, welche einen Nutzeffekt bis zu 80% haben, so existieren hinwiederum auch solche, und das ist wohl der Mehrzahl (namentlich die Kachelöfen), welche nur 20% des Brennwertes vom Heizmaterial ausnutzen. Im Durchschnitt werden 20 bis 30% bei Stubenöfen selten überschritten. Noch schlechter ist die Ausnutzung der Wärme bei den gewöhnlichen Küchenherden, deren Nutzeffekt nur 5 bis 10% beträgt.

Das Gas als Heizstoff gestattet eine sehr vollkommene Ausnutzung der Wärme, welche 80% und darüber beträgt. Vergleicht man also beispielsweise einen Kachelofen mit einem guten Gasofen, so sind die Kosten für ersteren, um 1000 Kal. zu erzeugen

bei Heizkohle 0,40 bis 0,55 $\times \dfrac{100}{20}$ = 2,00 bis 2,75 Pf.

für den Gasofen 2,40–3,60 $\times \dfrac{100}{80}$ = 3,00 bis 4,50 Pf.

Verfasser stellte praktische Versuche in der Weise an, dafs ein und dasselbe Zimmer bei ähnlichen Witterungsverhältnissen einen Tag lang mit diesem und einen Tag lang mit jenem Heizungssystem geheizt wurde. Hiebei ergab sich:

Bei Vergleich von Cokeheizung in einem Meidinger-Füllofen mit Gas im Reflektorofen ergab sich im Mittel bei 12 stündiger Heizung

---

[1]) Feuerungsanlagen für häusl. u. gewerbl. Zwecke.

Füllofen
Coke 8,75 kg à 2,00 bis 3,00 Pfg. = 17,50 bis 26,25 Pfg.
Holz 1 » à 0,84 » 1,40 » = 0,84 » 1,40 »
sonach in Summe 18,34 bis 27,65 Pfg.

Gasofen.
Gasverbrauch im Mittel 5,1 cbm à 12 bis 18 Pfg. = 61,2 bis 91,8 Pfg.

Das Verhältnis der Kosten von Cokeheizung zu Gasheizung betrug sonach bei 12stündiger Heizung 1 : 3,3.

Bei Vergleich von Heizung mit Fichtenholz in einem Kachelofen mit Gasheizung ergab sich ein Verbrauch von

Fichtenholz 22,0 kg à 0,84 bis 1,40 Pfg. — 16,8 bis 30,8 Pfg.
von Gas 4,0 cbm » 12 » 18 » = 48,0 » 72,0 »

Das Verhältnis der Kosten ist sonach
1 : 2,9 bis 1 : 2,3.

Wenn hiernach sich die Kosten für die Gasheizung schon wesentlich geringer stellen als nach den rein theoretischen Heizwertvergleichen, so ist noch zu bedenken, dafs das eigentliche Feld für Gasheizung naumentlich da zu suchen ist, wo es sich um vorübergehende oder ergänzende Heizung handelt. In Schlafzimmern oder sonstigen Zimmern, welche nur vorübergehend geheizt werden, als Ergänzung zu einer ungenügenden Luftheizung, dann zu Jahreszeiten, in welchen man sich gewöhnlich noch nicht entschliefsen kann, eine ständige Heizung zu betreiben, wird die Gasheizung nicht nur sehr gute Dienste leisten, sondern auch im Preise sich noch vorteilhafter stellen als bei obigen Vergleichen. Es ist ferner zu berücksichtigen, dafs sich die angegebenen Kosten nur auf den Brennmaterialverbrauch beziehen. Zieht man die Unkosten für Lagerung des Brennmaterials, für Bedienung u. s. w. mit in Betracht, so ist es wohl zu denken, dafs je nach den Verhältnissen die Gasheizung im Preise die bisherigen Heizungssysteme nicht übersteigt. In den meisten Fällen aber, in welchen wirkliche Mehrkosten erwachsen, werden dieselben durch die sonstigen Vorteile der rauch- und rufsfreien Verbrennung und anderweitige Annehmlichkeiten vollauf aufgewogen.

Noch mehr als bei der Heizung machen sich die Vorteile der Gasfeuerung beim Kochen geltend. Bei der schlechten Ausnutzung der festen Brennstoffe in unseren Küchenherden einerseits und der guten Ausnutzung und Regulierbarkeit der Leuchtgasfeuerung andererseits, verschwinden die Preisdifferenzen in den beiderlei Brennstoffen, so dafs das Kochen mit Gas, wie dies verschiedentlich nachgewiesen wurde, in den meisten Fällen nicht teurer zu stehen kommt, wie mit Verwendung fester Brennstoffe.

Die Zimmeröfen.

Zur Berechnung des Gasverbrauches zur Beheizung von Räumen gegebener Gröfse kann man für Zimmer etwa pro 100 cbm Rauminhalt einen stündlichen Gasverbrauch von 800 bis 1000 l bei strenger Kälte rechnen. Zu genaueren Berechnungen mufs man die Gröfse und Wärmedurchlässigkeit der Wände, Thüren und Fenster kennen.

In der (für Preufsen) amtlich geltenden Anweisung, betreffend die Vorbereitung, Ausführung und Unterhaltung der Zentralheizungsanlagen in fiskalischen Gebäuden sind folgende Zahlen für die Wärmeübertragung (Wärmetransmissionskoëffizienten) für je 1° Temperaturunterschied stündlich angegeben.

1 qm Mauerfläche	0,25 m stark	. .	1,80	Wärmeeinheiten
1 »	» 0,38 » »		1,30	»
1 »	» 0,51 » »		1,10	»
1 »	» 0,64 » »	.	0,90	»
1 »	» 0,77 » »	.	0,75	»
1 »	» 0,90 » »	.	0,65	»
1 » Balkenlage m. halbem Winkelboden als Fufsboden			0,40	»
1 » Balkenlage m. halbem Winkelboden als Decke			0,50	»
1 » Gewölbe mit Dielung darüber als Fufsboden			0,60	»
1 » Gewölbe mit Dielung darüber als Decke			0,70	»
1 » einfaches Fenster . . .			3,75	»
1 » Doppelfenster . . .			2,50	»
1 » einfaches Oberlicht . .			5,40	»
1 » doppeltes . . .			3,00	»
1 » Thüren			2,00	»

Bei Aufsenmauern und Fenstern, welche nach Norden, Osten, Nordosten oder Nordwesten gelegen sind, werden noch 10 % zugeschlagen. Ferner bei nicht stetiger Heizung 10 % wenn nur am Tage geheizt wird und das Haus eine geschützte Lage hat, 30 % aber wenn es dem Wetter ausgesetzt ist.

Anschliefsend an diese Angaben seien noch einige Werte für die stündliche Wärmeüberführung

Die Zimmeröfen.

andrer Substanzen bei 1° Temperaturdifferenz mitgeteilt.

Aus Luft durch eine 1 cm dicke Thonplatte
in Luft . . . . 5 W.-E.
, eine Wand von Gußeisen
oder Eisenblech . . . . 7—10 ,
, eine gufs- oder schmiedeeiserne Wand in Wasser. 13—20 ,
Wasserdampf durch eine gufs- oder
schmiedeeiserne Wand in
Luft . . . . 11—18 ,
, durch eine metallene Wand
in Wasser . . . . . . 800—1000 ,
durch eine metallene Wand
in Luft . . . 14,3 ,

Eine genaue Berechnung des erforderlichen Gasbedarfs ist namentlich notwendig, wenn es sich um Beheizung gröfserer Räume, Kirchen, Schulen u. dgl. handelt. Bei kleinen Räumen wird man im allgemeinen lieber Öfen aufstellen, welche gröfser sind als die Berechnung ergibt, weil dieselben ein rascheres Anheizen ermöglichen und nach Bedarf auch mit kleinerem Konsum gebrannt werden können.

Die Gasöfen haben allgemein den Zweck, die nutzbare Verbrennungswärme des Gases von dessen Verbrennungsprodukten zu trennen. Öfen, welche ohne Abführung der Verbrennungsprodukte arbeiten, sind zwecklos, da man statt derselben ebensogut offene Gasflammen allein anwenden könnte. Ein Abzug ist bei allen Öfen, wie auch bei Badeöfen nötig. Die Frage, ob es zweckmäfsiger sei, leuchtende oder entleuchtete Gasflammen anzuwenden, ist häufig ventiliert worden. In Bezug auf die zu gewinnende Wärmemenge kann prinzipiell ein Unterschied zwischen beiden nicht gemacht werden. Bei vollständiger Verbrennung liefern beide Flammen aus der gleichen Gasmenge auch die gleiche Wärmemenge. Verschieden ist nur die Art der Wärmeabgabe. Wir haben bereits früher gesehen, dafs bei den Leuchtflammen ein gröfserer Teil durch Strahlung übertragen wird als bei den entleuchteten Flammen. Die Strahlung läfst namentlich eine Erwärmung der unteren Schichten der Räume zu, weil die Wärmestrahlen durch Reflektoren, wie Lichtstrahlen, in jede gewünschte Richtung gelenkt werden können, während die aus den Verbrennungsprodukten an die Luft abgegebene Wärme naturgemäfs nur nach oben steigt. Es ist von ökonomischer wie von hygienischer Seite von grofsem Wert, dafs

bei einer Heizung die verschiedenen Schichten eines Raumes möglichst gleichmäfsig erwärmt werden.

In einem Raume von ca. 100 cbm Inhalt habe ich drei Thermometer zum Versuche angebracht. Eines über dem Fufsboden, das zweite in Kopfhöhe, ein drittes ein wenig unter der Decke. Diese drei

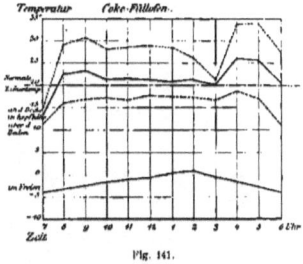

Fig. 141.

Thermometer wurden stündlich beobachtet und die Zahlen graphisch aufgezeichnet. Die unterste Kurve stellt die Temperatur im Freien dar. Es ist zu bemerken, dafs der Raum zwei einfache Fenster und eine Thüre besafs, welche ins Freie führten,

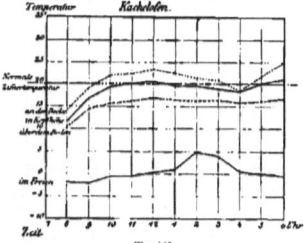

Fig. 142.

so dafs ein ziemlich kalter Luftstrom eintrat und zu Boden fiel. Aus den Kurven ist deutlich zu sehen, wie beim Coksfüllofen (Fig. 141) die Differenzen der Thermometer am gröfsten sind, und zwar namentlich dann, wenn frisch geheizt wurde. Ein weitaus günstigeres Resultat ergab ein hoher Kachelofen mit Holzfeuerung (Fig. 142), bei welchem die durch die Kacheln vermittelte Strahlung eine gleichmäfsigere Verteilung der Wärme liefert. Es mag dies wohl der Grund sein, warum die Kachelöfen trotz des geringen Nutzeffektes, welchen sie liefern, noch viele Anhänger besitzen. Der Gasofen, System Kutscher, mit entleuchteten Flammen (Fig. 143), liefert zwar in Bezug auf die obere Kurve ein günstiges Resultat, allein die untere Kurve zeigt eine ziemlich bedeutende Abweichung von der Normaltemperatur.

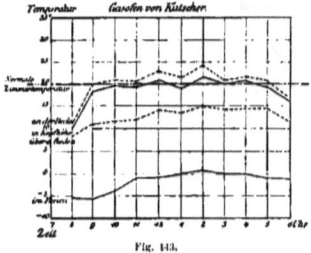

Fig. 143.

Überraschend dagegen ist das Resultat, welches mit dem Reflektor-Gasofen von Wybauw mit Leuchtflammen (Fig. 144) erzielt wurde. Die mittlere und die obere Kurve decken sich fast vollständig, und

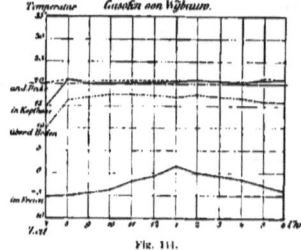

Fig. 144.

auch die untere Kurve weicht nicht sehr bedeutend von der mittleren ab.

Durch zweckmäßige Ausnutzung der strahlenden Wärme ist man also bei Gasheizung imstande, eine Gleichmäßigkeit der Temperatur im Raume zu erzielen, wie dies mit keinem anderen Ofensystem möglich ist.

Die Zahl der verschiedenen Ofenkonstruktionen ist heute schon eine große und unterscheiden sich dieselben oft nur durch Äußerlichkeiten. Für gute Gasöfen sind im allgemeinen folgende Gesichtspunkte maßgebend.

Alle guten Gasöfen müssen einen Abzug in einen Schornstein haben und muß die durch die Verbrennungsgase abgeführte Wärme nur noch ausreichen, um in demselben den nötigen Zug zu bewirken.

An und für sich ist es gleichgültig, ob der Ofen mit leuchtenden oder entleuchteten Flammen gespeist wird, wenn nur die Verbrennung eine vollkommene ist. Öfen, bei welchen feste Körper in der Flamme zum Glühen gebracht werden, wie z. B. Asbest, sind in diesem Sinne nicht zweckmäßig.

Die Verwendung von Leuchtflammen mit blanken Metallreflektoren nutzen einen Teil der erzeugten Wärme als Strahlung aus und bewirken dadurch eine bessere Erwärmung der unteren Raumschichten.

Die Wärme muß im Ofen so ausgenutzt werden, daß die Temperatur der abziehenden Rauchgase sich um ca. 100° herum bewegt.

Große starke Metallmassen sind im Interesse eines raschen Anheizens möglichst zu vermeiden.

Was die äußere Form anbetrifft, so ist zwar eine schöne künstlerische Ausstattung wünschenswert, allein es sollten die Preise der Öfen nicht höher sein als die andrer guter Öfen. Gerade die hohen Anschaffungskosten verhältnismäßig einfacher Gasöfen stellen einer allgemeinen Einführung große Schwierigkeiten in den Weg.

Eine weitere wichtige Bedingung, welche die Gasöfen zu erfüllen haben, ist, daß sie eine vollkommen geruchlose Verbrennung des Gases liefern.

Es ist eine namentlich bei der Berührung kalter Flammen mit kalten Metallflächen zu beobachtende Erscheinung, daß das Gas infolge unvollkommener Verbrennung einen unangenehmen intensiven Geruch erzeugt. Derselbe tritt namentlich dann auf, wenn die Flamme durch feste Körper, wie dies bei Asbestöfen der Fall ist, abgekühlt wird, oder, wenn Verbrennungsprodukte in den zu heizenden Raum gelangen. Ein Glühendwerden eiserner Teile, auf denen Staub lagert und somit verkohlt, kommt bei den Gasöfen wohl nicht vor, oder sollte nicht vorkommen.

Es gibt eine große Reihe von Konstruktionen, welche obigen Bedingungen gut entsprechen, wenn auch bei jeder einzelne Punkte speziell bevorzugt sind.

Während man in England dem dortigen Gebrauch entsprechend zuerst Gasöfen konstruierte, welche offene Feuer hatten und Cheminéeform besafsen, ging man in Deutschland bald zu der geschlossenen Form über, welche durch den Ofen. Konstruktion Zschetzschineck (Kutscher) in Leipzig hauptsächlich vertreten ist und grofse Verbreitung fand. Die Einrichtung des Ofens (Fig. 145) ist sehr einfach. Aus dem ringförmigen Brenner C brennt das Gas

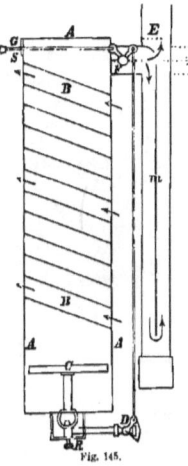

Fig. 145.

in entleuchteten kleinen blauen Flammen, für welche der Luftzutritt durch die Regulierschraube R eingestellt werden kann. Die durch den Brenner erzeugte Wärme, welche innerhalb des Mantels A aufsteigt, umspült und erhitzt die Röhren B; die Wärme wird durch diese Röhren an die Luft übertragen, welch letztere infolge der schrägen Stellung der Röhren an der Rückseite kalt eintritt und an der Vorderseite warm austritt. Das Abzugsrohr mündet nicht direkt in den Kamin, sondern durch eine Scheidewand und eine nach unten geführte Verlängerung des Abzugsrohres werden die Verbrennungsgase gezwungen, einen längeren Weg zu nehmen und die Wärme noch vollständiger abzugeben. Ein Teil der Verbrennungsgase geht durch ein Loch in der Scheidewand direkt in den Kamin, um den nötigen Zug zu bewirken. Der Hebel GFD dient dazu, um gleichzeitig mit dem Gaswechsel auch durch eine Klappe bei F den Querschnitt des Abzugsrohres zu regulieren. Die ganze Konstruktion ist in dünnem Eisenblech ausgeführt.

Zur guten Ausnutzung der in den Verbrennungsgasen noch enthaltenen Wärme hat man es zweckmäfsig gefunden, die Verbrennungsgase zwischen engen, parallel geführten Blechwänden durchzuleiten. Dieses Prinzip ist in einem Ofen, welcher von der Badischen Anilin- und Sodafabrik angegeben wurde (Fig. 146 u. 147), zur Ausführung gekommen. Auch

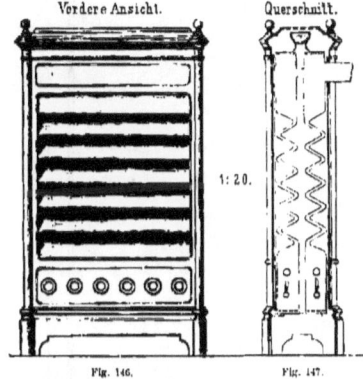

Fig. 146. Fig. 147.

dem Karlsruher Schulofen (Seite 190 Fig. 148) liegt dieses Prinzip zu Grunde.

Im Gasofen von Wybauw, welcher von der Firma Houben ausgeführt wird und von derselben praktisch noch weiter ausgebildet wurde, brennen leuchtende Flammen in horizontaler Richtung vor einem blanken Kupferreflektor. Die Wärme der Verbrennungsgase wird durch Blechkanäle, welche hinter und über dem Reflektor angeordnet sind, noch vollständig ausgenutzt.

Die Heizung von Schulen.

Für die Beheizung von Schulräumen ist die Gasfeuerung auch schon mit Erfolg in Anwendung gekommen. Die leicht regulierbare Wärme, sowie der Wegfall fast jeder Bedienung sind Vorteile,

190 Heizen und Kochen mit Leuchtgas.

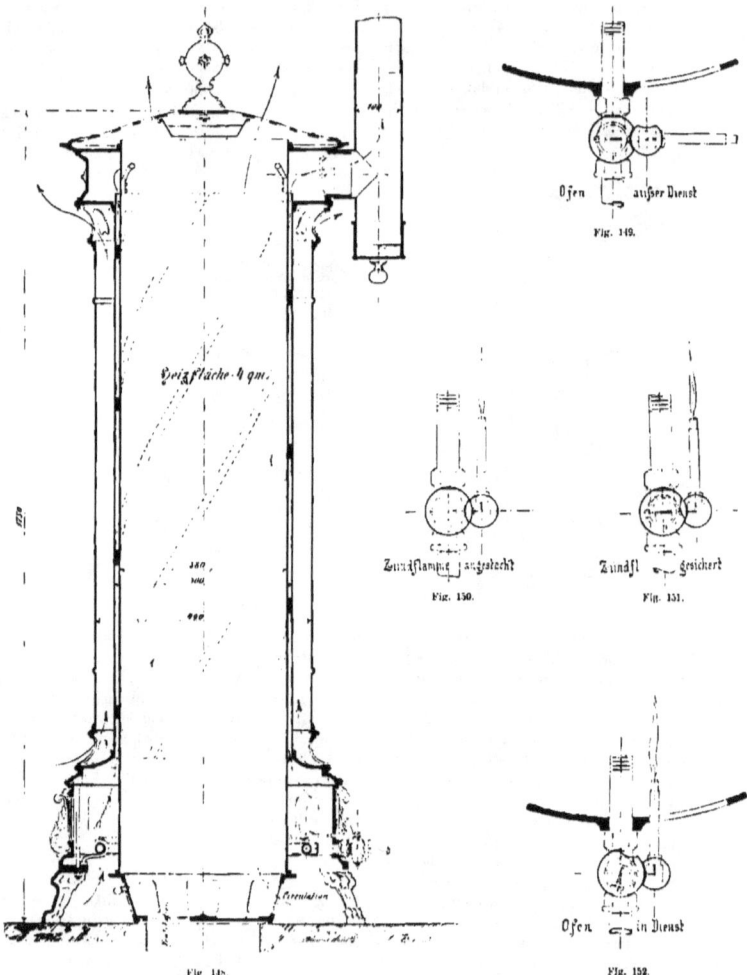

Fig. 148. Fig. 149. Fig. 150. Fig. 151. Fig. 152.

welche gerade bei der Heizung von Schulzimmern sehr ins Gewicht fallen. Die erste gröfsere Einrichtung dieser Art wurde in Karlsruhe gemacht und wurde zu diesen Zwecken auf Grund von Versuchen nebenstehender Ofen (Fig. 148) konstruiert. Als Brenner sind Leuchtflammen gewählt, welche durch eine Zündflamme entzündet werden. Durch die im Sockel des Ofens angebrachten Mienscheiben sind die Flammen sichtbar und wird damit eine sichere Regulierung derselben ermöglicht; aufserdem wird dadurch auch die angenehme Wirkung einer milden Strahlung in der Nähe des Fufsbodens erzielt. Die Verbrennungsprodukte sind eng zwischen zwei parallelen Blechmänteln durchgeführt, um ihre Wärme gut auszunutzen.

Bei der Verwendung in den Schulen war es geboten, die Zünd- und Reguliervorrichtungen so anzuordnen, dafs durch Spielereien der Schüler damit nicht Mifsbrauch getrieben werden kann. Wenn bei Beginn des Winters die Heizleitung geöffnet wird, werden die Zündflammröhrchen in den Ofen gedreht und der Zündbrenner entzündet; nur bei der Stellung in den Ofen hinein kann der Brennerhahn geöffnet werden. Hierauf wird der mit rechteckigem Kopf versehene Anhaltstift quergestellt und infolgedessen kann die Zündflamme nicht mehr aus dem Ofen herausgedreht werden. Die Zündflamme bleibt während der ganzen Betriebszeit, mit Ausnahme der Ferien, brennen und die ganze Bedienung des Ofens beschränkt sich auf das Drehen des Brennerhahns, zu welchem die Lehrer und der Diener besondere Schlüssel besitzen. Dieser sogenannte Sicherheitshahn ist in seinen verschiedenen Stellungen in Fig. 149 bis 152 dargestellt.

Die zur Erneuerung der Zimmerluft in Kanälen aus dem Freien zugeführte Luft wird in das Innere des Ofens eingeleitet und strömt erwärmt oben aus. Die Zimmerluft zirkuliert zwischen dem Mantel des Ofens und dem Heizkörper. Durch Drehung der Verbindungsröhre zwischen Luftkanal und Ofen kann aber zu den Zeiten, während welcher das Zimmer nicht durch Schüler besetzt ist, die Einströmung der äufseren Luft abgeschlossen und auch an der inneren Heizfläche eine Zirkulation und Erwärmung der Zimmerluft stattfinden.

Dem Einwand, der gegen die Heizung mit Gas erhoben wird, dafs dasselbe ein viel teurer Brennstoff ist als Kohle und Coke, mufs andrerseits entgegengehalten werden, dafs bei letzteren nicht möglich ist, sofort bei Aufhören des Bedürfnisses zur Heizung auch diese zu unterbrechen, wie das bei Gas mit leichter Mühe geschehen kann. Selbst in den kurzen Pausen, die zwischen den einzelnen Schulstunden stattfinden und während welcher die Fenster geöffnet werden, also jegliche Heizung nutzlos ist, kann die Gasheizung ausgesetzt werden. Ferner ist meistens bei den Schulen zu beachten, dafs mit Berücksichtigung der freien Nachmittage kaum ein Fünftel des Tages die Zimmer besetzt sind, einzelne Räume, wie Turn- und Zeichensäle, oft nur während einzelner Stunden des Tages. Ebenso kommen in der winterlichen Heizperiode sehr viele Tage vor, wo es nur erforderlich ist, in den frühen Morgenstunden die Zimmer etwas zu erwärmen. Gegenüber von Zentralheizungen sind die geringen Anlagekosten in Betracht zu ziehen und namentlich ist bei der Preisstellung für das Gas, das in Schulen zur Heizung verwendet wird, zu berücksichtigen, dafs die Heizung nur während der Tagesstunden erforderlich ist, daher der Verbrauch ohne Einfluss auf die Leistung des Strafsenrohrnetzes ist. Es können deshalb städtische Gaswerke sehr niedrige Selbstkosten in Rechnung setzen.

In Karlsruhe hat die Heizung der Schulen mit obigen Gasöfen so viel Anklang gefunden, dafs vier Schulhäuser ausschliefslich mit Gasheizung versehen wurden; namentlich war bei zweien dieser Gebäude, welche dem Kunst- und kunstgewerblichem Unterricht dienen, bestimmend, dafs bei der Gasheizung jegliche Staubentwickelung vermieden wird, und dafs in den Zeichensälen bei Beginn der Beleuchtung die Heizung eingestellt werden kann.

Kirchenheizung.

Für die Beheizung von Kirchen bietet die Gasheizung nicht allein grofse Vorzüge, sondern ist oft das einzige Mittel, um eine Erwärmung zu bewerkstelligen. Es sind auch schon viele Gaseinrichtungen in Kirchen zu verzeichnen. Früher brachte man meist Öfen ohne Abzug an. Bei dem grofsen Gasverbrauch, welcher zur Erwärmung einer Kirche nötig ist, ist dies jedoch nicht zu empfehlen, weil die Verbrennungsprodukte sowohl Geruch erzeugen, als auch Schädigungen, namentlich an der

Orgel verursachen können. Allerdings sind Abzugsröhren oft schwer anzubringen. In München wurde Gasheizung für eine Notkirche eingerichtet und hat sich vorzüglich bewährt. Die aus Eisen konstruierte, innen mit Gypsdielen verkleidete Kirche hat 2800 cbm Rauminhalt, und hatte während der strengen Winterzeit oft Temperaturen von unter 0° aufzuweisen. In Anbetracht des Umstandes, dafs die Wärme möglichst in den unteren Schichten sich verteilen solle, wurden Houben'sche Öfen mit Reflektoren verwendet. Vier solche Öfen fanden Aufstellung in den vier Ecken der Kirchen und konnten hier Abzugsrohre durch die Wand und aufsen in die Höhe geführt werden. In diesen Kaminen sind Lockflammen angebracht, um sofort einen kräftigen Zug bewirken zu können. Der Gasverbrauch der vier Öfen zusammen beträgt pro Stunde 10 cbm. Hiermit konnte die Temperatur stündlich um 2° R, in Kopfhöhe gemessen, gesteigert werden. Da eine Innentemperatur von 5—6° R ausreicht, so wurde durchschnittlich früh 4 Uhr angeheizt, so dafs bis 8 Uhr die gewünschte Temperatur erreicht war. Die Kosten für eine solche einmalige Heizung betrug nach Münchner Gaspreisen $4 \times 0{,}1725 \times 10 = 6{,}90$ Mark. Die Heizung funktioniert vollkommen geruchlos. Dafs der Kirchenheizung mit Gas eine, wenn auch bisher vielleicht noch nicht genügend gewürdigte Stellung zukommt, geht schon daraus hervor, dafs von einer Firma, seit dem Jahre 1879 40 Kirchen, von einer anderen seit dem Jahre 1883 15 Kirchen mit Gasheizung versehen wurden. Auch der Umstand, dafs in einer Stadt drei Kirchen, in mehreren Städten je zwei Kirchen eingerichtet wurden, spricht für die Gasheizung. Die gröfste Kirche besitzt einen Luftraum von 30000 cbm, was also schon ganz gewaltige Dimensionen darstellt.

Gasheizung zu Badezwecken.

Ausgedehnter Benutzung erfreuen sich die Badeöfen mit Gasfeuerung, speziell die sog. Wasserstrombadeöfen. Bei denselben wird eine rasche und vollkommene Übertragung der Verbrennungswärme des Gases an das Wasser dadurch erzielt, dafs das durch eine Brause zerstäubte und über ein Drahtnetz fein verteilt herabrieselnde Wasser direkt mit den heifsen Verbrennungsprodukten des Gases in Berührung gebracht wird. (Fig. 153). Das Wasser fliefst heifs aus dem Apparat und kann durch Veränderung des Verhältnisses von Gas zu Wasser jeder beliebige Temperaturgrad des Wassers bis zum Sieden erzielt werden. Der Apparat läfst sich auch mit Vorteil überall da verwenden, wo man rasch warmes Wasser haben will, z. B. für Toilettetische, für Restaurants, in der Küche etc. Ein prinzipieller Mangel dieses Apparates besteht darin, dafs das durch eine feine Brause zerstäubte und nach unten fliefsende Wasser eine nach unten gerichtete Luftströmung verursacht,

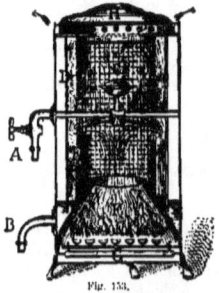

Fig. 153.

welche dem aufsteigenden Strome der heifsen Verbrennungsgase entgegenwirkt und hierdurch zu einem Rufsen der Flammen Veranlassung geben kann. Dieser Mifsstand wird bei den Apparaten mit Wasserschlangen vermieden, doch haben diese wieder den Nachteil, dafs bei sehr hartem Wasser, sich in den Röhren Kesselstein absetzt, welcher schwer daraus zu entfernen ist. Da wo man nicht besonderen Wert auf eine rasche Erwärmung des Ofens legt, leisten auch die Wassersäulenbadeöfen mit Gasfeuerung, in denen der ganze für ein Bad nötige Wasservorrat aufgenommen ist, erwärmt und dann durch nachfliefsendes kaltes Wasser verdrängt wird, gute Dienste.

Da wo das Wasser zum Genufse dienen soll, z. B. für Thee und Kaffee, empfiehlt es sich ebenfalls, kupferne Röhren anzuwenden, durch welche das Wasser — direkt an die Wasserleitung angeschlossen — von aufsen erwärmt wird, so dafs man mittels solcher Apparate stets fliefsendes warmes Wasser zur Hand hat. Solche Vorrichtungen können auch mit Vorteil an Küchenherden angebracht werden.

Gasheizung zu Badezwecken.

Badeeinrichtungen in gröfserem Mafsstabe wurden für Brausebäder in Karlsruher Schulen eingerichtet. Für diese vorübergehenden raschen Heizungen hat sich die Gasheizung vorzüglich bewährt.

Die Karlsruher Schulbadeeinrichtungen sind sämtlich mit Gasheizung ausgeführt, einmal

fähigkeit der Gas- mit der Kohlenheizung aufser Zweifel, und die Anwendung der Gasheizung hinlänglich gerechtfertigt.

Das erste Karlsruher Schulbad wurde in einer Volksschule ausgeführt und ist auf Fig. 154 dargestellt.

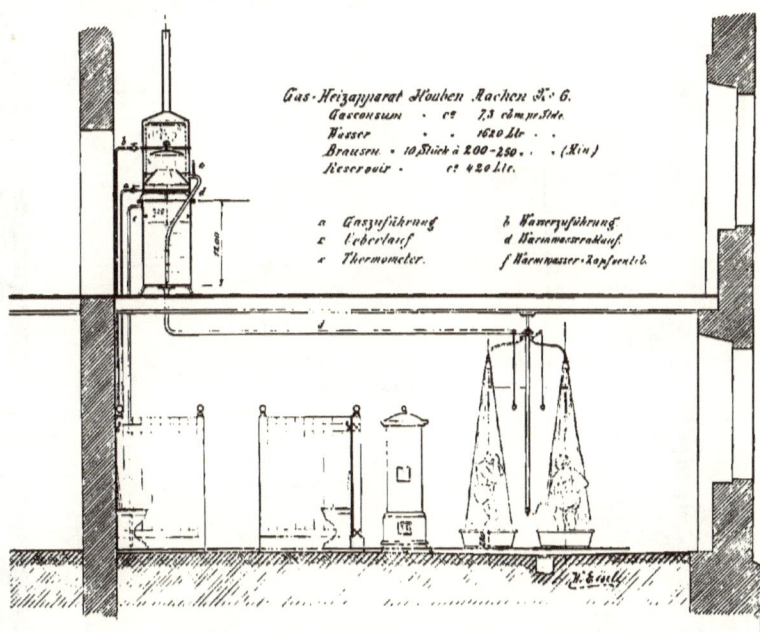

Fig. 154.

in Anbetracht des Umstandes, dafs die Stadt als Besitzerin des Gaswerkes sich das Gas zu einem billigen Preis berechnen kann, andernteils aus dem Bestreben, dem Schuldiener die durch den Badebetrieb neu zugeführte Arbeit möglichst zu erleichtern, resp. die Anstellung eines besonderen Hilfsdieners für den Badebetrieb thunlichst zu vermeiden.

In Erwägung dieser Umstände und auf Grund der erhaltenen Resultate erschien die Konkurrenz-

Schilling, Handbuch für Gasbeleuchtung.

Zur Erwärmung des Wassers mufste ein Apparat genommen werden, wie er eben gerade im Handel zu haben war, und da empfahl sich vermöge seiner momentanen Wirkung und seines höchsten Nutzeffektes der Houben'sche Wasserstrom-Heizapparat. Ein solcher Apparat gröfster Dimension (Nr. 6) wurde über einem Reservoir von ca. 0,4 cbm Inhalt in einem höher gelegenen Stockwerk aufgestellt. Wie bekannt, tritt das Wasser in dem oberen Teil

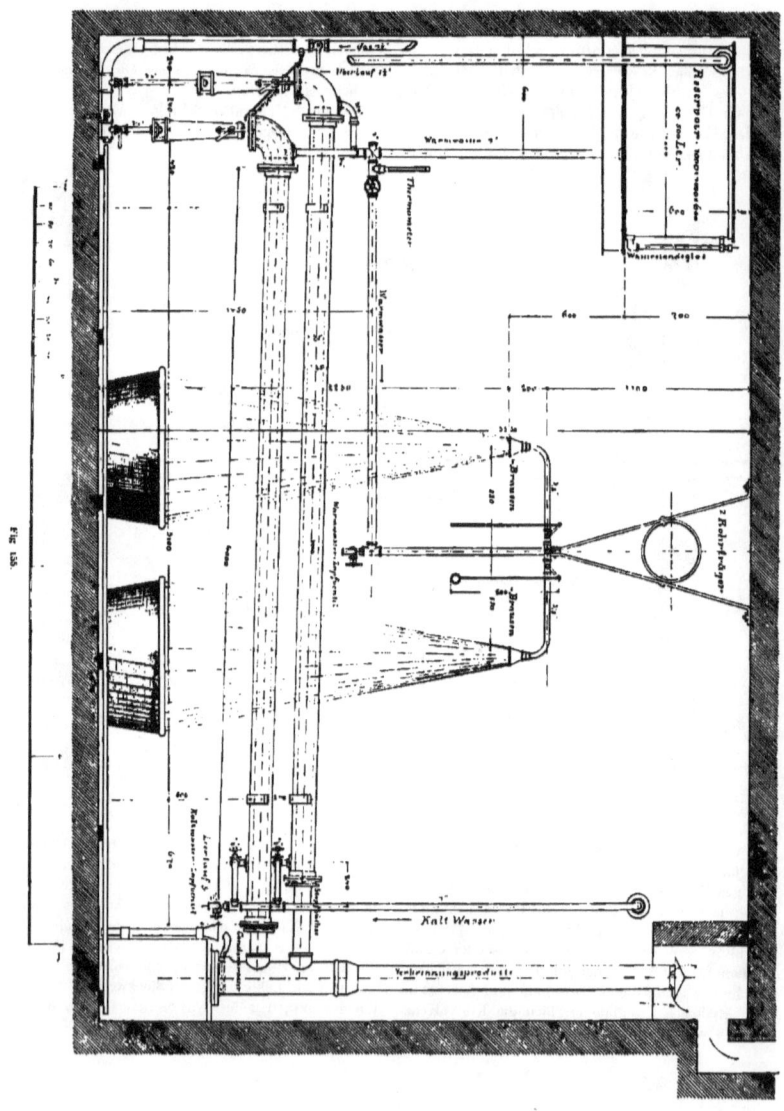

Fig. 135.

Gasheizung zu Badezwecken.

des Apparates aus einem teilweise zerstäubend wirkenden Spritzkopf aus und fällt, während die Verbrennungsprodukte des leuchtend verbrannten Gases nach oben ziehen, zwischen diesen frei nach unten, wobei es erwärmt wird, sich in dem untern Ringkanal ansammelt und nach Passieren eines Thermometers in das Reservoir, resp. zu den Brausen abfliefst. Das vom Apparat bis nahe auf den Boden des Reservoirs geführte Rohr hat den Zweck, das am Boden angesammelte, kälter gewordene Wasser beim späteren Ablauf nach den Brausen wieder mit dem frisch erwärmten zu mischen, damit für die Brausen eine gleichmäfsigere Temperatur erzielt werde. Aufser dem Ablaufrohr nach den Brausen befindet sich am Reservoir ein Überlaufrohr für überschüssig angesammeltes Wasser.

Zum Baden sind 10 Brausen vorhanden; unter jeder Brause steht eine kleine ovale Zinkwanne, 1 m lang, 0,75 m breit und 0,28 m hoch.

Das Baden ist in den Stundenplan mit aufgenommen und auf reine Übungs- und Repetitionsstunden verlegt, bei denen zeitweises Fehlen von Schülern nicht als Störung empfunden wird. Alle 10 Minuten treten 10 Schüler zum Baden an; auf diese 10 Minuten totale Badezeit kommen ca. 6 Minuten Brausezeit und 4 Minuten Pause (für Aus- und Ankleiden).

Während der Pausen mufs das erwärmte Wasser angesammelt werden; daher bedingt die Anwendung von Fufswannen auch stets die Anwendung eines kleinen Reservoirs. In einer Stunde braucht eine Brause als Minimum ca. 200 bis 250 l Wasser, in den 6 Minuten Brausezeit also ca. 25 l oder für 50 Bäder in der Stunde $50 \times 25 = 1250$ l.

Der aufgestellte Houben-Apparat Nr. 6 liefert pro Stunde 1620 l Wasser und erwärmt dieselben nach Versuchen mit 7,3 cbm Gas um ca. 22,5° C. (von 10—32,5° C.); alsdann stellen sich die Herstellungskosten für ein Bad nach dortigen Verhältnissen auf ca. 1 Pfg.

Die Anlagekosten für dieses Bad betragen:

für Bauarbeiten ca.	Mk. 1500.—
„ Badeeinrichtung	800.—
Summa	Mk. 2300.—

Der Badebetrieb ist dem Schuldiener übertragen, die Wassererwärmung verursacht ihm so gut wie keine Arbeit; er hat seine Hähne und Ventile zu öffnen, das Gas zu entzünden und alsbald kann das Baden beginnen.

Der angewandte Houben-Apparat besitzt von allen existierenden Gasapparaten den gröfsten Nutzeffekt, wirkt momentan, ist einfach und leicht zu bedienen und birgt keine Gefahr des Verbrühens oder momentaner Dampfbildung und daraus entstehender Explosion in sich. Der Apparat liefert jedoch das Wasser nicht unter Druck und mufs daher in einem höher gelegenen Lokale untergebracht werden.

Ein zweites Brausebad, welches das Wasser unter Druck liefert, ist in Karlsruhe im Waisenhaus errichtet.

Zur Wassererwärmung dient hier ein Heizapparat mit Kupferschlange des Gas- und Wasserleitungsgeschäftes Stuttgart, der das Wasser unter Druck liefert und daher im Badelokal selbst Aufstellung finden konnte. Ein Reservoir ist nicht vorhanden, von den drei Brausen sind, um einer Explosion vorzubeugen, nur zwei mit Abstellhähnen versehen.

Der Apparat liefert in der Stunde 716 l Wasser, die mittels 3,5 cbm Gas um 22,5° C. (von 10—32½° C.) erwärmt werden können und genügt daher für continuierlichen Betrieb. Die Herstellungskosten für ein Bad sind ziemlich dieselben, wie die früher aufgeführten.

Ein drittes Schulbad, resp. seine besondere Gasheizeinrichtung veranschaulicht Fig. 155.

Die mit dem andern Apparaten gemachten Erfahrungen, insbesondere deren häufig notwendig werdendes Reinigen, veranlafste die Gas- und Wasserwerke Karlsruhe zur Herstellung eines besonderen Heizkörpers, für dessen Konstruktion nachfolgende Gesichtspunkte hauptsächlich mafsgebend waren:

Der Apparat soll das Wasser unter Druck liefern, damit er im Baderaum selbst kann untergebracht werden.

Er soll Reinigungen und Reparaturen möglichst wenig unterworfen sein, nötigenfalls aber leicht und rasch auseinander genommen werden können.

Um ein Verrussen unmöglich zu machen, soll der Brenner entleuchtet, jedoch so beschaffen sein, dafs die Flamme, trotz starker Luftmischung, nicht zurückschlagen kann.

Das aus den Verbrennungsprodukten kondensierte Wasser soll nicht auf den Brenner zurücktropfen, sondern einen besondern Abflufs erhalten.

Der Heizapparat soll rasch und ökonomisch wirken.

Es soll durch denselben möglichst wenig Wärme an das Badelokal übertragen werden. Der Apparat soll leicht und billig herzustellen sein und wenig Raum beanspruchen.

Diesen Anforderungen entspricht in allen Stücken die entstandene Konstruktion. Das Wasser, an der tiefsten Stelle eintretend, durchspült den engen Zwischenraum zwischen zwei in einander gesteckten 4 m langen Rohren, wird durch die das innere Rohr durchziehenden Verbrennungsprodukte von innen erwärmt und tritt in der Nähe des Brenners an der höchsten Stelle wieder aus dem Apparate aus. Dieser ist nicht vertikal, wie sonst üblich, sondern nahezu horizontal, mit schwachem Gefäll nach hinten angeordnet, wodurch an diesem, dem Brenner entgegengesetzten Ende Gelegenheit für Entfernung des Kondenswassers gegeben ist. Die am vordern Ende angebrachten, kurzen, in einander gesteckten Krümmer dienen zum leichteren Hervorbringen des ersten Zuges, der sonst in dem abwärts führenden Rohre unter Umständen nur schwer zu erreichen wäre (event. durch eine besondere Lockflamme).

Der entleuchtete Brenner trägt an der Mündung ein an einem Messingreif befestigtes leicht aufgesetztes Drahtnetz, das von Hand — vorkommenden Falles — jederzeit leicht abgenommen und durch ein vorrätig gehaltenes Reservesieb ersetzt werden kann; der Brenner ist ferner am Heizkörper verschieb- und in jeder Lage feststellbar; er ist so einzustellen, dafs die Brennermündung möglichst nahe am Heizkörper ist, so dafs die Flamme scharf hellgrün und lebhaft eingezogen wird.

In dem in Rede stehenden Bad sind zwei solcher Apparate übereinander montiert und geht alles andere aus der Zeichnung ohne weiteres hervor.

Im Baderaum sind hier acht Brausen angebracht, die nach angestellten Versuchen eine minimale Wasserdruckhöhe von 0,6 m erfordern, im übrigen ist die Einrichtung genau wie beim erstbeschriebenen Schulbade.

Die zwei kombinierten Heizapparate liefern zusammen pro Stunde 944 l Wasser, die mit 4,5 cbm Gas um 22,5° C. erwärmt werden, die Leistung des Apparates kann jedoch bis auf ca. 6 cbm Gaskonsum gesteigert werden, wobei indessen die Flamme bereits anfängt weniger schön und scharf zu brennen.

Die Anlagekosten dieses Schulbades betragen ca. Mk. 2100, davon ca. Mk. 1440 für Bauarbeiten und Mk. 660 für die Einrichtung.

Die Herstellungskosten für ein Brausebad stellen sich auch hier, fast genau wie bei dem erstgenannten Bade, nämlich auf ca. 1 Pfg.

Die Kochapparate.[1])

Zum Kochen wird fast ausschliefslich die entleuchtete Flamme angewendet, weil die Geschirre, in denen sich die Speisen befinden, in direkte Berührung mit der Flamme gebracht werden müssen. Nur zum Braten am Spiefs und zum Rösten und Braten auf dem Rost bedient man sich zuweilen der strahlenden Wärme leuchtender Flammen.

Der allen Kochbrennern zu Grunde liegende Bunsenbrenner ist von Wobbe zu Kochzwecken verbessert worden.[2]) Derselbe ist so eingerichtet, dafs die Ausströmungsöffnung des Gas- und Luftgemisches reguliert werden kann. Dieselbe mufs so eingestellt werden, dafs die Flamme mit einem kleinen blaugrünen Flammenkern brennt.

Buhe[3]) fand, dafs bei Gas aus westfälischen Kohlen pro 100 l, 220 l Luft zur Entleuchtung nötig waren, während der gesamte zur Verbrennung nötige Luftbedarf ca. 560 l beträgt.

In welcher Weise sich die Luftbeimischung zum Gase ändert, hat Verf. an einem Wobbebrenner untersucht.

In die Deckplatte des Brenners wurde ein Röhrchen eingeschraubt, aus welchem Gasproben abgesaugt wurden, während das Gasgemisch aus dem Schlitz brannte. Die Versuche wurden einmal bei enger und einmal bei weiter Stellung des Schlitzes vorgenommen und jedesmal eine Probe bei hohem und bei niedrigem Druck genommen.

---

[1]) Populäre Schriften: M.' Niemann, Ist das Heizen und Kochen mit Gas noch zu teuer? Dessau 1892, P. Baumann. — Coglievina, Das Gas als Brennstoff, München 1892, R. Oldenbourg.

[2]) Wobbe, Die Verwendung des Gases zum Kochen, Heizen und in der Industrie, München 1885, Oldenbourg.

[3]) Buhe, Kochen und Heizen mit Leuchtgas, Journ. f. Gasbel. 1888, S. 542.

Die Kochapparate. 197

Enge Schlitzstellung.

Druck mm	Sauerstoff %	Auf 1 Teil Gas Teile Luft	
22	13,7	1,9	
22	14,1	2,1	Mittel 2,00
22	14,0	2,0	
15	13,0	1,6	Mittel 1,65
15	13,2	1,7	

Weite Schlitzstellung.

Druck mm	Sauerstoff %	auf 1 Teil Gas Teile Luft	
22	15,8	3,0	
22	15,9	3,1	Mittel 2,97
22	15,5	2,8	
15	14,9	2,5	Mittel 2,45
15	14,8	2,4	

Man sieht, dafs die Luftbeimischung bei enger Schlitzstellung eine ungenügende ist und mit Erweiterung desselben sich erhöht. Auch der Druck ist selbstverständlich von Einflufs auf die Menge der beigemengten Luft und begünstigt hoher Druck die Luftbeimengung. Ohne Gebläsevorrichtungen ist man jedoch nicht imstande, dem Gase mehr als ca. 3½ Teile Luft beizumengen. Die Wobbe'sche Vorrichtung ermöglicht also jeden Brenner von vornherein auf das günstigste Verhältnis einzustellen.

Wobbe hat auch versucht, das Vorwärmungsprinzip auf seine Kocher anzuwenden, doch leidet unter dieser Anordnung die Einfachheit und der billige Preis des Brenners.

Bei anderen Gaskochern, wie z. B. den Dessauer Kochern und französischen von Legrand, ist nicht eine ringförmige Flamme gebildet, sondern das Gas brennt in einzelnen kleinen Flämmchen, in kreisförmiger Anordnung, um eine möglichste Verteilung der Wärme auf den Boden des Kochgefäfses zu bewirken. Es ist hierbei die Konstruktion von vornherein so getroffen, dafs der gesamte Querschnitt der Ausströmungsöffnungen dem günstigsten Luftmischungsverhältnis des Gases entspricht, ohne dafs ein Zurückschlagen der Flamme eintritt.

Indem wir bezüglich der Kombinationen einzelner Brenner zu Herdplatten und ganzen Kochherden auf die Preiscourante der verschiedenen Firmen verweisen, wollen wir nachstehend noch einige Angaben über den Gasverbrauch der neueren verbesserten Brennerkonstruktionen folgen lassen.

Der Gasverbrauch, welcher nötig ist, um 1 l Wasser von 10° C. zum Siedepunkt zu erhitzen (also bis 100° C.), und zwar in einem Gefäfs aus dünnem Weifsblech, betrug nach Wobbe für einen

Champignon Brenner	52 l Gas, dauerte	17 Minuten
Fletscher-Brenner .	44,1 l »	» 11,1 »
Französischer Brenner .	42 l »	» 7,6 »
Wobbe-Brenner .	27,6 l »	» 13 »
» Regenerativbrenner	23,8 l »	» 14,5 »

Husse in Dresden fand als Gasverbrauch unter ähnlichen Bedingungen

Wobbe-Brenner (klein) .	36,5 l Gas dauerte	14,0 Minuten
» » (grofs	34,25 l »	» 7,6 »
Dessauer-Brenner . .	40,0 l »	» 11,5 »

Nach eigenen Versuchen betrug der Verbrauch bei Verwendung eines emaillierten Kochgeschirres

Champignon-Brenner .	44 l Gas, dauerte	22 Minuten
Französischer »	42 l »	» 16 »
Fletscher- »	55 l »	» 12 »
Wobbe- »	37 l »	» 12½ »

Es wurde hierbei nicht die Temperatur des Wassers gemessen, sondern es wurde der Moment beobachtet, bei welchem ein über dem Wasser im Dampf aufgehängtes Thermometer 100° zeigte.

Der Einflufs der Beschaffenheit des Kochgeschirres auf das Resultat ist ein sehr bedeutender. So fand Buhe, dafs diejenige Wärme, welche bei den verschiedenen Töpfen nutzbar gemacht wird, in folgendem Verhältnisse stand, wenn man verzinntes Weifsblech = 100 setzt:

verzinntes Eisenblech	emailliertes Gufseisen	irdenes Gefäfs
100	93	73

Die Anwendung der Heizbrenner in den verschiedenen Kochapparaten ist eine äufserst mannigfaltige und je nach den Ansprüchen und den örtlichen Verhältnissen verschieden. Es ist unmöglich, all die einzelnen Zwischenstufen vom einfachen Gaskocher bis zum fertigen Kochherd zu schildern. Wir wollen uns damit begnügen, auf die Vielseitigkeit hinzuweisen, welche in der Benutzung des Gases in Küche, Haushalt, zu gewerblichen und industriellen Zwecken ermöglicht ist.

Zum Kochen, Braten und Backen dienen Gaskocher, Herdplatten, Backröhren und deren Kombinationen bis zum Gasherd. Ferner sind für den Haushalt bestimmt: Kaffeeröster, Plätt-(Bügel-)Apparate, Wärmeschränke, Warmwasser-Apparate etc.

Über die Verwendung des Gases zu gewerblichen Zwecken gibt folgende vom deutschen Verein im Jahre 1890 erhobene statistische Zusammenstellung Aufschlufs.

Übersicht über die Verwendung des Gases zu gewerblichen Zwecken.

Aichamt. Zum Stempelerhitzen Nordhausen, Brandwärmer mit 12 Bunsenbrennern von Burchner in Wiesbaden-Rüdesheim.
Apotheken. Für Laboratoriumszwecke; fast überall.
Badanstalten. Schulbäder: Karlsruhe in 6 Schulhäusern.
Bandfabrikation. Plättmaschinen für Seidenbänder: Basel.
Backastenöfen. Trockenöfen für solche: Rudolstadt.
Baumwolltuchfabrikation. Zum Sengen in 43 Färbereien Barmen.
Bernsteinfabrikation. Zum Einschmelzen des Abfalls 2 grofse Brenner mit 24 000 cbm per Jahr: Passau.
Blechner und Blechwarenfabrikation. Zum Löten fast allenthalben; für kleinere Blechnereien Erwärmung des Lötkolben in Lötöfen oder direkt beizbare Lötkolben mit Bunsenflamme ohne Druckluft, für gröfsere Blechnereien und Blechwarenfabriken Blas- oder Lötrohre mit Druckluftzuführung, englische, französische und deutsche Apparate. Brandenburg (Lotofen und Lötkolben mit 23 000 cbm), Ludwigsburg (26 689 cbm Lotgas) u. a. m.
Badeanstalten. Zum ausschliefslichen Heizen der Kessel und Töpfe: Strafsburg.
Brennschereen s. a. Friseure und Sengmaschinen; M.Gladbach—Rheydt.
Braudapparate. Wetzlar (aus England bezogen).
Buchbinderei. Zum Erwärmen der Einband- und Vergolderpressen: Dresden, Halle a. S., Karlsruhe, Plauen i. V., Bonn, St. Gallen, Kottbus, Gotha.
Bürstenfabrikation. Bonn.
Cartonnagefabrikation. Zum Erwärmen von Behältern, zum Pappe- und Leimkochen: Dresden.
Chemische Fabriken. Zum Kochen: Offenbach a. M.
Chemische Laboratorien. Magdeburg/7 Brenner mit zusammen 14 806 cbm) etc.
Chenillefabrikation. Annaberg.
Chokolade- und Kakaofabrik. Für Chokoladeformen: Halle a.S., Ringheizkörper zum Vorwärmen der Mahlsteine bei der Kakaofabrikation in den verschiedensten Konstruktionen: Frankfurt a. O.
Cementindustrie. Leimofen für Cementplättchen: Rudolstadt.
Cigarrenindustrie. Heilbronn, Cigarrenkistenfabrik, zum Erhitzen der Brennstempel: Nordhausen, Giefsen, Glatz.
Convertenfabriken. Heilbronn, Hagen in W. (Leimkocher).
Desinfektionsanstalten. Göttingen (eigenes Fabrikat), Nordhausen (Apparate mit Wobbe-Ringbrennern Nr. 24 von 2,8 cbm per Stunde).
Drahtwarenfabrik. Quedlinburg.
Druckereien. Winterthur (in der Autotypieanstalt).
Eisenbahnbetrieb. Halberstadt (1 Ofen zum Anheizen der Briquettes), Kolberg (ditto).
Eisenbahnwerkstätten. Zum Auf- und Abziehen der Radreifen — Bandagen: Breslau, Frankfurt a. O., Karlsruhe, Kaiserslautern, Osnabrück, s. Journal f. Gasbeleuchtung 1880 S. 741, zum Biegen von Radreifen in Siegen.
Eisengiessereien. M.-Gladbach—Rheydt (Brenner zum Formentrocknen aus eigener Werkstatt).

Fahrradfabriken. Kaiserslautern (zum Verlöten der Fahrradteile und zum Trocknen des Anstriches).
Färbereien. Düsseldorf (Sengmaschinen), Karlsruhe (Bügeln).
Feuerwagen. Elberfeld (fahrbare Sengvorrichtung).
Fleischereien. Zum Erwärmen von Behältern: Dresden.
Friseure. Apparate zum Haarkräuseln fast überall.
Galvanoplastik. Apparate zum galvan. Vergolden: Halle a. S.
Gamaschenfabrikation. Zum Erhitzen und Plätten: Glatz.
Gärtnerei. Zur Gewächshausheizung: Giefsen.
Glasindustrie. (Zum Glasschmelzen, zum Glasblasen), Breslau, Bonn, Meiningen, in der Glasmalerei zum Schmelzen des Bernsteinlacks: Bonn.
Goldwarenfabrikation. Hanau und Pforzheim (Schmelzöfen nach Perrot für Gold, Silber, Platin und Legierungen) Düsseldorf (zum Löten), Danzig (Lötrohre), Duisburg und Karlsruhe (zum Löten und Goldschmelzen), Bochum, St. Gallen, Kottbus, Osnabrück, Augsburg (Glasgebläse).
Heizung. Frankfurt a. O. (zum Kohlenanzünden), Karlsruhe (zum Kesselanheizen).
Hopfenschwefelungsanlagen. Zum Erwärmen der Schornsteine und Verbrennen der abziehenden Dämpfe: Nürnberg.
Hospitäler. Strafsburg (1726 diverse Kochapparate und Brenner in den verschiedenen Universitäts-Instituten: Civil-, Hospital- und chirurgische Klinik 106, Gynäkolog. Inst. 10, Zoolog. Inst. 22, Pharmakolog. Inst. 191, Chemisch-physiol. Inst. 280, Chemisches Inst. 536, Anatomie 105, Physiolog. Inst. 36, Laboratorium der med. Klinik 74, Botan. Inst. 15, Physikal. Inst. 311, Petrographisches Inst. 20 Stück).
Hutfabrikation. Düsseldorf (zum Formenwärmen und Bügeln), Augsburg (Hutpressen), St. Gallen, Frankfurt a. O., Luckenwalde (Bügeleisen von Jul. Jost), Brandenburg (Hutpressenheizkörper eigener Konstr., Hutstempelpresse, Hutbügelmaschinen und Huthügeleisenwärmer mit Wobbebrenner von J. Jost in Luckenwalde.
Juweliere. Goldschmiedapparat mit Gebläse, Lötlampen von J. A. Rieslinger, Augsburg, Schmelz-, Emaillier- und Treibofen: Schwäb. Gmünd.
Kaffeebrennerei. Stockholm (Röstapparate), M.-Gladbach-Rheydt, Ruhrort, Gotha, Elbing.
Konfektionsgeschäfte. St. Gallen, Plauen i. V. (zum Rüschen pressen).
Konditoreien. Danzig (besonders Marzipanbäckereien), Winterthur (Biskuitfabrik), Strafsburg (Bonbonsfabrik).
Konservenfabriken. Strafsburg, zum Verlöten der Büchsen.
Korbflechterei. Winterthur.
Korsettfabriken. Annaberg.
Kunstwäscherei. Zum Bügeln.
Lackierer. Hannover (Trockenapp.), Mainz (Lackapparate), Kaiserslautern (zum Trocknen lackierter Gegenstände, Brandenburg (Trockenöfen für lackierte Maschinenteile 36 000 cbm).
Lampenfabrikation. Giefsen.
Laubsägenfabrikation. Apparate, Augsburg.
Lederindustrie. Zum Lederpressen, Brandenburg.
Litzenfabrikation. Zum Flämmen; Barmen.
Malerei. Karlsruhe.

Maschinenfabrikation. Brandenburg (Trockenöfen für lackierte Maschinenteile 36000 cbm), Winterthur (Riether'sche Fabrik), Siegen (zum Biegen von Radreifen [?]), Fulda und Karlsruhe (zum Härten in Werkzeugfabriken) s. a.: Metallindustrie.
Mechaniker. Augsburg (Glasgebläse, zum Schweißen, Löten, Härten etc.).
Metallindustrie. Potsdam (Glühofen von Karl Gerlach, Berlin), Karlsruhe (Metallpatronenfabrik zum Glühen, Löten und Härten 9000 cbm), Stockholm (Schweißapparate), Danzig (Lötrohre).
Metallschmelzen. s. a. Schmelzen und Goldwarenfabr. Hannover (Schmelzöfen von Fletscher), Nürnberg (6473 cbm), Duisburg, Pforzheim (Tiegelgasöfen).
Papierindustrie. Luckenwalde (20 Papierpressen für Papptellor u. von Leipziger Fabrikanten.
Photogr. Ateliers. Karlsruhe, Danzig (Wärm- und Trockenapparate).
Plättereien. Danzig, Karlsruhe und andere Städte.
Plättheizen. Breslau (App. zum Anwärmen derselben).
Plisseefabrikation. Breslau (zum Plisséebrennen), Elberfeld (Plisseemaschinen), Danzig, Frankfurt a. O.
Plüschfabriken. Elberfeld (Plüschpressen), Saargemünd (Appreturmaschine mit Gas).
Polieren. Nürnberg (Polieren von Siegellack).
Portefeuillefabriken. Offenbach a. M. (zum Heizen der Pressen) s. a. Lederindustrie.
Postämter. Gießen (für Lackpfannen).
Radreifenedrmen. s. a. Eisenbahnwerkstätten.
Rütschenpressen. s. a. Konfektionsgesch. Plauen i. V.
Schirmfabrikation. Osnabrück (zum Dämpfen des Stoffüberzugs), Halle (zum Stockbiegen) etc.
Schmelzen. s. a. Metallschmelzen, Glasindustrie etc. Pforzheim (Schmelzen und Abtreiben von Gold, Silber, Legierungen etc. in Goldwarenfabriken in den bekannten Tiegelgasschmelzöfen), Offenbach a. M. (Schmelzöfen für Schriftgießereien), Hanau (Schmelzöfen nach Perrot für Gold, Silber, Platin), Schwäb. Gmünd (Schmelz-, Emaillier- und Treiböfen).
Schneiderei. Brandenburg (16 Plättapparate in der Regimentsschneiderei mit 3500 cbm), Gotha (Militärschneiderei 3700 cbm), Ratibor (Gefängnisschneiderei zum Plätten).
Schuhmacherei und Schuhfabrikation. Nordhausen (zum Polieren, Anwärmen von Pechdraht, Bunsenbrenner an Schuhnähmaschinen), Schweinfurt (im allgemeinen zum Bügeln, zum Anwärmen von Wachs und der Ausputzeisen, bei Spezialmaschinen zur Erwärmung des Drahtes beim Nähen der Sohlen, zum Polieren der Absätze und Oberdecke, zum Pappen und Umbügeln der Schäfte beim Einsetzen der Gummizüge.
Schriftgießereien. Offenbach a. M. (zum Heizen von Schmelzöfen), Glatz (Erhitzen von Schmelztiegeln für Letterguß).

Sengmaschinen. s Tuchfabriken und Färbereien. M.-Gladbach—Rheydt (Sengapparat aus eigener Werkstatt à M 45'), Mülhausen i. E. (15 Sengmaschinen für Tuche), Elberfeld (Sengmasch. für Tuche, Seide, Plüsch etc., fahrbare Sengvorrichtung s. Feuerwagen), Augsburg, Potsdam (Sengmaschinen), Freiburg i. B , Plauen, Dessau (Sengmaschinen von M. Jahr in Gera), Greiz (Sengmaschinen mit 30 000 cbm).
Seidenindustrie. Krefeld (zum Appretieren, Gasieren etc.), Basel (Appreturmaschinen, Trockenapparate eigener Konstruktion).
Siegellackfabrikation. Nürnberg (zum Polieren, 2860 cbm).
Stahlindustrie. Osnabrück (Radreifenfeuer), Karlsruhe (zum Glühen und Härten).
Stockfabrikation. Halle a. S. (zum Stockbiegen).
Strohhutfabrikation. Dresden (zum Erwärmen der Formen), Breslau (zum Heizen der Apparate), Genf (zum Erwärmen der Gußformen in zwei Fabriken), Kassel (Strohhutpressen), Danzig (dto.), Nordhausen (Röhrenbrenner und kleiner Kocher).
Tabakindustr. Frankfurt a. O. (Tabakdarren).
Textilindustrie. s. a. Sengmaschinen und Tuchfabriken. Kolmar (Apparate zum Sengen von Garnen und Geweben eigener geheimer Konstruktion), Hof (Sengmaschinen).
Tischlereibetrieb. Dresden (zum Erwärmen von Behältern, Leimkochen), Nordhausen (Leimwärmapparate), Annaberg (Leimkocher von Sievert in Wurzen und Barthel in Chemnitz).
Trockenmaschinen. M.-Gladbach—Rheydt (Brenner aus eigener Werkstatt), Basel (Trockenapparate für Seiden, Garne etc. eigener Konstruktion), Brandenburg (Gastrockenöfen für lackierte Maschinenteile, 36000 cbm).
Tuchfabriken. Elberfeld (Sengmasch.), Mülhausen i. E. (15 Sengmasch.), Kottbus (Tuchpresse), Dessau (Tuchsengmasch. von M. Jahr in Gera), Luckenwalde (Tuchpresse und Tuchsengmaschine 5—700 l per Stde.).
Vergolder. Hannover (Gasgabeln), Elberfeld (Vergolderpressen), Halle a. S. (dto., Apparate zum galvanischen Vergolden).
Volksküchenschänken. Osnabrück, Karlsruhe.
Wachsindustrie. München (Wachsschmelzofen), Plauen i V. (dto.).
Walzwerksbetrieb. Königshütte (zum Warmhalten und Anwärmen der Walzen bei Blech- und Universalwalzwerken, die still gestanden haben — im Winter —).
Waschanstalten. Kassel (zum Bügeln), Karlsruhe (dto.).
Webereien. Elberfeld (Sengmasch.) u. a.
Werkzeugfabriken. Fulda (zum Härten), Karlsruhe (Metallpatronenfabrik zum Härten von Lehren etc.).
Wollwaarenfabrik. Fraustadt.
Zahnärzte. Hannover (Schmelztiegel mit Stichflamme), Kassel, Bochum, St. Gallen, Karlsruhe, Osnabrück, Lüneburg (Lötapparate für Zahnärzte).

XI. Kapitel.
Gasbehälter und Stadtdruckregler.

Eiserne Gasbehälter.

Die Gasbehälter und insbesondere die zugehörigen Wasserbehälter wurden von jeher mit besonderer Aufmerksamkeit und Sicherheit gebaut, nicht nur, weil dieselben den kostspieligsten Teil der Anlage einer Gasanstalt bilden, sondern weil von ihnen in erster Linie die Sicherheit des Betriebes abhängt und weil Ausbesserungen an gerissenen Behältern zu den mühevollsten und unangenehmsten Aufgaben gehören. Es ist öfters darauf hingewiesen worden, dafs in der Ausführung gemauerter Wasserbehälter meist weit über die Grenzen der durch Berechnung sich ergebenden Wandstärken hinausgegangen wird; allein andrerseits haben manche trübe Erfahrungen immer wieder darauf hingeführt, dafs gerade der Gasbehälter ein Gegenstand ist, bei welchem übertriebene Sparsamkeit sich am bittersten rächt.

Neben dem aus Steinen mit gutem, langsam bindendem Cemente gemauerten Wasserbehälter sind in den letzten Jahren die Ausführungen in Stampfbeton und die eisernen Wasserbehälter immer häufiger geworden. Welche Art davon den Vorzug verdient, läfst sich nur nach den betreffenden örtlichen Verhältnissen entscheiden. Im allgemeinen sind gemauerte Behälter noch immer am beliebtesten und bei guter Ausführung wohl auch am sichersten. Die Behälter aus Beton bieten da, wo gutes Material zur Verfügung steht, den Vorzug gröfserer Billigkeit, da man sich mit geringeren Wandstärken begnügen kann. Bei der vorzüglichen Qualität,

mit der man heutzutage den Cement herstellt, steht auch die Zuverläfsigkeit dieser Behälter aufser Frage. Allerdings erfordert die Herstellung der Betonbehälter ganz besonders genaue und gewissenhafte Arbeit.

Unter den eisernen Behältern verdienen die nach den Intze'schen Entwürfen[1]) erbauten ganz besondere Beachtung, da sie nicht nur auf einer genauen rechnerischen Grundlage fufsen, sondern unter Umständen, so namentlich bei schlechten Bodenverhältnissen, oft die einzige Möglichkeit bieten, einen sichern Wasserbehälter ohne übertrieben hohe Aufwendungen herzustellen.

Man hat vielfach Wasserbehälter aus Metallblech (Eisen und Stahl) in der Weise ausgeführt, dafs diese mit durchgehendem flachem Boden unvermittelt auf die Erdoberfläche oder auf eine besondere gemauerte oder sonstwie künstlich hergestellte abgeglichene ebene Fläche gesetzt wurden. Bei dieser Anordnung tritt der Übelstand hervor, dafs man Undichtheiten im flachen Boden nicht finden, Ergänzungen und Anstriche an dem unteren Boden nicht ausführen kann und bei schlechtem Untergrund genötigt ist, eine kostspielige Unterstützung beziehungsweise Gründung in der ganzen Grundfläche des Wasserbehälters anzuwenden.

Professor Intze ging nun bei dem Entwerfen seiner Wasserbehälter aus Metallblech von dem neuen Gedanken aus, diesen Behältern eine ringförmige Stützung und einen freistehenden, zugäng-

[1]) Zeitschr. d. Ver. deutsch. Ingen., 1884, S. 43; 1886, S. 35.

Eiserne Gasbehälter.

lichen Boden zu geben, wobei im wesentlichen darauf gesehen wurde, den Wasserinhalt auf das geringste Mafs zu beschränken, ohne andrerseits die Konstruktionsflächen unnütz grofs beziehungsweise kostspielig zu gestalten.

Als Flächen, welche mit möglichst wenig Materialaufwand gröfsere Wasserlasten zu tragen imstande sind, mufsten naturgemäfs Kegel- und Kugelflächen für die Bodenkonstruktionen in Anwendung kommen,

sicherer Abschlufs des Gases von dem innerhalb der ringförmigen Auflagerung des Wasserbehälters gebildeten zugänglichen Luftraum zu schaffen war.

Auf Druck beanspruchte Kegelflächen mit gröfserer Seitenlänge wurden zur Materialersparung und zur Sicherung gegen Einknicken vorteilhaft aufgelöst in einzelne Träger, welche in die Richtung der Kegelseiten gelegt wurden, und in durchhängende dünne (nach kleinem Krümmungshalbmesser her-

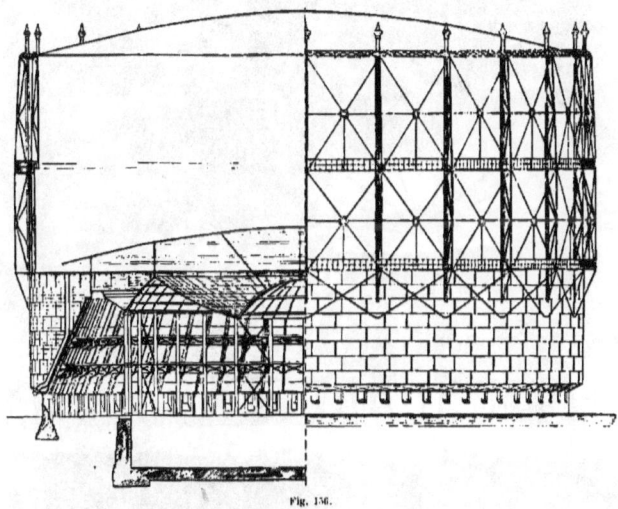

Fig. 136.

wobei in hervorragendem Mafse die gegen äufseren Druck am meisten widerstandsfähigen Kugelflächen zu bevorzugen waren.

Bei der Anwendung dieser Flächen für grofse Spannweiten mufste darauf geachtet werden, dafs einerseits die Krümmungshalbmesser nicht zu grofs ausfielen und andrerseits die Bodenteile nicht in den Gasraum der Glocke hineinragten. Diese Bodenteile waren vielmehr mit Wasser bedeckt anzuordnen, damit durch das Vorhandensein von Wasser über allen Nietnähten deren Dichtigkeit leicht festgestellt werden kann, wie auch hierdurch ein

gestellte) Kegelbleche. Die Ringdruckwirkungen der Hauptkegelfläche wurden hierdurch auf einzelne Gurtringe übertragen, welche ohne Materialverschwendung leicht knickfest hergestellt werden konnten.

Nachdem die ersten Ausführungen von Gasbehältern mit Wasserbehältern aus Metallblech nach Intze's Erfindung allen Anforderungen entsprochen hatten, sind im Laufe von kaum sechs Jahren zahlreiche und selbst sehr grofse Gasbehälteranlagen nach Intze's Bauart in Anwendung gekommen, unter denen besonders zu nennen sind:

Schilling, Handbuch für Gasbeleuchtung.

1 Teleskopbehälter von 10 000 cbm Gasinhalt in Charlottenburg
1 „   „   7 000 „ „ Chemnitz
1 „   „   8 000 „ „ Gera
1 „   „ 37 000 „ „ Essen

Sehr oft haben die Intze-Behälter vorteilhaft Anwendung dann gefunden, wenn es sich bei beschränkter Grundfläche der Gasanstalten um Vergrösserung der vorhandenen Gasbehälter handelte.

Fig. 157.

Es konnten vielfach vorhandene ringförmige Wasserbehältermauerungen benützt werden, um Gasbehälter mit zweifacher Glocke von wesentlich grösserem Durchmesser darauf zu errichten. Auf diese Weise hat der nutzbare Gasinhalt um das Vier- bis Fünffache vergrössert werden können.

Ein solches Beispiel liegt bei dem letztgenannten Behälter vor, welcher für die Gasanstalt der Firma Krupp in Essen erbaut wurde. Der vorhandene gemauerte Behälter war infolge des völlig untergrabenen Bodens der Essener Gegend durch Senkungen gerissen und es wurde dieser undichte Behälter als Grundmauer für den neu zu errichtenden Intze'schen Behälter benützt.

Der Fall erhält seine Bedeutung durch den Umstand, dass der vorhandene Behälter trotz seiner mangelhaften Beschaffenheit nicht entbehrt werden konnte, dass derselbe demnach während der Bauzeit des Intze'schen Behälters in Betrieb blieb und erst nach dessen Fertigstellung ausser Betrieb gesetzt wurde. — Da ein anderer Platz zur Errichtung des neuen Behälters nicht zur Verfügung stand, so war eine andere Lösung der Aufgabe als die von Intze gegebene wohl schwerlich möglich, wenn man nicht mit Betriebsstörungen rechnen wollte.

Die allgemeine Anordnung des auf zwei Stützmauern errichteten Behälters ist aus Fig. 156 (s. S. 201) ersichtlich.

Fig. 157 und 158 stellen den Charlottenburger Behälter von 10 000 cbm Inhalt dar und zwar Fig. 157

die innere Ansicht des Raumes unter dem Wasserbehälter, Fig. 158 die äußere Ansicht des Behälters nebst Wasserbehälter.

Für den Behälter waren zwei Projekte ausgearbeitet worden.

Die in Fig. 159 dargestellte Konstruktion des Wasserbehälters des ersten Entwurfes hatte zwei Ringstützungen von 18 m bezw. 31 m Dmr. Da die Untersuchungen des Bodens an Ort und Stelle ergeben, daß ein hinreichend tragfähiger gewachsener Boden (Kies) sich erst in 3½ m Tiefe unter der Bodenoberfläche fand, und daß bei hohem Grundwasserstande die für zwei Ringstützen erforderliche zweiteilige Baugrube höchst wahrscheinlich verhältnismäßig große Kosten der Fundierung ergeben hätte, so wurde, trotz der anfänglich wegen der großen Spannweite und starken Belastung recht kühn erscheinenden Forderung, der Entwurf für eine einzige äußere Ringstützung umgearbeitet.

Der Wasserbehälter ist den für 32 m Dmr. erforderlichen 16 Führungen für die Glocke entsprechend in der cilindrischen Ummantelung in 16 kongruente Teile geteilt, welche in je fünf Reihen Platten aus Flußeisen hergestellt und mit senkrechten Trennungsblechen für die Führungen der Glockenrollen vernietet wurden. Die Stärken dieser Bleche sind, von oben beginnend, 6 mm, 6 mm, 7,5 mm, 10,5 mm und 13,5 mm. Die senkrechten, ohne wagerechte Fuge für die ganze Cylinderhöhe von 6,9 m durchgehenden 16 Führungsbleche in

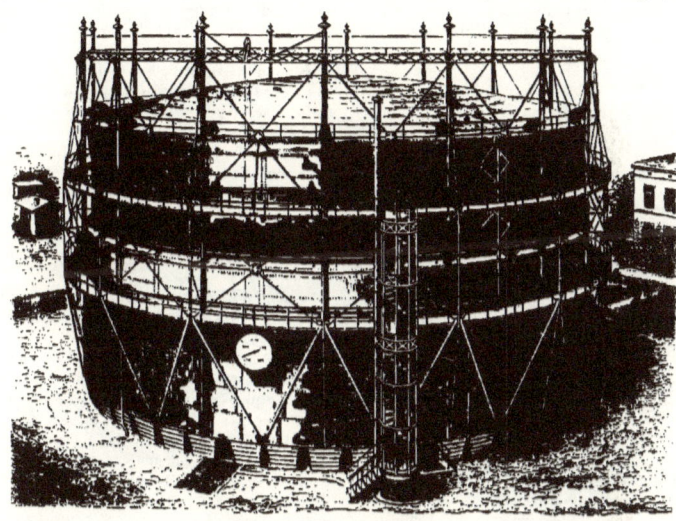

Fig. 158.

dem Cylindermantel mußten die Stärke der unteren Ringbleche, d. h. 13,5 mm erhalten. Um eine möglichst große Materialersparung zu bewirken, sind die senkrechten, auf Zug sehr stark beanspruchten Nietnähte doppelreihig gemacht, wodurch in ihnen eine Festigkeit von 74% derjenigen des vollen Bleches erzielt werden konnte.

Die zugängliche und freitragende Bodenkonstruktion ist nach Lutze's System bei möglichster Einschränkung des Wasserinhaltes so angeordnet, daß ohne unnütze Verteuerung alle Teile mit Wasser bedeckt sind, um einerseits die Dichtigkeit aller

Fugen leicht prüfen zu können, andererseits sicher zu verhindern, dafs Gas aus dem Glockenraum oberhalb des Wasserbehälters in den unterhalb desselben gebildeten nutzbaren Luftraum dringt. Auf den Auflagerring des Behälters sich stützend, ist der Boden nach Kegel- und Kugelflächen, als den für Wasserlasten geeignetsten Formen, ausgebildet worden.

Der vom Auflagerring ansteigende Hauptkegel, welcher als einfacher Kegelblechmantel lediglich Druckbeanspruchungen hätte erleiden und daher

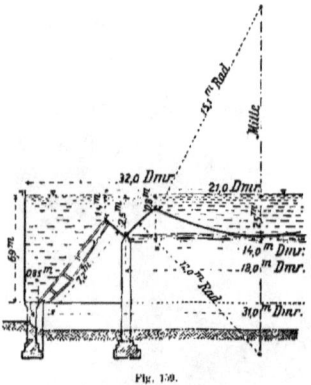

Fig. 150.

grofse Blechstärken und viele Versteifungen hätte erhalten müssen, wurde vorteilhaft aufgelöst in einzelne nach der Kegelspitze gerichtete Hauptträger und zwischen diese gehängte, also auf Zug beanspruchte Kegelbleche, deren Stärke wegen des dafür zulässigen kleineren Krümmungshalbmessers mit 6 mm als vollständig ausreichend angenommen werden durfte.

Den in der Ringstütze angeordneten 48 Mauerpfeilern entsprechend sind 48 Hauptträger angenommen, welche ihre untere Stützung in den vorher genannten 48 Mauerpfeilern, ihre obere Stützung in einem kegelförmigen Kopfringe finden. Wie die statistische Berechnung ergab, resultieren an den Trägerfüfsen Kräfte, welche fast genau senkrecht gerichtet sind, da hier die einander entgegengesetzten Horizontalkomponenten der rechtwinklig zu den geneigten Trägern wirkenden Auflagerdrücke und der in die Trägerrichtung fallenden Stemmkräfte sich fast vollständig ausgleichen. Im übrigen gibt die Auflagerringplatte des Bodens mit den an ihr herumlaufenden Eckwinkeln den Trägerfüfsen eine feste Verbindung.

Da am Kopfringe der Träger senkrechte Stützkräfte nicht geboten sind, so mufs dieser Ring im stande sein, so grofse radiale Horizontalkräfte aufzunehmen, dafs den Kopfenden der Träger die erforderliche Stützung geboten wird. Der Kopfring mufste daher gegen die bedeutende Ringdruckkraft von 230000 kg, welche aus den radialen Horizontalkräften sich ergibt, den nötigen Querschnitt und die nötige Festigkeit erhalten.

Dort, wo die Träger wegen des gröfsten Biegungsmomentes die gröfste Höhe erhalten haben, sind sie, besonders der genaueren Aufstellung wegen, noch durch ein inneres Polygonalband und durch zwei Diagonalbänder zwischen je zwei ⟂-Laschen der Trägerwandbleche mit einander verbunden worden.

Jeder Träger von etwa 7,6 m freitragender Länge hat etwa 55000 kg Wasserdruck, rechtwinklig zum Obergurt wirkend, aufzunehmen; er wurde daher als Blechträger hergestellt mit nach den Enden hin abnehmender Höhe, unter Durchführung desselben Gurtungsquerschnittes. Da durch die Stemmkraft, welche in der Richtung des Trägers wirkt, die Biegungszugspannung im Untergurt vermindert, die Biegungsdruckspannung im Obergurt vermehrt wird, so mufste der Obergurt stärker als der Untergurt konstruiert werden, wozu die mit dem Obergurt verbundenen, zwischen den Trägern durchhängenden Kegelbleche und die über ihren Stöfsen am Obergurt angebrachten Laschen in vorteilhafter Weise beitragen. Am Auflagerfufs hat jeder Träger einen Auflagerdruck von etwa 35000 kg aufzunehmen; daher mufste hier, gemäfs der Rechnung, wegen der grofsen Abscherungskräfte sowohl eine grofse Stärke der Blechwand (10 mm) als auch eine geringe Entfernung der Nieten angewendet werden.

Mit dem Kopfkegelringe der Träger zu einer Ecke verbunden, um einen knickfesten Druckring daselbst zu schaffen, ist ein stützender Kugelboden von 12 mm unterer Blechstärke angeordnet, welcher durch Meridian-L-Laschen versteift und im oberen Teile mit einer Winkeleisen-Ringlasche und einem Kugelringe von 10 mm Blechstärke verbunden wurde, um hier den nach unten durchhängenden mittleren Kugelboden aufzunehmen. Die bedeutende Last von fast 300000 kg, welche der gefüllte Wasserbehälter bietet, wird durch 48 gemauerte Pfeiler aufgenommen und durch ein zusammenhängendes Ringfundament in den Untergrund übertragen. Das in Cementmörtel ausgeführte Mauerwerk erfährt eine gröfste Belastung von 48 kg/qcm, und der Untergrund ist durch entsprechende Verbreiterung des Fundamentes vorsichtigerweise mit weniger als 2 kg/qcm belastet.

Bei der Füllung des Wasserbehälters hat sich eine kaum mefsbare, sehr gleichmäfsige Senkung gezeigt, so dafs keine Risse entstanden sind, welche sich in den dünnen Verkleidungsmauern zwischen den Pfeilern leicht hätten zeigen müssen.

Durch die Anordnung der 3 m hoch freistehenden 48 Stützpfeiler sollte einerseits die in den Trägern zusammengefafste Belastung vorteilhaft aufgenommen, andererseits eine etwaige geringfügige Veränderung des Wasserbehälter-Durchmessers durch ihre in radialer Richtung gebotene Beweglichkeit möglich gelassen werden. Diese Bewegung ist wegen der sehr geringen Temperaturschwankung, welcher das Füllwasser des Behälters unterworfen ist, nur eine sehr kleine, da die Temperatur des Eisens derjenigen des Füllwassers fast genau gleich angenommen werden darf.

Die Betonwasserbehälter.

Die Verwendung des Betons zu wasserdichten Behältern, Tief- und Wasserbauten, sowie Fundamenten aller Art hat in den letzten Jahren immer weiteren Eingang gefunden, und sich auch in den Gasanstalten namentlich zur Herstellung von Gasbehälterbassins, Teergruben, Maschinenfundamenten und sonstigen Fundierungsarbeiten besonders eingebürgert. Die Hauptbedingungen für die gute Haltbarkeit des Betons sind gute Materialien. In der Herstellung des Cementes sind grofse Fortschritte gemacht worden, und ist dessen Qualität durch die in den deutschen Normen für einheitliche Lieferung und Prüfung von Portlandcement vorgeschriebenen Zugfestigkeitsproben[1]) völlig sicher gestellt. Die Zuschläge richten sich je nach der Bestimmung der Bauteile. Am ökonomisch vorteilhaftesten ist eine Mischung von scharfem, steinreichem Kiessand mit Kiessteinen, oder statt des letzteren Kleinschlag aus harten Steinen. Der Sand soll etwa zur Hälfte aus Sand bis zu 5 mm Korngröfse, zur Hälfte aus Kiessteinen bestehen. Guter harter Steinschlag ist im allgemeinen den Kiessteinen vorzuziehen. Zur Erzielung gleicher Festigkeit können Kiessteine nur in geringeren Mengen dem Beton beigegeben werden, als Steinschlag, und es ist dabei noch zu beachten, dafs die Kiessteine vollständig lehmfrei und zwischen Haselnufs- und Hühnereigröfse verarbeitet werden müssen. Der Steinschlag soll in seinen gröfsten Abmessungen nicht gröfser als 4 bis 6 cm sein. Als Mischungsverhältnis für den Beton werden nach Dyckerhoff gewählt:

a) für die Fundamente, Widerlager und Sohlen von Behältern: 1 Teil Portlandcement, 6 bis 8 Teile Kiessand und 6 bis 8 Teile Kiessteine oder 8 bis 10 Teile harter Steinschlag.

b) für Wände, Pfeiler, Gewölbe und sonstige Tragkörper: 1 Teil Portlandcement, 5 bis 6 Teile Kiessand und 5 bis 6 Teile Kiessteine oder 7 bis 8 Teile harter Steinschlag.

Bei Berechnungen der erforderlichen Wandstärken kann man die Zugfestigkeit des Betons zu 3½ bis 4½ kg pro 1 qcm annehmen, die Druckfestigkeit dagegen 8 mal so grofs, wobei noch eine 4 bis 5fache Sicherheit vorhanden ist. Eine grofse Sorgfältigkeit erfordert die Mischung des Betons. Nach Angaben von Dyckerhoff verfährt man am besten folgendermafsen:

Der Cement wird über den abgemessenen Kiessand ausgebreitet, dann, je nach der Beschaffenheit des Sandes, 3—4 mal trocken, und hierauf, unter allmählichem Zugiefsen von Wasser, noch etwa dreimal gemischt, bis eine erdfeuchte, gleichmäfsige Masse entsteht. Hierauf werden die Steine, welche ebenfalls genau abgemessen und dann mit Wasser gut abgespült und genetzt sind, mit dem fertigen Kiessand-Mörtel zusammen gemischt und noch 2—3 mal durcheinander gearbeitet, bis alle Steine mit Mörtel umhüllt sind. Die Bereitung des Betons

---
[1]) S. Dingl. Journ. 224 S. 487. — Feichtinger, chem. Technologie d. Mörtelmaterialien, 1885, 239.

geschieht auf dicht aneinander gelegten Bretterpritschen, welch' letztere nach jeder Mischung sauber zu kehren sind, damit keine abgetrockneten oder abgebundenen Mörtelpartien auf der Pritsche verbleiben. Bei dem Transport des fertigen Betons zur Verwendungsstelle ist besonders darauf zu achten, dass beim Einschütten desselben die dickeren Steine, welche beim Aufschaufeln von den Mörtelhaufen herab rollen, immer wieder unter den Mörtel gemischt werden, damit nicht die Steine ohne genügende Betonmörtel-Umhüllung zur Verarbeitung kommen.

Der so bereitete Beton wird in unmittelbarer Nähe der Verarbeitungsstelle gelagert, und dann von einem zuverlässigen, besonders geübten Arbeiter in Lagen von 18—20 cm Höhe sorgfältig eingefüllt; auch hierbei ist hauptsächlich zu beachten, dass die Steine mit Mörtel gut umgeben werden. Der auf diese Weise eingebrachte Beton wird durch 2 bis 4 kräftige Arbeiter mit 12—15 kg schweren Stampfen so lange gestampft bis die Masse dicht ist und sich Wasser auf der Oberfläche zeigt.

Der Putz wird nach Vollendung des Betonbaues aufgetragen und da der Beton eine sehr poröse Oberfläche besitzt, so verbindet sich der Cementmörtel mit demselben sehr innig und fest.

Man wendet zum Putz gewöhnlich eine Mischung von 1 Teil Portlandcement mit 2 bis 2½ Teilen scharfem Sand an, welcher Mischung man, falls der Sand wenig feines Material enthält, noch etwa 0,10 Teile Fettkalk in Form von Kalkmilch zusetzt, um den Mörtel dichter und geschmeidiger zu machen. Nachdem die Betonwand mit rauhem Besen und Wasser gründlich abgewaschen und etwaige glatte Stellen gut rauh gespitzt sind, wird der dickbreiige Mörtel in 2—3 Lagen etwa 10 mm stark aufgetragen, mit einem Richtscheite abgezogen und hierauf mit einer hölzernen Reibscheibe sauber abgerieben. Sobald dieser Mörtel abgebunden hat, wird noch eine dünne Schicht aus reinem Cementbrei mit der Reibscheibe aufgezogen und mit einer Filzscheibe geglättet. Der Überzug der Sohle wird mit Mörtel gleicher Zusammensetzung und in gleicher Stärke wie der Wandputz hergestellt. Nur wird hierbei gewöhnlich kein reiner Cementbrei mehr aufgezogen, sondern es wird nur etwas Cementpulver auf die noch nasse Oberfläche gestreut, dann mit der Reibscheibe abgerieben und mit der Glättkelle geglättet,

oder mit Glasschleifer geschliffen. Zur Erzielung eines durchaus dichten Putzes genügt, wenn richtig ausgeführt, eine Dicke von 10 mm vollständig, selbst bei einem viele Meter hohen Wasserdrucke. Dagegen empfiehlt es sich nicht, aus Ersparnisgründen nur ein einfaches Überziehen der Betonfläche mit einer sehr dünnen Mörtelschicht oder nur mit einer dünnen Decke aus reinem Cement anzuwenden.

Ein Bassin für einen Behälter von 20000 cbm Rauminhalt wurde im Jahre 1884 in Nürnberg ausgeführt und hat sich vollkommen bewährt. Der

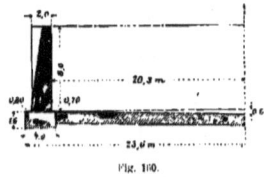

Fig. 160.

innere Durchmesser (Fig. 160 u. 161) des Bassins beträgt 40,6 m, die Höhe 8 m. Die Wandstärke ist am Fusse 2,5 m und verjüngt sich oben auf etwa 1 m.

Fig. 161.

Der Beton wurde in folgenden Verhältnissen hergestellt:

Für Fundamente und Sohle:
1 Teil Cement, 4 Teile Sand, 4 Teile Mainkies und 9 Teile Dolomitgeschläge. Bei diesem Mischungsverhältnis stellten sich die Kosten für 1 cbm Mauerwerk auf 27.25 Mk.

Für die Umfassungsmauern, Bassin und Pfeiler galt folgendes Verhältnis:
1 Teil Cement, 3½ Teile Sand, 3½ Teile Mainkies und 8 Teile Dolomitgeschläge. Die Kosten für 1 cbm Mauerwerk betrugen 34.65 Mk.

Von einem Betonbassin für einen freistehenden Teleskopbehälter zu 10000 cbm Gasbehälterraum in Heilbronn berichtet Raupp[1]).

Das Bassin hat bei einer lichten Weite von 31,5 m Durchmesser eine Tiefe von 7,25 m, eine obere Wandstärke von 0,9 m, unten von 2,10 m. Der Stampfbeton besteht aus 1 Teil Portlandcement, 3 Teile Sand und 7 Teile gewaschenem Kies. Die Kosten stellten sich pro 1 cbm Betonmauerwerk zu 19,50 Mk. inkl. Verputz und Einschalung.

Zwei kleinere Bassins wurden in Pilsen[2]) aus Beton ausgeführt, deren jedes 22,5 m lichten Durchmesser und 7 m Höhe hatte. Die Wandstärke des Ringkörpers ist an der Sohle 1,70 m und oben 0,70 m.

Wenn nun im allgemeinen bei Betonbassins mit viel geringeren Mauerstärken auskommen kann, als bei Ziegelmauerwerk, so empfiehlt es sich doch nicht, die Dimensionen zu schwach zu nehmen. Sand[3]) berichtet von einem Bassin von 30 m lichten Durchmesser, welches bei 7,5 m Tiefe eine Wandstärke von 1,8 resp. 0,9 m besafs. Dasselbe erhielt beim Eintritt warmer Witterung einen Rifs, welcher neben einem Verstärkungspfeiler auf ca. 6 m Tiefe entstanden war. Es wurde konstatiert, dafs das Reifsens wegen zu geringer Dimensionierung für die zweifelhafte Qualität des Betonmaterials verursacht wurde.

Wie bereits betont, ist es unbedingt nötig nur besten Cement und reinen gut gewaschenen Kies zu verwenden und bei der Arbeit die gröfste Gewissenhaftigkeit aufzubieten, denn nur dann können die Betonbassins das leisten, was sie ihrer Natur nach zu leisten instande sind.

Gasbehälterführungen.

Auf den sicheren, gleichmäfsigen Gang der Glockenführungen ist das Verhältnis von Höhe und Durchmesser von Einflufs. Je gröfser der Durchmesser im Verhältnis zur Mantelhöhe ist, desto gröfser ist, wenn gleiche Spielräume zwischen den radial gestellten Führungsrollen und ihren Führungsschienen vorausgesetzt werden, das Mafs des Schiefgehens, welches für das Oberteil eintreten kann.

[1]) Journ. f. Gasbel. 1890, S. 645.
[2]) Journ. f. Gasbel. 1885, S. 410.
[3]) Journ. f. Gasbel. 1886, S. 468.

Bisher pflegte man bei Teleskopbehältern Führungsrollen in radialer Stellung anzubringen, und zwar eine Rolle mit Spurkränzen zu oberst am Oberteil, ein Rollenpaar auf der Tassendecke des Unterteils derartig, dafs die nach aufsen gekehrte Rolle mit Spurkränzen an der Führungsschiene lief, während die nach innen gekehrte mit glatter Bahn gegen die vertikale Rippe des Oberteils lag, und endlich am unteren Teile des Unterteils unter Wasser eine glatte Rolle an der Hausführung laufend. Innere Rollen an der Tasse des Oberteils, gegen die vertikale innere Rippe des Unterteils laufend, sind nur in England üblich. In neuester Zeit wurde für einen dreifachen Teleskopbehälter von 50000 cbm Inhalt in Berlin eine sog. Tangential- oder Seitenführung ausgeführt, welche in vieler Beziehung grofse Vorteile besitzt.

Läfst man nämlich Rollen, deren Drehungsebene tangential zum Glockenmantel liegt, gegen radial stehende innere Rippe des Hauses befestigten Schienen laufen, so wird durch zwei einander diametral gegenüberliegende Führungen eine vertikale centrale Ebene der Glocke festgelegt; vier Führungen in zwei Durchmessern würden daher schon die Achse der Glocke festlegen, aber selbstverständlich wird man immer eine zum Umfange in angemessenem Verhältnis stehende gröfsere Anzahl von Führungen anbringen, um jede elliptische Verdrückung zu hindern und die Kreisform der Glocke zu sichern.

In Fig. 162 und 163 sind die Einzelheiten eines dreifachen Behälters mit Seitenführung wiedergegeben.

Die Führungen sind an 16 Stellen des Umfangs so eingerichtet, dafs an den drei Mänteln die Führungsbahnen an der Aufsenseite der Mäntel angebracht sind. Die Bahnen des Ober- und Mittelteils laufen zwischen je zwei Rollen, welche auf den Tassendecken befestigt sind. Die Rollen des auf dem oberen Eckringe stehenden Rollenbockes sind an den am Hause befestigten Schienen geführt; die Führungsbahnen des untersten Mantels laufen zwischen zwei am Hause selbst angebrachten Rollen.

Die Spielräume an den Rollenbahnen werden bei der vorliegenden Konstruktion auf das geringste Mafs beschränkt und bleiben konstant, weil bei Änderungen des Glockendurchmessers die Rollen an den radial stehenden Rollbahnen sich verschieben können; die Führungsdrucke werden erheblich geringer als bei radialer Führung und die Drucke wirken in der Tangentialebene der Mäntel, also in einer Richtung, in welcher die vollen Blechwände den gröfsten Widerstand gegen Verdrückung geben; alle unter Wasser gehenden Rollen werden entbehrlich und alle Führungsrollen sind zugänglich und regulierbar. Diese Art der Führung hat sich an dem Berliner Behälter ausgezeichnet bewährt.

In England hat man neuerdings versucht Behälter ohne Führungsgerüste zu bauen[1]). Die Führung wird nach den Erfindungen von Gadd zu Grunde liegt, ein richtiges ist. In Deutschland ist man bisher dieser Neuerung ziemlich vorsichtig gegenübergetreten und sucht im Gegenteil die Führungen durch Diagonalverspannungen möglichst haltbar herzustellen; das Gadd'sche Prinzip besteht anfänglich durch seine grofse Einfachheit, allein diese Einfachheit ist nur eine scheinbare, denn wenn sämtliche Winddrücke anstatt durch ein Führungsgerüst durch den Behälter selbst auf das Mauerwerk übertragen werden müssen, so ist klar, dafs der Behälter nur um so stärker gebaut werden mufs; es wird auf die Weise das sonst aufsen

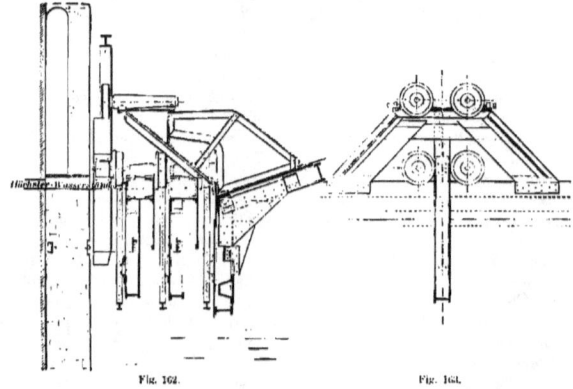

Fig. 162.   Fig. 163.

und Mason in der Weise bewerkstelligt, dafs Stahlschienen von H förmigem Querschnitt einen an der senkrechten Bassinwand unter einem Winkel von 45 gegen den Boden geneigt befestigt sind. Die Rollen laufen paarweise seitlich an den Schienen und geben dem Behälter beim Steigen und Sinken eine spiralförmige Drehung. Ein äufseres Führungsgerüste ist dabei vollständig umgangen. Ein solcher Behälter wurde in Northwich in England zur Ausführung gebracht. Das Bestehen dieses Behälters kann allerdings noch nicht als Beweis dafür angesehen werden, dafs das Prinzip, welches demselben

liegende Führungsgerüst gleichsam in das Gerippe des Behälters verlegt, allein entbehren kann man — wenn man nicht leichtsinnig zu Werke geht — das Führungsgerüste niemals, mag es nun sichtbar aufserhalb oder unsichtbar in dem Behälter selbst liegen.

Tassenheizung von Teleskopbehältern.

Für die Heizung von Tassen mufs die Zuführung des Dampfes in die Heizung durch Gelenkrohre, welche sich storchschnabelartig ausziehen, oder durch Schläuche erfolgen.

Fig. 158 stellt eine Anordnung mit Schlauch dar. Der Dampf mufs der Tasse in jeder Höhenlage zugeführt werden können. Der Eintritt des Dampfes erfolgt vom

---

[1]) Journ. f. Gasbel. 1890, S. 604. Journ. of gas light 1890 vom 4. Febr. S. 193 u. ff. J. Ginzel, Gasbehälter ohne Führungsgerüste. Der Gastechniker 1890.

Rande des Wasserbehälters aus durch das Dampfrohr A nach a_1 für die Heizung des Wasserbehälters und nach a_2 durch ein hochgeführtes, mit dem Führungsbock B und dem Rundgang C fest verbundenes Rohr nach dem an dieses Rohr anschliefsenden Gummischlauch, welcher den Dampf den auf der Tasse befestigten Dampfstrahlapparaten zuführt.

Der Haken des äufseren Behältermantels D befindet sich in der gezeichneten Lage in der tiefsten Stellung. Auf diesem Haken ist eine Gleitführung E befestigt, in welcher eine Rolle f geführt wird. Um diese Rolle legt sich der Dampfschlauch herum. Mit dieser Rolle ist durch gemeinsames Lager G eine zweite Rolle H verbunden, um welche eine Kette geführt wird, welche durch das Gegengewicht J die Rollen H und f und hierdurch den Dampfschlauch nach sich zieht, so dafs der Schlauch mit dem hochgehenden Mantel nach und nach die punktierten Lagen I, II und III einnimmt. Die Rollen stellen sich entsprechend in die Stellung Hf_1 und Hf_2.

Die Anordnung der Strahlapparate auf der Tasse ergibt Fig. 165.

Für die Heizung des Wasserbehälters mit Dampf haben sich die Strahlapparate ebenfalls gut bewährt. Die Zahl der Strahlapparate und deren Größe richtet sich nach der Größe des Wasserinhalts sowie nach der örtlichen Lage.

Ein freistehender eiserner Behälter, der in seiner ganzen Fläche dem Einflufs der Kälte ausgesetzt ist, wird selbstverständlich mehr Dampf gebrauchen, als ein nur wenig über den Fufsboden heraustragender gemauerter und mit Böschung geschützter Behälter.

In Fig. 165 ist angegeben, wie ein solcher Strahlapparat am besten angeordnet wird. Hierbei ist a das Saugrohr für kaltes Wasser, b das Dampfzuführungsrohr und c das Rohr, durch welches das mit Dampf gemischte, nunmehr heifse Wasser herausgedrückt wird. d ist ein Luftrohr, welches verhindert, dafs bei eintretender Abkühlung im Dampfrohr durch das letztere Wasser aus dem Behälter abgesaugt wird.

Es ist zweckmäfsig, jeden Strahlapparat für sich abstellbar zu machen, so dafs man die Wärme

Schilling, Handbuch für Gasbeleuchtung.

Reinigung der Rohre.

des Wassers nach Bedarf durch Einschaltung eines oder mehrerer Strahlapparate regeln kann.

Reinigung der Rohre.

Um die Ein- und Ausgangsrohre jederzeit bequem ohne Ablassen der Glocke reinigen zu können, ist die in Fig. 166 dargestellte Einrichtung getroffen.

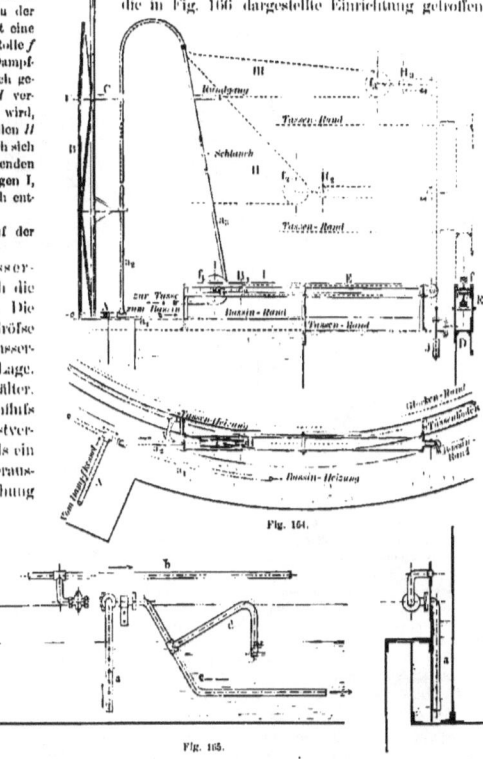

Fig. 164.

Fig. 165.

Über den Ein- und Ausgangsrohren A ist an der Glockendecke ein aus Blech- und Winkeleisen gebildeter Kasten B gasdicht angeschlossen. Derselbe ist nach unten derartig ausgebildet, dafs sich beim tiefsten Stande der Glocke (siehe Fig. 166) der untere halbrunde Ansatz B über das Rohr A

27

schiebt, gleichzeitig in das Wasser eintaucht und so einen Wasserverschluß selbstthätig bildet. Der zweite Wasserverschluß wird durch Anfüllen des dem Kasten angehängten, tassenartig ausgebildeten Teils C hergestellt.

Sollen die Rohre gereinigt werden, so läßt man die Glocke so weit heruntergehen, daß sie sich noch einige Centimeter über ihren Auflagern befindet, und fällt dann durch das Rohr E die Tasse mit Wasser. Das in der Glocke

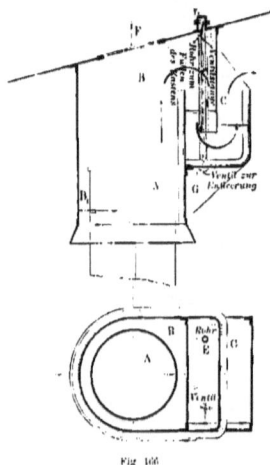

Fig. 166.

noch unter Druck befindliche Gas ist nun vollständig abgeschlossen und es kann die Reinigungsluke F, ohne daß Gasverluste entstehen, geöffnet werden; hierbei werden die in Fig. 166 angedeuteten Wasserspiegelunterschiede entstehen. Nachdem die Rohre gereinigt sind, wird die Luke wieder geschlossen und das in der Tasse des Kastens befindliche Wasser durch das Ventil G in den Behälter gelassen.

Der wieder angestellte Gasstrom nimmt hierauf in der Richtung der Pfeile seinen Weg, die Glocke wird gehoben und füllt sich in der alten Weise, sobald das Eingangsrohr aus dem Kasten heraustritt.

Die hier beschriebene Einrichtung verdient vor anderen den Vorzug, daß, selbst wenn es versäumt sein sollte, den Weg für das einströmende Gas wieder frei zu machen, d. h. die Tasse zu entleeren, der Gasdruck nie so hoch steigen kann, daß die Wasserverschlüsse der übrigen Gasapparate ausgeworfen werden, da bei steigendem Druck das einströmende Gas das Wasser aus der Tasse heraus-

schleudern und sich selbstthätig einen Weg nach der Glocke schaffen wird.

Stadtdruckregler.

Die Stadtdruckregler, wie sie bisher auf Grund der von Clegg herrührenden Anordnung gebaut wurden, haben die Aufgabe erfüllt, unmittelbar hinter dem Regler den Druck im Ausgangsrohr auf gleicher Höhe zu halten. Die Druckhöhe selbst ist bei denselben durch das Gewicht der Glocke gegeben. Einem bestimmten Gewicht dieser Glocke entspricht stets ein und derselbe Druck im Ausgangsrohr des Reglers. Dieser Druck wird auch im Innern der Stadt vorhanden sein, solange sich die ganze Gasmenge, welche in dem Rohrnetz in der Stadt verteilt ist, in dem Zustande der Ruhe befindet, d. h. wenn kein wesentlicher Gasverbrauch aus dem Rohrnetze stattfindet. Sobald jedoch eine nennenswerte Entnahme von Gas aus dem Rohrnetze erfolgt, kommt die Gasmenge in Bewegung. Zur Erzeugung und Aufrechterhaltung dieser Bewegung muß ein Druckgefälle vorhanden sein, welches sich — solange am Gewichte des Reglers nichts geändert wird — in einer Abnahme des Druckes an der Verbrauchsstelle in der Stadt kundgeben wird. Um diese Abnahme aufzuheben, muß von dem Regler mehr Druck gegeben, also dessen Glocke durch Gewichte belastet werden. Es ist dieses sog. »Druckgeben« eine auf allen Gasanstalten wohl bekannte und täglich ausgeführte Arbeit, welche allabendlich besondere Aufmerksamkeit erheischt und zu gewissen Zeiten starken Gasverbrauches eine wohlgeübte und aufmerksame Persönlichkeit erfordert.

Schon lange ging das Bestreben dahin, diese Thätigkeit durch den Regler selbst verrichten zu lassen, und es ist diese Aufgabe auch in befriedigendster Weise gelöst worden.

Ehe man selbstthätige Vorrichtungen besaß, suchte man sich auf den Anstalten von dem Druck an der größten Verbrauchsstelle in der Stadt dadurch Kenntnis zu verschaffen, daß man elektrische Druckübertragungen einrichtete, oder eine eigene Rohrleitung legte, an welcher kein Gasverbrauch stattfand, so daß der Druck aus dem Innern der Stadt unmittelbar auf die Anstalt übertragen wurde. Je nach Anzeige dieser Apparate wurde die Reglerglocke von Hand belastet. Der erste Schritt, um diese Belastung gleichmäfsiger zu gestalten, wurde dadurch gemacht, dafs man dieselbe nicht durch Gewichte, sondern durch Wasser bewerkstelligte. Denkt man sich nun auf der Glocke mit derselben beweglich einen Wasserbehälter angebracht, welcher mit einem zweiten feststehenden Wassergefäfs von konstantem Wasserspiegel verbunden ist, so hat man die notwendigen Bedingungen zur selbstthätigen Hinzufügung resp. Wegnahme von Gewicht zu dem Glockengewicht. Senkt sich nämlich die Glocke, so wird Wasser in den Behälter auf der Glocke einfliefsen und dieselbe belasten, steigt die Glocke, so fliefst Wasser aus demselben ab und verringert das Gewicht derselben. Es erübrigt nur noch, diese Belastung oder Entlastung in das richtige Verhältnis zu den Druckunterschieden an den Stellen der gröfsten Gasabgabe in der Stadt zu bringen. Diese Übertragung erfolgt völlig von selbst. Nimmt man z. B. an, im Zustand der Ruhe entspricht dem Gewichte der Reglerglocke ein Druck von 30 mm, so wird, wenn kein nennenswerter Gasverbrauch in der Stadt stattfindet, auch im Innern der Stadt der Druck 30 mm betragen. In dem Augenblicke aber, wo in der Stadt Gasentnahme stattfindet, wird an der Verbrauchsstelle der Druck sinken; beispielsweise auf 25 mm. Diese plötzliche Abnahme wird sich nach der Anstalt zurück fortpflanzen und dort ein augenblickliches Sinken der Reglerglocke bewirken. Sind nun an derselben die vorerwähnten Wasserbehälter in Thätigkeit, so wird in demselben Augenblicke Wasser auf die Glocke überfliefsen und dieselbe so belasten, dafs am Ausgangsrohr des Reglers der Druck um so viel erhöht wird, dafs er an der Verbrauchsstelle in der Stadt wieder auf 30 mm steigt. Auf diese Weise ist der Regler nicht nur imstande, den Druck unter der Glocke konstant zu halten, sondern es werden selbstthätig auch noch diejenigen Druckhöhen hinzugefügt, welche nötig sind, um den Druck im Innern der Stadt trotz der stetig wechselnden Abnahmen infolge veränderter Gasabgabe konstant zu halten.

Druckregler von Garcis.

Die Regelung des Druckes wird bei diesem Regler, ebenso wie bei den meisten der bisher gebräuchlichen, durch ein Drosselventil bewirkt, welches durch eine im Wasser schwimmende Glocke, deren Inneres mit dem Gasabgaberohr in Verbindung steht, bewegt wird (Fig. 167—169).

Das Regulierventil b ist als vollkommen entlastetes und dicht abschliefsendes Doppelsitzventil angeordnet, wodurch

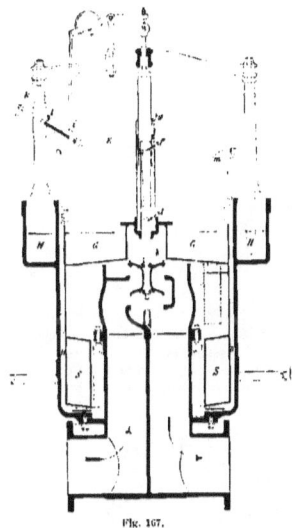

Fig. 167.

es möglich ist, selbst die denkbar kleinsten Gasabgaben sicher und gut regeln zu können.

Die Bewegung des Regulierventils b erfolgt durch die in dem Wasserbehälter D schwimmende Glocke, welche behufs erforderlicher Schwimmfähigkeit mit dem ringförmigen hohlen Schwimmkörper S versehen ist. Am oberen Ende der Glocke, an den Gelenkpunkten f greifen zwei kleine Gelenkstangen an, welche an dem gabelförmigen Ende des um den Drehpunkt l schwingenden Hebels E befestigt sind. Die Bewegung dieses Hebels überträgt sich auf das Ventil in der durch die Zeichnung veranschaulichten Weise, und gestattet der Wasserverschlufs g der Ventilstange freie Bewegung, unbehindert von den entgegengesetzten Bewegungen der Glocke. Eine aufsteigende Bewegung der Glocke hat hier eine schliefsende Bewegung des Ventils zur Folge, und umgekehrt. Ist also, nachdem das Gas das Regulierventil passiert hat, der Druck im Eingange der Verbrauchsleitung etwa zu grofs, so wird dadurch die Glocke gehoben und die Durchgangsöffnung des Ventils verengt, wodurch das in die Verbrauchsleitung einströmende Gasquantum, und infolge-

27*

dessen auch der Druck in der Rohrleitung entsprechend verringert wird.

Die Belastung der Reglerglocke zur Erzielung des gewünschten Drucks geschieht durch Wasser, und dient das auf der Decke derselben angeordnete offene Wassergefäfs G zur Aufnahme des Belastungswassers.

Zur Erzielung der selbstthätigen Druckerhöhung bei grösser werdender, resp. Druckverminderung bei kleiner

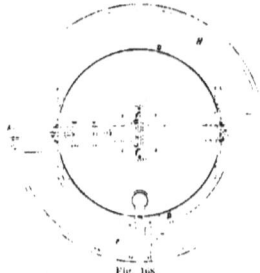

Fig. 168.

werdender Gasabgabe, ist am oberen Rande des Reglergehäuses das ringförmige Wasserreservoir H angebracht, welches durch das Ueberrohr m mit dem Gefäfs g auf der Glocke in Verbindung steht, so dafs also in beiden

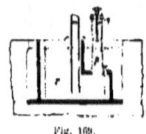

Fig. 169.

Gefäfsen G und H die Flüssigkeitsspiegel jederzeit gleich hoch stehen. Bei sinkender Glocke fliefst somit Belastungswasser aus H auf die Glocke, wodurch der Druck vermehrt wird, und umgekehrt fliefst bei steigender Glocke Belastungswasser von derselben in das ringförmige Gefäfs H, wodurch der Druck vermindert wird.

Da das Sinken der Reglerglocke durch grösser werdende und das Steigen derselben durch kleiner werdende Gasentnahme aus dem Rohrnetz hervorgerufen wird, so bewirkt der Regler auf diese Weise also die gewünschte Druckerhöhung bei zunehmender, und Druckverminderung bei abnehmender Gasabgabe.

Die in dem Ringgefäfs H abgeteilte Kammer (Fig. 169) hat den Zweck, das auf die Glocke fliefsende Belastungswasser zu begrenzen, um somit den Regler für einen bestimmten Maximaldruck justieren zu können. Zu diesem Zwecke ist das in einer Stopfbüchse auf- und abschiebbare Ueberlaufrohr p mit der Scala q angeordnet, deren Teilstriche dem Drucke des Reglers in Millimetern entsprechen.

Jede gewünschte Drucksteigerung vom Minimaltagesdruck bis zum Maximalabenddruck kann mit diesem Regler hergestellt werden. Derselbe läfst sich also für jeden gewünschten Steigerungsgrad, unter welchem der Druck bei zunehmender Gasabgabe wachsen, resp. sich bei abnehmender wieder vermindern soll, einstellen. Zu diesem Zwecke dient der gebogene Hebel E mit dem verschiebbaren Gelenkpunkte i. Wird durch das Handrädchen k der Gelenkpunkt i nach aufsen geschoben, so sinkt die Glocke und es erhöht sich der Druck. Umgekehrt vermindert sich derselbe, sofern der Gelenkpunkt i nach innen geschoben wird.

Ist durch Verschiebung des Gelenkpunktes i und des Überlaufrohres p der Regler richtig eingestellt, so dafs er den gewünschten Minimaltagesdruck und Maximalabenddruck giebt, so erfordert derselbe aufser dem Nachgiefsen des verdunsteten Wassers, was etwa alle 14 Tage einmal geschieht, keine weitere Bedienung mehr. Derselbe bewirkt vielmehr von nun an selbstthätig jeden Tag zur richtigen Zeit die erforderliche Druckerhöhung und Druckverminderung.

Durch die Anwendung dieses Reglers wird die Zeit, in welcher das Rohrnetz unter hohem Drucke steht, auf das kleinste Mafs beschränkt, indem derselbe eine Druckerhöhung nicht früher bewirkt und dieselbe nicht länger andauern läfst, als absolut nötig ist. Die hierdurch verminderte Zeit des hohen Druckes, sowie die daraus folgende Verminderung des Gasverlustes im Rohrnetz ist erheblich; angestellte Vergleiche haben ergeben, dafs die Inhalte der Druckdiagramme bei Anwendung dieses Regulators um ein Drittel bis zur Hälfte kleiner sind, als solche bei Anwendung der bisher üblichen Regler.

Die Anwendung eines zweiten Reglers für die Tagesabgabe, wie dies bisher in sehr vielen Fällen notwendig war, ist bei der Verwendung dieses Reglers nicht erforderlich, indem das vollkommen entlastete und dicht abschliefsende Regulierungsventil desselben auch selbst die kleinsten vorkommenden Gasabgaben sicher und gut regelt.

Auf bequeme Weise läfst sich bei diesem Regler das Ventil von Zeit zu Zeit nachsehen und erforderlichenfalls reinigen. Zu diesem Zwecke braucht das Wasser nicht abgelassen und die Reglerglocke nicht herausgehoben zu werden, sondern es genügt, die Abnahme der oberen, die Säulen mit einander verbindenden Traverse und die Abschraubung des um die Ventilstange gruppierten Wasserverschlufsgefäfses; es läfst sich alsdann das Ventil herausheben und durch die Halsöffnung der Reglerglocke bequem ein Nachsehen und Reinigen des Ventilsitzes bewirken.

Druckregler von Elster.

Bei dem selbstthätigen Regler von Elster ist die bereits früher angewendete Wasserbelastung mit einer Vorrichtung verbunden, wie sie bei den Kubizierapparaten zur Ausgleichung des veränderlichen Gewichtes der in das Sperrwasser tauchenden Glocke üblich ist (Fig. 170). Patent 49042.

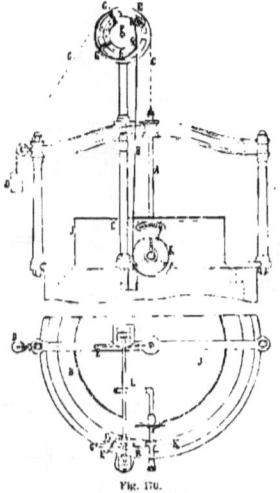

Fig. 170.

Fig. 170 zeigt die Anordnung: Auf der Glocke B sitzt ein Wassergefäfs J; in demselben ist als Wasserstand der drehbare Überlauf L angeordnet. Dieser trägt ein Seilrad K, welches von der nach Fig. 170 angeordneten Spirale G aus durch ein Seil oder Metallband H bethätigt wird. Zur Überwindung der Reibungen und zum Strafthalten der Seilverbindungen ist von dem mit der Spirale auf derselben Achse sitzenden Seilrade E noch ein Seil mit einem kleinen Gegengewichte D nach einer Leitrolle am Ende des Bügels geführt. Die Wirkung ist hier folgende: Das an der Glocke B befestigte Seil C ergreift das Seilrad E an der Peripherie und dreht bei Bewegung der Glocke auch die Spirale G, an deren innerem Ende eine Bandrolle R sitzt, welche das Ende der Bandleitung H aufnimmt; die Spirale besteht aus einem konzentrischen Teil GG_i, von gleichem Radius mit der Peripherie des Seilrades E und einer Fortsetzung GG_a, die sich von G aus nach dem Mittelpunkt zieht.

Die Spirale ist wie bei der Gewichtsanordnung gegen das Seilrad verstellbar. Ist sie so eingestellt, dafs der Teil GG_i, wirkt, so wird bei einer Bewegung der Glocke Seilrad E und Spirale G gedreht und die Spirale wickelt auf ihrem konzentrischen Teil genau so viel Band H auf oder ab, als die Bewegung der Glocke selbst ausmacht, es tritt also keinerlei Kraft an dem Rade K auf, dasselbe bleibt in Ruhe. Ist aber ein Teil der Kurve GG_a eingestellt, so wird bei Sinken der Glocke (also vermehrtem Konsum) der kleinere Bogen der Spirale nicht so viel an Weg machen, wie die Glocke B mit ihr das Belastungsrad K, dann tritt ein Zug am Umfang von K auf, d. h. ein Drehen des Rades, welches dadurch das Überlaufsrohr L hebt und durch erhöhten Wasserstand die Last in J vermehrt. — Im umgekehrten Falle, beim Abnehmen des Konsums, steigt die Glocke, und es sich drehende Spirale kann nicht in demselben Mafse Band aufwickeln, als die steigende Glocke darbietet, es wird also gemäfs der Verlängerung des Bandes (abhängig von der Differenz der Peripherien von E und GG_a) das Rad K sich links herum drehen, d. h. den Wasserstand und damit den Druck verringern.

Druckregler von Ledig.

Eine sehr vollkommene Regelung des Gasdruckes bewirkt der Stadtdruckregler von Ledig, indem er, sobald die regelmäfsige Tagesabgabe der Gasanstalt um einen kleinen Betrag überschritten wird, einen zwischen den Grenzen Null und 15 mm beliebig einstellbaren Zuschufsdruck gibt, welcher den Zweck hat, die ungleichen Beanspruchungen des Rohrnetzes in der Gasabgabe bei Beginn und während der Beleuchtungszeit auszugleichen; er läfst eine weitere Druckerhöhung nur in dem Mafse zu, dafs der Druck im quadratischen Verhältnisse zur Abgabemenge zunimmt, wie solches dem Gesetze der Druckverlustzunahme entspricht; bei abnehmender Gasabgabe in demselben Verhältnisse bewirkt der Regler eine Druckminderung, wie bei der Abgabezunahme eine Erhöhung des Druckes; nach Beendigung des Nachtverbrauchs wird selbstthätig der Tagesdruck wieder hergestellt; der Regler gestattet eine beliebige Einstellung der oberen Druckgrenze, mag die höchste Abgabe innerhalb der Leistungsfähigkeit des Reglers beliebig klein oder grofs sein, und gleicht durch eine einfache Coulissenumstellung den unvermeidlichen Einflufs des veränderten Druckes bei Anwendung von zweifachen Gasbehältern genau aus.

Die Belastung erfolgt mittelst Wasser, welches für den Fall der weiteren Verwendung in stetigem schwachem Strahle zuläuft. Andernfalls genügt es, nur während der Zeit der Verbrauchszunahme den Wasserzulauf anzustellen.

Das Belastungsgefäß besteht aus zwei Teilen, einem inneren offenen Hauptgefäß A, welches die Form eines hohlen Umdrehungsparaboloids besitzt, dessen erzeugende Kurve rechnungsmäßig derart bestimmt ist, daß dasselbe bei einer zum Einsinken der Reglerglocke im Verhältnis stehenden Füllung nicht nur die entsprechende rechnungsmäßige Belastung herstellt, sondern auch alle aus dem Einflusse der Glockeneintauchung entspringenden Fehler vollständig ausgleicht, und einem flachen, allseitig geschlossenen Gefäße B, welches das offene Gefäß A in seinem unteren Teile ringförmig umgibt, und mit diesem nur durch zwei oder mehrere Rohre a in offener Verbindung steht. Letzteres dient zur Einstellung des Abendzuschußdruckes, indem durch die Lage des in Stopfbüchse b verschiebbaren Rohres c, mittels welchem das Innere des Gefäßes allein mit der äußeren Luft in Verbindung steht, die Füllungshöhe desselben bedingt wird. Je nachdem das Rohr c mehr oder weniger tief eintaucht, wird der Abendzuschußdruck kleiner oder größer ausfallen, da der Wasserabschluß des Rohres ein weiteres Entweichen von Luft und somit eine weitere Wasserfüllung verhindert.

Die Füllungshöhe des offenen Belastungsgefäßes A wird nun durch ein in der Umdrehungsachse desselben angebrachtes Überlaufrohr d, dessen dichter Abschluß nahezu widerstandslos durch einen Quecksilberabschluß bewirkt ist, geregelt. Dieser Quecksilberverschluß befindet sich in einer cylindrischen Verlängerung des Gefäßes A, welche, um unnötige Höhe zu ersparen, bei neuen Reglern teilweise im Innern der Glocke versenkt ist. Das überfließende Wasser entleert sich entweder direkt nach dem Wasserbehälter des Reglers oder kann auch durch ein seitlich angebrachtes Rohr nach außen abgeführt werden.

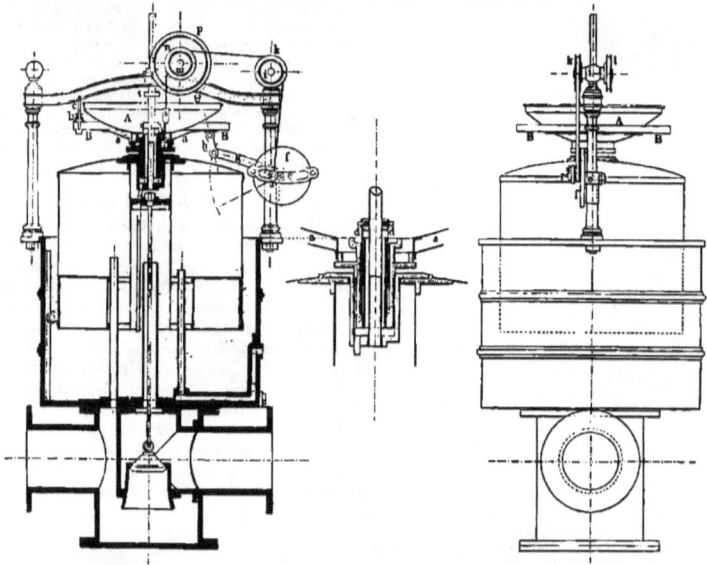

Fig. 171.

Die Lage dieses Überlaufrohres d in dem Belastungsgefäße und somit die Füllungshöhe des Gefäßes selbst ist nun in ein verstellbares Abhängigkeitsverhältnis zur jeweiligen Stellung der Reglerglocke gebracht werden, derart, daß solches in der höchsten Ventilstellung unter allen Umständen eine solche Lage besitzt, daß das Gefäß mit Ausnahme der unteren cylindrischen Verlängerung vollständig von Wasser entleert ist, während bei einem Einsinken der Glocke das Überlaufrohr entweder in eine mit der Bewegungsrichtung der Glocke gleiche oder auch entgegengesetzte Bewegung versetzt werden kann, deren Größe von Null an beliebig einzustellen ist. Ist die Bewegung des Überlaufrohres gleich Null, so wird sich das Gefäß stets ebenso hoch mit Wasser füllen, als die Glocke eingesunken ist, während in allen

Sonstige Druckvorrichtungen.

übrigen Fällen die Füllung des Gefäfses eine nach Bedarf verzögerte oder beschleunigte sein kann. Man hat es demnach vollständig in der Hand, für eine gewisse Abgabe den höchsten Druck innerhalb der Gefäfsgrenzen beliebig einzustellen.

Die hierzu dienende Einrichtung ist folgende:

An der einen der beiden Führungssäulen des Rohres befindet sich eine kurze wagerechte Drehachse e angebracht, welche einerseits die Coulissenscheibe f, andererseits den Hebel g trägt, auf welchen sich mittels der Lenkstange h die Bewegung der Reglerglocke überträgt. Es wird somit bei einem Einsinken der Reglerglocke die Coulissenscheibe f in eine entsprechende Drehbewegung versetzt. — Auf derselben Säule befindet sich oben eine zweite Drehachse i gelagert, welche beiderseits die Rollen k und l trägt. Eine dritte Drehachse m ist auf dem Bügel in der Nähe der Glockenführungsstange gelagert, welche die Rollen n und o und die Rädchen p und q (von doppeltem Durchmesser wie die Rollen k, l, n, o), von denen o und q in der Zeichnung als dahinterliegend nicht zu sehen sind, trägt. Letztere Rädchen sind lose auf die Achse m aufgesteckt, tragen mittels dünner beweglicher Metallbänder das Überlaufrohr d und erteilen dem Überlaufrohr mittels besonderer excentrischer Belastung das Bestreben, sich stets in die höchste zulässige Lage zu erheben, wenn es nicht durch auf den beiden Rollen n und o angebrachte Mitnehmerstifte hieran verhindert würde.

Auf der Coulissenscheibe f ist nun eine einstellbare Nufs r befindlich, welche durch ein Metallband mit der darüber gelagerten Rolle k der Drehachse i verbunden ist. Ein gleiches Metallband verbindet die zweite Rolle l derselben Drehachse mit der Rolle o der Drehachse m, während an der anderen Rolle n derselben das Gegengewicht s hängt. Die Rollen k und l der Achse i sind gegen einander verstellbar, zum Zwecke der Längenänderung der Bänder und Einstellung der Schieberlage in der höchsten Glockenstellung. Durch die soeben beschriebene Verbindung der drei Achsen e, i und m mittels der durch das Gewicht s gespannten Metallbänder wird somit eine etwaige Bewegung der Achse o in gleichem oder entgegengesetztem Sinne auf die Achse m übertragen, je nachdem die Coulissennufs p rechts oder links vom Achsenmittel festgestellt ist. Befindet sich die Nufs im Achsenmittel selbst, so bleibt die Achse m in Ruhe. Dadurch nun, dafs der Achse m durch das Gegengewicht r stets das Bestreben erteilt wird, sich in entgegengesetztem Sinne zu drehen, wie die lose aufgesteckten Rädchen mit dem angehängten Überlaufrohre, ist zwischen beiden Teilen eine lose Kupplung hergestellt, durch welche die Lage des Überlaufschiebers in der beabsichtigten Weise von der Glockenbewegung beeinflufst, aber zugleich die Möglichkeit geboten bleibt, bei einem etwaigen tieferen Einsinken der Reglerglocke als dem eingestellten höchsten Drucke entspricht, ein Mitnehmen des Überlaufrohres durch Anstofs an die verstellbare Büchse t zu gestatten, ohne dafs der mechanische Zusammenhang der Verbindung gelöst wird.

Der Apparat läfst sich an jedem vorhandenen Regler anbringen. Der Wasserverbrauch ist ein sehr geringer, da für den Fall, dafs man keine Verwendung für das ablaufende Belastungswasser hat, der Zulauf auf die Zeit des wechselnden Gasverbrauchs beschränkt werden kann.

Sonstige Druckregelungsvorrichtungen.

Eine ebenfalls selbstthätige Druckbelastung ist auch von Klönne angegeben worden.

Die Apparate mit selbstthätiger Wasserbelastung sind schon in vielen Städten mit gutem Erfolg eingeführt worden. Die Druckkurven erhalten dabei eine Regelmäfsigkeit, wie dies mit Belastung von Hand nie erreicht werden konnte.

Hat eine Stadt mehrere Gasanstalten, welche in ein gemeinsames Rohrnetz arbeiten, so kommt es sehr häufig vor, dafs die Gasabgabe je nach den Produktionsverhältnissen dieser Anstalten und je nach ihren Gasbehälterständen oftmals am Tag geändert werden mufs. Einmal mufs die eine Anstalt einen gröfseren Teil des Gases abgeben, einmal die andere Anstalt. Da diese Abgabe sich ganz nach den jeweiligen Bedürfnisse anpassen mufs, so wird in diesem Falle eine selbstthätige Regelung des Druckes ziemlich illusorisch. Hingegen ist es von grofser Wichtigkeit sich jederzeit von dem Drucke in der Stadt und zwar an denjenigen Punkten zu überzeugen, an welchen starker Gasverbrauch stattfindet. In München ist es gelungen durch einen elektrischen Apparat[2]) diese Druckübertragung vorzunehmen. Dieser Druck giebt den Anhaltspunkt für die Belastung der Regler, welche je nach Bedarf auf dieser oder jener Fabrik vorgenommen wird, wobei die telephonische Verbindung der Fabriken unter einander eine wichtige Rolle mitspielt. Durch diese elektrische Druckübertragung ist es gelungen durch Handbedienung mit den einfachsten Reglerapparaten von Clegg eine grofse Regelmäfsigkeit der Stadtdruckkurven zu erzielen.

---

[1]) Journ. f. Gasbel. 1889, S. 596.
[2]) Journ. f. Gasbel. 1891, S. 400.

XII. Kapitel.
Die Nebenerzeugnisse und ihre Verarbeitung.

Die Coke.

Die Coke ist der bei der Vergasung der Steinkohlen verbleibende feste Rückstand, welcher infolge seines hohen Kohlenstoffgehaltes einer der vorzüglichsten Brennstoffe ist. Allerdings kann man auf die Beschaffenheit der Coke bei der Gasbereitung nicht speziell Rücksicht nehmen und muß sie als Nebenerzeugnis so nehmen, wie sie sich beim Betriebe ergibt. Trotzdem ist eine genaue Kenntnis der Eigenschaften und des Wertes der Coke nicht allein für die richtige Verwertung derselben, sondern auch für eine zweckentsprechende Auswahl der zu vergasenden Kohlen wichtig, ja sogar oft grundlegend.

Die Gasanstalten sind nicht die einzigen Cokeerzeuger, die weitaus größten Mengen an Coke werden von den Cokereien geliefert, welche heutzutage eine ausgedehnte Industrie bilden. Nach Schultz wird etwa dreimal soviel Steinkohle auf Coke verarbeitet, als auf Gas. Es gibt Cokereien in England, welche täglich 10000 t Steinkohle in Coke verwandeln. In Deutschland wurden schon vor einigen Jahren in etwa 13000 Öfen jährlich ca. 9 bis 10 Millionen t Kohle verkokt und gegen 5 bis 7 Millionen t Coke erzeugt. Gegenwärtig liefern die rheinisch-westfälischen Cokereien zusammen schon jährlich 4 Millionen t Coke. Die in den Cokereien gewonnene Coke dient lediglich für Hochöfen zu metallurgischen Zwecken, während die Gascoke hierfür untauglich ist und ihr Absatzgebiet für den Hausbrand und verschiedene industrielle Heizungen zu suchen hat. Auf diesem Feld hat sich die Cokeheizung immer mehr eingebürgert und die Heizung mit Steinkohlen in vielen Fällen verdrängt.

Die Eigenschaften der Coke hängen im allgemeinen von den beiden Bedingungen 1. von der Beschaffenheit der Kohle und 2. von der Art der Vergasung ab.

Cokeanalysen.

Über die Eigenschaften und die Zusammensetzung der Coke entnehmen wir dem Werke Muck's[1]) folgende Angaben.

1. Chemische Zusammensetzung.

Die Substanz der Coke setzt sich zusammen aus:
1. dem direkt von der Steinkohle verbleibenden kohlenstoffreichen Glührückstand,
2. Kohlenstoff, welcher sich aus einem Teil der flüchtigen Vergasungserzeugnisse durch die Hitze abgeschieden hat,
3. unvollständig verkohlten Vergasungserzeugnissen,
4. der teilweise veränderten Mineralsubstanz der Steinkohle.

Nachstehend sind einige Cokeanalysen angeführt, welche sich auf von Destillationscokereien gewonnene Coke beziehen.[1])

---

[1]) Muck, die Chemie der Steinkohle, bei W. Engelmann, Leipzig 1891.

Die Coke. Der Heizwert der Coke. Aschengehalt und Aschenbeschaffenheit der Coke.   217

Coke aus:	aschenhaltig			Asche	aschenfrei		
	C	H	O	L. S.	C	H	O
Ruhrkohle . 1.	85,960	0,860	7,680	6,400	90,871	0,918	8,211
2.	91,772	1,255	0,040	6,933	98,608	1,381	0,041
3.	83,487	0,737	5,467	10,309	93,083	0,821	6,096
Saarkohle . 4.	86,460	1,980	3,020	8,540	94,533	2,164	3,303
engl. Kohle 5.	92,060	0,200	7,300	0,700	92,462	0,201	7,337
6.	93,040	0,260	1,610	5,090	98,029	0,274	1,697

Winkler untersuchte die verarbeiteten Kohlen und die gewonnene Coke der Cokeanlage in Deuben.

100 Kohlen mit:	gaben 53,2 Coke mit:	oder pro 100 Coke
Kohlenstoff . 58,44 %	39,91 Tln.	72,88 %
Wasserstoff . 3,75 »	0,26 »	0,48 »
Sauerstoff . 5,93 »	1,27 »	2,31 »
Stickstoff . 1,08 »	0,31 »	0,56 »
Schwefel . 1,92 »	1,40 »	2,56 »
Asche . 10,05 »	10,05 »	18,36 »
Wasser . 18,77 »	— »	2,85 »
	53,2 Tln.	100,00 %

Proben von Gas-Coke auf den Wiener Gasanstalten aus Ostrauer Kohle erhalten, und im Universitätslaboratorium untersucht, bewegten sich bei 6 Proben in folgenden Grenzen:

Kohlenstoff .	83,40 bis 89,01 %
Wasserstoff .	0,14 » 1,11 »
Chem. geb. Wasser und Stickstoff	0,30 » 2,09 »
Hygroskopisches Wasser .	0,61 » 3,51 »
Schwefel .	0,31 » 0,61 »
Asche .	8,05 » 9,56 »

Analysen von Durchschnittsproben Münchner Gascoke[1]) ergaben

Kohlenstoff .	81,96 %
Wasserstoff	0,86 »
Sauerstoff	1,05 »
Schwefel	0,92 »
Asche .	12,42 »
Wasser	2,79 »

Vorstehende Analysen zeigen deutlich, dass die Cokes, wenn auch sehr reich an Kohlenstoff, so doch immer noch Verbindungen von Kohlenstoff mit Wasserstoff und Sauerstoff enthalten, in denen namentlich der Sauerstoffgehalt, selbst bei gut ausgebrannter Coke, oft noch eine beträchtliche Höhe erreichen kann. Die Ansicht, dass der in der Coke hartnäckig zurückgehaltene Wasserstoff und Sauerstoff occludiert sei, wird von hervorragenden Sachverständigen bezweifelt.

[1]) Aus ¼ Saarkohle, ¾ böhmischer und mährischer Kohle gewonnen; nach Untersuchung der chem.-technischen Versuchsanstalt in Karlsruhe.

Schilling, Handbuch für Gasbeleuchtung.

Der Heizwert der Coke.

Der Wert der Coke als Brennstoff beruht darauf, dass in der Coke der Kohlenstoffgehalt zu einer beträchtlichen Höhe angehäuft ist. Hierdurch ist der weitere Vorteil erreicht, dass die flüchtigen Bestandteile entfernt sind, welche (obwohl auch brennbar) sonst zu ihrer Vergasung beim Verfeuern der Rohkohle erhebliche Wärmemengen in Anspruch nehmen.

Der Heizwert der Coke kann mit genügender Genauigkeit nach der Dulong'schen Formel ermittelt werden. Dieselbe lautet

$$H = \frac{C}{100} 8080 + \frac{H - \tfrac{1}{8} O}{100} 34180$$
$$- \frac{9 H - W}{100} 619 \text{ Kal.}$$

Hierin ist C der Kohlenstoffgehalt in Prozenten
H „ Wasserstoffgehalt „
O „ Sauerstoffgehalt „
W „ Feuchtigkeitsgehalt „

Für 1 kg Wiener Gascoke berechnen sich hiernach 6807—7278 Kal., für obige Analyse der Münchner Coke 6775 Kal.

Einen besonderen Vorzug verdient Coke vor anderen Brennstoffen infolge ihrer wenigstens nahezu rauch- und geruchlosen Verbrennung, welche ebenfalls dadurch bedingt ist, dass die aus Kohle erst entwickelnden Gase von hoher Flammbarkeit bereits entfernt sind. Die Coke brennt mit kleiner blauer Flamme und liefert im Falle unvollständiger Verbrennung nur Kohlenoxydgas, welches niemals Kohlenstoff in der Form von Russ abscheiden kann. Infolge des hohen Kohlenstoffgehalts ist die Coke schwer entzündlich, d. h. Coke und Luft müssen erst auf eine gewisse Temperatur gebracht werden, um die Entzündung zu bewirken und das Fortbrennen zu unterhalten.

Aschengehalt und Aschenbeschaffenheit der Coke.

Von großer Bedeutung für den Wert der Coke als Brennstoff ist deren Aschengehalt, sowie die Beschaffenheit der beim Verbrennen sich bildenden Schlacke, letztere namentlich auch für die Erzeugung von Generatorgas. Der Aschengehalt der Coke hängt von dem der betreffenden Kohle ab, und ist, wie dieser bei einer Cokesorte oft sehr wechselnd. In den früheren Tabellen über die Elementarzusammensetzung deutscher Gaskohlen sind auch die Aschenmengen der zugehörigen Cokesorten angegeben. Die Aschenmengen einiger Cokesorten, welche aus gröfseren im Betrieb gewonnenen Mengen im Durchschnitt vom Verf. bestimmt wurden, sind folgende für Coke aus

Saarkohle		Böhmischer Kohle		Braunkohlen	
Heinitz I	Maybach	Taxis	Sulkov	Mirošchau Plattenwürfel	Falkenauer
%	%	%	%	%	%
6,4	8,8	11,8	11,2	12,2 24,1	18,8

Die chemische Beschaffenheit der Aschenschlacke verschiedener Cokesorten wurde bei den vom deutschen Verein von Gas- und Wasserfachmännern angestellten Versuchen über die Leistungsfähigkeit der Cokegeneratoren eingehend untersucht.

Bestandteile	I. Saarkohle Heinitz-Zeche	II. Böhmischer Coke Turn- u. Teplitzer Gesellsch. zu Lauter	III. Sächsischer Coke Zwickauer Steinkohl.	IV. Englischer Coke Gemisch v. Leveyson Wall- und a. Primrose	V. Westfälischer Coke Consolidation bei Gelsenkirchen	VI. Oberschlesischer Coke Könitzh. Laura-Grube bei Zabrze
Kieselsäure (SiO₂)	51,90	51,18	33,62	48,00	50,82	38,47
Thonerde (Al₂O₃)	25,27	32,91	18,24	24,82	28,09	20,86
Eisenoxyd (Fe₂O₃)	12,33	11,57	25,62	19,24	15,81	11,62
Kalk (CaO)	3,60	2,67	20,10	10,87	2,11	18,41
Magnesia (MgO)	2,66	0,95	2,43	—	—	9,06

Für die Beurteilung der Schmelzbarkeit der verschiedenen Schlacken ist in den erwähnten Versuchsreihen ein weiteres Kriterium angegeben, nämlich die Menge des Wasserdampfes, welche zur Verhinderung des Zusammenschmelzens der Schlacke notwendig ist. Entnimmt man den Berichten über die Versuche mit Rostgenerator diejenige Menge Wasserdampf, welche zur Verhinderung der Schlackenbildung bei den verschiedenen Cokesorten notwendig war, so erhält man folgende Reihe:

I. Böhm. Coke	II. Westfäl. Coke	III. Engl. Coke	IV. Saar. Coke	V. Oberschles. Coke	VI. Zwickauer Coke
0,49	0,53	0,70	0,71	0,71	0,79

Bei der böhmischen Coke mit sehr schwer schmelzbarer Asche reichen demnach bereits 0,49 kg Wasserdampf pro 1 kg C aus, um die Schlackenbildung zu verhindern, dagegen bedarf es 0,79 kg Wasserdampf um denselben Effekt bei Zwickauer Coke

[1]) Journ. f. Gasbel. 8. 375.

mit der am leichtesten schmelzbaren Aschenschlacke zu erreichen.

Im allgemeinen ist für die Schmelzbarkeit einer Schlacke das Verhältnis der feuerbeständigen, sauren Bestandteile (Kieselsäure und Thonerde) zu der Menge der Basen, des Flufsmittels (Eisenoxyd, Kalk, Magnesia) mafsgebend. Den Grad der Schmelzbarkeit aus der chemischen Zusammensetzung der Schlacke mit Bestimmtheit abzuleiten, wird jedoch insofern schwierig sein, als nicht allein die Menge der vorhandenen Basen, sondern auch die Art derselben, ob Eisenoxyd, Kalk oder Magnesia, auf die Bildung leichter oder schwerer schmelzbarer Gläser von Einflufs ist; dazu kommt noch, dafs die Thonerde je nach Umständen die Rolle einer Säure oder einer Basis übernehmen kann und dadurch die Erscheinung kompliciert. Über den Einflufs der verschiedenen Flufsmittel und namentlich von Gemischen auf die Schmelztemperatur strengflüssiger Substanzen sind wir jedoch trotz zahlreicher Versuche noch nicht vollständig aufgeklärt; man wird sich deshalb begnügen müssen, aus der chemischen Analyse einen ungefähren Anhaltspunkt über das Verhalten der Schlacke in der Hitze zu gewinnen.

Berechnet man aus den obigen Analysen das Verhältnis von Kieselsäure + Thonerde zu der Summe der Flufsmittel (Eisenoxyd + Kalk + Magnesia), so erhält man folgende Reihe, in welcher die Schlacken nach der Gröfse dieses Verhältnisses d. h. von der am schwersten schmelzbaren zu der leichtflüssigsten geordnet sind.

I. Böhm. Coke Lütlitz Konsolidation	II. Westfäl. Coke Helmlz I.	III. Saar. Coke	IV. Engl. Coke Leveyson Wall- send & Primrose	V. Oberschles. Coke Laduw-Grube	VI. Sächs. Coke Forstschacht
5,55	4,40	4,15	2,42	1,52	1,08

Sonstige Eigenschaften der Coke.

Ein für viele Fälle wichtiger Bestandteil der Cokesasche ist der Schwefel. Wright analysirte die Coke, welche er aus Derbyshire Silkstone Kohle bei 800° und 1100° Vergasungstemperatur erhielt.

	C %	H %	S %	N %	O %	Asche %	Gesamt %
Coke bei ca. 800°	57,98	1,24	1,05	1,05	1,28	2,96	64,97
" " " 1100°	57,95	0,70	0,77	0,47	1,24	2,97	64,10
Zusammensetzung der Kohle	75,71	6,27	1,72	1,72	11,59	2,99	100,00

oder wenn man die Bestandteile in % der Coke berechnet:

	C %	H %	S %	N %	O %	Asche %	Gesamt %
Coke bei ca. 800°	88,36	1,90	1,61	1,62	1,96	4,55	100
" " 1100°	90,40	1,09	1,21	0,73	1,34	4,63	100

Beim Löschen der frisch gezogenen Coke mit Wasser findet noch eine, wenn auch namentlich bei dichten Cokes nicht sehr weitgehende Entschwefelung durch Zusammentreffen von Wasser mit den glühenden Sulfiden statt, wie die beim Löschen zu beobachtende Schwefelwasserstoff-Entwicklung beweist. Die dadurch bewirkte Entschwefelung der Coke ist jedoch nur sehr gering.

Von den sonstigen Eigenschaften der Coke ist noch zu erwähnen:

Das spezifische Gewicht der Cokes schwankt zwischen 1.2 und 1,9.

Die Cokes sind wenig hyproskopisch. Völlig trocken nehmen sie aus mit Feuchtigkeit gesättigter Luft nach Muck nicht mehr als 1—2% Wasser auf, und ganz nafs sich anfühlende Cokes verlieren, in nur grobes Pulver verwandelt, das vorzugsweise imbibierte Wasser bis auf 1% und weniger, wenn man sie 12—24 Stunden an der Luft liegen läfst. Die beim Löschen der Coke zurückbleibende Wassermenge hängt von dem Porositätsgrad ab. Muck tauchte annähernd gleich grofse (faustgrofse) gewogene Stücke ½ Stunde in heifses Wasser, liefs sie dann an der Luft liegen und fand:

	Dichte Cokes enthielten nach	Schaumcokes
1 Stunde	= 13,10% Wasser	31,96% Wasser
12 Stunden	= 9,53% "	26,23% "
36 "	= 7,64% "	17,22% "

Die gewöhnliche Coke enthält am Verbrauchsort — wenn nicht gerade eine starke Bewässerung durch Regen stattgefunden hat — nie mehr als 5—6% Wasser, in der Regel aber viel weniger. Diese Thatsachen zeigen, dafs es praktisch keine Bedenken haben kann, mit Wasser abgelöschte Coke, namentlich wenn dieselbe an der Luft gelagert hat, nach dem Gewicht zu verkaufen.

Die Verwendung der Coke zum Hausbrande hat sich namentlich seitdem man auf die Konstruktion geeigneter Öfen bedacht war, immer mehr eingebürgert. Zwar läfst sich die Coke auch in Kachelöfen und Herden brennen, welche nur für Holz oder Kohlen konstruiert sind, wenn man dieselben so einrichten kann, dafs die Schutthöhe auf dem Roste hoch genug, die Luftzufuhr und der Zug genügend und der Feuerungsraum mit feuerfestem Material ausgefüttert ist. Speziell für Zimmerheizung empfehlen sich die eisernen Füllöfen. In vielen Städten hat sich die von Professor Meidinger für die Nordpolexpedition von Koldewey angegebene Konstruktion Eingang verschafft. Durch leihweise Aufstellung solcher Öfen konnte es in München z. B. dahin gebracht werden, dafs sich die für den Zimmerbrand verkauften Cokemengen innerhalb 7 Jahren von 2000 auf 78000 Ctr. jährlich steigerte.

Andere beliebte für Coke speziell geeignete Öfen sind die sog. Amerikaner Öfen.

Coke-Zerkleinerung.

Einen wichtigen Faktor zur richtigen Verwendung der Coke in obigen Füllöfen spielt die Zerkleinerung der Coke. Dieselbe ist notwendig um ein gleichmäfsiges Brennen und eine regelmäfsige Luftzufuhr zu ermöglichen. An manchen Anstalten wird die Coke einfach mit Schaufeln mit der Hand zerschlagen, und dann mit Cokegabeln, welche die Kleincoke durchfallen lassen, eingefüllt. Diese primitivste Art liefert sehr viel Abfall. Die Zerkleinerungsmaschinen bestehen einmal aus einer Walze, welche mit Zähnen versehen ist, welche die gegen die Brechplatte fallende Coke messerartig zerschneidet und zweitens aus einer Siebvorrichtung, welche die Cokestücke verschiedener Gröfse trennt, resp. sortiert.

Die Trommel der Maschine von Eitle in Stuttgart sowie die gesamte Anordnung ist aus umstehenden Figuren ersichtlich. (Fig. 172—174).

Die Maschinen sind für Hand- und Maschinenbetrieb eingerichtet. Im letzteren Falle werden besonders häufig Gasmotoren verwendet.

Die Leistungsfähigkeit innerhalb 10 Stunden einer durch Hand betriebenen Maschine wird zu 5 bezw. 8 bis 10000 kg angegeben, während bei Motorenbetrieb dieselbe 10 bis 75000 kg beträgt.

Abfall von Cokestaub soll 3 bis 5% nicht übersteigen.

Es bedarf wohl kaum des Hinweises, dafs der Betrieb sich um so einfacher und billiger gestaltet, je weniger die Coke transportiert und gehoben werden mufs, und je gleichmäfsiger dieselbe in den Fülltrichter aufgegeben wird. Sehr zu empfehlen sind bei stationär aufgestellten Maschinen eiserne Kippkarren, welche auf zerlegbaren Rollbahnen die Coke vom Lagerplatz bis in die Höhe des Fülltrichters befördern. Um jeden Transport der Coke

Fufsböden ist nicht zu empfehlen, da dieselbe, wie nachgewiesen wurde, den Hausschwamm befördert. In untergeordnetem Mafse findet der Cokestaub in der Technik zur Fabrikation von Dachpappe Verwendung. Besondere Beachtung verdienen die Versuche, welche damit angestellt wurden, Coke, sowie

Fig. 172.

zu vermeiden, hat Hegener den ganzen Apparat fahrbar gemacht. Ein Eisenbahnwaggon ist durch eine Holzwand in zwei Räume abgeteilt, in deren einem ein Gasmotor, im anderen eine Cokebrechmaschine sich befindet. An der Aufsenseite befindet sich ein Trittbrett und eine Öffnung zum Cokeeinwurf. Die unten in Körbe fallende zerkleinerte und sortierte Coke wird auf die Waggons verladen.

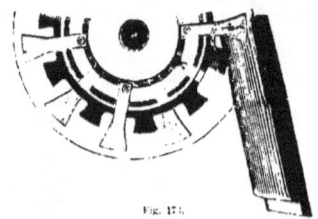

Fig. 173.

Fig. 174.

Diese Maschine läfst sich, wenn die nötigen Geleiseanlagen vorhanden, an jede gewünschte Stelle fahren. Vorausgesetzt ist, dafs überall Gas- und Wasserleitung für den Gasmotor vorhanden ist.

In vielen Fällen kann eine blofse Sortierung der Coke ohne vorhergehende Zerkleinerung wünschenswert sein. Dies wird durch Sortiertrommeln bewirkt, welche von Hand oder mit Motor betrieben werden.

Die Verwertung der Cokeabfälle ist an vielen Anstalten ein Schmerzenskind. Die Anwendung der sog. Lösche als Füllmaterial für

Cokeklein zur Feuerung der Dampfkessel zu verwenden, sowie zur Herstellung von Briquettes.

Dampfkesselfeuerung mit Coke.

Die Frage nach praktischer Verwendbarkeit von Coke als Brennmaterial für Dampfkessel stabiler und lokomobiler Konstruktion bildete bereits in den ersten Zeiten des Dampfbetriebes den Gegenstand wiederholter Erörterungen. Einesteils bot die Coke den eminenten Vorzug einer rauchfreien Verbrennung gegenüber den Stein- und Braunkohlen, andrerseits machte man anfangs schlechte Erfah-

Dampfkesselfeuerung mit Coke.

rungen, indem die Feuerbüchsen, sowie die metallenen Rauchrohre schadhaft wurden, die Roste sich bald abnutzten und verbrannten und der erhoffte Effekt nicht erreicht werden konnte.

Die in Wien befindlichen Gaswerke heizen seit ihrem Bestande die Dampfkessel ausschliefslich mit Coke[1]).

Der Kessel besteht dort aus einem horizontalen Cylinder mit halbkugelförmig gewölbtem Boden und ist in 3 Feuerzügen eingemauert. Der erste Zug läuft unter dem Kesselbauch fort, der zweite befindet sich an einer Seite, der dritte an der andern Seite des Kessels. Die Feuerung erfolgt auf einem Planrost mit entsprechend starken schmiedeisernen Stäben direkt unter dem Kessel, in einer Entfernung von 60 mm von diesem. Unter dem Roste befindet sich eine mit Wasser gefüllte eiserne Pfanne, welche bestimmt ist, die glühenden Rückstände abzulöschen und so eine Erhitzung der Roststäbe zu verhüten. Die hinter dem Rost aufsteigende Feuerbrücke ist ca. 150 mm vom Kessel entfernt und bezweckt eine Stauung der Verbrennungsprodukte über dem Rost und eine Mischung der gasigen Bestandteile. Die Essengase entweichen durch einen kurzen Kanal in einen kleinen niedrigen Schornstein. Die Heizfläche der Kessel beträgt 10 bis 11 qm, ihre Rostfläche 0,66 bis 0,7 qm, was einem Verhältnis von 1 : 15 entspricht.

In diesen Kesseln wurden von der ganzen disponiblen Wärme ca. 61,7 % nutzbar gemacht. Der Verlust durch die Rauchgase, welche mit 245° in den Schornstein kamen, betrug 10,5 %. Es wurden im Mittel 38 kg Coke auf jedem Quadratmeter Rostfläche stündlich verbrannt und mit jedem Kilogramm Coke 6,8 kg Wasser verdampft. — Bei rationelleren Kesselsystemen können noch günstigere Resultate erzielt werden. So gab in Wien eine Anlage, welche aus einem Kessel mit zwei Vorwärmern bestand, eine 8,5-fache Verdampfung.

Neuere Versuche[2]) des bayerischen Dampfkessel-Revisionsvereins haben zu folgenden Bedingungen geführt, welche zu einer zweckmäfsigen Anwendung von Coke als Dampfkessel-Feuerungsmaterial einzuhalten sind:

[1]) Journ. f. Gasbel. 1886, S. 35.
[2]) Vom bayer. Dampfkessel-Revisionsverein gütigst zur Verfügung gestellt.

1. Die Roststäbe müssen gerade sein — nicht gewellt — aus Hartgufs bestehen und sollen etwa 10 mm Dicke und 6 mm Spaltweite haben.

2. Die Rostfläche mufs von der Feuerthüre aus bequem zugänglich sein, wozu u. a. erforderlich ist, dafs die Feuerthüren annähernd so breit sind wie der Rost.

3. Die Dicke der Brennschichte richtet sich nach der Rostleistung bezw. nach dem verfügbaren Kaminzuge; sie ist für grofse Rostleistungen ca. 40 cm zu nehmen. Bei dünner Brennschichte (15—20 mm) sind die Cokes etwa auf Nufsgröfse zu zerkleinern. Der Kaminzug ist mit der Schichthöhe bezw. Rostleistung sorgfältig in Übereinstimmung zu bringen.

4. Die Schlacken sind zeitig zu entfernen ehe sie in die Rostspalten fliefsen und diese verstopfen. Zum Mürbemachen der Schlacken empfiehlt es sich, Dampf unter dem Roste einzuführen.

Auf 1 qm Rostfläche lassen sich auf diese Weise bei ca. 20 mm Kaminzug und günstigen Feuerzügen in der Stunde etwa 160 kg Gascoke verbrennen, ohne die Bildung unverbrannter Gase fürchten zu müssen. Hierbei kann, wenn die Heizfläche 40 mal so grofs ist, wie die Rostfläche, mindestens 6-fache Verdampfung erzielt werden; letztere läfst sich auf das 7 bis 7½-fache steigern, wenn man die Heizfläche entsprechend vergröfsert. Von gröfstem Einflufse auf die Verdampfungsziffer ist die sorgfältige Regelung des Zuges, entsprechende Zerkleinerung der Coke und möglichst dichtes Mauerwerk.

Die relative Heizfläche wird man für 160 kg Rostleistung 1 : 55 bis 1 : 60 nehmen; für 120 kg Rostleistung wird das Verhältnis 1 : 45 genügen.

Die Versuche selbst ergaben bei einer relativen Heizfläche von 1 : 40 (die Heizfläche des Kessels betrug 24 qm) eine Rostleistung von 163 kg pro 1 qm Rostfläche in der Stunde. Hiermit wurde eine 6,013-fache Verdampfung erzielt. Der Nutzeffekt betrug 55,07 %, während 28,22 % der Wärme in den Kamin gingen. Die Differenz ist Verlust durch Strahlung.

Wenn aus diesen Versuchen die Anwendbarkeit der Coke zur Dampfkesselfeuerung unzweifelhaft hervorgeht, so mögen die folgenden Zahlen, welche einen Vergleich zwischen Kohlen- und Cokefeuerung geben, zum Beweise dafür dienen, dafs sogar mit

Coke — ohne besondere Vorrichtungen — günstigere Resultate erzielt werden können als mit Kohle.

Auf der Gasanstalt München wurden Versuche an einem Flammrohrkessel von 15½ qm Heizfläche vorgenommen, welche ergaben:

Kessels 3½ mm; die mittlere Zusammensetzung der Rauchgase war

	CO_2	O	N
für Kohlenheizung	8,4	11,6	80,0
» Cokeheizung	13,5	5,5	81,0

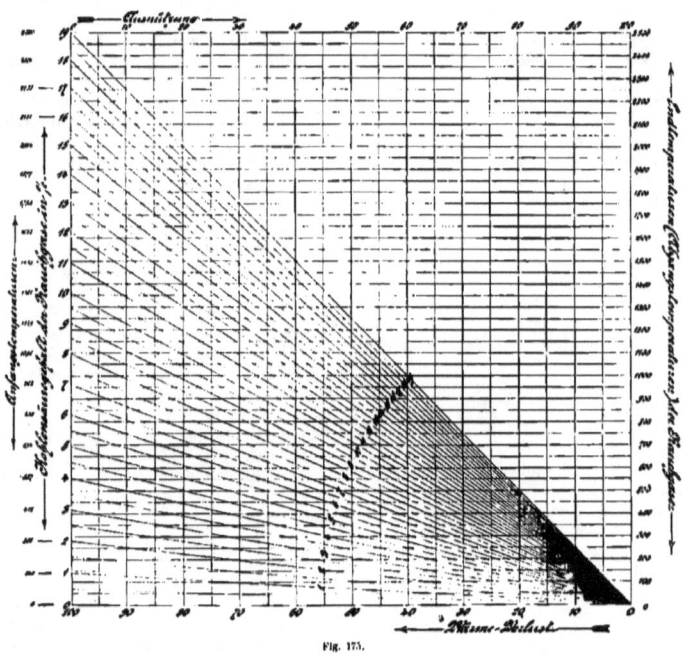

Fig. 175.

	1. mit böhmischen Schwarzkohlen (Einskohlen)	2. mit Coke aus ⅔ Saar- und ⅓ böhmisch. Kohle
Verhältnis von Rostfläche zur Heizfläche	1 : 37	1 : 37
Rostleistung pro 1 qm und 1 Std.	90 kg	71,2 kg
Wasser pro Stunde und pro 1 qm Rostfläche verdampft	12,7 kg	13,56 kg
Dampf aus 1 kg Heizmaterial	5,23 kg	6,75 kg

Die Schichthöhe für Coke betrug bei diesen Versuchen 20—25 mm, der Zug am Ende des Kessels 3½ mm; Dampf wurde bei diesen Versuchen nicht angewendet. Die schmiedeeisernen Roststäbe hatten 8 mm Dicke und 10 mm Spaltenweite.

Im Anhang zu der Verwendung von Coke zur Dampfkesselfeuerung möge hier noch eine einfache Methode zur graphischen Ermittlung des Nutzeffektes solcher Feuerungsanlagen von Bunte[1] Platz finden.

[1]) Journ. f. Gasbel. 1891, S. 44

Ist T die durch Verbrennung eines Brennstoffes gewonnene Anfangstemperatur, t die Abgangstemperatur der Rauchgase, so ist der Wärmeverlust durch die Rauchgase $\frac{t}{T}$; der an die Feuerung abgegebene Wärmebetrag, die Ausnutzung, $\frac{T-t}{T}$. Nun hat Bunte gezeigt, dafs für jeden Kohlensäuregehalt der Rauchgase sich die zugehörige Anfangstemperatur berechnen läfst.

In der Fig. 175 ist auf der linken Seite der Kohlensäuregehalt der Rauchgase in Abständen, entsprechend den zugehörigen Anfangstemperaturen T aufgetragen, auf der rechten Seite sind in gleichem Mafsstabe die Endtemperaturen t, mit welchen die Rauchgase die Feuerung verlassen, verzeichnet; von den Punkten, welche dem Kohlensäuregehalt der Rauchgase entsprechen, sind ferner Strahlen nach dem Nullpunkt gezogen, welche durch Vertikallinien in 100 bzw. 20 gleiche Teile geteilt sind. Es läfst sich nun aus dem Kohlensäuregehalt und der Abgangstemperatur in einfachster Weise der relative Wärmeverlust durch die Rauchgase ›V‹ ermitteln, indem man den Punkt sucht, wo der nach dem CO_2-Gehalt gezogene Strahl von der durch die Abgangstemperatur gezogenen Horizontallinie geschnitten wird; die oben bzw. unten aufgetragenen Zahlen geben dann unmittelbar den Wärmeverlust durch die Rauchgase, bzw. die Wärmeausnutzung $\frac{T-t}{T}$ in Prozenten der gesamt entwickelten Wärme.

In obigem Beispiele des Dampfkessel-Revisionsvereins in München war der Kohlensäuregehalt der Rauchgase zu 9,2%, die Temperatur am Kesselende zu 350° gefunden worden. Hieraus und aus der nach Analyse der Coke berechneten Verbrennungswärme war der Verlust ›V‹ durch die Rauchgase zu 28,22% berechnet worden. Sucht man ›V‹ aus obigem Diagramm für einen Kohlensäuregehalt von 9,2% und 350° Endtemperatur, so findet man völlig übereinstimmend 28%.

Auch für wasserreichere Brennstoffe (Steinkohle) läfst sich diese graphische Methode noch mit einer Übereinstimmung von 2 bis 4% anwenden.

Die Verwendung von Kleincoke.

Die Verwendung von Kleincoke (Cokebreeze) und Cokestaub zu Feuerungszwecken (Dampfkessel) läfst sich mit Benützung des Perrot'schen Rostes ermöglichen. Dieser Rost besteht aus sehr schmalen (8 mm dicken) Stäben mit 4 mm Zwischenraum; der Unterteil der hohen Stäbe taucht in einen Wassertrog, um die Roste kühl zu erhalten. Da natürlicher Zug nicht mehr ausreichen würde, die dichte Lage der kleinen Cokestückchen zu durchdringen, so mufs Luft künstlich eingeblasen werden, was mittels eines Gebläses geschieht. Die engen Spalten verhindern das Durchfallen brennender Coketeilchen; es ist vorteilhaft, mit der Luft auch etwas Dampf einzublasen. Die unten abgebildete Anlage (Fig. 176 u. 177) ergab eine 5,17-fache Verdampfung. Bei der Konstruktion der Stäbe mufs Rücksicht genommen werden, dafs dieselben möglichst dünn, ihr Kopf dagegen birnförmig sei,

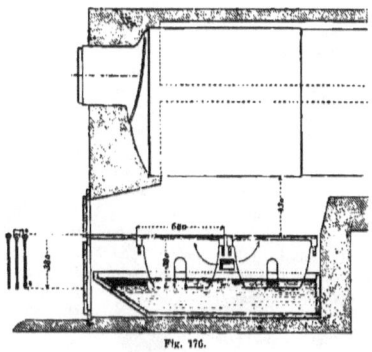

Fig. 176.

damit die durchfallenden Schlackenteilchen den Zwischenraum nicht verlegen können. Auch mit schrägem Rost läfst sich Cokeklein verbrennen,

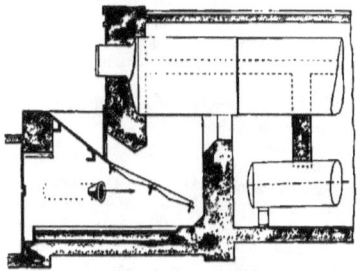

Fig. 177.

wenn Gebläsewind benutzt wird. Dieser Rost (Fig. 177) zeichnet sich vor dem Treppenrost durch geringe Anschaffungskosten, erleichterte Manipulation und geringere Abnutzung aus. Von Wesenheit ist die richtige Neigung des Rostes, indem bei zu schräger Stellung die brennende Cokeschichte nachrutscht, wenn unten die Schlacken abgezogen werden. Mit gewöhnlicher Coke wird angefeuert, und erst wenn ein normales Feuer im Gange ist, wird Cokestaub aufgegeben und der Ventilator oder das Dampfgebläse angestellt. Eine andere Verwendungsweise von Cokeklein zur Heizung, speziell auch für Dampfkessel, ist durch Vermengung desselben mit Teer ermöglicht. Man mischt das Cokeklein mit ca. 15 % Teer, mengt beide durch mehrmaliges Umschaufeln gut durcheinander und läfst sie einige Stunden liegen. Die Mischung wird in nicht zu hoher Schichte auf den horizontalen Rost gebracht. Letzterer mufs sehr engspaltig sein. Zur vollkommenen Verbrennung empfiehlt es sich, auch etwas Luft über dem Rost zuzuführen und, um die sich bildenden Schlacken und Aschenkuchen mürbe und durchlässig zu erhalten, unter dem Rost etwas Dampf einzuleiten. Die Feuerung verlangt grofse Aufmerksamkeit in der Bedienung, bietet aber erstlich eine zweckmäfsige Verwendung der Cokeabfälle und zweitens eine sehr billige Heizung. Das Verfahren hat sich auf den Münchener Anstalten praktisch bewährt.

Auch die Verbrennung von Cokeabfällen gemischt mit Coke in Generator und Rostöfen wurde vielfach[1]) und wie es scheint mit Erfolg versucht, jedoch darf der Zusatz nicht zu hoch genommen werden (nach Liegel bis zu 36 %), da sonst zu viel Material durch den Rost resp. die Schlitze durchfällt und zu Flugstaubansammlungen Veranlassung gibt[2]).

Zur Briquettefabrikation finden die Cokeabfälle nur in beschränktem Mafse Anwendung. Als Bindemittel wird Teer resp. Teerpech verwendet. Ohne Zweifel würde diese Verwendung von Cokeklein eine der zweckmäfsigsten sein, wenn nicht die für die Formung nötigen Manipulationen und maschinellen Einrichtungen so kostspielig wären, dafs der Preis der Cokebriquettes zu ihrem Wert nicht im Verhältnis steht. Aufserdem zerfallen dieselben beim Erwärmen sehr leicht und sind deshalb für industrielle Feuerungen unzweckmäfsig und teilweise ganz unbrauchbar.

[1]) Journ. f. Gasbel. 1886, S. 776; 1887, S. 770.
[2]) Verf. erzielte bei Münchener Öfen mit 15% Cokestaub befriedigende Resultate. Höhere Mengen verbrennen wohl, bieten aber mehr Nachteile wie Vorteile.

Teer.

Es ist bekannt, dafs die Teerindustrie ihr Aufblühen der Entdeckung der Anilinfarben verdankt, welche auf das Jahr 1856 zurückzuführen ist. Von da an wurde der Steinkohlenteer ein geschätzter Artikel und sein Preis stieg auf das Zehnfache. Man fing an, den Teer in grofsem Mafsstabe zu destillieren, die einzelnen Destillate sorgfältiger zu trennen und in reinerem Zustande in den Handel zu bringen. Gleichen Schritt mit den praktischen Erfolgen hielten die wissenschaftlichen Forschungen. Die ersten für die Farbenindustrie bahnbrechenden Arbeiten stammten von Mansfield, A. W. Hofmann, Kekulé, Fittig, Beilstein u. a., denen dann im Jahre 1868 die Entdeckung des künstlichen Alizarins durch Graebe & Liebermann folgte. Obwohl in England der meiste Teer erzeugt wird, hat sich die Teerfarbenindustrie nur in Deutschland zu hoher Blüte entfaltet, so dafs die einheimische Teererzeugung bei weitem nicht ausreichte und der gröfste Bedarf von England eingeführt werden mufste.

Bei dem grofsen Werte, welchen damals der Steinkohlenteer besafs, lenkten auch die Cokereien ihr Augenmerk auf die Gewinnung dieses Nebenerzeugnisses. Trotzdem dauerte es verhältnismäfsig lange, bis derartige Öfen mit Gewinnung der Nebenerzeugnisse in gröfserem Mafsstab eingeführt wurden. Erst vom Jahre 1881 an erwachte ein neues Interesse an diesem Gegenstande, welches namentlich in Deutschland zu einer ganzen Reihe verbesserter Ofenkonstruktionen führte. (Knab, Carvès, Hüsener, Jameson, Simon, Otto u. a.)[1]) Die Teererzeugung der Cokereien schätzte Krämer im Jahre 1887 auf 18000 t. Die Mengen des in England erzeugten Teers war nach Wright im Jahre 1885 etwa 558780 t. Die Folge dieses Umstandes war eine Überproduktion an Teer, die mit der schon beginnenden Überproduktion an Teerfabrikaten zusammentraf und die Preise in wahrhaft erschreckender Weise herunterwarf.

Ein ungefähres Bild über die Preisschwankungen geben nachfolgende Zahlen, welche Teerpreise vom Jahre 1880 bis zum Jahre 1890 umfassen. 100 kg wurden verkauft zu:

[1]) s. Lunge, Die Industrie des Steinkohlenteers. Braunschweig 1888, Vieweg & Sohn.

	1880	1882	1883	1884	1885	1886	1887	1888	1889	1890
Mk.	2,10	4,—	4,—	4,20	4,20	3,05	1,80	1,80	2,10	{ 2,40 / 3,10

In entsprechendem Verhältnisse schwankten auch die Preise der aus dem Teer erzeugten Produkte[1]). Bei den Bestrebungen der Gasanstalten zur besseren Verwertung des Teers lenkte man vorzugsweise das Augenmerk auf die Verwendung desselben zur Heizung, und die vielen auf diesem Gebiete errungenen Verbesserungen brachten es dahin, dafs — wenigstens soweit es in den Händen der Gasindustrie lag — ein grofser Teil der Teererzeugung vom Markte ausgeschlossen und dadurch auf die Preise eingewirkt werden konnte. Auch die englischen Anstalten, die ja weitaus den gröfsten Einflufs auf die Teererzeugung besitzen, schickten sich zur Teerverbrennung an. Nach Körting wurden im Jahre 1886 in Deutschland etwa 12 %, in England ca. 20 % der gesamten Gasteererzeugung verbrannt. Es fehlte jedoch auch nicht an gewichtigen Stimmen, welche gegen diese allerdings radikale, aber eines so wertvollen Rohproduktes unwürdige Behandlung sprachen. Krämer nennt es direkt ein Attentat auf den gesunden Menschenverstand, gute gehaltreiche Teere in den Ofen zu schicken, und sieht es als die Aufgabe der Gasanstalten an, mit dem Teerdestillateur Hand in Hand zu gehen und durch Verbesserung des Wertes des Teeres auch auf eine bessere Verwertung desselben hinzuarbeiten.

Die Verwertung des Teers.

Wenn es seinerzeit das Benzol war, welches als Ausgangssubstanz der Anilinfarben den Wert des Teeres so bedeutend erhöhte, so sind seit jener Zeit immer wieder neue Teerprodukte aufgetaucht, welche im Handel gröfsere Verbreitung gefunden haben und auf den Wert desselben von Einflufs waren. Die Zahl der aus dem Teer erhältlichen Stoffe ist ungeheuer grofs und ihre Eigenschaften und ihre Verwendung eine äufserst mannigfache. Ohne näher auf das Teer von Farbstoffen einzugehen, bezüglich derer wir auf das ausführliche Werk von Schultz[2]) verweisen, wollen wir nur einige Erzeugnisse erwähnen, welche neuerdings die Aufmerksamkeit auf sich zogen. Was auf dem Gebiet

[1]) s. Körting Journ. f. Gasbel. 1886, S. 543.
[2]) Schultz, Die Chemie des Steinkohlenteers. Braunschweig 1888, Vieweg & Sohn.
Schilling, Handbuch für Gasbeleuchtung.

der Farbenindustrie besonders erwähnenswert ist, ist die in grofsem Mafse betriebene Darstellung der sog. Azofarben, welche wegen ihrer Echtheit sehr beliebt sind und den Benzolfarbstoffen bedeutend Konkurrenz gemacht haben. Das Ausgangsprodukt ist das Naphtalin. Ebenso wichtig sind die künstlichen Krappfarbstoffe, welche sich vom Alizarin ableiten und deren Echtheit und Schönheit ihnen die ausgedehnteste Anwendung in der Türkischrotfärberei und dem Kattundruck verschafft hat. Das Phenol, auch Karbolsäure genannt, hat neben seiner direkten Verwendung als Antisepticum zur Darstellung von Salicylsäure und von gewissen Farbstoffen auch zur Darstellung von Pikrinsäurepräparaten ausgedehnte Anwendung gefunden. Die Pikrinsäure, das Trinitroderivat des Phenols, hat als Sprengstoff viel von sich reden gemacht. Unter den Basen im Teer haben die Pyridinbasen zu Denaturierungszwecken praktische Verwendung gefunden. Endlich ist auch des Saccharins zu gedenken, welches, ein Derivat des Toluols, in der Medizin als Süfsstoff von ungemein grofser Süfskraft Eingang gefunden hat. Die Reihe der im Teer nachgewiesenen Verbindungen, welche praktisch von geringerer Bedeutung, jedoch von wissenschaftlichem Interesse sind, ist eine sehr grofse, und es ist unabsehbar, welche von denselben noch einmal praktische Bedeutung erlangen werden.

Die Teerdestillation.

Weitaus die gröfste Menge des Teers wird in den Teerdestillationen verarbeitet und dort zunächst in folgende Fraktionen getrennt:

1. Leichtöl spez. Gew. bis etwa 0,94; Siedepunkt: bis 170°
2. Mittelöl » » » 0,98 » » 230°
3. Schweröl » » » 1,04 » » 270°
4. Anthracenöl » » » 1,08 » über 270°

Der Teer, wie ihn die Destillationsanstalten von den Gaswerken beziehen, enthält noch mehr oder weniger grofse Mengen von Ammoniakwasser, welches bei längerem Stehen sich abscheidet. Durch Erwärmung mit Dampfschlangen kann die Abscheidung beschleunigt werden. Der Teer wird in den sog. Teerblasen, welche meist 200—400 Ctr. fassen, abdestilliert und in die bereits erwähnten 4 Fraktionen geschieden. Die Ausbeute beträgt meist in Volumen

an Leichtöl	3 bis 5%	des Theers
» Mittelöl	8 » 10%	» »
» Schweröl	8 » 10%	» »
» Anthracenöl	16 » 20%	» »

Von diesen Ölen enthält das Leichtöl wesentlich das Benzol, seine Homologen und etwas Naphtalin, das Mittelöl besonders Naphtalin und Karbolsäure, Kresole und Chinolinbasen. In dem Anthracenöl befinden sich Anthracen und Karbazol, neben Phenanthren und Fluoren. Alle diese Destillate müssen einer sehr sorgfältigen Reinigung unterzogen werden, was durch wiederholtes Destillieren, durch Auspressen auskrystallisierter Körper und durch Waschen mit Alkalien und Säuren bewerkstelligt wird[1]).

Folgende schematische Übersicht über die aus den einzelnen Fraktionen zu erhaltenden Handelsprodukten gibt Lunge[2]).

[1]) s. Journ. f. Gasbel. 1891, S. 434.
[2]) Lunge, Die Industrie des Steinkohlenteers und Ammoniaks, 3. Aufl., Braunschweig 1888, F. Vieweg & Sohn, S. 444.

Schema der Steinkohlenteerdestillation.

	Handelsprodukte
Entwässerung	Ammoniakwasser
Destillation	
I. Fraktion bis 170° { Ammoniakwasser / Vorlauf. Rektifiziert in Benzolblase	
1. Produkt bis 110°, chemisch gewaschen, mit Dampf destilliert, gibt a)	
b) schwaches Benzol, geht zu I. 2;	90 prozentiges Benzol
2. Produkt bis 140°, behandelt wie 1, gibt a) Erste Fraktion	
b) Zweite Fraktion	50 prozentiges Benzol
c) Dritte Fraktion, wird wieder destilliert;	
d) Vierte Fraktion	
3. Produkt bis 170°, behandelt wie 1 und 2, gibt	
a) Erste Fraktion	Auflösungsnaphta
b) Zweite Fraktion	Brennnaphta
c) Rückstand in der Blase, geht zu II.	
II. Fraktion von 170 bis 230° = Mittelöl, gewaschen mit Natronlauge gibt	
1. Öl, destilliert in Leichtölblase, gibt	
a) destilliert bis 170°, geht zu I. 3;	
b) „ „ 230°, gibt	Naphtalin
c Rückstand geht zu III.	
2. Lauge, zersetzt mit einer Mineralsäure, gibt	
a) wässerige Lösung von Natronsalzen;	
b) rohe Karbolsäure, wird gereinigt und gibt α)	Karbolsäure
β) Abfallöle, gehen zu II zurück.	
III. Fraktion von 230 bis 270° = Schweröl (solange noch nichts Festes sich ausscheidet) kann auf Karbolsäure und Naphtalin behandelt werden;	
gewöhnlich nur verwendet als	Kreosotöl zum Imprägnieren
zuweilen geschieden in a)	
b)	Schmieröl
IV. Fraktion. Anthracenöl, wird filtriert oder kalt gepreßt, gibt	
1. Öle, werden destilliert und geben	
a) festes Destillat, behandelt zusammen mit IV. 2;	
b) flüssiges Destillat, geht zu III b) oder wird von neuem destilliert;	
c) Rückstand von Pech, Coke u. dergl.	
2. Rückstand, wird heiß gepreßt und gibt	
a) Öle, behandelt wie IV. 1;	
b) Rohanthracen, wird mit Naphta etc. gewaschen und gibt	
α) festen Rückstand	Anthracen
β Lösung wird destilliert und gibt	
αα) Destillatnaphta, wird von neuem zum Waschen benutzt;	
ββ) Rückstand, bestehend aus Phenanthren etc., wird verbrannt zu Lampenschwarz.	
V. Pech. Benutzt als solches zu Briquettes oder Firnissen etc.	Pech
Eventuell destilliert und gibt	
1. Rohanthracen, behandelt wie IV. 2;	
2. Schmieröl, geht zu III. resp. III b);	
3. Rückstand	Coke

Für den Wert des Teers zur Verarbeitung auf diese Handelsprodukte sind zunächst die Ausbeuten mafsgebend. Aufser diesen ist jedoch die Reinheit der Produkte von grofser Wichtigkeit. So sind z. B. Teere mit hohem Kohlenstoffgehalt, sowie solche mit hohem Paraffingehalt zur Darstellung reiner Teerfabrikate wenig geeignet. Das Benzol solcher Teere enthält zu viel flüssige Paraffine, die bei der Nitrierung des Benzols störend auftreten, die Trennung und Reinigung der Karbolsäure bietet gröfsere Schwierigkeiten, und endlich ist dem Anthracen festes Paraffin beigemischt, welches bei der Darstellung von Alizarin hindernd im Wege steht.

Am geeignetsten für die Farbenindustrie und deshalb am begehrtesten sind im allgemeinen Teere, welche aus Gaskohlen möglichst ohne Zusatz von Braunkohlen bei nicht zu hoher Temperatur gewonnen sind. Das spezifische Gewicht, welches meist zwischen 1,1 und 1,2 schwankt, ist kein sicherer Mafsstab für die Güte eines Teers. Von manchen wird ein Teer um so mehr geschätzt, je niedriger sein spezifisches Gewicht ist; da aber gerade die aus Cannelkohlen, bituminösen Schiefern u. dgl. erzeugten mehr toluol- und paraffinhaltigen Teere erheblich leichter als die reinen Steinkohlenteere sind, so kann man sich auf das spezifische Gewicht nicht verlassen.

Einflufs der Kohle auf die Beschaffenheit des Teers.

Unter den Einflüssen, welche auf die Güte des Teers Bezug haben, sind besonders hervorzuheben: die Kohle und die Vergasungstemperatur.

Einflufs der Kohle auf den Teer. Schon im ersten Kapitel über die Steinkohlen wurde gezeigt, dafs die Menge des Teers mit dem Gehalt der Kohle an Sauerstoff zunimmt. Deville fand:

bei einem Sauer- %/₀   %/₀   %/₀   %/₀   %/₀
stoffgehalt von 5—6,5 6,5—7,5 7,5—9,0 9,0—11,0 11,0—13
eine Teerausbeute
in %/₀ der Kohle 3,902 4,652 5,079 5,478 5,592

Bunte fand für die wichtigsten Repräsentanten der Gaskohlen:

Westfälische Kohle . . 4,09% Teerausbeute
Saarkohle . . . . . 5,33% ,
Böhm. Schwarzkohle . 5,79% ,
Zwickauer Kohle . . . 5,22% ,
Plattenkohle . . . . 8,81% ,

Entsprechend dem zunehmenden Alter der Kohlen ist auch die Beschaffenheit des daraus gewonnenen Teers verschieden.

Während aus dem an Wasserstoff und Sauerstoff reichen Holze vorwiegend wasserstoffreiche und sauerstoffreiche Vergasungserzeugnisse entstehen, wie Methylalkohol, Aceton, Essigsäure und Kohlenwasserstoffe der Sumpfgasreihe, geben Torf und Braunkohle viel geringere Mengen Essigsäure; an Stelle des Methylalkohols treten Methylverbindungen der Phenole, an Stelle niedrig siedender flüssiger Kohlenwasserstoffe der Sumpfgasreihe feste Paraffine und eine gröfsere Anzahl aromatischer Kohlenwasserstoffe. Im Steinkohlenteer dagegen verschwinden die Paraffine; das Benzol, sowie überhaupt die aromatischen Kohlenwasserstoffe herrschen vor. Die sauren Eigenschaften verschwinden und der Teer enthält aufser Ammoniak noch eine Reihe basischer Bestandteile.

Für die Teerdestillationen ist der Steinkohlenteer der eigentlichen Gaskohlen am geeignetsten; jedoch gelten nach Schultz hierbei folgende Unterschiede: »Von den deutschen Gaskohlen geben die oberschlesischen den besten Teer, die westfälischen nur einen geringwertigen. Der Teer der englischen Newcastlekohlen ist reich an Naphtalin und Anthracen, der der Wigankohlen reich an Benzol und Phenol.« Durch Zusätze von jüngeren Zusatzkohlen und namentlich Braunkohlen bei der Gasbereitung verliert meistens der Teer an Wert.

Einflufs der Vergasungstemperatur auf die Beschaffenheit des Teers.

Die Vergasungstemperatur übt einen grofsen Einflufs auf die Güte des Teers aus. Über denselben hat L. F. Wright eingehende Versuche angestellt.

Kohlensorte	Temperatur	1000 kg Kohle geben cbm Gas	1000 kg Kohle geben kg Teer	spez. Gewicht des Teers
		cbm	kg	
Derbyshire Blackshale Nr. 1	Sehr hoch	315,2	57,9	1,210
	normal	291,5	—	1,185
	sehr niedrig	222,5	59,3	1,145
Derbyshire Blackshale Nr. 2	sehr hoch	316,0	65,2	0,207
	normal	294,5	—	1,185
	sehr niedrig	214,2	73,5	1,136
Notts Topp Hard Cannel	normal	279,0	110,0	1,147
	sehr niedrig	201,8	119,6	1,116

Die Teerausbeute nimmt mit fallender Temperatur zu, wie aus vorstehenden Zahlen Wright's[1]) hervorgeht.

Das spezifische Gewicht und der Kohlenstoffgehalt des Teers nimmt bei steigender Temperatur zu. Dies geht aus den folgenden Zahlen deutlich hervor.

Vergasungs-dauer	Gasproduktion pro Quadrat-meter innere Retortenfläche	Spez. Gewicht des Teers bei 15,5° C.	Prozent an festem Kohlenstoff im Teer
8 Stunden	15,240 cbm	1,084	8,69
7 „	18,997 „	1,103	11,92
6 „	27,736 „	1,149	15,53
5 „	40,537 „	1,204	24,67

Auch die Zusammensetzung des Teers erleidet mit steigender Temperatur eine starke Änderung. Was zunächst die Mengen der einzelnen Hauptfraktionen anlangt, welche von Wright bei der Destillation der verschiedenen Teersorten erhalten wurden, so ergab sich folgendes Resultat.

Die erhaltenen Zahlen sind in Gewichtsprozenten ausgedrückt.

Gesamtmenge pro ccm kg Kohle	Spezifisches Gewicht des Teers	Ammoniak-wasser	Rohnaphta	Leichte Teeröle	Kreosot	Anthracenöl	Pech
186,88	1,086	1,20	9,17	10,50	26,45	20,32	28,89
202,78	1,102	1,03	9,05	7,46	25,83	15,57	36,80
250,64	1,140	1,04	3,73	4,47	27,20	18,13	41,90
286,18	1,154	1,05	3,45	2,59	27,33	13,77	47,67
320,40	1,206	0,38	0,19	1,95	19,44	12,28	61,08

Die Menge sämtlicher Öle nahm ab, während das Pech entsprechend zunahm. Die nähere Untersuchung ergab, dafs diejenige Fraktion der Rohnaphta, welche hauptsächlich das Benzol enthielt, (bis 100°) mit höherer Temperatur bedeutend abnahm. Dagegen nahm der Naphtalingehalt stark zu. Das Anthracen war bei dem Teer von 1,140 spez. Gew. am gröfsten und nahm von da mit fallender und steigender Temperatur ab; die Abnahme der Teersäuren (Phenole) und der Leichtöle war mit wachsender Temperatur bedeutend.

Diese Zahlen bestätigen die Erfahrung, dafs seit Einführung der in allgemeinen heifser gehenden Generator-Feuerungen eine Verschlechterung des Teeres eingetreten ist und dafs andererseits die Teere aus den kleineren, noch mit Rostfeuer arbeitenden Gasanstalten für Destillationszwecke geeigneter sind.

Die Unterschiede der Kohlen sowohl wie der Temperaturen und der ganzen Art und Weise der Vergasung kommen besonders auch in dem Unterschiede der Cokeöfen und Gasteere zum Ausdruck. Im grofsen und ganzen sind Cokeofenteere weniger reich an Benzol und, weil aus jüngeren Kohlen dargestellt, für die Teerdestillation weniger geeignet. Jedoch ist auch hier die Qualität oft sehr wechselnd, was in der verhältnismäfsig weniger vollständigen und gleichmäfsigen Kondensation bei dem Cokereibetrieb seinen Grund haben mag.

Der Gasteer.

Der Gasteer ist an den verschiedenen Stellen der Fabrikation sehr verschieden. Der dickste, viel freien Kohlenstoff und nur wenig Benzol liefernde Teer wird in der Vorlage gewonnen; je weiter ab davon werden die sich in den Kühlern und Wäschern abscheidenden Teere immer dünner, benzolreicher und ärmer an freiem Kohlenstoff. Fast allgemein läfst man sämtliche Teere in eine Grube zusammenhaufen, da man sonst für den dicken schlechten Teer keine Abnahme findet. Zur Erhöhung des Wertes des Teers würde es wesentlich beitragen, wenn man den Vorlagenteer verfeuern, und nur den besseren Teer für Destillationszwecke verkaufen könnte.

Der Gasteer besitzt so, wie er in den Handel gebracht wird, meist einen ziemlich hohen Gehalt an fast reinem, sog. freiem Kohlenstoff. Man erhält denselben, indem man den Teer mit Lösungsmitteln (Xylol) behandelt. Den unlöslichen Rückstand betrachtet man als Kohlenstoff. Nach Krämer enthielten Durchschnittsproben von Gasteer

der städtischen Anstalten Berlins	.	15,2% Kohlenstoff
„ Gasbeleuchtungsgesellsch. München		20,4% „
„ städtischen Anstalten Dresdens	.	20,0% „
„ „ „ Chemnitz	. .	22,0% „
„ „ „ Leipzig	. .	23,0% „
„ „ „ Hamburgs	. .	26,4% „
ferner Cokesteer der Friedenshütte		8,0% „
„ „ des Porembaschachts	.	8,2% „
„ „ der Friedenshoffnungs-hütte	. .	10,0% „

---

[1]) Wright, Journ. Soc. Chem. Ind. 1886, p. 559.

Der Gehalt an Kohlenstoff rührt hauptsächlich von der an den glühenden Retortenwänden sich vollziehenden Zersetzung der flüchtigen Produkte der Steinkohlen, teilweise auch von mitgerissenem Flugstaube der Kohlen her, und ist für die weitere Destillation des Teers ziemlich hinderlich.

Die Teerprodukte.

Die weitere Verarbeitung des Teers ist Sache der Teerdestillationen, und müssen wir bezüglich derselben auf die ausführliche Litteratur verweisen. Die Substanzen, welche hauptsächlich für die Farbenindustrie gewonnen werden, sind: Benzol, Toluol, Xylol, Naphtalin, Anthracen und die Phenole: Karbolsäure und Kresol. Aufser diesen schon in den Teerdestillationen ziemlich rein dargestellten Körpern, werden als Abfälle und Nebenprodukte noch Ammoniakwasser, Chinolinbasen, schwere Öle für Holzimprägnation und verschiedene Sorten Pech gewonnen. Die Ausbeuten der Teere an Handelsprodukten ist nach Schultz:

für Londoner Teer
Benzol (von 50%) . .	1,1%
Lösungsnaphta . .	1,0%
Brennnaphta . . .	1,4%
Kreosotöle	33,2%
Anthracen (von 30%)	1,0%
Pech	58,6%
Verlust	3,7%
	100,0%

Nach Angaben von Dr. Krämer besteht der Teer, wenn wir die im Grofsbetriebe aus einer grofsen Anzahl deutscher Gasteere erhaltenen Ausbeuten zu Grunde legen, durchschnittlich aus:

	Formel	%
Benzol und seine Homologen . .	$C_n H_{2n-6}$	2,50
Phenole und Homologen . .	$C_n H_{2n-7} OH$	2,00
Pyridin (Chinolinbasen) . .	$C_n H_{2n-5} N$	0,25
Naphtalin (Acenaphten) . .	$C_n H_{2n-12}$	6,00
Schwere Öle	$C_n H_n$	20,00
Anthracen, Phenantren . . .	$C_n H_{2n-14}$	2,00
Asphalt (löslicher Teil des Pechs)	$C_{20} H_8$	38,00
Kohle (unlöslicher Teil des Pechs)	$C_{18} H_3$	24,00
Wasser		4,00
Gase und Verlust . . .		1,25
		100,00

Von den Produkten der Teerdestillation werden aufser in der Farbenindustrie noch folgende Verwendungen gemacht.

Die Teeröle, welche ein grofses Lösungsvermögen für Fette, Harze, Asphalt, Kautschuk besitzen, dienen zur Firnifs- und Lackfabrikation. Es dienen hiezu Teeröle von verschiedenem Siedepunkt und gröfserer oder geringerer Reinheit. Als Auflösungsnaphta (Solvent naphta) wird ein bis ca. 160°siedendes Gemisch von Xylolen und Kumolen bezeichnet, welches von Fabrikanten wasserdichter Zeuge zum Auflösen von Kautschuk angewendet wird. Das Benzin, ein Gemisch von Benzol und Toluol, dient als Fleckenwasser.

Man hat auch in letzterer Zeit öfters den Vorschlag gemacht, die Teeröle zur Karburierung von Leuchtgas oder Wassergas zu verwenden. Diese sog. Karburiernaphta soll nach Letheby bei 130° mindestens 70%, bei 150° mindestens 90% abgeben und ein spezifisches Gewicht von 0,85 bis 0,87 haben. Das Produkt besteht wesentlich aus Xylol und ist billiger als Benzol und Toluol, welche beide für die Farbenindustrie sehr begehrt sind. Diese Karburierflüssigkeiten besitzen den Übelstand, dafs sie anfangs die leichten Öle abgeben, dafs aber nach einiger Zeit nichts mehr verdampft, indem die rückständigen Öle höhere Siedepunkte besitzen. Aufserdem sind die Teeröle ihrer Natur nach zur Karburierung viel weniger geeignet, als die Petroleumöle. Wo man bisher in Deutschland Leuchtgas karburierte, hat man zu der zweckmäfsigeren Karburierung mit Naphtalin in den Lampen seine Zuflucht genommen.

Die höchst siedenden Fraktionen des Leichtöls werden, wenn man sie nicht mit in die Auflösungsnaphta hineinarbeiten kann, als Brennnaphta verkauft. Diese eignet sich jedoch nicht zum Brennen in gewöhnlichen oder überhaupt in geschlossenen Räumen; sie wird vielmehr in besonderen Lampen ohne Docht und Kamin gebrannt, welche in England zum Ersatz von Gasflammen in Fabriken, Hofräumen u. dgl. dienen.

Die aus dem Mittelöl gewonnene Karbolsäure (Phenol) wurde früher mit der ganzen Fraktion bis zu Ende der Destillation zusammen als Schweröl oder Kreosotöl zur Holzimprägnierung verwendet. Seitdem aber die Teerfarbenindustrie, die Pikrinsäurefabrikation, die Desinfektion und die Medizin (namentlich die Chirurgie) immer gröfsere Mengen von Phenol benötigten, ging man dazu über, eine eigene Fraktion zu machen, welche speziell reich an diesem Körper ist und daneben stets sehr viel Naphtalin enthält, das sog. Mittelöl, resp. Karbolöl.

Das Phenol ist Ausgangsmaterial zur Darstellung von Farbstoffen (Pikrinsäure, Corallin und Azofarben). Die Pikrinsäure und ihre Salze haben eine ausgedehnte Anwendung zur Fabrikation von Sprengstoffen erfahren. Phenol ist ferner der Ausgangspunkt zur Fabrikation der Salicylsäure.

Das Naphtalin hat neuerdings immer mehr Verwendung in der Farbenindustrie gefunden. Aufserdem dient es als Karburiermittel für die sog. Albokarbonbeleuchtung und als Desinfektionsmittel.

Die Schweröle, welche einen Hauptbestandteil bei der Destillation bilden, dienen zur Holzkonservierung, zur Beleuchtung und als Schmiermittel. Das zum Imprägnieren von Holz dienende Schweröl wird meist Kreosot, das Verfahren selbst „Kreosotieren" genannt. Die Konservierung des Holzes, insbesondere der Eisenbahnschwellen, Telegraphenstangen, Pfähle für Hafenbauten u. s. f. ist eine Industrie von grofser Bedeutung, welche mit derjenigen der Teerdestillation in inniger Verbindung steht, insofern als der gröfste Teil der vom Teer abdestillierten Öle für diesen Zweck verwendet wird, und als die erste Entwickelung der Teerdestillation auf die Nachfrage nach solchen Ölen zurückzuführen ist, welche durch die Einführung des ersten von Bethell angegebenen Imprägnierungs-Verfahren (1838) entstand.

Als Brennstoff dient das Schweröl für die von Lyle und Hannay in Glasgow unter dem Namen »Lucigen« patentierte Lucigenbeleuchtung.

Der hierzu erforderliche Apparat Fig. 178 enthält einen Ölbehälter mit eigentümlichem Brenner an der Spitze eines Rohres H, welches beliebig lang gemacht werden kann. In diesem Behälter wird durch einen Kautschukschlauch (um das Lucigen transportabel zu machen) komprimierte Luft bei A eingeführt; B ist ein Wasserablaufsrohr, C ein Ausblasehahn. Hierdurch wird das Öl durch ein Steigerohr in die Höhe geprefst, und indem die Luft gleichzeitig durch D, O und E entweicht, so entsteht mit dem aus dem Brenner J in die Verbrennungskammer L austretenden Öl ein Staubregen, den man anzündet. M ist ein Windschutzblech, K und N Regulierungsschrauben, Q ein Sicherheitsventil. Die Luft wird mit etwa 1 Atm. Überdruck in den Akkumulator geprefst. Das Lucigen soll ein Licht von ungefähr 2000 Kerzenstärke geben und weit billiger sein als Gas und elektrisches Licht. Es kann durch komprimierte Luft oder Dampf mit äufserst wenig Kraftaufwand betrieben werden. Der Konsum an Kreosotöl soll stündlich ca. $4\frac{1}{2}$ l betragen. Ein Fafs solches Öl kostet loco Fabrik etwa 12 Mk. Da das Lucigen beim Brennen Geräusch verursacht, so kann es nur im Freien verwendet werden. Rauch entsteht kaum und kein unangenehmer Geruch. Das Lucigen brennt auch ebenso gut bei starkem Regen, braucht keine Laterne und hat keine Teile, die leicht zu beschädigen wären.

Die Verwendung der Schweröle als Schmiermittel ist von untergeordneter Bedeutung, für

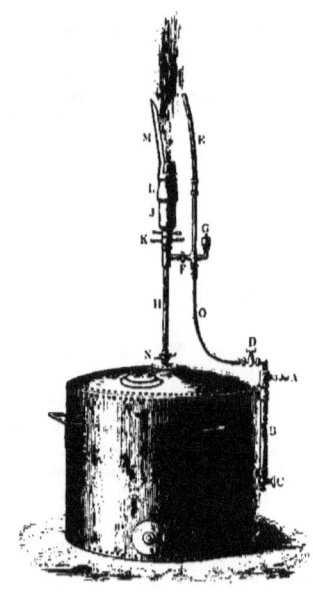

Fig. 178.

Maschinenzwecke sind die Petroleumöle weitaus vorzuziehen; auch sind sie ohne gründliche Reinigung von den Teersäuren nicht zu gebrauchen. Sie dienen daher meist nur zur Darstellung von Wagenschmiere. Die Anthracenöle enthalten neben dem ausschliefslich für die Farbenindustrie dienenden Anthracen technisch wenig verwertbare Körper.

Das nach beendeter Destillation abgelassene Pech dient wiederum einer Reihe von Industriezweigen. Die wichtigste hiervon ist die Briquette-Industrie. Das Rohmaterial für die Bereitung der Briquettes bildet fast ausschließlich das Kohlenklein, welches als sonst geringwertiger Abfall bei der bergmännischen Gewinnung der Steinkohle erhalten wird. Das Pech dient dabei als Bindemittel. Auf 100 Teile Kohlenklein nimmt man etwa 8—10% Pech. Die Mischung wird in Preßmaschinen geformt. In Europa werden gegenwärtig nach Schultz 2600000 t Briquettes dargestellt.

Wenn man das Pech mit Schweröl vermischt, bis die richtige Konsistenz erreicht ist, so erhält man weiches Pech oder »Asphalt«. Der Asphalt wird zu Isolierungszwecken gegen Feuchtigkeit und als Kitt für Straßenpflaster benutzt. Zum Asphaltieren von Straßen und Trottoirs wird er nur als Surrogat dem natürlichen Asphalt beigemischt. Der Steinkohlenteerasphalt dient ferner zur Herstellung der Chameroy'schen Asphaltröhren.

Eine Mischung von Teerpech mit größeren Mengen Schweröl (sog. präparierter Teer) dient zur Herstellung der Dachpappe, jedoch wird hierzu auch roher Teer benutzt. Die Pappe- oder Filztafeln werden in dem Teer gekocht, und der Überschuß durch Walzen ausgepreßt.

Eine weitere Verwendung des Pechs ist diejenige zu Firnissen und Lacken. Diese werden in sehr einfacher Weise durch Schmelzen von Pech mit verschiedenen Teerölen dargestellt. Sie trocknen viel leichter als roher Teer und dienen als Anstriche für Eisen und Holz.

Zum Schlusse müssen wir noch der Verwendung des Pechs und einiger Teerölprodukte zur Rußfabrikation Erwähnung thun. Der durch unvollständige Verbrennung resp. Abkühlung der Flamme erzeugte Ruß dient zur Darstellung von Druckerschwärze, Tusche, Wichse etc.

Die Teerverbrennung.

Nachdem wir im Vorausgehenden in kurzen Zügen die Industrieen berührt haben, welche alle auf der Verarbeitung des Teers und seiner Destillationsprodukte begründet sind, erscheint es gleichsam als ein Verbrechen, all die unzähligen prächtigen Farben und die sonstigen vielen Produkte, welche der unscheinbare schwarze Rohstoff in sich birgt, durch die Verbrennung zu vernichten und die Retortenöfen mit dem wertvollen Benzol, Naphtalin und Anthracen zu heizen, und es wäre wohl zu überlegen, ob man, wenn die Marktverhältnisse dazu zwingen, nicht schon auf den Gasfabriken daran denken könnte, den Wert des Teers dadurch zu erhöhen, daß man wenigstens nur die wertloseren Teile des Teers verbrennen würde und die wertvolleren besser verwerten könnte. Namentlich erscheint es naheliegend, den viel schlechteren, kohlenstoffreicheren Vorlagenteer getrennt aufzufangen und nur diesen zu verbrennen.

Zur Entschuldigung der Gasindustrie möge gesagt sein, daß, wenigstens in Deutschland, nur in den zwingendsten Fällen von der Teerverbrennung in größerem Maßstabe Gebrauch gemacht wurde, wo die Teerpreise unverhältnismäßig tief standen. In diesen Jahren erfuhr auch die Teerverbrennung eine weitere Ausbildung und wurde öfters Gegenstand mitgeteilter eingehender Besprechungen.[1]) Es ist auch nicht ausgeschlossen, daß ähnliche Verhältnisse wie sie nach dem Jahre 1884 eingetreten waren, sich wiederholen können, wenn aus den Coreöfen und Hochofengasen größere Mengen Benzol gewonnen werden. All dies kann dahin führen, der Teerverbrennung wieder größere Aufmerksamkeit zu schenken.

Heizwert des Teers.

Über den Heizwert eines durchschnittlichen Rohteers stellt Körting folgende annähernde Berechnung auf.

Der Rohteer enthält in 100 kg ca. 8 kg Wasser, 24 kg fein verteilten Kohlenstoff und 68 kg Kohlenwasserstoffe. Letztere sind im Durchschnitt von der Formel $C_n H_n$, d. h., sie enthalten ungefähr ebensoviel Atome Kohlenstoff wie Wasserstoff; genauer gerechnet auf 93 Atome Kohlenstoff 84 Atome Wasserstoff, oder da Kohlenstoff 12mal schwerer ist als Wasserstoff, auf 93 kg Kohlenstoff 7 kg Wasserstoff. Die im Teer enthaltenen 68 kg Kohlenwasserstoff zerlegen sich also nach dem Verhältnis 93 : 7 in 63,24 kg C und 4,76 kg H.

Es sind demnach im ganzen in den 100 kg Teer 87,24 kg C und 4,76 kg H enthalten.

---

[1]) Verhandlungen des deutschen Vereins von Gas- und Wasserfachmännern 1886, S. 543.

1 kg C verbrannt zu CO₂ entwickelt 8080 Wärme-Einheiten
1 » H » » H₂ O » 34 000 »
         87,24 C also 704 899,2 »
         4,76 H   161 840,0 »
100 Teer also rund 866 740,0 Wärme-Einheiten.
In 100 kg Coke mögen 90 kg C enthalten sein. Sie entwickeln also 90 × 8080 = 727 200 Wärme-Einheiten.

Das Verhältnis der Heizkraft von Coke und Teer ist also 727 200 : 866 740 oder etwa 10 : 12.

Dies widerspricht der früher öfters vertretenen Annahme, dafs 1 kg Teer an Heizwert 2 kg Coke ersetzen können. Letzteres ist allerdings praktisch vorgekommen, wenn nämlich der Teer gut ausgenutzt wird, und die Coke schlecht. Wir wissen, dafs in Rostöfen gerade doppelt so viel Feuerungsmaterial verbrannt wird, wie in guten Generatoröfen. Mit jenen konnte der Teerofen leicht konkurrieren, mit diesen wird es ihm schwer.

Generatoröfen, welche pro 100 kg destillierter Kohlen 12 kg Coke brauchen, müfsten theoretisch mit 10 kg Teer betrieben werden können, ein Resultat, welches bei ganz vorzüglicher Verbrennung des Teers auch wohl erreicht werden kann. Meistens wird man bis 14 und 15% der destillierten Kohlen benötigen.

Einrichtungen zur Teerverbrennung.

Zwei Schwierigkeiten sind es hauptsächlich, welche sich der Teerverbrennung entgegenstellen, die eine ist die Zuführung der theoretisch richtigen Luftmenge zur Verbrennung, die zweite die Regelmäfsigkeit des Teerzuflusses.

Beim Cokegenerator kann man die Zuführung der theoretisch richtigen Luftmengen dicht an der Grenze halten, kommt man aber beim Teerofen an die Grenze, so hat man sofort den so sehr gefürchteten Rauch. Man wird also stets Luftüberschufs geben. Auch der ausschliefslichen Verwendung von vorgewärmter Luft stehen Hindernisse entgegen. Um nur vorgewärmte Luft anzuwenden, dazu müfste man den Teerzuflufs luftdicht in den Ofen einführen, man müfste ihn also in die volle Glut bringen und die Ausströmung dem Auge entziehen. Es ist sehr wichtig, dafs man durch irgend eine in die Augen springende Veränderung darauf aufmerksam gemacht wird, dafs etwas im Teerzuflufs in Unordnung sei, und der Schein des gleich beim Eintritt in den Ofen hell sprühenden Teers ist immer das beste Merkmal der Regelmäfsigkeit des Zuflusses.

Die Regelmäfsigkeit des Zuflusses ist Grundbedingung einer sparsamen Teerfeuerung. Läuft der Teer bald stark, bald schwach, setzt der Strahl gar ganz aus, so reicht die doppelte Menge nicht aus, um den Ofen auf dem Hitzgrade zu halten, den man mit einem mäfsigen, aber gleichmäfsigen Strahle erreicht. Hierin liegt aber auch die Hauptschwierigkeit der Teerfeuerung, und je dicker der Teer ist, um so mehr wächst die Schwierigkeit. In geringerem Mafse treten Verschiedenheiten in der Beschaffenheit des Teers fortwährend störend auf und erfordern stete Aufmerksamkeit.

Um all' diese Schwierigkeiten zu überwinden, hat man teils die älteren Konstruktionen verbessert, teils neue hinzugefügt, welche sich in folgende Typen scheiden lassen.

1. Einlauf aus hochgestelltem Gefäfse in einen Cokeofen.
2. Einlauf aus hochgestelltem Gefäfse in den Ofen ohne Zuhilfenahme von Coke.
3. Einspritzen und Zerstäuben durch Dampf.
4. Einspritzen und Zerstäuben durch Luft.

Der Horn'sche Ofen, welcher bereits im wesentlichen früher (Handbuch) beschrieben wurde, hat mit nachstehenden Änderungen in Bremen 16 Jahre lang zur Zufriedenheit funktioniert.

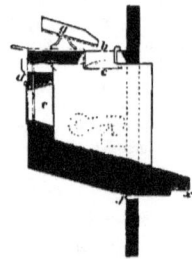

Fig. 179.

Der Apparat, durch welchen der Teer eingeführt wird, bildet zugleich die Feuerthür, und es bedarf, um sofort mit Teer feuern zu können, weiter keiner Änderung, als dafs man die Einschüttthür des Ofens mit dem Apparat vertauscht. — Ebenso kann nach abermaligem Thürwechsel, ohne den Betrieb im geringsten zu stören, wieder mit Coke weiter gefeuert werden.

Der Apparat (Fig. 179 und 180) ist in Kastenform mit Thürgehängen ganz aus Gußeisen hergestellt. Die Deckplatte a liegt lose auf und ist mit einem runden Loch b von 100 mm Durchmesser versehen, welches sich nach unten erweitert; unter dieser Öffnung hängt eine schmiedeeiserne Halbkugel c von ebenfalls 100 mm Durchmesser, so daß die

durch dessen Vor- oder Zurückziehen der Teeranslauf reguliert wird (Fig 183). Der Teer läuft nun, nachdem er durch ein im Behälter angebrachtes feines Sieb gereinigt ist, in ein kleines Gefäß B, von wo aus er durch ein 20 mm

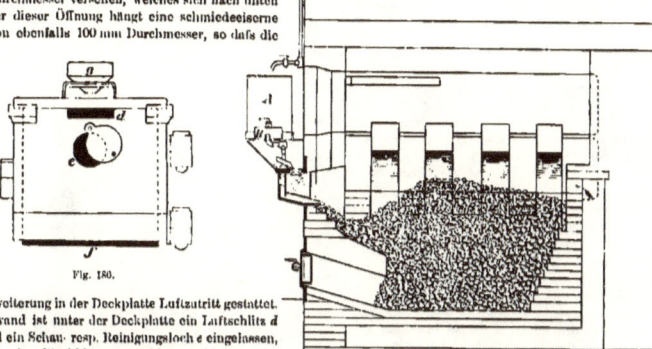

Fig. 182.

untere Locherweiterung in der Deckplatte Luftzutritt gestattet. In der Vorderwand ist unter der Deckplatte ein Luftschlitz d angebracht und ein Schau- resp. Reinigungsloch e eingelassen, welches durch eine Blechklappe geschlossen bleibt. Der

weites Rohr nach dem Apparat geführt wird. Das Ende dieses Rohres wird mit einem T Stück versehen, in welches ein 10 mm weites Rohr, und zwar mit dem T Stück in Gewinde drehbar, geschraubt ist, damit dieses Einlaufrohr beim Öffnen der Thür oder Reinigen des Apparats nach oben gedreht werden kann.

Der Teer fällt auf die auf dem Apparat stehende Rinne g (Fig. 179 und 180), welche den Einlauf des Teers auf die Mitte der Glocke c konzentriert, was durch ein einfaches Zuführen mit einem Rohr nicht zu erreichen ist. Diese

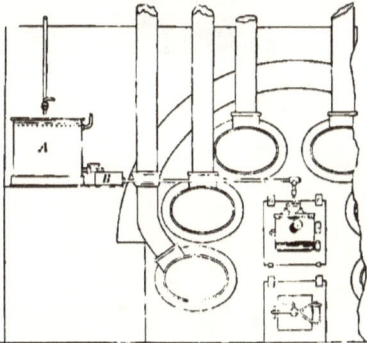

Fig. 181.

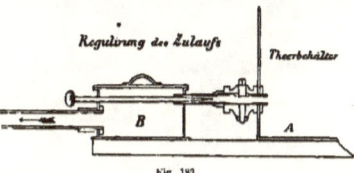

Fig. 183.

Apparat schließt mit der unteren Thürkante nicht ab, sondern läßt einen Luftschlitz f von 100 mm frei.

Der Teerbehälter A (Fig. 181 und 182) von 500 mm Höhe ist an der Seite des Ofens möglichst bequem aufzustellen (Fig. 181). In der Seitenwand des Behälters ist 50 mm vom Boden ein 13 mm weites Rohr mit Hahn eingelassen, woran wieder ein Rohrstück geschraubt ist. In die Ausmündung dieses Rohres wird ein dicker zugespitzter Draht gesteckt,

Glocke verteilt den Teer ganz fein in den mit Chamotte ausgesetzten Apparat, woselbst die Verbrennung stattfindet. Auf dem Chamotteboden h wird eine 2 mm starke Blechplatte gelegt, welche in den Seiten des Apparats, mit je einem rechts und links angenieteten Ende ½ Zoll Rundeisen, befestigt wird. Diese Platte hat den Zweck, die sich hierauf ablagernde Teercoke leichter mit einer flachen Stange ablösen zu können, als dies auf der Chamottesohle möglich wäre.

Auf dem Boden des Apparats bildet sich eine lose dicke Teerlage, welche flüssig weiter brennt und schliefslich an der Brennscheide x durch die unter dem Apparat bei f eintretende Luft rauchfrei ganz verbrannt wird. Die sich hier als Rückstand bildende Teercoke wird in 24 Stunden etwa 4 bis 5mal nach hinten in den Herd geschoben, wo sie eine ruhende Glut bildet. Diese mufs stets in so hoher Lage gehalten werden, dafs die Oberfläche von der Sekundärluft bestrichen wird, wodurch die Coke nach und nach vollkommen verbrannt wird. Der Schlackenschacht bleibt bei der Teerfeuerung stets geschlossen, ebenso auch die Primärluft (wo solche vorhanden), und der Herd bedarf keiner Reinigung. Beim Beginn der Teerfeuerung ist die glühende Coke im Herd so zu ordnen, wie es in Fig. 182 angegeben ist, so dafs der vordere Raum beim Apparat frei bleibt. Diese Lage soll auch während des ganzen Betriebes eingehalten werden.

Dann stellt man den Teerlauf auf etwa 2 mm ein und reguliert die Sekundärluft so, dafs der Teer ganz ohne Rauch verbrennt. Wünscht man den Ofen heifser oder weniger heifs, so ist der Teerzulauf stärker oder schwächer einzustellen und die Sekundärluft darnach zu regulieren. Sollte sich Schaumteer im Apparat zu hoch ansammeln, so dafs sich derselbe aus der Reinigungsklappe nach aufsen drängt, so stellt man den Zulauf ab, dreht das T-Stück nach oben und wartet nun ruhig ab, bis der Schaumteer im Apparat vollständig verbrannt ist. Dann stöfst man mit einer scharfen leichten Stange, ohne irgendwelche Gewalt anzuwenden, durch den Rückstand und läfst diesen erst ausbrennen, ehe man den Zulauf des Teers wieder einstellt.

Ein Nachteil all derjenigen Teerfeuerungen, bei welchen der Teer in den Ofen einläuft, ist durch die Bildung von Teercoke verursacht.

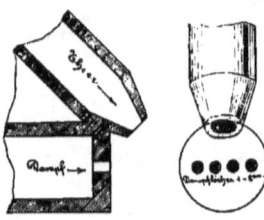

Fig. 184.

Die schrägen Flächen müssen ohne Zweifel von Zeit zu Zeit gereinigt werden, die Coke mufs angerührt und zurechtgeschoben werden und solche Arbeiten sind von Rauchentwicklung und Wärmeverlust begleitet. Alle diese Arbeiten und Unbequemlichkeiten fallen weg, sobald man zum Einspritzen mit Dampf oder mit Luft übergeht.

Durch einen guten Zerstäuber wird der Teer so fein zerteilt, dafs er vollständig verbrennt, bevor er die Sohle des Ofens erreicht. Von Teercoke ist keine Rede mehr. Man kann mit Recht gegen die Anwendung von Dampf einwenden, dafs der Dampf abkühlend wirkt und deshalb ist der Zerstäuber der beste, welcher am wenigsten Dampf verbraucht. Der Körting'sche[1]) Apparat (Fig. 184 u. 185) läfst

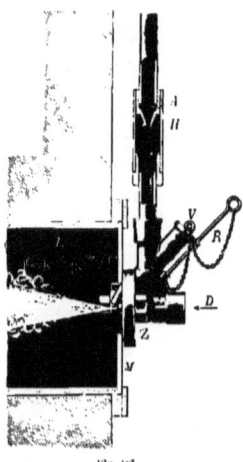

Fig. 185.

den Dampf aus vier Löchern von 1 mm Durchmesser ausströmen. Bei drei Atmosphären Spannung lassen diese Löcher 5,4 kg Dampf pro Stunde durch, um 30 kg Teer zu zerstäuben. Beim Austritt aus den Löchern expandiert der Dampf, nimmt also die Temperatur von 100° an, wird nun auf die Ofentemperatur erhitzt, gibt wieder Wärme an die Retorten ab und verläfst den Ofen mit etwa 1000°. Er verursacht also einen Wärmeverlust, der der Temperaturerhöhung des Dampfes von 100° auf 1000°, also von 900° entspricht. Dampf hat eine spezifische Wärme von 0,475, d. h. um 1 kg Dampf um 1° zu erwärmen, sind 0,475 Wärmeeinheiten erforderlich. Um 5,4 kg um 900° zu erwärmen,

---

[1]) Journ. f. Gasbel. 1886, S. 386.

sind also 5,4 × 900 × 0,475 erforderlich = 2308,5 Wärmeeinheiten. Erzeugt werden in dieser Zeit von den verbrannten 30 kg Teer 30 × 8667, also 260010 Wärmeeinheiten. Durch den Dampf gehen davon also noch nicht 0.9% verloren.

Bläst man mit Luft statt mit Dampf, so fällt die Abkühlung fort, dafür kommen aber die Kosten für die Erzeugung der geprefsten Luft in Betracht und diese werden vermutlich höher sein. Der Nachteil, den das Einblasen mit Luft oder Dampf mit sich bringt, kann gegenüber dem unvermeidlichen Luftüberschusse der Teeröfen fast gleich Null gesetzt werden.

Das System zum Zerstäuben mittels Luft hat man in Wien mit grofsem Erfolge in der Fig. 186 u. 187 gezeichneten Weise ausgebildet.

Der Zerstäubungsapparat (Fig. 186 und 187) besteht aus einem rund geformten Körper von ca. 19 cm Länge und 6 cm Durchmesser; derselbe ist teils aus Gufs- teils aus Schmiedeeisen hergestellt. An den oberen Flächen sind zwei Öffnungen A und B angebracht. Durch A läuft der

Fig. 186.

Fig. 187.

Teer, geht durch eine in der Mitte des Körpers angebrachte Düse D und wird beim Austritt aus der Öffnung E von der bei B eintretenden Luft oder dem Dampf erfafst, in das verstellbare Mundstück F durch die Öffnung G strahlförmig getrieben und dann zerstäubt. Die in der Düse D angebrachte verstellbare Nadel C hat den Zweck, einerseits den Zuflufs des Teers zu der Öffnung E zu regulieren, eventuell ganz einzustellen, andererseits diese Öffnung zu jeder Zeit ohne weitere Umstände reinigen zu können. Das verstellbare Mundstück F dient dazu, die Entfernung zwischen der Teeraustrittsöffnung E und jener im Mundstück G zu bestimmen, weil durch diese Verstellung die Zerstäubung des Teers geregelt werden kann.

Zum Zerstäuben des Teers genügt die Atmosphäre Winddruck. Wird mit Dampf gearbeitet, dann sei der Druck nicht über 1 Atmosphäre.

Zur Sicherung der verstellbaren Nadel C kann eine Hülse H angebracht werden, damit diese Nadel vor fremder Berührung bewahrt wird.

Da man von der äufseren Lufttemperatur vollständig unabhängig ist und die zur Verbrennung notwendige Luft stets gleichmäfsig vorgewärmt wird, so erreicht man immer den erwünschten Hitzegrad; die Verbrennung des Teers ist darum, weil der Teer fein zerstäubt in die Feuerung gelangt und daselbst verbrannt, bevor er die Sohle des Feuerraumes erreicht, eine so vollständige und rauchlose, dafs nicht der mindeste Rückstand zurückbleibt. Es ist dabei zu beachten, dafs im Ofen stets der richtige Zug vorhanden ist, und dafs die Schieber nur sehr wenig Öffnung haben dürfen. Eine feine Zerstäubung des Teers ist auch bei schwachem Luftdruck möglich, da in diesem Falle nur das Mundstück F etwas herausgeschraubt werden darf (Fig. 187).

Man hat auch Versuche gemacht, den Teer in Generatoren zu Heizgas zu verbrennen und so mit dem aus der Coke erzeugten Heizgas zu mischen.

Bäcker erzielte mit folgender Anordnung gute Resultate: Der Teereinlauf wird so angebracht, dafs der Teer etwa 40 cm tief unter der Oberfläche der Cokeschicht in den Generatorschacht fliefst; hierdurch wird einerseits bezweckt, dafs der verbrannte Teer noch an der Reduktion in der überstehenden Cokeschicht teilnimmt, andererseits mufs der Teer nach unten eine genügend hohe Cokeschicht durchfliefsen, um vollständig zu verbrennen. Es ist nötig, den Teer mit einer geringen Wasserdampfmenge einzublasen, damit der einfliefsende Teer nicht im und vor dem Einlaufrohr vercokt und die Öffnung verlegt. Gröfsere Verbreitung scheint das Bäcker'sche System nicht gefunden zu haben.

Öchelhäuser hat ebenfalls Versuche gemacht, in den Generatoren einen Teil der Coke durch Teer zu ersetzen, indem der Teer vor der Schlitzöffnung vollständig verbrannt wird. Sein Generatorsystem hat eine flache Sohle und die Luft strömt von zwei gegenüberliegenden Seiten durch Schlitze ein. Einer von beiden Schlitzen bleibt offen, und wird nur zugesetzt, um eine geringere Einströmung der Luft zu veranlassen, und vor den gegenüberliegenden Schlitz ist ein Vorbau gesetzt. Der vollständig verbrannte Teer, wie die Kohlensäure, tritt in die glühende Cokeschicht, und gleichzeitig wird die Kohlensäure, die sich auf der andern Seite durch Eintritt von Luft durch direkte Verbrennung der Coke gebildet hat, in der oberen glühenden Cokeschicht reduziert und tritt in den Ofen ein.

Auch mit dem Liegel'schen Generator wurden

gute Resultate durch Einlaufenlassen von Teer oben auf die Cokeschicht erzielt. Es ist hierzu nötig, dafs die Fallhöhe des eingespritzten Teers eine ziemlich hohe ist. Es wird dadurch auf anderem Wege erreicht, was durch Zerstäubung mit Luft oder Dampf erzielt werden soll. Zum Einlauf des Teers empfiehlt sich die Teerspritze des Stuttgarter Gas- und Wasserleitungsgeschäftes.

Gaswasser[1]).

Das Gaswasser, wie es sich in den Gasanstalten ergibt, ist sehr verschieden, je nach den verwendeten Kohlensorten und namentlich je nachdem die

[1]) Litteratur: Lunge, Die Industrie des Steinkohlenteers und Ammoniaks, 1888 Braunschweig Vieweg & Sohn. — Weith-Goetz, Traitement des eaux ammoniacales etc., Strafsburg 1889, G. Fischbach. — Arnold, Ammoniak und Ammoniakpräparate, Berlin 1889, S. Fischer. — Fehrmann, Das Ammoniakwasser und seine Verarbeitung, 1887, Braunschweig Vieweg & Sohn.

Waschung des Gases eine mehr oder weniger vollständige ist.

Das Gaswasser enthält folgende Bestandteile:

1. Flüchtige:
Kohlensaures Ammoniak (einfach, anderthalb, doppelt) $CO_2(NH_4)_2$
Schwefelammonium $S(NH_4)_2$
Ammoniumsulfhydrat $SH NH_4$
Cyanammonium $CN NH_4$
Freies Ammoniak (?) NH_3

2. Fixe:
Schwefelsaures Ammoniak $SO_4(NH_4)_2$
Schwefligsaures » $SO_3(NH_4)_2$
Thioschwefelsaures (unterschwefligsaures) Ammoniak $SO_3(NH_4)_2$
Chlorammonium $Cl NH_4$
Rhodan-(Schwefelcyan)-Ammonium $SCN NH_4$
Ferrocyanammonium $Fe C N_6(NH_4)_4$

Die sog. flüchtigen Salze können aus ihrer wässrigen Lösung durch blofses Kochen ausgetrieben werden, bei den fixen Salzen jedoch mufs man das Ammoniak erst durch einen Alkalizusatz (Kalk) in Freiheit setzen.

Tabelle über die Eigenschaften und Zusammensetzung von acht Sorten Gaswasser von derselben Kohle, aber von verschiedenen Betriebsstellen entnommen.

	Aus der Vorlage	Aus einem andern Punkte der Vorlage	Aus dem ersten Luftkühler	Aus dem zweiten Luftkühler	Aus dem dritten Luftkühler	Aus dem vierten Luftkühler	Aus dem ersten Wascher	Aus dem letzten Wascher
Farbe	Trüb orange, an der Luft schwarzwerd.	Wie das vorige	Farblos	Fast farblos	Braunrot von Teerölen	Dunkelgrau von Teerölen	Farblos	Farblos
Spez. Gewicht bei 15,5°	1,011	1,012	1,035	1,075	1,115	1,120	1,022	1,010
Unzen nach Destillationsprobe	6,1	6,0	16,2	36,1	53,0	58,0	16,5	8,3
„ „ Saturationsprobe	2,7	2,8	15,9	35,7	52,5	57,4	16,1	8,1
Schwefelammonium . g per l	5,20	6,29	34,71	71,43		120,60	22,74	17,43
= NH_3 . . . . g „ l	2,60	3,14	17,36	35,71	112,93	60,30	11,37	8,71
Kohlensaures Ammoniak g „ l	8,05	7,29	48,34	116,00		173,23	64,46	24,14
= NH_3 . . . . . g „ l	2,75	1,16	17,14	41,14		61,43	22,86	8,57
Thioschwefelsaur. Ammoniak g „ l	1,74	1,17	Spur	1,79	5,03	10,03	3,29	1,93
= NH_3 . . . . . g „ l	0,40	0,27	„	0,59	1,16	2,52	0,78	0,44
Schwefelsaures Ammoniak . g „ l	0,11	0,49	—	—	—	—	—	—
= NH_3 . . . . . g „ l	0,03	0,13	—	—	—	—	—	—
Rhodanammonium . . g „ l	1,60	1,86	0,13	Spur		—	1,60	0,39
= NH_3 . . . . g „ l	0,36	0,41	0,03	„		—	0,36	0,09
Salmiak . . . . . . g „ l	22,17	20,79	1,70	2,21	2,87	1,53	1,26	0,54
= NH_3 . . . . g „ l	7,04	6,60	0,54	0,71	0,91	0,48	0,40	0,17
Ferrocyanammonium . g „ l	—	Spur	0,3	0,59	1,79	5,36	—	—
= NH_3 . . . . g „ l	—	—	0,07	0,14	0,43	1,29	—	—
Gesamt-Ammoniak . . . g per l	13,29	13,14	35,13	78,29	115,43	126,00	35,71	18,00
Proz.-Gehalt desselben an fixem NH_3	59	56	1,8	1,85	2,2	3,4	4,2	4,0
Ammoniak ausgedrückt als Kilogr.-Sulfat pro Kubikmeter Gaswasser	50	50	133	298	440	479	132	68
Wert für Sulfatfabrikation	Sehr gering	Sehr gering	Sehr gut	Sehr gut	Ausgezeichnet	Ausgezeichnet	Sehr gut	Nicht ganz genügend stark

Die Verarbeitung des Gaswassers.

Das Verhältnis von beiden zu einander ist sehr verschieden: In dem Gaswasser der Vorlage sind auf 100 Teile im Durchschnitt 81,1% fixes und 18,9% flüchtiges, im Grubenwasser dagegen 12 bis 18% fixes und 88 bis 82% flüchtiges Ammoniak. Über die Zusammensetzung des aus einer Kohlensorte gewonnenen, aber verschiedenen Betriebsstellen entnommenen Gaswassers gibt vorstehende Tabelle von Cox Aufschluß.

Der Gehalt des Gaswassers an Ammoniak wird häufig nach dem spezifischen Gewicht durch das Aräometer von Beaumé bestimmt. Diese Wertbestimmung ist zwar ungenau, da nicht nur das Ammoniak, sondern auch die übrigen Bestandteile des Gaswassers darauf von Einfluß sind, es ist jedoch diese Wertbestimmung im Handel eingeführt und ist sehr rasch auszuführen. Genaue Resultate erhält man nur durch Analyse.

Die Beaumé-Spindeln, die zur Untersuchung des Gaswassers dienen, zeigen 10°. Jeder Grad ist in Fünftel oder Zehntel geteilt. Die Instrumente werden in der Weise geeicht, daß man die Stelle, bis zu der sie in reinem Wasser von 15° C. eintauchen, als Nullpunkt, und die Stelle, bis zu der sie in 10 proz. Kochsalzlösung von 15° C. eintauchen, als 10° annimmt. Der Raum zwischen beiden Punkten wird dann in geeigneter Weise geteilt. 1° Bé. entspricht dann einem Ammoniakgehalt von 0,6 bis 0,7%, so daß z. B. ein Gaswasser von 3° Bé. 1,8 bis 2,1% Ammoniak, oder im Liter 18 bis 21 g Ammoniak enthält. Alle Spindelungen müssen bei 15° C. vorgenommen werden. Ist man nicht imstande, das Gaswasser auf diese Temperatur zu erwärmen oder abzukühlen, so muß man für je 2,5° über oder unter 15° C. immer 1/10° zu- oder abzählen.

Grad Beaumé	spez. Gewicht	Annähernder Ammoniakgehalt g in 1 l	Grad Beaumé	spez. Gewicht	Annähernder Ammoniakgehalt g in 1 l
0	1,000	0,0	6	1,041	39,0
1	1,007	6,5	7	1,048	45,5
2	1,013	13,0	8	1,056	52,0
3	1,020	19,5	9	1,063	58,5
4	1,027	26,0	10	1,070	65,0
5	1,034	32,5			

Vorstehende Tabelle gibt den Zusammenhang zwischen dem Beaumé-Aräometer, dem spezifischen Gewicht und dem Ammoniakgehalt an.

In England wird die Stärke des Gaswassers mit Twaddels Hydrometer bestimmt. Man drückt jedoch den Wert auch durch die Menge Schwefelsäure aus, welche nötig ist, um den Ammoniakgehalt von 1 gallon (= 4,5435 l) zu neutralisieren, wobei Schwefelsäure von 1,845 spez. Gewicht angenommen ist.

Jeder Grad Twaddel entspricht nahezu 2 Unzen Säure pro Gallon Ammoniakwasser. Man nennt daher Wasser von 5° Twaddel: 10 Unzen-Wasser (10-oz. liquor). Der Zusammenhang ist aus nachstehender Tabelle ersichtlich.

Grade Twaddel	spez. Gewicht und Gewicht pro Kubikfuß in 1 Unzen	Gewicht per gallon engl. Pfund	Stärke in Unzen	Grade Beaumé	Annähernder Ammoniakgehalt des Gaswassers in 1 l g
0	1000	10,0	0	0	0,0
0,5	1002,5	10,025	1	0,36	2,3
1	1005	10,05	2	0,72	4,6
1,5	1007,5	10,075	3	1,07	6,9
2	1010	10,10	4	1,50	9,7
2,5	1012,5	10,125	5	1,87	12,1
3,0	1015	10,15	6	2,25	14,6
3,5	1017,5	10,175	7	2,62	17,0
4,0	1020	10,20	8	3,00	19,5
4,5	1022,5	10,225	9	3,36	21,8
5,0	1025	10,25	10	3,72	24,1
5,5	1027,5	10,275	11	4,07	26,4
6,0	1030	10,30	12	4,43	28,8
6,5	1032,5	10,325	13	4,79	31,1
7,0	1035	10,35	14	5,14	33,4
7,5	1037,5	10,375	15	5,50	35,7
8,0	1040	10,40	16	5,92	38,4
8,5	1042,5	10,425	17	6,27	40,7
9,0	1045	10,45	18	6,63	43,0
9,5	1047,5	10,475	19	6,98	45,3
10,0	1050	10,50	20	7,34	47,7

Der Gehalt des Gaswassers an Ammoniak ist natürlich je nach der verwendeten Kohlensorte, nach dem Feuchtigkeitsgehalt der Kohle und je nach der Art der Waschung des Gases sehr verschieden, infolgedessen auch die Menge der aus demselben gewonnenen Produkte.

Die Verarbeitung des Gaswassers.

Die Verarbeitung des Gaswassers hat trotz der fortwährend sinkenden Ammoniakpreise immer mehr Eingang gefunden, und finden sich Gasanstalten mit einer Gaserzeugung von unter ½ Million Kubikmeter pro Jahr, welche noch ihr Gaswasser selbst verarbeiten. Von den deutschen Anstalten von über 1 Million Kubikmeter Jahreserzeugung waren nach den letzten statistischen Erhebungen unter 74 Werken 38, welche ihr Gaswasser selbst verarbeiten. Im ganzen haben gegenwärtig (soweit statistisch ermittelt) von 178 Gasanstalten 53 eigene Verarbeitung, während es im Jahre 1884 nur 39 Anstalten waren.

Die Verwertung des Gaswassers erstreckt sich in erster Linie auf das darin enthaltene Ammoniak. Hierbei lassen sich viererlei Formen unterscheiden, in denen dasselbe nutzbar gemacht wird, nämlich:
1. ohne besondere Verarbeitung als rohes Gaswasser,
2. als schwefelsaures Ammoniak,
3. als konzentriertes Gaswasser,
4. als Salmiakgeist.

Die direkte Verwendung des Gaswassers für Düngezwecke ist zwar mehrfach angeregt worden, ist jedoch praktisch wenig vorteilhaft, weil das Gaswasser zu viele schädliche Bestandteile enthält, so daſs es ohne starke Verdünnung mit reinem Wasser überhaupt nicht zu verwenden ist. Auch stellen sich für die direkte Verwendung die Transportkosten zu hoch.

In den meisten Fällen wird das Gaswasser auf **schwefelsaures Ammoniak** verarbeitet.

Das schwefelsaure Ammoniak findet ausgedehnte Anwendung als Düngemittel, besitzt aber in dem Chilisalpeter einen mächtigen Konkurrenten. Die Einfuhr von Chilisalpeter nach Deutschland wächst von Jahr zu Jahr und betrug im Jahre 1890 344269 t, während sie im Jahre 1884 200647 t und 1881 nur 89949 t betrug. Gegenüber diesen Zahlen beträgt der Verbrauch an schwefelsaurem Ammoniak in Deutschland kaum den vierten Teil, und auch hiervon wurden noch 33873 t im Jahre 1890 vom Ausland eingeführt. Der Preis des Chilisalpeters ist für den des schwefelsauren Ammoniaks bestimmend, und so ist es erklärlich, wie mit dem groſsen Import von Chilisalpeter die Preise des Ammoniaks allmählich immer mehr sinken muſsten. Die letzteren betrugen im Jahresdurchschnitt für 100 kg Salz:

1880	Mk. 38,00	1884	Mk. 28,08
1882	„ 40,85	1888	„ 22,81
1883	„ 33,00	1890	„ 21,22

Abgesehen von den Schwankungen, welche zwischen diesen Jahren liegen, sieht man aus diesen Zahlen den enormen Preisrückgang innerhalb der letzten 10 Jahre.

Der deutsche Verein von Gas- und Wasserfachmännern war seit vielen Jahren bestrebt, die landwirtschaftliche Verwertung der Ammoniaksalze durch wissenschaftliche Versuche zu fördern. Die durch Vermittlung der deutschen Landwirtschaftsgesellschaft von Herrn Professor Märker und Herrn Professor P. Wagner ausgeführten Versuche haben, soweit dieselben abgeschlossen sind, bemerkenswerte Resultate geliefert. Es galt hierbei
1. festzustellen, wie hoch die Ausnutzung der Stickstoffeinheit im schwefelsauren Ammoniak und Chilisalpeter auf den verschiedenen Böden ist, und
2. zu ermitteln, wie und auf welche Weise eine höhere Ausnutzung des schwefelsauren Ammoniaks herbeizuführen ist, speziell durch gleichzeitige Überstreu nitrifizierender Körper, also von Kalk, Mergel oder Thomasschlacke, auf welche Böden?

Die Lösung dieser Fragen wurde von Märker durch Feldversuche im groſsen, von Wagner durch Topfversuche im Laboratorium angestrebt.

Märkers Versuche haben das Folgende ergeben:
1. Die Wirkung des schwefelsauren Ammoniaks konnte durch Beidüngung von Kalk bei Gerste, Hafer und Zuckerrüben gesteigert werden.

Dies Resultat ist beachtenswert, aber ohne nähere Erklärung genügt es dem Praktiker noch nicht, denn auf die Frage: hat der Kalk hier direkt gewirkt, wie er auf jedem kalkbedürftigen Boden die Erträge vermehrt, oder hat er indirekt gewirkt, indem er das Ammoniak schneller in Salpetersäure übergeführt hat, geben jene Versuche uns keine Antwort. Der Landwirt muſs wissen, ob und unter welchen Verhältnissen eine Kalkdüngung auch da die Ammoniakwirkung erhöht, wo sie beispielsweise eine Salpeterdüngung nicht zu erhöhen imstande wäre.

Hierüber geben die Versuche Wagners Aufschluſs.

Es wurden Düngungsversuche ausgeführt auf einem Boden, der aus einem Gemenge von gleichen Gewichtsteilen

Lehmboden und Hochmoorboden bestand. Als Versuchspflanze diente weifser Senf.

Durch eine Salpeterdüngung ohne Kalk wurden erhalten 100 Erntesubstanz, durch die gleiche Salpeterdüngung mit Kalk wurden erhalten 102 Erntesubstanz; dagegen wurde

durch die entsprechende Ammoniakdüngung ohne Kalk nur 28 Erntesubstanz, durch die entsprechende Ammoniakdüngung mit Kalk 92 Erntesubstanz erhalten.

Hier liegt also die Thatsache vor, dafs auf kalkarmem Moorboden die Salpeterwirkung nicht erheblich, die Ammoniakwirkung dagegen in ganz überraschend hohem Grade durch eine Kalkdüngung gesteigert werden konnte, und es ist damit eine spezifische Wirkung des Kalks auf das Ammoniak erwiesen worden.

Der Kalk befördert die Umwandlung des Ammoniaks in Salpetersäure, wie es weitere Versuche Wagners ergeben haben:

In einer Mischung von feuchtem Lehmboden mit Ammoniaksalz fanden sich von je 100 Teilen Ammoniakstickstoff

nach 24 Tagen 31 Teile
 „ 36 „   54 „
 „ 48 „   66 „
 „ 60 „   74 „

in Salpetersäure umgewandelt,

während unter den gleichen Verhältnissen, aber bei Zusatz von Kalkmergel die Salpeterbildung so sehr beschleunigt wurde, dafs

nach 24 Tagen 61 Teile
 „ 36 „   80 „
 „ 48 „   83 „
 „ 60 „   85 „

in Salpetersäure umgewandelt waren.

Diese Ergebnisse sind von praktischer Wichtigkeit. Die Ammoniakwirkung ist auf kalkarmen Moorböden und allen kalkarmen Ackerböden durch Düngung mit Kalk oder Kalkmergel erheblich zu steigern, selbst auch da noch zu steigern, wo eine Kalkdüngung an sich (etwa neben Salpeter gegeben) keine oder nur noch eine geringere Wirkung äufsert.

2. Durch Feldversuche hat Märker gefunden, dafs der im Ammoniak gegebene Stickstoff durchschnittlich einen geringeren Ertrag lieferte als der in Form von Chilisalpeter gegebene. Die geringere Wirkung des Ammoniakstickstoffs trat besonders bei Gerste, Kartoffeln und Zuckerrüben hervor.

Wagner hat bestätigt gefunden, dafs von den Halmgewächsen es besonders die Gerste ist, welche unter Umständen die Ammoniakdüngung erheblich schlechter ausnutzt als die Salpeterdüngung.

Setzt man die Salpeterwirkung gleich 100, so hat die Wirkung der entsprechenden Ammoniakdüngung unter gewissen Verhältnissen nur 70, unter anderen dagegen 95 betragen. Es entsteht also die Frage, welche Ursachen liegen der unter Umständen so sehr geringen Ammoniakwirkung zu Grunde und welche Mittel sind anwendbar, um diese Ursachen zu heben?

Man hat verschiedene Meinungen hierüber ausgesprochen. Eine nachteilige Wirkung der mit dem Ammoniak verbundenen Schwefelsäure, eine nachteilige Wirkung des Ammoniaks selber, eine zu langsame Verwandlung des Ammoniaks in Salpetersäure, ein Stickstoffverlust bei der Überführung in Salpetersäure etc. glaubte man als Ursache der geringeren Wirkung des Ammoniaks im Verhältnis zum Chilisalpeter ansprechen zu sollen.

Nach Wagners Versuchen ist dies nicht richtig, wenigstens liegt die Hauptursache in etwas anderem.

Es ist als ziemlich sicher anzunehmen, dafs überall da, wo nicht sehr ungünstige Verhältnisse für die Umwandlung des Ammoniaks in Salpetersäure (kalkarmer Moorboden etc.) vorgelegen haben und trotzdem eine Ammoniakwirkung aufgetreten ist, die erheblich geringer war als die der entsprechenden Salpeterdüngung, das Natron des Chilisalpeters es war, welches die bessere Wirkung dieses Stickstoffsalzes im Vergleich zum Ammoniaksalz bewirkte. Das Natron übt auf die Vegetation der Pflanzen eine Wirkung aus, die bislang noch nicht bekannt gewesen ist, die aber das gröfste Beachtung verdient. Auf einem Boden, der dankbar ist gegen eine Kalidüngung, und auf welchem Pflanzen gebaut werden, welche viel Kali beanspruchen (wie Gerste, Kartoffel, rübenartige Gewächse) übt der Chilisalpeter infolge seines Natrongehaltes eine bessere Wirkung aus als die entsprechende Menge von schwefelsaurem Ammoniak. Das Natron ist imstande, das Kali bis zu einem gewissen Grade zu ersetzen. Wendet man nun unter solchen Boden- und Kulturverhältnissen eine Ammoniakdüngung an, und giebt man zugleich eine Düngung von Natron (in Form von Steinsalz oder Kainit), so wird die Ammoniakwirkung sehr wesentlich erhöht und kommt der Salpeterwirkung nahezu gleich, kann dieselbe unter Umständen sogar noch übertreffen. Letzteres ist der Fall, wenn ein verhältnismäfsig leichter, durchlässiger Boden vorliegt und starke Regengüsse erfolgt sind, welche den Salpeter tief in den Boden waschen, auf das vom Boden gebundene Ammoniak jedoch keinen Einfluss haben. Die Bedeutung des Natrons für die Pflanzen gibt den Schlüssel für eine sehr grofse Anzahl von Mifserfolgen der Ammoniakdüngung, welche man in der Praxis erhalten hat, und es bietet der Kainit und andere Stassfurter Salze ein billiges und in hohem Grade geeignetes Mittel, das Ammoniak zu einer weit höheren Ausnutzung zu bringen, als solche bislang erzielt worden ist.

Genügender Gehalt des Bodens an Kalk, sowie ein genügender Gehalt des Bodens an Kali bezw. an Kali und Natron, das ist die Grundbedingung für eine ausgiebige Wirkung des Ammoniaksalzes. In der Kalkung oder Mergelung des Bodens, in der Anwendung von Kainit, Carnallit oder anderen chlornatriumhaltigen Stafs-furter Salzen sind Mittel gegeben, um das Ammoniaksalz zu einer Wirkung zu bringen, wie man sie in äufserst vielen Fällen der landwirtschaftlichen Praxis bisher nicht erreicht hat.

Darstellung des schwefelsauren Ammoniaks.

Das schwefelsaure Ammoniak ist die verbreitetste Form, in welcher der Ammoniakgehalt des Gaswassers nutzbar gemacht wird.

Nachstehend seien einige Zahlen über die Ausbeute der Gasanstalten einiger Städte an schwefelsaurem Ammoniak angeführt, wobei hauptsächlich folgende Kohlensorten zur Verwendung kamen:

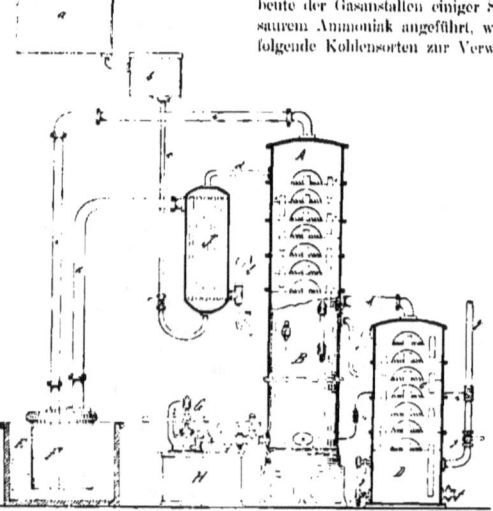

Fig. 188.

1. **Ruhrkohlen.**
   Köln . . 0,90 % der vergasten Kohlen
   Essen . . 0,85 % » » »
   Düsseldorf 0,80 % » » »
   Bielefeld . 0,90 % » » »

2. **Englische Kohlen.**
   Stockholm 1,00 % » » »
   Danzig . 1,00 % » » »

3. **Schlesische Kohlen.**
   Leipzig . 0,68 % der vergasten Kohlen

4. **Sächsische Kohlen.**
   Zwickau . 0,69% der vergasten Kohlen
   Chemnitz . 0,67%
   Plauen . . 0,58%
   Hof . . . 0,59%
5. **Saarkohlen**
   München . 0,60%
   Winterthur 0,64%

Zur Darstellung dieses Produktes dienen eine Reihe von Apparaten, unter denen namentlich zwei in den Gasanstalten Eingang gefunden haben, nämlich der Apparat von Feldmann in Bremen und der von Grüneberg & Blum. Beide Apparate sind kontinuierlich wirkende Kolonnen, in denen sowohl das flüchtige, als auch das durch Kalk frei zumachende fixe Ammoniak ausgetrieben wird.

Der Apparat von Feldmann.

Der Apparat von Feldmann besteht aus einer Kolonne A (Fig. 188), dem Zersetzungsgefäfs B und der Nebenkolonne C. Das Gaswasser gelangt aus dem Bassin a in das Schwimmkugelgefäfs b, welches den Zweck hat, einen ganz gleichmäfsigen Einlauf in die Kolonne zu bewirken, von hier durch das Rohr c in das Rohrensystem des Vorwärmers J, und tritt darauf durch d in die oberste Kammer der Kolonne A. Von hier gelangt dasselbe durch Überlaufrohre a von Kammer zu Kammer, wird in jeder derselben durch den unter der Glocke austretenden Dampf aufgekocht und gelangt, von allen flüchtigen Ammoniakverbindungen befreit, durch ein langes Überlaufrohr a' bis fast auf den Boden des Zersetzungsgefäfses B. In dieses welchen in gewissen Zwischenräumen durch die Pumpe G Kalkmilch eingeführt, um die vorhandenen fixen Ammoniakverbindungen zu zersetzen, während durch eine besondere Dampfeinströmung p das eintretende Gaswasser beständig mit der Kalkmilch vermischt wird. Diese Dampfeinströmung wird so reguliert, dafs das zersetzte Gaswasser bei der Höhe des Gefäfses B und unter Mitwirkung eines darin angebrachten Siebbodens, um die Wallungen zu brechen, vom überschüssigen Kalk befreit und geklärt durch das gebogene Überlaufrohr e in die Nebenkolonne C überläuft. In den einzelnen Kammern dieser Kolonne wird das gebildete Ätzammoniak abgetrieben, das erschöpfte Wasser sammelt sich in der Abteilung D und läuft von hier durch den Hahn f, welcher nach dem Niveauzeiger g eingestellt wird, kontinuierlich ab.

Der für die Destillation notwendige Dampf tritt durch das Rohr g in die Kolonne C, hat den Flüssigkeitsstand in sämtlichen Kammern zu passieren, gelangt durch das Übergangsrohr h durch B in die Kolonne A, passiert hier wieder alle Kammern, verläfst mit dem gesamten Ammoniak beladen, durch das Abgangsrohr i die Kolonne und tritt unter der Bleiglocke F in die Schwefelsäure des offenen Bleikastens E. Das Ammoniak wird von der Schwefelsäure gebunden, die nicht absorbierten Gase wie Kohlensäure, Schwefelwasserstoff und andere widerlich riechende flüssige Körper

Schilling, Handbuch für Gasbeleuchtung.

bleiben mit Wasserdampf unter der Glocke eingeschlossen und werden durch das Abgangsrohr k in den Vorwärmer J geführt. Hier werden die Wasserdämpfe durch das in einem Rohrsystem sich befindende vorzuwärmende Gaswasser kondensiert, das kondensierte Wasser fliefst durch m ab, während die nicht kondensierten Gase am besten in eine Feuerung oder in einen Schornstein geleitet werden.

Die Anwendung der Bleiglocke gestattet bei kontinuierlichem Betriebe die Anwendung eines einzigen Bleikastens, weil es jederzeit möglich ist, das ausgeschiedene Salz aus dem offenen Bleikasten auszuschöpfen und neue Säure einzuschütten.

Der Apparat von Grüneberg-Blum.

Der Apparat von Grüneberg & Blum (Fig. 189, D. R.-Pat. 33320) ist aus dem alten Dreikesselsystem entstanden, mit welchem man früher mittels Rostunterfeuerung bei unterbrochener Betriebsweise das Ammoniakwasser verarbeitete. Dieses zeitraubende und mit vielen Verlusten verknüpfte Verfahren ist ganz verlassen und ist an seine Stelle die ununterbrochene Betriebsweise mit Apparaten getreten, welche nur geringe Aufsicht und wenig Platz, aber dafür Kesseldampf zu ihrem Betriebe erfordern.

Der neue Apparat (Fig. 189) besteht aus drei Abteilungen, und zwar dem Zellenvorwärmer A zur Austreibung des flüchtigen Ammoniaks mittels Dampf, dem Kalkkessel B zur Austreibung des gebundenen Ammoniaks mittels Zuführung von Kalkmilch in die kochende Flüssigkeit, und dem Kochkessel C, in welchen durch eine offene Dampfschlange Dampf eingeführt wird, und welcher zum Kochen, sowie zum Abtreiben der letzten Spuren von Ammoniak dient.

Das zu verarbeitende Wasser tritt oben in den Apparat ein, gelangt in dem Zellenvorwärmer von Zelle zu Zelle, geht dann in den Kalkkessel B und von da in den Kochkessel C. Der Dampf steigt umgekehrt von dem Kochkessel C nach dem Kalkkessel B auf und gelangt durch die einzelnen Zellen in dem Zellenvorwärmer A vereint mit den Ammoniakdämpfen nach oben.

Hervorzuheben ist die Wirkung der Treppe im Kalkkessel. Das aus dem Kalkkessel kommende Wasser wird auf derselben, indem es von Stufe zu Stufe abwärts fliefst, durch den jedesmal gröfseren Umfang der folgenden Stufe immer feiner verteilt, so dafs es zuletzt in ganz feinen Schichten mit dem entgegentretenden Dampf in Berührung kommt. Dadurch findet ein nahezu vollständiges Abtreiben des Ammoniakwassers statt. Durch ein Rohr mit Wasserverschlufs und Hahn gelangt das abgetriebene Wasser ins Freie. Zur Beobachtung der Arbeit im Apparat ist am Kalkkessel, sowie unten am Ablaufrohr je ein starkes Wasserstandsglas angebracht.

Durch eine Handpumpe H wird aus einem eisernen, mit Siebblech versehenen Kasten in Zwischenräumen von etwa 10 Minuten eine der Zusammensetzung des Ammoniakwassers entsprechende Menge Kalkmilch in den Kalkkessel gepumpt.

Zur Erleichterung der Arbeit des Apparates dient ein Röhrenvorwärmer, welcher mit Kesseldampf geheizt wird und welchen das Ammoniakwasser vor seinem Eintritt in den Apparat durchfliefst.

Der Betrieb mit obigen Apparaten.

Das Gaswasser wird, wo es nicht am Erzeugungsorte verarbeitet wird, in eisernen Bahnkesselwagen von 10 t Inhalt oder in Kesselfuhren zur Fabrik gebracht.

Zur Aufbewahrung wendet man meist schmiedeiserne Behälter an.

In kleineren Fabriken verwendet man auch Behälter von Holz. Dieselben halten lange dicht, wenn man dafür Sorge trägt, dafs sie immer voll bleiben. Eiserne Behälter werden mit der Zeit vom Gaswasser angegriffen. Namentlich die Cyan- und Rhodanverbindungen, sowie die Sulfide greifen dasselbe unter Bildung von Ferrocyanammonium und Schwefeleisen an. Daher sind vielfach statt eiserner Behälter solche von Cement in Gebrauch. Dieselben halten sich nach bisherigen Erfahrungen ganz gut. Von verschiedenen Seiten sind die Cementbehälter nach Monnier's System empfohlen worden, welche in der Weise hergestellt werden, dafs ein Gerippe von Drahtgeflecht, das die Form des Behälters hat, auf beiden Seiten mit Cement belegt wird. Dieselben zeichnen sich durch geringes Gewicht und grofse Billigkeit aus.

Wenn man Ammoniak irgend längere Zeit aufbewahren mufs, so mufs man beachten, dafs erhebliche Mengen Ammoniak durch Verdunstung verloren gehen können. Guégen[1] empfiehlt daher geschlossene Behälter und Vermeidung jeglichen Luftstromes über die Oberfläche des Wassers hin.

Das Gaswasser mufs von Teer vollkommen frei sein, wenn es zur Destillation kommt.

Zur scharfen Trennung von Teer und Wasser hat Knauth den in Fig. 190 abgebildeten Teerscheider konstruiert. (D. R. P. 15255.)

Sein Princip ist: Ausbreitung der Flüssigkeit über grofse Überlaufrinnen. Das Gemisch, welches, durch die Dampfröhren BB etwas vorgewärmt wird, trennt sich beim Überlaufen über die Rinnen AA vom Teer. Diese Trennung wird dadurch befördert, dafs in den Gefäfsen I, II, III, IV das

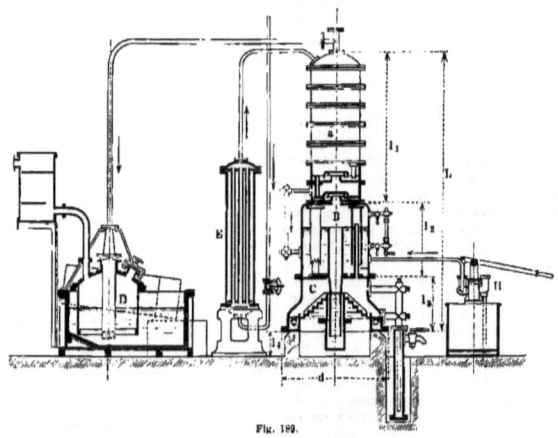

Fig. 189.

[1] Société technique de l'industrie du gaz en France, compte rendu 1884 pg. 88 u. ff.

Wasser nahe der Spitze durch die seitlichen Röhren abfließt, während der Teer sich am Boden in der in Nr. I durch den Pfeil angedeuteten Richtung fortbewegt und in dem nächst folgenden Gefäß oben einfließt. Die Ausflußöffnung für das Wasser in Nr. I liegt um so viel höher als die Rinne A in Nr. II, daß der Höhenunterschied dem Unterschiede in den spezifischen Gewichten von Teer und Wasser entspricht. Dieser Apparat wird in sieben Größen gebaut, um 1000 bis 8000 l in 12 Stunden zu scheiden.

Der Zusatz von Kalk richtet sich nach dem Gehalt des Gaswassers an fixem Ammoniak, welcher am Genauesten durch Analyse festgestellt wird. Man kann annähernd den Gehalt an fixem Ammoniak zu ein Fünftel des Gesamtammoniaks rechnen. Der Zusatz muß etwas höher genommen werden, als sich nach der Berechnung ergibt, und zwar gibt Cox als Regel an, auf je 100 Teile fixes Ammoniak 350 Teile Kalk zu verwenden, während Blum pro 100 kg schwefelsaures Ammoniak 10 bis 12 kg gebrannten Kalk angibt. Gewöhnliches Gaswasser von 3° Bé verlangt auf 1 cbm 6—7 kg guten frischen Kalk, oder 8 kg gelagerten Kalk. Zu geringer Kalkzusatz bewirkt unvollständige Gewinnung des Ammoniaks. Bei gut geleitetem Betriebe soll das Abwasser nicht mehr als 0,01 bis 0,03% NH₃ enthalten. Bei zu hohem Kalkzusatz geht viel Kalk in Lösung mit dem Abwasser fort, welches in Berührung mit der Kohlensäure der Luft in einen bräunlich gefärbten Schlamm übergeht, der leicht die Abwasserleitung verstopfen kann.

Sehr wichtig für den Betrieb ist auch die Anwendung der richtigen Dampfmenge.

Bei zu geringem Dampfzutritt werden die flüchtigen Salze, namentlich das kohlensaure Ammoniak nicht vollständig abgetrieben, letzteres gelangt in den unteren Teil der Kolonne, welcher den Kalk enthält und bildet hier kohlensauren Kalk, welcher zu Verstopfungen des Apparates Veranlassung gibt. Zu viel Dampf ist natürlich ein direkter Verlust an Brennmaterial, auch verdünnt derselbe die vorgelegte Säure, so daß ein richtiges Auskrystallisieren des Salzes unmöglich wird.

Bei richtigem Gang muß eine Probe Ammoniakwasser, welche aus dem Apparate an der Stelle entnommen wird, wo die flüchtigen Salze abgetrieben sein sollen, also ehe der Kalk zugesetzt wird, frei von Kohlensäure sein, darf also auf Zusatz von einigen Tropfen einer Chlorcalciumlösung keinen Niederschlag von kohlensaurem Kalk ergeben. Tritt ein solcher ein, so muß mehr Dampf zugeführt werden. Nach Feldmanns Angaben braucht

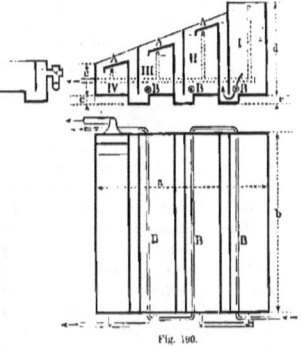

Fig. 190.

man für 1 cbm 24 stündlicher Gaswasserverarbeitung 0,5 Quadratmeter Dampfkessel-Heizfläche.

Die Schwefelsäure.

Gewöhnlich verwendet man zur Darstellung des schwefelsauren Ammoniaks Säure von 60° Bé oder 1,71 spez. Gewicht. Dieselbe enthält 78% reine Schwefelsäure, seltener Säure von 66° Bé oder 1,83 spez. Gewicht mit 92 bis 93% reiner Schwefelsäure.

Man bezieht die Säure entweder in Glasballons von 70—80 l Inhalt, oder besser in eisernen Kesselwagen. Bei Luftabschluß und gewöhnlicher Temperatur greift conc. Schwefelsäure Eisen nicht an. Nur die oberen Teile der Innenwandung, die oft mit Luft in Berührung kommen, sind verbleit. Von dem Kesselwagen wird die Säure am Besten mit einer an dem Wagen angebrachten Luftpumpe in viereckige hölzerne, innen mit Blei belegte, oben gedeckte Behälter gepumpt und hier bis zum Verbrauche aufbewahrt. Diese Behälter werden mittels Bleiröhren, in denen gußeiserne Hähne oder Schieber eingeschaltet sind mit der Fabrikationsstelle verbunden.

Die Säure wird in Absorptionskästen vorgelegt. Die Wandungen sind von Holz und innen mit Bleiblech ausgeschlagen. Seltener findet man auch Steinkästen aus Granit. Die einzelnen Platten werden dann mit Schwefel und Glaspulver verkittet.

Die Mengen Schwefelsäure, die man im Sättigungskasten vorlegen mufs, werden durch den Ammoniakgehalt des Gaswassers bedingt. In seltenen Fällen ist es rätlich, die für eine bestimmte Menge zu destillierenden Wassers nötige Schwefelsäure auf einmal in den Kasten einzufüllen. Wie grofs die jedesmal einzufüllenden Mengen sein müssen, wird stets die Erfahrung am besten lehren. Wenn die Schwefelsäure nahezu gesättigt ist, scheidet sich das Salz aus. Jetzt ist es Zeit, neue Säure einzufüllen. Ist der Sättigungskasten in regelrechtem Betrieb, so kommt es nie vor, dafs sich überschüssige Lauge bildet. Durch die im Kasten stattfindende Reaktion wird so viel Wärme frei, dafs die Flüssigkeit unter der Glocke stets im Kochen bleibt und eine Kondensation von Wasserdampf nicht stattfindet. Im Gegenteil: es findet häufig eine so energische Verdampfung statt, dafs die Säure durch Wasser verdünnt werden mufs.

An Schwefelsäure von 60° Bé braucht man ungefähr das vierfache des Ammoniakgehalts im Gaswasser. Kommt ein Gaswasser von 3° Bé mit 2% Ammoniak zur Destillation, so braucht man auf 1 cbm nahe an 80 kg oder 47 l Schwefelsäure. Man erhält dann ziemlich genau so viel schwefelsaures Ammoniak, als Schwefelsäure angewendet worden ist.

Stoffe, mit denen die gewöhnliche Schwefelsäure verunreinigt ist, sind Arsen, Eisen und Blei. Häufig ist sie auch durch darin suspendiertes schwefelsaures Blei getrübt.

Das Salz.

Das Salz soll, wenn es mit arsen- und eisenfreier Säure dargestellt ist, weifs oder höchstens hellgrau gefärbt sein. Gelbe Färbung kann von allmählich im Saturator sich ansammelnden Eisensalzen herrühren, wenn man nicht von Zeit zu Zeit den Sättigungs-behälter gründlich ausreinigt. Hat man arsenhaltige Säure, so scheidet sich auf der Oberfläche der Säure bald ein grünliches Schlamm von Schwefelarsen ab. Man verwendet deshalb lieber Säure von reinerem deutschen Schwefelkies.

Ist dies nicht thunlich, so kann man den Schaum, sowie er sich bildet, vorsichtig abschöpfen. Ein anderes Verfahren, welches in einer holländischen Fabrik schon seit einer Reihe von Jahren mit Erfolg ausgeübt wird, ist folgendes: Man verwendet gewöhnliche Pyritsäure von 60° Bé und setzt dazu eine gewisse Menge Teer-Reinigungssäure (d. i. Säure, welche zur Waschung des Vorlaufs und der Rohnaphta diente). Sowie die Säure durch das herüberkommende Ammoniak gesättigt wird, scheiden sich die teerigen Substanzen aus und steigen als Schaum an die Oberfläche, wobei sie das Schwefelarsen gleichzeitig mitreissen und einhüllen. Dieser Schaum ist leicht zu entfernen. Auch bläulich, jedenfalls durch Berlinerblau gefärbtes Salz wird manchmal erzeugt, welches von der Verwendung eiserner Leitungsrohre herrührt.

Graue und schwarze Färbungen rühren von Schwefelblei her. Auch teerige Substanzen färben das Salz grau oder braun, doch ist das in den oben beschriebenen Apparaten destillierte Wasser hiezu weniger geneigt, weil in demselben die teerigen Substanzen meist schon wieder kondensiert werden.

Das von den Saturatoren kommende Salz läfst man in mit Blei ausgeschlagenen Trichtern abtropfen und verkauft es entweder feucht, wobei es aber noch merklich sauer reagiert, so dafs die Säcke davon zerstört werden, oder man trocknet das möglichst aus neutraler Lösung geschöpfte Salz durch eine mit Abdampf geheizte Trockenbühne. Das Salz des Handels enthält meist 24% Ammoniak. Chemisch reines Salz enthält 26,75% NH_3 entsprechend 21,21% Stickstoff.

Die Abgase.

Die Abgase, welche aus dem Sättigungskasten entweichen, werden, wenn das Wasser aus ihnen kondensiert ist, am besten nach dem Fabrikschornstein geleitet und dort verbrannt, oder man kann sie auch, wenn sie nicht zu viel Feuchtigkeit enthalten, in einer naheliegenden Dampfkesselfeuerung verbrennen.

Eine Beseitigung des in den Abgasen vorhandenen Schwefelwasserstoffs mit gleichzeitiger Nutzbarmachung des Schwefels bezweckt das Verfahren von C. F. Claus (Engl. Pat. 3606. 1882), welches in mehreren englischen Anstalten mit Erfolg arbeitet. Das Gas wird mit einer sorgfältig regulierten

Menge von Luft gemengt, welche gerade oben genug Sauerstoff enthält, um den Wasserstoff des Schwefelwasserstoffs zu verbrennen und die Mischung wird durch eine Kammer geleitet, in der sie eine heiße Schicht von porösen Substanzen, wie Eisenoxyd oder Manganoxyd oder dergl. durchströmen muß. Hier verbrennt der Wasserstoff des Schwefelwasserstoffs zu Wasser und der Schwefel wird in Freiheit gesetzt, wobei die Reaktionswärme die Temperatur der Kontaktsubstanz ohne äußere Erhitzung hoch genug hält. Die Wasser- und Schwefel-Dämpfe streichen durch eine Reihe von Kammern, wo sie durch Luftkühlung verdichtet werden, und aus denen der Schwefel von Zeit zu Zeit entfernt wird[1]). Statt den Schwefelwasserstoff zu verbrennen, kann man denselben, namentlich auf kleineren Fabriken in einen mit Gas-Reinigungsmasse gefüllten Reiniger führen. Für größere Werke ist der durch die Reiniger beanspruchte Raum und noch mehr die ziemlich große, mit der Erneuerung der Reinigungsmasse verbundene Arbeit ein Faktor, welcher sehr gegen dieses Verfahren spricht. Auch ist hiebei erst eine völlige Entwässerung der Abgase vor Einleitung in die Kästen vorzunehmen.

Das Abwasser.

Das Abwasser bildet für die Ammoniakfabriken oft ernste Schwierigkeiten, da die Einleitung desselben in die Flüsse und städtischen Kanäle oft von den Behörden beanstandet wird. Selbst wenn die Abwässer vollständig geklärt und frei von Ammoniak sind, widersetzen sich oft die Behörden und das Publikum ihrer Entleerung in öffentliche Wasserläufe auf Grund der teerigen Verunreinigungen, welche ihnen eine braune Farbe und einen gewissen Geruch erteilen oder wegen des Gehaltes an Rhodancalcium etc. In solchen Fällen kann man sich dadurch helfen, daß man in die Flüssigkeit einen Niederschlag von Thonerde- oder Eisenoxydhydrat hervorbringt, welcher die teerigen Substanzen und andere Verunreinigungen mit zu Boden reißt und eine fast farblose und ganz unschädliche Flüssigkeit hinterläßt, doch ist dieses Verfahren umständlich und kostspielig[2]). König[3]) hat sich mit der

[1]) Näheres Lunge S. 538. Auch Journ. Soc. Chem. Ind. 1887 pg. 29.
[2]) s. Lunge S. 531.
[3]) Die Verunreinigung der Gewässer. Gekrönte Preisschrift. Berlin 1887, S. 354.

Untersuchung der Schädlichkeit solcher Abwasser eingehend beschäftigt und fand die Zusammensetzung eines solchen Abwassers pro Liter wie folgt:

Abdampfrückstand	20,4230 g
darin Rhodancalcium . . .	2,3282 »
Schwefelcalcium . . .	2,5633 »
Unterschwefligsaurer Kalk .	1,0913 »
Schwefelsaurer Kalk	0,5785 »
Durch Äther ausziehbare phenolartige Stoffe	0,6080 »
Kalk	6,4181 »
Sonstige Stoffe, Hydratwasser, Phenol zum Teil an Kalk gebunden	6,8056

und gelangt zu dem Resultat, daß das Abwasser in den meisten Fällen den natürlichen Wasserläufen zugeführt werden dürfte und sagt darüber: Geschieht die Zuführung je nach der Menge des Wassers in den es aufnehmenden Bach oder Fluß in einer stetig langsamen Weise, so daß sich in dem vermischten Bach- und Flußwasser nicht mehr mit Sicherheit qualitativ Rhodan und Phenol nachweisen läßt, so dürfte gegen die Einführung in die natürlichen Wasserläufe nichts zu erinnern sein.

In München wurden der Einführung des Abwassers in die städtischen Siele anfänglich große Schwierigkeiten entgegengebracht. Obwohl Geheimrat Prof. Dr. v. Pettenkofer in einem Gutachten die vollkommene Unschädlichkeit des Abwassers betonte, wurde die Genehmigung doch an verschiedene Bedingungen geknüpft, welche wie folgt lauteten:

Der Säure-, Alkali- resp. Salzgehalt des abfließenden Wassers darf ⁴/₁₀ Procent nicht überschreiten, und muß das abfließende Wasser vollkommen frei von jeglichen Teerbestandteilen sein. Die Temperatur desselben darf 30° C. nicht überschreiten.

Um diesen Bedingungen zu entsprechen, wird in München das Abwasser mit kaltem, reinem Wasser verdünnt, bis es obige Temperatur hat. Hierdurch werden die im Abwasser in geringer Menge in Lösung vorhandenen Bestandteile, wie Rhodancalcium, Chorcalcium, schwefelsaurer und unterschwefligsaurer Kalk, sowie etwa vorhandene Spuren von Karbolsäure, Kresot u. s. w. weiter verdünnt und unschädlich gemacht. Das Abwasser gelangt vom Apparat aus zunächst in ein System von Betoncisternen, wo das noch unverdünnte Wasser eine starke Kiesschichte zu passieren hat, um den Schlamm und den sich abscheidenden Kalkschaum zurückzuhalten. Solcher Schaum bildet sich nemlich leicht, wenn man das Wasser, welches noch überschüssigen Ätzkalk in Lösung enthält, aus einiger Höhe frei herabfallen läfst. Verf. hat solchen Schaum untersucht. Derselbe bestand (getrocknet) aus

organischen (teerigen) Bestandteilen	22,84%
Thonerde (nebst etwas Eisen)	14,25
kohlensaurem Kalk	63,13
Wasser	0,78
	100,00

Dieser Schaum entsteht dadurch, dafs der im Wasser gelöste Ätzkalk durch die Kohlensäure der Luftabgeschieden wird und kann vermieden werden, wenn man dafür sorgt, dafs das Wasser nicht zu viel überschüssigen Ätzkalk in Lösung enthält, und dafs dasselbe ruhig abfliefst und genügend verdünnt wird.

Zum Schlusse sei noch des Abwassers Erwähnung gethan, welches sich aus den Abgasen des Sättigungsgefäfses durch Kondensation abscheidet. Dasselbe ist zwar seiner Menge nach sehr wenig, allein es verbreitet, da es sehr mit Schwefelwasserstoff gesättigt ist einen widerlichen Geruch. Man kann dasselbe wegen seines Geruches nicht gut dem gemeinsamen Abwasser zufügen und ist es dadurch aus dem Wege zu schaffen, dafs man es sofort wieder in das Reservoir für das zu verarbeitende Gaswasser aufpumpt.

Die Darstellung von konzentriertem Gaswasser.

Das konzentrierte Gaswasser ist eine gelbliche, nach Ammoniak und Schwefelammonium riechende Flüssigkeit, welche durch einfache Destillation des Gaswassers mittelst der oben beschriebenen Apparate ohne Zuhilfenahme irgend welcher chemischer Stoffe hergestellt wird. Es dient hauptsächlich zur Fabrikation der Ammoniaksoda nach dem Verfahren von Solvay. Letzteres Verfahren, der sog. Ammoniaksodaprozefs, beruht auf folgendem Vorgange. Eine konzentrierte Kochsalzlösung wird mit Ammoniak gesättigt und durch eingeleitetes Kohlensäuregas in Natriumbicarbonat und Chlorammonium verwandelt.

$2 NaCl + 2 NH_3 + 2 CO_2 + 2 H_2O = 2 NaHCO_3 + 2 NH_4Cl$

Das hiezu nötige Ammoniak wird zwar durch Destillation immer wieder gewonnen, allein es gehen dabei Mengen verloren, welche Lunge[1]) auf ein

[1]) Lunge, Steinkohlenteer und Ammoniak, 1888, S. 593.

Quantum schätzt, welches 10 000 Tonnen schwefelsaurem Ammoniak jährlich entspricht. Diese zu ersetzen, ist das konzentrierte Gaswasser bestimmt. Wenn daher diese Absatzquelle nur lokaler Natur ist, so lohnt sie sich ihrer Einfachheit wegen besonders für kleinere Gasanstalten.

Zur Darstellung des konzentrierten Gaswassers destilliert man das Gaswasser in einem Feldmannschen oder Grüneberg-Blum'schen Apparat mit der Abänderung, dafs anstatt des Sättigungsgefäfses ein gewöhnlicher eiserner Kühler tritt, in welchem sich das Destillat zur Flüssigkeit verdichtet. Eine derartige Anordnung mit dem Grüneberg-Blum'schen Apparat zeigt Fig. 191 u. 192.

Die im Abtreibapparat erzeugten Dämpfe gehen in ein cylindrisches eisernes Gefäfs E_1, welches auf oder neben dem Abtreibapparate untergebracht ist. Die obere Hälfte des Gefäfses (Rückflufskühler E_2) ist ein Dampfraum, um welchen herum ein Kühlgefäfs angebracht ist, welches beständig mit frischem Wasser gefüllt wird und hierdurch die Dämpfe im Innern abkühlt. Die untere Hälfte des Rückflufskühlers ist voll von frischem Ammoniakwasser aus dem Hochbehälter, welches durch die Ammoniakdämpfe vorgewärmt wird, auch die hier schon niedergeschlagenen Ammoniakdämpfe aufnimmt und mit diesen in die oberste Zelle des Apparates fliefst. Die vorgekühlten Ammoniakdämpfe ziehen in der Pfeilrichtung weiter in den Hauptkühler F und werden hier ganz zu konzentriertem Wasser niedergeschlagen, welches aus einem Rohr mit Wasserverschlufs in ein starkes eisernes Sammelgefäfs G fliefst.

Der Kühler F ist aus starken Eisenblechen hergestellt und von einer starken eisernen Kühlschlange, durch welche immerwährend von unten eintretendes Wasser fliefst, durchzogen.

Der ganze Kühler steht in einem Kühlgefäfs, in welches ebenfalls immerwährend frisches Kühlwasser fliefst, so dafs alle Aufsenwände des Kühlers durch Wasser gekühlt werden. Im Innern schlagen sich die Ammoniakdämpfe nieder und bilden konzentriertes Ammoniakwasser, welches durch ein Schwanenhalsrohr in das Sammelgefäfs G fliefst. Von hier aus füllt man es zur Verladung in kleine eiserne Gefäfse oder Glasballons, oder drückt das konzentrierte Wasser bei grofsem Betriebe mit der Luftpumpe in Eisenbahnwagen mit entsprechenden Sammelbehältern. Nach Möglichkeit ist die Aufsenluft bei der Herstellung des konzentrierten Ammoniakwassers von diesem abzuhalten, da dasselbe sich sehr leicht verflüchtigt, auch stechend riecht, und da ferner bei Luftzutritt die Rohre sich durch kohlensaures Ammoniak verstopfen. Es empfiehlt sich, alle Ammoniakdampfleitungen gut zu umwickeln und den Austritt des konzentrierten Wassers aus dem Kühler unter einer luftdicht abschliefsenden Glasglocke stattfinden zu lassen. Unter der Glocke wird passend ein cylindrisches Gefäfs angebracht, in welchem ein Aräometer steckt und in welches das konzentrierte Wasser

Die Darstellung von Salmiakgeist.

zuerst fliefst, bevor es in das Sammelgefäfs gelangt. Man kann dann jederzeit die Stärke des konzentrierten Wassers in Graden Beaumé durch die Glasglocke hindurch ablesen und nach Bedarf den Kühlwasserzulauf vermehren oder vermindern.

Den Kühler stellt man am besten auf eine ungefähr 2 m hohe, bequem zugängliche Bühne und legt das Sammelgefäfs darunter. Der Rückflufskühler wird ebenso untergebracht oder auf den Apparat gebaut.

Es lassen sich sehr wohl mit demselben Abtreibeapparat schwefelsaures Ammoniak und konzentriertes Ammoniak-

Über 17° hinaus ist eine Verdichtung nicht gut ohne weitere Behandlung mit Kalke angängig, da die noch in den Dämpfen befindliche Kohlensäure durch Bildung kohlensauren Ammoniaks dies hindert.

Stärkeres konzentriertes Gaswasser von einem Gehalt von 20 bis 25° Bé kann man erhalten, wenn man das Gaswasser, wie dies bei der Salmiakgeistfabrikation beschrieben wird, vorher mit Kalk behandelt.

Das konzentrierte Gaswasser dürfte wohl in Zukunft eine gröfsere Bedeutung erlangen, als jetzt, da es das beste Ausgangsmaterial zur Herstellung wertvollerer Ammoniaksalze, wie z. B. kohlensaures Ammoniak, salpetersaures Ammoniak, Salmiak u. a. ist, deren Fabrikation direkt aus Gaswasser mit manchen Schwierigkeiten verknüpft ist.

Die Darstellung von Salmiakgeist.

Der Salmiakgeist ist eine Lösung von Ammoniak in reinem Wasser. Er findet hauptsächlich Anwendung in der Färberei, Kattundruckerei, Bleicherei und Farbenfabrikation, sodann in der Heilkunde

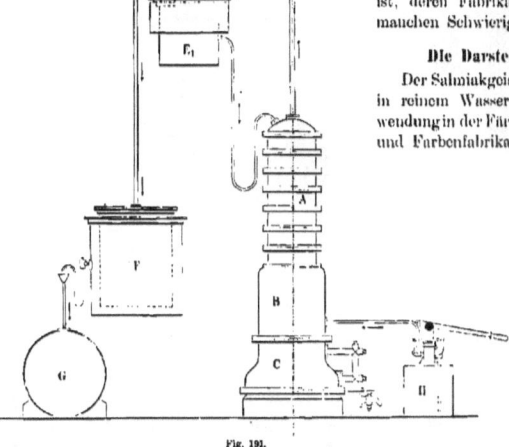

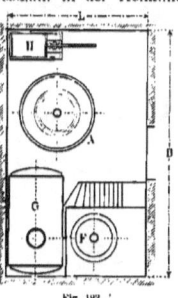

Fig. 191.

Fig. 192.

wasser machen, jedoch nicht zu gleicher Zeit. Man kann die erforderlichen Hilfsapparate für beide Fabrikate in einem Raume vereinigen.

Fig. 192 gibt die Anordnung einer Fabrik für konzentriertes Wasser. Es bedeutet in der Figur: A Abtreibeapparat, H Kalkkasten mit Pumpe, F Kühler, G Behälter für konzentriertes Ammoniakwasser.

In den meisten Fällen wird das konzentrierte Wasser mit 17° Beaumé, welches [17% Ammoniak bei 15° C. Temperatur entspricht, hergestellt.

Die Grädigkeit hängt von der Menge und der Temperatur des zur Verfügung stehenden Kühlwassers ab. Wo nicht genügende Mengen kaltes Wasser zur Verfügung stehen, wird die Grädigkeit geringer.

und im Haushalt. Die stärkste Lösung wird zum Betrieb der Ammoniak-Eismaschinen benutzt.

Der gewöhnliche Salmiakgeist hat 24—25° Bé oder 0,91 spez. Gew. und einen Gehalt von 25% Ammoniak. Der für Eis- und Kühlmaschinen dienende, hat bei 15° C. 29—30° Bé oder 0,885 spec. Gew. und einen Ammoniakgehalt von 35%.

Nach dem Verfahren von Dr. Feldmann D. R.-P. 31237 vom 28. August 1884 wird das Gaswasser vor der Destillation mit der nötigen Menge Kalkmilch versetzt und dann der Kalkschlamm

248 Die Nebenerzeugnisse und ihre Verarbeitung

mittels Filterpressen abfiltriert. Das Filtrat wird darauf mittels des Feldmann'schen Kolonnenapparates destilliert. Es ist diese Behandlungsweise dem Kalkzusatze in den Abtreibekesseln vorzuziehen. Durch die Gegenwart von Kalkniederschlägen in den Destillationsgefäßen wird der vollkommene Abtrieb des Ammoniaks wesentlich erschwert und ist die spätere Beseitigung der Kalkrückstände eine unbequeme und unangenehme. Durch die vorher-

säure erforderlich ist. Nach kurzer Zeit wird der Inhalt des Kessels in die darunter befindliche Cisterne T entleert und so oft neu beschickt, bis dieselbe gefüllt ist. Nach 24 Stunden wird das mit Kalk behandelte Gaswasser durch eine Pumpe u in eine Filterpresse gedrückt. Das Filtrat gelangt in eine Sammelrinne v und fließt von hier in eine zweite Cisterne U. Die abgepreßten Kalkkuchen werden mit reinem Wasser ausgewaschen, so vollständig von Ammoniak befreit, und alsdann weggeführt.

Das Filtrat der Filterpresse wird nun wie bei der Darstellung von schwefelsaurem Ammoniak in einem gewöhn-

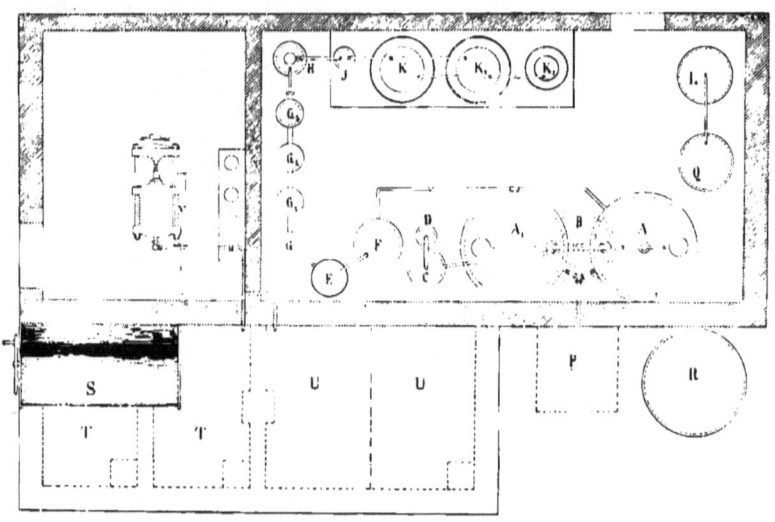

Fig. 193.

gehende Abscheidung wird nicht nur dies vermieden, sondern das Abtreiben geht auch ungleich leichter von statten.

Das gleiche Verfahren kann auch bei der Herstellung von konzentriertem Gaswasser in Anwendung kommen.

Salmiakgeistgewinnung nach Feldmann.

Fig. 193 stellt den Grundriß einer Anlage für Salmiakgeist nach Feldmann dar. Das Gaswasser wird in dem mit Rührwerk versehenen liegenden Kessel S mit so viel Kalk vermischt als zur vollständigen Ausfällung der Kohlen-

lichen Kolonnenapparat L destilliert. Das zeitweise Einpumpen von Kalk fällt jedoch fort. Die Destillationsprodukte werden in den Schlangenkühler Q geleitet und fließen hier in das gußeiserne Reservoir R. Das erhaltene Zwischenprodukt ist konzentriertes Gaswasser von 20—25° Bé., welches behufs Darstellung von reinem Salmiakgeist einer Umdestillation unterworfen werden muß.

Fig. 194 stellt die für die weitere Verarbeitung des konzentrierten Gaswassers oder roben Salmiakgeistes auf reinen Salmiakgeist beliebiger Konzentration erforderlichen Apparate in der Ansicht dar. A und A_1 sind zwei Abtreibekessel zur abwechselnden Beschickung von je 4½ cbm Gaswasser für 12stündigen Abtrieb. Die Kessel sind mit einem

Salmiakgeistgewinnung nach Grüneberg-Blum.

Rührwerk und einer Dampfschlange versehen. Beide Kessel sind mit einem gemeinschaftlichen Rückflußkühler B verbunden, welcher in seinem unteren Teile Raum für die unter Umständen überschäumende Destillierflüssigkeit besitzt, deren schaumige Masse hier durch Abkühlung zusammenfällt. Von dem Gefäße B gelangen die Ammoniakgase in den Kolonnenwäscher C. Der während des Abtreibens entstehende Überschuß an Waschflüssigkeit kann aus der unteren mit Wasserstand versehenen Abteilung während des Betriebes abgelassen werden. Nach jeder Charge werden die oberen Kammern des Kolonnenwäschers durch das kleine Trichterrohr mit Wasser beschickt, während die untere Kammer durch das offene hohe Trichterrohr eine Füllung Kalkmilch zur Zersetzung des noch vorhandenen Schwefelammoniums erhält. Die Menge des letzteren beträgt etwa $^1/_{10}$ des gesamten im Gaswasser vorhandenen Ammoniaks. Enthält z. B. das konzentrierte Gaswasser 24 % Ammoniak, so sind 1,2 % als Schwefelammonium vorhanden. Pro 1 cbm sind dann auf diese 12 kg Ammoniak ca. 30—35 kg Ätzkalk erforderlich.

Die zu Beginn der Destillation auftretenden reichlichen Mengen von Teerölen werden in dem Gefäß D abgefangen. Sind dieselben nach Möglichkeit entfernt, so gelangt das Ammoniak durch Umstellung von Hähnen in den Zargenkühler E. Die hier noch kondensierte Flüssigkeit sammelt sich in dem mit Sicherheits- resp. Luftrohr und Wasserstand versehenen Gefäße F, während die Ammoniakgase zur Abscheidung anhängender empyreumatischer Stoffe in die Reinigungscylinder G, G_1, G_2, G_3 gelangen, von denen die beiden ersten mit Kies, die beiden anderen mit ausgeglühter Holzkohle gefüllt sind. Von diesen gelangt das Ammoniak in den Cylinder H, welcher Knochenkohle enthält, von hier in das kleine Waschgefäß J, welches eingeschaltet ist, um die bei Erschöpfung der Wirkung der Holzkohle eintretende Verunreinigung der Ammoniakgase rechtzeitig erkennen zu können, und von hier endlich in die Absorptionsgefäße K, K_1 und K_2, welche mit destilliertem Wasser gefüllt werden, das man am besten auf der Fabrik selbst durch Kondensierung von Dampf in einer Kühlschlange herstellt.

Wir fügen dieser Beschreibung diejenige des Grüneberg-Blum'schen Verfahrens an.

Salmiakgeistgewinnung nach Grüneberg-Blum.

Auch bei diesem Verfahren wird das Gaswasser vor dem Destillieren mit Kalk behandelt, um ein von Kohlensäure befreites Ammoniakgas beim Destillieren zu erzielen.

In Fig. 195 ist die Salmiakgeistfabrik mit ununterbrochenem Betriebe dargestellt. In das aufrechtstehende Gefäß A füllt man Ammoniakwasser und gibt den erforderlichen Kalk (6 Proz.) in Breiform zu, rührt mit dem Rührwerk beides gut durch und läßt den Kalk sich am Boden absetzen, wozu 10 bis 15 Minuten erforderlich sind. Vorsichtig wird alsdann das geklärte Ammoniakwasser in den Behälter C abgelassen und der dünne, breiige Kalkschlamm in einen der unterhalb des Gefäßes A stehenden Schlammkocher B_1 in welchem dieser Schlamm und das beigemengte Ammoniakwasser mit Hilfe von Dampf, welcher

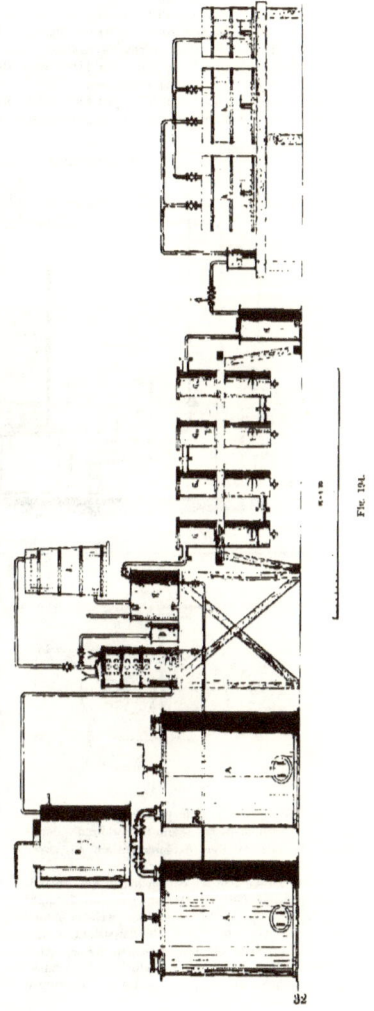

Fig. 195.

250 Die Nebenerzeugnisse und ihre Verarbeitung.

durch eine offene Schlange eintritt, abgekocht wird. Das gereinigte Ammoniakwasser wird mit Hilfe von Dampf oder gepresster Luft in eine Hälfte eines zweiteiligen, hochstehenden Behälters D gedrückt, um von hier einem Abtreibapparat E zur Verarbeitung zuzufliessen.

Während der hierzu erforderlichen Zeit wird eine zweite Gaswassermenge im Rührwerk mit Kalk geklärt und in

Behälter mit eingelegten Heizelementen (hier Kühlelementen) besteht, gekühlt. Der Niederschlag sammelt sich in einem Luttertopf und wird dem Zellenvorwärmer wieder zugeführt.

Die Ammoniakdämpfe ziehen weiter in vier Gefässe, G_1, G_2, G_3, G_4, von welchen die zwei ersten mit Kalkmilch, das dritte mit Paraffinöl und das letzte mit Natronlauge gefüllt sind. Durch diese Flüssigkeiten wird das Ammoniak-

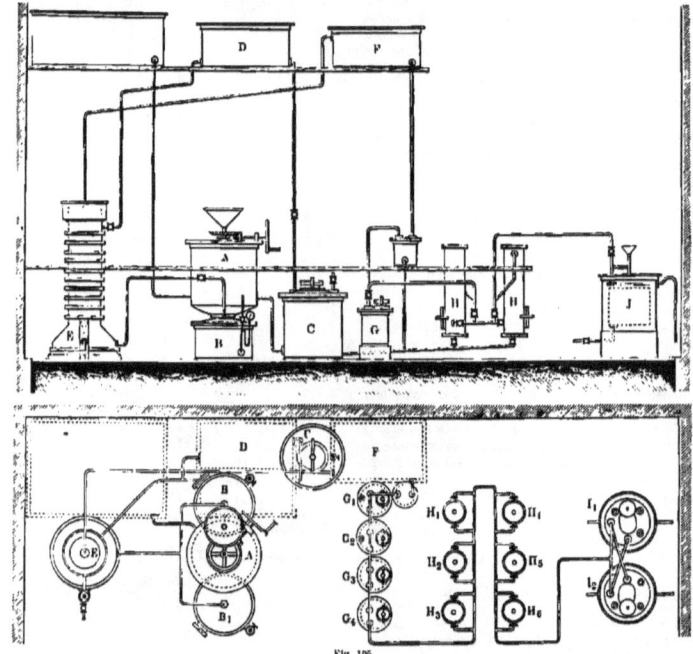

Fig. 195.

derselben Weise, wie vorhin beschrieben, in die zweite Hälfte des Hochbehälters gedrückt, während der Kalkschlamm in den zweiten Schlammkocher B_1 zum Verkochen fällt.

Der aus diesem Kocher entweichende Ammoniakdampf und Wasserdampf dient zur Heizung des Abtreibapparates.

Die Dämpfe durchziehen denselben, welcher ohne Kalkkessel, sonst aber wie in Fig. 189 dargestellt, ausgeführt wird, in der auf Seite 241 beschriebenen Weise, werden in dem oben auf dem Apparat befindlichen Rückflusskühler getrocknet und im Kühler F_1, welcher aus einem offenen

gas getrieben und gibt hier seinen Schwefelwasserstoff und seine teerigen Bestandteile ab. Den gleichen Zweck, sowie den, die letzten flüssigen Bestandteile zurückzuhalten, haben sechs Holzkohlenfilter, H_1, H_2, H_3, H_4, H_5, H_6, welche das Ammoniakgas nach Durchstreichen der Wascher durchzieht. Diese sind einzeln und reihenweise zum Umgehen eingerichtet, ebenso wie die Kalkwascher G_1, G_2, G_3, G_4, um während des Betriebes mit neuem Reinigungsmaterial gefüllt werden zu können. Es ist nicht erforderlich, dafs alle zugleich in Betrieb sind.

Die nunmehr völlig trockenen und gereinigten Ammoniakgase werden in zwei hinter einander geschalteten, zum Wechseln eingerichteten Absorptionsgefäfsen J_1 und J_2, welche halb mit destilliertem Wasser gefüllt sind, durch starke Kühlung niedergeschlagen und geben einen technisch und chemisch reinen Salmiakgeist.

Nachfolgende Tabelle gibt den Gehalt des Salmiakgeistes bei einem bestimmten Gewicht und für eine entsprechende Grädigkeit nach Baumé an.

Spez. Gewicht	Grade Bé. leichter als Wasser	Ammoniakgehalt %
1,000	10	0
0,993	11	1,6
0,986	12	3,3
0,979	13	5,0
0,972	14	6,6
0,966	15	8,2
0,959	16	10,1
0,952	17	12,0
0,946	18	13,6
0,940	19	15,1
0,933	20	17,5
0,927	21	19,4
0,921	22	21,3
0,915	23	23,4
0,909	24	25,6
0,903	25	27,8
0,898	26	29,8
0,892	27	32,4
0,886	28	35,2

Die Cyangewinnung.[1]

Wenn auch, wie wir in Kapitel II angeführt, die aus den Kohlen als Cyan entwickelte Stickstoffmenge bedeutend geringer ist als die, welche in der Form von Ammoniak auftritt, so wendet sich in neuerer Zeit das Augenmerk der Gasindustrie doch immer mehr diesem wertvollen Nebenprodukt der Gasbereitung zu.

Unter den Cyanverbindungen sind technisch wichtig: die Verbindung des Cyans mit Wasserstoff, die höchst giftige Blausäure, ferner deren Kaliumsalz, das Cyankalium, welches in der Photographie und Galvanoplastik verwendet wird und dessen Darstellung in der chemischen Industrie eine gewaltige Ausdehnung erlangt hat. Bekannt ist auch ein

---

[1] Litteratur: Arnold, Ammoniak und Ammoniakpräparate. Berlin 1889, S. Fischer.
Weill-Götz, Traitement des eaux ammoniacales etc. Strafsburg 1889, G. Fischbach.

Doppelsalz des Cyankaliums mit Cyaneisen, das schön krystallisierende gelbe Blutlaugensalz, aus welchem Cyankalium und Berlinerblau in gröfstem Mafse gewonnen werden. Es werden in Deutschland jährlich etwa 80—100000 kg Cyankalium aus Blutlaugensalz hergestellt, wovon ein grofser Teil im Ausland Verwendung findet. Dies ist aber nur der kleinste Teil der Verarbeitung des Blutlaugensalzes, denn etwa 95% desselben werden zu dem vielbegehrten blauen Farbstoff, dem Berlinerblau, verarbeitet, welches letztere in der Tapetendruckerei und Farbenfabrikation sehr grofse Anwendung findet. Ein riesiges Quantum weniger schönes Berlinerblau wird aufserdem direkt aus Rohlaugen ausgefällt. An Blutlaugensalz wird in Deutschland und Österreich zusammen etwa jährlich 30000 Ztr. hergestellt, im Ausland noch 20000 Ztr. Die Zeit ist vorbei, in welcher alte Schuhe, sowie Abfälle von Gerbereien langsam geröstet und mit Eisen und Potasche geschmolzen wurden, um das schöne Blau aus der Blutlauge zu gewinnen. Nur in England hat sich diese Industrie noch erhalten; es dient nun vielmehr der Stickstoff der Pflanzen, welche Jahrtausende im Boden gelegen haben, als ergiebigste Quelle; derselbe erstellt in der Leuchtgasindustrie zu neuem Leben. Ist der Gehalt der Kohle an Stickstoff auch nur ein geringer, etwa 1%, und wird nur ein kleiner Teil davon in Cyan umgewandelt, so ergibt sich hieraus doch bei dem riesigen Verbrauch an Leuchtgas und folglich auch an Kohlen eine enorme Quantität an Cyan, welche einen sehr grofsen Wert repräsentiert.

Nach den gegenwärtigen Marktverhältnissen ist 1 kg Stickstoff in Blutlaugensalz etwa 6 M., im schwefelsauren Ammoniak dagegen 90 Pf. wert.

Die gebrauchte Gasreinigungsmasse dient als hauptsächlichstes Rohmaterial für Gewinnung von Blutlaugensalz, und die alten Massen, welche früher ein lästiger Ballast der Gasanstalten waren, bilden jetzt ein von den chemischen Fabriken begehrtes Rohmaterial und eine Einnahmsquelle für die Gasanstalten, welche meist schon instande ist, die Kosten für die neue Masse und sogar für die gesamte Eisenreinigung zu decken. Der Wert der ausgebrauchten Gasreinigungsmassen, welche man nun kurz wohl mit »Gasmassen« bezeichnet, ist in erster Linie durch ihren Gehalt an Berlinerblau bedingt. Leybold hat mehrere Gasmassen verschiedener

Anstalten in dieser Richtung untersucht und folgende Zahlen gefunden.

	1 Alte[1] Lux Masse	2 Dauber-Masse	3 Dauber-Masse[2]	4 Schröder u. Stadelmann	5 Mattoni Masse	6 Gutes Raschery
Wasser	26,52	21,72	29,84	16,48	26,26	26,00
Schwefel	29,95	27,82	29,58	28,48	28,26	25,04
Berlinerblau	2,27	2,70	4,86	4,26	5,40	10,52
Rhodan-Ammonium	3,78[3]	8,06	7,19	6,58	2,41	2,24
Ammoniak	1,66	2,82	1,01	2,84	0,41	0,38

Verfasser konnte in einigen (lufttrockenen) Massen, welche auf der Münchener Anstalt zur Reinigung gedient hatten, folgende Zahlen nachweisen:

	Deicke	Dauber	Mattoni	Lux
Schwefel	44,84[a]	42,02[a]	16,62[a]	53,60[a]
Berlinerblau	5,89	7,03	4,87	7,29

Auf 100 Teile Schwefel
Blau ausgeschieden 13,14, 16,73, 10,45, 13,58.

Bei der Deicke-Masse ist zu bemerken, dafs deren Cyangehalt sich die ganze Zeit hindurch fortwährend anhäuft, da beim Wiederaufkochen mit neuen Eisenspähnen derselbe nur entsprechend verdünnt wird. Frisch gekochte Masse enthält also sowohl Schwefel wie Cyan, und ist die weitere Aufnahme an beiden Bestandteilen bei gleich ofter Benutzung gegenüber den anderen Massen nur eine sehr geringe.

Wie wir bereits bei der Aufnahme an Schwefel gesehen haben, dafs hierbei nicht nur die Qualität der Masse in Frage kommt, sondern die Art und Weise der Reinigung, die Gröfsenverhältnisse und namentlich die Geschwindigkeit des Gasdurchgangs, so ist es auch bei der Cyanaufnahme.

Das Cyan findet sich in der Reinigungsmasse hauptsächlich als Berlinerblau vor (Fe₇ Cy₁₈); neben diesem findet sich oft ein nicht unbeträchtlicher Teil des Cyans an Schwefel gebunden in der Form von Rhodanammonium und Rhodaneisen. Aufserdem enthält die Gasmasse noch eine Reihe interessanter Cyanverbindungen, welche noch wenig untersucht sind. Wie der Teer eine unerschöpfliche Fundgrube neuer chemischer Verbindungen ist, so liefert uns die Steinkohle in der Gasmasse eine Reihe von Körpern, welche von grofsem wissenschaftlichen Interesse sind und für die chemische Industrie noch von Bedeutung werden können. So findet sich das Cyan in manchen Massen in geringer Menge als Carbonyl-Ferrocyankalium[1]), ein violetter Farbstoff, welcher theoretisch und praktisch von grofsem Interesse ist. Von Interesse sind auch die unlöslichen Doppelsalze des Ferrocyans mit Ammoniak, welche sich bei ammoniakreichen Gasmassen vorfinden[2]).

Wir wollen uns jedoch hier nur auf diejenige Form beschränken, in der das Cyan für die Technik am wichtigsten ist, das Berlinerblau. Über die Bildung dieses Produktes hat Leybold[4]) eingehende Versuche gemacht, aus denen folgendes hervorgeht:

Im Rohgase, welches in die Vorlage gelangt, findet sich, wie schon angegeben, Cyanammonium. Da dasselbe sehr flüchtig ist, schon bei 36° C., so kann es hier nicht bleiben; es wird vom Gase mitgerissen. Nur ein geringer Teil, welcher sich mit dem kondensierten Wasser niederschlägt, bleibt hier, und zwar in Verbindung mit Schwefel als Schwefelcyanammonium oder Rhodanammonium. Dasselbe bildet sich auch bei dem Versuch im Laboratorium, wenn Cyanwasserstoff oder Cyankalium mit mehrfach Schwefelammonium abgedampft wird. So fand sich z. B. im Wasser aus der Vorlage, welches mehrmals wieder eingepumpt war, im Liter 0,88 g Rhodanammonium, also sehr wenig, neben 23 g Chlorammonium. Nun hat das Cyanammonium, wie auch freie Blausäure, die Eigenschaft, Eisen aufzulösen, und so findet sich im Liter 0,11 g Ferrocyanammonium; das Eisen stammt aus den Wänden der Vorlage. Fast alles Cyan wird also mit dem Rohgase vorwärts getrieben in die Kühlung. Auch hier setzt sich mit dem Gaswasser etwas Cyanammonium ab, welches aber zumeist sich in Rhodan umwandelt. So fand sich in dem Gaswasser aus zwei Paaren von Luftkühlern 0,52 und 0,33 g Rhodanammonium im Liter, im Wasserkühler 1,27 g, während sich an unverändertem Cyanammonium nur 0,12, 0,09 und 0,25 g vorfanden. Auch etwas Ferrocyanammonium bildet sich durch Auflösen von Eisen, 0,05, 0,11 und

---

[1]) Sehr kleine Reinigerkästen, daher darin sehr grofse Geschwindigkeit.
[2]) Im Kasten regeneriert.
[3]) Rhodan stets als Rhodanammonium berechnet.

[1]) Gasch Journ. f Gasbel. 1891, S. 304 Müller Chem. Ztg. 1887 Nr. 39 und 1889 Nr. 50. Repertorium Nr. 14 S. 106 und Nr. 22 S. 182.
[2]) Journ. f. Gasbel. 1888, S. 543.
[4]) Journ. f. Gasbel. 1890.

0,44 g. Das Gas gelangt durch den Exhaustor und Pelouze zu den Scrubbern, noch mit dem gröfsten Teil des Cyangehalts. Auch im Scrubber, selbst der besten Konstruktion, wird merkwürdig wenig Cyan weggenommen, obwohl Cyanammonium in Wasser äufserst leicht löslich ist; es hat aber die Eigenschaft, durch Kohlensäure, welche sich ja im Gase in reichlicher Menge findet, zersetzt zu werden in kohlensaures Ammoniak und freie Blausäure. Ersteres wird vom Wasser weggenommen, letztere geht mit dem Gase vorwärts. Nur eine sehr geringe Menge Cyan bleibt im Scrubberwasser als Rhodanammonium und Ferrocyanammonium. Auch ist zu bemerken, dafs im Rohgase weder vor noch nach dem Scrubber sich Rhodanammonium vorfindet, sondern nur Cyanammonium. Ersteres bildet sich erst in dem Gaswasser, resp. in der Reinigungsmasse durch Aufnahme von Schwefel.

Nach dem Scrubber geht das Rohgas mit dem freien Cyanwasserstoff weiter in die Reinigung.

Reine ungebrauchte Reinigungsmasse nimmt kein Cyan auf. Das durch den Schwefelwasserstoff des Gases umgewandelte Schwefeleisen ist es, welches direkt unter Aufnahme von Blausäure (CyH) das Berlinerblau bildet.

Die Umwandlung von Schwefeleisen in Berlinerblau geht unter Umständen so vollständig vor sich, dafs Leybold sogar seine Bestimmungsmethode für Cyan darauf basiert hat.

Neben dem Berlinerblau bilden sich noch die anderen Cyanverbindungen, von denen im Interesse einer möglichst hohen Anreicherung der Masse an Berlinerblau namentlich das Rhodan zu vermeiden ist. Leybold hat durch Versuche gezeigt, dafs sich bei Gegenwart von Ammoniak weniger Ferrocyan, dagegen mehr Rhodan bildet, und dafs daher eine möglichst gründliche vorausgehende Ammoniakreinigung die Grundbedingung für eine hohe Anreicherung der Masse an Blau ist.

Leybold fand Gelegenheit, in einem grofsen Betrieb die Einführung eines neuen Scrubbersystems zu empfehlen. Die Folge davon war eine fast um ein Drittel gröfsere Ausbeute an Ammoniak, aufserdem eine erhebliche Veränderung in der Zusammensetzung der Reinigungsmassen infolge Steigens des Berlinerblaugehalts und damit des Wertes. Die ausgebrauchten Massen enthielten

	mit dem alten Scrubbersystem	mit dem neuen System	auf gleichen Wassergehalt berechnet
Wasser	19,90 %	29,44 »	19,90 %
Schwefel	28,51 »	29,37 »	32,46 »
Berlinerblau	3,00 »	5,64 »	6,23 »
Rhodanammonium	5,96 »	2,92 »	3,22 »
Ammoniak	2,86 »	0,43 »	0,47 »

Für eine vollständige Aufnahme des Cyans durch die Reinigungsmasse ist ebenso, wie für die Schwefelaufnahme die Geschwindigkeit des Gasstroms mafsgebend. Je langsamer das Gas fortschreitet, desto vollständiger die Aufnahme des Cyans durch die Masse.

Wie Leybold fand, wird bisher von dem gesamten erzeugten Cyan nur 56 %, im andern Falle 71 % gewonnen, und auch das zur Trockenreinigung tretende Cyan nicht einmal ganz, sondern von diesem nur 65 resp. 85 %.

Die Versuche in einer kleineren Kohlengasfabrik ergaben

vor der Reinigung 113,1 g HCy in 100 cbm
nach »   »   18,6 g » » 100

so dafs auch hier, bei 5,2 mm Geschwindigkeit in den Kästen, nur 83 % des zur Reinigung kommenden Cyans gewonnen, 17 % verloren wurden. Diese Verluste an Cyan, welche in grofsen Betrieben eine gewaltige Summe repräsentieren, werden zu gewinnen versucht in einem Verfahren von Knoblauch (D. R. P. Kl. 12, Nr. 41930), und zwar auf nassem Weg, ebenso in einem neuerdings angemeldeten Patent von Robert Gasch.

Die Verarbeitung der Gasmassen.

Bisher ist die Verarbeitung der Gasmassen ausschliefslich auf eigenen chemischen Fabriken betrieben worden, während sich die Gasanstalten darauf beschränkt haben, denselben das Rohmaterial zu liefern. Dieses wird meist so geliefert, wie es sich ohne Rücksicht auf eine spätere Verarbeitung ergibt, und man doch also auf die Preisangebote der chemischen Fabriken angewiesen. Manche Anstalten sind allerdings schon bestrebt, dadurch einen günstigeren Verkauf ihres Cyans zu erzielen, dafs sie bereits bei der Eisenreinigung auf eine möglichst hohe Cyanabsorption Bedacht nehmen. Der Wert des Cyans steigt dadurch erheblich, dafs man cyanreichere Massen herstellt, welche sowohl an Fracht als an Gewinnungskosten sich weit günstiger stellen. Wenn man bedenkt, dafs gegenwärtig das Kilogramm Cyanstickstoff den Handelswert von 6 M. besitzt, während für dasselbe im Rohprodukt, in der Gasmasse von den chemischen Fabriken selten mehr als 35 Pf. bezahlt wird, so ist ohne weiteres ersichtlich, dafs auch bei verhältnismäfsig hohen Gewinnungskosten eine Verarbeitung des bei der Gasbereitung sich ergebenden Cyans gewinnbringend sein mufs. Da diese Industrie geübte Chemiker und umfangreichere Einrichtungen erfordert, als dies bei der Ammoniakgewinnung nötig ist, so haben sich die Gasanstalten bisher gescheut, die Cyangewinnung selbst zu betreiben, allein die Zeit wird nicht mehr ferne sein, wo man auch dieses Nebenprodukt auf den Gasanstalten gewinnen wird.

Das bis jetzt am meisten eingeführte Verfahren der Gewinnung des Cyans aus der Gasmasse ist das D. R. P. Nr. 26884 von H. Kunheim in Berlin und H. Zimmermann in Wesseling bei Köln.

Die Erfinder verfahren in der Weise, dafs die vorher mit Schwefelkohlenstoff oder Steinkohlenteerölen entschwefelte und dann durch Wasser ausgelaugte Masse in lufttrockenem Zustande mit pulverigem Ätzkalk innig gemischt wird. Die Mischung wird in einem geschlossenen Kessel auf 40 bis 100° C. erwärmt, um das in nichtlöslicher Verbindung vorhandene Ammoniak auszutreiben. Dann wird die Masse methodisch ausgelaugt. Die noch ammoniakhaltige Ferrocyancalciumlauge wird neutralisiert und gekocht, wobei schwerlösliches Ferrocyancalcium-Ammonium $Ca(NH_4)_2 FeCy_6$ ausfällt. Durch Kochen mit Kalkmilch zersetzt man diese Verbindung und stellt reine Ferrocyancalciumlauge dar, die durch Fällen mit Eisensalzen auf Berlinerblau verarbeitet werden kann. Will man Blutlaugensalz aus ihr gewinnen, so dampft man sie ein und setzt zu der konzentrierten Lauge so viel Chlorkalium, dafs Ferrocyancalcium-Kalium $Ca K_2 Cy_6 Fe$, eine schwerlösliche Verbindung ausfällt. Durch Kochen mit einer Lösung von kohlensaurem Kalium kann man dieselbe in Blutlaugensalz verwandeln.

Direkte Gewinnung des Cyans aus dem Gase.

Gegenüber diesem Verfahren wurde in neuerer Zeit vorgeschlagen, das Cyan direkt aus dem Gase zu gewinnen, und zwar in einer Form, in welcher das Cyan in Form einer hochprozentigen Lauge gewonnen und entweder so verkauft, oder auf den Gasanstalten selbst verarbeitet werden könnte. Wenn sich auch ein solches Verfahren praktisch noch nicht eingeführt hat, so wollen wir doch im folgenden das in dieser Richtung sehr beachtenswerte Patent von Dr. Knublauch in Köln, D. R. P. Nr. 41930[1]), näher betrachten.

Nach den Versuchen von Dr. Knublauch in Ehrenfeld bei Köln gestaltet sich die Abscheidung von relativ geringen Mengen Cyanverbindungen aus Gasen, welche aufserdem Kohlensäure und Schwefelwasserstoff enthalten, durch Gemische von Alkali, alkalischen Erden oder Magnesia und Eisen, Oxyden oder Karbonaten desselben wesentlich vorteilhafter, wenn das Gas durch eine Flüssigkeit (nicht eine feste Masse), welche jene gelöst oder suspendiert enthält, geleitet wird. Die Ausbeute ist hier deshalb bedeutender, weil das Cyan überall mit Eisen- und Alkalimolekülen gleichzeitig zusammentrifft, was bei festen Massen nur in sehr geringem Mafse der Fall ist, nämlich nur an der im Vergleich mit der ganzen Masse relativ geringen Berührungsfläche der Eisenalkaliteilchen, und das wiederum nur so weit, als die Oberfläche der Teilchen nicht schon von Kohlensäure und Schwefelwasserstoff angegriffen ist. Hat die Einwirkung der Gase auf die feste Masse aber einmal stattgefunden, so hört jede weitere Zersetzung auf, da Cyan oder Blausäure gebildetes Schwefeleisen oder kohlensaures Alkali nicht zersetzen, während beim Absorbieren mittels Flüssigkeit das gebildete Doppelcyanür in Lösung geht, immer wieder neue Zersetzung stattfindet, und nur sehr geringe Mengen von Kohlensäure und Schwefelwasserstoff mit absorbiert werden. Die Versuche zeigten nämlich, dafs beim Durchleiten von cyanhaltigen Gasen selbst mit sehr grofsen Überschüssen an Kohlensäure und Schwefelwasserstoff durch eine Flüssigkeit, welche gleichzeitig Alkali- und Eisenverbindungen enthält, das Cyan mit solcher Energie Ferrocyansalz bildet, dafs die Affinität der Kohlensäure und des Schwefelwasserstoffes gegenüber dem Cyan so geschwächt wird, dafs nur geringe Mengen von Schwefelwasserstoff (Kohlensäure) zur Absorption kommen. Die Versuche stellten fest, dafs das Verhältnis des absorbierten Cyans zu dem absorbierten Schwefelwasserstoff ein ganz bestimmtes ist, nur

---
[1]) Journ. f. Gasbel. 1888, S. 374.

von dem Verhältnis des in der Flüssigkeit befindlichen Alkalis zum Eisen und den Verbindungsformen von Alkali und Eisen selbst, aber unabhängig von den Überschüssen an Kohlensäure und Schwefelwasserstoff zu dem vorhandenen Cyan. Es ist nach dem Verfahren möglich, das Cyan zu binden und nur einen Bruchteil vom Cyan an Schwefelwasserstoff zur Absorption zu bringen. Leitet man z. B. ein Cyan, Kohlensäure und schwefelwasserstoffhaltiges Gas durch eine Flüssigkeit, in welche Eisenoxydulsalz und Alkali in dem für den Versuch am günstigsten Verhältnis eingetragen sind, so verschwindet nach und nach das gefällte Eisenoxydulhydrat vollständig, indem der gröfste Teil desselben als Ferrocyankali in Lösung geht, während nur ein bestimmter Bruchteil desselben als Schwefeleisen in der Lösung suspendiert bleibt.

Während also beim Absorbieren mit festen Massen das gebildete Ferrocyan zu der ganzen Masse verschwindend klein, ist hier umgekehrt der gröfste Teil des Alkalieisens in Ferrocyan übergeführt.

Während nun bei festen Massen die geringen Mengen Doppelcyanür ausgelaugt werden müssen, resultiert hier direkt eine an Doppelcyanür sehr reiche Flüssigkeit, welche vom ungelösten getrennt und weiter verarbeitet wird. Ist ein gewisser Überschufs von Eisen und Alkali in der Absorptionsflüssigkeit enthalten, so bildet sich neben dem Doppelcyanür in Lösung gleichzeitig unlösliches Cyanüreyanid, welches dann aus dem Rückstande gewonnen werden kann. Durch Steigerung des Eisens zum Alkali kann man es dahin bringen, dafs direkt unlösliches Cyanüreyanid gebildet wird.

Die Menge der Absorptionsstoffe für ein bestimmtes Gewicht Cyan hängt mit davon ab, ob man mit ein- oder zweiwertigen Basen, mit Hydraten oder Karbonaten derselben, mit Eisenoxydulhydrat, Eisenoxydhydrat oder Eisenerzen arbeitet. Im allgemeinen aber kann man sagen, dafs beim Operieren mit Eisen und Alkali oder Erden (Magnesia) auf je 1 Mol. vorhandener Blausäure (Cyan) annähernd 1 Mol. Alkali oder Erdalkali, Hydrat oder Karbonat und bedeutend weniger als 1 Mol. Eisenverbindung in der Flüssigkeit gelöst oder suspendiert vorhanden sein soll. Bei Eisenerzen und metallischem Eisen kann dessen Menge entsprechend der geringeren Reaktionsfähigkeit überschritten werden, die Menge des Alkalis aber gleich bleiben.

Bei einem gewissen Schwefelwasserstoffgehalt ändert sich zwar das Verhältnis, aber auch da kommen auf 1 Mol. Blausäure (Cyan) am besten annähernd nur 1 Mol. Alkali (-Erde) und weniger als 1 Mol. Eisenverbindung. Steigt der Schwefelwasserstoffgehalt beliebig hoch, so ist an Menge und Verhältnis der Absorptionsstoffe nichts zu ändern; es wird mit denselben Mengen Eisenalkali das Cyan gebunden, und die Überschüsse von Schwefelwasserstoff gehen unabsorbiert durch die Flüssigkeit. Da bei schwefelwasserstoffhaltigen Gasen der erstere gegen die Menge des Cyan meist sehr hoch ist, z. B. bei Kohlendestillationsgasen, so ist auch die Gesamtschwefelabscheidung nur äufserst geringfügig und ganz nebensächlich und unerheblich.

Die Menge der Flüssigkeit soll im Minimum so viel betragen, dafs das Gas durch Druck oder Saugen die Flüssigkeit unter Blasenwerfen durchstreichen kann, oder dafs Flächen oder dergleichen mit der Flüssigkeit berieselt werden können.

Die richtigste Stelle für diesen Apparat wäre nun wohl nach der Vorlage, wo fast alles Cyan sich noch im Gase befindet. Allein der Teer würde das feste, ausgefallene Eisensalz einhüllen und der Ferrocyanbildung verhindern. Auch hat die an dieser Stelle herrschende Temperatur, sowie der Ammoniakgehalt des Gases eine unbeabsichtigte Rhodanbildung zur Folge. Demnach mufs der Apparat nach der Sernbberung, also vor der Eisenreinigung, aufgestellt und auf das Cyan verzichtet werden, welches sich bis zu dieser Stelle hin abgesetzt hat. Lohnend ist die Anwendung des Verfahrens immerhin insofern, als es das an dieser Stelle vorhandene Cyan auch wirklich vollständig gewinnt und zwar in einer leicht zu verarbeitenden Form, in welcher es schon einen höheren Wert besitzt, als in der Reinigungsmasse. Der Transport zu chemischen Fabriken läfst sich bei vorheriger Konzentration der Lösung aufserdem in Cisternenwagen leicht bewerkstelligen.

Jedenfalls hat die Cyanreinigung auf nassem Weg, wenn vielleicht auch noch nicht in dieser Gestalt, eine bedeutende Zukunft in der Gasindustrie.

Sachregister.

Abgase bei der Ammoniakwasserverarbeitung 244.
Absaugung schlechter Luft durch Gas 123.
Abwasser, bei der Ammoniakwasserverarbeitung 245.
Aequivalent gleicher Leuchtkraft 156.
Aethylen 93.
Albocarbonbeleuchtung 107.
Ammoniak 29.
— schwefelsaures 238.
— zur Reinigung des Gases 89.
Ammoniak-Apparat von Feldmann 241.
- Apparat von Grünberg-Blum 241.
- Ausbeute aus verschied. Kohlen 240.
- Ausscheidung durch Waschung 79.
- Darstellung nach Feldmann 241.
- Düngungsversuche 238.
- Entfernung aus d. Gase 85.
- Gehalt des Salmiakgeistes 251.
- Soda, Verfahren von Solvay 246.
- Wascher 82.
Amylacetatlampe 151.
Analysen von Kohlen 7. 9.
— von Coke 216.
— von Guswasser 236.
Anlagen für Gasmotoren 182.
Aräometer von Baumé 237.
— von Twaddel 237.
Argandbrenner 98.
Aschengehalt der Kohle 11.
— der Coke 217.
Aufbesserung des Gases 36.
Aufnahmsfähigkeit von Reinigungsmassen 86.
Aufzüge 66.

Badeöfen 192.
Beleuchtung, Fortschritte 97.

Schilling, Handbuch für Gasbeleuchtung.

Beleuchtung, Mafs und Verteilung der - 109.
— von Strafsen und Plätzen 114.
— von geschlossenen Räumen 113.
Beleuchtungs-Anlage, Horsaal in Karlsruhe 115.
Benzol 25. 93.
Benz'scher Gasmotor 179.
Berechnung der Kühlflächen 76.
Berlinerblau 251.
Bentelventil für Gasmotoren von Schrabetz 183.
Blum, siehe Grüneberg-Blum.
Blutlaugensalz 251.
Brandschiefer 3.
Brenner 98.
Bunsenphotometer 136.

Cannelkohle 3.
Coke 216.
  Aschenbeschaffenheit der — 217.
  Aschengehalt der — 217.
  Heizwert der — 217.
  Schwefelgehalt der — 218.
  Spezifisches Gewicht der — 219.
  Wasseraufnahmsfähigkeit der — 219.
Coke-Abfälle, Verwendung zu Feuerungszwecken 223.
— Analysen der 216.
— Briquette 224.
- Feuerung für Dampfkessel 220.
- Feuerung zum Hausbrande, 219.
- Zerkleinerung. 219.
- Zerkleinerungsmaschine von Eide 219.
Coze-Ofen 59.
Cyan 32.
— Bildung 252.
— Gehalt des Gases 252.

Cyan Gewinnung 251. 254.
- Verbindungen 251.

Dampfkesselfeuerung mit Coke 220.
  mit Cokeabfällen 223.
Dessauer Umlaufregler 72.
Deutzer Gasmotor 168.
Dinsmore-Prozefs 41.
Druck in der Retorte 22.
Druckkurven des Gaswerks Nürnberg 74.
Druckregler 210.
  von Elster 213.
— von Garcis 211.
  von Ledig 213.
Druckübertragung, elektrische 215.

Einheit des Lichtes 147.
Einlochbrenner 148.
Einteilung der Steinkohlen 2.
Eisenreinigung 86.
Elementaranalyse, Beurteilung der Analysen von Kohlen 10.
Elster's Winkelphotometer 142.
Entwicklung der Regenerativbeleuchtung 98.
Explosion von Gas- und Luftmischungen 163.
Explosionsdruck von Gas- und Luftmischungen 164.

Farben, Messung verschiedenfarbigen Lichtes 139.
Faserkohle 3.
Feldmann'scher Apparat zur Darstellung von schwefelsaurem Ammoniak 241.
— zur Darstellung von Salmiakgeist 248.

33

Feuerungsanlagen. Graphische Ermittlung des Nutzeffektes nach Bunte 222.
Flächenhelligkeit 109.
Flammenmaß, optisches von Krüss 147.
Fortpflanzungsgeschwindigkeit bei der Explosion 163.
Fraktionierte Entgasung 50.

Gadd'sche Gasbehälterführung 208.
Gas. Verwendung zur Kraft- u. Wärme-Erzeugung 157.
Gasanalysen 34.
Gasausbeute s. Vergasungsergebnisse
Gasbehälter 200.
— Konstruktion Intze 200.
Gasbehälter-Bassin aus Beton 205.
— Führungen 207.
— Rohre, Reinigung der — 209.
Gasglühlicht 103, 107.
Gasheizung 184.
Gasheizung für Kirchen 191.
— für Schulen 189.
— Kosten der — 184, 195.
— Vorteile der — 184.
— zu Badezwecken 192.
Gaskocher 196.
Gaskohlen 6, 12.
Gasmassen, Verarbeitung der 253.
Gasmotoren 165.
Gasöfen 186
— Karlsruher Schuofen 191.
— von Kutscher 189.
— von der Badischen Anilin- und Sodafabrik 189
— von Wybauw ,Houben 189.
Gassauger 68
Gasverbrauch von Gasmotoren 182.
— von Regenerativlampen 103.
— zu Heiz- und Kraftzwecken 157.
Gaswage von Lux 161.
Gaswasser 236.
— Aufbewahrung 242.
— konzentriertes, Darstellung 246.
— Verarbeitung des — 237.
— Zusammensetzung des — 236.
Gaszuflußregler 118.
Geschwindigkeit des Gases in den Reinigern 87.
Giftigkeit des Wassergases 46.
Glanzkohle 2.
Glasglocken 116.
Glühlampen als Vergleichslichtquellen 156
Grüneberg-Blum'scher Apparat z. Darstellung von schwefelsaurem Ammoniak 241.
— zur Darstellung v. Salmiakgeist 249

Hahn'scher Regler 70.
Halbgasfeuerungen 55.
Hasse-Vacherot-Ofen 55.
Hebevorrichtung für Reinigerdeckel 91.
Helligkeit der Sonnenscheibe 146.
— des Himmels 146.
— von Flammen 146.
Hefnerlicht 151.
Heizgas 157.
— Verwendung zu gewerbl. Zwecken 198.
Heizgase 158.
Heizung s. Gasheizung.
Heizverfahren mit freier Flammenentfaltung 54.
Heizwert des Gases 159.
— verschiedener Brennstoffe 185.
— verschiedener Gase 158.
Horn'scher Ofen 56.

Intze'scher Gasbehälter 200.

Jalousiewascher von Fleischhauer 85.

Kalk, Zusatz zur Destillation des Gaswassers 243.
Kalken der Kohle 48.
Kerzen 147.
Kochapparate für Gas 196.
Körting'scher Gasmotor 175.
Kohlenanalysen 7.
Kohlenausbeute an schwefelsaurem Ammoniak 240.
Kohlensäure 24.
— Einfluss auf die Leuchtkraft des Gases 96.
Kohlensäure-Abscheidung aus dem Gase 80
— Erzeugung verschiedener Beleuchtungsmaterialien 121.
— Gehalt der Luft 120.
Kohlenstoff der Kohle 10.
Kohlentransport 65.
Kohlenwasserstoffe, schwere 25.
Kompensations-Photometer 140.
Kondensation s. Kühlung.
— warme 78.
— warme, fractionirte 78.
Kondensations-Vorgänge 78.
Konstitution der Steinkohle 1.
Krafterzeugung durch Gas 157.
Krausse Regenerativlaterne 105.
Kühler, Apparate 81.
— Berechnung 76 u. 77
Kühlung des Gases 75.
Knauth'scher Teerscheider 212.

Lademaschinen 61.
Laternen 104.

Ledig-Wascher 84.
Leuchten der Flamme 92.
Leuchtgas s. Gas.
Leuchtkraft, Einfluß verbrennlicher Gase auf die — 95.
— Einfluß unverbrennlicher Gase auf die — 96.
— Erhöhung der — 107.
— von Laternen 107.
— von Regenerativlampen 103.
Leuchtwert von Benzol und Aethylen 93).
Lichteinheit 147.
— Vergleich verschiedener — 155.
Lowe-Wassergas 43
Luft zur Reinigung des Gases 88.
Lüftung 120.
— mittels Gas 122.
Lüftungsanlage für ein Verkaufslokal in Paris 126.
— für das kgl. Odeon in München 128.
Lummer'sches Photometer 137.
Lux'sche Gaswage 161.

Mattkohle 3.
Maxim-Verfahren 39.
Meterkerze 109
Methven-Brenner als Lichteinheit 148.
Mohr'scher Kühler 81.
Münchener Ofen 52.

Naphtalin 27, 78.
Nebenerzeugnisse der Gasbereitung 216.
— Verarbeitung der — 216.
Normallichtquellen 147.

Odeon Lüftungsanlage 128.
Ölgas 36.
Ofen mit schrägen Retorten 59.
— von Hasse-Vacherot 55.
— von Horn 56.
Optisches Flammenmaß von Krüss 147.
Otto'sche Gasmaschine 168.

Pelouze-Teerscheider 82.
Pentan-Einheit 150.
Petroleum zur Aufbesserung des Gases 38.
Photometrie 135.
Platin-Einheit 148.
Präcisionsbrenner von Siemens 98

Reflektoren 116.
Regenerativ Beleuchtung, Entwicklung der — 98.
Regenerativlampen 101.
— Gasverbrauch der 103.
Regler für den Stadtdruck 210.

Sachregister.

Regler für Gasmotoren 182.
— für Gassauger 70.
Reinigung des Gases 75. 86.
— des Gases von Cyan 252.
Reinigungskästen 87. 90.
Reinigungsmassen 86. 251.
Retortenverschlüsse 57.
Rhodau 85. 252.
Riebeck's Verfahren zur Aufbesserung des Gases 36.
Runge'sche Lade- u. Ziehvorrichtung 61.

Salmiakgeist s. auch koncentriertes Gaswasser.
— Darstellung 247.
— Gewinnung nach Feldmann 248.
— Gewinnung nach Grüneberg-Hhun 249.
Salz s. auch Ammoniak 244.
Sauerstoff der Kohle 10.
— zur Reinigung des Gases 88.
Sauerstoff-Darstellung 89.
— Gasglühlicht 108.
Selbstentzündung der Kohle 3.
Siemens' Regenerativlampe 99. 102.
— Regenerativlaterne 104.
Spezifisches Gewicht des Gases 161.
Sulfat s. Ammoniak.
— — Ausbeute 80.
Superphosphat-Reinigung 85.
Schlucken von Coke 217.
Schmbets'scher Regler für Gasmotoren 183.
Schülke Regenerativlampe 103.
— Regenerativlaterne 106.
Schwefel in der Kohle 11.
Schwefelkohlenstoff 33. 89.
Schwefelverbindungen im Gas 33.
Schwefelwasserstoff 34.
— Abscheidung aus dem Gase 80.
Schwefelsäure 243.

Stadtdruckregler 210.
Standard-Wascher 82.
Steigeröhren 57.
Steigrohrtemperaturen 21.
Steinkohlen 1.
— Analysen 7.
— Statistik 4.
Stickstoff der Coke 29.
— der Kohle 10. 29.
— Einfluss auf die Leuchtkraft des Gases 96.
Strahlung 165.
Strassenbeleuchtung 111.

Tangentialführung für Gasbehälter 207.
Tassenheizung für Gasbehälter 208.
Tatham-Prozefs 38.
Tauchung 23.
Teer 224.
— Einflufs der Kohle auf die Beschaffenheit des 227.
— Einflufs der Vergasungstemperatur auf die Beschaffenheit des — 227.
— Heizwert des — 231.
— Kohlenstoffgehalt des — 228.
— Verwertung des — 225.
Teer-Ablauf von Drory 58.
Teer-Destillation 225.
— Schema der — 226.
Teerprodukte 229.
Teerscheider 82.
— von Kunath 242.
Teerverbrennung 231.
— Ofen von Bäcker 235.
— Ofen von Horn 232.
— Ofen von Öchelhäuser 235.
Teervordickung 20.
Teervergasung 39.
Teerzerstäuber von Körting 234.
— der Wiener Gasanstalt 235.
Temperatur s. Vergasungstemperatur und Steigrohrtemperatur.

Umlaufregler 72.

Verbrennungs-Energie des Gases 93.
— Erscheinungen des Gases 163.
— Produkte des Gases 121.
— Temperaturen des Gases 164.
— Wärme des Gases 159.
Vercokungsprobe 2. 11.
Vergasung, Verlauf der — 23.
Vergasungsergebnisse aus Gaskohlen 12.
— aus Zusatzkohlen 15.
Vergasungstemperatur 19.
Vergleichslichtquellen 147.
Verhältnis verschiedener Lichteinheiten 155.
Vorlagen 57.

Wärmestrahlung 93. 165.
Wärmeübertragung verschiedener Materialien 186.
Wascher 82.
Waschung des Gases 79.
Wasserdampf, Einflufs auf die Leuchtkraft des Gases 96.
— zur Erhöhung der Ammoniakausbeute 31.
— Erzeugung verschiedener Beleuchtungsstoffe 121.
Wassergas 41.
Wassergehalt der Kohlen 11.
Wasserstoff der Kohle 10.
Wasserstrombade-Ofen 192.
Weber'sches Photometer 144.
Wenham-Regenerativlampe 101.
Wiederbelebung von Reinigungsmassen 88.
Winkelphotometer von Elster 142.

Zackenwascher von Kunath 82.
Zündvorrichtungen 118.
Zusatzkohlen 6. 9. 15.
Zweitaktmaschinen 179.

www.ingramcontent.com/pod-product-compliance
Lightning Source LLC
Chambersburg PA
CBHW032135230426
43672CB00011B/2348